建筑给水排水与供暖工程施工技术及质量控制

李士琦　闫玉珍　编著

中国建筑工业出版社

图书在版编目（CIP）数据

建筑给水排水与供暖工程施工技术及质量控制/李士琦，闫玉珍编．—北京：中国建筑工业出版社，2013.12

ISBN 978-7-112-15665-8

Ⅰ．①建… Ⅱ．①李…②闫… Ⅲ．①给排水系统—建筑安装—工程施工 ②供暖设备—建筑安装—工程施工 ③给排水系统—建筑安装—质量控制 ④供暖设备—建筑安装—质量控制 Ⅳ．①TU82②TU832

中国版本图书馆 CIP 数据核字（2013）第 169906 号

过去由于囿于设计院的分工，将建筑给水排水、供暖和管道专业割裂开来，各搞一套，写书也就做此格式。但在建筑施工行业，它们是一个专业——水暖工和管工。因此本书是打破框框，针对水暖工和管工专业的需要，详尽地介绍了基本知识、施工技术、管材和管件的加工与管道的连接、安装和管道的保温与防腐，以及工程的质量控制等内容。全书充分反映了各种新材料、新设备、新工艺等新技术，近年来国家对建筑设计、施工、监理、质量验收规范及建筑标准进行了大量的修订，本书都是按这些新的标准规范介绍。因此本书对上述技术工人技术的提高具有很大作用，也是手头的必备书，以备随时查阅。

本书可供水暖工、管工、施工技术员、施工员、质量员以及监理人员等阅读参考，也可供大专院校相关专业师生参考。

* * *

责任编辑：吴文侯
责任设计：李志立
责任校对：张 颖 关 健

建筑给水排水与供暖工程施工技术及质量控制

李士琦 闫玉珍 编著

*

中国建筑工业出版社出版、发行（北京西郊百万庄）

各地新华书店、建筑书店经销

北京天佑书香文化传媒有限公司制版

北京中科印刷有限公司印刷

*

开本：787×1092 毫米 1/16 印张：32 字数：800 千字

2014 年 10 月第一版 2014 年 10 月第一次印刷

定价：80.00 元

ISBN 978-7-112-15665-8

(24218)

前　　言

近年来，我国国民经济飞速发展，各种建筑工程雨后春笋般地不断涌现，在建筑安装工程方面，各种新技术、新材料、新工艺不断出现和更新，近几年国家对建筑设计、施工、监理、质量验收规范及建筑标准也进行了大量的修订，使原有的建筑技术体系已不适应当前建筑业发展的需要。

为了适应这种快速发展的形势，全面地提高建筑安装人员的整体素质和水平，从而创造出更多、更好的优质工程，组织了相关的专业人员编写本书。

施工过程中应严格按照工艺流程、操作工艺、质量标准和安全操作规程执行。只有真正实施技术、质量、安全、进度的每个环节管理控制，以及材料、设备、部件、附件的选择和质量控制，才能确保给水排水、供暖及管道工程质量优良。

本书以现行国家规范、标准、工艺和新技术推广内容为依据，以材料的选择、施工安全工艺、质量要求等作为重点编写，具有很强的实用性和可操作性。

全书共分7章，其中第一章为给水系统，介绍了基本知识、给水系统的施工；第二章为排水系统，介绍了基本知识、排水系统的施工；第三章为供暖系统，介绍了基本知识、供暖系统的施工；第四章为管材、管件的加工与管道的连接；第五章为管道的保温与防腐；第六章为建筑给水排水与供暖工程质量控制；第七章为建筑给水排水与供暖工程中常见的质量问题及处理方法。

本书经编辑的认真审阅，并提出了建设性意见，在此深表感谢。并对李书田先生对本书的出版予以大力协助表示感谢。

本书第一章由李士琦主写，李书田、李幕晗、张漠浦、毕建勋等参与编写；第二章由李士琦主写，李书田、李志鹏、周艺颖、施春琴等参与编写；第三章由闫玉珍主写，闫福平、贺铭、徐田炜、王长喜、郭志伟等参与编写；第四章由李士琦主写，张成品、张立新、仇精斌、刘家荣、杨立标等参与编写；第五章由闫玉珍主写，汤天蓉、陈城垣、徐律、刘勇等参与编写；第六章由闫玉珍主写，李浩、王英、胡建全等参与编写；第七章由李书田主写，马艳伟、蔡良伟参与编写。

在本书的编写过程中，参考了多种技术书籍、标准和规范，在材料的收集、整理、绘图、录入、校对等繁杂的工作中还得到刘建、毛永江、黄易、张晓雷、王晓、张贵方、宋雪、魏惠干、郑华、吴帅勋、罗丹、邵增玉、姚琪、谢玉姬、刘园园、纪素贞、何有宏、马军等同志的参与和帮助，在此谨表深深的谢意。

本书可供从事给水排水、供暖及管道工程的技术人员，施工人员，监理人员参考，亦可作为施工人员的培训读本，以及大专院校相关专业的教学参考书。

目 录

第一章 建筑给水工程

第一章　建筑给水工程

第一节　建筑给水系统

建筑给水系统是将城市、乡镇给水管网或自备水源中的水引入室内，并经配水管输送至生活、生产和消防用水设备，并应满足各用水点对水质、水量、水压要求的供水系统。

建筑给水系统包括建筑内部给水系统和居住小区给水系统两类，它的供水规模比市政给水系统小，而且在大多数情况下不需要自备水源，而直接由市政给水系统给水。

由于建筑热水供应系统、建筑消防给水系统和建筑管道直饮水系统一般也归于建筑给水工程中，故在本章中一并介绍。

一、建筑给水系统的分类与组成

（一）建筑给水系统的分类

建筑内部给水系统按供水对象及其用途可分为以下三类：

1. 生活给水系统

生活给水系统是供给人们在日常生活中使用的给水系统。按供水的水质可分为生活饮用水系统、直饮水系统和杂用水系统。

生活饮用水系统是用于日常饮用、洗涤、烹饪，其水质应符合《生活饮用水卫生标准》GB 5749—2006 的要求；直饮水系统是指以自来水或符合生活饮用水水源标准的水为原水，经深度净化处理后直接提供给用户饮用的给水系统，其水质应符合《饮用净水水质标准》CJ 94—1999；生活杂用水是指冲洗汽车、浇灌花草树木、冲刷便器的用水，其水质应符合《城市污水再利用城市杂用水水质》GB/T 18920—2002 的规定。

2. 消防给水系统

消防给水系统是供给消防设施的给水系统，其中包括自动喷水灭火系统、消火栓给水系统等。

3. 生产给水系统

生产给水系统是供给生产中原材料、产品的洗涤、设备的冷却等在生产过程中的工艺用水给水系统，其水质要求应根据生产设备和工艺要求来确定。

除上述三类系统之外，还可根据用户对水质、水量、水压和水温的要求，综合考虑经济、技术和安全等因素，组成不同的联合给水系统，例如：生活-消防给水系统；生活-生产给水系统；生产-消防给水系统；生活-生产-消防给水系统等。

（二）建筑给水系统的组成

建筑内部给水系统的功能是将市政给水管道中的水引入室内，并按照用户对水质、水量、水压的要求将水输送到各配水点（如水龙头、消防设备、生产设备等）。建筑生活给水系统的组成有以下几部分：

1

1. 引入管

它是由市政给水管道引到居住小区或庭院，或者是将室外给水管穿过建筑物外墙、基础引入室内给水管网的管段。

2. 水表节点

建筑物总水表安装在引入管上，并与附近安装的泄水口、旁通管、止回阀、检修阀门、电子传感器等构成水表节点。

3. 室内给水管网

室内给水管网由水平干管、立管和支管等组成。水平干管是将引入管中的水输送到建筑物各区域的管段；立管是将干管中的水沿垂直方向输送到各楼层或不同标高处的管段；支管是将立管中的水输送到各个房间的配水点的管段。

建筑生活给水管道应选用耐腐蚀和安装连接方便可靠的管材，如塑料给水管、铜管、不锈钢管、塑料金属复合管和经过防腐处理的钢管。

4. 配水设施

是指生活给水管网终端的用水设施，如水龙头等。

5. 给水附件

给水附件是用来控制和调节系统内水的流向、流量、压力和水位等，以保证系统的安全运行，通常是指给水管路上的阀门（如闸阀、蝶阀、球阀、止回阀、减压阀、泄压阀、排气阀、浮球阀、泄水阀等）、多功能水泵控制阀、过滤器和水锤消防器等。

生活给水管道上的各种阀门的材质应耐压、耐腐蚀，可选用全不锈钢、全铜、铁壳铜芯或全塑阀门等。

6. 给水设施

是指生活给水系统中用来加压、稳压、贮水和调节水量的设备。当室外给水管网的水压或水量不足时，或者用户对水压稳定、供水安全有特殊要求时，则需要设置加压或贮水设备，如水泵、水箱、贮水池、气压给水设备等。

二、建筑给水系统的给水方式

建筑给水系统的给水方式有多种，应本着安全可靠、经济合理、卫生、节水的原则，并考虑到建筑物的性质、高度和室外给水管网的供水能力等因素，来确定选择何种给水方式。

（一）直接给水方式

直接给水方式是利用外部给水管网的水压直接供水，如图 1-1 所示。所以该方式是最简单、经济，适用于室外给水管网的水压、水量均能满足室内给水系统的供水要求，故宜优先考虑采用。

建筑生活给水系统能否采用直接给水方式，可在设计阶段按建筑层数采用水压估算法进行判断。其依据是采用直接给水方式时，室外给水管网自地面算起的水压的最小压力值，如表 1-1 所示。

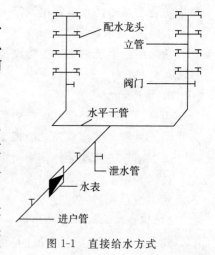

图 1-1　直接给水方式

配水龙头
立管
阀门
水平干管
泄水管
水表
进户管

按建筑物层数估算给水系统所需的最小压力值　　　　　　　表 1-1

建筑物层数	1	2	3	4	5	6
最小压力值，自地面算起（kPa）	100	120	160	200	240	280

（二）水箱给水方式

水箱给水方式一般用于供水压力周期性不足的室外给水管网，如图 1-2（a）所示。在用水低峰时，可利用室外给水管网直接向室内给水管网供水，同时向水箱补水；在用水高峰时，室外给水管网的水压不足，则水箱可向建筑给水系统供水。此外，当室外给水管网水压偏离或不稳定时，为了实现稳压供水，亦可采用设置水箱的给水方式，由室外给水管网直接向水箱供水，然后再由水箱向室内给水系统供水，如图 1-2（b）所示。设水箱的给水方式的优点在于当室外管网供水压力短时不足时，不会中断室内用水；缺点是水箱位于建筑的顶部，需对建筑的结构件采取加固处理，并影响建筑整体造型。

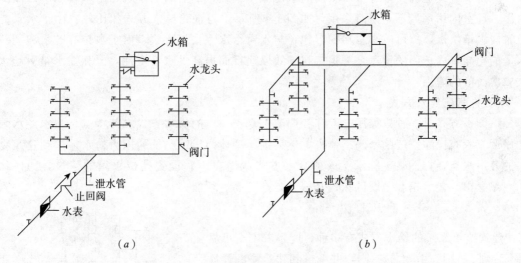

图 1-2　水箱给水方式

（三）水泵给水方式

水泵给水方式通常用在室外给水管网的水压常常不稳定时采用。该给水方式在建筑的用水量大且均匀时，可用恒速水泵供水；当用水量不均匀时，可采用一台或几台水泵变速运行供水，以提高水泵的工作效率。出于充分利用室外给水管网的水压和节省电能的考虑，可将水泵与室外给水管网直接连接，如图 1-3（a）所示。但因水泵是直接从室外给水管网抽水使外网水压降低而影响附近的其他用户，甚至会造成外网负压，当管道接口不严密时会使周围土壤中的渗漏水吸入管中而造成水质污染。因此，若采用水泵直接从室外给水管网抽水时，要符合供水部门的相关规定，并采取必要的防护措施以防止水质污染。图 1-3（b）是采用水泵与室外给水管网间接连接的水泵给水方式。

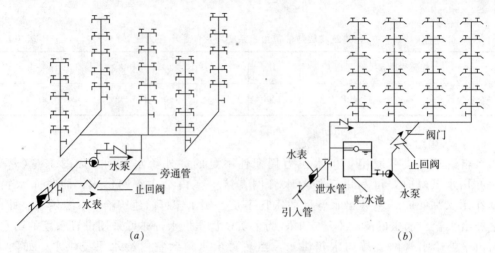

图 1-3　水泵给水方式

（四）水泵-水箱给水方式

该给水方式适合在室外给水管网的水压低于或经常不能满足建筑内给水管网所需要的水压，且室内用水量不均匀时采用，如图 1-4 所示。与水箱给水方式相比较，由于水泵能及时向水箱供水，故可减小水箱的容积；与水泵给水方式相比较，由于水箱有贮水和调节水量的功能，故选用的恒速泵可保持在高效段运行而提高供水安全性，但存在水箱引起水质二次污染的隐患。

（五）气压给水方式

该给水方式是一种集加压、贮存和调节供水于一体的供水方式。其特点是将水经水泵加压后充入有压缩空气的密闭罐体内，然后助于罐体内压缩空气的压力将水输送到建筑物内的各用水点，如图 1-5 所示。该种给水方式适用在不宜设置高位水箱的建筑，如博物馆、纪念馆、艺术馆和地震区域；其缺点是造价高、耗能多。

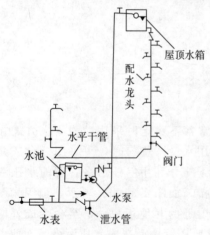

图 1-4　水泵-水箱给水方式

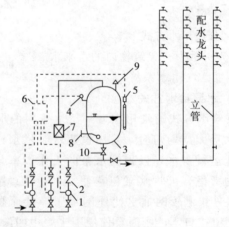

图 1-5　气压给水方式

1—水泵；2—止回阀；3—气压水罐；4—压力信号器；
5—液位信号器；6—控制器；7—补气装置；8—排气阀；
9—安全阀；10—阀门

（六）分区给水方式

确定建筑给水方式应充分利用室外给水管网的水压——资用水头，当资用水头仅能满足底部几层的用水压力时，则可采用（竖向）分区给水方式。该种给水方式有并联分区、串联分区和减压分区等多种形式。

图 1-6（a）所示为并联分区给水方式，其优点是各区有独立的增压系统，供水可靠性高；设备布置集中，便于管理和维护；缺点是水泵的数目多，高区水泵的扬程较高而使输水管道的承压增大。

对于高度超过 100m 的高层建筑，应采用逐级增压供水的方式，即串联给水方式，如图 1-6（b）所示。串联给水系统可设中间转输水箱，也可用调速泵供水。

图 1-6（c）所示为减压给水方式。该种方式是将水按高区所需的压力一次提升后，再由各区减压阀减压后供水，其特点是地下室设备间水泵机组的数目较少，但是不节省能耗，故可在消防给水系统中采用，而不宜在生活给水系统中采用。

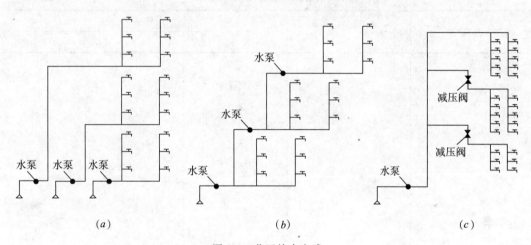

图 1-6 分区给水方式

（a）并联分区给水方式；（b）串联分区给水方式；（c）减压阀减压分区给水方式

（七）分质给水方式

图 1-7 所示为一建筑物内的自来水系统（即生活饮用水系统）、直饮水系统和中水系统（即生活杂用水系统）的分质给水示意图。通过分质给水可直接利用自来水供洗涤、冲洗等用水；自来水经过深度净化处理达到饮用净水标准后供给直接饮用；将冲刷、洗涤后的水收集起来后加以处理成为中水，可用于洗车、冲厕、浇洒花草树木。

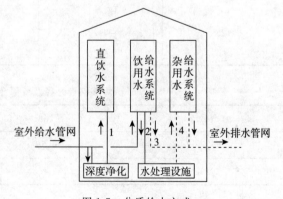

图 1-7 分质给水方式

1—直饮水；2—生活废水；3—生活污水；4—杂用水

三、给水管材、管件及附件

（一）金属管材、管件

1. 钢管及管件

钢管分为焊接钢管和无缝钢管两种。焊接钢管按制造所采用的焊缝形状分为直缝钢管和螺旋钢管。直缝钢管又分为普通厚度钢管和加厚钢管，而各自又有非镀锌钢管和镀锌钢管之分。直缝钢管主要用于输送水和其他流体。

钢管的特点是强度高、承受流体的压力大、抗震性能好、单根管长度大、质量比铸铁管轻、接头少、加工安装方便，但造价较高、抗腐蚀性差。

依据《低压流体输送用焊接钢管》GB/T 3091—2008 中的规定，其规格如表 1-2 所示，其技术尺寸允许偏差如表 1-3 所示。

焊接钢管直径及壁厚规格（mm）　　　　　　　　　　　表 1-2

公称直径	外　　径	壁厚	
		普通管	加厚管
6	10.2	2.0	2.5
8	13.5	2.5	2.8
10	17.2	2.5	2.8
15	21.3	2.8	3.5
20	26.9	2.8	3.5
25	33.7	3.2	4.0
32	42.4	3.5	4.0
40	48.3	3.5	4.5
50	60.3	3.8	4.5
65	76.1	4.0	4.5
80	88.9	4.0	5.0
100	114.3	4.0	5.0
125	139.7	4.0	5.5
150	168.3	4.5	6.0

焊接钢管外径及壁厚允许偏差（mm）　　　　　　　　表 1-3

外径	外径允许偏差	壁厚 t 允许偏差
$D \leqslant 48$	±0.5	10%t
$48.3 < D \leqslant 168.3$	±1%	

根据生产方法的不同，无缝钢管分为热轧管和冷拔（轧）管两种。热轧管的直径范围较大，而冷拔（轧）管只适于生产直径较小的管材。同一个外径的无缝钢管可以有若干种不同的壁厚，无缝钢管规格的标注方法是外径乘以壁厚。热轧无缝钢管和冷拔（轧）无缝钢管的常用规格，如表 1-4 和表 1-5 所示。

钢管件是组成管道系统的重要配件，有弯头、三通、大小头、管帽、管接头等。

热轧无缝钢管常用规格的壁厚及理论重量　　　　表 1-4

外径 (mm)	壁厚（mm）								
	3	3.5	4	4.5	6	7	8	9	10
	理论重量（kg/m）								
38	2.59	2.98	—	—	—	—	—	—	—
45	3.11	3.58	—	—	—	—	—	—	—
51	3.77	4.36	—	—	—	—	—	—	—
57	3.99	4.62	—	—	—	—	—	—	—
73		6.00	6.81	7.60	—	—	—	—	—
76	—	6.26	7.10	7.93	—	—	—	—	—
89		7.38	8.38	9.33	—	—	—	—	—
108	—	—	10.26	11.49	—	—	—	—	—
133			12.72	14.26	18.79	—	—	—	—
159	—	—	—	17.14	22.64	—	—	—	—
219					31.52	36.60	41.63	—	—
273	—	—	—	—	—	45.92	52.28	58.59	—
325						62.54	70.13	—	77.68
377	—	—	—	—	—	—	—	81.67	90.51
426								92.55	102.59
530	—	—	—	—	—	—	—	115.63	128.23

注：粗体字栏为中、低压管道常用规格及最小壁厚。

冷拔（轧）常用无缝钢管规格　　　　表 1-5

外径 (mm)	壁厚（mm）						
	1	1.5	2.0	2.5	3.0	3.5	4.0
	理论重量（kg/m）						
10	0.222	0.314	0.395				
12	0.271	0.388	0.493				
14	0.321	0.462	0.592				
16	0.370	0.526	0.691				
18	0.419	0.610	0.789				
20	0.469	0.684	0.888				
22	0.518	0.758	0.986				
25		0.869	1.13	1.39	1.63		
28		0.98	1.28	1.57	1.85		
30		1.05	1.38	1.70	2.00		
32			1.48	1.82	2.15		

续表

外径 (mm)	壁厚 (mm)						
	1	1.5	2.0	2.5	3.0	3.5	4.0
	理论重量 (kg/m)						
38			1.78	2.19	2.59	2.98	
45			2.12	2.62	3.11	3.58	
48			2.27	2.81	3.33	3.81	
51				2.99	3.55	4.10	4.64
57				3.36	4.00	4.62	5.23
60				3.55	4.22	4.88	5.52
73				4.35	5.18	6.00	6.81
76				4.53	5.40	6.26	7.10
89				5.33	6.36	7.38	8.38
108					7.77	9.02	10.26
133					9.62	11.18	12.72

2. 铸铁管及管件

给水铸铁管与钢管相比有不易锈蚀、造价低、耐久性好等优点，适合埋地敷设，但质脆、质量大、长度短、接口施工麻烦，适用于消防系统、生产给水系统的埋地管材。

给水铸铁管有低压管、普压管和高压管三种，工作压力分别不大于0.45、0.75、1MPa，实际选用时应根据管道的工作压力来选择，表1-6为常用给水铸铁管规格。

常用给水铸铁管规格　　　　表1-6

公称内径 (mm)	壁厚 (mm)		有效长度 (m)		质量 (kg)			
	低压	高压			低压		高压	
					3m	4m	3m	4m
75	9	3	4	58.5	75.6	58.5		75.6
100	9	3	4	75.5	97.7	75.5		97.7
125	9		4		119			119
150	9		4		143			149
200	9.4		4		196			207

铸铁管件的用途同钢管管件。弯头用于使管道转弯，分为90°、45°、22.5°3种。三通、四通用于管道汇合或分支处。异径管件用于管道直径改变处，即管径由大变小或由小变大处。

给水铸铁管可采用承插连接或者法兰连接。采用承插连接的接口做法有：水泥砂浆接口、沥青水泥接口、石棉水泥接口、膨胀性填料接口、铅接口等。

3. 不锈钢管及管件

用于给水的不锈钢管为无缝不锈钢管。

不锈钢无缝钢管分为热轧、热挤压和冷拔（轧）两类。其有多种外径和不同的壁厚，材质有多种不锈钢牌号可供选择。不锈钢热轧、热挤压、无缝钢管的常用规格，如表 1-7 所示；不锈钢冷拔（轧）无缝钢管的常用规格，如表 1-8 所示。

不锈钢热轧、热挤压无缝钢管常用规格　　　　　　　　表 1-7

外径	壁厚（mm）											
（mm）	4.5	5.0	5.5	6.0	6.5	7.0	7.5	8.0	8.5	9.0	9.5	10.0
54	×	×	×	×	×	×						
57	×	×	×	×	×	×						
60	×	×	×	×	×	×	×	×				
73		×	×	×	×	×	×	×				
76		×	×	×	×	×	×	×				
89		×	×	×	×	×	×	×				
108		×	×	×	×	×	×	×				
114		×	×	×	×	×	×	×	×	×		
127		×	×	×	×	×	×	×	×			
133		×	×	×	×	×	×	×	×			
140		×	×	×	×	×	×	×	×			
159		×	×	×	×	×	×	×	×	×	×	×
168		×	×	×	×	×	×	×	×	×	×	×
194		×	×	×	×	×	×	×	×			
219						×	×	×	×	×	×	×
225						×	×	×	×	×	×	×

注：1. 表中"×"号表示已有的产品规格；

　　2. 管材钢号：常用 0Cr13、1Cr13、2Cr13、3Cr13、1Cr25Ti、0Cr18Ni9Ti、00Cr18Ni10 等钢号；

　　3. 管材水压试验压力按下式：

$$P = \frac{2sR}{D}$$

式中　P——试验压力，MPa；

　　　　s——钢管最小壁厚，mm；

　　　　R——许用应力，MPa，一般取钢号抗拉强度的 40%；

　　　　D——公称内径，mm。

不锈钢冷轧（冷拔）无缝钢管常用规格　　　　　　　　表 1-8

外径	壁厚（mm）							
（mm）	2	2.5	3	3.5	4	4.5	5	6
25	×	×	×					
32	×	×	×					
38	×	×	×	×				
45		×	×	×	×	×		
57		×	×	×	×	×	×	×

续表

外径 (mm)	壁厚（mm）							
	3	3.5	4	4.5	5	6	7	8
76	×	×	×	×				
89	×	×	×	×				
108			×	×	×	×		
133			×	×	×	×	×	
159			×	×	×	×	×	×

注：1. 表中"×"表示已有的产品规格；

　　2. 材质钢号：0Cr13、1Cr13、2Cr13、3Cr13、1Cr25Ti、0Cr18Ni9Ti、00Cr18Ni10 等钢号；

　　3. 管材水压试验压力计算公式同表 1-7。

采用不锈钢管及管件时，应严格遵照《薄壁不锈钢管》CJ/T 151—2001 和《薄壁不锈钢卡压式管件和沟槽式管件》CJ/T 152—2010 中的规定。

在不锈钢管件选用时，要确保其材质、外径、壁厚合格，并与不锈钢管匹配。

4. 铜管及管件

建筑给水铜管是建筑给水工程中的高级管材，主要用于建筑给水、生活用水和饮用净水系统。

建筑冷、热水用紫铜管所用的材质应符合 GB/T 1527—2006 中的相关规定。其公称直径的常用规格为：10、15、20、25、32、40、50、65、80、100、125、150 和 200（mm）。

依据《无缝铜水管和铜气管》GB/T 18033—2007 的规定，此类铜管不仅适用于输送冷、热水和饮用净水，还可以用于输送天然气、煤气、氧气及对铜无腐蚀作用的其他气体。

铜管有硬态（外径 6～219mm）、半硬态（外径 6～54mm）和软态（外径 6～35mm）三种形式。其承压强度均可满足供水要求，但考虑到管道的敷设应保持横平竖直，故推荐采用硬态铜管。半硬态铜管可采用专用机具直接弯管，既节省管件，又利于供水的水力条件，提高供水的安全、卫生，且施工简便，因而小于 DN25 的铜管宜选择半硬态铜管。

根据建筑给水工程的使用要求，表 1-9 中列出了在工程中可采用钎焊、卡套、卡压连接的常用管材规格。如采用沟槽连接，应选用硬态铜管，其壁厚要求，如表 1-10所示。

建筑用铜管管道的连接方式是管件与管子采用承插式接口，钎焊连接。管件压力有 PN1.0、PN1.6 两种，工作温度应小于等于 135℃，材料采用 T2 或 T3 铜。常用铜管件应依据《建筑用铜管件（承插式）》CJ/T 117—2000 和《铜管接头》GB 116—1989 来选用。

铜管的连接可采用钎焊连接或卡套连接、螺纹连接、沟槽连接、卡压连接、法兰连接等机械连接方式。在上述连接方法中以硬钎焊连接最可靠、成本低，故最为常见，而卡套连接、沟槽连接、卡压连接操作较为简便，不需要技术好的焊工。此外，法兰连接、螺纹连接、卡压连接、卡套连接还具有可拆卸的优点，便于检修。

建筑给水铜管管材规格（mm）　　　　　表 1-9

公称直径 DN	外径 D_w	工作压力 1.0MPa		工作压力 1.6MPa		工作压力 2.5MPa	
		壁厚 δ	计算内径 d_j	壁厚 δ	计算内径 d_j	壁厚 δ	计算内径 d_j
6	8	0.6	6.8	0.6	6.8		
8	10	0.6	6.8	0.6	6.8		
10	12	0.6	10.8	0.6	10.8		
15	15	0.7	13.6	0.7	13.6		
20	22	0.9	20.2	0.9	20.2		
25	28	0.9	26.2	0.9	26.2	—	—
32	35	1.2	32.6	1.2	32.6		
40	42	1.2	39.6	1.2	39.6		
50	54	1.2	51.6	1.2	51.6		
65	67	1.2	64.6	1.5	64.0		
80	85	1.5	82	1.5	82		
100	108	1.5	105	2.5	103	3.5	101
125	133	1.5	130	3.0	127	3.5	126
150	159	2.0	155	3.0	153	4.0	151
200	219	4.0	211	4.0	211	5.0	209

沟槽连接时铜管的最小壁厚（mm）　　　　　表 1-10

公称直径 DN	外径 D_w	最小壁厚 δ
50	54	2.0
65	67	2.0
80	85	2.5
100	108	3.5
125	133	3.5
150	159	4.0
200	219	6.0

为了避免或减少电化学腐蚀，故在建筑冷、热水铜管管道系统中，不宜直接连接钢质管材、管件，而是全部使用铜质管材、管件。在施工中应防止铜质管材、管件与酸、碱等具有腐蚀性物质相接触。

如果铜管道需要埋地敷设，则应采用铜管外壁上包覆有塑料层的塑覆铜管，并用细土回填，以防土壤腐蚀铜管或硬物伤及管道。

（二）塑料管材、管件

随着建筑材料的更新换代，建筑给水排水管已由钢管、灰口铸铁、镀锌钢管发展到塑料管。作为新型化学管材的给水塑料管现已屡见不鲜。塑料管材具有质量轻、不生锈、耐腐蚀、易着色、保温性能好的特点，从而得到日益广泛的应用。

塑料管材已由最早的硬聚氯乙烯（PVC-U）发展到聚乙烯类的聚乙烯（PE）、耐热聚乙烯（PE-RT）、交联聚乙烯（PE-X）以及聚丙烯类的无规共聚聚丙烯（PP-R）、耐冲击共聚聚丙烯等。

1. 硬聚氯乙烯管及管件。

用于建筑给水的硬聚氯乙烯管材应符合《给水用硬聚氯乙烯（PVC-U）管材》GB/T 10002.1—2006 中的要求。

硬聚氯乙烯管材的规格尺寸，如表 1-11 所示。当 $d_n \leqslant 40\text{mm}$ 时，应选用 $PN = 1.6\text{MPa}$ 的管材；当 $d_n \geqslant 50\text{mm}$ 时，应选用 $PN = 1.0\text{MPa}$ 或 1.6MPa 的管材。对于 $PN = 0.8\text{MPa}$ 和 $PN = 1.25\text{MPa}$ 的管材，除了工程设计有特殊需要，一般不宜选用，大部分厂家也不生产。

硬聚氯乙烯管材规格尺寸（mm）　　　　　　　　　　　表 1-11

公称外径 d_n	下列公称压力下的公称壁厚			
	$PN = 0.8\text{MPa}$	$PN = 1.0\text{MPa}$	$PN = 1.25\text{MPa}$	$PN = 1.6\text{MPa}$
20	—	—	—	2.0
25	—	—	—	2.0
32	—	—	2.0	2.4
40	—	2.0	2.4	3.0
50	2.0	2.4	3.0	3.7
63	2.5	3.0	3.8	4.7
75	2.9	3.6	4.5	5.6
90	3.5	4.3	5.4	6.7
110	3.9	4.8	5.7	7.2
125	4.4	5.4	6.0	7.4
(140)	4.9	6.1	6.7	8.3
160	5.6	7.0	7.7	9.5
(180)	6.3	7.8	8.6	10.7
200	7.3	8.7	9.6	11.9

注：括号内外径为非常用规格；公称压力（PN）是指管材在 20℃ 条件下输送 20℃ 水时的最大工作压力。

不同温度的下降系数　　表 1-12

温度（℃）	下降系数
$0 < t \leqslant 25$	1
$25 < t \leqslant 35$	0.8
$35 < t \leqslant 45$	0.63

公称压力系指管材在 20℃ 条件下输送水的工作压力。若水温在 25～45℃ 之间时，应按表 1-12 中不同温度的下降系数（f_1）修正工作压力，用下降系数乘以公称压力（PN）得到最大允许工作压力。

建筑硬聚氯乙烯管件应符合《给水用硬聚氯乙烯（PVC-U）管件》GB/T 10002.2—2006 中的要求。

管道接口所使用的胶粘剂应符合《硬聚氯乙烯（PVC-U）塑料管道系统用溶剂型胶粘剂》QB/T 2568—2002 中的要求。

管道接口处所使用的弹性橡胶密封圈应符合《橡胶密封件 给排水管及污水管道用接口密封圈 材料规范》HG/T 3091—2000中的要求。

塑料管道系统的安装应采用同一生产厂家配套供应的管件和接口用的清洁剂、胶粘剂、橡胶密封圈及其带有金属嵌件的管件等。

硬聚氯乙烯管道的连接方式主要有三种：承插式粘接、承插式弹性橡胶密封圈连接和过渡性连接。

（1）承插式粘接连接

图1-8所示为塑料管道的承插式粘接连接，其承插口的承口尺寸要求，如表1-13所示。

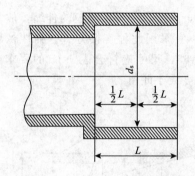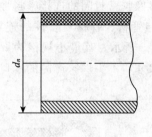

图1-8 粘接型承插口

粘接承插口的承口尺寸（mm） 表1-13

公称外径 d_n		20	25	32	40	50	63	75	90	110
承口最小深度 L		16.0	18.5	22.0	26.0	31.0	37.5	43.5	51.0	61.0
承口中部平均内径 d_s	最小	20.1	25.1	32.1	40.1	50.1	63.1	75.1	90.1	110.1
	最大	20.3	25.3	32.3	40.3	50.3	63.3	75.3	90.3	110.4

施工操作步骤：

1）在垂直于轴线方向切割管材，然后在端头外壁加工倒角；清除插口外表面和承口内表面的灰尘、污物，并用棉纱蘸丙酮等清洁剂将其擦拭干净。

2）画线。按承口深度在插口端上划出插入深度线。

3）试插。正式粘接应进行试插以检验承口与插口的紧密程度，并及时进行修整，插入深度以承口深度的1/2为宜。

4）涂抹胶粘剂时，应先涂承口，后涂插口。要涂抹均匀、适量，转圈涂抹。

5）将管端插入承口，插入到深度线后转动管子，但不得超过1/4圈；三通、弯头等管件应注意保持其管口的正确方向；然后抹去多余的胶粘剂。

6）粘接完毕之后，要保证不触动承插口，其静止固化时间如表1-14所示。

7）注意事项。粘接操作不得在雨中、水中或0℃以下的环境中进行；胶粘剂应呈流动状态，在未搅动时不得有分层和析出物，在冬季有凝结现象时可用热水温热，不得用明火烘烤。

承插式粘接静止固化时间（min） 表 1-14

公称外径 d_n（mm）	管 材 表 面 温 度	
	≥18℃	<18℃
≤50	20	30
63～90	45	60
110	60	80

（2）承插式弹性橡胶密封圈连接

承插式弹性橡胶密封圈的连接密封性好，且接口能补偿管道的伸缩，故公称外径 $d_n \geqslant$ 63 以上的管材与管材、管材与管件的连接，宜采用此种连接方式。弹性橡胶密封圈连接型承插口如图 1-9 所示，其最小规格为 $d_n = 63$，尺寸应符合表 1-15 的要求，表中所列承口深度为最小尺寸，不少厂家产品的承口深度大于此值。

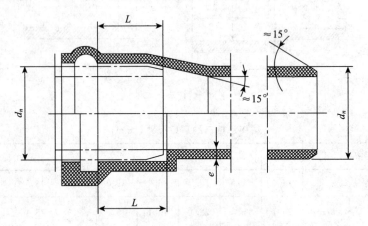

图 1-9 弹性橡胶密封圈连接型承插口

弹性橡胶密封圈柔性连接的承口深度（mm） 表 1-15

公称外径 d_n	63	75	90	110	125	(140)	160	(180)	200
承口最小深度	64	67	70	75	78	(81)	85	(90)	940

注：带括号的规格不推荐使用。

施工操作步骤：

1）首先清理干净管子的承口和插口，并将密封圈安放于承口的凹槽内，应注意异型密封圈要安放正确，不得装反或扭曲。

2）管子插口不要插到承口底部，以留出余量来作为管子因施工环境温度变化而产生的伸缩量，如表 1-16 所示。当管子不足或大于 4m 时，可按比例将预留伸缩量按比例减小或加大。插入深度确定之后，应在管端的外壁上划出插入深度线。

3）分别在插口插入部分和胶圈上均匀涂抹所要求的滑润剂，然后用人力或专用工具缓慢地将插口插入承口，直至插入到深度线为止。

当难以插入时，应将管子退出，并检查胶圈是否已放置，胶圈的放置位置是否正确。

管长为 4m 时应预留的温差伸缩量　　　　　　　　　　　　表 1-16

施工环境温度（℃）	设计最大升温（℃）	伸缩量（mm）
＞15	25	7
10～15	30	8.5
5～9	35	10

（3）过渡性连接

该连接方式适用于硬聚氯乙烯管与公称直径≥DN65 的钢管、铸铁管及法兰式阀等的连接，如图 1-10 所示。

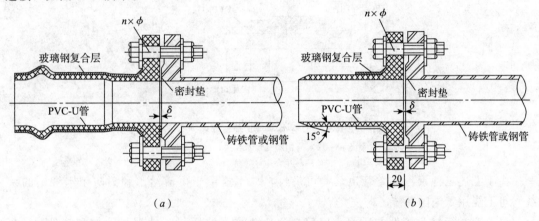

图 1-10　过渡性法兰连接

（a）承盘连接；（b）插盘连接

施工操作步骤

1）使用过渡件把不同材质的管材、管件、附件连接在一起。过渡件两端的接头构造应分别与两侧管材、附件、管件的接头形式相匹配。

2）过渡件应优先采用管材、管件、附件供货厂家的成型配套产品。

3）过渡件上法兰的螺栓和连接尺寸，应与相连接的阀门等附件的法兰相一致。

硬聚氯乙烯给水管道与其他材质的管道连接的方法还有管件内嵌入钢内线的直通方式，如图 1-11 所示。

2. 聚乙烯类管及管件

给水用聚乙烯类管的材质主要有三种：聚乙烯（PE）、耐热聚乙烯（PE-RT）和交联聚乙烯（PE-X）。

聚乙烯（PE）为高分子材料，其分子结构为线状，具有耐腐蚀、耐寒冷、韧性好的特点。但环境温度升高时，其线性分子之间的结合力下降而导致材料变形，使材料的机械性能下降，所以该种管道的长期工作温度应不大于 40℃。

耐热聚乙烯（PE-RT）则提高了聚乙烯（PE）的耐热性能，其管道的长期工作温度应不大于 82℃，故可应用于生活热水供应系统。

交联聚乙烯（PE-X）是在聚乙烯原料中加入硅烷接枝料，使聚乙烯的线性分子结构改变成为三维交联网状结构，从而提高其耐热性能和稳定性能。该种管材是目前比较理想的冷热水及饮用水塑料管材，其管道的长期工作温度应不大于 90°。

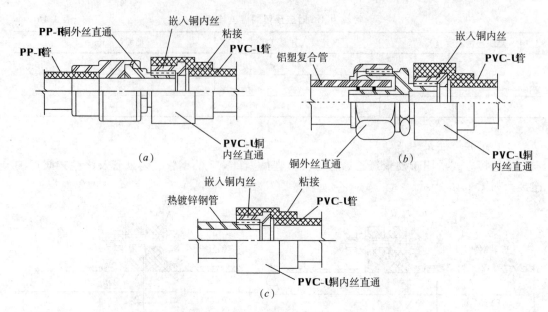

图 1-11　硬聚氯乙烯给水管与其他材质给水管的连接

（a）与 PP-R 管连接；（b）与铝塑复合管连接；（c）与镀锌钢管连接

由于上述三种聚乙烯类管道具有可燃性，故不能用于生活给水和消防用水合用的系统，也不能用于消防系统。

聚乙烯类管材及管件的质量，应符合《冷热水系统用热塑性塑料管材和管件》GB/T18991—2003 中的要求。

聚乙烯（PE）、耐热聚乙烯（PE-RT）和交联聚乙烯（PE-X）管材的主要规格尺寸，如表 1-17、表 1-18 和表 1-19 所示。

聚乙烯（PE）管主要规格尺寸（mm）　　　　　　　　表 1-17

公称外径 dn	平均直径		壁　厚			
	最小	最大	SDR17	SDR13.6	SDR11	SDR9
			S8	S6.3	S5	S4
20	20.0	20.3	—	—	2.3	2.3
25	25.0	25.3	—	—	2.3	2.8
32	32.0	32.3	—	—	3.0	3.6
40	40.0	40.4	—	—	3.7	4.5
50	50.0	50.5	—	—	4.6	5.6
63	63.0	63.6	—	4.7	5.8	7.1
75	75.0	75.7	4.5	5.6	6.8	8.4
90	90.0	90.9	5.4	6.7	8.2	10.1
110	110.0	111.0	6.6	8.1	10.0	12.3
125	125.0	126.2	7.4	9.2	11.4	14.0
160	160.0	161.5	9.5	11.8	14.6	17.9

耐热聚乙烯（PE-RT）管材主要规格尺寸（mm）　　　　　　　表 1-18

公称外径	平均直径		壁　厚				
dn	最小	最大	S6.3	S5	S4	S3.2	S2.5
20	20.0	20.3	—	2.0	2.3	2.8	3.4
25	25.0	25.3	2.0	2.3	2.8	3.5	4.2
32	32.0	32.3	2.4	2.9	3.6	4.4	5.4
40	40.0	40.4	3.0	3.7	4.5	5.5	6.7
50	50.0	50.5	3.7	4.6	5.6	6.9	8.3
63	63.0	63.6	4.7	5.8	7.1	8.6	10.5
75	75.0	75.7	5.6	6.8	8.4	10.3	12.5
90	90.0	90.9	6.7	8.2	10.1	12.3	15.0
110	110.0	111.0	8.1	10.0	12.3	15.1	18.3
125	125.0	126.2	9.2	11.4	14.0	17.1	20.8
160	160.0	161.5	11.8	14.6	17.9	21.9	26.6

交联聚乙烯（PE-X）管主要规格尺寸（mm）　　　　　　　表 1-19

公称外径	平均直径		壁　厚			
dn	最小	最大	S6.3	S5	S4	S3.2
20	20.0	20.3	1.9	1.9	2.3	2.8
25	25.0	25.3	1.9	2.3	2.8	3.5
32	32.0	32.3	2.4	2.9	3.6	4.4
40	40.0	40.4	3.0	3.7	4.5	5.5
50	50.0	50.5	3.7	4.6	5.6	6.9
63	63.0	63.6	4.7	5.8	7.1	8.6
75	75.0	75.7	5.6	6.8	8.4^{+}	10.3
90	90.0	90.9	6.7	8.2	10.1	12.3
110	110.0	111.0	8.1	10.0	12.3	15.1
125	125.0	126.2	9.2	11.4	14.0	17.1
160	160.0	161.5	11.8	14.6	17.9	21.9

注：以上表中，SDR 为标准尺寸比，系管材的公称外径与公称壁厚的比值；S8、S6.3、S5……表示管系列，其值
　　S 为：　　　$S = \dfrac{dn - en}{2en}$

　　式中　dn——公称外径；
　　　　　en——公称壁厚。

由于聚乙烯（PE）、耐热聚乙烯（PE-RT）管道主要采用热熔连接和电熔连接，只有管材与管件材质相同或相似时，才能获得可靠的连接质量，因此要求其管件应采用与管材相同材质的材料。

管件应采用注塑成型，以消除其因结构形式产生的内应力。若采用管材切割焊接成型的管件，将产生较大的内应力，容易造成应力集中，使用中容易在焊缝处破坏。同时，建

筑给水管道系统所需的管件尺寸较小，聚乙烯（PE）、耐热聚乙烯（PE-RT）材料容易注塑成型。

聚乙烯（PE）和耐热聚乙烯（PE-RT）的热熔承插管件的承口尺寸，如表 1-20 所示。

热熔承插管件承口尺寸（mm）   表 1-20

公称外径 dn	承口内径				绝对不圆度	最小通径	承口长度	管件加热长度		管材长度	插入长度
	端口		根部								
	最小	最大	最小	最大				最小	最大	最小	最大
20	19.2	19.5	19.0	19.3	0.4	13	14.5	12.0	14.5	11.0	13.5
25	24.1	24.5	23.9	24.3	0.4	18	16.0	13.5	16.0	12.5	15.0
32	31.1	31.5	30.9	31.3	0.5	25	18.1	15.6	18.1	14.6	17.1
40	39.0	39.4	38.8	39.2		31	20.5	18.0	20.5	17.0	19.5
50	48.9	49.4	48.7	49.2	0.6	39	23.5	21.0	23.5	20.0	22.5
63	62.0	62.4	61.6	62.2	0.6	49	27.4	24.9	27.4	23.9	26.4

聚乙烯（PE）和耐热聚乙烯（PE-RT）的热熔对接管件的端口尺寸，如表 1-21 所示。

热熔对接管件端口尺寸（mm）   表 1-21

公称外径 dn	端口平均外径		绝对不圆度	最小通径	最小内切削长度	最小外切削长度
	最小	最大				
63	63.0	63.4	1.5	49	5	16
75	75.0	75.5	1.6	59	6	19
90	90.0	90.6	1.8	71	6	22
110	110.0	110.6	2.2	87	8	28
125	125.0	125.8	2.5	99	8	32
160	160.0	161.0	3.2	127	8	40

聚乙烯（PE）和耐热聚乙烯（PE-RT）的电熔管件的承口尺寸，如表 1-22 所示。

电熔管件承口尺寸（mm）   表 1-22

公称外径 dn	熔融区平均内径	熔融区加热长度	管材插入长度	
			最小	最大
20	20.1	10	20	41
25	25.1	10	20	41
32	32.1	10	20	44
40	40.1	10	20	49
50	50.1	10	20	55
63	63.1	11	23	63
75	75.2	12	25	70

公称外径 dn	熔融区平均内径	熔融区加热长度	管材插入长度	
			最小	最大
90	90.3	13	28	79
110	110.3	15	32	82
125	125.4	16	35	87
160	160.6	20	42	98

聚乙烯（PE）和耐热聚乙烯（PE-RT）的承插式柔性连接承口尺寸，如表1-23所示。

承插式柔性连接承口尺寸（mm）　　　　　　　　表1-23

公称外径 dn	承口平均内径	承口长度	
		最小有效长度	承口总长度
63	64.5	83.0	119.0
75	76.5	87.0	123.0
90	92.0	89.0	135.0
110	112.0	95.0	145.0
125	127.0	98.0	150.0
160	162.5	106.0	164.0

注：承口最小有效长度为橡胶圈后的扩口部分长度。

聚乙烯类管道与附件的连接，应采用带管螺纹金属镶嵌的管件，不得以任何形式直接在塑料管材、管件上加工管螺纹。

（1）热熔连接

热熔连接就是用专用电加热工具加热连接部位，使其表面呈熔融状态后，施加压力使其连接成一体的连接方式。

1）热熔承插连接。热熔承插连接是用电加热工具同时加热管件承口的内面和管子插口的外面，待其表面熔化后，将管端插入管件承口，即完成热熔连接，如图1-12所示。热熔承插连接适用于 $dn \leqslant 63$ 的 PE 冷水管和 PE-RT、冷热水管连接，管件用注塑成型，并与管材材质相同。

热熔连接用的电加热工具一般由厂家供应，并有使用说明书，正式施工前可先做试验。

聚乙烯（PE）和耐热聚乙烯（PE-RT）管道热熔承插连接应符合如下要求：

① 管材端口外部应加工出长度不大于 4.0mm 的 30°角坡口；

② 用洁净棉布擦净，将管材、管件的待连接面擦拭干净，用热熔工具加热，面上不得有污物；

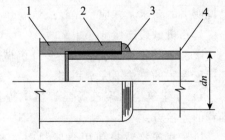

图 1-12　热熔承插连接

1—管件；2—承口；3—焊接凸缘；4—管材

③ 测量管件承口深度，并在管材插入端画出插入长度标志；

④ 用热熔承插加热工具加热管材插口外表面和管件承口内表面，准确掌握加热时间；

⑤ 待加热完成立即将连接件脱离加热器，将管子插口插入管件承口内，直至插入长度的标志位置，并保持一定压力和冷却时间；

⑥ 对一个厂家不同规格的产品，上述操作过程应经过试验，找出最佳参数。

2）热熔对接连接。热熔对接连接是用平板式电加热工具同时加热需连接的接口管壁断面（管件对管子或管子对管子），从而达到对接连接，如图 1-13 所示。热熔对接适用于 $dn \geqslant 63$ 的 PE 冷水管和 PE-RT 冷热水管的连接，材质要求与热熔承插连接相同。

聚乙烯（PE）和耐热聚乙烯（PE-RT）管道热熔对接连接，应先用热熔对接连接工具上的铣刀铣削待连接的管子端面，使其吻合并与管道轴线垂直。一般操作要求大体与热熔承插连接相同。

（2）电熔连接

电熔连接所用管件，在制作时其连接部位已埋入加热电阻丝。连接时将管材插入电熔管件内，再通电加热，即将连接部位熔融连接为一体，如图 1-14 所示。电热熔对接适用于 $dn \leqslant 160$ 的 PE 冷水管和 PE-RT 冷热水管的连接，材质要求与热熔承插连接相同。

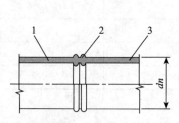

图 1-13　热熔对接连接
1—管件或管材；2—焊接凸缘；
3—管材

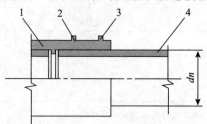

图 1-14　电熔连接
1—管件本体；2—信号眼；
3—电源插口；4—管材

电熔连接前，先用刮刀刮除管子连接部位表皮，管子端口外部坡口角度、长度等一般操作要求大体与热熔承插连接相同。电熔管件的通电电压、电流和时间应满足电熔连接工具说明书的要求，并应预先经过试验。

（3）机械式连接

聚乙烯类建筑给水管道有多种机械式连接方法，不同生产厂家采用的方法不完全相同。

1）《建筑给水聚乙烯类管道工程技术规程》CJJ/T 98 推荐的连接方式

机械式连接就是使用金属材料或高强度塑料制作的管件，用专用工具对管材与管件进行机械紧固，使之达到密封的连接方式。机械式连接方法较多，下面是较为常用的几种：

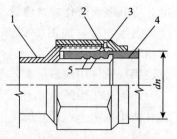

图 1-15　黄铜件卡套式连接
1—管件本体；2—C 形铜箍；
3—锁紧螺母；4—管材；
5—O 形密封圈

① 卡套式连接。黄铜件卡套式连接。图 1-15 所示的管件本体和锁紧螺母的材料为锻压黄铜，适用于 $dn20 \sim 32$ 的 PE-X 冷热水管的连接。

此种连接方式的操作方法：

A. 用专用刮刀对管材端口进行坡口，角度不小于30°，并把管子端部擦拭干净；

B. 将锁紧螺母和C型铜箍依次套入管子端部；

C. 把管子推入管件本体，直至管子端部到承口根部；

D. 应将C形铜箍推至管件承口端，最后旋紧锁紧螺母。

②增强塑料件卡套式连接。图1-16所示的管件本体和锁紧螺母的材料均为特种增强塑料，内插衬套材料为不锈钢（304），适用于$dn20\sim32$的PE-X、PE-RT、冷热水管和PE冷水管的连接。

此种连接方式的操作方法：

A. 管子坡口及清洁要求与上述相同；

B. 把不锈钢内衬套插入管材端口内；

C. 把锁紧螺母（包括锁紧圈）、C形箍、密封圈依次套入管材端部；

D. 管子端部插至管件承口根部，并将密封圈、C形箍、锁紧圈推至管材端部，最后旋紧锁紧螺母。

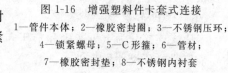

图1-16　增强塑料件卡套式连接
1—管件本体；2—橡胶密封圈；3—不锈钢压环；
4—锁紧螺母；5—C形箍；6—管材；
7—橡胶密封垫；8—不锈钢内衬套

2）标准图《交联聚乙烯（PE-X）给水管安装》02SS405-4推荐的连接方式

①卡箍式连接

卡箍式连接分为卡箍连接和卡箍套丝接两种，其连接形式和插口段详图如图1-17所示，插口段主要尺寸如表1-24所示。

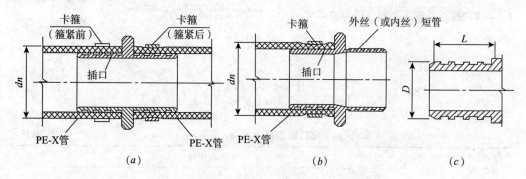

图1-17　卡箍式连接
（a）卡箍连接；（b）卡箍套丝接；（c）插口段详图

插口段主要尺寸（mm）

表1-24

公称外径 dn	外径 D	单侧长度 L
20	15.9	16.1
25	20.3	16.1
32	26.1	20

续表

公称外径 dn	外径 D	单侧长度 L
40	32.5	23.8
50	40.7	23.8
63	51.3	23.8

卡箍式连接适用于 $dn \leqslant 32$ 的热水管及 $dn \leqslant 63$ 的冷水管。冷水管接头两侧均采用一个卡箍；热水管当 $dn \leqslant 32$ 时接头两侧均采用一个卡箍，当 $dn > 32$ 时接头两侧均采用两个卡箍。PE-X 管与内螺纹阀门等附件连接时，需匹配卡箍式外丝直通件。

卡箍连接时必须采用专用的电动或液压夹紧钳夹紧卡箍环直至夹钳的卡头部二翼合拢为止，当 $dn \leqslant 32$ 时也可采用手动长钳，卡箍环夹紧后须用专用定径卡板检查卡箍环周边，以不受阻为合格。

以上图表规格尺寸系按管系列 S5 编制，采用其他系列管材时管件尺寸由管材生产厂家提供。

② 卡压式连接

卡压式连接分为卡压连接和卡压套丝接两种，其连接形式和插口段详图如图 1-18 所示，插口段主要尺寸见表 1-25。

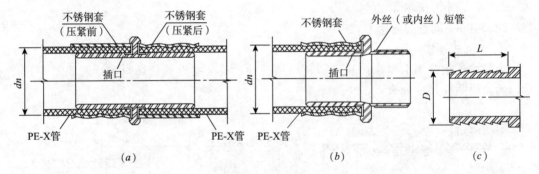

图 1-18　卡压式连接
(a) 卡压连接，(b) 卡压套丝接；(c) 插口段详图

插口段规格尺寸（mm）　　　　　　　　　　　　表 1-25

尺寸		公称外径 dn			
		32	40	50	63
L		26.0	31.0	41.0	51.0
D	管系列 S5	25.8	31.8	40.0	50.6
	管系列 S4	24.4	30.5	38.3	48.3

卡压式连接适用于 $dn \leqslant 63$ 的冷、热水管道连接，卡压式连接前应用整圆扩孔器或铰刀将管口端部整圆扩孔，管件插入后套上不锈钢套环，然后采用专用的电动或液压工具将套环压紧，当 $dn \leqslant 25$ 时也可采用手动长钳压紧。PE-X 管与内螺纹阀门等附件连接时，需匹配卡压式外丝直通件。订货时应分别注明热水管卡压接头和冷水管卡压接头的规格、数量，以满足匹配相同外径不同壁厚的管材要求。施工前应详读生产厂家的说明书。

（4）钢塑过渡连接

图 1-19 所示的钢塑过渡接头塑料端材料与管材材质为 PE 或 PE-RT，金属端为钢质，适用于 $dn32\sim160$ 的 PE 冷水管或 PE-RT 冷热水管的连接。

此种连接方式就是聚乙烯（PE）或耐热聚乙烯（PE-RT）带有金属螺纹内嵌件的管件端口与钢管外螺纹的连接。当接口附近钢管施焊时，应注意避免高温对钢塑过渡接头塑料部分的不利影响。

（5）法兰连接

图 1-20 所示的法兰连接，塑料法兰连接件的材料由与管材材质相同的 PE 或 PE-RT 注塑成型，其凸缘就是密封面，其背面是钢质活套法兰。法兰连接适用于 $dn\geqslant63$ 的 PE-X 冷水管或 PE-RT 冷热水管。

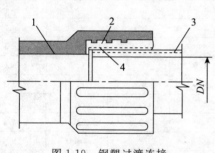

图 1-19 钢塑过渡连接

1—管件本体；2—金属内嵌件；

3—钢管；4—管螺纹

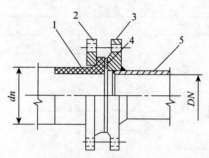

图 1-20 法兰连接

1—带凸缘的塑料端口；2—钢活套法兰；

3—钢制法兰；4—垫片；5—钢管或管件

此种连接方式的操作方法：

1）先在聚乙烯（PE）或耐热聚乙烯（PE-RT）管的凸缘密封面后面套入钢质活套法兰；

2）金属管道及其与法兰连接系按常规做法；

3）将法兰垫片放入金属管道钢质法兰与带凸缘的塑料端口之间，并使连接面配合紧密；

4）安装法兰螺栓，并按对称位置均匀适度紧固。

3. 聚丙烯类管及管件

给水用聚丙烯类管的材质主要有两种：无规共聚聚丙烯（PP-R）和耐冲击共聚聚丙烯（PP-B）。

无规共聚聚丙烯（PP-R）的聚合方式为在聚丙烯的分子结构中无规则地嵌入其他烯烃。

无规共聚聚丙烯（PP-R）管道系统的设计压力不宜大于 1.0MPa，设计温度不应低于 0℃ 且不应高于 70℃。多用于生活热水系统，也可用于给水和饮用净水系统。

耐冲击共聚聚丙烯也称为嵌段共聚聚丙烯，其共聚体由均聚聚丙烯 PP-H 和（或）无规共聚聚丙烯 PP-R 与橡胶相形成的两相或多相丙烯共聚物。

耐冲击共聚聚丙烯（PP-B）管道系统的设计压力不宜大于 1.0MPa，设计温度不应低于 0℃，且不应高于 40℃。适用于给水和饮用净水系统，不能用于生活热水系统。

管材和管件应具有正规检测机构的检测报告及生产厂家的质量合格证。为避免 PP-R

管与 PP-B 管混用，应在管材和管件上标示材料名称（PP-R 或 PP-B）。

同一个管道系统或建筑物所使用的聚丙烯管材和管件，应采用同一厂家、同一配方原料的产品，其耐温、耐压性能应符合长期要求。PP-R 不能与 PP-B 或其他塑料管材（如 PE、PVC-U、ABS 等）热熔连接。

管材规格用 $dn×en$（外径×壁厚）表示，不同管系列 S 的公称外径和公称壁厚应符合表 1-26 的规定。聚丙烯冷水管系列最小为 S5，聚丙烯热水管系列最小为 S3.2。

管材管系列和规格尺寸（mm）　　　　　　　　　　　表 1-26

公称外径 dn	平均外径		管系列				
	最小	最大	S5	S4	S3.2	S2.5	S2
			公称壁厚 en				
20	20.0	20.3	—	2.3	2.8	3.4	4.1
25	25.0	25.3	2.3	2.8	3.5	4.2	5.1
32	32.0	32.3	2.9	3.6	4.4	5.4	6.5
40	40.0	40.4	3.7	4.5	5.5	6.7	8.1
50	50.0	50.5	4.6	5.6	6.9	8.3	10.1
63	63.0	63.6	5.8	7.1	8.6	10.5	12.7
75	75.0	75.7	6.8	8.4	10.3	12.5	15.1
90	90.0	90.9	8.2	10.1	12.3	15.0	18.1
110	110.0	111.0	10.0	12.3	15.1	18.3	22.1

注：管材长度一般为 4m 或 6m，长度不应有负偏差。壁厚不得低于上表中的数值。

管件的承口尺寸

热熔承插管件承口尺寸。热熔承插管件的承口如图 1-21 所示，承口尺寸应符合表 1-27 的规定。

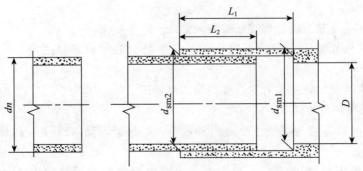

图 1-21　热熔承插管件承口

热熔承插管件承口尺寸（mm）　　　　　　　　　　表 1-27

公称外径 dn	最小承口长度 L_1	最小承插深度 L_2	承口的平均内径				最大不圆度	最小通径 D
			d_{sm2}		d_{sm1}			
			最小	最大	最小	最大		
20	14.5	11.0	18.8	19.3	19.0	19.5	0.6	13.0
25	16.0	12.5	23.5	24.1	23.8	24.4	0.7	18.0

公称外径 dn	最小承口长度 L_1	最小承插深度 L_2	承口的平均内径				最大不圆度	最小通径 D
			d_{sm2}		d_{sm1}			
			最小	最大	最小	最大		
32	18.1	14.6	30.4	31.0	30.7	31.3	0.7	25.0
40	20.5	17.0	38.3	38.9	38.7	39.3	0.7	31.0
50	23.5	20.0	48.3	48.9	48.7	49.3	0.8	39.0
63	27.4	23.9	61.1	61.7	61.6	62.2	0.8	49.0
75	31.0	27.5	71.9	72.7	73.2	74.0	1.0	58.2
90	35.5	32.0	86.4	87.4	87.8	88.8	1.2	68.8
110	41.5	38.0	105.8	106.8	107.3	108.5	1.4	85.4

注：公称外径 dn 是指与管件相连的管材的公称外径。

电熔连接管件承口尺寸。电熔连接管件的承口如图 1-22 所示，承口尺寸应符合表 1-28 的规定。

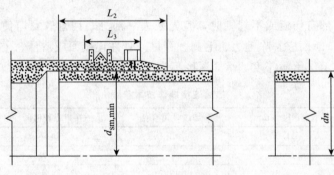

图 1-22 电熔连接管件承口

电熔连接管件承口尺寸（mm） 表 1-28

公称外径 dn	熔合段最小内径 $d_{sm,min}$	熔合段最小长度 L_3	最小承插长度 L_2	
			最小	最大
20	20.1	10	20	37
25	25.1	10	20	40
32	32.1	10	20	44
40	40.1	10	20	49
50	50.1	10	20	55
63	63.2	11	23	63
75	75.2	12	25	70
90	90.2	13	28	79
110	110.3	15	32	85

注：公称外径 dn 是指与管件相连的管材的公称外径。

给水聚丙烯管的管材和管件之间，可采用承插式热熔连接或电熔连接，当安装操作部位狭窄时，宜采用电熔连接。采用热熔或电熔连接时，应由管材生产厂提供专用的熔接机具或电熔管件。熔接机具应安全可靠，便于操作，并附有产品合格证书和使用说明书。

给水聚丙烯管与金属管件连接时，有专用管件，一端可与聚丙烯管热熔连接另一端带金属嵌件,有内螺纹和外螺纹可与金属管螺纹连接;如需法兰连接时,也有专门的法兰连接件。管道采用螺纹或法兰连接时,应由生产厂提供专用管件。直埋敷设的管道不得采用螺纹或法兰连接。

(1)承插式热熔连接

承插式热熔连接的加热构造如图 1-23 所示。热熔连接前,先检测热熔工具是否完好,加热头是否符合施工所需规格,电源电压是否符合使用要求。施工环境温度低时,热熔加热时间应稍长些。插入时用力要适度,插入深度要达到规定要求,插入太深会造成管道断面减小,插入太浅会造成接口搭接太少,使接口强度降低。

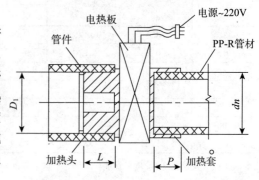

图 1-23 承插式热熔连接的加热构造示意

给水聚丙烯管道的热熔连接应按以下步骤进行:

1)当管材端部有伤痕或不规则时,宜先截去一部分,切割管材应使端面垂直于管轴线,切割后的管口断面应去除毛边、毛刺。管材与管件连接面应清洁、干燥、无油污;

2)测量并标示出承插深度,承插深度不应小于表 1-29 的要求;

热熔连接操作技术参数

表 1-29

公称外径 dn(mm)	承口深度(mm)	加热时间(s)	承插接口操作时间(s)	冷却时间(min)
20	11.0	5	4	3
25	12.5	7	4	3
32	14.6	8	4	4
40	17.0	12	6	4
50	20.0	18	6	5
63	23.9	24	6	6
75	27.5	30	10	8
90	32.0	40	10	8
110	38.0	50	15	10

3)将欲连接的承、插接口分别无旋转地插入热熔工具的加热套和加热头,插入到所标志的深度,接通电源,待到达工作温度(260±10℃)指示灯亮后方能开始进行操作;

4)不同规格管材、管件的加热时间、承插接口操作时间及冷却时间应按热熔机具生产厂家的要求掌握。如无要求时,可参照环境温度 20℃ 条件下表 1-29 所列的技术参数进行。当施工环境温度低于 20℃ 时,加热时间适当延长,若环境温度低于 5℃,加热时间应延长 50%;

5)承插接口加热完成后,立即从加热套与加热头上同时取下,迅速无旋转地插入到所标示的深度,使接头处形成均匀凸缘。$dn<63$ 可人工操作,$dn≥63$ 应采用专用进管机操作。熔接弯头、三通等具有方向性的管件时,应注意其方向应符合要求。管件与管材热熔连接剖面如图 1-24 所示;

6)在规定的承插接口操作时间内,刚熔接好的接头还可校正,但不得旋转;

7）在规定的冷却时间内，不得触动接口。

（2）电熔连接

电熔连接用于相同的热塑性塑料管材连接。电熔连接所用管件在制作时已埋入加热电阻丝。电熔连接适用于管径较大或安装部位较困难的管道安装。电熔连接加热构造如图1-25所示。

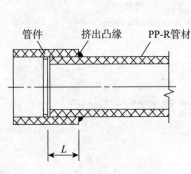

图 1-24　热熔连接剖面

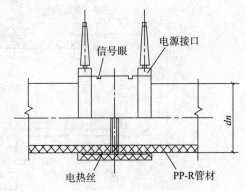

图 1-25　电熔连接加热构造

给水聚丙烯管道的电熔连接应按以下步骤进行：

1）管材的切割断面应垂直。电熔管件与管材的熔合部位保持清洁干燥；

2）测试出承插连接深度，并标示在插口端的管材上。管件、管材承插熔合连接部位的表皮应轻轻刮除；

3）通电加热的电压应符合电熔管件技术要求，电熔连接机具与电熔管件的导线连通应正确；

4）通电加热前校直对应的连接件，使其处于同一轴线上。如有三通、弯头，应注意其方向应符合要求；

5）各种规格电熔管件的标准加热时间由电熔管件生产厂家提供。一般情况下，当环境温度高于或低于20℃时，电熔连接的加热时间应按表1-30所列的加热时间修正系数进行调整。若电熔机具有温度自动补偿功能，则不需要人为调整加热时间；

电熔连接加热时间修正系数　　　　　　　　　　表 1-30

环境温度（℃）	加热时间修正系数	环境温度（℃）	加热时间修正系数
−10	1.12	+30	0.96
0	1.08	+40	0.92
+10	1.04	+50	0.88
+20	1.00		

6）电加热过程中，当信号眼内熔体有突出沿口现象，通电加热即告完成。管件与管材电熔连接剖面如图1-26所示；

7）在通电熔合及断电冷却过程中，不得触动电熔连接件管件，也不得在连接件上施加外力。

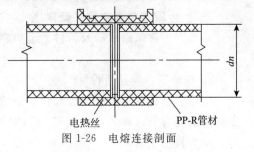

图 1-26　电熔连接剖面

（3）法兰连接

当聚丙烯管道需与钢管、阀门等采用法兰连接时，其构造如图 1-27 所示，主要尺寸如表 1-31 所示。

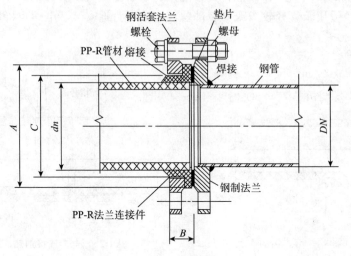

图 1-27　法兰连接

法兰连接主要尺寸（mm）　　　　　　　　　　　　　　表 1-31

dn	40	50	63	75	90	110
A	78	87	100	122	140	166
B	27	30	34	38	42	50
C	50	60	75	100	119	146

注：本表适用于管系列 S2.5。

法兰连接应符合下列要求：

1）先把钢活套法兰套在管道上；

2）聚丙烯法兰连接件与聚丙烯管道的热熔连接步骤与前面所述给水聚丙烯管道的热熔连接步骤和要求大体相同；

3）使相互连接的两片法兰垂直于管道中心线，且表面相互平行。两片法兰面相互平行是最重要的；

4）连接管道的长度应精确计算，以便紧固法兰螺栓时不使管道产生轴向拉力。法兰连接螺栓应采用镀锌件，安装方向应一致，螺栓应对称逐次紧固；

5）在法兰连接部位旁应设置支、吊架。

（三）金属塑料复合管、管件

目前用于建筑给水管及管件的金属塑料复合材料主要有两类：钢塑复合材料和铝塑复合材料。

1．钢塑复合管及管件

钢塑复合管分为衬塑钢管和涂塑钢管两种。将塑料粉末涂料涂敷于钢管内表面并经加工而成的复合管，称为涂塑钢管；用紧衬复合工艺将塑料管材衬于钢管内壁而成的复合管，称为衬塑钢管。

给水钢塑复合管适用于建筑给水工程，可用于生活冷水、热水管道系统。

涂塑镀锌焊接钢管、涂塑无缝钢管均应符合现行行业标准《给水涂塑复合钢管》CJ/T 120—2008 的要求。

衬塑镀锌焊接钢管、衬塑无缝钢管均应符合现行行业标准《给水衬塑复合钢管》CJ/T 136—2007 的要求。

涂塑钢管件、涂塑球墨铸铁管件、涂塑铸钢管件应符合现行行业标准《给水涂塑复合钢管》CJ/T 120—2008 的有关要求。

衬塑可锻铸铁管件应符合现行行业标准《给水衬塑可锻铸铁管件》的要求。给水衬塑可锻铸铁管件行业标准正在报批中。

衬（涂）塑无缝钢管、钢制管件、球墨铸铁管件目前尚无行业标准，但内衬塑和内涂塑的技术要求基本上是一致的。

（1）螺纹连接

1）管子套丝应采用套丝机。如采用手工管螺纹铰板，容易产生管螺纹轴偏心，当与衬塑可锻铸铁管件连接时，有可能造成衬塑接口损坏。套丝后用锉刀将金属管端的毛刺修光，清除管端和螺纹内的油污和金属细屑。

为了使衬（涂）塑钢管能顺利地旋入衬塑管件接口，而不至挤压坏管件接口的衬（涂）塑层，对于衬塑管应采用专用铰刀，将衬塑层厚度的 $\frac{1}{2}$ 倒角，倒角坡度宜为 $10°\sim15°$；对于涂塑管应用套丝机的铰刀加工出轻微内倒角。

2）管端螺纹清理后，采用防锈密封胶和聚四氟乙烯生料带缠绕螺纹，再与衬塑管件连接。连接后，管子外露的螺纹部分及所有管子钳牙痕、表面损伤部位应涂防锈密封胶。

钢塑复合管系统不得采用非衬塑可锻铸铁管件。

3）对于阀门之类的接口内无衬塑的附件，与管道连接时，显然与衬塑管件接口的连接公差不同，故需采用黄铜质内衬塑的内外螺纹专用过渡管接头。

4）对用厌氧密封胶密封的管接头，养护期不得少于 24h，其间不得进行水压试验。

（2）法兰连接

1）通常采用凸面板式平焊法兰，如采用凸面带颈螺纹钢制管法兰应符合《凸面带颈螺纹钢制管法兰》GB/T 9114.1～9114.3—2010 的要求，但只宜用于公称管径不大于 100mm 的钢塑复合管的连接；法兰的压力等级应与管道的工作压力相匹配。

2）由于法兰与管道焊接会破坏钢塑复合管的内衬（涂）塑层，因而钢塑复合管的法兰连接应根据现场情况和技术条件的不同，采取一次安装法或二次安装法。

一次安装法就是经施工现场实际测量，绘制出单线管道图，然后送专业加工厂按图进行管段、管件制作和内衬（涂）塑层加工，再运回现场由施工单位进行安装。

二次安装法就是在现场用非涂（衬）钢管与管件或法兰焊接，并拼装成管段进行预安装，准确无误后，再拆卸成管段，运到专业厂进行内衬（涂）塑层加工，然后再运回现场进行二次安装。当采用二次安装法时，管段预安装后拆卸的管段、管件、阀件和法兰均应做出标记，以免二次安装时出差错。

（3）沟槽式连接

关于管道安装的沟槽式连接的基本方法，参见本书第四章第二节中的"管道的沟槽式连接"中的相关内容，并应注意以下几点：

1）沟槽式连接适用于公称直径不小于 65mm 的涂（衬）塑钢管。

2）沟槽式连接应采取在现场测量、机械切割断管、专用滚槽机压槽后，到专业厂进行内衬（涂）塑层加工，最后回现场安装的方法。但需注意以下细节：

① 机械切割断管应垂直于管子轴线。管径不大于 100mm 时，偏差不大于 1mm；管径大于 125mm 时，偏差不大于 1.5mm；

② 管壁端面应平整光滑，不得有划伤橡胶圈或影响密封的毛刺。管外壁端面应用机械加工出 $\frac{1}{2} \sim \frac{1}{3}$ 壁厚的圆弧倒角；

③ 计算连接管段的实际长度，应考虑到管子断料占用的长度，沟槽式接口之间还应有一定的间隙，并且会因管子口径的大小而不同；

④ 用专用滚槽机压槽时管段应保持水平，钢管与滚槽机止面呈 90°。压槽深度控制应逐圈渐进，沟槽深度及公差参见表 1-32。沟槽过深会大大影响管子接口强度，应作废品处理；

沟槽深度及公差 （mm）

表 1-32

管径	沟槽深度	公差
≤80	2.20	+0.3
100～150	2.20	+0.3
200～250	2.50	+0.3
300	3.00	+0.5

⑤ 管段的内涂（衬）塑层加工质量应符合相关标准的要求，除涂（衬）内壁外，还应涂（衬）管口端面和管端外壁与橡胶密封圈接触的部位；

⑥ 沟槽式连接采用的密封圈，既要有密封钢管与钢管对接接缝的止水功能，又要隔绝衬塑复合钢管断面与水的接触，达到防腐蚀的作用。热水管道的沟槽式管接头应采用耐温型橡胶密封圈，饮用水管道的橡胶材质应符合现行国家相关标准；

⑦ 管道采用沟槽式连接，无须另外考虑其热胀冷缩的补偿问题。

（4）钢塑复合管安装应注意以下几点

1）钢塑复合管的切割应使用手工钢锯或锯床。不得采用砂轮切割机切割，否则容易产生高温而造成内衬（涂）塑料层的熔化损坏。当采用盘锯切割时，其转速不得大于 800r/min，以免内衬（涂）塑料层受热损坏。

2）如采用沟槽式连接，压槽应采用专用滚槽机。

3）衬（涂）塑钢管一般可用 45°弯头管件解决管道的轴向偏置，当偏置尺寸更小，不便用 45°弯头时，管径不大于 50mm 的管子应采用弯管机冷弯，但弯曲半径不得小于 8 倍管径，弯曲角度不得大于 10°。8 倍、10°数据来源于前述行业标准的规定。因为衬（涂）塑钢管弯曲角度与内衬（涂）材料有关，弯曲角度不宜太大。随着材料科技的进步和加工工艺的改进，上述数据可能会发生改变，施工中应以生产厂家的说明书为准。

衬（涂）塑钢管不得采用热弯，因为高温会完全破坏钢塑复合管的内衬（涂）塑层。

4）钢塑复合管不得埋设于钢筋混凝土结构层中。

5）管道穿越楼板，应预留孔洞或预埋套管。管道穿越钢筋混凝土水箱（池）壁（底），应按设计要求，预埋刚性或柔性防水套管，安装管道时做好密封。

6）管道在墙内暗设需开管槽，管槽的宽度为管道外径加 30mm，管槽的坡度应与管道坡度要求一致。

2. 铝塑复合管及管件

铝塑复合管管壁通常由五层结构组成：内、外层为聚乙烯或交联聚乙烯塑料；中间层为铝或铝合金，按焊接方式又分为超声波搭接焊和氩弧对接焊；铝合金层与内、外塑料层之间为胶粘层。

铝塑复合管的不同品种规格可分别适用于民用建筑工程中长期工作温度不超过 40～95℃，工作压力为 0.6～0.8MPa，公称外径 $dn \leqslant 75$ 的室内冷、热水管道。但不得用于室内消防管道和与消防管道系统相连接的其他给水系统。

铝塑复合管的现行国家标准为《铝塑复合压力管》GB/T 18997—2003 中第一部分：铝管搭接焊式铝塑管（GB/T 18997.1）和第二部分：铝管对接焊式铝塑管（GB/T 18997.2）。

（1）分类

1）铝管搭接焊式铝塑管。铝管搭接焊式铝塑管的结构如图 1-28 所示，铝塑管的品种分类见表 1-33，结构尺寸见表 1-34。

铝管搭接焊式铝塑管形式：

PAP 表示：聚乙烯/铝合金/聚乙烯

XPAP 表示：交联聚乙烯/铝合金/交联聚乙烯

搭接焊式铝塑管的品种分类

表 1-33

流体类别	用途代号	铝塑管代号	长期工作温度 T_0（℃）	允许工作压力 P_0（MPa）
冷水	L	PAP	40	1.25
冷热水	R	PAP	60	1.00
			75	0.82
			82	0.69
		XPAP	75	1.00
			82	0.86

铝塑管的结构尺寸（mm）

表 1-34

公称外径 dn	公差	参考内径 d_i	圆度		管壁厚度 e_m		塑料层最小壁厚		铝管层最小壁厚 e_a
			盘管	直管	最小值	公差	内层 e_n	外层 e_w	
12		8.3	≤0.80	≤0.4	1.6		0.70		0.18
16		12.1	≤1.0	≤0.5	1.7		0.90		
20		15.7	≤1.2	≤0.6	1.9	+0.50	1.0		0.23
25	+0.30	19.9	≤1.5	≤0.8	2.3		1.1		
32		25.7	≤2.0	≤1.0	2.9		1.2	0.4	0.28
40		31.6	≤2.4	≤1.2	3.9	+0.60	1.7		0.33
50		40.5	≤3.0	≤1.5	4.4	+0.70	1.7		0.47
63	+0.40	50.5	≤3.8	≤1.9	5.8	+0.90	2.1		0.57
75	+0.60	59.3	≤4.5	≤2.3	7.3	+1.10	2.8		0.67

2）铝管对接焊式铝塑管。铝管对接焊式铝塑管的结构如图 1-29 所示，管材的品种分类如表 1-35 所示。

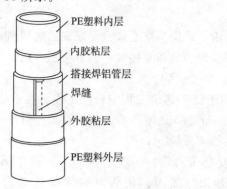

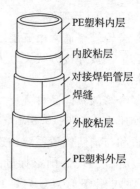

图 1-28 铝管搭接焊式铝塑管结构　　　　图 1-29 铝管对接焊式铝塑管结构

对接焊式铝塑管的品种分类

表 1-35

流体类别	用途代号	铝塑管代号	长期工作温度 T_o（℃）	允许工作压力 P_o（MPa）
冷水	L	PAP3，PAP4	40	1.40
		XPAP1，XPAP2		2.00
冷热水	R	PAP3，PAP4	60	1.00
		XPAP1，XPAP2	75	1.50
		XPAP1，XPAP2	95	1.25

建筑给水铝塑复合管安装，除参照执行《建筑给水铝塑复合管管道工程技术规程》CECSL05：2000、标准图 02SS405-3《铝塑复合给水管安装》外，尚应符合《建筑给水排水及供暖工程施工质量验收规范》GB 50242—2002 的有关规定。

（2）连接方式

1）卡压式接头

卡压式接头也称卡箍式接头，其金属部件材料为不锈钢或铜质。连接前先将铝塑复合管口端部擦拭干净，用专用整圆扩口器或铰刀将管口端部整圆，再将管件插入管口内，最后将套在管道外的紫铜套筒用专用压紧工具夹紧，即完成连接。卡压式接头压紧后不可拆卸。卡压式接头的结构如图 1-30 所示。

2）卡套式接头

卡套式接头也称螺纹压紧式接头，其金属部件材料为不锈钢或黄铜。连接前将铝塑复合管口端部擦拭干净，用专用整圆扩口器或铰刀将管口端部整圆后，先将连接螺帽和卡套套入铝塑管端部，再将铝塑管端部插入管接头内，同时管件的内芯也就插入了铝塑管口内，最后锁紧接头连接螺帽，管道外的 C 形卡套收紧，即完成连接。卡套式接头拧紧后可以拆卸，但垫圈与管件紧固在一起，不能拆分。卡套式接头的结构如图 1-31 所示。

3）螺纹挤压式接头

螺纹挤压式接头的金属部件为黄铜铸造。铝塑管与螺纹挤压式管件连接时，先将铝塑

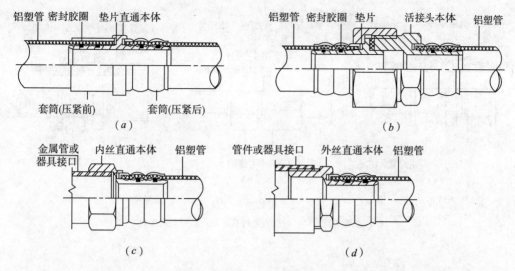

图 1-30 卡压式接头

(*a*) 直通连接；(*b*) 活接头连接；(*c*) 内丝直通连接；(*d*) 外丝直通连接

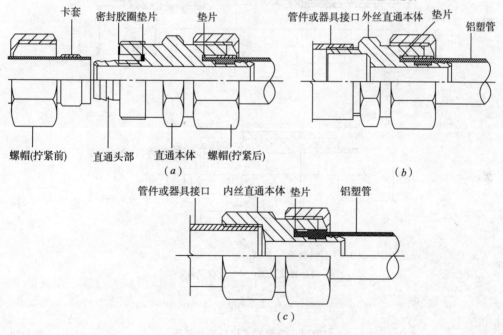

图 1-31 卡套式接头

(*a*) 直通连接；(*b*) 外丝直通连接；(*c*) 内丝直通连接

复合管口端部擦拭干净，用专用整圆扩口器或铰刀将管口端部整圆，将连接螺帽和塑料密封胶圈套入铝塑管端部，再将铝塑管端部插入管接头内，最后锁紧接头连接螺帽，完成连接。锁紧连接后，管件与铝塑管紧固在一起，不能拆分，适用于 $dn \leqslant 32$ 的管道连接。螺纹挤压式接头的结构如图 1-32 所示。

4）过渡连接

① 铝塑管与 PVC-U、PP-R 管道的连接如图 1-33 所示，过渡接头各部的名称规格及材料如表 1-36 所示。

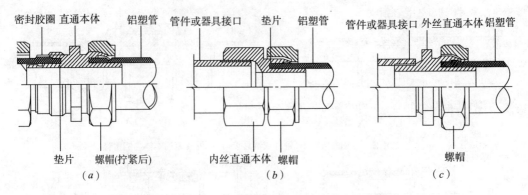

图 1-32 螺纹挤压式接头

（a）直通连接；（b）内丝直通连接；（c）外丝直通连接

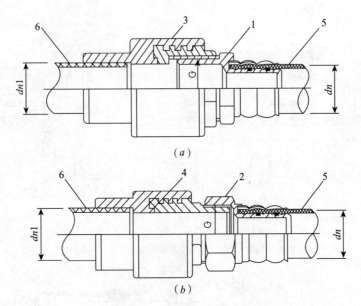

图 1-33 铝塑管与 PVC-U、PP-R 管道的连接

（a）内丝直通连接；（b）外丝直通连接

部件号 1～6，见表 1-36

过渡接头各部的名称规格及材料 表 1-36

件 号	名 称	规 格	材 料
1	卡压式外丝直通	$dn \times G：20 \times \frac{1}{2} \sim 1，25 \times \frac{1}{2} \sim 1，32 \times \frac{1}{2} \sim 1\frac{1}{4}，$ $40 \times 1\frac{1}{4} \sim 2，50 \times 1\frac{1}{4} \sim 2$	不锈钢
2	卡压式内丝直通	$dn \times G：20 \times \frac{1}{2} \sim 1，25 \times \frac{1}{2} \sim 1，32 \times \frac{3}{4} \sim 1\frac{1}{4}，$ $40 \times 1\frac{1}{2}，50 \times 1\frac{1}{2}，50 \times 2$	不锈钢
3	PVC-U 或 PP-R 内丝直通	$dn1 \times G：20 \times \frac{1}{2}，25 \times \frac{1}{2}，25 \times \frac{3}{4}，$ $32 \times 1，40 \times 1\frac{1}{4}，50 \times 1\frac{1}{2}$	PVC-U 或 PP-R 内嵌黄铜或不锈钢

件 号	名 称	规 格	材 料
4	PVC-U 或 PP-R 外丝直通	$dn1 \times G: 20 \times \frac{1}{2}, 25 \times \frac{1}{2}, 25 \times \frac{3}{4},$ $32 \times 1, 40 \times 1\frac{1}{4}, 50 \times 1\frac{1}{2}$	PVC-U 或 PP-R 内嵌黄铜或不锈钢
5	铝塑管	$dn = 20, 25, 32, 40, 50$	铝塑复合
6	PVC-U 或 PP-R 管	$dn1 = 20, 25, 32, 40, 50$	PVC-U 或 PP-R

注：规格栏中 $dn \times G$，dn 表示铝塑管外径（mm），G 表示管螺纹（in）。

铝塑管的类别从管材颜色上也有区分，冷水用管材为黑色、蓝色或白色，热水用管材为橙红色。

② 铝塑管与 PE-X 管的连接如图 1-34 所示，过渡接头各部的名称规格及材料如表 1-37 所示。

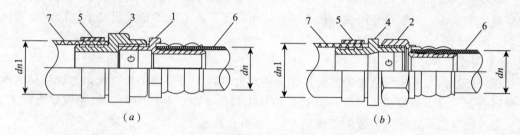

图 1-34　铝塑管与 PE-X 管道的连接

（a）内丝直通连接；（b）外丝直通连接

部件号 1～7，见 1-37

过渡接头各部的名称规格及材料　　　　　　　　　　　　表 1-37

件 号	名 称	规 格	材 料
1	卡压式外丝直通	$dn \times G: 20 \times \frac{1}{2} \sim 1, 25 \times \frac{1}{2} \sim 1, 32 \times \frac{1}{2} \sim 1\frac{1}{4},$ $40 \times 1\frac{1}{4} \sim 2, 50 \times 1\frac{1}{4} \sim 2$	不锈钢
2	卡压式内丝直通	$dn \times G: 20 \times \frac{1}{2} \sim 1, 25 \times \frac{1}{2} \sim 1, 32 \times \frac{3}{4} \sim 1\frac{1}{4},$ $40 \times 1\frac{1}{2}, 50 \times 1\frac{1}{2}, 50 \times 2$	不锈钢
3	PE-X 内丝直通	$dn1 \times G: 20 \times \frac{1}{2}, 25 \times \frac{1}{2}, 25 \times \frac{3}{4},$ $25 \times 1, 32 \times \frac{3}{4}, 32 \times 1, 40 \times \frac{3}{4}, 50 \times \frac{3}{4}$	PE-X 内嵌黄铜或不锈钢
4	PE-X 外丝直通	$dn1 \times G: 20 \times \frac{1}{2}, 25 \times \frac{1}{2}, 25 \times \frac{3}{4},$ $25 \times 1, 32 \times \frac{3}{4}, 32 \times 1, 40 \times \frac{3}{4}, 50 \times \frac{3}{4}$	PE-X 内嵌黄铜或不锈钢
5	卡箍	$dn1 \times G: 20, 25, 32, 40, 50$	黄铜或不锈钢
6	铝塑管	$dn = 20, 25, 32, 40, 50$	铝塑复合
7	PE-X 管	$dn1 = 20, 25, 32, 40, 50$	PE-X

注：规格栏中 $dn \times G$，dn 表示铝塑管外径（mm），G 表示管螺纹（in）。

（四）直埋管

直埋管是近些年来出现的一种具有优异保温性能、防水性能、耐腐蚀性能和施工性能的管材，其结构特点是在钢管外包覆有聚氨酯泡沫塑料保温层，在保温层外包覆有高密度聚乙烯保护层（或玻璃纤维增强塑料）。这类直埋管道可用于输送热水、低温介质，并广泛地应用于建筑供暖的工程中，故在本书的第三章"建筑供暖工程"中予以详细介绍。

（五）附件与水表

1. 附件

给水管道附件是安装在管道及设备上的具有启闭或调节功能、保障系统正常运行的装置，分为配水附件、控制附件与其他附件三类。

（1）配水附件

配水附件是指为各类卫生洁具或受水器分配或调节水流的各式水龙头（或阀件），是使用最为频繁的管道附件，产品应符合节水、耐用、开关灵便、美观等要求。

1）旋塞式水龙头

旋塞式水龙头的手柄旋转 90°即完全开启，可在短时间内获得较大流量；由于启闭迅速容易产生水击，一般设在浴池、洗衣房、开水间等压力不大的给水设备上。因水流直线流动，阻力较小。

2）陶瓷芯片水龙头

陶瓷芯片水龙头采用精密的陶瓷片作为密封材料，由动片和定片组成，通过手柄的水平旋转或上下提压造成动片与定片的相对位移以启闭水源，使用方便，但水流阻力较大。陶瓷芯片硬度极高，优质陶瓷阀芯使用 10 年也不会漏水。

3）延时自闭水龙头

延时自闭水龙头主要用于酒店及商场等公共场所的洗手间，使用时将按钮下压，每次开启持续一定时间后，靠水压力及弹簧的增压而自动关闭水流，能够有效避免"长流水"现象，避免浪费。

4）混合水龙头

混合水龙头安装在洗面盆、浴盆等卫生器具上，通过控制冷、热水流量调节水温，作用相当于两个水龙头，使用时将手柄上下移动控制流量，左右偏转调节水温。

5）自动控制水龙头

自动控制水龙头是根据光电效应、电容效应、电磁感应等原理，自动控制水龙头的启闭，常用于建筑装饰标准较高的盥洗、淋浴、饮水等的水流控制，具有防止交叉感染、提高卫生水平及舒适程度的功能。

（2）控制附件

控制附件是用于调节水量、水压、关断水流、控制水流方向、水位的各式阀门。控制附件应符合性能稳定、操作方便、便于自动控制、精度高等要求。

1）闸阀

闸阀是指关闭件（闸板）由阀杆带动，沿阀座密封面作升降运动的阀门，一般用于 $DN \geqslant 70mm$ 的管路。

2）截止阀

截止阀是指关闭件（阀瓣）由阀杆带动，沿阀座（密封面）轴线作升降运动的阀门。截止阀具有开启高度小、关闭严密、在开闭过程中密封面的摩擦力比闸阀小、耐磨等优点；但截止阀的水头损失较大，由于开闭力矩较大，结构长度较大，一般用于 $DN \leqslant$

200mm 的管道。需调节流量、水压时，宜采用截止阀；在水流需双向流动的管段上不得使用截止阀。

3）球阀

球阀是指启闭件（球体）绕垂直于通路的轴线旋转的阀门，在管路中用来做切断、分配和改变介质的流动方向，适用于安装空间小的场所。球阀具有流体阻力小、结构简单、体积小、重量轻、开闭迅速等优点；缺点是容易产生水击。

4）蝶阀

蝶阀是指启闭件（蝶板）绕固定轴旋转的阀门。蝶阀具有操作力矩小、开闭时间短、安装空间小、重量轻等优点；蝶阀的主要缺点是蝶板占据一定的过水断面，增大水头损失，且易挂积杂物和纤维。

5）止回阀

止回阀是指启闭件（阀瓣或阀芯）借介质作用力，自动阻止介质逆流的阀门。一般安装在引入管、密闭的水加热器或用水设备的进水管、水泵出水管上、进出水管合用一条管道的水箱（塔、池）的出水管段上。根据启闭件动作方式的不同，可进一步分为旋启式止回阀、升降式止回阀、消声止回阀、缓闭止回阀等类型。

6）浮球阀

浮球阀广泛用于工矿企业、民用建筑中各种水箱，水池，水塔的进水管路中，通过浮球的调节作用来维持水箱（池、塔）的水位。

7）减压阀

当给水管网的压力高于配水点允许的最高使用压力时，应设置减压阀，给水系统中常用的减压阀有比例式减压阀和可调式减压阀两种。比例式减压阀用于阀后压力允许波动的场合，垂直安装，减压比不宜大于 3∶1；可调式减压阀用于阀后压力要求稳定的场合，水平安装，阀前与阀后的最大压差不应大于 0.4MPa。

8）泄压阀

泄压阀与水泵配套使用，主要安装在供水系统中的泄水旁路上，可保证供水系统的水压不超过主阀上导阀的设定值，确保供水管路、阀门及其他设备的安全。

9）安全阀

安全阀可以防止系统内压力超过预定的安全值，它利用介质本身的力量排出额定数量的流体，不需借助任何外力，当压力恢复正常后，阀门再行关闭并阻止介质继续流出。安全阀的泄流量很小，主要用于释放压力容器因超温引起的超压。

10）多功能阀

多功能阀兼有电动阀、止回阀和水锤消除器的功能，一般装在口径较大的水泵出水管路的水平管段上。

11）紧急关闭阀

紧急关闭阀常用于生活小区中消防用水与生活用水并联的供水系统中，当消防用水时，阀门自动紧急关闭，切断生活水，保证消防水，当消防结束时，阀门自动打开，恢复生活供水。

（3）其他附件

在给水系统的适当位置，经常需要安装一些保障系统正常运行、延长设备使用寿命、改善系统工作性能的附件，如排气阀、橡胶接头、伸缩器、过滤器、倒流防止器、水锤消除器等。

1）排气阀

排气阀是用来排除集积在管中的空气，以提高管线的使用效率。在间歇性使用的给水管网末端和最高点、自动补气式气压给水系统配水管网的最高点、给水管网有明显起伏可能积聚空气管段的峰点应设置自动排气阀。

2）橡胶接头

橡胶接头是由织物增强的橡胶件与活接头或金属法兰组成，用于管道吸收振动、降低噪声，补偿因各种因素引起的水平位移、轴向位移、角度偏移。

3）伸缩器

管道伸缩器可在一定的范围内轴向伸缩，也能在一定的角度范围内克服因管道对接不同轴而产生的偏移。它既能极大地方便各种管道、水泵、水表、阀门、管道的安装与拆卸，也可补偿管道因温差引起的伸缩变形、代替 U 形管。

4）管道过滤器

过滤器用于除去液体中少量固体颗粒，安装在水泵吸水管、水加热器进水管、换热装置的循环冷却水进水管上，以及进水总表、住宅进户水表、减压阀、自动水位控制阀，温度调节阀等阀件前，保护设备免受杂质的冲刷、磨损、淤积和堵塞，保证设备正常运行，延长设备的使用寿命。

5）倒流防止器

倒流防止器也称防污隔断阀，由两个止回阀中间加一个排水器组成，用于防止生活饮用水管道发生回流污染。倒流防止器与止回阀的区别在于：止回阀只是引导水流单向流动的阀门，不是防止倒流污染的有效装置；管道倒流防止器具有止回阀的功能，而止回阀则不具备管道倒流防止器的功能，设管道倒流防止器后，不需再设止回阀。

6）水锤消除器

水锤消除器在高层建筑物内用于消除因阀门或水泵快速开、闭所引起管路中压力骤然升高的水锤危害，减少水锤压力对管路及设备的破坏，可安装在水平、垂直、甚至倾斜的管路中。

2. 水表

水表用于计量建筑物的用水量，通常设置在建筑物的引入管、住宅和公寓建筑的分户配水支管以及公用建筑物内需计量水量的水管上，具有累计功能的流量计可以替代水表。

根据工作原理可将水表分为流速式和容积式两类，容积式水表要求通过的水质良好，精密度高，但构造复杂，我国很少使用，在建筑给水系统中普遍使用的是流速式水表。流速式水表是根据当管径一定时，水流速度与流量成正比的原理制成的。流速式水表按叶轮构造不同可进一步分为旋翼式、螺翼式和复式三种；按水流方向不同可分为立式和水平式两种；按计数机件所处状态不同可分为干式和湿式两种；按适用介质温度不同分为冷水表和热水表两种。远传式水表、IC 卡智能水表是现代计算机技术、电子信息技术、通信技术与水表计量技术结合的产物。

（1）水表安装注意事项如下：

1）水表安装应在室内墙体砌筑和抹灰完成后进行。

2）室内给水干管、立管已安装完成，将水表安装位置的管接头按要求预留出。

（2）施工工艺　水表安装时应按下列施工工艺要求，在施工过程中进行质量监控。

1）先检查水表的型号、规格与设计要求相符，要有产品质量检验合格证。

2）核对预留水表分支的接头、口径、标高和水表位置，应满足施工安装的技术要求。

3）安装时应在墙上标出水表、阀门、活节等配件安装位置及水表前后所需直线管段长度，再由前往后逐段测量，进行配管连接。

4）水表安装时要注意水表箭头方向应与流水方向相一致；对螺翼式水表，表前与阀门应有 8～10 倍水表直径的直线管段；对其他水表，表前后应有不小于 300mm 的直线管段。

5）水表支管除表前后需有直线管段外，其他超出部分管段应按弯沿墙敷设，支管长度大于 1.2m 时，应设管卡固定。

四、升压与贮水设备

（一）升压设备——水泵

在室外给水管网压力经常或周期性不足的情况下，为了保证室内给水管网所需压力，常设置升压设备。

水泵是给水系统中的主要升压设备，除了直接给水方式和单设水箱给水方式以外，其他给水方式都需要使用水泵。在建筑给水系统中，较多采用离心式水泵。

离心式水泵的工作方式有吸入式和自灌式两种：泵轴高于吸水池水面的叫吸入式，需要配置抽气或灌水装置（如真空泵、底阀、水射器等）；自灌式吸水是指水泵启动时，卧式水泵的泵壳内应全部充满水，立式水泵至少第一级泵壳内应充满水。自灌式吸水不仅可省掉真空泵等抽气设备，且有利于实现水泵的自动控制。水泵宜采用自灌式充水。

每台水泵宜设独立的吸水管，以免相邻水泵抽水时相互影响。自灌式吸水的水泵吸水管上要设阀门，并宜装设管道过滤器。多台水泵共用吸水管时，可采用单独从吸水总管上自灌吸水，从安全角度出发，吸水总管伸入水池的引水管不宜少于两条，每条上均应设闸阀，当一条引水管发生故障时，其余引水管应满足全部设计流量。

水泵出水管上要设阀门、止回阀和压力表，并宜有防水锤措施，如采用缓闭止回阀、气囊式水锤消除器等。

（二）气压给水设备

气压给水设备利用密闭罐中压缩空气的压力变化，调节和压送水量，起到增压和水量调节作用。

气压给水方式投资不大，技术难度不大，安装就位方便，但由于气压给水设备调节容量较小，耗钢材量大，对电源有相对可靠的要求，且不节能（启动频繁，耗能多），故目前多用作消防系统（消火栓系统和自动喷水灭火系统）中的稳压装置，以及一些有隐蔽或抗震要求的建筑给水系统中。选择气压给水系统时，根据工程具体条件可采用高位气压给水系统，也可采用低位气压给水系统。一般应采用自灌式气压给水系统，在条件受到限制时，可选用抽吸式气压给水系统。

按气压给水设备输水压力稳定性，可分为变压式和定压式两类。按气压给水设备罐内气、水接触方式，可分为补气式和隔膜式两类。

1. 变压式与定压式

变压式气压给水设备在向建筑内部给水管网输水过程中，水压处于变化状态。按照气水同罐或是气水分罐，又分为单罐式、双罐式。图1-35为单罐式变压式气压给水设备，罐内的水在压缩空气起始压力 P_2 的作用下，由气压作用送至室内给水管网。随着罐内水位的下降，压缩空气体积膨胀，气体压力减小，当压力降至最小工作压力 P_1 时，压力信号器动作启动水泵。水泵出水进入室内给水管网的同时向罐内补水，罐内水位再次上升，空气压力逐渐恢复到 P_2 时，压力信号器动作停泵，随后由气压水罐向管网供水。

定压式气压给水设备是在单罐变压式气压给水设备的供水管上安装了压力调节阀，或是在双罐变压式气压给水设备的压缩空气连通管上安装压力调节阀，如图1-36所示。将阀出口气压控制在要求范围内，以使供水压力稳定。

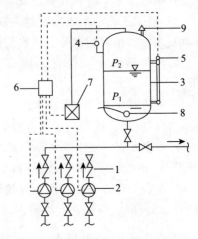

图1-35 单罐式变压式气压给水设备
1—止回阀；2—水泵；3—气压水罐；
4—压力信号器；5—液位信号器；
6—控制器；7—补气装置；
8—排气阀；9—安全阀

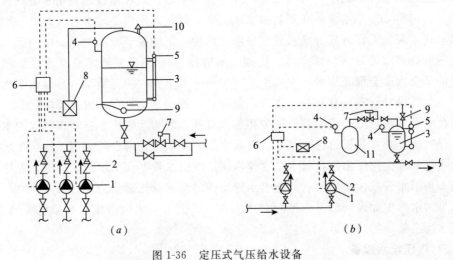

(a) (b)

图1-36 定压式气压给水设备
(a) 单罐；(b) 双罐
1—水泵；2—止回阀；3—气压水罐；4—压力信号器；5—液位信号器；6—控制器；
7—压力调节阀；8—补气装置；9—排气阀；10—安全阀；11—贮气罐

2. 补气式与隔膜式

补气式气压给水设备是指在气压水罐中气、水直接接触，设备运行过程中，部分气体溶于水中，随着气量的减少，罐内压力下降，为保证给水系统的设计工况需设补气调压装置。

隔膜式气压给水设备在气压水罐中设置弹性橡胶隔膜将气、水分离，不但水质不易污染，气体也不会溶入水中，故不需设补气调压装置。橡胶隔膜主要有帽形、囊形两类，囊形隔膜又有球、梨、斗、筒、折、胆囊之分，两类隔膜均固定在罐体法兰盘上，如图1-37所示。此外，补气和隔膜式气压给水设备另附有补气调压装置和隔膜。

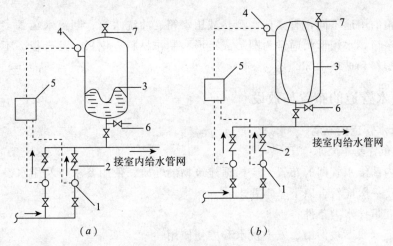

图 1-37 隔膜式气压给水设备

(*a*) 帽形隔膜; (*b*) 胆囊形隔膜

1—水泵; 2—止回阀; 3—隔膜式气压水罐; 4—压力信号器;

5—控制器; 6—泄水阀; 7—安全阀

(三) 贮水设备

1. 贮水池

贮水池是储存和调节水量的构筑物,用于调节生活(生产)用水量、储备消防水量和生产事故备用水量,按照用途分为(低位)生活用水贮水池(箱)和消防水池。贮水池一般设置在建筑物的地下室内,多邻近水泵房布置,不宜毗邻电气用房和居住用房或在其下方。

贮水池应设进、出水管、溢流管、泄水管和水位信号装置,溢流管管径宜比进水管管径大 1 级,泄空管管径应按水池(箱)泄空时间和泄水受体的排泄能力确定,一般可按 2h 内将池内存水全部泄空进行计算,但最小不得小于 100mm。顶部应设有人孔,一般宜为 800~1000mm。池内宜设有水泵吸水坑,吸水坑的大小和深度应满足水泵吸水管的安装要求,应利于水泵自吸抽水。

建筑物内低位生活用水贮水池(箱)的选址、构造、配管设计等均应满足防止水质污染的要求。其有效容积应按流入量和出水量的变化曲线经计算确定,资料不足时宜按最高日用水量的 20%~25% 确定。

2. 吸水井

当室外给水管网能满足建筑内所需水量,而供水部门不允许水泵直接从外网抽水时,可设置仅满足水泵吸水要求(无调节要求)的吸水井。

吸水井的有效容积不应小于 1 台水泵 3min 的设计流量,并应满足吸水管的布置、安装、检修和防止水深过浅水泵进气等正常工作要求,其最小尺寸如图 1-38 所示。

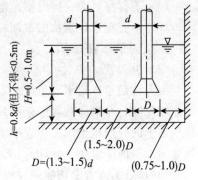

图 1-38 吸水管的最小尺寸

3. 水箱

根据水箱的用途不同，有高位水箱、减压水箱、冲洗水箱、断流水箱等多种，最为常用的为高位水箱。水箱形状通常为圆形或矩形。制作材料有钢板、复合板、不锈钢板、钢筋混凝土、塑料和玻璃钢等。

五、给水管道的布置与敷设

（一）给水管道的布置

1. 管道布置基本要求

建筑物内部给水管网的布置，应根据建筑物的性质、使用要求以及用水设备的位置等因素来确定，一般应符合以下基本要求：

（1）保证最佳水力条件；

（2）保证水质不被污染、安全供水和方便使用；

（3）不影响建筑物的使用功能和美观；

（4）利于检修和维护管理。

2. 给水管道的布置原则

为满足以上基本要求，室内给水管道的布置应尽量满足以下原则：

（1）力求管线短而直，以求经济节约，短可节约管材，直可减小能量损失；

（2）平面布置时尽量将有用水器具的房间相连靠拢；

（3）室内管道应尽可能呈直线走向，与墙、梁、柱平行或垂直布置，美观且施工检修方便；

（4）主要管道应尽量靠近用水量最大的，或不容许间断供水的用水器具，以保证供水安全可靠，并尽量减少管道中的转输流量，尽量缩短大口径管道的长度；

（5）工厂车间的给水管道，架空布置时，应不妨碍生产操作及车间内的交通运输，不允许将管道布置在遇水可能引起爆炸、燃烧或损坏的原料、产品或设备上面；也应尽量不在设备上方通过，避免管道漏水引起破坏或危险；在管道直接埋设在地下时，应避免重压或震动；不允许管道穿越设备基础，特殊情况下，必须穿越设备基础时，应与有关专业协商处理；

（6）给水管道不得布置在风道、烟道、排水沟内，不允许穿大小便槽，当立管位于小便槽端部≤0.5m时，在小便槽端部应有建筑隔断措施；

（7）不得穿过变、配电室、电梯机房；

（8）不宜穿过建筑物的伸缩缝或沉降缝。

3. 管道的布置要求

（1）引入管

引入管是室外给水管道进入室内给水管道系统的管段。引入管的覆土深度，应根据土壤冰冻深度、车辆荷载等因素确定。管顶最小覆土深度不得小于土壤冰冻线以下0.15m，行车道下的管线覆土深度不宜小于0.7m。建筑内埋地管在无活荷载和冰冻影响的条件下，其管顶距地面不宜小于0.3m。另外还需注意以下几点：

1）每条引入管上均应装设阀门和水表，必要时还要有泄水装置；

2）引入管应有不小于0.003的坡度，坡向室外给水管网；

3）引入管或其他管道穿越基础或承重墙时，要预留洞口，管顶和洞口间的净空一般不小于 0.15m；

4）引入管或其他管道穿越地下室或地下构筑物外墙时，应采取防水措施，根据情况采用柔性防水套管或刚性防水套管。

（2）干管和立管

1）给水横管应有 0.002～0.005 的坡度坡向可以泄水的方向。

2）与其他管道同地沟或共支架敷设时，给水管应在热水管、蒸汽管的下面，在空调水管或排水管的上面；给水管不得与输送有害、有毒介质的管道、易燃介质管道同地沟敷设。

3）给水立管和装有 3 个或 3 个以上配水点的支管，在始端均应装设阀门和活接头。

4）单根立管穿过现浇楼板应预留正方形孔洞，其管径与孔洞的关系为：$DN32$ 以下为 $80mm \times 80mm$，$DN32 \sim DN50$ 为 $100mm \times 100mm$，$DN70 \sim DN80$ 为 $160mm \times 160mm$，$DN100 \sim DN125$ 为 $250mm \times 250mm$。

5）立管穿楼板时要加套管，套管底面与楼板底齐平，套管上沿一般高出楼板 20mm，在公共卫生间、食品加工间等容易积水房间，应高出地面 40～50mm。

（3）支管

1）支管应有不小于 0.002 的坡度坡向立管。

2）冷、热水立管并行安装时，热水管在左侧，冷水管在右侧。

3）冷、热水管水平并行安装时，热水管在冷水管上面。

4）卫生器具上的冷热水龙头，热水在左侧，冷水在右侧，这与冷、热水立管并行时的位置要求是一致的。

（4）最小净距

各种管道之间及其与建筑构件之间的最小净距，如表 1-38 所示。

管与管及与建筑构件之间的最小净距

表 1-38

名　　称	最小净距（mm）
引入管	1. 在平面上与排水管道一般不小于 800 2. 与排水管水平交叉时，不小于 1500
水平干管	1. 与排水管道的水平净距一般不小于 500 2. 与其他管道的净距不小于 100 3. 与墙、地沟壁的净距不小于 80～100 4. 与梁、柱、设备的净距不小于 50 5. 与排水管的交叉垂直净距不小于 100
立管	不同管径下的距离要求如下： 1. 当管径≤$DN32$ 时，至墙面的净距不小于 25 2. 当管径 $DN32 \sim DN50$ 时，至墙面的净距不小于 35 3. 当管径 $DN70 \sim DN100$ 时，至墙面的净距不小于 50 4. 当管径 $DN125 \sim DN150$ 时，至墙面的净距不小于 60
支管	与墙面净距一般为 20～25

4. 水表的设置

建筑物的引入管，住宅的入户管及公用建筑物内需计量水量的水管上均应设置水表。水表应装设在观察方便、不冻结、不被任何液体及杂质所淹没和不易受损坏的地方。

住宅的分户水表宜便于集中读数，且宜设置于户外；对设在户内的水表，宜采用远传水表或 IC 卡水表等智能化水表。

水表口径的确定应符合以下规定：

（1）水表口径宜与给水管道接口管径一致；

（2）用水量均匀的生活给水系统的水表应以给水设计流量选定水表的常用流量；

（3）用水量不均匀的生活给水系统的水表应以设计流量选定水表的过载流量；

（4）在消防时除生活用水外尚需通过消防流量的水表，应以生活用水的设计流量叠加消防流量进行校核，校核流量不应大于水表的过载流量。

水表不能单独安装，水表前、后以及旁通管上应分别装设检修阀门，有些情况下，在水表的供水方向还应装设止回阀，在水表和水表后面设置的阀门之间应装设泄水装置，水表前后还应有一定长度的直管段。

5. 阀件的设置

（1）截断类阀门的设置。截断类阀门是指闸阀、截止阀、蝶阀等。

1）从市政给水管网到居住小区或建筑物的引入管上。

2）居住小区或建筑物的室外环状管网的节点处，应按分隔要求设置阀门；环状管段过长时，宜设置分段阀门。

3）从居住小区室外给水干管上接出的支管起端。

4）室内给水管道各分支立管的起端和入户管的水表前面。

5）室内给水管道向住户接出的配水管起端；在配水支管上有三个及三个以上配水点时应设置。

（2）止回阀的设置。止回阀是允许水流单向流动的阀门，但不能防止倒流污染。管道倒流防止器具有防止倒流污染和止回阀的功能，而止回阀则不具备管道倒流防止器的功能，所以设有管道倒流防止器后，就不需再设止回阀。

1）从市政给水管网到居住小区或建筑物的引入管上。

2）密闭的水加热器或用水设备的进水管上。

3）水泵出水管上，应先装止回阀，再装截断类阀门。

4）进出水管合用一条管道的水箱、水塔、高位水池，在其出水管上应装止回阀，以防止从水箱、水塔、高位水池底部进水。

（3）倒流防止器。倒流防止器是一种特殊的阀件组合体，用于防止水的倒流而造成对供水水源的污染。发达国家对管道连接中可能出现的倒流污染的控制是很严格的，即生活给水管道中的水只允许向前流动，一旦因某种原因倒流时，无论其水质是否已被污染，都称为"倒流污染"。倒流防止器就是防止管道中的水倒流的阀件。

从给水管道上直接接出下列用水管道时，应在这些用水管道上设置管道倒流防止器或其他有效地防止倒流污染的装置：

1）从城市给水环网的不同管段接出引入管向居住小区供水，且小区供水管与城市给水管形成环状管网时，其各引入管上（一般在水表后）应装设倒流防止器。

因为居住小区从城市管网不同管段接入供水时，由于城市环网不同管段的水压不可能相同，这样就使小区干管成了城市环网中的一条连通管兼配水管，使水由压力高的接口向压力低的接口流动，造成水表倒转和小区管网内的水污染城市管网内的水的情况，故应设倒流防止器。

2）从市政给水管道上直接吸水的水泵，其吸水管起端应设倒流防止器。

3）从建筑给水管道单独接出消防用水管道时，在消防用水管道的起端应装设倒流防止器。因为消防管道中的水，多数情况下是备而不用，水质不好。

4）由城市给水管直接向锅炉、热水机组、水加热器、气压水罐等有压容器或密闭容器注水的注水管上应设倒流防止器。

5）当游泳池、水上游乐池、按摩池、水景观赏池、循环冷却水集水池等的充水或补水管道出口与溢流水位之间的空气间隙小于出口管径 2.5 倍时，在充（补）水管上应设倒流防止器。

倒流防止器由进口止回阀、自动泄水阀和出口止回阀组成（《倒流防止器》CJ/T 160—2002）。只有当阀前水压不小于 0.12MPa，才能保证水能正常通过流动，当管路出现倒流防止器出口端压力高于进口端压力时，只要止回阀关闭无渗漏，泄水阀就不会打开泄水，管道中的水也不会出现倒流。当两个止回阀中有一个关闭不严有渗漏时，自动泄水阀就会泄水，从而防止了倒流的产生。

（4）减压阀的设置。高层建筑中由于采用垂直分区，常用减压阀降低局部偏高的压力。

1）减压阀的公称直径应与管道管径相一致。

2）减压阀前应设阀门和过滤器；需拆卸阀体才能检修的减压阀后，应设管道伸缩器；检修时阀后水会倒流时，阀后应设阀门。

3）减压阀节点处的前后应装设压力表。

4）比例式减压阀宜垂直安装，可调式减压阀宜水平安装。

5）设置减压阀的部位，应便于管道过滤器的排污和减压阀的检修，地面宜有排水设施。

（5）阀件的选择

1）一般要求。给水管道上的阀门的工作压力等级，应等于或大于其所在管段的管道工作压力，根据管径、压力等级及使用温度，可采用铸铁阀体铜芯、铸钢阀体铜芯、全铜、全不锈钢和全塑阀门等。不应使用镀铜的铁杆、铁芯阀门。

2）阀门选用。应根据使用要求选择给水管道上使用的阀门型号：

① 水流需双向流动的管段上和要求水流阻力小的部位（如水泵吸水管上），宜采用闸板阀。

② 设备机房等安装空间狭小或位置受限的场合，直采用蝶阀。

③ 需调节流量、水压时，宜采用调节阀、截止阀，但水流双向流动的管段上不得使用。调节阀是专门用于调节流量和压力的阀门，需调节流量或水压的配水管段有：公用洗手盆的进水管上；小便器（槽）和大便槽的自动冲洗水箱的进水管上等。

3）止回阀。应根据止回阀的安装部位、阀前水压、关闭后的密闭性能要求和关闭时引发的水锤大小等综合因素，进行止回阀的型号选择。止回阀的开启压力与止回阀关闭状态时的密封性能有关，关闭状态密封性好的，开启压力就大，反之就小。

① 当水流停止流动时，止回阀的阀瓣或阀芯，应能在重力或弹簧力作用下自行关闭。

② 在阀前水压小的部位，宜选用旋启式或梭式止回阀。

③ 在要求削弱关闭水锤冲击的部位，宜选用速闭消声止回阀或有阻尼装置的缓闭止回阀。

④ 对止回阀关闭后密闭性能要求严密的部位，宜选用有关闭弹簧的止回阀。

一般来说，旋启式止回阀宜安装在水平管段上，也可以安装在垂直或倾斜管段上，但液体应自下向上流动。卧式升降式止回阀和阻尼缓闭止回阀及多功能阀只能安装在水平管上。立式止回阀由于有辅助弹簧，阀瓣可在弹簧力作用下关闭，故能安装在水平管上，也能安装在垂直或倾斜管段上。

（二）给水管道的敷设

1. 给水管网的敷设方式

建筑内部给水管道的敷设根据美观、卫生方面的要求不同，可分为：明装、暗装。

（1）明装

明装管道指管道沿墙、梁、柱或沿顶棚下等处暴露安装，明装管道造价低，安装、维修管理方便。其缺点是：管道表面容易积灰、结露等，影响环境卫生，影响房间美观。一般民用建筑和生产车间，或建筑标准不高的公共建筑等，如普通民用住宅、办公楼、教学楼等可采用明装。

（2）暗装

管道隐蔽敷设，管道敷设在管沟、管槽、管井、专用的设备层内或敷设在地下室的顶板下、房间的吊顶中。管道采用暗装方式，卫生条件好、房间美观。但是造价高，施工要求高，一旦发生问题，维修管理不便。适用于建筑标准比较高的宾馆、高层建筑。或由于生产工艺对室内洁净无尘要求比较高的情况。如电子元件车间，药品、食品生产车间等。

无论管道明装还是暗装，应避免管道穿越梁、柱，更不能在梁或柱上凿孔。

2. 给水管道的敷设

给水横管道在敷设时应设 0.002～0.005 的坡度坡向泄水装置。横管设坡度，一是便于维修时管道泄水，或管道安装完毕，清洗消毒时，便于排空残留的污水；同时也便于管道排气，有利于水流通畅和消除水气噪声。

给水管道埋地敷设时，覆土深度不小于 0.3m。

给水管道穿越建筑物楼板、墙或其他构筑物的墙壁时，应设防水套管。管道通过承重墙或基础时，应预留洞口，且管顶上部的净空不得小于建筑物的沉降量，一般不小于 0.1m。

给水管道如采用塑料管道，在室内宜暗设，塑料管道耐腐蚀，但强度较差，明设时立管应设置在不易受撞击处，如不能避免，应在塑料管道外加保护措施。

敷设时应考虑给水管道的牢靠，不会在使用中受到损坏。一般悬挂或贴近墙、柱、楼板下的横管和立管都必须用管卡、托架、吊环等固定或支撑，以防止管道受力移位、变形，引起漏水。

高层建筑中管径超过 50mm 的立管，向水平方向转弯时，应在向上弯转的弯头下面，设置支架或支墩。

高层建筑中立管高度超过 30m 时，应设置补偿管道伸缩的补偿器。

六、室内给水管道的施工

（一）施工条件及施工工序

1. 施工条件

室内给水管道的施工条件如下：

（1）土建基础工程已基本完成，埋地铺设的管沟已按设计坐标、标高、坡度及沟基做了相应处理，已达到施工要求的强度。

（2）管道穿基础、墙的孔洞，穿过地下室或地下构筑物外墙的刚性、柔性防水套管，根据设计要求的坐标、标高和尺寸已经预留完毕。

（3）施工应在干作业条件下进行，如遇特殊情况，应做相应处理。

（4）室内装饰的种类及厚度已确定。

（5）现浇混凝土楼板孔洞已按图纸要求的位置及尺寸预留好。

（6）管道穿过的房间，位置线及地面水平线已检测完毕。

2. 施工工序

室内给水管道的施工工序如下：

安装引入管→安装干管→安装立管→安装横支管→安装支管

（二）给水管道的安装

1. 引入管道的安装

（1）引入管是室外给水管道进入室内给水管道系统的管段。引入管的覆土深度，应根据土壤冰冻深度、车辆荷载等因素确定。管顶最小覆土深度不得小于土壤冰冻线以下 0.15m，行车道下的管线覆土深度不宜小于 0.7m。建筑内埋地管在无活荷载和冰冻影响的条件下，其管顶距地面不宜小于 0.3m。

（2）根据土建给定的轴线及标高线，按照立管坐标、立管外皮距墙装饰面的间距（表 1-39），结合水表外壳距墙为 10～30mm 的规定，测定地下给水管道及立管用头的准确坐标，绘制加工草图。

立管管外皮距墙面（装饰面）间距 表 1-39

管径（mm）	32 以下	32～50	75～100	125～150
间距（mm）	20～25	25～30	30～50	60

（3）根据已确定的管道位置与标高，从引入管开始沿着管道走向，用钢卷尺量准引入管至干管、各个立管之间的管段尺寸。量尺时应注意以下几点：

1）引入管或其他管道穿越基础或承重墙时，要预留洞口，管顶和洞口间一般不小于 0.15m 的净空。

2）引入管或其他管道穿越地下室或地下构筑物外墙时，应采取防水措施，根据情况采用柔性防水套管或刚性防水套管。

3）引入管应有不小于 0.003 的坡度，坡向室外给水管网。

4）每条引入管上均应装设阀门和水表，必要时还要有泄水装置。

5）给水引入管与排水的排出管的水平间距，在室内平行敷设时，其最小水平净距≥0.5m，在室外不得小于 1.0m；交叉敷设时，给水管应在上面，垂直净距为 0.15mm。如果条件所限，给水管必须在下时，则要加设套管（套管的长度应大于排水管直径的 3 倍）；给水管与煤气、燃气引入管的水平净距应大于 1m。

6）高层建筑中的引入管都在两条以上，如果同侧排列，两根引入管的间距必须≥10m，两根引入管都分别设置阀门控制。

（4）对选用的管材、管件、阀门，进行材质、规格、型号、质量等方面检查，符合有关规定方可使用。必须清除管材、管件及阀门内外的污垢和杂物。给水管道上的阀门，当管径小于或等于 50mm 时宜采用截止阀；管径大于 50mm 时宜采用闸阀。

（5）用比量法下料后按工艺标准进行加工试扣、连接。预制过程中，应注意量尺准确，严格操作，调准各管件、阀件的方向。在确定预制管道的分段和长度时，在不违反规范前提下，尽量考虑施工操作方便。

（6）引入管直接和埋地管连接时，要保证设计埋设深度，塑料管的埋深不能小于300mm。室外埋深视土壤及地面荷载情况决定。寒冷地区埋设在当地冰冻线以下＞20cm处，且管顶覆土层厚度不能小于 0.7～1.0m。

塑料管在穿基础时，应设置金属套管。套管与基础预留孔上方净空高度不应小于 100mm。

（7）一般情况下，给水管道不宜穿过伸缩缝、沉降缝。但高层建筑中给水管在穿越基础时，经常遇到这种情况，必须采用软性接头法、丝扣弯头法或活动支架法，如图 1-39～图 1-41 所示。

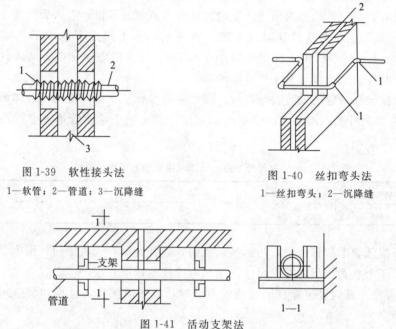

图 1-39　软性接头法
1—软管；2—管道；3—沉降缝

图 1-40　丝扣弯头法
1—丝扣弯头；2—沉降缝

图 1-41　活动支架法

（8）引入管底部用三通管件连接，三通底部装泄水阀或管堵，以利管道系统试验及冲洗时排水。

（9）引入管的室外甩头管端用堵头临时封严，引入管为螺纹连接时，其室外甩头可连接管箍及丝堵，准备试压时用。引入管也可先试压合格后再穿入基础孔洞，确保埋地引入管接口的严密性、可靠性。

（10）地下给水管道应保证 0.002～0.005 的坡度，坡向引入管至室外管网。

（11）若地下管道为地沟敷设或引入管采用地沟连接管道井时，引入管应装设泄水阀门，如图 1-42 所示。

管道安装前，按工艺标准先在地沟壁上拉线栽好型钢支架，待支架达到强度方可敷设管道。若给水管道与热水、供热管道敷设在同一地沟，给水管应在最下面，且与地沟侧壁和沟底的净距不小于 150mm 为宜。

（12）管段预制好后，复核地沟支架或埋地管沟沟底标高及坡度。用绳索或机具将管段慢慢放进沟内或支架上，管子和阀件就位后，再检查管子、管件、阀门的口径、位置、朝向。然后从引入管开始接口，一直接至立管穿出地坪面上第一个阀门为止（第一个阀门中心距地平面 500mm）。根据设计要求按工艺标准有关工艺要求接口；塑料管出地平面处应设置金属护管，护管高出地平面 100mm。

（13）地沟内若采用金属管卡固定塑料管，应采用塑料带或橡胶垫作为隔层，以免金属伤及塑料管。

（14）试压步骤如下：

1）管道铺设完毕后，在甩出地面的接口处作盲板或管堵，进行充水试压。对于塑料管采用粘接连接的管道，水压试验一定要在安装 24h 以后进行。

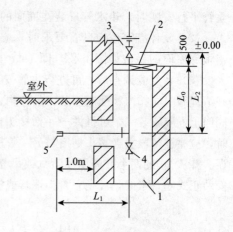

图 1-42　引入管的泄水阀

1—管道井；2—活动盖板；3—总阀门；

4—泄水阀；5—管接头或丝堵

2）充满水后，进行严密性检查。

3）用手动泵缓慢加压，升压时间不得小于 10min，升至试验压力（为工作压力的 1.5 倍，不小于 0.6MPa）后，稳压 1h，检查接头是否漏水。

4）稳压 1h 后，补压至试验压力值，在 15min 内的压力降不超过 0.005MPa 为合格。

（15）回填

经试压合格后，并将管内的打压水排空后，即可进行回填，将引入管隐蔽。

2. 干管的安装

根据干管的位置，可将给水系统分为在地下室楼板下、地沟内或沿一层地面拖地安装的下分式系统和明装于顶屋楼板下、暗装于屋顶内、吊顶内或技术层内的上分式系统。

（1）干管安装，一般在支架安装完毕后进行。先确定干管的标高、位置、坡度（应有 0.002～0.005 的坡度坡向可以泄水的方向）、管径等，正确按尺寸埋好支架，支架有钩钉、管卡、吊环、托架等，较小管径多用管卡或钩钉，大管径用吊环或托架，支、吊架间距如表 1-40 所示。

钢管管道支架的最大间距　　　　　　　　　　　　　　　　表 1-40

公称直径（mm）		15	20	25	32	40	50	70	80	100	125	150	200	250	300
支架的最大间距（m）	保温管	2	2.5	2.5	2.5	3	3	4	4	4.5	6	7	7	8	8.5
	不保温管	2.5	3	3.5	4	4.5	5	6	6	6.5	7	8	9.5	11	12

（2）管子和管件可先在地面组装，长度以方便吊装为宜。起吊后，轻轻滚落在支架上，并用事先准备好的 U 形卡将管子固定，以防滚落伤人。

（3）预制好的管子要小心保护好螺纹，上管时不得碰撞，可用如装临时管件的方法加以保护。地下干管在上管前，应将各分支口堵好，防止泥砂进入管内。

（4）干管安装后，要进行找正调直，并用水平尺在每段上复核，防止局部管段出现"塌腰"或"拱起"现象。

3. 立管的安装（有一些内容详见五，给水管道的布置与敷设的3.（2）干管和立管）

（1）在立管安装前，应根据立管位置及支架结构，打好栽立管卡具的墙洞眼。冷热水立管平行安装时，热水管安装在面向的左侧。

（2）设计有穿楼板套管要求时，应按标准相应工艺安装套管。给水硬聚氯乙烯管道穿楼板和屋面的做法如图 1-43、图 1-44 所示。

（3）在立管调直后，可进行主管安装。安装前应先清除立管甩头处阀门的临时封堵物，并清理阀门丝扣内和预制管腔内的污物、泥砂等。按立管编号，从一层阀门处（一般在一层阀门上方应安装一个可拆件——活接头或法兰盘）往上，逐层安装给水立管。安装每层立管时，应注意每段立管端头划痕与另一管段上的管件划痕记号相对，以保证管件的朝向准确无误。并从 90° 的两个方向用线坠（或吊靠尺）吊直给水立管，用铁钎子临时固定在墙上。待安装正式立管卡时，凡是立管为铜管或塑料管则选用 PVC 支架固定其立管，如图 1-45 所示。

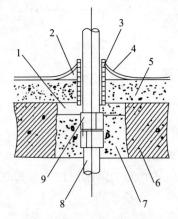
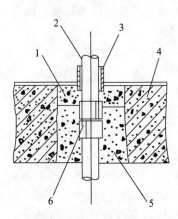

图 1-43　管道穿越屋面

1—细石混凝土第二次捣实；2—防水胶泥嵌实；
3—镀锌金属套管；4—屋面防水层；5—屋面保温层；
6—混凝土屋面板；7—细石混凝土第一次捣实；
8—UPVC 管；9—两个半片 UPVC 管（粘结上下两段）

图 1-44　管道穿越地坪和楼板

1—细石混凝土第二次捣实；2—UPVC 管；
3—镀锌金属套管；4—混凝土楼板；
5—细石混凝土第一次捣实；
6—两个半片 UPVC 管（粘结上下两段）

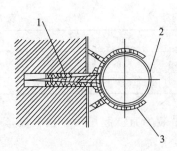
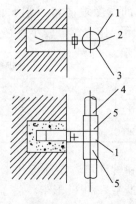

图 1-45　管道系统 PVC 支架

1—木螺丝；2—PVC-U 管（或铜管）；
3—管道支架

图 1-46　管道系统固定支架

1—钢制管卡；2—管壁填料；3—PVC-U 短管（或铜管）；
4—PVC-U 管道（或铜管）；5—PVC-U 管配件（束装）

（4）栽立管卡具、封堵楼板眼

1）按工艺标准栽好立管卡具。穿立管的楼板孔隙，用水冲洗湿润孔洞四周，吊模板，再用不小于楼板混凝土强度等级的细石混凝土灌严、捣实，待卡具及堵眼混凝土达到强度后拆模。

2）管卡达到强度后，即可固定立管。立管材质为塑料或铜管安装时，金属管卡与立管之间采用塑料带或橡胶垫相隔，如图 1-46 所示。

立管支架的最大间距如表 1-41 所示。

立管支架的最大间距　　　　　　　　　　　　　　　　　　　表 1-41

公称外径 dn	20	25	32	40	50	63	75	90	110
最大间距（m）	0.90	1.00	1.20	1.40	1.60	1.80	2.00	2.20	2.40

（5）对于承插粘接连接的立管，当层高小于等于 6m 时，立管可每层设一个双向塑料伸缩节，伸缩节中间用固定支架固定；当层高大于 6m 时，立管上的双向塑料伸缩节和固定支架的间距应不大于 6m，双向塑料伸缩节中间仍用固定支架固定。当管材供应厂家不供应双向塑料伸缩节时，也可以采用多球橡胶伸缩节。

对于承插式橡胶密封圈连接的立管，由于其接口形式已具有长度补偿的功能，可不另设伸缩节，固定支架应设在有横支管接出部位的下方最近的立管承口上，且固定支架的间距应不大于 6m。

（6）在立管接出横支管处或横干管接出立管处应设固定支架，并在接出支管上设一定长度的自由臂长度 L_a，使主管与支管之间具有一定弹性，以避免主管伸缩引起接出支管处漏水，如图 1-47 所示，最小自由臂长度如表 1-42 所示。

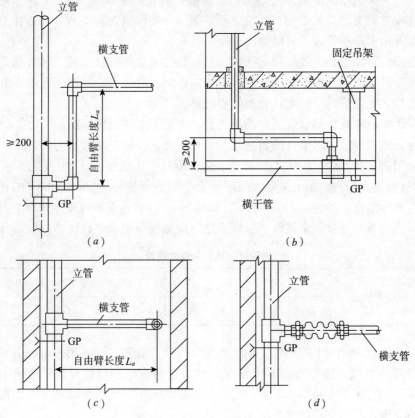

图 1-47　支管的连接

（a）立管明装；（b）横干管接出立管；（c）立管在管井暗装；（d）与立管柔性连接

注：GP 表示固定支承。

最小自由臂长度（mm） 表 1-42

公称外径 dn	20	25	32	40	50	63	75	90	110
最小自由臂长度 L_a	380	420	480	530	600	670	730	800	880

（7）在下层楼板封堵完后，可按上述方法进行上一层立管安装。如遇墙体变薄或上、下层墙体错位，造成立管距墙太远时，可采用冷弯灯叉弯或用弯头调整立管位置。再逐层安装至最高层给水横支管。

（8）对暗装和管道井内的给水立管，应在隐蔽和横支管安装以前先做水压试验，合格后方可隐蔽。

4. 横支管的安装

（1）按设计要求或规范规定的坡度、坡向及管中心与墙面距离，由立管甩头处管件口底皮挂横支管的管底皮位置线。再依据位置线标高和支（托、吊）架的结构形式，凿打出支（托、吊）架的墙眼。一般墙眼深度不小于 120mm，预制好的支（托、吊）架涂刷防锈漆后，栽牢、找平、找正（栽入墙内支架部位禁止涂刷防锈漆，防止影响水泥固定）。

（2）按横支管的排列顺序和尽量减少现场接口以方便施工的原则，预制出各横支管的各管段。预制时应按标准接口工艺施工，注意接口质量，并以 90°的两个方向将预制管段调直，同时找准横支管上各甩头管件的位置与朝向，确保横支管安装后，连接卫生器具给水配件和各类用水设备等短支管位置的正确。

（3）待预制管段预制完及所栽支（托、吊）架的塞浆达到强度后，可将预制管段依次放在支（托、吊）架上，按工艺标准接口、连接，调直好接口，并找正各甩头管件口的朝向，紧固卡具，固定管道，将敞口处做好临时封堵。

（4）用水泥砂浆封堵穿墙管道周围的孔洞，注意不要突出抹灰面。

（5）冷、热水管道上下平行安装时，按上热下冷、左热右冷的原则安装。

（6）采用硬聚氯乙烯（PVC-U）管作为横支管时的作法如下：

1）横管明装应平直，支吊架最大间距见表 1-43。公称外径 $dn \leqslant 32$mm 的管道安装可采用工厂生产的塑料成品管卡；公称外径 $dn \geqslant 40$mm 的管道安装可采用角钢支架，为了使金属管卡不损伤塑料管壁，金属管卡与管道之间应加橡胶垫或塑料软垫。

横管支（吊）架最大间距 表 1-43

公称外径 dn	20	25	32	40	50	63	75	90	110	160
最大间距 L_1（m）	0.6	0.7	0.8	0.9	1.0	1.1	1.2	1.35	1.55	1.8

根据标准图 02SS405-1 的要求，粘接承插口连接的管道，可采用自由臂补偿、多球橡胶伸缩节补偿和 Ⅱ 型补偿，如图 1-48 所示；橡胶密封圈承插口连接的管道可不设伸缩节补偿，但支（吊）架最大间距仍不得超过表的规定。无论粘接承插口连接或橡胶密封圈承插口连接的管道，固定支架的间距均不得大于 6m。

2）横管嵌墙其公称外径 dn 不得大于 25mm。管槽应预留或用机械开凿，管槽宽度应大于 $dn+50$mm，深度应大于 $dn+15$mm。嵌墙管道的连接应在墙外进行，当对管槽尺寸

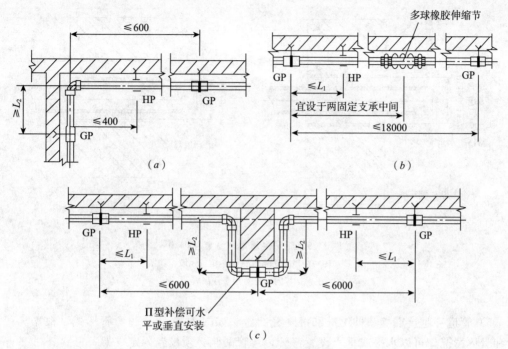

图 1-48　粘接承插口连接的补偿

(a) 自由臂补偿；(b) 多球橡胶伸缩节补偿；(c) Ⅱ型补偿

注：GP 表示固定支承；HP 表示滑动支承；最小自由臂长度 L_a，见表 1-42。

检查无误后，方可移入墙槽内，并宜以 $1.2 \sim 1.5$m 的间距设管卡固定，但不得强力扭曲固定管道。

管道安装完毕并经试压合格后，先用水泥砂浆将管配件固定，待其达到一定强度后，再用水泥砂浆将管槽全部填实抹平。

3）当卫生间内管道不能嵌墙敷设时，可在卫生设备后面设置装饰性夹壁矮墙，墙顶比卫生设备稍高，上面可以放置洗漱、卫生用品，横管即安装在夹壁矮墙中。

4）沿墙横支管隐蔽安装时（也称"明装暗藏"），宜将其隐蔽在橱柜后面或台式脸盆的台板下面，检修时移开橱柜即可，此种安装方式在住宅中使用较多。

5）弹性橡胶圈密封柔性连接的管道，必须在承口部位设置固定支架，以免管道伸缩变形时引起接头处漏水；在干管水流改变方向的位置因有内压力产生的推力存在，也应设固定支架。

（7）管道穿越墙体、地面和楼板

给水硬聚氯乙烯管穿越墙体、地面和楼板的具体做法，在 02S405-1 国标图集中有规定，现择其要点介绍如下：

1）管道穿越地下室外墙和水池池壁时应预埋钢制防水套管，大样图见 02S404 国标图集。

2）管道穿越基础墙应预埋套管，管道顶部与套管内顶的净距不得小于 100mm；管道穿越地下室墙和内墙的做法如图 1-49 所示。

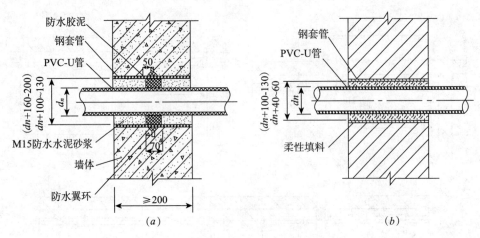

图 1-49 管道穿越地下室墙和内墙

（a）穿越地下室墙；（b）穿越内墙

注：括号内尺寸适用于保温管。

3）管道穿越抗震缝、伸缩缝和沉降缝的做法如图 1-50 所示的弯管形式，根据工程设计和具体情况，可以水平或垂直设置弯管，弯管两侧必须设置固定支架。

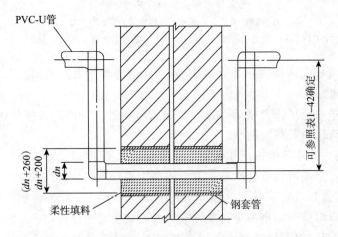

图 1-50 管道穿越抗震缝、伸缩缝和沉降缝

注：括号内尺寸适用于保温管。

5. 支管的安装

（1）安装卫生器具给水配件及各类用水设备的短支管时，应从给水横支管甩头管件口中心吊一线坠，再根据卫生器具进水口需要的标高量取给水短管的尺寸，并记录在草图上。

（2）根据量尺记录选管后用比量法下料，接管至卫生器具给水配件和用水设备进水口处。安装时要严格控制短管的坐标与标高，使其满足安装卫生器具给水配件的需要。沿程和尽头用水器具的明装与嵌装（暗装），如图 1-51～图 1-54 所示。

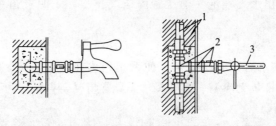

图 1-51 系统沿程用水器具安装（嵌装）

1—PVC-U 管和配件（外螺纹束接）；2—镀锌管道配件（T 字管、接管、短管、束接）；3—水龙头

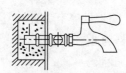

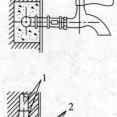

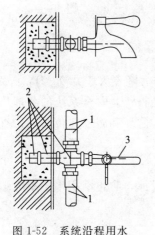

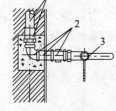

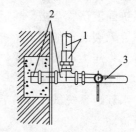

图 1-52　系统沿程用水
器具安装（明装）

1—PVC-U 管和配件（外螺纹束接）；
2—镀锌管道配件（十字管、接管、
短管、束接）；3—水龙头

图 1-53　系统尽端用水
器具安装（嵌装）

1—PVC-U 管和配件（外螺纹束接）；
2—镀锌管道配件（弯管、接管、
短管、束接）；3—水龙头

图 1-54　系统尽端用水
器具安装（明装）

1—PVC-U 管和配件（外螺纹束接）；
2—镀锌管道配件（弯管、短管、
丁字管）；3—水龙头

（3）栽好横支管上的托钩（或托架），要求栽牢、平正、靠严，若采用塑料管或铜管，其与金属卡具之间采用塑料带或橡胶垫相隔。

（4）施工后，随时封堵好横支管上的临时敞口。

（三）给水管道的试压和冲洗

1. 给水管道的试压

室内给水管道的试压的条件是：在整个管道系统安装完毕，且经核查位置、标高符合要求；拆除安装过程中使用的盲板、夹具和旋塞等；卫生设备均未安装水嘴、阀门；集中排气系统已在顶部安装了临时排气管和排气阀；所有连接接口处为了便于检查而未做保温、防腐。其施工工序为：注水→加压→检查→验收→泄水。

（1）施工操作

室内给水管道的试压、冲洗时，其环境温度应大于 5℃；所选用的压力表的测试压力范围应大于试验压力的 1.5 倍。

1）注水

① 打开各高位处的排气阀门。

② 从下往上向试压的系统注水，待水灌满后，关闭进水阀门，待一段时间后，继续

向系统灌水，排气阀出水无气泡，确认管内空气排尽，表明管道系统注水已满，关闭排气阀。

2）加压、检查

① 管道系统注满水后，启动加压泵使系统内水压逐渐升高，先缓慢升至工作压力，停泵观察，经检查各部位无渗漏、无破裂、无异常情况，再将压力升至试验压力，一般分2～4次升至试验压力。

② 位差较大的给水系统，特别是高层建筑和多层建筑的给水系统，在试压时应考虑静压影响，其值以最高点压力为准，但最低点压力不得超过管道附件及阀门的承压能力。

③ 试验过程中如发现接口处泄漏，及时做上记号，泄压后进行修理，再重新试压，直至合格为止。

3）验收

加至试验压力后停泵、稳压，进行全面检查，10min内压力降不大于0.05MPa，表明管道系统强度试验合格。然后降至工作压力，再做较长时间检查，此时全系统的各部位仍无渗漏、无裂纹，则管道系统的严密性为合格。经建设单位、监理和施工单位共同检查验收后将工作压力逐渐降至零，至此管道系统试压结束。

4）泄水

给水管道系统试压合格后，及时将系统的水和低处存水泄掉，防止因积水冬季冻结而破坏管道。

（2）注意事项

1）管道安装完毕，外观检查合格后，方可进行水压试验。

2）建筑冷水、热水系统的工作压力和试验压力，除已指明位置者外，一般是指管道系统底部的压力。

3）对于埋地和在墙槽内暗设的管道，在隐蔽前必须先进行水压试验。当建筑物的管道系统较大时，可分层、分区进行试验。

4）进行水压试验时，应将管道系统与卫生器具的水嘴接口用丝堵封堵。卫生器具的水嘴不参与管道系统的水压试验。

5）无论按设计或何种规范进行强度试验、严密性试验，尽管压力降在允许的范围内，均不允许接口存在渗漏。

6）水压试验完毕应尽快在低点有序放水，同时高处的排气阀应打开进气。

7）关于塑料管道系统的水压、试验的试验压力。

①《建筑给水排水及供暖工程施工质量验收规范》GB 50242—2002的规定

《建筑给水排水及供暖工程施工质量验收规范》GB 50242—2002是国家强制性标准，却没有建筑给水聚丙烯管道方面的专门规定。对于输送冷水和热水的塑料管道，没有区分强度试验和严密性试验，而是称为水压试验，并作了如下规定：

A. 冷水管道。冷水管的试验压力应符合设计要求，当设计无规定时，各种塑料材质的给水（冷水）管道系统的试验压力均为工作压力的1.5倍，但不得小于0.6MPa。

塑料给水系统应在试验压力下稳压1h，压力下降不得超过0.05MPa；然后在工作压力的1.15倍状态下稳压2h，压力下降不得超过0.03MPa。

B. 热水管道。热水管的试验压力应符合设计要求，当设计无规定时，各种塑料材质的热水管道系统的水压试验压力为系统顶点的工作压力加 0.1MPa，同时在系统顶点的试验压力不小于 0.3MPa。

塑料管道系统应在试验压力下稳压 1h，压力下降不得超过 0.05MPa；然后在工作压力的 1.15 倍状态下稳压 2h，压力下降不得超过 0.03MPa。

②《建筑给水聚丙烯管道工程规范》GB/T 50349—2005 的规定

《建筑给水聚丙烯管道工程规范》GB/T、50349—2005 是专门针对建筑给水聚丙烯管道工程国家推荐性标准，对给水聚丙烯管道的水压试验仍分为强度试验和严密性试验，并作了相关规定，应依照执行。

2. 给水管道的吹洗

（1）室内给水管道的吹洗条件

经过水压试验并验收合格；临时供水装置运转正常，增压水泵工作性能符合要求，压力不超过设计压力，不低于工作流速（表 1-44）；各环路控制阀门关闭灵活可靠，不允许吹洗的设备与吹洗系统临时隔开。冲洗前将系统内孔板、喷嘴、滤网、节流阀、水表等全拆除，待冲压复位。其施工工序为：

吹洗干净→吹洗立管→吹洗横支管、支管→拆下部件复位

吹洗增压水泵流量与接管流速选用表　　　　　　　　　　表 1-44

小时流量	秒流量	DN（mm）管径流速（m/s）							
（m³/h）	（m³/s）	32	40	50	70	80	100	125	150
5	0.0014	1.67	1.08	0.72					
10	0.0027		2.09	1.38	0.72				
15	0.0042			2.14	1.12	0.78			
20	0.0056			2.86	1.50	1.08	0.71		
25	0.0069			3.52	1.84	1.33	0.88		
30	0.0083				2.22	1.60	1.06	0.67	
40	0.011				2.97	2.12	1.40	0.89	
50	0.014				3.78	2.69	1.78	1.14	0.79
60	0.0167					3.22	2.13	1.36	0.94
70	0.019					3.65	2.42	1.54	1.07

（2）施工操作

已制定好分区、分段每一条系统的冲洗顺序，并绘制了流程图，水引入口、出水口，应拆、装的部件，临时盲板的加设位置都标在图上，并已进行技术、质量、安全交底。

首先吹洗底部干管，然后吹洗水平干管。

1）在给水入户管控制阀的前面；接上临时水源，向系统供水。

2）关闭其他立支管控制阀门，只开启干管末端最底层的阀门，由底层放水并引至排水系统，如图 1-55 所示。

3）临时供水，启动增压泵加压，由专人观察出水口处水质变化。必须符合下列规定，出水口处的管径截面不得小于被吹洗管径截面的 3/5，即出水口管径只能比吹洗管的管径

小1号。如果出口管径截面大，出水流速低，则无吹洗力；出水口的管径截面过小，出水流速太大，不便观察和排除杂质、污物。出口的水色和透明度与入口处目测水色一致为合格。如设计无规定，则出水口流速应不小于 1.5m/s。

4）底层主干管吹洗合格后，再依工艺流程顺序吹洗其他各干、立、支管，直至全系统管路吹洗完毕为止。

5）仪表及器具件复位，将拆下的部件等复位。

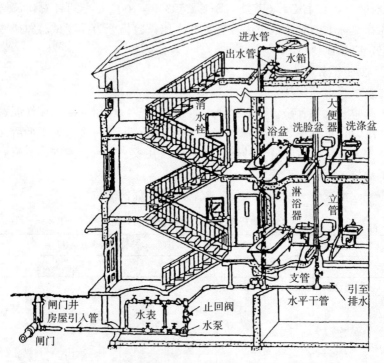

图 1-55　室内给水系统

七、室外给水管道的施工

（一）给水管沟的开挖

1. 施工条件及施工工序

（1）施工条件

给水管沟开挖的施工条件是：确切了解施工所涉及的地下是否有高、低压电缆（电线）、煤气（燃气）管线、通信光缆及其他管道并明确位置，妥善处理，以免发生事故。

（2）施工工序

给水管沟的施工工序是：测量、定位→开挖管沟

2. 施工操作

（1）测量定位

1）测量之前先找好固定水准点，其精确度不应低于Ⅲ级，在居住区外的压力管道则不低于Ⅳ级。

2）在测量过程中，沿管道线路应设临时水准点，并与固定水准点相连。

3）测定出管道线路的中心线和转弯处的角度，使其与当地固定的建筑物（房屋、树木、构筑物等）相连。

4）若管道线路与地下原有构筑物交叉，必须在地面上用特别标志表明其位置。

5）定线测量过程应做好准确记录，并记明全部水准点和连接线。

6）给水管道坐标和标高偏差要符合表 1-45 的规定。从测量定位起，就应控制偏差值。

7）给水管道与污水管道在不同标高平行敷设，其垂直距离在 500mm 以内，给水管道管径等于或小于 200mm，管壁间距不得小于 1.5m，管径大于 200mm 时，不得小于 3m。

给水管道坐标和标高的允许偏差　　　　　　　　　　　　表 1-45

管　材	项　　目		允许偏差（mm）
1. 预、自应力钢筋混凝土管、石棉水泥管	坐标	埋地	50
	标高	埋地	±30
		敷设在沟槽内	±20
2. 铸铁管	坐标	埋地	50
	标高	埋地	±30
		敷设在沟槽内	±20

（2）开挖管沟

1）管沟的断面形式

埋设管道的开挖沟槽断面形式，应根据土质条件、地下水位、埋深、施工季节和施工方法等因素综合确定，如图 1-56 所示。

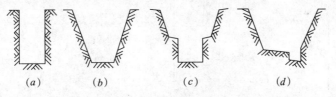

图 1-56　沟槽断面形状

（a）直槽　（b）梯形槽　（c）混合槽　（d）联合槽

2）管沟底宽度

管沟底的宽度要求，如表 1-46 所示。

管沟底宽度尺寸表　　　　　　　　　　　　表 1-46

管道公称直径（mm）	埋设深度在 2.5m 以内管沟底宽度 B 值（深度以管内底计算）（m）		
	铸铁管、钢管、石棉水泥管	混凝土管、钢筋混凝土管	陶土管
50～75	0.7	0.9	0.8
100～200	0.8	1.0	0.9
250～350	0.9	1.1	1.0
400～450	1.1	1.3	1.2

管道公称直径（mm）	埋设深度在2.5m以内管沟底宽度 B 值（深度以管内底计算）（m）		
	铸铁管、钢管、石棉水泥管	混凝土管、钢筋混凝土管	陶土管
500～600	1.5	1.7	1.6
700～800	1.7	1.9	—
900～1000	1.9	2.1	—
1100～1200	2.1	2.5	—

3）沟壁坡度

沟壁的最大允许坡度如表1-47所示，表中的坡度是没有地下水情况。

如果埋深较大、坡度不足，要设支撑，以防塌方；对于埋深较大，大开槽土方量时，可采用上部大开槽、下部设支撑直槽的混合槽形式。支撑的形式有横撑、竖撑和板撑。

对于现场采用承插或焊接连接的管道，则还要在管道接口处的管沟内挖工作坑，以便于打口或焊接的操作。

沟壁最大允许坡度　　　　　　　　　　　　表 1-47

土名称	边坡坡度		
	人工开挖并将土抛于沟边上	机 械 挖 土	
		在沟底挖土	在沟上挖土
砂土	1：10	1：0.75	1：1.0
砂质粉土	1：0.67	1：0.5	1：0.75
粉质黏土	1：0.5	1：0.33	1：0.75
黏土	1：0.33	1：0.25	1：0.67
含砾石，卵石土	1：0.67	1：0.5	1：0.75
泥炭岩，白垩土	1：0.33	1：0.25	1：0.57
干黄土	1：0.25	1：0.1	1：0.33
石槽	1：0.05		

注：1. 如人工挖土不把土抛于沟槽上边而随时运走，则可采用机械在沟底挖土的坡度。

2. 表中砂土不包括细砂和粉砂，干黄土不包括类黄土。

3. 在个别情况下，如有足够依据或采用多斗挖沟机，均不受本表限制。

4. 距离沟边0.8m以内，不应堆置弃土和材料，弃土堆置高度不宜超过1.5m。

（二）给水管道的敷设

1. 施工条件及施工工序

（1）施工条件

在确定沟槽的工程质量符合设计要求；敷设所涉及的管材、附件等的质量合格；施工所需绳索、吊具等均已到位后，即可开始敷设。

（2）施工工序

给水管道敷设的施工工序是：下管、对口→接口成型→养护→试压→接口防腐→回填管沟→冲洗管道。

2. 施工操作

（1）下管、对口

1）下第一根管。管中心必须对准定位中心线，找准管底标高（在水平板上挂水平线），管末端用方木垫顶在墙上或钉好点桩挡住、顶牢，严防打口时顶走管子。

2）连续下管敷设时，必须保证管与管之间接口的环形空隙均匀一致。承插口与管中心线不垂直的管、管端外形不正的管子和按照设计曲线敷设的管道，其管道四周任何一点的间隙均应符合质量标准。

3）铸铁管承插接口的对口间隙不得小于 3mm，最大间隙不得大于质量标准中规定值。间隙大小应用钢丝检尺为检查标准，管径不大于 500mm 的管道，每个接口允许有 2°转角，管径大于 500mm 时，只允许管道有 1°转角。

4）阀门两端的甲乙短管，下沟前可在上面先接口，待牢固后再下沟。

5）若须断管，须在管的下部垫好方木，管径在 75～350mm 的铸铁管，可直接用剁子（或钢锯）切断，管径在 400mm 以上时，先走大牙一周，再用剁子截断。剁管时，在切断部位先划好线，沿线边剁边转动管子，剁子始终在管的上方，如图 1-57 所示。预、自应力钢筋混凝土管和钢筋混凝土管不允许切断后再用。

图 1-57 铸铁管切断

6）管径大于 500mm 的铸铁管切断时，可采用爆破断管法，先将片状黄色炸药研细过筛，装入不同直径的塑料管中，略加捣实。使用时，将药管一端封好，缠绕在管子需切断部位上，未封口的一端留出 10mm 长度，接上雷管或起爆药。爆破断管时，必须严格按规程操作起爆，用药量如表 1-48 所示。

爆破断管有关数据 表 1-48

| 铸铁管直径（mm） | 壁厚（mm） | 装药塑料管规格 | | TNT 装药量（g） | TNT 粒度（mm） | 超爆雷管 |
		内径（mm）	长度（m）			
500	14.0	12	1.8	165～170	<0.2	工业 8 号
600	15.4	12	2.15	200～205	<0.2	工业 8 号
700	16.5	14	2.50	380～390	<0.6	工业 8 号
800	18.0	16	2.90	560～570	<0.6	工业 8 号
900	19.5	20	3.30	790～830	<0.6	工业 8 号

（2）接口成型

首先对已就位的管道对口进行检查，以确保其中心同一，间隙符合要求。

油麻或胶圈是承插接口的内层填料，对接口的严密性至关重要。外层填料有多种做法，如石棉水泥接口、自应力水泥接口、石膏氯化钙水泥接口、水泥接口、青铅接口等。

油麻作为内层填料的作法是将油麻拧成直径为接口间隙 1.5 倍的麻辫，长度比管子外径周长长 100～150mm。油麻辫在接口下方开始逐渐塞入承插口的间隙内，每圈首尾搭接 50～100mm，一般应嵌塞油麻辫两圈，并依次用麻凿打实，油麻辫的深度约为承口深度的 1/3。

油麻是用线麻在 5％的 30 号石油沥青和 95％的汽油溶剂中浸泡风干后制成。线麻纤维要长、无皮质、清洁、松软、富有韧性。

当管径等于大于 300mm 时，可用圆形断面的胶圈代替麻辫（称之为胶圈柔性接口）。对于有凸缘的插口（砂型铸铁管），胶圈应捻至凸缘处；对于无凸缘的插口（连续铸铁管），胶圈应捻至距边缘 10～20mm 处。捻入胶圈时应使其均匀滚动到位，防止扭曲。如采用青铅接口，为防止高温铅液把胶圈烫坏，必须在捻入胶圈后再捻打 1～2 圈油麻。

1）石棉水泥接口

石棉水泥接口是传统的承插接口方式，质量好，但劳动强度大。材料的重量配合比为：石棉：水泥＝3：7。石棉与水泥搅拌均匀后，再加入总重量 10％～12％的水，拌成潮润状态，能用手捏成团而不松散，扔在地上即散为合适。拌好的石棉水泥填料应在 1h 内用完。操作时用拌好的石棉水泥填料填塞到已打好油麻或橡胶圈的承插口间隙里。当管径小于 300mm 时，采用"三填六打"法，即每填塞一层打实两遍，一个接口共填三层打六遍。管径大于 300mm 时，采用"四填八打"法。最后捻打至表面呈铁青色，且发出金属声响为止。

2）石膏氯化钙水泥接口

石膏氯化钙水泥接口材料的重量配合比为：水泥：石膏粉：氯化钙＝10：1：0.5。水占水泥重量的 20％。三种材料中，水泥起强度作用，石膏粉起膨胀作用，氯化钙则促使速凝快干。水泥可采用强度等级为 42.5 的硅酸盐水泥，石膏粉的粒度应能通过 200 目的丝网。

操作时先把一定重量的水泥和石膏粉拌匀，把氯化钙粉碎溶于水中，然后与干料拌合，并搓成条状填入已打好油麻或橡胶圈的承插接口中，并用灰凿捣实、抹平。由于石膏的终凝时间不早于 6min，并不迟于 30min，因此，拌合好的填料要在 15min 内用完，要求操作迅速。

3）自应力水泥接口

自应力水泥属于膨胀水泥的一种，因此，自应力水泥接口也称为膨胀水泥接口。自应力水泥接口的材料是自应力水泥与粒径为 0.5～2.5mm 经过筛选和水洗的纯净中砂，其重量配合比为：水泥：砂：水＝1：1：（0.28～0.32）。拌合好的自应力水泥砂浆，应在半小时内用完，随用随拌。

拌好的自应力水泥砂浆要分三次填入已打好油麻或橡胶圈的承插接口内，每填一层都要用灰凿捣实，最后一次捣至出浆为止，然后抹光表面。不要像捻石棉水泥口一样用手锤击打。这种接口最怕在 12h 以内触动，因此在实施操作以前，一定要把管子稳固好。施工完毕后，要在承口外边抹上黄泥，浇水养护 3 天。有条件时，可在接口完成 12h 后向管道内充水养护，但水压不能超过 0.1MPa。

自应力水泥很容易受潮而影响质量，因此在订货时一定要落实使用时间，确保水泥在出厂三个月以内使用。

4）水泥接口

水泥接口也就是纯水泥浆接口，这种接口方法是只用水泥加适量的水拌合，不用添加其他材料。水泥宜采用强度等级为 42.5 硅酸盐水泥，水与水泥的重量比为 1∶10，操作方法与石棉水泥接口基本相同。这种接口方法不宜大面积采用，质量不及石棉水泥接口，只适用于施工条件受到限制时少量使用在工作压力不高的场合。

5）青铅接口

只有在十分必要时才使用青铅接口。青铅实际上就是纯铅。铅属于有色金属，银白色，熔点只有 327℃，质软、密度为 11.34kg/dm³。铅在空气中因氧化而使表面发暗，故呈灰色，纯铅的牌号有 Pb-1～Pb-6 共 6 种，其含铅量由 99.994% 逐步降至 99.5%。承插连接一般使用 Pb-6 牌号的铅，而不必要求过高的纯度，但不能使用铅锑合金（俗称硬铅）。

给水承插铸铁管采用青铅接口已经有长远的历史了，其突出的优点是接口强度高、抗震性能好，施工完毕可立即通水，通水后如有渗漏还可以带水进行捻打。但这种接口方式成本高，操作较复杂，只有在抢修等特殊情况下采用。

青铅接口的施工首先要打承口深度一半的油麻，然后用卡箍或涂抹黄泥的麻辫封住承口，并在上部留出浇注口。将牌号为 Pb-6 牌号的青铅在铅锅内加热熔化至表面呈紫红色，铅液表面的杂质应在浇注前除去。向承口内灌铅使用的容器应进行预热，以免用时影响铅液的温度或粘附铅液。向承口内浇注铅液应徐徐进行，使承口中的空气能从浇注口排出。一个接口要一次浇注完成，不能中断。待铅液凝固后，即可拆除卡箍或麻辫，再用捻凿打实，直至表面打出金属光泽并凹入承口 2～3mm。

青铅接口操作过程中要防止铅中毒。在浇注铅液前，承插口内不能有积水，否则会引起爆炸，发生人员烫伤事故。青铅接口必须由有实际操作经验的技工操作或指导。

6）胶圈接口

胶圈柔性接口则要求特殊的承插口形式和与之相配套的专用橡胶圈。现行的灰铸铁、球墨铸铁管承插接口及橡胶圈见表 1-49。给水铸铁管的柔性接口形式中，序号 1 为 N 型柔性机械接口，序号 2、3 采用梯唇型和 T 型橡胶圈。柔性接口完全靠橡胶圈达到承插接口的密封，不使用水泥之类的填料。橡胶圈均由管材生产厂家配套供应。施工时，可先在插口端涂上肥皂水、洗洁精之类的液体作为润滑剂，然后套上橡胶圈，插入承口时可使用链式手拉葫芦进行牵引，使之进入承口，达到密封接口目的。

灰铸铁、球墨铸铁管承插接口及橡胶圈　　　　　　　　　　　　　　表 1-49

序　号	名　　称	标 准 编 号	接 口 形 式	橡 胶 圈 形 状
1	灰口铸铁管 N 型胶圈柔性机械接口	GB 6483-2008		N 形、N1 形

序　号	名　　称	标准编号	接口形式	橡胶圈形状
2	梯唇型橡胶圈接口铸铁管	GB 8714-88		
3	离心铸造球墨铁管 T 型胶圈接口	GB 13295-2008		80° 50° 部氏硬度

7）其他材质的管材

① 钢管

焊接钢管（亦即非镀锌焊接钢管）及镀锌焊接钢管，当直径为 DN80 及以下规格时，可使用可锻铸铁管件采用螺纹连接。直径为 DN100（亦即 4 英寸）时，采用螺纹连接比较困难，容易渗漏，因而对直径为 DN100 及以上规格的焊接钢管，应采用电焊焊接；对直径为 DN100 及以上规格的镀锌焊接钢管应采用沟槽式连接。

② 铜管

现行《建筑给排水设计规范》GB50015—2010 已明确将建筑铜管及管件列入给水（冷、热水和饮用净水）管网的选用管材。铜管具有机械性能好、耐腐蚀、不结垢等优点，国外民用建筑的冷热水管网中早已较多地采用铜管，但我国则仅在少数高档宾馆、酒店和住宅中使用。

冷、热水铜管的连接可根据情况采用钎焊连接和卡套连接、卡压连接、螺纹连接、沟槽连接、法兰连接等机械连接方式。铜水管的连接方式中，以硬钎焊连接为最可靠、成本低，因此最为常用；卡套连接、卡压连接、沟槽连接较为简便，不需要技术水平高的焊工；另外，卡套连接、沟槽连接、螺纹连接、法兰连接还具有可拆卸的特点。

冷、热水铜管的连接方式以承插式钎焊连接为主。在不能动用明火的场所、钎焊难以操作的场所和要求具有可拆卸的场合可采用机械连接方式。

（3）接口养护

除了柔性接口和青铅接口无需养护以外，以水泥为主要材料的各类刚性接口，在施工完毕后都需要养护。养护的方法是在接口处用黄泥或缠草绳，并在 3 天内不断浇水，使其保持湿润。当天气燥热或昼夜温差较大时，应用草袋等物覆盖承插接口。石棉水泥和纯水泥接口在 24h 后可以通水，自应力水泥接口在 12h 后可以通水，石膏氯化钙水泥接口在 8h 后可以通水。如果进行压力试验，宜在接口养护 3 天之后进行。

（4）试压

1）按标准有关工艺、量尺、下料、制作、安装堵板和管道末端支撑，并从水源开始，敷设和连接好试压给水管，安装给水管上的阀门、试压水泵、试压泵前后阀门、前后压力表及截止阀。

2）非焊接或螺纹连接管道，在接口后须经过养护期达到强度以后方可进行充水。充水后应把管内空气全部排尽。

3）空气排尽后，将阀门关闭好，进行加压。先升至试验压力时稳压，观测 10min，压力降不超过 0.05MPa，管道、附件和接口等未发生漏裂，然后将压力降至工作压力，再进行外观全面检查，接口不漏为合格。

4）试压过程中，若发现接口渗漏，应做上明显记号，然后将压力降至零。制定出补修措施，经补修后，再重新试验，直至合格。

（5）接口防腐

1）清理接口并使之保持干燥。

2）按设计要求进行接口防腐操作。

（6）回填管沟

回填管沟时，应特别注意即使全部回填土，有时也会出现管道浮起，这是回填土未夯实之故，特别是当管径较大，且埋设较浅时，更应注意。

（7）冲洗管道

1）新建室外给水管道在碰头以前，必须经过管内冲洗，冲洗干净后方可与供水干管或支管连接碰头。

2）冲洗标准：当设计无规定时，则以出口的水色和透明度与入口处的进水目测一致为合格。

（三）给水附属设备的安装

1. 室外消火栓安装

（1）严格检查消火栓的各处开关是否灵活、严密、吻合，所配带的附属设备配件是否齐全。

（2）室外地下消火栓应砌筑消火栓井，室外地上消火栓应砌筑消火栓闸门井。在高级和一般路面上，井盖上表面同路面相平，允许偏差±5mm，非正规路时，井盖高出室外设计标高 50mm，并应在井口周围以 2％的坡度向外做护坡。

（3）室外地下消火栓与主管连接的三通或弯头下部带座和无座的，均应先稳固在混凝土支墩上，管下皮距井底不应小于 0.2m，消火栓顶部距井盖底面不应大于 0.4m，如果超过 0.4m 应增加短管。

（4）按工艺要求，进行法兰闸阀、双法兰短管及水龙带接扣安装，接出的直管高于 1m 时，应加固定卡子一道，井盖上铸有明显的"消火栓"字样。

（5）室外消火栓地上安装时，一般距地面高度为 640mm，首先应将消火栓下部的弯头带底座安装在混凝土支墩上，安装应稳固。

（6）安装消火栓开闭闸门，两者距离不应超过 2.5m。

（7）地下消火栓安装时，如设置闸门井，必须将消火栓自身的放水口堵死，在井内另设放水门。

（8）按工艺要求，进行消火栓闸门短管、消火栓法兰短管、带法兰闸门的安装。

（9）使用的闸门井井盖上应有消火栓字样。

（10）管道穿过井壁处，应严密不漏水。

2. 室外水表安装

（1）严格检查准备安装的水表、闸门是否灵活、严密、吻合，所配带的附属配件是否齐全，是否符合设计的型号、规格、耐压强度要求。

（2）闸门安装以前应更换盘根。

（3）先把室外水表或阀门安装在砌好的混凝土支墩或砖砌支墩上。

（4）按工艺要求进行配件和连接管的螺纹连接和法兰连接。

（5）安装时，要求位置和进出口方向正确，连接牢固、紧密。

3. 注意事项

（1）消火栓、水表、闸门安装后，在未盖井盖之前，要将井暂时盖好，防止落物进井，砸坏设备。

（2）设备下部若没有临时支撑，在设备安装完，应及时砌筑或浇灌好支墩。

第二节　建筑热水供应系统

热水供应也属于给水，是以一定的方式将冷水加热到所需要的温度，然后再由管道输送到各用水点。用水点既要满足对水质、水量的要求，还要满足对水温的要求，因此热水给水系统除了管道、用水器具之外，还有热源及加热系统。

一、热水供应系统的分类与组成

（一）热水供应系统的分类

按照供应热水范围的大小，可分为集中热水供应系统和局部热水供应系统。集中热水供应系统供水范围大，热水集中制备，用管道输送到各配水点。一般适合于使用要求高，耗热量大，用热水的用水点分布密集，用热水的延续性好，热源条件充分的场合。可用于一幢建筑或几幢建筑，一片公寓、使馆区等供热水。整个系统热水供应包括锅炉房（热力站）、热水管网和用户。

（二）热水供应系统的组成

1. 热媒系统（第一循环系统）

由热源、水加热器、热媒管网3部分组成。热源一般是锅炉产生的蒸汽、过热水，在选择热源时，从节约能源的角度出发，首先考虑利用工业余热、废热、地热、太阳能。广州、福州等地都有利用地热水作为热水水源；青海、甘肃等地可以利用太阳能，有的地区采用热电厂升温以后的冷却水作为制备热水的热源。其次利用市政热网、区域性锅炉房，但是热力管网只是在供暖期才用；也可以设专用锅炉房或专用锅炉。相对而言小区锅炉房能源利用率不高，会产生环境污染。水加热器是将热能从热媒转移到热水的装置，将冷水加热成热水。热媒管网用来传输热媒，是将锅炉生产的过热水、蒸汽送至水加热器的管道系统。

第一循环过程：锅炉生产的蒸汽，经过热媒管网送到水加热器，与冷水进行热交换，将冷水加热，蒸汽（或过热水）释放热量以后，变成冷凝水，靠余压回到冷凝水池，冷凝水和新补充的软化水经冷凝循环水泵再送回锅炉，加热为蒸汽。如采用热水锅炉直接加热冷水，直接送入热水管网，不需要热媒和热媒管道。

2. 热水管网（第二循环系统）

即热水供水系统，由热水配水管网和热水回水管网组成。被加热到一定温度的热水，从水加热器经配水管网送至各个热水配水点，而水加热器的冷水由高位水箱或给水管网补给。为保证各用水点随时都有规定水温的热水，在立管和水平干管甚至支管设置回水管，使一定量的热水经过循环水泵流回水加热器以补充管网所散失的热量。

3. 热水系统附件

蒸汽和热水的控制附件、管道的连接附件、温度自动调节器、减压阀、安全阀、膨胀罐、疏水器、管道补偿器等。

二、热水供水方式

根据不同的标准，热水供水方式有不同的划分方法，如下所示：

（一）根据加热冷水的方式

根据加热冷水的方式不同可分为直接加热和间接加热两种方式。

1. 直接加热方式

直接加热时热媒与被加热水直接接触、混合，把冷水直接加热到所需要的温度，也称一次换热器，如图 1-58 所示。如水-水直接加热、蒸汽-水直接加热。适合于开式热水系统，热媒与水直接接触，高温的蒸汽直接通入冷水。

2. 间接加热方式

该种方式在水被加热时热媒与被加热水不接触，而是各自有自己的管道系统，如图 1-59所示。

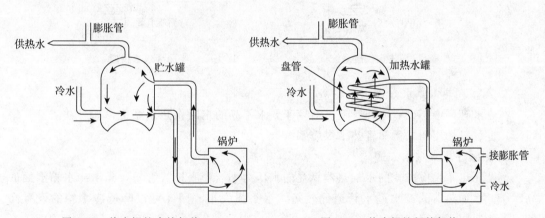

图 1-58　热水锅炉直接加热　　　　　　图 1-59　热水锅炉间接加热

热媒通过水的加热器把热量传递给冷水达到加热冷水的目的，在加热过程中，热媒（如蒸汽）与被加热水不直接接触。间接加热方式的冷凝水便于回收，蒸汽换热以后就变成了冷凝水，回收的冷凝水可以重复利用，只需对少量补充水进行软化处理，运行费用低；加热时不产生噪声；热媒与水不直接接触，不会对水产生污染，但是必须附设蒸汽管和冷凝水管两条管系。

（二）根据热水管网设置循环管道的方式

1. 全循环热水供应方式

该种方式的热水干管、立管及支管都设置循环管道，以保持热水循环，从而使各配水龙头打开可以随时获得设计要求水温的热水，如图 1-60 所示。该种方式使用方便，但工程投资大，一般需要设置循环水泵；由于环路比较多，容易发生短路循环，设计时需要调节平衡各个环路的阻力损失。一般用于对热水供应要求比较高的建筑，如医院、高级宾馆等，以使整个系统随时都能供应热水。

2. 半循环热水供应方式

热水部分循环，也称为半循环，如图 1-61 所示，主要用于定时供应热水的建筑。可分为两种：

立管循环方式：热水立管和干管都设置循环管道，保持有热水循环，只有支管不设循环管道。

干管循环方式：在配水干管部分设置循环管道，仅保持热水干管内的热水循环，立管中的水不保证水温，用水时要先放掉一部分冷水，易造成水的浪费。

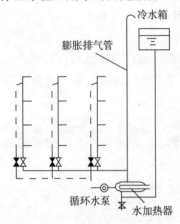

图 1-60　全循环热水供应系统

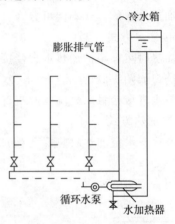

图 1-61　半循环热水供应系统

3. 不循环热水供水方式

在热水管网中不设有循环管道。适用于要求不高的定时供热水系统，如公共浴室、旅馆等，也可以采用闭式无循环热水供应系统。

4. 倒循环热水供水方式

倒循环热水供应方式的水加热器承受的水压力小，膨胀排气管短，高出冷水箱水面的高度小；水加热器的冷水进水管道比较短，水头损失小，因此可以降低冷水箱的设置高度。一般适用于高层建筑。

（三）根据热水循环系统中采用的循环动力

1. 机械循环热水供水方式

设置水泵的循环系统，为机械循环或强制循环，采用循环泵向锅炉或水加热器中加压送水。

2. 自然循环热水供水方式

系统中不设置循环水泵，靠水的密度差进行循环。实际中很少采用，由于热水管道结垢，循环流量会逐渐减少，难以保证设计要求；易产生短流循环，较难调节平衡。

（四）根据热水配水干管的位置

按热水配水干管的位置可分为下行上给和上行下给的供水方式。热水系统的配水干管的上行或下行，与建筑内部的给水系统的上行、下行概念是一样的。下行上给系统可不设置排气阀，利用最高点的水龙头可以排气。缺点是回水管路长，管材用量多；热水立管形成双立管，布置安装复杂。上行下给系统中需要设置排气阀。回水管短，管材用量少，工程投资比较少，热水立管形成单立管，布置安装较容易。

（五）根据热水管网的压力

1. 开式热水供应方式

开式热水供应方式一般是在管网顶部设置水箱，管网与大气相通，不必设置膨胀水箱，系统内的水压就取决于水箱的设置高度，而不受室外给水管网的水压变化的影响，可以保证系统水压稳定和供水安全。开式系统比较简单、经济，设有高位冷水箱、膨胀排气管或开式加热水箱。对于高位冷水箱向加热器供应冷水的开式热水系统，必须设置膨胀排气管，膨胀管的出口必须高出冷水箱的最高水位一定的高度（h），否则，加热过程中热水会从膨胀管溢出。

2. 闭式热水供应方式

不设置屋顶冷水箱的系统，称为闭式热水系统，如图 2-40 所示。其特点是管网不与大气相通，管道系统是封闭的，冷水直接进入水加热器，故需设安全阀，有条件时还可以考虑设隔膜式压力膨胀罐。

三、加热设备

（一）局部加热设备

1. 燃气热水器

燃气热水器的热源有天然气、焦炉煤气、液化石油气和混合煤气等 4 种。依照燃气压力有低压（$P \leqslant 5\text{kPa}$）、中压（$5 < P \leqslant 150\text{kPa}$）热水器之分。民用和公共建筑中生活所用燃气热水器一般均为低压，工业企业生产所用燃气热水器可采用中压。此外，按加热冷水方式不同，燃气热水器有直流快速式和容积式之分，直流快速式燃气热水器一般安装在用水点就地加热，可随时点燃并可立即取得热水，供一个或几个配水点使用，常用于家庭、浴室、医院手术室等局部热水供应。容积式燃气热水器具有一定的贮水容积，使用前应预先加热，可供几个配水点或整个管网供水，可用于住宅、公共建筑和工业企业的局部和集中的热水供应。

2. 电热水器

电热水器是把电能通过电阻丝变为热能加热冷水的设备，一般以成品在市场上销售。电热水器产品有快速式和容积式两种。快速式电热水器无贮水容积或贮水容积很小，不需在使用前预先加热，在接通水路和电源后即可得到被加热的热水。该类热水器具有体积小、重量轻、热损失少、效率高、容易调节水量和水温、使用安装简便等优点，但功率大，尤其在一些缺电地区使用受到限制。目前市场上该种热水器种类较多，适合家庭和工业、公共建筑单个热水供应点使用。

3. 太阳能热水器

太阳能热水器主要由集热器、贮水箱组成，适宜于日照时间长的地区使用。家庭使用的多为小型一体式；用于集中浴室和集中热水供应系统则多为分体组装式太阳能热水器。根据制备热水的循环方式不同，可以将其分为自然循环、强制循环和不循环定温放水 3 种类型；也可以按照加热方式分为直接加热和间接加热两种方式。

目前国内常用的集热器日产水量，如表 1-50 所示。

常用集热器日产水量

表 1-50

集热器种类	产水温度（℃）	日产水量（L/m²）	集热器种类	产水温度（℃）	日产水量（L/m²）
钢制管板式	40～50	70～90	铜制管板式	40～60	80～100
镀锌板盒式	40～60	80～110	铜铝复合式	40～65	90～120

一般建议设计时考虑人均淋浴用水量为 50L，这样就可以根据所选用的集热器种类和用水的人数估算出集热器的采光面积。

太阳能集热器的最佳布置方位是朝向正南，其偏差允许±15℃以内，否则影响集热器表面上的太阳能辐射强度。

（二）集中热水供应系统的加热设备

1. 小型锅炉

小型锅炉有燃煤、燃油和燃气 3 种。

燃料锅炉有立式和卧式两类。立式锅炉有横水管、横火管（考克兰）、直水管、弯水管之分；卧式锅炉有外燃回水管、内燃回火管（兰开夏）、快装卧式内燃等几种。

燃油（燃气）锅炉是通过燃烧器向正在燃烧的炉膛内喷射雾状油（或通入燃气），燃烧迅速，且比较完全，具有构造简单，体积小，热效率高，排污总量少的优点。

2. 水加热器

集中热水供应系统中常用的水加热器有容积式、快速式、半容积式和半即热式水加热器。

（1）容积式水加热器

容积式水加热器是内部设有热媒导管的热水贮存容器，具有加热冷水和贮备热水两种功能，热媒为蒸汽或热水，有卧式、立式之分。常用的容积式水加热器有传统的 U 形管型容积式水加热器和导流型容积式水加热器。

（2）快速式水加热器

根据热媒的不同，快速式水加热器有汽—水和水—水两种类型，前者热媒为蒸汽，后者热媒为过热水；根据加热导管的构造不同，又有单管式、多管式、板式、管壳式、波纹板式、螺旋板式等多种形式。图 1-62 所示为多管式汽—水快速式水加热器。

快速式水加热器具有效率高，体积小，安装搬运方便的优点，缺点是不能储存热水，水头损失大，在热媒或被加热水压力不稳定时，出水温度波动较大，仅适用于用水量大且较均匀的热水供应系统或热水供暖系统。

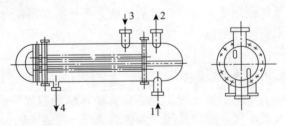

图 1-62 多管式汽—水快速式水加热器
1—冷水；2—热水；3—蒸汽；4—凝水

（3）半容积式水加热器

半容积式水加热器具有体形小（贮热容积比同样加热能力的容积式水加热器减少 2/3）、加热快、换热充分、供水温度稳定、节水节能的优点。但由于内循环泵不间断地运行，需要有极高的质量保证。

（4）半即热式水加热器

半即热式水加热器是带有超前控制，具有少量储存容积的快速式水加热器，其构造如图 1-63 所示。热媒蒸汽经控制阀和底部入口通过立管进入各并联盘管，冷凝水入立管后由底部流出，冷水从底部经孔板入罐，同时有少量冷水进入分流管。入罐冷水经转向器均匀进入罐底并向上流过盘管得到加热，热水由上部出口流出。部分热水在顶部进入感温管开口端，冷水以与热水用水量成比例的流量由分流管同时入感温管，感温元件读出瞬间感温管内的冷、热水平均温度，即向控制阀发出信号，按需要调节控制阀，以保持所需的热水输出温度。只要一有热水需求，热水出口处的水温尚未下降，感温元件就能发出信号开启控制阀，具有预测性。加热盘管内的热媒由于不断改向，加热时盘管颤动，形成局部紊流区，属于"紊流加热"，故传热系数大，换热速度快，又具有预测温控装置，所以其热水贮存容量小，仅为半容积式水加热器的 1/5。同时，由于盘管内外温差的作用，盘管不断收缩、膨胀，可使传热面上的水垢自动脱落。

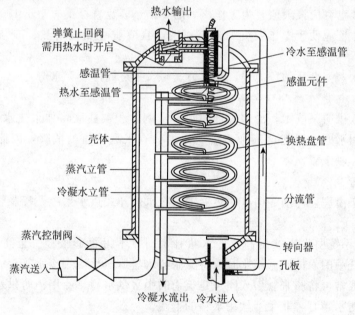

图 1-63　半即热式水加热器构造示意图

半即热式水加热器具有快速加热被加热水，浮动盘管自动除垢的优点，其热水出水温度波动一般能控制在±2.2℃内，且体积小，节省占地面积，适用于各种不同负荷需求的机械循环热水供应系统。

四、热水供应系统的管材、附件

（一）管材、管件

热水系统采用的管材和管件，应符合现行产品标准的要求。管道的工作压力和工作温度不得大于产品标准标定的允许工作压力和工作温度。

热水管道应选用耐腐蚀、安装连接方便可靠、符合饮用水卫生要求的管材。一般可采用薄壁铜管、薄壁不锈钢管、塑料热水管、塑料及金属复合热水管等。住宅入户管敷设在垫层内时可采用聚丙烯管、聚丁烯管、交联聚乙烯管等软管。

当采用塑料热水管或塑料及金属复合热水管材时，除符合产品标准外，还应符合下列要求：

（1）管道工作压力按相应温度下的允许工作压力选择。

（2）管件宜采用与管道相同的材质。

（3）不宜采用对温度变化较敏感的塑料热水管。

（4）设备机房内管道不得采用塑料热水管。

1. 压力表

（1）密闭系统中的水加热器、贮水器、锅炉、分汽缸、分水器、集水器等各种承压设备均应装设压力表，以便于操作人员观察其运行工况，做好运行记录，并可以减少和避免一些偶然的不安全事故。

（2）热水加压泵、循环水泵的出水管（必要时含吸水管）上，应装设压力表。

（3）压力表的精度不应低于 2.5 级，即允许误差为表刻度极限值的 1.5%。

（4）压力表盘刻度极限值宜为工作压力的 2 倍，表盘直径不应小于 100mm。

（5）装设位置应便于操作人员观察与清洗，且应避免受辐射热、冻结或振动的不利影响。

（6）用于水蒸气介质的压力表，在压力表与设备之间应装存水弯管。

2. 膨胀管、膨胀水罐与安全阀

在集中热水供应系统中，冷水被加热后，水的体积要膨胀，如果热水系统是密闭的，在卫生器具不用水时，必然会增加系统的压力，有胀裂管道的危险，因此需要设置膨胀管、安全阀或膨胀水罐。

（1）膨胀管

膨胀管用于由高位冷水箱向水加热器供应冷水的开式热水系统，膨胀管的设置应符合下列要求：

1）当热水系统由生活饮用高位冷水箱补水时，不得将膨胀管引至高位冷水箱上空，以防止热水系统中的水体升温膨胀时，将膨胀的水量返至生活用冷水箱，引起该水箱内水体的热污染。通常可将膨胀管引入同一建筑物的中水供水箱、专用消防供水箱（不与生活用水共用的消防水箱）等非生活饮用水箱的上空。

2）膨胀管上如有冻结可能时，应采取保温措施。

3）膨胀管的最小管径按表 1-51 确定。

表 1-51

膨胀管的最小管径

锅炉或水加热器的传热面积（m²）	<10	≥10 且<15	≥15 且<20	≥20
膨胀管最小管径（mm）	25	32	40	50

4）对多台锅炉或水加热器，宜分设膨胀管。

5）膨胀管上严禁装设阀门。

（2）膨胀水罐

闭式热水供应系统的日用热水量大于 $10m^3$ 时，应设压力膨胀水罐（隔膜式或胶囊式）以吸收贮热设备及管道内水升温时的膨胀量，防止系统超压，保证系统安全运行。压力膨胀水罐宜设置在水加热器和止回阀之间的冷水进水管或热水回水管的分支管上。图1-64是隔膜式膨胀罐的构造示意图。

（3）安全阀

闭式热水供应系统的日用热水量≤$10m^3$ 时，可采用设安全阀泄压的措施。承压热水锅炉应设安全阀，并由制造厂配套提供。开式热水供应系统的热水锅炉和水加热器可不装安全阀（劳动部门有要求者除外）。设置安全阀的具体要求如下：

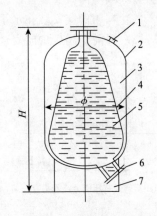

图1-64　隔膜式膨胀罐的构造示意图
1—充气嘴；2—外壳；3—气室；4—隔膜；5—水室；6—接管口；7—罐座

1）水加热器宜采用微启式弹簧安全阀，安全阀应设防止随意调整螺丝的装置。

2）安全阀的开启压力，一般取热水系统工作压力的1.1倍，但不得大于水加热器本体的设计压力，一般分为0.6MPa、1.0MPa、1.6MPa三种规格。

3）安全阀的直径应比计算值放大一级；一般实际工程应用中，对于水加热器用的安全阀，其阀座内径可比水加热器热水出水管管径小一号。

4）安全阀应直立安装在水加热器的顶部。

5）安全阀装设位置，应便于检修。其排出口应设导管将排泄的热水引至安全地点。

6）安全阀与设备之间，不得装设取水管、引气管或阀门。

（二）附件

1．自动排气阀

为排除热水管道系统中热水气化产生的气体（溶解氧和二氧化碳），以保证管内热水畅通，防止管道腐蚀，上行下给式系统的配水干管最高处应设自动排气阀。

2．疏水阀

热水供应系统以蒸汽为热媒时，为保证凝结水及时排放，防止蒸汽漏失，在每台用汽设备（如水加热器、开水器等）的凝结水回水管上应设疏水器，当水加热器的换热能确保凝结水回水温度不大于80℃时，可不装疏水器。蒸汽立管最低处、蒸汽管下凹处的下部宜设疏水器。

疏水器按其工作压力有低压和高压之分，热水系统通常采用高压疏水器，一般可选用浮筒式或热动力式疏水器。

3．蒸汽减压阀

热水供应系统中的加热器常以蒸汽为热媒，若蒸汽管道供应的压力大于水加热器的需求压力，则应设减压阀把蒸汽压力降到需要值，才能保证设备使用安全。

减压阀是利用流体通过阀瓣产生阻力而减压并达到所求值的自动调节阀，其阀后压力可在一定范围内进行调整。减压阀按其结构形式可分为薄膜式、活塞式和波纹管式三类。

蒸汽减压阀的安装

（1）减压阀应安装在水平管段上，阀体应保持垂直。

（2）阀前、阀后均应安装闸阀和压力表，阀后应装设安全阀，一般情况下还应设置旁路管，如图 1-65 所示，其中各部分的安装尺寸如表 1-52 所示。

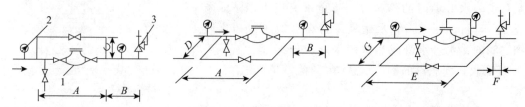

（1）活塞式减压阀旁路管垂直安装　（2）活塞式减压阀旁路管水平安装　（3）薄膜式或波纹管减压阀的安装

图 1-65　减压阀安装
1—减压阀；2—压力表；3—安全阀

尺寸 A～G 见表 1-52

减压阀安装尺寸（mm）　　　　　　　　　　　表 1-52

减压阀公称直径 DN（mm）	A	B	C	D	E	F	G
25	1100	400	350	200	1350	250	200
32	1100	500	350	200	1350	250	200
40	1300	500	400	250	1500	300	250
50	1400	500	450	250	1600	300	250
65	1400	500	500	300	1650	350	300
80	1500	550	650	350	1750	350	350
100	1600	550	750	400	1850	400	400
125	1800	600	800	450			
150	2000	650	850	500			

4. 自动调温装置

热水供应系统中为实现节能节水、安全供水，在水加热设备的热媒管道上应装设自动温度调节装置来控制出水温度。自动调温装置有直接式和电动式两种类型。

五、热水管道的分区、布置与保温

（一）热水管道系统的特点

由于高层建筑楼层多、高度大、用水人数多，故对热水供应系统的水量、水压、水质的要求相应比较高，因而供水压力、热损失、水头损失等问题比较突出。高层建筑的热水供应系统，按照热水系统的供应范围也可以分为局部热水供应系统和集中热水供应系统。

局部热水供应系统即采用各种小型加热器就地加热，供应一个或几个热水点使用的热水系统，系统和设备简单，易于维护，造价低而且改建或增设容易。建筑标准比较低的普通高层民用住宅、办公楼、学校、科研楼等建筑，一般采用局部热水供应系统。

集中热水供应系统即采用锅炉房或加热间集中加热，设置热水管网将热水输送至建筑物内的各个用水点。集中热水供应系统的特点是加热设备集中设置，集中管理，设备热效率比较高，成本低，使用方便。适用于热水用水量大，用水点集中、建筑标准比较高的高层建筑。

高层建筑热水供应系统在设计时应注意以下几点：

1. 系统压力和分区压力

高层建筑由于室内给水和热水管道系统中的静水压力很大，为使管道及配件承受的压力小于其工作强度及节约能量、减少维修，高层建筑的热水供应系统同冷水系统一样，应进行经济合理的竖向分区，而且两者的分区范围应相同，而且各区的水加热器、贮水器的进水均应由同区的生活给水系统设置专管供给，即此专管上不应分支供给其他用水，从而可以保证冷、热水的压力平衡，便于调节冷、热水混合龙头的出水温度，便于管理。

当卫生设备设有冷热水混合器或混合龙头时，冷、热水供水系统在配水点处应保持压力值相近。原则上应保持冷热水供水压力相同，因供水系统内如果水压不稳定，将使冷热水混合器或冷热水混合龙头的出水温度波动很大，造成水的浪费，使用也不方便，不安全。但工程实际中，由于冷、热水管道管径不一致，管道长度也不同，热水系统还需要附加水加热器的阻力，尤其是当用高位水箱通过设置在地下室的水加热器再返上供给高区热水时，热水管道要比冷水管道长，相应的水头损失也比冷水管道大。因此实际中要做到冷热水在同一点压力相同是不可能的，只能是保持压力相近。一般以冷热水供水压力差小于等于 0.01MPa 为宜，在集中热水供应系统的设计中还应特别注意：热水供水管道中的水头损失应与冷水供水管的水头损失相平衡；水加热器的水头损失宜小于等于 0.01MPa。

2. 热水循环水泵的承压问题

当热交换器设置在高层建筑物底层时，循环水泵承受的静压很大，常用的水泵泵壳的试验工作压力约为 340kPa，因此一般水泵的泵壳强度和密封性能常常不能满足要求，需要专门订货。

3. 排气问题

高层建筑中当热水加热设备设置在底层，向上供水时，下部压力高，向上逐步减压，因而溶于水中的气体也随着压力变小而逐步的分离、析出，因此高层建筑的热水系统排气很重要。在上行下给式系统中，气体容易在管网最高处积聚，妨碍热水循环。因此，应在配管最高处设置排气装置，而且热水管道的布置不能形成凹凸形，横管要有 ∢0.003 的坡度，以利于排气。

4. 体积膨胀问题

冷水加热体积膨胀，为了保证系统内压力正常，必须要设置膨胀管或释压安全阀，通常高层建筑热水系统中设置膨胀管，以保证系统压力平衡。一方面可使热水系统安全运转，另一方面还具有排气的功能。

5. 水垢问题

热水供应系统结垢是个严重问题，一般常用措施是软化、控制热水温度和用磁水器。国内很多建筑采用软化法，但水的软化处理中，再生需要大量的盐，运行费用高，管理麻烦，故热水温度一般控制在 40～65℃ 之间为宜，并以此为依据，选热交换器和管道。

（二）分区供水方式

高层建筑热水供应系统必须解决热水管网系统压力过大的问题。与给水系统相同，解决热水管网系统压力过大的问题，可采用竖向分区的供水方式。高层建筑热水系统的分区，应遵循如下原则：

（1）与给水系统的分区应一致，各区水加热器、贮水器的进水均应由同区的给水系统设专管供应，以保证系统内冷、热水的压力平衡，便于调节冷、热水混合龙头的出水温度，达到节水、节能、用水舒适的目的。当确有困难时，例如单幢高层住宅的集中热水供应系统，只能采用一个或一组水加热器供整幢楼热水时，可相应地采用质量可靠的减压阀等管道附件来解决系统冷热水压力平衡的问题。

（2）当减压阀用于热水系统分区时，除应满足与给水系统相同的减压阀设置要求外，减压阀密封部分材质应按热水温度要求选择，尤其要注意保证各分区热水的循环效果。

1. 集中设置水加热器、分区设置热水管网的供水方式

图 1-66 所示的该供水方式中的各区热水配水循环管网自成系统，水加热器、循环水泵集中设在底层或地下设备层，各区所设置的水加热器或贮水器的进水由同区给水系统供给。其优点是：各区供水自成系统，互不影响，供水安全可靠；设备集中设置，便于维修、管理。其缺点是：高区水加热器和配、回水主立管管材需承受高压，设备和管材费用较高。所以该分区形式不宜用于多于 3 个分区的高层建筑中。

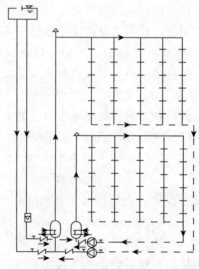

图 1-66　集中设置水加热器、分区设置
热水管网的供水方式

集中供热水方式的水加热器集中设置在建筑物的底层或地下室，用管道向各分散用水点供应热水，各区的管网自成独立系统，水加热器的冷水来自各区技术层中的高位水箱，管网大多为上行下给式。集中热水供应设备集中、便于管理、使用安全可靠。保证热水循环效果的另一个措施是设置循环水泵，采用机械强制循环方式，以保证整个热水系统的循环效果和系统的稳定性。

2. 分散设置水加热器、分区设置热水管网的供水方式

图 1-67 所示的该供水方式中各区热水配水循环管网也自成系统，但各区的加热设备和循环水泵分散设置在各区的设备层中。图 1-67（a）所示为各区均为上配下回热水供应图式，图 1-67（b）所示为各区采用上配下回与下配上回混设的热水供应图式。该方式的优点是：供水安全可靠，且水加热器按各区水压选用，承压均衡，且回水立管短。缺点是：设备分散设置不但要占用一定的建筑面积，维修管理也不方便，且热媒管线较长。

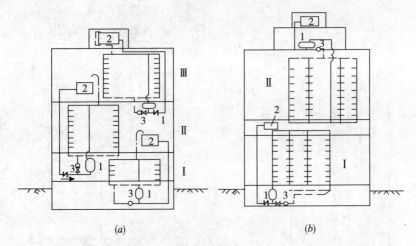

图 1-67　分散设置水加热器、分区设置热水管网的供水方式

(a) 各区系统均为上行下回方式；(b) 各区系统混合设置

1—水加热器；2—给水箱；3—循环水泵

分散供热水方式的水加热设备和循环水泵分别设在各区的设备层里，在大于 3 个分区的高层建筑中广泛采用。分散式的特点是能避免不必要的过大压力，而且给水、热水、回水总管的长度短，节约工程费用，热水系统所要求的水压也可以减少，但锅炉要供给各区水加热器蒸汽及相应的蒸汽管道和蒸汽凝结水管道，从而加大分散管理费用。

3. 分区设置减压阀、分区设置热水管网的供水方式

高层建筑热水供应系统采用减压阀分区时，减压阀不能装在高、低区共用的热水供水干管上，如图 1-68 (a) 所示，而应按图 1-68 (b)、(c)、(d) 中的设置减压阀的正确方式。

图 1-68 (b) 为高低区分设水加热器的系统。两区水加热器均由高区冷水高位水箱供水，低区热水供应系统的减压阀设在低区水加热器的冷水供水管上。该系统适用于低区热水用水点较多，且设备用房有条件分区设水加热器的情况。

图 1-68 (c) 为高低区共用水加热器的系统，低区热水供水系统的减压阀设在各用水支管上。该系统适用于低区热水用水点不多、用水量不大，分散及对水温要求不严（如理发室、美容院）的建筑，高低区回水管汇合点 C 处的回水压力由调节回水管上的阀门平衡。

图 1-68 (d) 为高低区共用水加热器系统的另一种图式，高低区共用供水立管，低区分户供水支管上设减压阀。该系统适用于高层住宅、办公楼等高低区只能设一套水加热设备或热水用量不大的热水供应系统。

（三）管道的布置与敷设

热水管道的布置与敷设，除了满足给（冷）水管网敷设的要求外，还应注意由于水温高带来的体积膨胀、管道伸缩补偿、保温和排气等问题。还应注意以下几点：

1. 当分区范围超过 5 层时，为使各配水点随时得到设计要求的水温，应采用全循环或立管循环方式；当分区范围小，但立管数多于 5 根时，应采用干管循环方式。

2. 要防止循环流量在系统中流动时出现短流，影响部分配水点的出水温度。

3. 为提高供水的安全可靠性，尽量减小管道、附件检修时的停水范围，或充分利用热水循环管路提供的双向供水的有利条件，放大回水管管径，使它与配水管径接近，当管

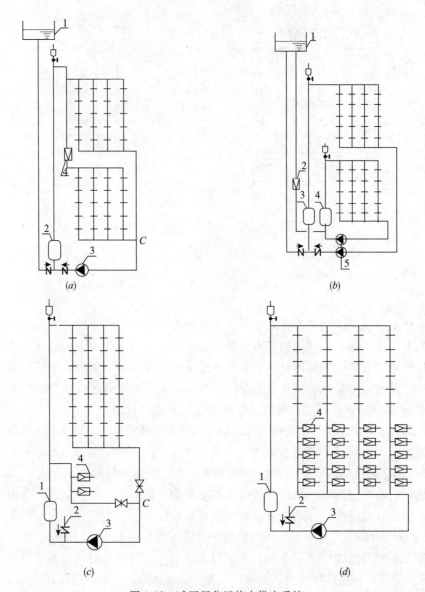

图 1-68 减压阀分区热水供应系统

(a) 减压阀分区热水供应系统错误方式

1—冷水补水箱；2—水加热器；（高、低区共用）；3—循环泵；4—减压阀

(b) 减压阀分区热水供应系统正确图式

1—冷水补水箱；2—减压阀；3—高区水加热器；4—低区水加热器；5—循环泵

(c) 支管设减压阀热水供应系统正确方式

1—水加热器；2—冷水补水管；3—循环泵；4—减压阀

(d) 高低区共用立管低区设支管减压阀热水系统正确图式

1—水加热器；2—冷水补水管；3—循环泵；4—减压阀

道出现故障时，可临时作配水管使用。

　　上行下给式配水干管的最高点应设排气装置（自动排气阀，带手动放气阀的集气罐和膨胀水箱），下行上给配水系统，可利用最高配水点放气。

下行上给热水供应系统的最低点应设泄水装置（泄水阀或丝堵等）有可能时也可利用最低配水点泄水。

当下行上给式热水系统设有循环管道时，其回水立管应在最高配水点以下约 0.5m 处与配水立管连接。上行下给式热水系统只需将循环管道与各立管连接。

热水立管与横管连接时，为避免管道伸缩应力破坏管网，应采用乙字弯的连接方式，如图 1-69 所示。

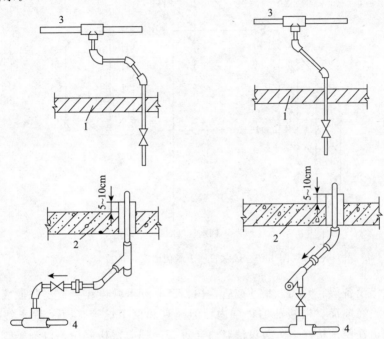

图 1-69　热水立管与水平干管的连接方式
1—吊顶；2—地板或沟盖板；3—配水横管；4—回水管

热水管道应设固定支架，一般设于伸缩器或自然补偿管道的两侧，其间距长度应满足管段的热伸长量不大于伸缩器所允许的补偿量。固定支架之间宜设导向支架。

为调节平衡热水管网的循环流量和检修时缩小停水范围，在配水、回水干管连接的分干管上，配水立管和回水立管的端点，以及居住建筑和公共建筑中每一用户或单元的热水支管上，均应装设阀门，如图 1-70 所示。

热水管网在下列管段上，应装设止回阀：

（1）设置在水加热器、贮水器的冷水供水管上，防止加热设备的升压或冷水管网水压降低时产生倒流，使设备内热水回流至冷水管网产生热污染和安全事故。

（2）设置在机械循环系统的第二循环回水管上，防止冷水进入热水系统，保证配水点的供水温度。

（3）设置在冷热水混合器的冷、热水供水管上，防止冷、热水通过混合器相互串水而影响其他设备的正常使用。

热水管网有明设和暗设两种敷设方式。铜管、薄壁不锈钢管、衬塑钢管等可根据建筑、工艺要求暗设或明设。塑料热水管宜暗设，明设立管宜布置在不受撞击处，如不可避免时，应在管外加防紫外线照射、防撞击的保护措施。热水管道暗设时，其横干管可敷设

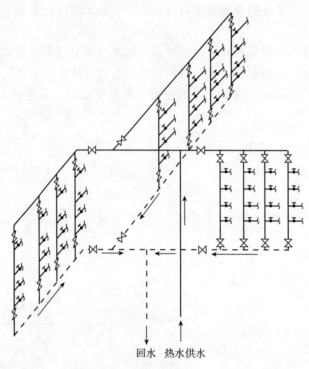

回水　热水供水

图 1-70　热水管网上阀门的安装位置

于地下室、技术设备层、管廊、吊顶或管沟内，其立管可敷设在管道竖井或墙壁竖向管槽内，支管可埋设在地面、楼板面的垫层内，但铜管和聚丁烯管（PB）埋于垫层内宜设保护套。暗设管道在便于检修地方装设法兰，装设阀门处应留检修门，以利于管道更换和维修。管沟内敷设的热水管应置于冷水管之上，并应采取保温措施。

热水管道穿过建筑物的楼板、墙壁和基础处应加套管，穿越屋面及地下室外墙时，应加防水套管，以免管道膨胀时损坏建筑结构和管道设备。当穿过有可能发生积水的房间地面或楼板面时，套管应高出地面 50～100mm。热水管道在吊顶内穿墙时，可预留孔洞。

热水横管均应保持有不小于 0.003 的坡度，配水横干管应沿水流方向上升，利于管道中的气体向高点聚集，便于排放；回水横管应沿水流方向下降，便于检修时泄水和排除管内污物。这样布管还可保持配、回水管道坡向一致，便于施工安装。

室外热水管道一般为管沟内敷设，当不可能时，也可直埋敷设，其保温材料为聚氨酯硬质泡沫塑料，外做玻璃钢管壳，并做伸缩补偿处理。直埋管道的安装与敷设还应符合有关直埋供热管道工程技术规程的规定。

（四）管道支架

热水管道由于安装管道补偿器的原因，需在补偿器的两侧设固定支架，以利均匀分配管道伸缩量。此外，一般在管道上有分支管处，水加热器接出管道处，多层建筑立管中间，高层建筑立管之两端（中间有伸缩设施）等处均应设固定支架，如图 1-71 所示。

各种热水管道的支架间距如下：

1. 铜管的支架间距如表 1-53 所示。

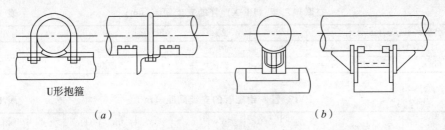

U形抱箍

（a） （b）

图 1-71 管道固定支架

（a）固定支架 （b）弧形板固定支架

铜管的支架间距（m） 表 1-53

公称直径（mm）	15	20	25	32	40	50	65	80	100	125	150	200
立管	1.8	2.4	2.4	3.0	3.0	3.0	3.5	3.5	3.5	3.5	4.0	4.0
横管	1.2	1.8	1.8	2.4	2.4	2.4	3.0	3.0	3.0	3.5	3.5	3.5

2. 薄壁不锈钢管的支架间距如表 1-54 所示。

薄壁不锈钢管的支架间距（m） 表 1-54

公称直径 DN（mm）	65～100	125～200	250～315
最大支承间距	3.5	4.2	5.0

3. 衬塑钢管的支架间距如表 1-55 所示。

衬塑钢管的支架间距（m） 表 1-55

公称直径（mm）	15	20	25	32	40	50	70	80	100	125	150	200	250	300
保温管	2	2.5	2.5	2.5	3	3	4	4	4.5	6	7	7	8	8.5
不保温管	2.5	3	3.25	4	4.5	5	6	6	6.5	7	8	9.5	11	12

4. 无规共聚聚丙烯（PP-R）管的支架间距如表 1-56 所示。

5. 聚丁烯（PB）管的支架间距如表 1-57 所示。

6. 交联聚乙烯（PE-X）管的支架间距如表 1-58 所示。

7. PVCC 管、铝塑（PAP）管的支架间距如表 1-59 所示。

聚丙烯（PP-R）管的支架间距（m） 表 1-56

公称外径 De（mm）	20	25	32	40	50	63	75	90	110
立管（m）	0.5	0.6	0.7	0.8	0.9	1.0	1.1	1.2	1.5
水平管（m）	0.9	1.0	1.2	1.4	1.6	1.7	1.7	1.8	2.0

注：暗敷直埋管道的支架间距可采用 1.0～1.5m。

聚丁烯（PB）管的支架间距（m） 表 1-57

公称外径 De（mm）	20	25	32	40	50	63	75	90	110
立管（m）	0.6	0.7	0.8	1.0	1.2	1.4	1.6	1.8	2.0
水平管（m）	0.8	0.9	1.0	1.3	1.6	1.8	2.1	2.3	2.6

交联聚乙烯（PE-X）管的支架间距（m） 表 1-58

公称外径 De（mm）		20	25	32	40	50	63
立管（m）		800	900	1000	1300	1600	1800
横管（m）	热水管（m）	300	350	400	500	600	700

PVCC 管、铝塑管的支架间距（m） 表 1-59

公称外径 De（mm）	20	25	32	40	50	63	75	90	110	125	140	160
立管（m）	1.0	1.1	1.2	1.4	1.6	1.8	2.1	2.4	2.7	3.0	3.4	3.8
水平管（m）	0.6	0.65	0.7	0.8	0.9	1.0	1.1	1.2	1.2	1.3	1.4	1.5

热水管道应设固定支架，其间距应满足管段的热伸长度不大于伸缩器所允许的补偿量，固定支架之间宜设导向支架。

（五）管道的保温

热水供应系统中的水加热设备、贮热水器、热水箱、热水供水干、立管，机械循环的回水干、立管，有冰冻可能的自然循环回水干、立管，均应采取保温措施以减少介质传送过程中的热损失。

热水供应系统保温材料应符合导热系数小、具有一定的机械强度、重量轻、无腐蚀性、易于施工成型和良好的性价比的特点。

保温层的厚度可按下式计算：

$$\delta = 3.41 \frac{d_{\text{w}}^{1.2} \lambda^{1.35} \tau^{1.75}}{q^{1.5}}$$

式中　δ——保温层厚度，mm；

　　　d_{w}——管道或圆柱设备的外径，mm；

　　　λ——保温层的导热系数，kJ/（h·m·℃）；

　　　τ——未保温的管道或圆柱设备外表面温度，℃；

　　　q——保温后的允许热损失，kJ/（h·m），可按表 1-60 采用。

保温后允许热损失值［kJ/（h·m）］ 表 1-60

管　径 DN（mm）	流　体　温　度（℃）					备　注
	60	100	150	200	250	
15	45.1					
20	63.8					
25	83.7					
32	100.5					
40	104.7					
50	121.4	251.2	335.0	367.8		
70	150.7					流体温度 60℃，只适用
80	175.5					于热水管道
100	226.1	355.9	460.55	544.3		
125	263.8					
150	322.4	439.6	565.2	690.8	816.4	
200	385.2	502.4	669.9	816.4	983.9	
设备面	—	418.7	544.3	628.1	753.6	

回水管、热媒水管常用的保温材料为岩棉、超细玻璃棉、硬聚氨酯泡沫塑料等材料，其保温层厚度可参照表1-61采用。蒸汽管用憎水珍珠岩管壳保温时，其厚度如表1-62所示。水加热器、开水器等设备采用岩棉制品、硬聚氨酯泡沫塑料等保温时，保温层厚度可为35mm。

回水管、热媒水管保温层厚度 表 1-61

管道直径 DN（mm）	热水配、回水管				热媒水、蒸汽凝结水管	
	15～20	25～50	65～100	>100	≤50	>50
保温层厚度（mm）	20	30	40	50	40	40

蒸汽管保温层厚度 表 1-62

管道直径 DN（mm）	≤40	50～65	≥80
保温层厚度（mm）	50	60	70

管道和设备在保温之前，应进行防腐处理。保温材料应与管道或设备的外壁紧密相贴密实，并在保温层外表面做防护层。管道转弯处的保温应做伸缩缝，缝内装填柔性材料。

第三节　建筑消防给水系统

建筑消防给水系统是建筑给水工程中的重要组成部分。但其与普通的生活给水有很大区别，故予以单独介绍。

一、建筑消防给水系统的分类与组成

（一）建筑消防给水系统的分类

按建筑物的不同，可分为多层建筑室内消火栓给水系统、高层建筑室内消火栓给水系统和室外消火栓给水系统。

按灭火的形式不同，可分为消火栓给水系统和自动喷水灭火系统。

（二）建筑消防给水系统的组成

建筑消防给水系统一般由消防供水水源、消防供水设备、消防给水管网和稳压减压、控制设备等主要部分组成。

二、消防给水设备

（一）消防水池

需要设立消防水池的必要条件是：市政给水管道和进水管或天然水源不能满足消防用水量；市政给水管道为枝状或只有一条进水管（二类建筑的住宅除外）；不允许消防水泵从室外给水管网直接吸水。

消防水池可以与生产用水水池合用，但应与生活用水水池分开。

为便于消防车取水灭火，消防水池应设取水口或取水井，其水深应保证消防车的消防水泵吸水高度不超过6.00m（应考虑到消防车上的水泵距地面约为1m）。为了保证消防水池不受建筑物火灾的威胁，消防水池取水口或取水井的位置距建筑物一般不宜小于5m，最好也不大于40m。

消防水池的溢流水位宜高出设计最高水位 0.1m 左右，溢水管喇叭口应与溢流水位在相同水位上，溢水管比进水管大 2 号，溢水管上不应装设阀门。溢水管、泄水管不应与排水管直接连通。

（二）高位消防水箱

高位消防水箱系指安置于建筑物屋顶用于消防的水箱（包括高层建筑中采用的垂直分区并联给水方式的各个分区减压水箱）。

对高位消防水箱的要求如下：

1. 贮水量

高层建筑：1 类公共建筑应不小于 18m³；2 类公共建筑和 1 类居住建筑应不小于 12m³；2 类居住建筑不应小于 6m³。

多层建筑（民用和工业）：消防水箱（包括气压、水罐、水塔、分区给水系统的分区水箱）应该蓄有 10min 的消防用水量。

注：高层建筑物内的消防水箱设置两个为好，并用设置阀门的连通管在水箱底部相连，以便当一个水箱检修时，仍可应付急用。

2. 设置高度

消防水箱的设置高度应保证最不利点消火栓的静水压力。当建筑高度不超过 100m 时，高层建筑最不利点消火栓静水压力不应低于 0.07MPa；当建筑高度超过 100m 时，高层建筑最不利点消火栓静水压力不应低于 0.15MPa。若不能满足静压要求时，可采用气压、水罐或稳压泵进行增压。

3. 高层建筑物内的消防水箱最好采用两个。如一个水箱检修时，仍可保存必要的消防用水。尤其是重要的高层建筑以及建筑高度超过 50m 的建筑物，设置两个消防水箱分储消防用水是完全必要的。在设置两个消防水箱储存消防用水时，应用连通管在水箱底部进行连接，并在连通管上设阀门，此阀门应处于常开状态。

4. 消防水箱宜用生活、生产给水管道充水。除串联消防给水系统外，发生火灾时由消防水泵供给的高压消防水不应进入高位消防水箱。因此，消防水箱的出水管上应设置防止消防水泵的供水进入水箱的止回阀。

5. 高层建筑中，当消火栓栓口的静水压力超过 0.80MPa 时，除采用减压阀进行分区外，也可采用设置减压水箱的方式进行分区。

6. 区域集中的临时高压消防给水系统，当最高建筑物屋顶水箱设置高度能满足其他建筑消防水压要求时，其他建筑物内可不设屋顶消防水箱。当不能满足其压力要求时，如几幢相同高度的建筑群，每幢建筑宜按要求设置屋顶消防水箱。

7. 为防止生活、生产用水水质污染，消防水箱不宜与其他用水的水箱合用，若消防与生活水、生产用水合用水箱，应有确保消防储水不被他用的技术措施。

（三）消防增压设备

当高层建筑的消防水箱的设置不能保证建筑物内最不利点消火栓的静水压力时，应在水箱附近设增压设施。增压设施目前有增压水泵（又称稳压泵）和气压给水装置两类。

增压水泵的出水量，对消火栓给水系统不应大于 5L/s，对自动喷水灭火系统不应大于 1L/s，以利系统的消防主泵及时启动供水。

气压罐的调节水容量宜为 450L，以利于及时启动泵站的消防主泵。

1. 变频调速给水设备

变频调速给水机组是由主水泵、辅助水泵、气压罐（自动补气式或隔膜式）、压力开关、安全阀、控制柜和管道配件等组成。

凡需要水泵增压的给水系统，都可采用变频调速给水系统。变频调速给水是国内十几年来发展起来的新型给水方式，已被广泛应用于城镇的生活、生产、消防等诸多领域的给水系统。变频调速给水设备有明显的节能效果。随着科技发展和工艺技术的进步，变频调速给水控制方式也从一般逻辑电子电路控制方式，发展到可编程序控制器控制方式；从一台水泵固定变频，发展到按可编程序自动切换多台水泵变频的方式，致使给水设备运行更为经济。

2. 气压给水设备

气压给水设备可分为两种：变压式和定压式。

气压给水设备是一种利用密闭的气压水罐内空气的可压缩性来调节和压送水的装置，其作用等同于高位水箱或水塔。它可以安置于任何高度，调节水压方便，维护方便，水质不易被污染（与高位水箱相比）。故适用于不宜设置高位水箱或水塔的场所。

（四）水泵接合器

高层建筑的室内消防给水系统（包括消火栓给水系统和自动喷水灭火系统）均应设水泵接合器，以便发生火灾时由消防车通过消防水泵接合器向室内消防管网加压供水。水泵接合器设于消防车易于接近的地方，与室外消火栓或消防水池取水口的距离宜为 15～40m。消防水泵接合器与室内消防给水管网相连通。为有效发挥消防水泵接合器向室内管网输水的作用，水泵接合器与室内管网的连接点离固定消防泵输水管与室内管网的连接点应尽量远，以避免压力的干扰和波动而影响救火。

（五）消防水泵和消防水泵房

高层建筑的消防水泵和消防水泵房应满足以下要求：

1. 消防水泵应设置备用水泵，其工作能力不应小于其中最大一台消防工作泵。

2. 消防水泵应采用自灌式吸水。一组消防水泵，吸水管不应少于两条，当其中一条损坏或检修时，其余吸水管应仍能通过全部水量。在吸水管上应设阀门。

3. 消防水泵房应设不少于两根供水管与室内环形管网连接。在供水管上应装设试验用和检查用压力表和 DN65 的放水阀。

4. 当市政给水环形干管允许直接吸水时，消防水泵应直接从室外给水管网吸水，与室外给水管网直接连接的吸水管上应设阀门。

5. 高层建筑消防给水系统应采取以下防超压措施：

（1）合理布置消防给水系统，竖向分区的给水压力控制在前述合理范围内。

（2）可采用多台水泵并联运行的工作方式。

（3）选用流量—扬程曲线平缓的水泵作为消防水泵。

（4）采用承压能力较高的管道和附件。

（5）在消防水泵的供水管上设置安全阀，当超压时泄压；在消防水泵的供水管上设回流管泄压，回流水流入消防水泵吸水池。

6. 当消防水泵房设在首层时，其房门出口宜直通室外。当设在地下室或其他楼层时，其出口应直通安全出口。

（六）消防泵

临时高压消防给水系统的消防水泵应采用一用一备，或多用一备，备用消防泵的工作能力不应小于其中最大一台工作消防泵。

消防泵的性能曲线应平滑无驼峰，消防泵零流量时的压力不应超过系统设计额定压力的 140%；当水泵流量为额定流量的 150% 时，消防泵的压力不应低于额定压力的 65%。

临时高压消防给水系统消防泵的额定流量，应根据系统形式确定。当系统为独立消防给水系统时，其额定流量为该系统设计灭火水量；当系统为联合消防给水系统时，其额定流量应为消防时同时作用各系统组合流量的最大者。

三、多层建筑消火栓给水系统

多层（或低层）建筑是指 9 层及 9 层以下的住宅建筑、建筑高度小于 24m 的公共建筑和建筑高度大于 24m 单层公共建筑。这类建筑如果发生火灾，能靠一般消防车直接供水、灭火，故其室内消火栓给水系统与高层建筑消防完全立足于自救有着不同的特点。

现行建筑设计规范规定，超过 5 层（不含 5 层）或体积大于 10000m³ 的办公楼、教学楼、非住宅类居住建筑等其他民用建筑，应设置室内消火栓系统及 DN65 的消火栓；超过 7 层的住宅应设置室内消火栓系统，当确有困难时，可只设置干式消防竖管和不带消火栓箱的 DN65 的室内消火栓。消防竖管的直径不应小于 DN65。

对于不设消火栓系统的住宅类居住建筑，应在每层楼梯间配置手提式灭火器。

（一）多层建筑消火栓给水系统的分类与组成

1. 多层建筑消火栓给水系统的分类

多层建筑消火栓给水系统一般可以分为以下四种类型：

（1）当室外给水管网的水压及水量随时均能保证室内最不利点消火栓的水压及水量的要求时，即可采用无加压泵、无水箱的室内消火栓给水系统。

（2）当市政管网供水量能保证消防室外用水要求，而且水压 ≥0.1MPa，但不能满足室内消防水压要求时，可采取设置水池和利用室内消防水泵的低压消火栓给水系统。

（3）在用水高峰时段室外给水管网不能保证室内最不利点消火栓的流量和压力时，而在用水低峰时段室外给水管网的压力又比较大，可以向高位水箱补水的情况下，则可采用设有高位水箱的室内消火栓给水系统。

（4）当消防给水系统与生活、生产给水系统合用时，则可采用设有水池和加压水泵的临时高压消火栓给水系统。

2. 多层建筑消火栓给水系统的组成

多层建筑消火栓消防给水系统通常由消防供水水源（市政给水管网、天然水源、消防水池），消防供水设备（消防水箱、消防水泵、水泵接合器）、室内消防给水管网（进水管、水平干管、消防竖管等）以及室内消火栓（水枪、水带、消火栓、消火栓箱等）四部分组成，如图 1-72 所示。其中消防水池、消防水箱和消防水泵的设置需根据建筑物的性质、高度以及市政给水的供水情况而定。

（二）消火栓的布置

1. 建筑物的每层均应设置消火栓。设有室内消火栓给水系统的建筑，除无可燃物的设备层外，各层均应设置消火栓。布置消火栓时，应保证每一个防火分区同层有两支水枪

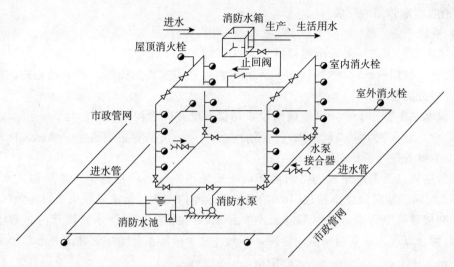

图 1-72　多层建筑消火栓消防给水系统组成示意

的充实水柱能同时到达任何部位。

充实水柱的长度要求是：人员密集的公共建筑不应小于 13m；火灾危险较高的公共建筑、仓库、厂房不应小于 10m；一般建筑不宜小于 7m。

2. 室内消火栓的间距和水枪充实水柱数：

（1）高度不超过 24m，且体积不超过 5000m³ 的库房内消火栓的布置，允许采用一支水枪的充实水柱到达室内任何部位。

（2）除高度不超过 24m，且体积不超过 5000m³ 的库房外，其他低层和多层工业与民用建筑室内消火栓的布置，应能保证相邻两根竖管上的两支水枪的充实水柱能同时到达室内任何部位。

（3）室内消火栓应设置在位置明显且易于操作的部位。栓口离地面高度为 1.10m，栓口的出水方向宜向下或与设置消火栓的墙面成 90°。

（4）室内消火栓口的出水压力大于 0.5MPa 时，为了便于手持，应设减压设施（减压阀或减压孔板）；但栓口的出水压力不应小于 0.25MPa。

对于高位水箱不能满足最不利点的消火栓水压要求的建筑，应在每个室内消火栓处设置直接启动消防水泵的按钮。

（5）消防电梯间前室应设置消火栓，但不计入室内应设置的消火栓的总数。

（6）如果建筑物为平屋顶，宜在平屋顶上设置一个用于试验和检查的消火栓，以便检验消防水泵和供水设施的状况。

（三）室内消防给水管道的施工

1. 施工条件及施工工序

（1）施工条件

对消防管道所涉及的预留孔洞、预埋铁件和套管准确无误。

（2）施工工序

消防管道的施工工序是：安装干管→安装立管→安装消火栓、支管→安装消防水泵、高位水箱、水泵接合器→试压、冲洗→安装节流装置→安装消火栓配件→通水试调

2. 消防给水管道的安装

（1）安装干管

1）室内消防管道一般采用镀锌钢管，$DN \leqslant 100mm$ 螺纹连接，接口填料为聚四氟乙烯生料带或铅油加麻丝；$DN > 100mm$ 采用卡套式连接或法兰连接，管子安装前进行外观检查，合格方能使用。

2）供水主干管和干管如果埋地铺设，先检查挖好的管沟或砌好的地沟，应满足管道安装的要求，设在地下室、技术层或顶棚的水平干管，可按管道的直径、坐标、标高及坡度制作安装好管道支、吊架。

3）低层建筑及多层建筑的室内消防，一般采用不分区的室内消火栓消防给水系统，如图 1-73 所示。建筑高度不超过 50m 的高层建筑室内消火栓给水系统也可以不分区。

4）高层建筑中的消防进水管一般不少于两条，如图 1-74 所示。设有两台以上消防泵，就有两条以上出水管通向室内管网，不允许几个消防水泵出水管共用一条总出水管。

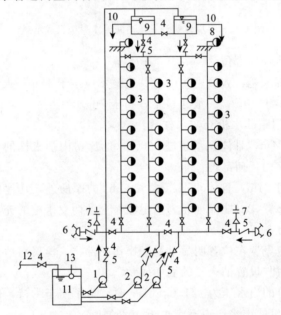

图 1-73　不分区室内消火栓给水系统

1—生活、生产水泵；2—消防水泵；3—消火栓和水泵远距离启动按钮；4—阀门；
5—止回阀；6—水泵接合器；7—安全阀；8—屋顶消火栓；9—高位水箱；
10—至生活、生产管网；11—贮水池；12—来自城市管网；13—浮球阀

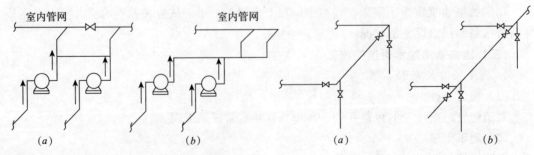

图 1-74　消防泵出水管与室内管网连接方法　　　图 1-75　节点阀门布置

（a）正确的做法；（b）错误的做法　　　　　（a）三通节点；（b）四通节点

5）参照工艺标准，对管道进行测绘、下料、切割、调直、加工、组装、编号。从各条供水管入口起向室内逐段安装、连接。安装过程中，按测绘草图甩留出各个消防立管接头的准确位置。

6）凡需隐蔽的消防供水干管，必须先进行管段试压。设计有防腐、防露要求时，试压合格后方可进行。

7）高层建筑消防系统中应安装一定数量阀门，确保火场供水安全。阀门安装应使管道维修时，被关闭立管不超过一条，如图1-75所示。

（2）安装立管

安装形式有明装和暗装两种。

明装方法同给水立管，立管明装时每层楼板要预留孔洞，立管可随结构穿入，以减少立管接口。

暗装是将消防立管安装在墙槽内，管槽应在土建砌砖时预留，横断面为130mm×120mm（宽×深），在管井内预埋铁件上安装卡件固定，立管底部的支吊架要牢固，防止立管下坠。

（3）安装消火栓、支管

室内消火栓箱安装有明装、暗装和半暗装3种。半暗装是消防箱一部分在墙内，另一部分在墙外。暗装形式一般多用于民用和公共建筑中，明装和半暗装多装在厂房、车间、仓库的柱子上或墙壁上。

消火栓支管要以消火栓的坐标、标高定位甩口，箱体找正稳固后再把栓阀安装好，栓阀侧装在箱内时应在箱门开启的一侧，箱门开启应灵活。

箱式消火栓的安装应栓口朝外，阀门距地面、箱壁的尺寸符合施工规定。水龙带与消火栓和快速接头的绑扎紧密，挂在托盘或支架上。

消火栓阀门中心距地面为1.200m，允许偏差20mm。阀门距箱侧面为140mm，距箱后内表面为100mm，允许偏差5mm。注意消火栓位置要正，如果消火栓位置不正、箱门强度不够变形、管道未冲洗干净或阀座有杂物都会引起消火栓箱门关闭不严。

有一定数量的消火栓阀门在安装完毕，经过试压、送水等几次使用就出现渗漏（通常为滴漏）现象。长时间的渗漏污染了消火栓口，当发生火灾时快速接头无法正常使用，消火栓箱被腐蚀。出现这种情况的原因是：一是阀门质量不好，在采购时一定要到具有相应资质的厂家和经销商处采购；二是在安装之前没有进行阀门的严密性试验，在阀门安装前应按照规范进行阀门的严密性试验。

（4）安装消防水泵、高位水箱、水泵接合器

1）消防水泵

① 水泵的规格型号应符合设计要求，水泵应采用自灌式吸水，水泵基础按设计图纸施工，吸水管应加减振器。加压泵可不设减振装置，但恒压泵应加减振装置，进出水口加防噪声设施，水泵出口宜加缓闭式止回阀。

② 水泵配管安装应在水泵定位找平正，稳固后进行。水泵设备不得承受管道的质量。

③ 配管法兰应与水泵、阀门的法兰相符。阀门安装手轮方向应便于操作，标高一致，配管排列整齐。

2）高位水箱

① 水箱一般用钢板焊制而成，内外表面进行除锈、防腐处理，要求水箱内的涂料不

影响水质。水箱下的垫木刷沥青防腐,垫木的根数、断面尺寸、安装间距必须符合规定和要求。

② 大型金属水箱的安装是用工字梁或钢筋混凝土支墩支承,安装时中间垫上石棉橡胶板、橡胶板或塑料板等绝缘材料,如图 1-76 所示,且能抗振和隔声。

③ 水箱底距地面保持不小于 400mm 净空,便于检修管道。水箱的容积、安装高度不得乱改。

④ 水箱管网压力进水时,要安装液压水位控制阀或浮球阀。水箱出水管上应安装内螺纹(小口径)或法兰(大口径)闸阀,不允许安装阻力大的截止阀。止回阀要采用阻力小的旋启式止回阀,且标高低于水箱最低水位 1m。生活和消防合用时,消防出水管上止回阀低于生活出水虹吸管顶 2.2m,如图 1-77、图 1-78 所示。泄水管从水箱最低处接出,可与溢水管相接,但不能与排水系统直接连接。溢水管安装时不得安装阀门,不得直接与排水系统相接。不得在通气管上安装阀门和水封。液位计一般在水箱侧壁上安装。一个液位计长度不够时,可上下安装 2~3 个,安装时应错位垂直安装,其错位尺寸如图 1-79 所示。管道安装全部完成后,按工艺标准进行试压、冲洗。合格后方能进行消火栓配件安装。

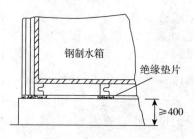

图 1-76 水箱的安装图

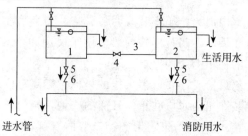

图 1-77 两个水箱储存消防用水的闸门布置
1、2—生活、生产、消防合用水箱;3—连通管;
4—常开阀门;5—常开阀门;6—止回阀

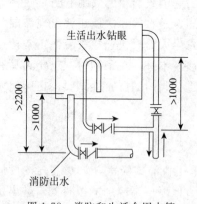

图 1-78 消防和生活合用水箱

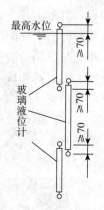

图 1-79 液位计安装

3)水泵接合器

① 水泵接合器是消防车或机动泵往室内消防管网供水的连接口。超过 4 层的厂房和库房、高层工业建筑、设有消防管网的住宅及超过 5 层的其他民用建筑,其室内消防管网应设水泵接合器。采用分区给水的高层建筑物,每个分区的消防给水管网,应分别设置水泵接合器,高区亦可不设。水泵接合器适用于消火栓灭火系统和自动喷水灭火系统。

② 水泵接合器的设置数量，应按室内消防用水量确定。每个水泵接合器的流量，应按 10～15L/s 计算。当计算出来的水泵接合器数量少于两个时，仍应采用两个，以利安全。当建筑高度小于 50m，每层面积小于 500m² 的普通住宅，在采用两个水泵接合器有困难时，也可采用一个。

③ 水泵接合器已有标准定型产品，其接出口直径有 65mm 和 80mm 两种。水泵接合器可安装成墙壁式、地上式、地下式三种类型。图 1-80 为墙壁式水泵接合器，形似室内消火栓，可设在高层建筑物的外墙上，但与建筑物的门、窗、孔洞应保持一定的距离，一般不宜小于 1.0m。地上式水泵接合器形似地上式消火栓，可设在高层建筑物附近，便于消防人员接近和使用的地点。地下式水泵接合器形似地下式消火栓，可设在高层建筑物附近的专用井内，且井应设在消防人员便于接近和使用的地点，但不应设在车行道上。水泵接合器应有明显的标志，以免误认为是消火栓。

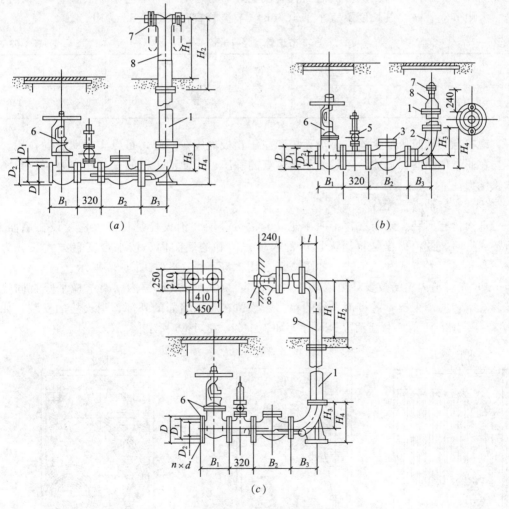

图 1-80　水泵接合器外形图

(a) SQ 型地上式；(b) SQ 型地下式；(c) SQ 型墙壁式

1—法兰接管；2—弯管；3—升降式单向阀；4—放水阀（视需要而设）；5—安全阀；

6—楔式闸阀；7—进水用消防接口；8—本体；9—法兰弯管

水泵接合器与室内管网连接处，应有阀门、止回阀、安全阀等。安全阀的定压一般可高出室内最不利点消火栓要求的压力 0.2～0.4MPa。

水泵接合器应设在便于消防车使用的地点，其周围 15～40m 范围内应设室外消火栓、消防水池，或有可靠的天然水源。

（5）试压、清洗

（6）安装节流装置

在高层消防系统中，低层的喷洒头和消火栓流量过大，可采用减压孔板、减压阀等装置来均衡压力。减压孔板的作用，是对使用时压力超过规定压力值的室内消火栓进行减压，以保证灭火时水枪的反作用力不至于过大，同时消防水箱内的贮水也不至于过快用完。减压孔板的材质为不锈钢或铜。

减压孔板应设置在直径≥50mm 水平管段上，孔口直径不应小于安装管段直径的 5％，孔板应安装在水流转弯处下游一侧的直管段上，与弯管的距离不应小于设置管段直径的两倍。采用节流管时，其长度不宜小于 1.00m。节流管直径按表 1-63 选用。

节流管直径（mm） 表 1-63

管段直径	50	70	80	100	125	150	200
节流管直径	25	32	40	50	70	80	100

现在有一种减压消火栓，将消火栓和减压孔板集成在一起，可以实现减压的作用。但是，在非工作期间，消火栓还是要承受较高的静压，因此消火栓的试验压力要执行系统的试验压力。

（7）安装消火栓配件

消火栓有明装、暗装（含半明半暗装）之分。明装消火栓是将消火栓箱设在墙面上。暗装或半暗装的消火栓是将消火栓箱置入事先留好的墙洞内。按水带安置方式又分为挂式、盘卷式、卷置式和托架式，如图 1-81、图 1-82、图 1-83、图 1-84 所示。

1）先将消火栓箱按设计要求的标高，固定在墙面上或墙洞内，要求横平竖直固定牢靠。对暗装的消火栓，需将消火栓的箱门，预留在装饰墙面的外部，消火栓的安装，如图 1-85～图 1-88 所示。明装消火栓尺寸，如表 1-64、表 1-65 所示。

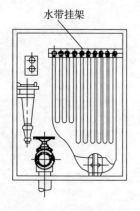

图 1-81 挂置式栓箱

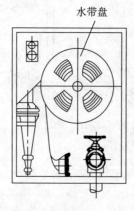

图 1-82 盘卷式栓箱

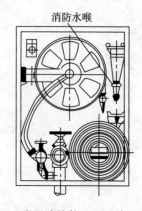

图 1-83 卷置式栓箱（配置消防水喉）

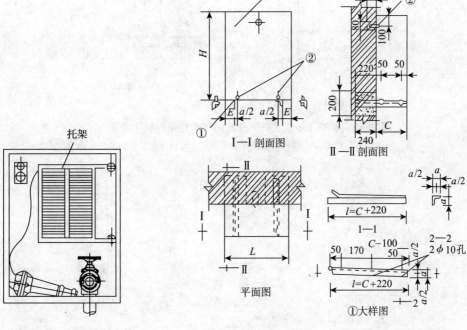

图 1-84　托架式栓箱

图 1-85　明装于砖墙上的消火栓箱安装固定图
注：砖墙留洞或凿孔处用 C15 混凝土填塞。

明装砖墙消火栓箱尺寸表（mm）			表 1-64
消火栓箱尺寸 $L \times H$	650×800	700×1100	1100×700
E	50	50	250

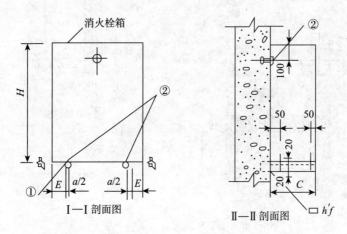

图 1-86　明装于混凝土墙、柱上的消火栓箱安装固定图（一）

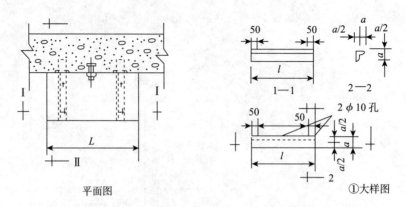

平面图   ①大样图

图 1-86 明装于混凝土墙、柱上的消火栓箱安装固定图（二）

注：（1）预埋件由设计确定；（2）预埋螺栓也可用 M6 规格 YG 型胀锚螺栓，由设计确定。

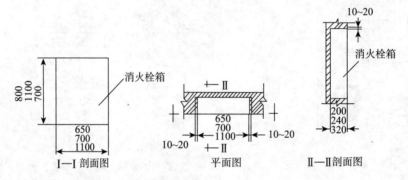

图 1-87 暗装于砖墙上的消火栓箱安装固定图

注：箱体与墙体间应用木楔子填塞，使箱体稳固后再用 M5 水泥砂浆填充抹干。

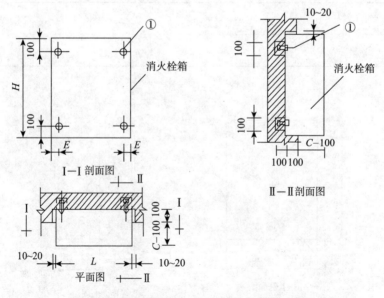

图 1-88 半明装于砖墙上的消火栓箱安装固定图

注：箱体与墙体间应用 M5 水泥砂浆填充抹平。

明装混凝土墙、柱消火栓箱尺寸表（mm）　　表 1-65

消火栓箱尺寸 $L \times H$	650×800	700×1100	1100×700
E	50	50	250

2）对单出口的消火栓、水平支管，应从箱的端部经箱底由下而上引入，其安装位置尺寸如图 1-89 所示。消火栓中心距地面 1.1m，栓口朝外。

对双出口的消火栓，其水平支管可从箱的中部，经箱底由下而上引入，其双栓出口方向与墙面成 45°角，如图 1-90 所示。

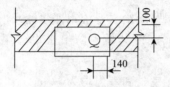
图 1-89　单出口消火栓

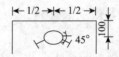
图 1-90　双出口消火栓

消防水龙带和消防水枪等的安装应在交工前进行。消防水龙带应折好放在挂架上或卷实、盘紧放在箱内，消防水枪要竖放在箱体内侧，自救式水枪和软管应放在挂卡上或放在箱底部。消防水龙带与水枪、快速接头的连接，一般用 14 号钢丝绑扎 2 道，每道不少于 2 圈，使用卡箍时，在里侧加一道钢丝。

（8）通水试调

消防管道试压可分层分段进行，上水时最高点要有排气装置，高、低点各装一块压力表，上满水后检查管路有无渗漏，如有法兰、阀门等部位渗漏，应在加压前紧固，升压后再出现渗漏时做好标记，卸压后处理。冬季试压环境温度不得低于 +5℃，夏季试压最好不直接用外线供水以防止出现结露现象。

四、高层建筑消火栓给水系统

10 层及 10 层以上的居住建筑及其裙房和建筑高度超过 24m 的公共建筑的室内消火栓给水系统，称为高层建筑室内消火栓给水系统。但不包括单层主体建筑高度超过 24m 的体育馆、会堂、剧院等公共建筑。当高层建筑的建筑高度超过 240m 时，建筑采取的特殊防火及消防措施，应提交国家消防部门组织专题论证。

由于高层建筑发生火灾必须立足于自防自救，因而规定无论何种类型的高层民用建筑，不论何种情况（不能用水扑救的部位除外）都必须设置室内和室外消火栓给水系统。

（一）室外消火栓给水系统

室外消火栓给水系统是指为一幢或几幢建筑、居住小区服务的室外消火栓给水管网。当建筑物发生火灾时，消防车可以从室外消火栓吸水后再加压，从室外进行灭火，也可以通过水泵接合器向室内消火栓给水系统供水加压灭火。

1. 消火栓给水系统的分类

室外消防给水管道可采用高压或临时高压管道系统。

（1）高压消防给水系统

管网内经常保持足够的压力和消防用水量，发生火灾时可直接由消火栓接上水带、水枪灭火，不需要经消防车或其他移动式水泵加压。当建筑高度不超过 24m 时，室外高压给水管道的压力，应保证生产、生活、消防用水量达到最大，且水枪布置在保护范围内任何建筑物的最高处时，水枪的充实水柱不应小于 10m，以防止消防人员受到辐射热和坍塌物体的伤害并保证有效地扑灭火灾。

（2）临时高压消防给水系统

平时属于低压消防给水管道，其水压和流量不能满足灭火需要，当建筑物发生火灾时，由设在建筑物内的消防加压水泵加压，使之成为临时高压消防给水管道进行灭火。

当居住区为高层建筑群时，可采用区域性的临时高压给水系统，即数幢或十几幢建筑物合用一个泵房，保证数幢建筑的室内外消火栓或室内其他消防给水设备用水的水压要求。

区域性高压或临时高压消防给水系统，可以采用室外和室内均为高压或临时高压的消防给水系统，也可采用室内为高压或临时高压，而室外为低压的消防给水系统。当室内采用高压或临时高压消防给水系统时，室外常采用低压消防给水系统。

2. 消防给水管道的布置

对室外消防给水管道的要求如下：

（1）各类建筑物的室外消防给水管道应布置成环状管网，有条件时，也可以利用部分市政管网组成环状管网。环状管网的进水管不应少于两条，并宜从两条不同方向的市政给水管道引入，当其中一条进水管发生故障时，其余进水管应仍能保证全部用水量。

在环状管网的关键位置应设置阀门，以控制和保证管网中某一管段发生故障或维修时，其余管段仍能供水并正常工作。环状管网中，每段内消火栓的数量不宜超过 5 个。在管网的三通、四通处均应设阀门。以控制和保证管网中某一管段发生故障或维修时，其余管段仍能供水并正常工作。环状管网，管道纵横相互连通，局部管段检修或发生故障，仍能保证供水，可靠性好。

（2）进水管（市政给水管与建筑物周围给水管网的连接管）的管径，由设计计算确定，但计算出来的管道直径小于 100mm 时，仍应采用 100mm。实践证明，直径 100mm 的管道只能勉强供应一辆消防车用水，因此，在条件许可时尽量采用较大的管径。

室外消防给水环状管网的管径也不应小于 100mm。

（3）室外消防给水管道通常采用球墨铸铁管或灰铸铁管，管顶埋设深度应在冰冻线以下 200mm。

3. 室外消火栓的安装

室外消火栓的主要用途是当发生火灾时，提供给消防车用水。

（1）室外消火栓的常用型号

室外消火栓一般由栓体、内置出水阀、泄水装置、法兰接管和弯管底座等组成，消火栓进水口采用法兰连接。

室外消火栓的常用型号、规格见表 1-66。消火栓进水口与室外给水管道相接。消火栓出水口的设置，地下式消火栓应有 DN100 和 DN65 的栓口各 1 个，地上式消火栓应有 1 个 DN100（或 DN150）和 2 个 DN65 的栓口，用于与水带相连后向消防车供水。

室外消火栓常用型号及规格　　　　　　　　　　　表 1-66

| 类型 | 型号 | 公称压力（MPa） | 进水口 | | 出水口 | | |
			直径（mm）	数量（个）	直径（mm）	数量（个）	连接形式及尺寸
地下式	SA100/65-1.0	1.0	100	1	65	1	内扣式 KWS65
					100	1	螺纹式 M125×6
	SA100/65-1.6	1.6	100	1	65	1	内扣式 KWS65
					100	1	螺纹式 M125×6
地上式	SS100/65-1.0	1.0	100	1	65	2	内扣式 KWS65
					100	1	螺纹式 M125×6
	SS100/65-1.6	1.6	100	1	65	2	内扣式 KWS65
					100	1	螺纹式 M125×6

（2）室外消火栓的布置

1）室外消火栓应沿道路设置，道路宽度超过 60m 时，为避免灭火时水带穿越道路，宜在道路两侧设置消火栓，要首先考虑在靠近十字路口处设置消火栓。

2）室外消火栓距路边不应大于 2m，距建筑物外墙不宜小于 5m，但不宜大于 40m。一般设在人行道边，以便消防车上水，在此范围内如有市政消火栓，可以作为建筑物的室外消火栓计算。

3）室外消火栓是供消防车使用的，消防车的保护半径即为消火栓的保护半径。消防车的最大供水距离（即保护半径）为 150m，故消火栓的保护半径为 150m。为了确保消火栓的可靠性，应考虑到相邻一个消火栓若受火灾威胁不能使用，其他消火栓仍能保护任何部位。室外消火栓的间距不应大于 120m。

4）室外消火栓宜采用地上式，以便于使用。如受场地条件限制，也可采用地下式消火栓。我国寒冷地区的消火栓均采用地下式，并采用保温井口或保温井，以防止消火栓被冻结。

5）消防水鹤。若寒冷地区设置室外消火栓确有困难的，可设置消防水鹤作为向消防车加水的设施。消防水鹤是一种快速加水的消防设备，能在寒冷或严寒地区有效地为消防车加水，其保护范围可根据需要由设计确定。

（3）室外消火栓的安装方式

较常用的室外地下式及地上式消火栓安装方式如下：

1）地下式消火栓安装

① 地下式消火栓支管浅装

消火栓及检修闸阀下部均直埋，检修闸阀不装手轮，围闸阀阀杆砌筑高度约为 550mm 的小井，其上安放铸铁制闸阀套筒，启闭闸阀使用专用工具，如图 1-91 所示。

② 地下式消火栓支管深装

消火栓安装在埋地给水支管上，且支管覆土深度 H_m 可从 1.25m 逐档加深到 3.0m，每档为 0.25m。消火栓下部与控制蝶阀相连，如图 1-92 所示。

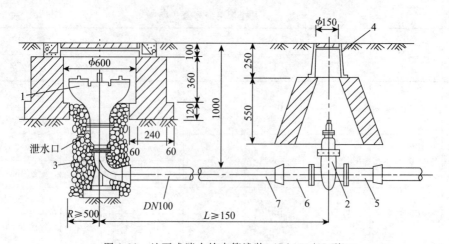

图 1-91　地下式消火栓支管浅装（SA100/65 型）

1—地下式消火栓；2—闸阀；3—弯管底座；4—闸阀套筒；5—短管甲；6—短管乙；7—铸铁管

③ 地下式消火栓干管安装

地下式消火栓干管安装如图 1-93 所示。根据管道埋设深度的不同，采用不同长度的法兰接管，使覆土深度 H_m 可从 1.0m 逐档加深到 3.0m，每档为 0.25m。

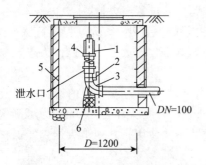

图 1-92　地下式消火栓支管深装（SA100/65 型）

1—地下式消火栓；2—蝶阀；3—弯管底座；
4—法兰接管；5—圆筒阀井；6—砖砌支墩

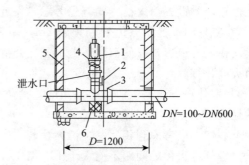

图 1-93　地下式消火栓干管安装（SA100/65 型）

1—地下式消火栓；2—蝶阀；3—消火栓三通；
4—法兰接管；5—圆筒阀井；6—砖砌支墩

2）地上式消火栓安装

① 地上式消火栓支管浅装

消火栓及检修闸阀下部均直埋，检修闸阀不装手轮，围闸阀阀杆砌筑高度约为 350mm 的小井，其上安放铸铁制闸阀套筒，启闭闸阀使用专用工具。此种方式适用于冰冻深度小于等于 200mm 的环境。

② 地上式消火栓支管深装

消火栓安装在埋地给水支管上，且支管覆土深度大于 1000mm。消火栓下部直埋，检修闸阀则设于阀井内，检修人员可打开井盖进入阀井内，操作带手轮的闸阀，如图 1-94 所示。

③ 地上式消火栓干管安装（Ⅰ型）

地上式消火栓干管安装形式，根据是否设有检修蝶阀和阀门井室分为Ⅰ型和Ⅱ型，Ⅰ型不设检修蝶阀和阀门井室，如图 1-95 所示。

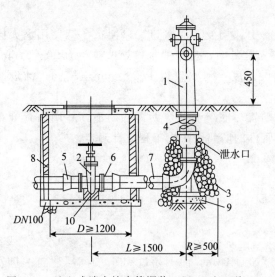

图 1-94 地上式消火栓支管深装（SS100/65 型）

1—地上式消火栓；2—闸阀；3—弯臂底座；

4—法兰接管；5—短管甲；6—短管乙；

7—铸铁管；8—闸阀井；9、10—支墩

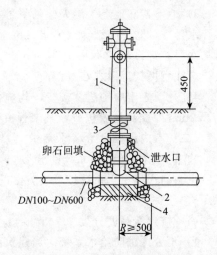

图 1-95 地上式消火栓干管安装

（Ⅰ型，SS100/65 型）

1—地上式消火栓；2—消火栓三通；

3—法兰接管；4—砖砌支墩

④ 地上式消火栓干管安装（Ⅱ型）

地上式消火栓干管安装（Ⅱ型）是指在设有检修蝶阀和阀门井室的条件下，如图 1-96
所示。

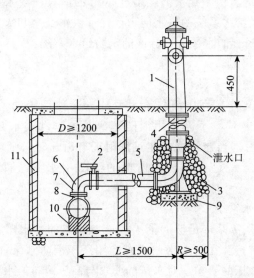

图 1-96 地上式消火栓干管安装（Ⅱ型，SS100/65 型）

1—地上式消火栓；2—蝶阀；3—弯管底座；4—法兰接管；5—钢管；6—钢制弯头；

7—法兰；8—消火栓三通；9—混凝土支墩；10—砖砌支墩；11—闸阀井

（4）室外消火栓安装施工要求

1）安装形式为"浅装"的消火栓，从干管接出的支管应尽可能短一些。

2）消火栓弯管底座或给水干管的消火栓三通下均应设支墩，支墩必须托紧弯管底座或三通底部。

3）地下式和地上式消火栓的下部接管上，均设有泄水口，以便在冬期使用消火栓后将存水排空，防止冻结。当泄水口位于井室之外时；应在泄水口处做粒径为 20～30mm 卵石渗水层，铺设半径不小于 500mm，铺设深度自泄水口以上 200mm 至槽底。铺设卵石时，应注意保护好泄水装置。

4）凡埋入土中的法兰接口，均应涂沥青冷底子油及热沥青各两道，并用沥青麻布或用 0.2mm 厚塑料薄膜包严，其余管道和管件的防腐做法由工程设计确定。

（二）室内消火栓给水系统

1. 室内消火栓给水系统的分类

室内消火栓给水系统按分类方法的不同一般可分为两类：按建筑高度分类和按消防给水压力分类。

（1）按建筑高度分类

1）不分区消防给水系统。当建筑高度超过 24m，而不超过 50m 的高层建筑一旦发生火灾时，一般消防车可从室外消火栓或消防水池取水，通过水泵接合器向室内消火栓给水管道送水，仍可加强室内管网的供水能力，扑救室内火灾。因此，建筑高度不超过 50m，或最低消火栓处的静水压力不超过 0.8MPa 时，可采用不分区给水的消防给水系统，如图 1-97 所示。

对于有大型消防车的地区，由于其能协助扑救高度达 80m 建筑的火灾，因此，当建筑高度超过 50m 而不超过 80m 时，消防给水系统也可不分区。

2）分区消防给水系统。由于建筑高度超过 50m 的消火栓给水系统，难以得到一般消防车的供水支持，为加强给水系统的供水能力，保证供水安全和火场灭火用水，应采用如图 1-98 所示的利用不同扬程的水泵进行分区的消防给水系统。

（2）按消防给水压力分类

1）高压消防给水系统

高压消防给水系统又称常高压消防给水系统。这种系统的消防给水管网内经常保持足够的压力，扑灭火灾时，不需使用消防车或其他移动式水泵加压，直接由消火栓接上水带和水枪灭火即可。当建筑物或建筑群附近有山丘时，则可利用与山丘顶上消防水池（标高高于高层建筑一定数值）相连接的消防给水系统即可形成高压消防给水系统。

2）临时高压消防给水系统

① 消防给水管网内经常保持足够的消火栓栓口所需的静水压力，压力由稳压泵或气压给水设备等增压设备维持。在水泵房内设有专用高压消防水泵，火灾时启动消防水泵，使管网的压力满足消防水压的要求。对水压的要求与高压消防给水系统相同。

②消防给水管网内平时水压不高，在水泵房内设有高压消防水泵，发生火灾时启动高压消防水泵，满足管网消防水压、水量的要求。

2. 室内消火栓的布置

室内消火栓的布置要求如下：

（1）高层建筑和裙房的各层除无可燃物的设备层外，每层均应设置室内消火栓；高层建筑的消防电梯前及超高层建筑的避难层、避难区以及停机坪均应设消火栓。

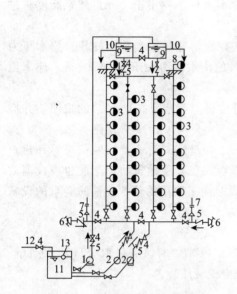

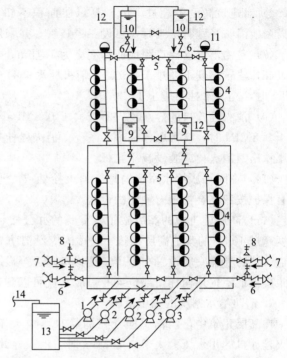

图 1-97　不分区消火栓给水系统

1—生活、生产水泵；2—消防水泵；

3—消火栓和水泵远距离启动按钮；

4—阀门；5—止回阀；6—水泵接合器；

7—安全阀；8—屋顶消火栓；9—高位水箱；

10—至生活、生产管网；11—贮水池；

12—来自市政管网；13—浮球阀

图 1-98　分区给水室内消火栓给水系统

1—生活、生产水泵；2—上区消防泵；3—下区消防泵；

4—消火栓及远距离启动水泵按钮；5—阀门；6—止回阀；

7—水泵接合器；8—安全阀；9—下区水箱；10—上区水箱；

11—屋顶消火栓；12—生活、生产用水管；

13—贮水池；14—来自市政进水管

（2）高层建筑的屋顶应设一个装有压力显示装置的检查用的消火栓；供暖地区该消火栓可设在顶层出口处或水箱间内，以防冻结。

（3）室内消火栓应设置在楼内走道、楼梯附近等明显易于取用的地方。

（4）消火栓的间距应由设计确定，应保证有两个消火栓水枪的充实水柱能同时达到同层任何部位；一般在高层建筑中，两个消火栓的间距不应大于 30m，在裙房中间距不应大于 50m。

（5）同一建筑的室内消火栓应采用同一型号规格，以利于贮备器材和互换。消火栓直径采用 65mm，水枪喷嘴口径不应小于 19mm，配备的水带长度为 20～25m。

（6）一般情况下不得以双阀双出口型消火栓代替两个消火栓的两股水柱。但在以下两种情况下可以使用双阀双出口型消火栓：

1）在每层楼的端部可采用双阀双出口型消火栓，如图 1-99 所示。

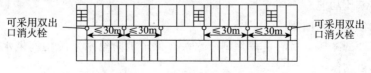

图 1-99　双出口消火栓布置示意

2）对建筑高度不超过 50m，且每层面积不超过 650m²（或 8 户）的普通塔式住宅，如设两根消防竖管有困难时，可设一根竖管，并采用双阀双出口型消火栓。

（7）室内消火栓栓口距地面高度应为 1.10m。

（8）建筑高度不超过 100m 时，消火栓水枪的充实水柱不应小于 10m；建筑高度超过 100m 时，充实水柱不应小于 13m。

（9）消火栓栓口的静水压力不应大于 0.8MPa。在高层建筑内当消火栓栓口静水压力大于 0.8MPa 时，应采取分区给水系统。消火栓栓口的出水压力大于 0.5MPa 时，应采用减压稳压型消火栓或装设减压孔板。

（10）临时高压给水系统的每个消火栓处或附近应设直接启动消防水泵的按钮，并应设有保护按钮不会被随意触动的设施。

（11）高层建筑中的高级旅馆、重要的办公楼、一类建筑的商业楼、展览楼等和建筑高度超过 100m 的其他高层建筑，其楼内应设消防卷盘。在高层建筑的避难层也应设消防卷盘。消防卷盘一般设置在走道、楼梯口附近等显眼并便于取用的位置。消防卷盘的设置间距应保证室内地面任何部位均有一股水流可以到达。

3. 消防给水系统的减压措施

在高层建筑中，当消火栓栓口的静水压力大于 0.80MPa 时，应采取分区给水系统。消火栓栓口的出水压力大于 0.50MPa 时，消火栓处应设减压装置。

（1）减压分区

对采用减压阀减压分区给水方式时的要求如下：

1）消防给水系统不宜超过两个分区。

2）应采用质量可靠，并能减动压和静压的减压阀。

（2）减压阀的安装

用于分区消防给水的减压阀安装（图 1-100）要求如下：

1）减压阀组宜由两个减压阀并联安装组成。两个减压阀应交换使用，互为备用。

2）减压阀前后应装设检修阀门，宜装设软接头或伸缩节，便于检修安装。

3）减压阀前应装设过滤器，并应便于排污。过滤器宜采用 40 目滤网。

4）减压阀前后应安装压力表。

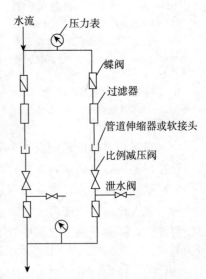

图 1-100 减压阀组安装

5）减压阀宜垂直安装，且孔口应置于易于检查的方向。若要水平安装，则透气孔应朝下以防堵塞。

6）减压阀组后面（沿水流方向）应设置泄水阀，每隔 3～4 个月泄水一次，以防杂质沉积而影响其减压功能。

（3）消火栓口处的减压

消火栓口处的减压，目的是消除剩余水头，保证消防给水系统均衡供水，达到消防水量合理分配等目的。

1）减压稳压消火栓。消火栓口处的减压应首选采用减压稳压消火栓。减压稳压消火栓集消火栓与减压阀于一身，不需要人工调试，只需要消火栓的栓前压力保持在 0.4～0.8MPa 的范围内，其栓口出口压力就会保持在 0.3±0.05MPa 的范围内，且 SN65 消火栓的流量不小于 5L/s。

2）消火栓口处孔板减压。当消火栓处的管道水压超过 0.50MPa 的规定值时，如果没有采用减压稳压型消火栓，则应在消火栓处安装减压孔板，对使用消火栓时的流动水进行减压，以保证灭火时水枪的反作用力不致过大，同时消防水箱内的贮水也不会过快用完。

减压孔板可在消火栓阀前管道的活接头内或法兰内安装倒角扩口型减压孔板，也可在栓后固定接口内安装直口型减压孔板。

减压孔板由不锈钢板或黄铜板加工而成，有倒角扩口型和直口型两种，其表面光洁度要求如图 1-101 所示，外径尺寸见表 1-67。减压孔板的内径 d 系根据需要减小的压力，由设计计算确定，其内径尺寸的准确性和表面光洁度是最重要的。施工时需注意倒角扩口型减压孔板必须按水流方向安装。

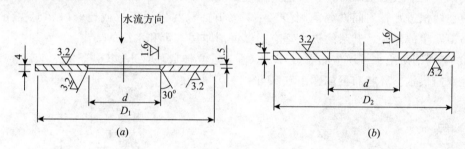

图 1-101 减压孔板
(a) 倒角扩口型；(b) 直口型

减压孔板的外径尺寸（mm）　　　　表 1-67

孔板类型	栓前活接头安装		栓前法兰连接安装		栓后固定接口内安装	
	公称直径 DN	D_1	公称直径 DN	D_1	公称直径 DN	D_2
倒角扩口型	50	68	50	100	—	—
	65	86	65	120	—	—
	80	98	80	135	—	—
直口型	—	—	—	—	50	56
					65	72

4. 室内消防给水管道

高层建筑的室内消防给水系统应与生活、生产给水系统分开，独立设置。

（1）分类

高层民用建筑的消防给水系统可按压力和范围进行分类。

高层民用建筑的室内消防给水系统，按压力可分为高压或临时高压消防给水系统两类。

高层消防给水系统是指管网内经常保持满足灭火时所需的压力和流量，扑救火灾时，不需要启动消防水泵加压而直接使用灭火设备进行灭火。

临时高压消防给水系统指管网内最不利点附近，平时水压、流量均不能满足灭火的需要，在水泵房（站）内设有消防水泵，在火灾时启动消防水泵，使管网内的压力和流量达到灭火时的要求。

高层民用建筑内的消防给水系统按范围分类，可分为独立高压消防给水系统和区域或集中高压消防给水系统。

独立高压消防给水系统就是每幢高层建筑设置独立的消防给水系统，一般是临时高压系统。

区域或集中高压（或临时高压）消防给水系统，就是两幢或两幢以上相邻的高层建筑共用一个消防水泵房的消防给水系统，这样可以节省基建投资，便于日常管理，降低运行费用。

（2）管道的布置

1）室内消防给水环状管网的进水管不应少于两条，并宜从建筑物的不同方向引入。若在不同方向引入有困难时，宜接至室内竖管的两侧。若在两根竖管之间引入两根进水管时，应在两根进水管之间设分隔阀门（平时常开，只在发生事故或检修时暂时关闭）。当其中一根发生故障时，其余的进水管应能保证消防用水量和水压的要求。

2）室内消防给水管道应布置成环状（垂直或立体成环状），以保证供水干管和每条竖管都能双向供水。环状布置如图 1-102、图 1-103 所示。

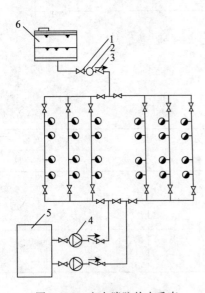

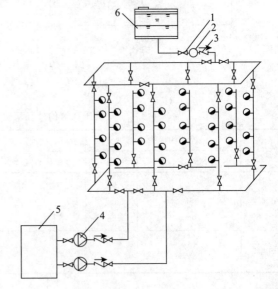

图 1-102　室内消防给水垂直
环状管网和阀门布置
1—阀门；2—水流指示器（视需要设置）；
3—止回阀；4—水泵；5—贮水池；6—高位水箱

图 1-103　室内消防给水立体环状管网和阀门布置
1—阀门；2—水流指示器（视需要设置）；
3—止回阀；4—水泵；5—贮水池；6—高位水箱

3）消防竖管的布置，应保证同层相邻两个消火栓水枪的充实水柱，能同时到达被保护范围的任何部位。对于 18 层及 18 层以下，每层不超过 8 户、建筑面积不超过 650m² 的塔式住宅，当设两根消防竖管有困难时，可设一根竖管，但必须采用双阀双出口型消火栓。

4）消防竖管的直径应按通过流量经计算确定。但消防竖管直径不得小于100mm，以确保消防车通过水泵接合器往室内管网送水的有效性。

5）高层建筑室内消防给水管道应采用阀门分成若干独立段。阀门的布置应使管道在检修时，被关闭的竖管不超过1根。当竖管超过4根时，阀门的布置可允许关闭不相邻的两根竖管。

与高层主体建筑相连的附属建筑（裙房）内，因阀门关闭而停止使用的消火栓在同一层中不应超过5个。

6）当高层建筑内同时设有消火栓给水系统和自动喷水灭火系统时，应将室内消火栓给水系统与自动喷水灭火系统分开设置。如有困难，可合用消防水泵，但在自动喷水灭火系统的报警阀前，两套消防给水系统必须分开设置。

7）室内消防给水管道的阀门应经常处于开启状态，并应有明显的启闭标志。一般常采用便于识别其开启或关闭状态的明杆闸阀、蝶阀、带关闭指示的信号阀等。

五、自动喷水灭火系统

自动喷水灭火系统是扑救初期火灾十分有效的消防设施。自动喷水灭火系统可分为两大类：闭式自动喷水灭火系统和开式自动喷水灭火系统。此外还有水喷雾灭火系统等。

设置自动喷水灭火系统的建筑或场所，必须同时设置消火栓灭火系统。

（一）闭式自动喷水灭火系统

闭式系统是指采用闭式洒水喷头的自动喷水灭火系统。在准工作状态下，洒水喷头是被玻璃球或易熔金属元件封闭的，当室内一旦发生火警时，封闭喷头的玻璃球爆裂或易熔金属元件熔化，喷头即喷水灭火，这一过程也称为喷头动作或喷头开放。

由于建筑物条件和保护对象的不同，闭式自动喷水灭火系统有不同的类型，主要有湿式自动喷水灭火系统、干式自动喷水灭火系统和预作用自动喷水灭火系统。其中，以湿式自动喷水灭火系统应用最为广泛，即通常所称的自动喷水灭火系统，有时还简称为"自消"或"自喷"。这种系统应用广泛，约占各种自动喷水灭火系统的95%以上。

1. 湿式自动喷水灭火系统

湿式自动喷水灭火系统适用于室内温度不低于4℃，且不高于70℃的建筑物。湿式自动喷水灭火系统由水源和供水设施、湿式报警阀组、水管系统和喷头等主要部分组成。

所谓湿式系统是指管网内必须经常充满有压力的水，一旦发生火灾，喷头即喷水灭火。湿式系统必须安装在全年不结冰及不会出现过热危险的场所，该系统在喷头动作后立即喷水，其灭火成功率高于干式系统。湿式报警装置最大工作压力为1.20MPa。

湿式自动喷水灭火系统，一般由闭式喷头、管网、报警阀门系统、探测器、加压装置等组成，如图1-104所示。其中，湿式报警阀组是一套装置，如图1-105所示，该图为湿式报警阀组的标准配置，各厂家的产品可能与此有所不同，但应满足报警阀的基本功能要求。发生火灾时，建筑物内温度上升，当室温升高到足以打开闭式喷头上的闭锁装置（玻璃球或易熔金属元件）时，喷头即自动喷水灭火，同时报警阀门系统通过水力警铃和水流指示器发出报警信号、压力开关启动相应给水管路上阀门或消防水泵组。

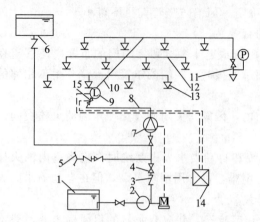

图 1-104 湿式自动喷水灭火系统

1—水池；2—水泵；3—止回阀；4—蝶阀或闸阀；

5—水泵接合器；6—消防水箱；7—湿式报警阀组；

8—配水干管；9—水流指示器；10—配水管；

11—末端试水装置；12—配水支管；13—闭式喷头；

14—火灾报警控制器；15—信号阀

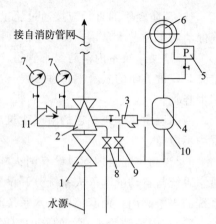

图 1-105 湿式报警阀组的组成

1—水源控制阀（信号阀）；

2—湿式报警阀；3—过滤器；

4—延迟器；5—压力开关；6—水力警铃；

7—压力表；8—泄水阀；9—试验阀；

10—节流器；11—限量止回阀

2. 干式自动喷水灭火系统

干式喷水灭火系统适用于室内温度低于 4℃ 或高于 70℃ 的建筑。该系统平时喷水管网充满有压气体，只是有报警阀前的管道中经常充满有压力的水。干式报警装置最大工作压力不超过 1.20MPa。

干式系统的缺点是：当发生火灾时，配水管道必须经过排气充水过程，因此推迟了喷头动作喷水的时间，所以对发生火灾后可能迅速蔓延的场所，不适合采用此种反应滞后的系统。

3. 预作用自动喷水灭火系统

预作用自动喷水灭火系统就是在准工作状态下配水管道内不充水，由火灾自动报警系统开启预作用阀后，配水管道内随即充水，转换为湿式自动喷水灭火系统。预作用系统适用于平时不允许有水渍浸蚀或严禁系统误喷水的建筑物内，可以代替干式自动喷水灭火系统。其中预作用报警阀组是一套装置。

预作用自动喷水灭火系统就是在准工作状态下喷水管网中平时不充水，而充以有压气体（空气或氮气），也可不充填压缩气体（空管）。发生火灾时，由感烟（或感温、感光）火灾探测器报警，同时发出信息开启报警信号，报警信号延迟 30s 证实无误后，自动启动预作用阀门而向喷水管网中自动充水，如图 1-106 所示。

对预作用系统的要求如下：

（1）在同一区域内应相应设置火灾探测装置和闭式喷头。

（2）在预作用阀门之后的管道内充有低压力气体时，宜先注入少量清水封闭阀口，再充入压缩空气或氮气，其压力不宜超过 0.03MPa。也可以用 0.035～0.05MPa 的气压来进行管道系统的严密性监测。

（3）火灾时探测器的动作应先于喷头的动作。

（4）当火灾探测系统发生故障时，应不影响自动喷水灭火系统的正常工作。

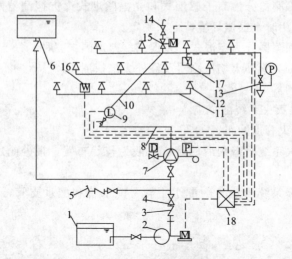

图 1-106　预作用自动喷水灭火系统

1—水池；2—水泵；3—止回阀；4—闸阀；5—水泵接合器；6—消防水箱；

7—预作用报警阀组；8—配水干管；9—水流指示器；10—配水管；

11—配水支管；12—闭式喷头；13—末端试水装置；14—快速排气阀；

15—电动阀；16—感温探测器；17—感烟探测器；18—报警控制器

（5）系统应设有手动操作装置。

（6）预作用喷水灭火系统管线的最长距离，按系统充水时间不超过 2min、流速不小于 2m/s 确定。

4. 闭式自动喷水灭火系统的组件

（1）闭式喷头

闭式喷头是闭式自动喷水灭火系统的关键组件，它通过热敏释放机构的动作而喷水。喷头由喷水口、温感释放器和溅水盘组成。

喷头根据感温元件、温度等级、溅水盘形式等进行分类。

（2）报警阀

当发生火灾时，随着闭式喷头的开启喷水，报警阀也自动开启发出流水信号报警，其报警装置有水力警铃和电动报警器两种。前者用水力推动打响警铃，后者用水压启动压力继电器或水流指示器发出报警信号。

（3）信号蝶阀控制阀

该阀也称为水源控制阀（信号阀），是专门为自动喷水灭火系统设计制造的，一般安装在各报警阀入水口的下端。该阀具有开启速度快、密封性能好（密封垫为防水橡胶）等特点，并设置了信号控制盒，当阀门开启或关闭时，均能发出报警信号。控制阀的电信号装置应连接到消防报警中心。

（4）排气阀和泄水阀

报警阀组责任区段管道的最高点应设排气阀，最低点应设泄水阀。

（5）火灾探测器

火灾探测器接到火灾信号后，通过电气自控装置进行报警或启动消防设备。火灾探测器的类型如下：

1）感烟式火灾探测器分为离子感烟式和光电感烟式火灾探测器两类。根据其灵敏度分Ⅰ、Ⅱ、Ⅲ级。选用时要根据环境特点来确定。

2）感温式火灾探测器分为定温式、差温式、差定温式三种。

3）火焰探测器分为紫外火焰探测器及红外火焰探测器。

4）可燃气体探测器。

5. 闭式自动喷水灭火系统的施工

（1）自动喷水灭火管道的布置

1）自动喷水灭火系统报警阀后的管道一般为枝状布置，报警阀后不应设有其他用水管道。

2）自动喷水灭火系统管道分为配水干管、配水管和配水支管，布置形式如图 1-107 所示。

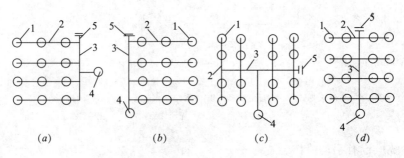

图 1-107　管道布置方式

（a）端侧中部供水；（b）端侧端部供水；（c）；端中中部供水（d）端中端部供水

1—喷头；2—配水支管；3—配水管；4—配水干管（立管）；5—丝堵（供清洗管道用）

3）自动喷水灭火系统的管道管径应经过水力计算确定，但配水支管的直径不应小于 25mm。一般情况下不同管径的配水管道在不同条件下可以安装的喷头数量，如表 1-68 所示。

轻危险级、中危险级场所配水支管、配水管控制的标准喷头数　　　　表 1-68

公称直径（mm）	控制的标准喷头数（个）	
	轻危险级	中危险级
25	1	1
32	3	3
40	5	4
50	10	8
65	18	12
80	48	32
100		64

应控制每根配水支管的管径不超过 50mm，并控制配水支管不可过长，以免增大水头损失，每根配水支管设置的喷头数应有适当的限制。要求轻危险级、中危险级建筑物，都

不要多于 8 个。当同一配水管在顶棚上、下布置喷头时，则在上下侧的喷头数也不应多于 8 个；严重危险级建筑物不应多于 6 个。

同一楼层的各个防火分区应设置独立的消防立管（配水干管），并装设信号阀和水流指示器，以便监控。

（2）管材及连接方式

自喷管网应采用热镀锌焊接钢管，其材质应符合现行国家标准《低压流体输送用焊接钢管》GB/T 3091—2008 的要求。对于直径较大的管道，可使用无缝钢管，其材质应符合现行国家标准《输送流体用无缝钢管》GB/T 8163—2008 的要求。当使用铜管、不锈钢管等其他管材时，应符合相应技术标准的要求。但不得使用塑料管和复合管材。实际工程中，有时为了便于找正喷头的位置，短立管（即配水管至喷头的立管）使用铝塑复合管材，这也是不允许的。

使用镀锌焊接钢管时，管子公称直径小于或等于 80mm 的管道，应用螺纹连接；公称直径大于 80mm 时，以采用沟槽式连接为宜。

（3）管网安装

1）安装前应校直管子，并清除其内部的杂物。在具有腐蚀性的场所安装管道前，应按设计要求对管子、管件等进行防腐处理。

2）配水干管或立管与配水管（水平管）的连接，宜采用沟槽式三通管件，而不应采用机械三通。因为前者的水力条件较好，阻力小；而后者的水力条件差，阻力大。

3）沟槽式连接中采用机械三通连接时，在管道上的开孔间距不应小于 500mm，采用机械四通开孔间距不应小于 1000mm。机械三通、机械四通连接时，不同直径的主管允许的最大支管直径如表 1-69 所示。

机械三通、四通主管允许的量大支管直径（mm）　　　　　　　　　　表 1-69

主管直径 DN		50	65	80	100	125	150	200	250
支管直径 DN	机械三通	25	40	40	65	80	100	100	100
	机械四通	—	32	40	50	65	80	100	100

4）配水支管一般采用螺纹连接，管道变径宜采用异径接头，在弯头处不得采用补芯。如必须采用补芯时，三通上只能用 1 个，四通上不应超过 2 个。公称直径大于 50mm 的管道不宜采用活接头。

5）管道安装位置应符合设计要求，管道中心与梁、柱、楼板等的最小距离如表 1-70 所示。

管道中心与梁、柱、楼板的最小距离　　　　　　　　　　表 1-70

公称直径 DN	25	32	40	50	70	80	100	125	150	200
距离（mm）	40	40	50	60	70	80	100	125	150	200

6）水平管道的支架、吊架安装要求如下：

① 管道支架或吊架的间距不应大于表 1-71 的要求。

若管道穿梁安装时，穿梁处可作为一个吊架考虑。

管道支架或吊架的间距 表 1-71

公称直径 DN	25	32	40	50	65	80	100	125	150	200	250	300
间距（m）	3.5	4.0	4.5	5.0	6.0	6.0	6.5	7.0	8.0	9.5	11	12

② 相邻两喷头之间的管段上至少应设支（吊）架一个，但支（吊）架的间距不应大于 3.6m。

③ 管道支架、吊架的安装位置不应妨碍喷头的喷水效果；管道支架、吊架与喷头之间的距离不宜小于 300mm；与末端喷头之间的距离不宜大于 750mm。

④ 为了防止喷水时管道晃动，故在下列部位应设防晃支架：

A. 直径等于或大于 50mm 的配水干管或配水管，一般在中点设一个防晃支架，且防晃支架的间距不宜大于 15m；管径在 50mm 以下时可不设；

B. 竖直安装的配水管除中间用管卡固定外，还应在其始末端设置防晃支架或管卡固定，其安装位置距楼地面以上 1.5～1.8m 为宜。

C. 管径等于或大于 50mm 的管道拐弯处（包括三通、四通）应设一个防晃支架。

⑤ 沿屋面坡度布置的配水支管，当坡度大于 1∶3 时，应采取防滑措施（加点焊箍套），以防短立管与配水管受扭折推力。

⑥ 管道穿过建筑物的变形缝，应设置柔性短管。穿墙时应加套管，套管长度与墙厚一致；管道楼板加的套管应高出楼地面 50mm。管道焊口不得置于套管内。套管与管道之间的间隙应用不燃材料填塞。

⑦ 水平管道宜有 0.002～0.005 的坡度，且坡向排水管；当局部区域难以利用排水管将水排净时，应采取相应的排水措施；当喷头数少于 5 只时，可在管道低凹处装设堵头，多于 5 只喷头时宜装设带阀门的排水管。

⑧ 管网的地上管道应作红色或红色环圈色标。红色环圈标志，宽度不应小于 20mm，间隔不宜大于 4m，在一个独立的单元内环圈不宜少于 2 处。

（4）喷头安装

1）为了防止异物堵塞和保护喷头，喷头应在管道系统试压、冲洗合格后安装。

2）当喷头公称直径小于 DN10 时，应在配水干管或配水管上安装过滤器。

3）安装喷头应使用厂家提供的专用扳手，以避免喷头安装时遭受损伤。严禁利用喷头的框架旋拧安装喷头，喷头的框架、溅水盘产生变形或释放原件损伤时，应采用规格、型号相同的喷头零件进行更换。喷头安装后，严禁附加任何装饰性涂层。

4）安装在易受机械损伤处的喷头，应加设喷头防护罩。喷头防护罩是由厂家生产的专用产品，而不是由施工单位简单制作的。喷头防护罩应能保护喷头不遭受机械损伤，又不影响喷头感温效果和喷水灭火效果。

5）喷头靠近障碍物时的安装位置。当喷头位置靠近梁、通风管道、排管、桥架及不到顶的隔断障碍物时，会影响喷头的喷水效果，这些情况是工程中实际存在的问题，解决这些问题的方式有很大的随意性。现行施工验收规范则对此予以规定。

① 图 1-108 所示为当喷头溅水盘高于附近梁底或高于宽度小于 1.2m 的通风管道、排管、桥架腹面时，喷头溅水盘高于梁底或上述腹面的最大垂直距离应符合表 1-72～表 1-77 的要求。

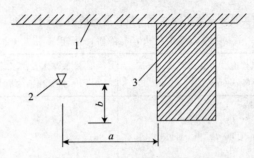

图 1-108 喷头与梁等障碍物的距离

1—顶棚或屋顶；2—喷头；3—障碍物

喷头溅水盘高于梁底、通风管道腹面的最大垂直距离

（直立与下垂喷头）   表 1-72

喷头与梁、通风管道、排管、 桥架的水平距离 a（mm）	喷头溅水盘高于梁底、通风管道、 排管、桥架腹面的最大垂直距离 b（mm）
$a<300$	0
$300 \leqslant a<600$	90
$600 \leqslant a<900$	190
$900 \leqslant a<1200$	300
$1200 \leqslant a<1500$	420
$a \geqslant 1500$	460

喷头溅水盘高于梁底、通风管道腹面的最大垂直距离

（边墙型喷头，与障碍物平行）   表 1-73

喷头与梁、通风管道、排管、 桥架的水平距离 a（mm）	喷头溅水盘高于梁底、通风管道、排管、 桥架腹面的最大垂直距离 b（mm）
$a<150$	25
$150 \leqslant a<450$	80
$450 \leqslant a<750$	150
$750 \leqslant a<1050$	200
$1050 \leqslant a<1350$	250
$1350 \leqslant a<1650$	320
$1650 \leqslant a<1950$	380
$1950 \leqslant a<2250$	440

喷头溅水盘高于梁底、通风管道腹面的最大垂直距离

（边墙型喷头，与障碍物垂直） 表 1-74

喷头与梁、通风管道、排管、桥架的水平距离 a（mm）	喷头溅水盘高于梁底、通风管道、排管、桥架腹面的最大垂直距离 b（mm）
$a < 1200$	不允许
$1200 \leqslant a < 1500$	25
$1500 \leqslant a < 1800$	80
$1800 \leqslant a < 2100$	150
$2100 \leqslant a < 2400$	230
$a \geqslant 2400$	360

喷头溅水盘高于梁底、通风管道腹面的最大垂直距离

（扩大覆盖面直立与下垂喷头） 表 1-75

喷头与梁、通风管道、排管、桥架的水平距离 a（mm）	喷头溅水盘高于梁底、通风管道、排管、桥架腹面的最大垂直距离 b（mm）
$a < 450$	0
$450 \leqslant a < 900$	25
$900 \leqslant a < 1350$	125
$1350 \leqslant a < 1800$	180
$1800 \leqslant a < 2250$	280
$a \geqslant 2250$	360

喷头溅水盘高于梁底、通风管道腹面的最大垂直距离

（扩大覆盖面边墙型喷头） 表 1-76

喷头与梁、通风管道、排管、桥架的水平距离 a（mm）	喷头溅水盘高于梁底、通风管道、排管、桥架腹面的最大垂直距离 b（mm）
$a < 2440$	不允许
$2440 \leqslant a < 3050$	25
$3050 \leqslant a < 3350$	50
$3350 \leqslant a < 3660$	75
$3660 \leqslant a < 3960$	100
$3960 \leqslant a < 4270$	150
$4270 \leqslant a < 4570$	180
$4570 \leqslant a < 4880$	230
$4880 \leqslant a < 5180$	280
$a \geqslant 5180$	360

<table>
<tr><td colspan="2" align="center">喷头溅水盘高于梁底、通风管道腹面的最大垂直距离</td></tr>
<tr><td align="center">（大水滴喷头、ESFR 喷头）</td><td align="right">表 1-77</td></tr>
</table>

喷头与梁、通风管道、排管、 桥架的水平距离 a（mm）	喷头溅水盘高于梁底、通风管道、排管、 桥架腹面的最大垂直距离 b（mm）
$a<300$	0
$300 \leqslant a<600$	80
$600 \leqslant a<900$	200
$900 \leqslant a<1200$	300
$1200 \leqslant a<1500$	460
$1500 \leqslant a<1800$	660
$a \geqslant 1800$	790

② 当梁、通风管道、排管、桥架等障碍物宽度大于 1.2m 时，增设的喷头应安装在障碍物腹面以下部位。

③ 当喷头安装在如图 1-109 所示的不到顶隔断障碍物附近时，喷头与隔断的水平距离和最小垂直距离应符合表 1-78～表 1-80 的规定。

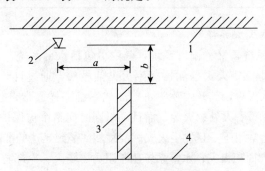

图 1-109　喷头与隔断障碍物的距离
1—顶棚或屋顶；2—喷头；3—障碍物；4—地板

<table>
<tr><td colspan="2" align="center">喷头与隔断的水平距离和最小垂直距离（直立与下垂喷头）</td><td align="right">表 1-78</td></tr>
</table>

喷头与隔断的水平距离 a（mm）	喷头与隔断的最小垂直距离 b（mm）
$a<150$	75
$150 \leqslant a<300$	150
$300 \leqslant a<450$	240
$450 \leqslant a<600$	320
$600 \leqslant a<750$	390
$a \geqslant 750$	460

喷头与隔断的水平距离和最小垂直距离（扩大覆盖面喷头）　　表 1-79

喷头与隔断的水平距离 a（mm）	喷头与隔断的最小垂直距离 b（mm）
$a<150$	80
$150≤a<300$	150
$300≤a<450$	240
$450≤a<600$	320
$600≤a<750$	390
$a≥750$	460

喷头与隔断的水平距离和最小垂直距离（大水滴喷头）　　表 1-80

喷头与隔断的水平距离 a（mm）	喷头与隔断的最小垂直距离 b（mm）
$a<150$	40
$150≤a<300$	80
$300≤a<450$	100
$450≤a<600$	130
$600≤a<750$	140
$750≤a<90$	150

（二）开式自动喷水灭火系统

开式自动喷水灭火系统，又称雨淋系统，其中也包括水幕系统。一组开式自动喷水灭火系统的喷头，由温感、烟感等火灾探测器接到火灾信号后，通过自动控制雨淋阀（又称成组作用阀）而一起自动喷水灭火，其开式喷头不像闭式系统那样通常是被封闭的，而是敞开的，来水快而猛，不仅可以扑灭着火处的火源，而且可以同时向整个被保护面积上喷水，从而防止了火灾的蔓延和扩大。通常用于一旦发生火灾燃烧猛烈、蔓延迅速的严重危险建筑物或场所。

雨淋系统用于扑灭大面积火灾；水幕系统用于阻火、隔火、冷却防火隔绝物和局部灭火。

按淋水管网的充水与否可分为：

开式充水系统：用于易燃易爆的特殊危险的场所。要求快速动作，高速灭火。设置开式自动充水灭火系统的场所，冬期室温应保证在 4℃ 以上，以免冻结；

开式空管系统：淋水管网平时不充水，用于一般火灾危险的场所。

1. 开式自动喷水灭火系统

开式自动喷水灭火系统，一般由火灾探测自动控制传动系统、自动控制雨淋阀系统和带开式喷头的自动喷水灭火系统三部分组成，如图 1-110 所示。

开式自动喷水灭火系统的火灾初期 10min 的消防用水量的供水方式，可由屋顶水箱、室外水塔或高地水池等供应；当室外管网的流量和水压能满足室内最不利点灭火用水量和水压要求时，也可不设屋顶水箱等贮水设施。

开式自动喷水灭火系统的工作时间采用 1h 计算。起火初期 10min 内的消防用水量，可由屋顶水箱、室外水塔或高地水池等供应，其后 50min 内的消防用水量，可由室外管网、具有足够容积的高位蓄水池、用消防水泵加压的低位贮水池以及消防车等供给。

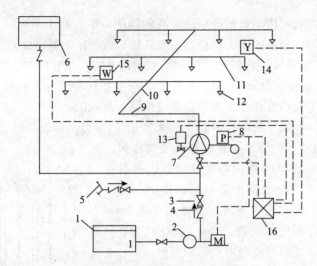

图 1-110　开式自动喷水灭火系统

1—水池；2—水泵；3—闸阀；4—止回阀；5—水泵接合器；6—消防水箱；7—雨淋报
警阀组；8—压力开关；9—配水干管；10—配水管；11—配水支管；12—开式洒
水喷头；13—电磁阀；14—感烟探测器；15—感温探测器；16—报警控制器

2. 水幕系统

水幕系统由开式洒水喷头或水幕喷头、雨淋报警阀组或感温雨淋阀，以及水流报警装置（水流指示器或压力开关）等组成，用于挡烟阻火和冷却分隔物的喷水系统。

根据防火作用的不同，有防火分隔水幕和防护冷却水幕，前者是密集喷洒形成水墙或水帘的水幕，后者是冷却防火卷帘等分隔物的水幕。

建筑物的下列场所应设水幕系统：

（1）超过 150 个座位的剧院和超过 2000 个座位的会堂、礼堂的舞台口，以及与舞台相连的侧台、后台门窗洞口；

（2）应设防火墙等防火分隔物而无法设置的开口部位；

（3）防火卷帘或防火幕的上部；

（4）高层建筑中超过 800 个座位的剧院、礼堂的舞台口。

3. 开式自动喷火灭火系统的布置

（1）系统的控制方式

应根据室内存有易燃物的性质、数量，建筑结构的耐火等级，建筑物的面积和工艺操作等情况，来选择不同的控制方式如下：

1）手动旋塞控制方式。只设有开式喷头和手动控制阀，是一种最简单的开式喷水系统。适用于工艺危险性小、给水干管直径小于 50mm 且失火时一定有人在现场工作的场所。

2）手动水力控制方式。当给水干管的直径大于等于 65mm 时，应采用手动水力传动的成组作用阀。灭火系统设有开式喷头、带手动开关的传动管网和雨淋阀。适用于保护面积较大，工艺危险性较小，失火时尚能来得及用人工开启雨淋装置的场所。

（2）传动控制系统的设置

1）带易熔锁封钢丝绳的传动管网布置。雨淋阀的自动开启，由传动管中的压力降来实现。易熔锁封传动管直径采用 25mm。为了防止传动管泄水后所产生的静水压力影响雨淋阀的开启，因此，充水传动管网的最高标高的静压，不能高于雨淋阀下水压的 1/4。当传动管网标高过高时，雨淋阀便无法启动。充气传动管网标高则不受限制。

充水传动管道应敷设成大于 0.005 的坡度，坡向雨淋阀；并应在传动管网的末端或最高点设置放气阀，以防止传动管中积存空气，延缓传动作用时间，影响雨淋阀的及时开启。

充水传动管道不能布置在冬期有可能冻结而又不供暖的房间内。

易熔锁封钢丝绳控制系统的传动管要承受 25kg 的拉力，所以一般都沿墙固定。

2）易熔锁封的布置。为了使被保护区域内任何一处起火时，都能及时开启雨淋喷水系统。故易熔锁封也应像喷头一样，均匀地分布在整个被保护面积上，其水平间距为：在有爆炸危险的生产房间内不得超过 2.5m；在无爆炸危险的生产房间内不得超过 3m。而在特别容易起火的生产设备附近，还应当适当增设易熔锁封。

带钢丝绳的易熔锁封，通常布置在淋水管的上面。

易熔锁封与顶棚之间的距离不得大于 0.4m。如果结构突出物（如梁）的突出部分大于 0.35m 时，则钢丝绳应布置在两突出物之间，如图 1-111 所示。

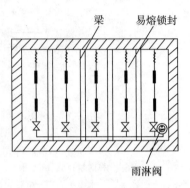

图 1-111　易熔锁封按跨度布置

易熔锁封的公称动作温度，应根据房间内在操作条件下可能达到的最高气温选用，如表 1-81 所示。

易熔锁封的温度选用 表 1-81

公称动作温度（℃）	适用环境温度（℃）	公称动作温度（℃）	适用环境温度（℃）
72	顶棚下不超过 38	141	顶棚下不超过 107
100	顶棚下不超过 65		

3）带闭式喷头的传动管网的布置。当采用闭式喷头作为开式自动喷水灭火系统的火灾探测器时，每个闭式喷头探测火灾的服务面积，在无爆炸危险的房间内宜采用 9m²，在有爆炸危险的房间内宜采用 6m²。装置闭式喷头的传动管直径，当传动管充气时，采用 DN15；传动管充水时，采用 DN25。喷头宜向上安装，喷头溅水盘与顶棚、楼板或屋面板之间的距离，应大于 150mm。传动管应有不小于 0.005 的坡度坡向成组作用阀。充水的传动管最高点应设放气阀门。

4）火焰、烟感、温感电动控制系统布置。各种火灾探测器的布置，以及自控系统的设计，应由电气或自控专业设计。传动管上的电磁阀应尽量靠近雨淋阀。在有防爆要求的场所，应采用防爆电磁阀。设置电磁阀的环境相对湿度应不大于 80%。

5）传动管网上手动开关的布置。开式自动喷水灭火系统，必须同时在有人操作的地点、外门附近或经常有人来往的通道处，设置口径为 DN20 的手动旋塞阀。如冬期无冻结可能，可把手动旋塞引至室外，以便能从室外开启雨淋系统；若冬期可能冰冻时，应将旋塞设在室内，可将其手柄接长至室外，如图 1-112 所示。

6）传动管网上放气阀的设置。如果充水传动管网中积有空气，将延缓传动管网的泄压时间，从而延缓雨淋阀的开启和喷水灭火过程。所以凡是危险性作业生产的开式自动灭火系统，在充水传动管网的末端或最高点均应设放气阀。一般生产作业场所，传动管网上可不设放气阀。充气传动管网当然不必设放气阀。

7）当雨淋阀处的供水压力不能满足传动管网水平管高度静压的 4 倍要求时，为不妨碍雨淋阀的启动，可将传动管网改充压缩空气来代替充水，充气传动管网系统如图 1-113 所示，供水压力与传动管网的充气压力如表 1-82 所示。

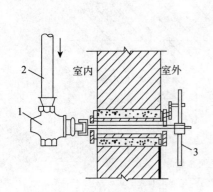

图 1-112　长柄手动开关

1—旋塞阀；2—传动管；

3—长柄开关操作装置

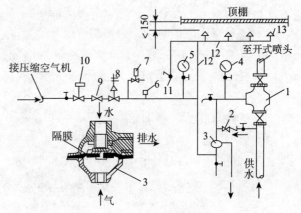

图 1-113　充气传动系统

1—雨淋阀；2—小孔闸阀；3—气动开关；4、5—压力表；

6—压力报警器；7—电磁阀；8—安全阀；9—小孔闸阀；

10—压力调节器；11—手动开关旋塞门；12—充气传动管

网；13—闭式喷头

供水压力与传动管网的充气压力　　　　　　　　　　　　　　　　表 1-82

最大供水压力（MPa）	传动管网充气压力范围（MPa）	雨淋阀脱开时气压范围（MPa）
0.4	0.33～0.4	0.02～0.14
0.6		0.05～0.17
0.8	0.63～0.7	0.08～0.20
1.0		0.11～0.23
1.2		0.14～0.26

（3）淋水管网的设置

雨淋阀前的供水干管通常应采用环状管网。当一组雨淋系统中，雨淋阀不超过 3 个时，也允许采用枝状管网。

1）开式喷头的平面布置。在充气管式雨淋系统中，喷头可向上或向下安装；在充水式雨淋系统中，喷头应向上安装。

开式喷头灭火系统中，最不利点喷头的水压力应不小于 0.05MPa，这和闭式系统是相同的。开式喷头的布置间距由设计根据所需的淋水强度确定，一般采用正方形布置（图 1-114），并根据每个喷头的保护面积，决定喷头的各种间距。

2）干、支管的平面布置。每根配水支管上安装的喷头数不宜超过 6 个，每根配水干管的一端负担的配水支管不应多于 6 根。喷头与

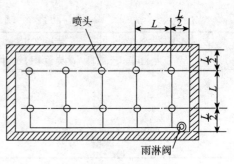

图 1-114　开式喷头的布置

干、支管的平面布置如图 1-115 所示。

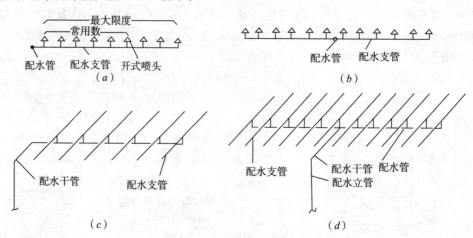

图 1-115　喷头与干、支管的平面布置
(a) 喷头数 6～9 个时的布置形式；(b) 喷头数 6～12 个时的布置形式；
(c) 配水支管≤6 条时的布置形式；(d) 配水支管为 6～12 条时的布置形式

3) 喷头与配水支管的立面布置。配水支管及喷头的立面布置，必须充分考虑屋面或楼板的结构特点，一般都安装在屋面或楼板向下突出部位（如梁）的下面。充水式淋水管的喷头应在同一标高上，喷头均向上安装，以保证管中平时都充满水。喷头顶盖与梁底或其他结构突出物之间的距离，一般应不小于 0.08m，如图 1-116 所示。

当喷头必须高于梁底面布置时，喷头与梁边的水平距离与喷头顶盖高出梁底的距离有关，如图 1-117 与表 1-83 所示。

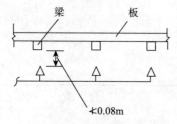

图 1-116　喷头的竖向布置

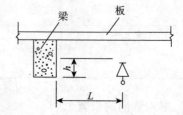

图 1-117　喷头高出梁底时的布置

喷头与梁边的距离　　　　　　　　　　　　　　　　　　表 1-83

喷头与梁边的水平距离 L（m）	喷头顶盖高出梁底的距离 h（m）	喷头与梁边的水平距离 L（m）	喷头顶盖高出梁底的距离 h（m）
0～0.3	0	1.05～1.2	0.15
0.3～0.6	0.025	1.2～1.35	0.175
0.6～0.75	0.05	1.35～1.5	0.225
0.75～0.9	0.075	1.5～1.65	0.275
0.9～1.05	0.10	1.65～1.8	0.35

当喷水管下面有较大平台、风管或设备等时，应在其下面增设喷头。例如当方形风管宽度大于 0.8m，圆形风管直径大于 1m 时，均应在风管下增设喷头。

4）水幕消防系统的设置。水幕消防给水系统是将水喷洒成水帘、水幕形状，用以冷却隔断火源。

在剧院舞台口上方设置水幕，阻止舞台火势向观众厅蔓延；在门、窗、孔、洞等处以轻便耐火材料门窗代替防火门窗，并安装水幕设施增强其耐火性能；在库房内利用水幕设备，将库房分成若干区，防止火灾蔓延；在同一厂房内，对具有不同火灾危险类型，且面积超过规定，而工艺过程要求不允许设防火隔墙时，常采用水幕设备作为隔火设施。

水幕消防给水系统由水幕喷头、管网和控制阀组成。在有人看管的场所，水幕消防控制阀采用手动闸阀，如图 1-118 所示；在无人看管和易燃易爆的场所，应设置自动开启控制闸阀的设施，并同时设置手动操作装置，如图 1-119 所示。

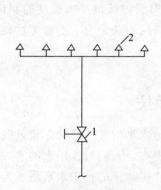

图 1-118　手动控制系统

1—手动控制阀门；

2—水幕喷头或开式喷头

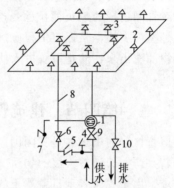

图 1-119　自动控制系统

1—雨淋阀；2—水幕喷头或开式喷头；3—闭式喷头；

4—截止阀；5—止回阀；6—小孔闸阀；7—手动开关；

8—传动管网；9—总控制阀；10—闸阀

5）两层淋水管的设置。如果淋水管是充水式的，为保证两层淋水管的水平管段在平时都充满水，则第二层的给水干管上应装设止回阀或把给水管做成水封状，如图 1-120 所示。

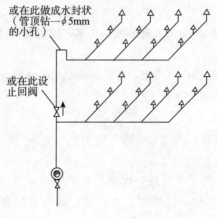

或在此做成水封状
（管顶钻一 ϕ 5mm 的小孔）

或在此设止回阀

图 1-120　第二层淋水管的充水措施

6）溢水管、放气管的设置。为了便于判明开式系统淋水管中是否充满水及排出淋水管中的空气，一般在雨淋阀旁设有溢流管和放气管。

向淋水管充水后，可不将注水阀完全关闭死，而使溢流管中不断有水滴滴出，一般可保持每秒钟有 2~3 滴，以表明淋水管中是充满水的。因为只有充满水的淋水管，才能保证失火时及时喷水。不过，溢流管的标高应低于喷头喷口标高 50mm 左右。溢流管的排水应接至漏斗后，排入下水道。在冬期不冰冻地区，可以排入室外散水明沟。

7）放水装置。开式管网中充水的雨淋系统用于一年中室内温度都在 4℃ 以上的不结冻房间。如果冬期雨淋管有被冻结的可能性，则应在冬期时应将淋水管中的水放空。如果防火消防要求不允许放空时，则房间内必须进行供暖。

当淋水管网中需要检修时，可利用放水装置把管网中的水放空。

（三）管网的试压、冲洗和调试

自动喷水灭火系统管网安装完毕后，应依照相关规范进行强度试验、严密性试验和冲洗。强度试验是对管网进行的超负荷试验，严密性试验则是对管道接口严密程度的测试，这两种试验都是必不可少的，是评定工程质量的重要依据。管网冲洗是为了把施工过程中落入管道内的异物冲洗出来，防止系统投入使用后发生堵塞。

第四节　建筑管道直饮水系统

我国建筑管道直饮水的出现，是我国国民经济发展至一定水平的必然产物，也是我国水工业领域一种新兴产业。随着人民的物质文化生活水平的提高，人们对饮用水的水质也提出了更高的需求。由于我国各地日益严重的水环境污染，许多地区的自来水水质不能达到现行标准。虽然自来水的水质符合标准，但许多地区的输水管网及建筑物内水箱和管道的陈旧，导致水质被二次污染。为了保证饮用水的卫生，满足社会需要，在全国各地兴起了分质供水系统。所谓分质供水，即对自来水进行深度处理，使其水质达到可以直接饮用的标准，用管网供给居民饮用。

一、直饮水的处理工艺

直饮水按其水质来分，可分为两种：纯净水和饮用净水。

（1）纯净水按"瓶装饮用纯净水水质标准"要求，因对电导率有严格要求（$<10\mu S/cm$），必须采用反渗透才能达到。

（2）饮用净水，因对电导率没有要求，对亚硝酸盐也没有要求，所以可以有多种技术：

1）臭氧-活性炭-微滤或超滤；

2）活性炭-微滤或超滤；

3）离子交换-微滤或超滤；

4）纳滤。

以上 1）、2）不对无机离子作处理，保留所有矿物盐，只去除有机污染。3）可以去除硬度，不能去除无机盐。4）可去除硬度、无机盐，又可去除有机污染。

1. 纯净水的处理工艺

图 1-121 为完整的经深度处理的纯净水生产流程。

工程举例：

图 1-122 为某一建筑面积为 10.8 万 m²，居住人口约为 2300 人的小区的管道直饮水的水处理工艺流程图。

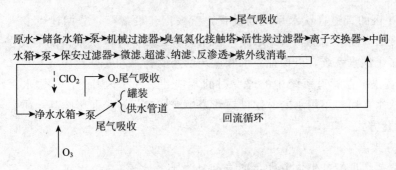

图 1-121　完整的深度处理工艺

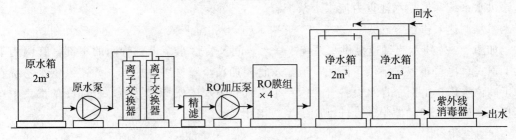

图 1-122　水处理工艺流程图

在图 1-122 中，原水箱由自来水补水，浮球阀控制，不锈钢材质；离子交换装置一用一备，交替使用，再生盐用量为 $0.1kg/m^3$；精密过滤器外壳为不锈钢材质，滤芯使用寿命为 6 个月；反渗透装置的组件寿命为 1 年；净水箱也为不锈钢材质，考虑机房布置，将水箱分为两个，底部用管道连通，管网回水直接回到净水箱中；紫外线消毒器中紫外线灯的使用寿命为 1.5 年；出水由变频供水设备供给管网。

该水处理系统中，原水泵和 RO 加压泵的功率均为 0.75kW；为节省造价，水处理系统中未设置臭氧消毒设备，但为增加臭氧消毒预留了位置。

2. 饮用净水的处理工艺

图 1-123 所示为最简单的地面水水源的原水的深度处理工艺，只保留了活性炭与超滤。

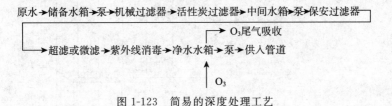

图 1-123　简易的深度处理工艺

为保证居民直饮净水，该饮用净水管网中居民楼供水干管都设回流管，以便平时将停滞的水回流至净水车间紫外消毒器前再进行消毒处理后供出，还需定期将管网内的净水回流到原水箱，以便经处理后再输出。

二、直饮水管道的设置

(一) 设置要求

1. 为了直饮水的卫生安全和防止污染，管道直饮水系统一定要独立设置，不得与市政给水或建筑给水管道系统直接相连。

2. 居住小区的管道直饮水系统的设置，应根据建设规模，分期建设及入住期限、建筑物性质和楼层高度等情况，可采取集中供水系统，或分片区供水系统，或在一幢建筑物中设一个或多个供水系统，以保证供水和循环回水的合理和安全性。

3. 管道直饮水在管道系统中的停留时间不应超过 12h。因此，直饮水系统设有回水管，以免直饮水在用户不用水的时候，在管道中滞留时间过长而影响其水质。

（二）设置方式

1. 供水方式

室内管网系统根据其供水方式主要有两种类型：水泵-高位水罐（箱）供水系统，调速泵供水系统和屋顶水池重力流供水系统。

（1）调速泵供水方式

如图 1-124 所示为调速泵供水系统。净水车间及直饮水泵设于管网的下部，管网为下供上回式。也可布置成上供下回式，但输水管要加长，管材用量加大。调速泵供水系统省却了高位水罐，把两个存水设备合并为一个，有利于水质保持。另外，全部设备都集中在泵房中，便于管理和控制。设计中应优先选用此系统。

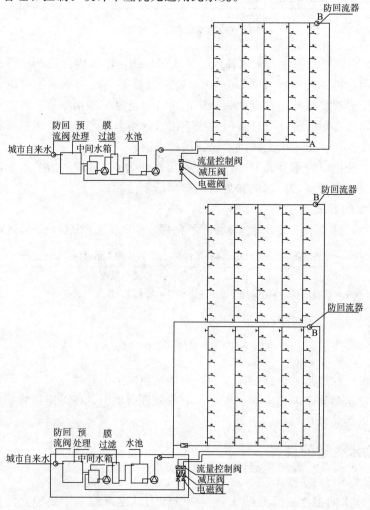

图 1-124　调速泵供水系统

（2）水泵-高位水罐（箱）供水方式

如图 1-125 所示为水泵-高位水罐（箱）供水系统。净水车间及直饮水泵设于管网的下部。从水箱引出的输水管在环网的顶部接入，循环回水管从管网的下部接出，即管网为上供下回式。

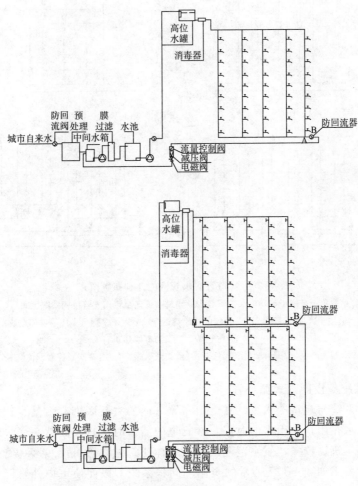

图 1-125　水泵-高位水罐（箱）供水系统

2. 竖向压力分区

分区手段可优先考虑使用减压阀而不是多设水泵。减压阀可只设一个，不设备用。直饮水水质较好，阀前的过滤器也可不设。

使用时各楼层龙头的流量差异越小越好，另外上述的分区方法较自来水给水系统简单，所以直饮水系统的分区压力可比自来水系统的值取小些。住宅中分区压力≤0.30MPa（约十层楼一区）；办公楼中分区压力≤0.40MPa。

3. 居住小区集中供水系统

居住小区集中供水系统可在净水机房内设分区供水泵，或设不同性质建筑物的供水泵，或在建筑物内采取可靠的减压措施，可设置可调式减压阀实现竖向分区供水，以保证回水管的压力平衡，如图 1-126 所示。

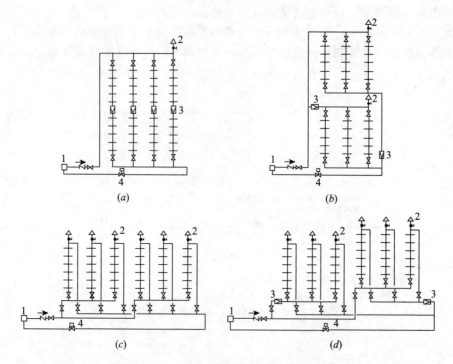

图 1-126　管道直饮水管网的几种布置图式

（*a*）适用于高度小于 50m、立管较少的建筑（低区也可用支管可调式减压阀）；

（*b*）适用于高度大于 50m、立管较多的建筑；（*c*）适用于多幢、多层的群体建筑；

（*d*）适用于高、多层的群体建筑

1—水箱、水泵；2—自动排气阀；3—可调式减压阀；4—电磁阀或控制回流装置

4. 直饮水系统应设同程式循环管

管道直饮水系统与建筑给水系统在管道布置方面的主要区别，就是直饮水系统设有回水管，以免直饮水在用户不用水的时候，在管道中滞留时间过长而影响其水质。

考虑到小区建筑物较多，供水范围大以及单体建筑内立管可能较多，管道直饮水系统的室内外管网应采用如图 1-127 所示的全循环同程系统。以便使室内外管网中各个供、回水管循环回路的阻力损失基本相等，达到管网供水平衡，避免出现死水现象。

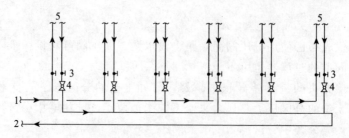

图 1-127　全循环同程系统示意

1—供水管，来自净水机房；2—回水管，至净水机房；

3—流量调节阀；4—流量平衡阀；5—单元建筑

当高层建筑物内高区和低区供水管网的回水管连接至同一循环回水干管时，高区回水

管上应设置减压稳压阀，以保证高区和低区系统的正常循环。

供配水管网的形状会对滞水的形成产生影响。管道直饮水的管道布置与一般给水系统区别就在于前者必须设有循环回流管。当管网为树枝状时，若某支管无人用水，便形成滞水，当管网为环状时，这一问题便会缓解甚至消除。因此，直饮水管网（室内）必须布置成环状使各个立管及上下环（横）管均是供水环网的一部分。如果设计得当，即使某一立管无用水，也不易形成滞水。室外供水主干管可树枝状供水，也可在一定的范围内水平成环，以降低管网运行压力，并可提高直饮水供水的安全性。室外循环回流主干管呈树枝状布置，回流至净水机房，如图 1-128 所示。

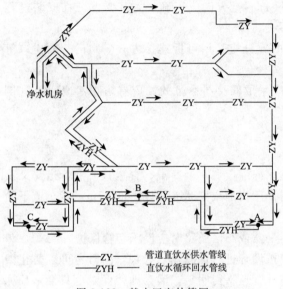

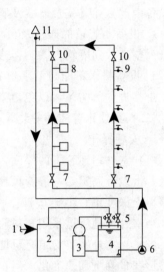

图 1-128　某小区室外管网

图 1-129　国外采用的管道直饮水系统示例

1—给水；2—处理装置；3—消毒装置；

4—净水槽；5—控制阀；6—水泵；

7—截止阀；8—饮水器；9—用水水嘴；

10—调节阀；11—排气阀

（三）设置要点

1. 循环立管应设检修阀门

为了使管道直饮水管网易于维护管理，保持正常运行，管网循环立管的上端和下端应设阀门，供水管网应设检修阀门。在管网最低端应设排水阀，不得有死水存留现象，排水口应有防污染措施；最高处应设排气阀，排气阀处应有滤菌、防尘装置。

图 1-129 为国外采用的管道直饮水系统示例，可供配水管网的配件装设作为参考。

2. 循环回水管上的流量平衡阀

为了控制居住小区各建筑物内的循环水回流量和实现各建筑物之间的水力平衡，每幢建筑物的循环回水管接至室外回水管之前，宜安装流量平衡阀，以便进行流量调节。

3. 支管的长度

由于支管中的水是不循环的，支管过长，会形成死水，时间过长会使水质恶化。因此，各用户从立管上接出的支管不宜大于 3m。管道过长可考虑在支管上安装带止水器的直饮水水表。当采用臭氧等会产生浓度扩散的消毒方式时，可延长支管长度。

三、直饮水管道系统的施工

(一) 净水设备的安装

1. 净水设备安装前，应认真熟悉设计图纸和设备安装说明书。设备安装应按照工艺流程要求进行，安装顺序、安装方向的错误会导致出水品质不合格。检测仪表的安装位置也会对检测精度产生影响。

2. 设备安装前，应将净水机房打扫干净。设备、水泵等应采取可靠的减振措施，其噪声应符合现行国家标准中有关民用建筑隔声方面的规定。

3. 设备筒体、水箱、过滤器及膜的安装位置、方向应正确，尤其要保证在安装过程中设备内部（尤其是过滤器及膜）不会被污染。

4. 设备与管道的连接及可能需要拆换的部分应采用可拆连接方式。阀门、取样口等应排列整齐，间隔均匀，不得渗漏。

5. 设备排水不能与下水道直接连接，应采取间接排水方式。应有防止污废水臭气倒灌、虫类进入的措施，以免污染设备和水质。

(二) 直饮水管道的安装

1. 安装操作

(1) 室外埋地管道的深度，应根据土壤冰冻深度、车辆荷载、管道材质及管道交叉等因素，由设计确定。一般管顶覆土深度不得小于当地土壤冰冻线以下 0.15m，行车道下的管顶覆土深度不宜小于 0.7m。

当室外埋地管道采用塑料管时，在穿越马路或小区道路时应设钢套管保护。

(2) 当室外明装管道有可能冻结时，应按设计进行保温隔热处理，同时也可以防止塑料管道在日晒下加速老化。但在严寒地区室外管道不得明装，因为即使保温也只会延长冻结时间，并不能防止冻结。

(3) 按照建筑给排水管道敷设的一般规定，室内埋地敷设的直饮水管道与排水管之间平行埋设时净距不应小于 0.5m；交叉埋设时净距不应小于 0.15m，且直饮水管应在排水管的上方。室内埋地敷设的直饮水管道埋深不宜小于 300mm。

(4) 无论是室外埋地管道还是室内埋地管道，管沟的沟底应为原土层，或为经夯实的回填土，沟底应平整，不得有突出的尖硬物体。沟底宜铺 100mm 厚的砂垫层。管道回填土不得夹杂硬物直接与管壁接触。应先用砂土或颗粒径不大于 12mm 的细土回填至管顶以上 300mm 处，经夯实后方可回填原土。

(5) 埋地金属管道应做防腐处理，一般采用三油两布的加强防腐层。现在有自带防腐材料的新型管材面市，这些管材在取得设计单位同意后也可以采用。

(6) 室内明装管道宜在建筑装修基本完成后进行。直饮水管道与热水管上下平行敷设时应在热水管下方。

(7) 室内管井内设的直饮水管道，有条件的情况下应与污水管分管井敷设。直饮水管道不宜穿越橱窗、壁柜，不得敷设在烟道、风道、电梯井、排水沟、卫生间内。

(8) 某些城市小区室内直饮水室内直埋暗管，约有 5% 的用户在室内装修时被电锤打坏。因此，直埋暗管不论采用何种材质，均应标明管道暗埋位置及走向，并书面告知用户。

（9）管道支、吊架的间距应按不同材质和管径设置，金属管卡与塑料管之间应加塑料或橡胶等软质隔垫，不得损伤管道表面。金属管或配件与塑料管道连接时，管卡应设在金属管或配件一侧；塑料管道的弯头、三通等节点处，应设置1～2个支、吊架。

（10）设有减压阀组的管道系统，减压阀组应先组装、试压，在管道系统试压合格后再安装；可调式减压阀组安装前应调压至设计要求压力。

2. 安装注意事项

（1）直饮水管道施工比普通建筑给水管道严格得多。由于设计可能采用不同材质的管道，如不锈钢管、铜管、优质给水塑料管及复合管，每种管道有其各自的材料特点，因此施工操作人员均应经过相应管道的施工安装技术培训，以确保工程质量。

编制施工方案应突出施工工艺、关键操作技术和质量要求，明确质量验收标准或规范，能有针对性地指导施工，有利于保证工程质量，同时便于监理单位和建设单位监督。

（2）施工安装应符合设计图纸相应的施工技术规程的要求，不得擅自变更工程设计。饮用水对水质的要求严格，整个系统的供、回水干管、立管进行循环，是饮用水管网系统的特点之一，循环是否充分对水质起着关键的作用，擅自修改设计极有可能使一些立管循环不充分而影响水质。

（3）当管道或设备质量有异常时，应在安装前对设备或管材、附件质量进行检验，如有疑问或疑点时应向监理单位和建设单位提出进行技术鉴定或复检。

同一工程应使用同类型的设备或管材配件，采用的安装方法应符合相应管材的管道工程技术规程的相关规定。

（4）不同材质的管道、管件或阀门连接时，应采用专用的转换管件或法兰连接。不得在塑料管上套丝。螺纹连接时，宜采用聚四氟乙烯带做密封材料，不得使用厚白漆（白铅油）、麻丝等对水质可能产生污染的密封材料。

（5）当采用钢塑复合管材时，其连接部分的结构需有严防饮用水与钢管直接接触的措施。这当然要靠生产厂家的产品结构来保证，施工人员应当认真掌握和贯彻执行，如钢、塑隔离采用橡胶垫圈或加管帽的方式时，每一处都不能漏掉，否则通水以后，特别是水在停止循环一段时间后，居民的水嘴会放出色度、水质等严重不合格的铁锈水，而且很难采取整改补救措施。

（6）施工时确保管内清洁，也是最重要的，故应及时对敞口管道采取临时封堵措施。尤其要防止日后通水冲洗时不可消除的堵塞或污染，如施工时杂物、碎屑及油漆、化学涂料进入管道中。

（7）管道直饮水系统管材应选用符合食品级要求的优质给水建筑给水管材、管件。管件应与管材的材质相同，并且为同一生产厂家的配套产品。例如：

1）符合《流体输送用不锈钢焊接钢管》GB/T 12771—2002 要求的薄壁不锈钢管材及管件；

2）符合 GB/T 1527—2006 要求的建筑冷、热水用紫铜管及附件，符合《无缝铜水管和铜气管》GB/T 18033—2000 要求的铜管及附件；选用铜管时，应注意处理后水的 pH 值变化。若水处理采用了反渗透（RO）膜工艺，出水水质的 pH 值可能偏低（pH<6），则不宜采用铜管；

3）优质给水塑料管中，可采用氯化聚氯乙烯管（PVC-C）和聚丙烯管（PP-R）等；

4）室内分户计量水表应采用直饮水水表；水嘴应采用直饮水专用水嘴。

3．试压

（1）管道安装完成后，应按设计要求，分别对室外管道和室内管道进行水压试验。当管道的材质和试验压力不同时，应分别进行水压试验。不得用气压试验代替水压试验。

（2）当设计未规定试验压力时，各种材质的管道系统的试验压力应为设计工作压力的 1.5 倍，且不得小于 0.60MPa。暗装管道必须在隐蔽前进行水压试验及中间验收。采用热熔及电热熔连接的塑料管道。应在连接完成 24h 之后方可进行水压试验。

（3）金属管及复合管在试验压力下稳压观察 10min，压力降不应大于 0.02MPa，然后降至工作压力进行检查，各连接处不得渗漏。

（4）塑料管在试验压力下稳压观察 1h，压力降不得大于 0.05MPa，然后降至工作压力的 1.15 倍，稳压观察 2h，压力降不得大于 0.03MPa，各连接处不得渗漏。

4．清洗和消毒

管道直饮水系统压力试验合格后，应对整个管道系统进行清洗和消毒。但应对水过滤设备进行隔离保护，防止冲洗水的污染。

（1）当管道系统较大时，应利用管网中设置的阀门分区、分幢、分单元进行冲洗。用户支管部分的管道使用前应再次进行冲洗。管道系统冲洗前，应对有碍冲洗工作的减压阀、水表等部件拆除，用临时短管代替，待冲洗后复位。

（2）管道系统的冲洗采用自来水进行冲洗，冲洗水流速宜大于 2m/s。管道冲洗时应首先对供水管、立管和回水管进行冲洗，在回水管末端排水，当冲洗出口处（循环管出口）的水质与进水水质一样无色透明时，再按管道系统正常运行时的顺序，对各个立管上的支管进行冲洗，在各个用水点排水，直至冲洗干净。

应在管道系统最低点设排水口，以便在管道系统中冲洗完毕后能将水完全排出。

（3）管道系统经冲洗合格后，应按设计要求采用消毒液对管网灌洗消毒。消毒液可采用含游离氯或过氧化氢为 20～30mg/L 的溶液，或其他安全卫生，易于冲洗干净的消毒液。消毒液在管网中应滞留 24h 以上，循环管出水口处的消毒液浓度应与进水口相同。

（4）净水设备的调试应根据设计要求进行。石英砂、活性炭应经清洗后才能正式通水运行；连接管道等正式使用前应进行清洗消毒。

（5）管道系统消毒后，应使用直饮水进行最后冲洗，直至各用水点出水水质与进水口相同为止。

第五节　建筑中水系统

中水是指生活污废水经过处理后，达到规定的水质标准，可在一定范围内重复使用的非饮用水。中水主要用于厕所冲洗、园林灌溉、道路保洁、汽车洗刷以及喷水池、冷却设备补充用水、供暖系统补充水等。

按中水的供水范围划分，其系统类型一般可分为 3 种，如表 1-84 所示。其中以小区中水系统和建筑中水系统应用较多。

中水系统基本类型 表 1-84

类 型	系统图	特 点	适用范围
城市中水系统	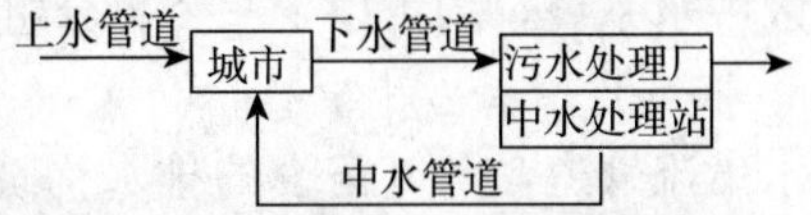 上水管道 → 城市 → 下水管道 → 污水处理厂 中水处理站；中水管道	工程规模大，投资大，处理水量大，处理工艺复杂，一般短时期内难以实现	严重缺水城市，无可开辟地面和地下淡水资源时
小区中水系统	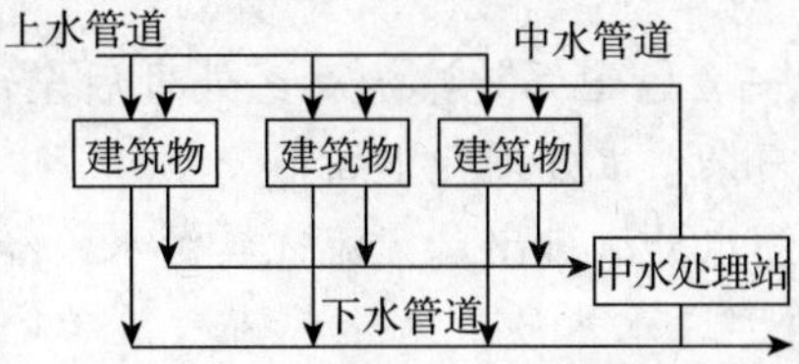 上水管道 中水管道 建筑物 建筑物 建筑物 下水管道 中水处理站	可结合城市小区规划，在小区污水处理站、部分污水深度处理回用，可节水 30%，工程规模较大，水质较复杂，管道复杂，但集中处理的处理费用较低	缺水城市的小区建筑物分布较集中的新建住宅小区和集中高层建筑群
建筑中水系统	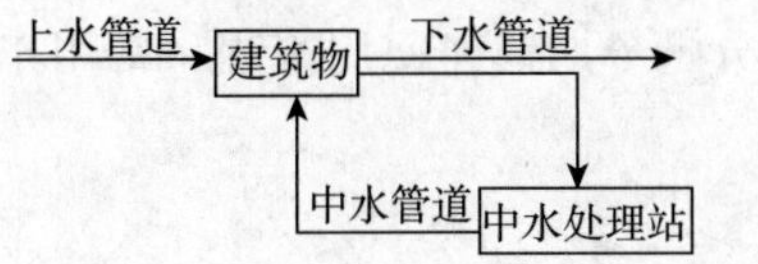 上水管道 → 建筑物 → 下水管道 中水管道 中水处理站	采用优质排水为水源，处理方便，流程简单，投资省，占地小，在建筑物内便于与其他设备机房统一考虑，管道短，施工方便，处理水量容易平衡	大型公共建筑、公寓和旅馆、办公楼等

一、建筑中水系统的分类与组成

建筑中水系统的分类

按中水供水范围的大小，建筑中水系统可分为两类：单幢建筑中水系统和建筑小区中水系统。

单幢建筑中水系统，如图 1-130 所示。该系统适用于排水量较大的大型公共建筑、公寓、旅馆和办公楼等。

建筑小区中水系统，如图 1-131 所示，该系统适用于缺水城市的居住小区和集中建设的高层建筑群。

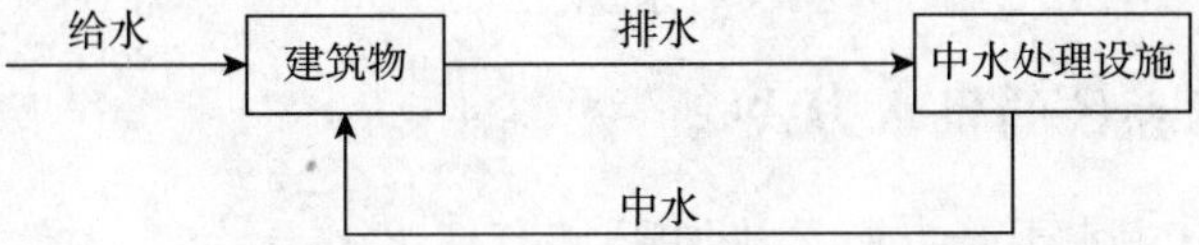

给水 → 建筑物 → 排水 → 中水处理设施 ← 中水

图 1-130 单幢建筑中水系统示意图

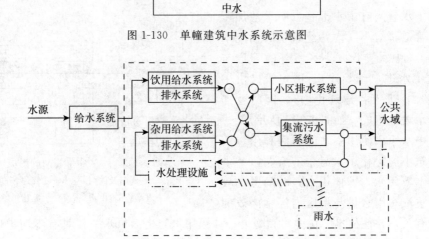

图 1-131 建筑小区中水系统示意图

二、建筑中水系统的组成

不论是单幢建筑中的中水系统，还是建筑小区中水系统，均由以下三个部分组成。

（1）中水原水的集流系统

中水原水的集流系统包括用作中水水源的污水集流管道和与其配套的排水构筑物及流量控制设备等。原水集流系统一般有三种形式。

全集流全回用，即建筑物排放的污水全部用一套管道系统集流，经处理后全部回用。虽然节省了管材，但因原水水质较差，工艺流程复杂，水处理费用高；

部分集流部分回用，一般将粪便污水与厨房污水分流排出，集流优质污水，经处理后回用。虽然增加了一套管道系统和基建费用，但因原水水质好，工艺流程简单，管理方便，水处理费用低；

全集流部分回用，即将建筑污水全部集流，分批分期修建回用工程。常用于需增建或扩建中水系统，且采用合流制排水系统的建筑。

（2）中水的处理设施

中水的处理设施包括各类处理构筑物和设备以及相应的控制和计量检测装置。常用的处理构筑物和设备有：截流粗大悬浮或漂浮物的格栅；截留毛发的毛发去除器；为确保处理系统连续、稳定运行，用以调节原水水量和均化水质的调节池；和用水中微生物的生命活动，氧化分解污水中有机物的生物处理构筑物和接触氧化池和生物转盘等；去除水中悬浮和胶体杂质的滤池及用于氯化消毒的加氯装置等。

（3）中水的供水系统

中水的供水系统与给水系统相似，包括中水配水管网和升压贮水设备，如水泵、气压给水设备、高位中水箱和中水贮水池等。中水配水管网按供水用途可分为生活杂用管网和消防管网两类。前者可供冲洗便器、浇灌园林、绿地和冲洗汽车、道路等生活杂用；后者主要供建筑小区和大型公共建筑独立消防系统的消防用水。也可将以上不同用途的中水合流，组成生活杂用—消防共用的中水供水系统。

三、建筑中水系统的供水方式

小区中水管网有中水干管（中水池加压到小区的管道，与小区内各建筑物的输配水支管相连）、中水支管（小区室外的管道与建筑物的中水进户管相连）、进户管（由中水支管接出，进入各建筑物内）、阀门及加压装置、水表等组成，如图 1-132 所示。

不同中水用户使用中水的时间和用量不同，如建筑小区绿化用水与季节有关，冬季和雨季基本不用水，即便用水，时间也比较集中；冲洗汽车用水量与小区内经常停放的

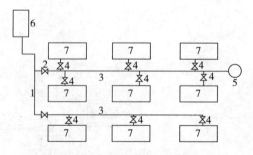

图 1-132　小区中水管网的组成

1—干管；2—阀门及阀门井；3—支管；4—进户管；
5—水塔；6—中水站；7—小区建筑物

车辆台数有关，并往往集中在中午和晚上；冲厕用水与生活给水一样具有不均匀性，集中在单位工作时间以外的早、中、晚三个时段；消防用水平时 10min 用水量贮存在小区的高

水箱内，其他消防用水量贮存于中水池内，正常情况下不需用水。因此，应根据不同中水用户的使用特点选择合适的中水给水方式。常用的小区中水给水方式有以下几种。

由中水池内将中水输送到管网应采用加压措施。

1. 设有水泵的给水方式

（1）恒速式水泵给水方式　这种给水方式常用人工启闭控制水泵，定时向管网供水，适用于小区绿化、汽车冲洗等，如图 1-133 所示。

（2）变频调速泵给水方式　这种给水方式是通过改变水泵的转速来调节管网的输配水量，适用于用水定时和用水不定时的情况，如绿化、汽车冲洗、冲厕和消防，具有灵活、适用范围大的特点，如图 1-134 所示。

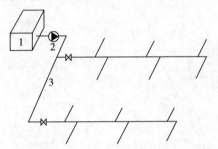

图 1-133　恒速式水泵给水方式
1—中水池；2—恒速泵；3—小区中水管网

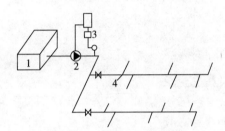

图 1-134　变频调速泵给水方式
1—中水池；2—水泵；3—变频控制装置；
4—小区中水管网

2. 水泵高水箱给水方式

水泵高水箱给水方式是水泵由中水池吸水，同时向管网和高水箱内供水，并利用水箱上安装的水位继电器自动控制水泵的启闭和贮存水量，如图 1-135 所示，适用于有消防用水或供电不可靠的中水供应。具有贮水量多，投资费用较高的特点。

3. 气压给水方式

这种给水方式与生活给水的气压给水方式原理相同，如图 1-136 所示。适用于定时用水和不定时用水的情况。

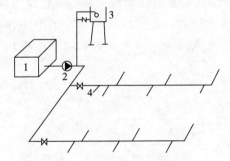

图 1-135　水泵高水箱给水方式
1—中水池；2—水泵；
3—高水箱；4—小区中水管网

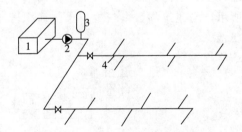

图 1-136　气压给水方式
1—中水池；2—水泵；3—气压装置；
4—小区中水管网

4. 中水消防用水与其他中水用水合用的给水方式

为节省投入和便于管理，在建筑小区内往往将冲刷、绿化、冲洗汽车和消防等中水合用同一管网供水。由于消防用水量大，水压高，应另设中水消防水泵，平时启动杂用水水泵，遇有火灾时启用消防水泵。按消防规范要求，中水池内需贮存 2～3h 的消防水量，水箱或水塔内需存 10min 的消防水量，且要求消防水泵启动后，水泵消防水应直接进入消防管道。中水消防用水与其他中水用水合用的中水供应方式可采用如图 1-137 所示的系统。

由图 1-137 可见，消防水泵启动前，由水塔或水箱供水，消防水泵启动后，由于止回阀 5 自动关闭，消防水直接进入到共用管网中。还可在水塔进出水管上安装快速切断阀，与消防水泵连锁，消防水泵启动后，快速切断阀自动关闭，使消防水泵输出的消防水迅速进入消防与其他杂用水共用的管网中，如图 1-138 所示。

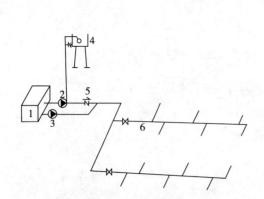

图 1-137　中水消防用水与其他中水用
水合用的中水给水方式

1—中水池；2—其他杂用水水泵；3—消防泵；
4—水塔；5—止回阀；6—小区中水管网

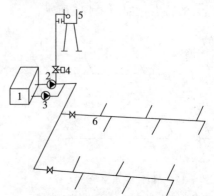

图 1-138　安装有快速切断阀的消防与
其他杂用水共用的给水方式

1—中水池；2—其他杂用水水泵；3—消防泵；
4—快速切断阀；5—水塔；6—小区中水管网

四、建筑中水系统的布置与敷设

1. 管网的布置

建筑小区中水管网的布置应根据小区的建筑布置、地形、用户对中水水压和水量的要求、中水处理站的位置及地形等综合考虑，可采用枝状和环状两种形式。当建筑物数量较多，小区面积大，特别是杂用水与消防水管网共用时，宜布置成环状，如图 1-139所示。当建筑物数量较少，小区面积较小，用水量不大时，可布置成枝状，如图 1-140所示。

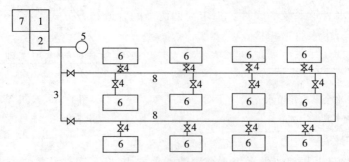

图 1-139　环状管网

1—中水贮水池；2—加压泵站；3—中水干管；4—中水进户管；
5—中水水塔；6—建筑物；7—水处理站；8—中水支管

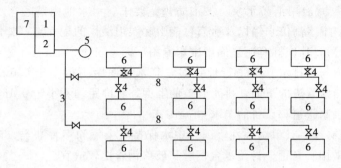

图 1-140　枝状管网

1—中水贮水池；2—加压泵站；3—中水干管；4—中水进户管；
5—中水水塔；6—建筑物；7—水处理站；8—中水支管

2. 管网的敷设

1）中水供水系统必须独立设置。

2）中水供水系统管材及附件应采用耐腐蚀的给水管材及附件。

3）中水供水管道严禁与生活饮用水给水管道连接，并应采用下列措施：

① 中水管道外壁应涂浅绿色标志。

② 中水池（箱）、阀门、水表及给水栓均应有"中水"标志。

4）中水管道不宜暗装于墙体和楼板内，如必须暗装于墙槽内时，管道上必须有明显且不会脱落的标志。

5）中水给水管道不得装设取水水龙头。便器冲洗宜采用密闭型设备和器具。绿化、浇洒、汽车清洗宜用壁式或地下式的给水栓。

6）中水高位水箱应与生活高位水箱分设在不同房间内，如条件不允许只能设在同一房间时，与生活高位水箱的净距离应大于 2m。

7）中水管道与生活饮用水管道、排水管道平行埋设时，其水平净距离不得小于 0.5m；交叉埋设时，中水管道应位于生活饮用水管道下面、排水管道的上面，其净距离不应小于 0.15m。

8）中水管道的干管始端、各支管的始端、进户管始端应安装阀门，并设阀门井，根据需要安装水表。

3. 注意事项

（1）室内中水管道系统的设计，力求简明清晰的管道布置方式，在任何情况下，均不允许自来水管道与中水管道相接。

（2）中水管道外部涂有鲜明的色彩或标志，以严格与其他管道相区别。《建筑中水设计规范》GB 50336—2002 规定中水管道外壁应涂成浅绿色。阀门及水表盖上均应刻上标记，并标有明显的中水字样。

（3）不在室内设置可供直接使用的中水龙头，以防误用。

（4）应设有一定容积的调节池，以便保证中水水质处理设备的连续均衡地运行。

（5）为保证不间断向各中水用水点供水，应设有应急供应自来水的技术措施，以防止中水处理站发生突然故障或检修时，不至于中断中水系统的供水。补水的自来水管必须按空气隔断的要求，自来水补水管出口与中水槽内最高水位间有不小于 2.5 倍管径的空气隔断层。

（6）中水槽、中水高位水箱以及所有可能引起误用误饮的配水点（如洒水龙头、冲洗龙头、喷洒喷头等），均应标有明显的"中水专用"标志。

（7）中水管道与给排水管道平行埋设时，其水平净距不得小于0.5m，交叉埋设时，中水管道应位于给水管道的下面，排水管道的上面，其净距均不小于0.15m。

（8）对中水供水管道和设备的要求：

1）中水管道必须具有耐腐蚀性，因为中水保持有余氯和多种盐类，产生多种生物学和电化学腐蚀，采用塑料管、衬塑复合钢管和玻璃钢管比较适宜。

2）不能采用耐腐蚀材料的管道和设备应做好防腐蚀处理，使其表面光滑，易于清洗、清垢。

3）中水用水最好采用使中水不与人直接接触的密闭器具，冲洗浇洒采用地下式给水栓。

五、建筑中水管道系统的施工

由于前面介绍过中水的供水系统与给水系统相似，故在此不再赘述，读者可参见本章中的相关内容。

第二章　建筑排水工程

建筑排水系统的任务就是收集居住建筑、公共建筑及生产建筑所产生的污水、废水以及雨水和雪水，并经局部处理后排入城市市政管网或水体。

为了便于介绍，在本章中将屋面雨水排放系统单独作为一节来予以介绍。

第一节　建筑排水系统

一、建筑排水系统的分类及组成

（一）建筑排水系统的分类

建筑排水系统根据所接纳的污废水类型不同，可分为以下三类：

1. 生活污水管道

生活污水管道系统是收集排除居住建筑、公共建筑及工厂生活间生活污水的管道，可分为粪便污水管道系统和生活废水管道系统。

2. 工业废水管道

工业废水管道系统是收集排除生产过程中所排出的污废水，为便于污废水的处理和综合利用，按污染程度可分为生产污水排水系统和生产废水排水系统。生产污水污染较重，需经过处理达到排放标准后排放；生产废水污染较轻，可作为杂用水水源，也可经过简单处理后回用或排放水体。

3. 屋面雨水管道

屋面雨水管道系统是收集排除建筑屋面上雨、雪水的管道。雨水管道系统需独立设置。

（二）建筑排水系统的组成

排水系统的基本要求是迅速畅通地排除建筑内部的污废水，保证排水管道系统在气压波动下不致使水封破坏。图 2-1 所示为某多层住宅建筑内排水管道系统，主要由以下几个部分组成：

1. 卫生器具或生产设备受水器

卫生器具或生产设备受水器是建筑内部给水终端，也是排水系统的起点，除大便器外，其他卫生器具均应在排水口处设置栏栅。

2. 器具存水弯

器具排水管连接卫生器具和排水横支管之间的短管，除坐式大便器等自带水封装置的卫生器具外，均应设水封装置，用来防止排水管内腐臭、有害气体、虫类等通过排水管进入室内，一般设在卫生器具的排水口下方，但也可直接设在卫生器具内部。

3. 排水管道系统

由器具排水管、排水横支管、立管、排出管组成。

（1）器具排水管。该管是连接卫生器具与横支管之间的短管。

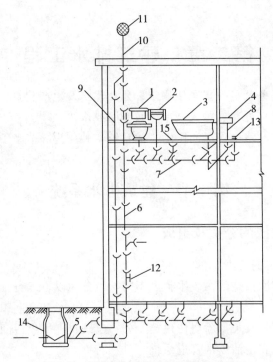

图 2-1　多层住宅建筑内排水管道系统

1—坐便器冲洗水箱；2—洗脸盆；3—浴盆；4—厨房洗盆；5—排水出户管；6—排水立管；

7—排水横支管；8—排水支管；9—专用通气管；10—伸顶通气管；11—通风帽；

12—检查口；13—清通口；14—排水检查井；15—地漏

（2）横支管。排水横支管将器具排水管送来的污水转输到立管中去。横支管应具有一定的坡度。

（3）立管。排水立管用来收集其上所接纳的各横支管排来的污水，然后再把这些污水送入排出管。为了保证污水畅通，立管管径不得小于 50mm，也不应小于任何一根接入的横支管的管径。污水立管的最大排水能力如表 2-1 所示。

污水立管最大排水能力　　　　　　　　　　表 2-1

污水立管管径（mm）	排水能力（L/s）	
	无专用通气立管	设专用通气立管或主通气立管
50	1.0	—
75	2.5	5
100	4.5	9
150	10.0	25

（4）排出管（出户管）。排出管是室内排水立管与室外排水检查井之间的连接管段，它接受一根或几根立管的污水并排至室外排水管网。排出管管径不得小于与其连接的最大立管的管径，连接几根立管的排出管的管径应由水力计算确定。

排水管管材主要有铸铁管、塑料管、钢管和带釉陶土管，室外可采用混凝土管，工业废水根据废水性质可用陶瓷管、玻璃钢管或玻璃管。

4．通气系统

通气管的作用是把管道内产生的有害气体排至大气中去，以免影响室内的环境卫生，减轻废水、废气对管道的腐蚀；在排水时向管道补给空气，以减轻立管内气压变化的幅度，防止卫生器具的水封受到破坏，保证水流畅通。建筑标准要求较高的多层住宅和公共建筑、10 层及 10 层以上高层建筑的生活污水立管宜设置专用通气立管。

5．清通设备

为疏通排水管道，保障排水畅通，需设清通设备。横支管上应设清扫口或带清通口的弯头或三通；在立管上设检查口（住宅宜每层设）；在室内埋地横干管上设检查井，井内管道上设带检查口的短管。

6．局部处理构筑物

当污水未经处理不能直接排入市政下水道或天然水体时，需设污水局部处理构筑物，如化粪池、隔油池、降温池等。

7．提升设备

一些民用和公共建筑的地下室以及人防建筑、工业建筑内部标高低于室外地坪的车间和其他用水设备的房间，其污水一般难以自流排至室外，需要抽升排泄。常见的抽升设备有水泵、空气扬水器和水射器等。

二、排水管材和附件

（一）常用排水管材

对敷设在建筑内部的排水管道的要求是有足够的机械强度、抗污水侵蚀性能好、不漏水等。

排水管材选择应符合的要求有：居住小区内排水管道，宜采用埋地排水塑料管、承插式混凝土管或钢筋混凝土管，当居住小区内设有生活污水处理装置时，生活排水管道应采用埋地排水塑料管；建筑内部排水管道应采用建筑排水塑料管及管件或柔性接口机制排水铸铁管及相应管件；当排水温度大于 40℃时，应采用金属排水管或耐热塑料排水管。工业废水管道的管材，应根据废水的性质、管材的机械强度及管道敷设方式等因素，经技术比较后确定。下面重点介绍几种常用管材的性能及特点。

1．铸铁管

排水铸铁管耐腐蚀性能强，具有一定的强度、使用寿命长、价格便宜等优点是目前使用较多的管材。常用排水铸铁管规格如表 2-2 所示，常见排水铸铁管件如图 2-2 所示，连接图如图 2-3 所示。

排水铸铁管的规格 表 2-2

管内径（mm）	δ（mm）	L_1（mm）	L_2（mm）	D_1（mm）	D_2（mm）	质量（kg）
50	5	60	1500	50	80	10.3
75	5	6	1500	75	105	14.9
100	5	70	1500	100	130	12.6
125	6	75	1500	125	157	29.4

续表

管内径（mm）	δ（mm）	L_1（mm）	L_2（mm）	D_1（mm）	D_2（mm）	质量（kg）
150	6	75	1500	150	182	34.9
200	7	80	1500	200	234	53.7

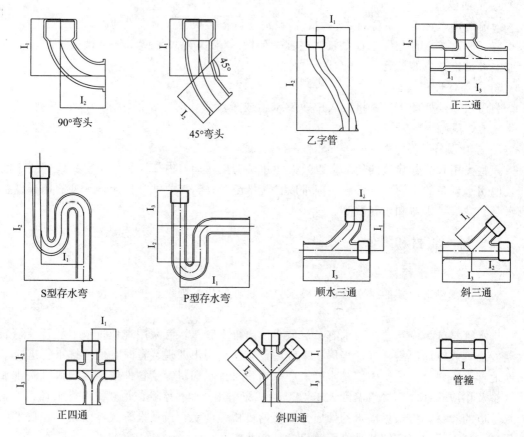

图 2-2　几种铸铁排水管件

2. 钢管、不锈钢管

主要用于洗脸盆、小便器、浴盆等卫生器具与横支管之间的连接短管。工厂车间震动较大处也可用钢管代替其他管材。

3. 塑料管

目前建筑内使用的排水塑料管有硬聚氯乙烯塑料（PVC-U）管和芯层发泡硬聚氯乙烯（PVC-U）管。塑料管具有质量小、不腐蚀、外壁光滑、容易切割、便于安装、可制成各种颜色、投资省等优点。但也存在强底低、耐温性差（使用温度在 $-5\sim+50$℃之间）。

建筑排水硬聚氯乙烯（PVC-U）管道的管材与管件应分别符合现行的国家标准《建筑排水用硬聚氯乙烯管材》GB/T 5836.1—2006、《建筑排水用硬聚氯乙烯管件》GB/T5836.2—2006 的要求。近年来，不少厂家已开始按《排水用芯层发泡硬聚氯乙烯管材》GB/T 16800—2008 生产芯层发泡管材，这种管材有较好的隔声降噪功能。

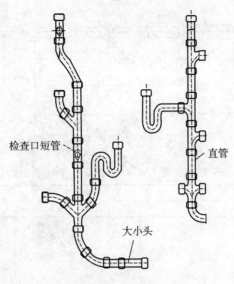

图 2-3 铸铁管连接图

（1）管材

建筑排水用硬聚氯乙烯直管和粘结承口，如图 2-4、图 2-5 所示；其规格如表 2-3 所示。

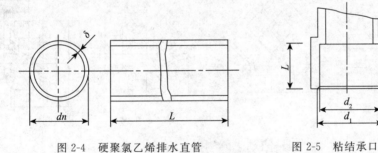

图 2-4 硬聚氯乙烯排水直管   图 2-5 粘结承口

排水硬聚氯乙烯直管及粘结承口规格（mm）   表 2-3

公称外径 dn	直管		粘结承口		
	基本壁厚 δ	基本长度 L	承口中部内径		承口深度 L 最小
			最小尺寸	最大尺寸	
40	2.0		40.1	40.4	25
50	2.0		50.1	50.4	25
75	2.3		75.1	75.5	40
90	3.2	4000 或 6000	90.1	90.5	46
110	3.2		110.2	110.6	48
125	3.2		125.2	125.6	51
160	4.0		160.2	160.7	58

建筑排水用芯层发泡硬聚氯乙烯管材如图 2-6 所示，其规格如表 2-4 所示。

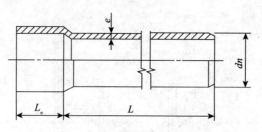

图 2-6　芯层发泡 PVC-U 直管

芯层发泡 PVC-U 直管规格（mm）　　　　　　　　　　　　　表 2-4

公称外径 dn	规　　　　格		
	有效长度 L	承口长度 L_e	壁厚 e
50	4000	34	2.0
75	4000	47	3.0
110	4000	61	3.0
160	4000	86	4.0

注：管材配用 GB/T 5836.2 系列管件。

（2）管件

排水用硬聚氯乙烯的管件示意，如图 2-7 所示。

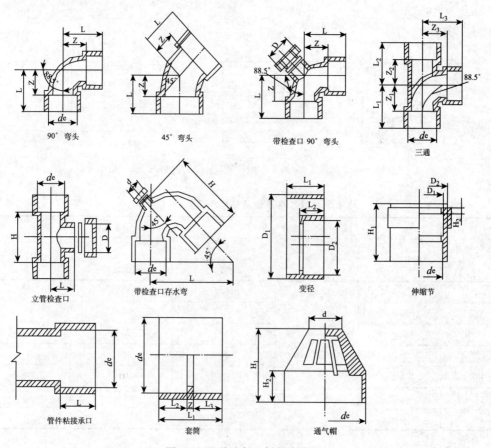

图 2-7　几种聚氯乙烯排水管件

主要管件的规格如下：

1）弯头。常用45°弯头、90°弯头，其公称外径 dn 的规格有 50mm、75mm、90mm、110mm、125mm、160mm 6 种。

2）三通。常用三通有45°斜三通、90°顺水三通和瓶颈三通，其规格如表 2-5 所示。

三通的公标外径规格（mm）　　　　　　　　　表 2-5

45°斜三通	90°顺水三通	瓶颈三通
50×50，75×50，75×75，90×50，90×90，110×50，110×75，110×110，125×50，125×75，125×110，125×125，160×75，160×90，160×110，160×125，160×160	50×50，75×75，90×90，110×50，110×75，110×110，125×125，160×160	110×50，110×75

3）四通。常用四通有45°斜四通、90°正四通和直角四通，其规格如表 2-6 所示。

四通的公称外径规格（mm）　　　　　　　　　表 2-6

45°斜四通	90°正四通	直角四通
50×50，75×50，75×75，90×50，90×90，110×50，110×75，110×110，125×50，125×75，125×110，125×125，160×75，160×90，160×110，160×125，160×160	50×50，75×75，90×90，110×50，110×75，110×110，125×125，160×160	50×50，75×75，90×90，110×50，110×75，110×110，125×125，160×160

4）异径管和管接头。异径管和管接头，其规格如表 2-7 所示。

异径管和管接头的公称外径规格（mm）　　　　　　　　　表 2-7

异径管（$D_1 \times D_2$）	管接头 D_1
50×50；75×50；90×50，90×75；110×50，110×75，110×90；125×50，125×75，125×90，125×110；160×50，160×75，160×90，160×110，160×125	50，75，90，110，125，160

4. 带釉陶土管

带釉陶土管表面光滑，耐酸碱腐蚀，但切割困难，强度低，运输安装耗损较大，主要用于排放腐蚀性的工业废水。

（二）排水管道附件

1. 检查口

检查口如图 2-8（b）所示，立管上检查口之间距离应小于 10m，机械清扫时，立管检查口间的距离不宜大于 15m。但在建筑物最低层和设有卫生器具的二层以上的最高层，必须设置检查口，平顶建筑物可用通气管顶口代替检查口。当立管上有"乙"字管时，在该层"乙"字管的上部设置检查口。检查口的设置高度，从地面至检查口中心宜为 1.0m，并高于该层卫生器具上边缘 0.15m。

2. 清扫口

在连接 2 个及 2 个以上大便器或 3 个及 3 个以上卫生器具的污水横管上，宜设置清扫口。在水流转角小于 135°的污水横管上，应设检查口或清扫口。污水横管的直线管段上，检查口或清扫口之间的最大距离，应符合表 2-8 中的规定。在污水横管上设清扫口，应将清扫口设置在楼板或地坪上与地面相平。如图 2-8 (a) 污水管起端的清扫口与垂直于污水管的墙面距离不得小于 0.15m。

污水横管的直线管段上，检查口或清扫口之间的最大距离   表 2-8

管道直径 (mm)	清扫设备种类	距离 (m)		
		生活废水	生活污水及与生活污水成分接近的生产污水	含有大量悬浮物和沉淀物的生产污水
50～75	检查口	15	12	10
	清扫口	10	8	6
100～150	检查口	20	15	12
	清扫口	15	10	8
200	检查口	25	20	15

污水管起点设置堵头代替清扫口时，堵头与墙面的距离不应小于 0.4m。管径小于 100mm 的排水管道上设清扫口，其尺寸应与管径相同；管径大于或等于 100mm 的排水管道上设清扫口，其管径应采用 100mm。

3. 检查井

不散发有害气体或大量蒸气的工业废水排水管道，在下列情况下，可在建筑物内设检查井：

（1）在管道转弯或连接支管处；

（2）在管道直径、坡度改变处；

（3）在直线管段上，当排除生产废水时，检查井距离不宜大于 30m；排除生产污水时，检查井距离不宜大于 20m。

生活污水管道不宜在建筑物内设检查井。当必须设置时，应采用密闭措施，即设检查口井，如图 2-8 (c) 所示。排出管与室外排水管道连接处应设检查井，其中心距建筑物外墙不宜大于 3.0m。

检查井内径应根据所连接的管道管径、数量和埋设深度确定。井深小于或等于 1.0m 时，井内径可小于 0.7m；井深大于 1.0m 时，其内径不宜小于 0.7m。

污水立管或排除管上的清扫口至室外检查井中心的最大长度应按表 2-9 中的规定。

污水立管或排除管上的清扫口至室外检查井中心的最大长度   表 2-9

管径 (mm)	50	75	100	100 以上
最大长度 (m)	10	12	15	20

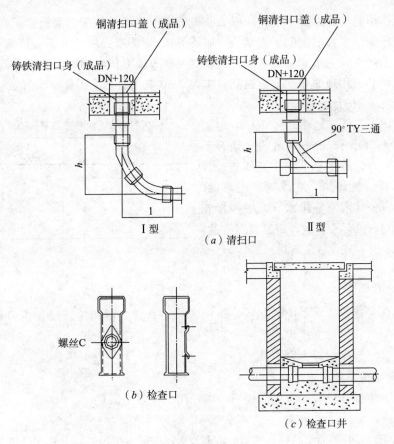

图 2-8　清通设备

4. 存水弯

存水弯是室内排水管道的主要附件之一，其作用是以一定高度的水封（一般为 50～100mm）阻止排水管道内各种污染气体及小虫等进入室内，这部分存水简称水封。带有水封的各种形式附件称作存水弯。

由于使用范围较广，为适用于各种卫生器具和排水管道的连接，其种类较多，一般有以下几种型式：

(1) S 型存水弯，用于和排水横管垂直连接的场所。

(2) P 型存水弯，用于和排水横管或排水立管直角连接的场所。

(3) 瓶式存水弯及带通气装置的存水弯，一般明设在洗脸盆或洗涤盆等卫生器具排出管上，形式较美观。

(4) 存水盒，适用场所与 S 型存水弯相同，安装较灵活，便于清掏。

存水弯亦可两个卫生器具合用一个，或多个卫生器具共用一个。污水盆、洗涤盆、洗脸盆和小便器的存水弯，应设清扫装置（如丝堵、活盖、拆卸接口等）。若支管长度小于 25m 且无弯管时，可不设检查口、清扫口。设置在同一房间内的成组洗脸盆，其数量不超过 6 个时，可共用一个管径为 50mm 的存水弯。医院建筑内门诊、病房、医疗部门等处的卫生器具不得共用存水弯。

5. 地漏

地漏的作用是排除地面积水。一般装在盥洗室卫生间及厨房内易溅水积水的地面，或地面有水须排泄处（如淋浴间、水泵房、厕所等）。地漏有扣碗式、多通道式、双筒杯式、防回流式、密闭式、无水式、防冻式、侧墙式、洗衣机专用地漏等多种形式。

淋浴室内一般用地漏排水，地漏直径按表 2-10 选用。当采用排水沟时，8 个淋浴器可设直径为 100mm 的地漏。

地漏的篦子应低于地面 5～10mm，地漏的水封深度不得小于 50mm。直通式地漏下必须设置存水弯。卫生标准要求高或非经常使用的地漏排水的场所，应设置密闭地漏。食堂、厨房、公共浴室等排水宜设置网板式地漏。卫生间内设有洗脸盆、浴盆（淋浴盆）且地面需排水时，宜设置多通道地漏。

淋浴室地漏直径 表 2-10

地漏直径（mm）	淋浴器数量（个）
50	1～2
75	3
100	4～5

三、卫生器具

卫生器具是建筑排水系统的起点，是用来满足日常生活和生产过程中各种卫生要求、收集和排除生活及生产中产生的污废水的设备。

卫生器具按其作用分为以下几类：

（一）便溺用卫生器具

便溺用卫生器具设置在卫生间或厕所内，用来收集生活污水。

1. 便溺器

（1）大便器。旧称抽水马桶、恭桶。供人们大便用的卫生器具，其作用是把粪便和便纸快速排入排水系统，同时防臭。按使用方式分有坐式大便器、蹲式大便器和大便槽三类。

坐式大便器按冲洗的水力原理分为冲洗式和虹吸式两种。

（2）小便器。收集排除小便用的便溺用卫生器具，常设在公共建筑的男厕所内。有挂式、立式和小便槽三种。

（3）小便槽。可供多人同时使用的槽形构筑物，由长条形水池、冲洗设备、排水地漏和存水弯等组成。冲洗设备可为冲洗水箱或普通阀门。条形水池常采用混凝土结构，表面贴瓷砖等。常设在卫生及美观要求不高的公共建筑如工业企业、集体宿舍男厕所内。

上述卫生器具均针对普通重力厕所而言，目前国际上出现了真空厕所，国内对此也进行了研究与应用。与普通重力厕所相比，真空厕所具有很多优点，例如节水性能好（每次用水 1L，普通重力厕所 6～9L）、管网安装方便、没有跑冒滴漏现象，并具爬坡性能（水可以从低处往高处排放）、利于粪便的无害化资源化处理（粪便和生活洗涤水分开排放收集），可大大降低中水回用的设备投资费用和运行费用等。

2. 冲洗设备

冲洗设备是便溺卫生器具的配套设备，有冲洗水箱和冲洗阀两种。

（1）冲洗水箱

冲洗水箱按冲洗的水力原理分为冲洗式、虹吸式两类；按启动方式分为手动式、自动式；以安装位置分为高水箱和低水箱。目前，自动冲洗水箱多采用虹吸式。高位水箱用于蹲式大便器和大小便槽，公共厕所宜用自动冲洗水箱。住宅和旅馆多用手动式，坐式大便器多用手动低位水箱冲洗。

（2）冲洗阀

冲洗阀为直接安装在大、小便器冲洗管上的另一种冲洗设备，体积小，外表洁净美观，不需水箱，使用便利。一般冲洗阀要求流出水头压力较大（约 100kPa），引水管也较大（直径为 20～25mm），多用在公共建筑、工厂及火车站厕所内。冲洗阀的缺点是构造复杂，容易阻塞损坏，要经常检修。

延时自闭式冲洗阀具有冲洗时间、冲洗水量均可调整，节约用水，工作压力较低，流出水头压力 50kPa 时仍可工作，且具有空气隔断措施的优点，现已广泛使用。

（二）盥洗沐浴用卫生器具

（1）洗脸盆。供人们洗手、洗脸用的盥洗用卫生器具。按外形分有长条形、马蹄形、椭圆形、三角形等；按安装方式分有挂墙式、立柱式、台面式、化妆台式等。多为陶瓷制品，也有搪瓷、玻璃钢、人造大理石等制品。洗脸盆的高度和深度适宜，盥洗不用弯腰，较省力，使用不溅水，可用流动水盥洗，比较卫生。

（2）盥洗槽。设在公共卫生间内，可供多人同时洗手洗脸等用的盥洗卫生器具。按水槽形式分有单面长条形、双面长条形和圆环形。多采用钢筋混凝土现场浇筑，水磨石或瓷砖贴面；也有不锈钢、搪瓷、玻璃钢等制品。设置在同时供多人使用的地方如集体宿舍、车站、工厂生活间等。

（3）浴盆。又称浴缸，人可在其中坐着或躺着清洗全身用的沐浴卫生器具。多为陶瓷制品，也有搪瓷、玻璃钢、人造大理石等制品。按使用功能分有普通浴盆、坐浴盆与旋涡浴盆。

（4）淋浴器。喷洒细束水流供人体沐浴用的配水附件。由莲蓬头、出水管和控制阀组成。

（5）净身器。净身器一般与大便器配套设置，供便溺后清洗下身用，更适合妇女和痔疮患者使用。常设在设备完善的旅馆客房、住宅、女职工较多的工业企业及妇产科医院等建筑卫生间内，作为妇女保健设备之一。

（三）洗涤用卫生器具

（1）洗涤盆。洗涤餐具器皿和食物用的卫生器具，一般设在住宅、公共和营业性厨房内。

（2）化验盆。洗涤化验器皿，供化验用水，倾倒化验污水用的卫生器具。盆体本身带有存水弯，材质多用陶瓷，也有玻璃钢、搪瓷制品。根据使用要求，可装设单联、双联和三联式鹅颈龙头。一般设在工厂、科研机关、学校实验室。

（3）污水盆。又称污水池，供洗涤拖把、清扫卫生、倾倒污废水用。常设在公共建筑和工业企业的卫生间或盥洗室内。

四、通气管系统

通气管系统是与排水管相连通的一个系统，但其内部无流水，起着加强排水管内部气流循环流动及控制压力变化的作用。绝大多数排水管的水流属重力流，即管内的污水、废水依靠重力的作用排出室外。因此，排水管必须和大气相通、以保证管内气压恒定，维持重力流状态。

通气管系统有以下三个作用：

（1）向排水管内补给空气，使水流畅通，减小排水管道内的气压变化幅度，防止卫生器具水封被破坏。

（2）使室内外排水管道中散发的臭气和有害气体能排到大气中去。

（3）管道内经常有新鲜空气流通，可减轻管道内废气对管道的锈蚀。

（一）通气管的分类

通气管系统分为伸顶通气系统、专用通气系统和辅助通气系统。常见的通气管有以下几种类型，如图 2-9 所示。

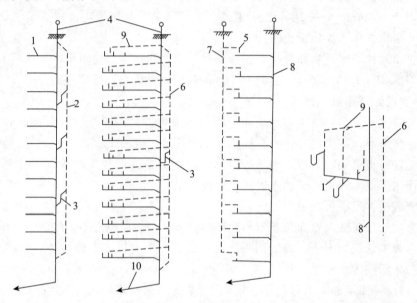

图 2-9　几种典型的通气方式组合

1—排水横支管；2—专用通气管；3—结合通气管；4—伸顶通气管；5—环形通气管；

6—主通气立管；7—副通气立管；8—排水立管；

9—器具通气管；10—排出管

1. 伸顶通气管

楼层不高、卫生器具不多的建筑物，一般较少采用专用通气管系统，仅将排水立管上端延伸出屋面即可，污水立管顶端延伸出屋面的管段称为伸顶通气管，为排水管系最简单、最基本的通气方式。我国规定不设伸顶通气管的首要条件是，这幢建筑物至少有一根污水立管延伸至屋面以上进行通气，借此排除聚集在排水管道中的有害气体。其他污水立管是否考虑通气，主要取决于卫生器具的设置数量和立管工作高度。

伸顶通气管设置条件与要求如下：

（1）生活污水管道或散发有害气体的生产污水管道均应设置伸顶通气管。当无条件设置伸顶通气管时，可设置不通气立管。不通气排水立管的最大排水能力，不能超过表 2-11 的规定。

不通气排水立管的最大排水能力　　　　　　　　　　表 2-11

排水立管工作高度（m）	排水能力（L/s）		
	排水立管管径（mm）		
	50	75	100
2	1.0	1.70	3.80
≤3	0.64	1.35	2.40

续表

排水立管工作高度（m）	排水能力（L/s）		
	排水立管管径（mm）		
	50	75	100
4	0.50	0.92	1.76
5	0.40	0.70	1.36
6	0.40	0.50	1.00
7	0.40	0.50	0.76
≥8	0.40	0.50	0.64

注：1. 排水立管工作高度系指最高排水横支管和立管连接点至排出管中心线间的距离。

2. 排水立管高度在表中列出的两个高度值之间时，可用内插法求排水立管的最大排水能力数值。

（2）通气管应高出屋面 0.3m 以上，并大于最大积雪厚度。通气管顶端应装设风帽或网罩，当冬季供暖温度高于 −15℃ 的地区，可采用钢丝球。

（3）在通气管周围 4m 内有门窗时，通气管口应高出窗顶 0.6m 或引向无门窗一侧。在上人屋面上，通气管口应高出屋面 2.0m 以上，并应根据防雷要求，考虑设置防雷装置。

（4）通气管管径一般与排水立管的管径相同或比排水管管径小一级，在最冷月平均气温低于 −13℃ 的地区，应自室内平顶或吊顶下 0.30m 处安装管径较排水立管大 50mm 的通气管，以免管中结霜而缩小或阻塞管道断面。

（5）通气管出口不宜设在建筑物挑出部分（如檐口、阳台、雨篷等）的下面。

（6）通气管不得与建筑物的通风道或烟道连接。

2. 专用通气管

专用通气管指仅与排水主管连接，为污水主管内空气流通而设置的垂直通气管道，用于立管总负荷超过允许排水负荷时，起平衡立管内的正负压作用。实践证明，这种做法对于高层民用建筑的排水支管承接少量卫生器具时，能起保护水封的作用，采用专用通气立管后，污水立管排水能力可增加一倍。

专用通气管设置条件与要求如下：

（1）当生活污水立管所承担的卫生器具排水设计流量超过表 2-11 中无专用通气立管最大排水能力时，应设置专用通气立管。

（2）建筑标准要求较高的多层住宅和公共建筑、10 层及 10 层以上高层建筑的生活污水立管宜设置专用通气立管。

（3）专用通气管应每两层设结合通气管与排水立管连接，上端可在最高层卫生器具上边缘或检查口以上与污水立管的通气部分以斜三通连接，下端应在最低污水横支管以下与污水立管以斜三通连接。

3. 辅助通气管

（1）主通气立管

主通气立管指为连接环形通气管和排水立管，并为排水支管和排水主管内空气流通而设置的垂直管道。当主通气管通过环形通气管，每层都已和污水横管相连时，就不必按专用通气立管和污水立管的连接要求，而可以每隔 8～10 层设结合通气管与污水立管相连。

（2）副通气立管

副通气立管指仅与环形通气管连接，为使排水横支管内空气流通而设置的通气管道，其作用同专用通气管，设在污水立管对侧。

（3）环形通气管

环形通气管指在多个卫生器具的排水横支管上，从最始端卫生器具的下游端接至通气立管的那一段通气管段。它适用于横支管上所负担的卫生用具数量超过允许负荷时，公共建筑中的集中卫生间或盥洗间，污水支管上的卫生用具往往在 4 个或 4 个以上，且污水管长度与主管的距离大于 12m，或同一污水支管所连接的大便器在 6 个或 6 个以上。

该管应在卫生器具上边缘以上不小于 0.15m 处，按不小于 0.01 的上升坡度与主通气立管相连。环形通气管应在横支管上最始端的两个卫生器具间接出，并应在排水支管中心线以上与排水支管呈垂直或 45° 连接。

（4）器具通气管

器具通气管指卫生器具存水弯出口端，在高于卫生器具上，并在一定高度处与主通气立管连接的通气管段，可以防止卫生器具产生自虹吸现象和噪声，适用于对卫生、安静要求较高的建筑物。

器具通气管的做法是：在卫生器具存水弯出口端接出通气管，按不小于 0.01 的坡度向上与通气立管相连，器具通气管应在卫生器具上边缘以上不少于 0.15m 处与主通气主管连接。

（5）结合通气管

结合通气管指排水立管与通气立管的连接管段，其作用是：当上部横支管排水，水流沿立管向下流动，水流前方空气被压缩，通过它释放被压缩的空气至通气立管。结合通气管下端宜在排水横支管以下与排水立管以斜三通连接，上端可在卫生器具上边缘以上不少于 0.15m 处与主通气立管以斜三通连接。

当结合通气管布置有困难时，可用 H 形管件替代，H 形管与通气管的连接点应在卫生器具上边缘以上不小于 0.15m 处。

当污水立管与废水立管合用一根通气立管（连成三管系统，构成互补通气方式）时，H 形管配件可隔层分别与污水立管和生活废水立管连接，但最低横支管连接点以下必须装设结合通气管。

（二）通气管管径的确定

1. 通气管管径应根据污水管排水能力及管道长度确定，一般不宜小于排水管管径的 1/2，最小管径可按表 2-12 确定。

通气管管径（mm）　　　　　　　　　　　　　　　　　　　　　　　　表 2-12

污水管管径	32	40	50	75	100	150
器具通气管管径	32	32	32		50	
环行通气管管径			32	40	50	
通气立管管径			40	50	75	100

2. 通气管长度在 50m 以上时，其管径应与污水立管管径相同。

3. 两根及两根以上污水立管同时与一根通气立管相连时，应按最大一根污水立管确定通气立管管径，并且不得小于最大一根立管管径。

4. 结合通气管不宜小于通气立管管径。

5. 当两根或两根以上污水立管的通气管汇合连接时，汇合通气管的断面积应为最大一根通气管的断面面积加上其余通气管断面面积之和的 0.25 倍。

几根排水立管的通气部分汇合为一根总管时，总管断面积应按下式计算，即

$$F = f_{max} + m \sum f_n$$

总管管径为

$$d = \sqrt{d_{max}^2 + m \sum d_n^2}$$

式中　F、d——通气总管断面积及计算管径，mm；

f_{max}、d_{max}——汇合管中最大一根通气管断面积及计算管径，mm；

$\sum f_n$、$\sum d_n$——其余各管汇合管断面积及计算管径之和，mm；

m——系数，取 0.25。

6. 伸顶通气管管径可与污水管管径相同，但在最冷月平均气温低于 $-13℃$ 的地区，应在室内平顶或吊顶以下 0.3m 处开始将管径放大一级。这是因为上述低气温情况下接近通气管口的管段结霜，将原有管径缩小，只有较大一级管径才能保证通气管径不致小于立管管径。

五、排水管道的布置与敷设

为创造一个良好的生活和生产用水环境，排水管道的布置与敷设应遵循以下原则：

1. 排水通畅，水力条件好；

2. 使用安全可靠，不影响室内卫生；

3. 总长度短，占地少，工程造价低；

4. 施工安装简单，维护管理方便，美观大方。

设计中应优先考虑排水通畅和室内卫生，再根据建筑物类型、投资等考虑管道的布置与敷设。

（一）横支管的布置与敷设

排水横支管不宜太长，尽量少拐弯，所接纳的卫生器具不宜太多；

排水横支管不得布置在遇水会引起燃烧、爆炸或损坏原料、产品或设备的上面，也不得布置在食堂、饮食业、住宅厨房的主副食操作、烹调的上方。当受条件限制不能避免时，应采取对管道进行隔热保温或设置吊顶、架空层等防护措施；

避免穿越对建筑装修有特殊要求的大厅、过厅及餐厅；

排水横支管不得敷设在对生产工艺或卫生有特殊要求的生产厂房内，以及食品和贵重商品仓库、通风小室、变配电间和电梯机房内；

住宅卫生间内，卫生器具排水管不宜穿过楼板进入他户；

排水横支管不得穿过沉降缝、烟道、风道、伸缩缝；

排水横支管距楼板和墙体应有一定的距离，便于安装维护。

（二）立管的布置与敷设

排水立管应设在靠近最脏、杂质最多、排水量最大的排水点处；

排水立管不得穿越卧室、病房等对卫生、安静要求较高的房间，并不得靠近与卧室相邻的内墙；

排水立管宜靠近外墙，以减少埋地管的长度，便于维护与清通；

塑料排水管应避免布置在易受机械撞击处，并应避免布置在热源附近。如不能避免，并导致表面受热大于 60℃时，应采取隔热措施，立管与家用灶具净距不得小于 0.4 m。

（三）横支管及排出管的布置与敷设

排出管宜以最短的长度排出室外，尽量少在室内拐弯。

埋地管不得布置在可能受重物压坏处或穿越生产设备基础，不宜穿越埋地基梁。对特殊情况应与有关专业协商处理；

建筑物层数较多时，为防止底层卫生器具因受立管底部出现的正压等原因造成污水外溢，按表 2-13 考虑底层生活污水是否单独排出；

埋地管穿越承重墙或基础时，应预留洞口，且管顶上部净空不得小于建筑物沉降量，一般不宜小于 0.15m；

最低横支管与立管连接处至立管管底的垂直距离　表 2-13

立管连接卫生器具层数（层）	垂直距离（m）
≤4	0.45
5～6	0.75
7～12	1.2
13～19	3.0
≥20	6.0

注：当与排出管连接的立管管径放大一号管径或横干管比与之连接的立管大一号管径时，可将表中垂直距离缩小一档。

排水管穿越地下室外墙或地下构筑物墙体处应采取防水措施。

（四）排水管道的连接

卫生器具排水管不得与排水横管垂直连接，而应采用 90°斜三通；

设备间接排水宜排入邻近的洗涤盆。如不可能时，可设置排水沟、排水漏斗或容器。间接排水的漏斗或容器不得产生溅水、溢流；

排水管道的横管与横管、横管与立管的连接，宜采用 45°三（四）通和 90°斜三（四）通，也可采用直角顺水三通或直角顺水四通等配件；

排水立管与排出管端部的连接，宜采用两个 45°弯头或曲率半径不小于管径 4 倍的 90°弯头；如立管必须偏置时，应采用"乙"字弯头或两个 45°弯头连接；

靠近排水立管底部的排水支管连接应符合下列规定：排水立管仅设置伸顶通气管时，最低排水横支管与立管的连接处距排水立管管底的垂直距离不得小于表 2-13 中的规定。排水支管连接在排出管或排水横干管时，连接点距离立管底部水平距离不宜小于 3.0m；当连接点位于排水立管反向（及立管的另一侧）时，连接点距离立管底都水平距离不宜小于 1.5m。当靠近排水立管底部的排水横支管的连接不能满足上述要求时，排水支管应单独排至室外或在排水支管上设防止污水喷溅的装置（如排水止回阀等）。

排出管管底宜与室外排水管道的管顶相平。如有困难时，两管道的管顶标高应相平。

排出管与室外排水管道的连接处的水流转角不得小于 90°；当有跌差且跌差高度大于 0.3m 时，可不受角度限制。

（五）同层排水

近年来，为了使建筑室内提高使用率和便于装修，对卫生间的室内管道系统进行了改进，特别是对于管道集中卫生间中相对管径粗大的排水管道系统进行了成功的改进，将横向排布管道均置于地面之下，并取得了成熟的经验，山东省建设厅为此颁布了《TTC 型卫生间同层排水系统设计与安装》（鲁建设审［2008］33 号）注：TTC 型即为脱卸式同层排水系统。现予以介绍，以供读者参考。

1. 卫生间的结构设计

（1）由于排水系统置于地面，故要求在建筑结构上采用同层排水的下沉楼板应采用反梁式结构。下沉楼板的构造和防水应符合工程的要求。

（2）回填层积水排除装置应布置在回填层下楼板的预留孔内；为防止渗水，上口的边缘（止水圈）位置与楼板面持平或略低，上接多通道接头，下接总管。

2. 卫生间的平面设计、平面布置

（1）卫生间的平面设计

卫生间同层排水的平面设计主要有 12 种，如图 2-10 所示。

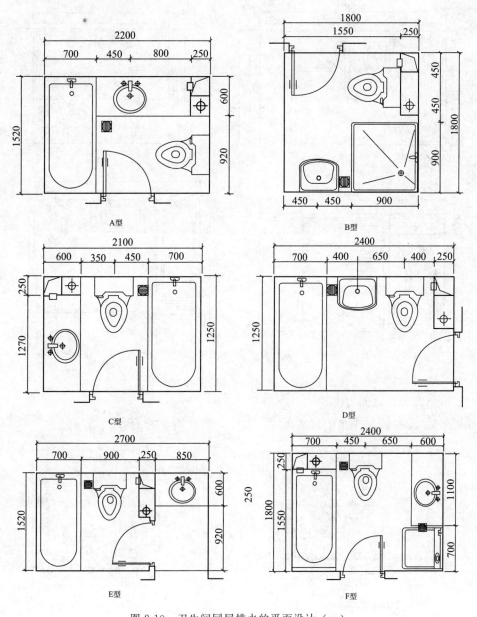

图 2-10　卫生间同层排水的平面设计（一）

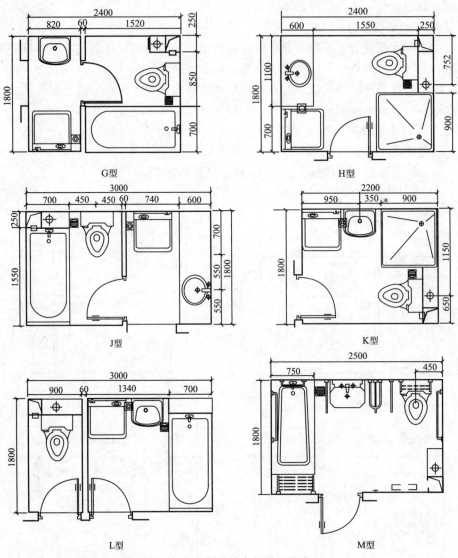

图 2-10 卫生间同层排水的平面设计（二）

（2）卫生间的排水布置

相应上述 12 种同层排水的排水布置，如图 2-11～图 2-22 所示。

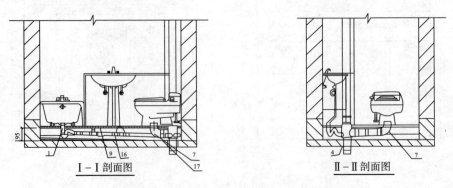

图 2-11 A 型卫生间同层排水布置（一）

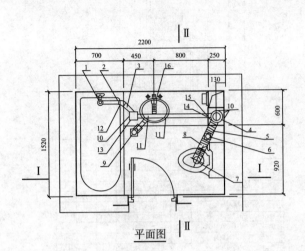

图 2-11　A 型卫生间同层排水布置（二）

17	积水排除装置	组件	PVC-U	PC	套	1
16	近距离存水弯		PVC-U	C5	套	1
15	防漏接头		PVC-U	JH	只	1
14	矫正接头		PVC-U	J	只	1
13	45°带清扫口顺水三通	组件	PVC-U	DQ45	套	1
12	矫正接头		PVC-U	J	只	1
11	顺水三通		PVC-U	D45	只	2
10	堵头		PVC-U	T	只	4
9	脱卸式多功能地漏	组件	PVC-U+锈钢	C1	套	1
8	De110PVC-U管		PVC-U		m	0.8
7	坐便器接入器	组件	PVC-U	B-WT	套	1
6	清扫口	组件	PVC-U+不锈钢	F	套	1
5	防漏接头		PVC-U	H2	只	4
4	多通道接头	组件	PVC-U	E	套	1
3	De50PVC-U管		PVC-U		m	3.0
2	防漏接头		PVC-U	JH	只	14
1	远距离存水弯	组件	PVC-U	C6	只	1
序号	名称	规格	材料	编号	单位	数量
主要材料表						

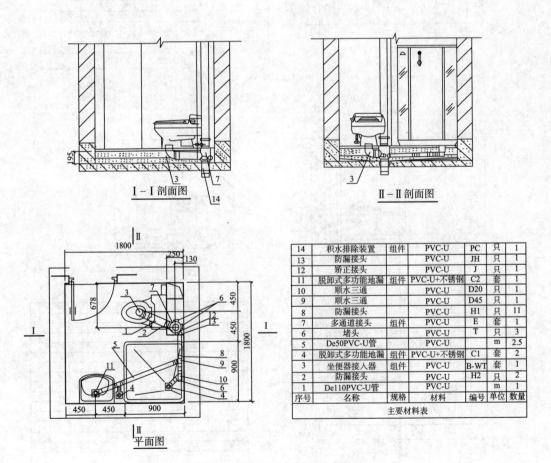

14	积水排除装置	组件	PVC-U	PC	只	1
13	防漏接头		PVC-U	JH	只	1
12	矫正接头		PVC-U	J	只	1
11	脱卸式多功能地漏	组件	PVC-U+不锈钢	C2	套	1
10	顺水三通		PVC-U	D20	只	1
9	顺水三通		PVC-U	D45	只	1
8	防漏接头		PVC-U	H1	只	11
7	多通道接头	组件	PVC-U	E	套	1
6	堵头		PVC-U	T	只	3
5	De50PVC-U管		PVC-U		m	2.5
4	脱卸式多功能地漏	组件	PVC-U+不锈钢	C1	套	2
3	坐便器接入器	组件	PVC-U	B-WT	套	1
2	防漏接头		PVC-U	H2	只	1
1	De110PVC-U管		PVC-U		m	1
序号	名称	规格	材料	编号	单位	数量
主要材料表						

图 2-12　B 型卫生间同层排水布置

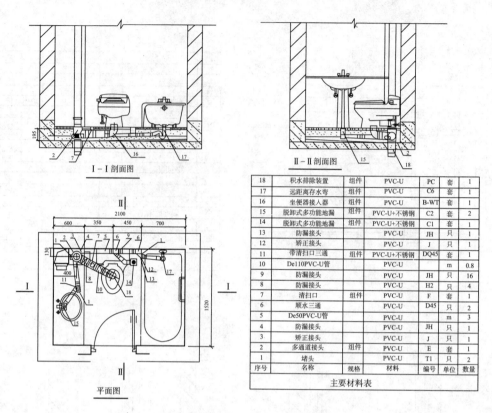

18	积水排除装置	组件	PVC-U	PC	套	1
17	远距离存水弯	组件	PVC-U	C6	套	1
16	坐便器接入器	组件	PVC-U	B-WT	套	1
15	脱卸式多功能地漏	组件	PVC-U+不锈钢	C2	套	2
14	脱卸式多功能地漏	组件	PVC-U+不锈钢	C1	套	1
13	防漏接头		PVC-U	JH	只	1
12	矫正接头		PVC-U	J	只	1
11	带清扫口三通	组件	PVC-U+不锈钢	DQ45	套	1
10	De110PVC-U管		PVC-U		m	0.8
9	防漏接头		PVC-U	JH	只	16
8	防漏接头		PVC-U	H2	只	4
7	清扫口	组件	PVC-U	F	套	1
6	顺水三通		PVC-U	D45	只	2
5	De50PVC-U管		PVC-U		m	3
4	防漏接头		PVC-U	JH	只	1
3	矫正接头		PVC-U	J	只	1
2	多通道接头	组件	PVC-U	E	套	1
1	堵头		PVC-U	T1	只	2
序号	名称	规格	材料	编号	单位	数量
			主要材料表			

图 2-13 C 型卫生间同层排水布置

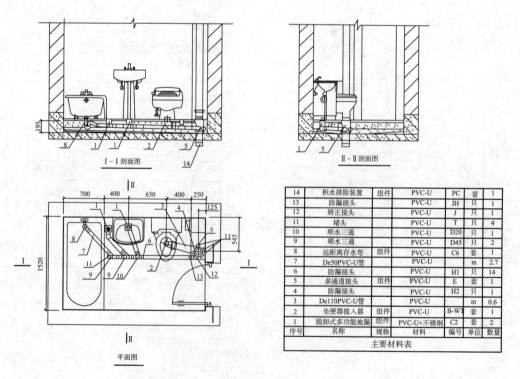

14	积水排除装置	组件	PVC-U	PC	套	1
13	防漏接头		PVC-U	JH	只	1
12	矫正接头		PVC-U	J	只	1
11	堵头		PVC-U	T	只	4
10	顺水三通		PVC-U	D20	只	1
9	顺水三通		PVC-U	D45	只	2
8	远距离存水弯	组件	PVC-U	C6	套	1
7	De50PVC-U管		PVC-U		m	2.7
6	防漏接头		PVC-U	H1	只	14
5	多通道接头	组件	PVC-U	E	套	1
4	防漏接头		PVC-U	H2	只	1
3	De110PVC-U管		PVC-U		m	0.6
2	坐便器接入器	组件	PVC-U	B-WT	套	1
1	脱卸式多功能地漏	组件	PVC-U+不锈钢	C2	套	2
序号	名称	规格	材料	编号	单位	数量
			主要材料表			

图 2-14 D 型卫生间同层排水布置

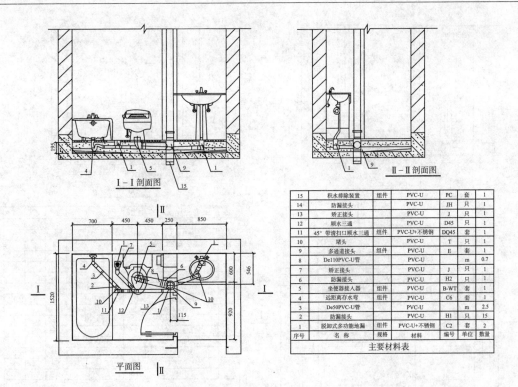

15	积水排除装置	组件	PVC-U	PC	套	1
14	防漏接头		PVC-U	JH	只	1
13	矫正接头		PVC-U	J	只	1
12	顺水三通		PVC-U	D45	只	1
11	45°带清扫口顺水三通	组件	PVC-U+不锈钢	DQ45	套	1
10	堵头		PVC-U	T	只	1
9	多通道接头	组件	PVC-U	E	套	1
8	De110PVC-U管		PVC-U		m	0.7
7	矫正接头		PVC-U	J	只	1
6	防漏接头		PVC-U	H2	只	1
5	坐便器接入器	组件	PVC-U	B-WT	套	1
4	远距离存水弯	组件	PVC-U	C6	套	1
3	De50PVC-U管		PVC-U		m	2.5
2	防漏接头		PVC-U	H1	只	15
1	脱卸式多功能地漏	组件	PVC-U+不锈钢	C2	套	2
序号	名　称	规格	材料	编号	单位	数量
主要材料表						

图 2-15　E 型卫生间同层排水布置

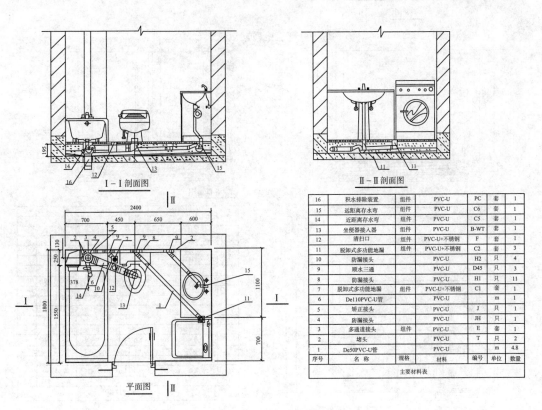

16	积水排除装置	组件	PVC-U	PC	套	1
15	远距离存水弯	组件	PVC-U	C6	套	1
14	近距离存水弯	组件	PVC-U	C5	套	1
13	坐便器接入器	组件	PVC-U	B-WT	套	1
12	清扫口	组件	PVC-U+不锈钢	F	套	1
11	脱卸式多功能地漏	组件	PVC-U+不锈钢	C2	套	3
10	防漏接头		PVC-U	H2	只	4
9	顺水三通		PVC-U	D45	只	1
8	防漏接头		PVC-U	H1	只	11
7	脱卸式多功能地漏	组件	PVC-U+不锈钢	C1	套	1
6	De110PVC-U管		PVC-U		m	1
5	矫正接头		PVC-U	J	只	1
4	防漏接头		PVC-U	JH	只	1
3	多通道接头	组件	PVC-U	E	套	1
2	堵头		PVC-U	T	只	2
1	De50PVC-U管		PVC-U		m	4.8
序号	名　称	规格	材料	编号	单位	数量
主要材料表						

图 2-16　F 型卫生间同层排水布置

155

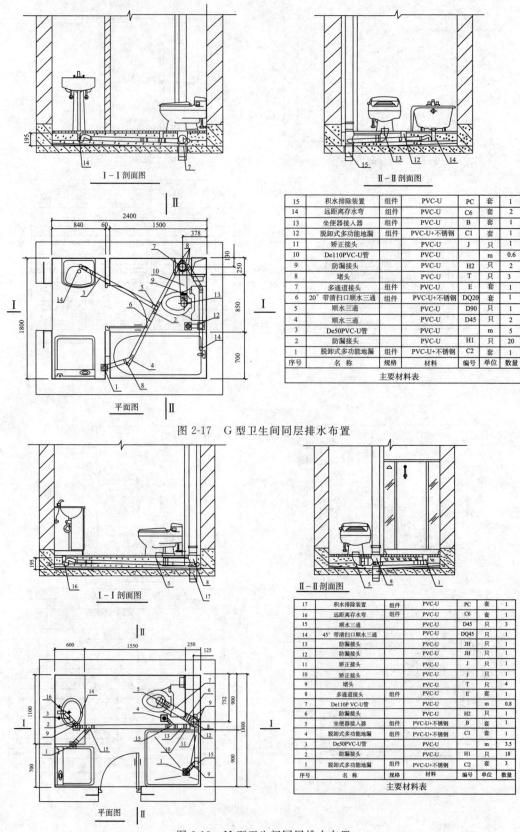

图 2-17 G 型卫生间同层排水布置

15	积水排除装置	组件	PVC-U	PC	套	1
14	远距离存水弯	组件	PVC-U	C6	套	2
13	坐便器接人器	组件	PVC-U	B	套	1
12	脱卸式多功能地漏	组件	PVC-U+不锈钢	C1	套	1
11	矫正接头		PVC-U	J	只	1
10	De110PVC-U管		PVC-U		m	0.6
9	防漏接头		PVC-U	H2	只	2
8	堵头		PVC-U	T	只	3
7	多通道接头	组件	PVC-U	E	套	1
6	20°带清扫口顺水三通	组件	PVC-U+不锈钢	DQ20	套	1
5	顺水三通		PVC-U	D90	只	1
4	顺水三通		PVC-U	D45	只	2
3	De50PVC-U管		PVC-U		m	5
2	防漏接头		PVC-U	H1	只	20
1	脱卸式多功能地漏	组件	PVC-U+不锈钢	C2	套	1
序号	名　称	规格	材料	编号	单位	数量
主要材料表						

图 2-18 H 型卫生间同层排水布置

17	积水排除装置	组件	PVC-U	PC	套	1
16	远距离存水弯	组件	PVC-U	C6	套	1
15	顺水三通		PVC-U	D45	只	3
14	45°带清扫口顺水三通		PVC-U	DQ45	只	1
13	防漏接头		PVC-U	JH	只	1
12	防漏接头		PVC-U	JH	只	1
11	矫正接头		PVC-U	J	只	1
10	矫正接头		PVC-U	J	只	1
9	堵头		PVC-U	T	只	4
8	多通道接头	组件	PVC-U	E	套	1
7	De110P VC-U管		PVC-U		m	0.8
6	防漏接头		PVC-U	H2	只	1
5	坐便器接人器	组件	PVC-U+不锈钢	B	套	1
4	脱卸式多功能地漏	组件	PVC-U+不锈钢	C1	套	1
3	De50PVC-U管		PVC-U		m	3.5
2	防漏接头		PVC-U	H1	只	18
1	脱卸式多功能地漏	组件	PVC-U+不锈钢	C2	套	1
序号	名　称	规格	材料	编号	单位	数量
主要材料表						

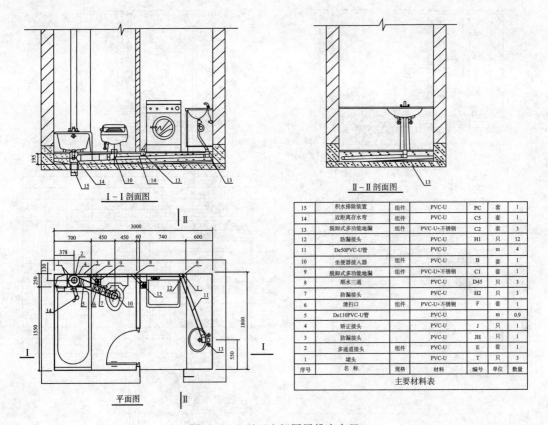

15	积水排除装置	组件	PVC-U	PC	套	1
14	近距离存水弯	组件	PVC-U	C5	套	1
13	脱卸式多功能地漏	组件	PVC-U+不锈钢	C2	套	3
12	防漏接头		PVC-U	H1	只	12
11	De50PVC-U管		PVC-U		m	4
10	坐便器接入器	组件	PVC-U	B	套	1
9	脱卸式多功能地漏	组件	PVC-U+不锈钢	C1	套	1
8	顺水三通		PVC-U	D45	只	3
7	防漏接头		PVC-U	H2	只	3
6	清扫口	组件	PVC-U+不锈钢	F	套	1
5	De110PVC-U管		PVC-U		m	0.9
4	矫正接头		PVC-U	J	只	1
3	防漏接头		PVC-U	JH	只	1
2	多通道接头	组件	PVC-U	E	套	1
1	堵头		PVC-U	T	只	3
序号	名　称	规格	材料	编号	单位	数量
主要材料表						

图 2-19　J 型卫生间同层排水布置

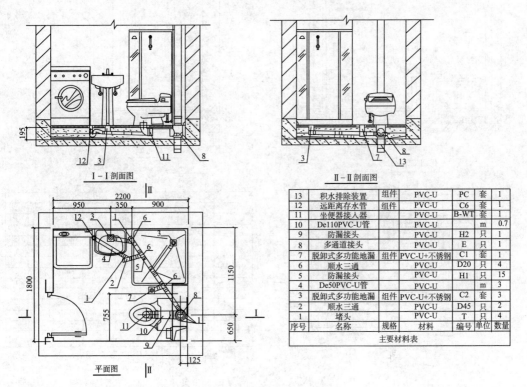

13	积水排除装置	组件	PVC-U	PC	套	1
12	远距离存水管	组件	PVC-U	C6	套	1
11	坐便器接入器		PVC-U	B-WT	套	1
10	De110PVC-U管		PVC-U		m	0.7
9	防漏接头		PVC-U	H2	只	1
8	多通道接头		PVC-U	E	只	1
7	脱卸式多功能地漏	组件	PVC-U+不锈钢	C1	套	1
6	顺水三通		PVC-U	D20	只	4
5	防漏接头		PVC-U	H1	只	15
4	De50PVC-U管		PVC-U		m	4
3	脱卸式多功能地漏	组件	PVC-U+不锈钢	C2	套	3
2	顺水三通		PVC-U	D45	只	2
1	堵头		PVC-U	T	只	4
序号	名称	规格	材料	编号	单位	数量
主要材料表						

图 2-20　K 型卫生间同层排水布置

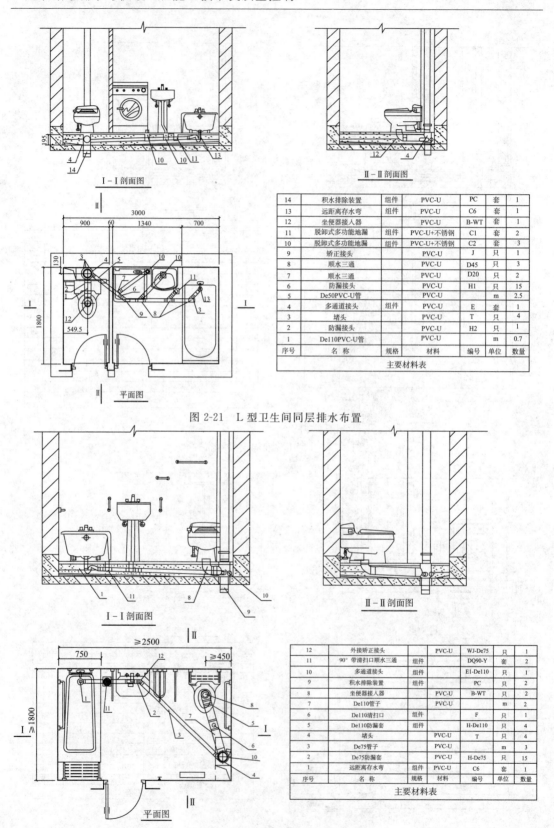

图 2-21　L 型卫生间同层排水布置

14	积水排除装置	组件	PVC-U	PC	套	1
13	远距离存水弯	组件	PVC-U	C6	套	1
12	坐便器接入器			B-WT	套	1
11	脱卸式多功能地漏	组件	PVC-U+不锈钢	C1	套	2
10	脱卸式多功能地漏	组件	PVC-U+不锈钢	C2	套	3
9	矫正接头		PVC-U	J	只	1
8	顺水三通		PVC-U	D45	只	3
7	顺水三通		PVC-U	D20	只	2
6	防漏接头		PVC-U	H1	只	15
5	De50PVC-U管		PVC-U		m	2.5
4	多通道接头	组件	PVC-U	E	套	1
3	堵头		PVC-U	T	只	4
2	防漏接头		PVC-U	H2	只	1
1	De110PVC-U管		PVC-U		m	0.7
序号	名　称	规格	材料	编号	单位	数量
主要材料表						

图 2-22　M 型卫生间同层排水布置

12	外接矫正接头		PVC-U	WJ-De75	只	1
11	90°带清扫口顺水三通	组件		DQ90-Y	套	2
10	多通道接头	组件		E1-De110	只	1
9	积水排除装置	组件		PC	套	2
8	坐便器接入器		PVC-U	B-WT	只	1
7	De110管子		PVC-U		m	2
6	De110清扫口	组件		F	只	1
5	De110防漏套	组件		H-De110	只	4
4	堵头		PVC-U	T	只	4
3	De75管子		PVC-U		m	3
2	De75防漏套		PVC-U	H-De75	只	15
1	远距离存水弯	组件	PVC-U	C6	套	1
序号	名　称	规格	材料	编号	单位	数量
主要材料表						

3. 同层排水的管件

同层排水所采用的管件，许多均是针对这一新技术设计的，例如为了防止反臭味和减少下沉楼板的深度，故将存水弯（水封）设在各配件进水口内；多功能地漏、多功能顺水三通均可配置洗衣机、洗脸盆专用上接口；多功能（C—5）地漏是水封和止回式水封为一体的地漏，可防止返水，排水快。

同层排水所采用的管件，如表 2-14～表 2-17。

同层排水管件（一）　　　　　　　　　　　　表 2-14

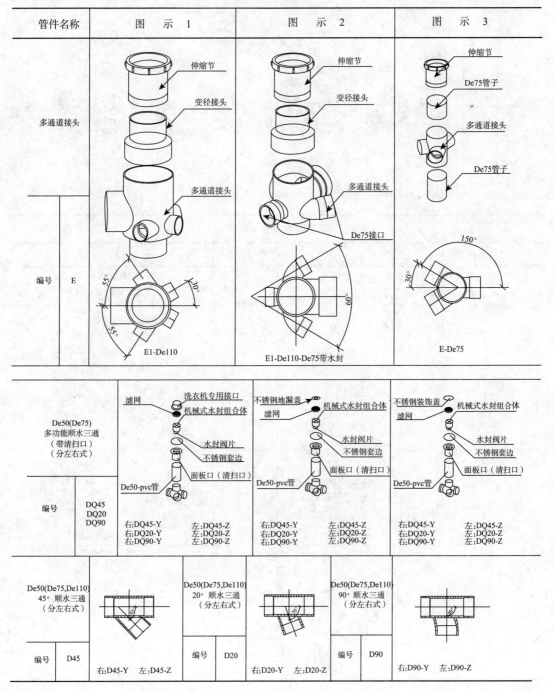

同层排水管件（二）   表 2-15

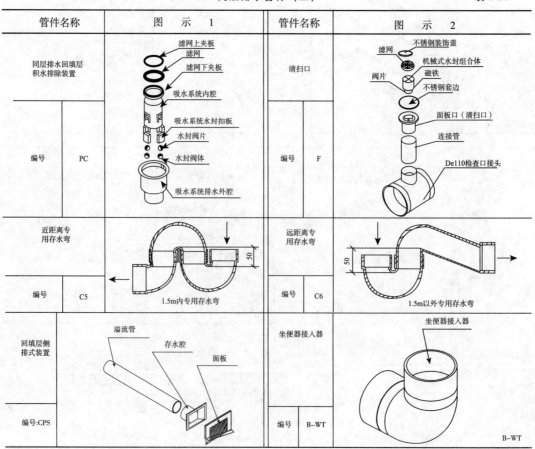

管件名称	图 示 1	图 示 2	图 示 3	图 示 4
脱卸式多功能地漏	洗衣机接口 滤网 面板 水封套管 水封本体 阀体磁铁 阀片 多功能地漏外壳	可旋转密闭的不锈钢地漏盖 滤网 面板 水封套管 水封本体 阀体磁铁 阀片 多功能地漏外壳	洗衣机专用接口 滤网 机械式水封组合体 阀片 不锈钢套边 面板口 连接管 50弯头	可旋转密闭的不锈钢地漏盖 滤网 机械式水封组合体 阀片 不锈钢套边 面板口 连接管 50弯头
编号	C			
	说明：复合式地漏 C-1	说明：复合式地漏 C-2	脱卸式多功能地漏（带洗衣机接口） C-3	脱卸式多功能地漏 C-4

同层排水管件（三）   表 2-16

管件名称	图 示 1	管件名称	图 示 2
同层排水回填层积水排除装置	滤网上夹板 滤网 滤网下夹板 吸水系统内腔 吸水系统水封扣板 水封阀片 水封阀体 吸水系统排水外腔	清扫口	滤网 不锈钢装饰盖 机械式水封组合体 磁铁 阀片 不锈钢套边 面板口（清扫口） 连接管 De110检查口接头
编号	PC	编号	F
近距离专用存水弯	50 1.5m内专用存水弯	远距离专用存水弯	50 1.5m以外专用存水弯
编号	C5	编号	C6
回填层侧排式装置	溢流管 存水腔 面板	坐便器接入器	坐便器接入器
编号:CPS		编号	B-WT
			B-WT

同层排水管件（四）

表 2-17

管件名称	图　示　1	管件名称	图　示　2	管件名称	图　示　3
De75防漏套 编号:H-De75	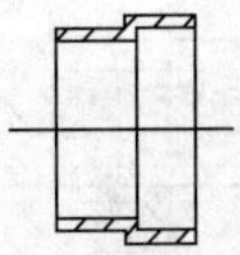	De50 De75 内接矫正接头 防漏套 编号: NJH30° NJH45°	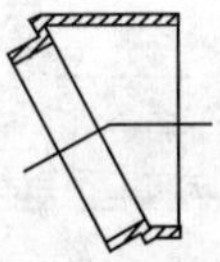	De110-De50 De11-De50 De75-De50	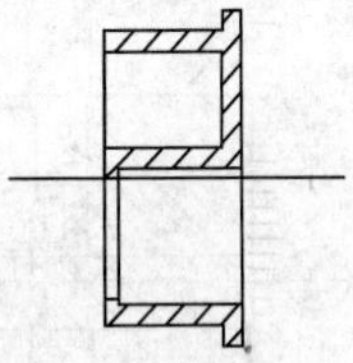
De110防漏套 编号:H-De110	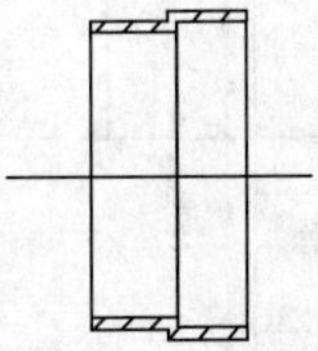	De50 De75 外接矫正接头 编号: WJ30° WJ45°	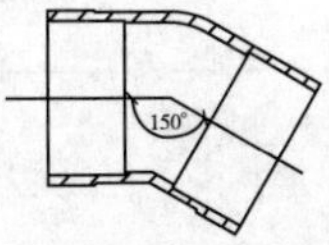 （150°）	De110 正四通	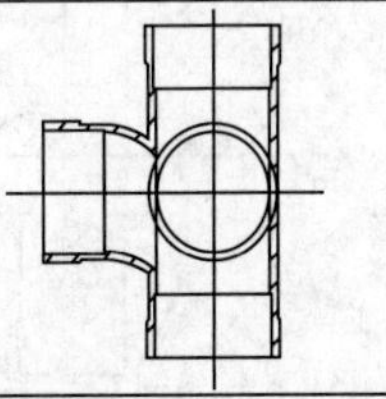
堵　头 编号:T	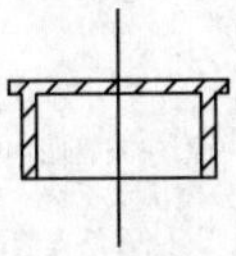	De110×50 异径三通	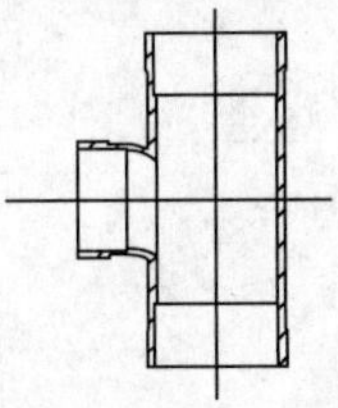		

4. 同层排水的施工

（1）首先安装好排气管道，再将下沉的楼板面找平并找坡，以使表面向排水总管方向倾斜 1‰～2.6‰。

（2）将回填层积水排除装置安装于管道井或总管预留孔内，其表面止水圈应与楼板持平或略低，同时连接好下面的总管，上接多通道接口并封堵预留孔。

（3）根据设计要求，在楼板找平层上做防水层，应把防水层压至回填层积水排除装置止回圈上，再在防水层上做 20mm 左右 1∶3 水泥砂浆保护层。

（4）依据卫生间设计的洁具和地漏的位置确定地漏及其他配件的标高，切除多余的接口，盖上面板。安装好本系统后，再回填 150mm 左右 1∶6 水泥陶粒混凝土（或按具体设计），并用 20mm 左右 1∶3 水泥砂浆找平。

5. 安装节点结构

同层排水的安装节点结构，特别是立管的室内、室外安装节点结构，如图 2-23 和图 2-24 所示。

六、污废水的提升与局部处理

（一）污废水的提升

民用和公共建筑的地下室，人防建筑及工业建筑内部标高低于室外地坪的车间和其他用水设备房间排放的污废水，若不能自流排至室外检查井，必须提升排出，以保持室内良好的环境卫生。建筑内部污废水提升包括污水泵的选择，污水集水池容积的确定和污水泵房的设计。

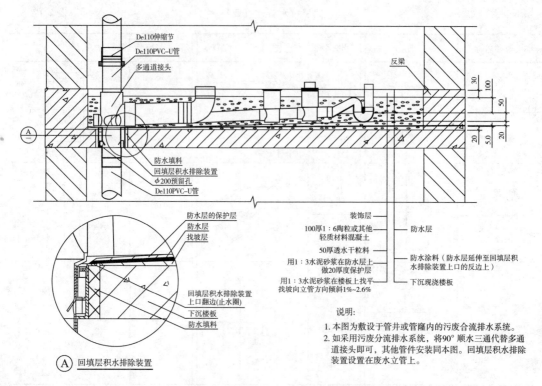

说明:
1. 本图为敷设于管井或管廊内的污废合流排水系统。
2. 如采用污废分流排水系统,将90°顺水三通代替多通道接头即可,其他管件安装同本图。回填层积水排除装置设置在废水立管上。

图 2-23　同层排水的立管室内安装节点

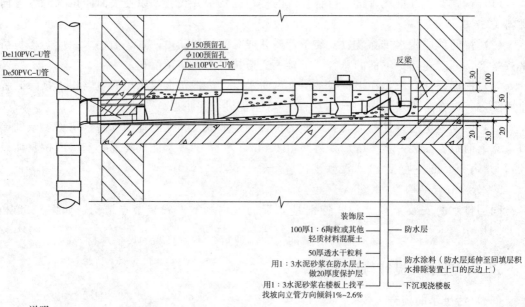

说明:
1. 本图为敷设于外墙的污废合流排水系统。
2. 如采用污废分流排水系统,将回填层积水排除装置的排水接至废水立管即可,其他管件安装同本图。

图 2-24　同层排水的立管室外安装节点

1. 污水水泵

建筑内部污水提升常用的设备有潜水泵、液下泵和卧式离心泵。因潜水泵和液下泵在液下运行，无噪声和振动，自灌问题也自然解决，所以，应优先选用。当选用卧式泵时，因污水中含有杂物，吸水管上一般不能装设底阀，不能人工灌水，所以应设计成自灌式，水泵轴线应在集水池水位下面。

为使水泵各自独立，自动运行，各水泵应有独立的吸水管。污水泵宜单独设置排水管排至室外，排出管的横管段应有坡度坡向出口。污水泵较易堵塞，其部件易磨损，常需检修。所以，当2台或2台以上水泵共用一条出水管时，应在每台水泵出水管上装设止回阀；单台水泵排水有可能产生倒灌时，应设置止回阀。

污水泵应有一台备用机组。如果地下室、地下车库有多个集水池，且有排水沟连通时，则不必在每个集水池中设置备用泵。当集水池无事故排出管时，水泵应有不间断的动力供应。水泵启闭有手动和自动控制两种，为了及时排水，改善泵房的工作条件，缩小集水池容积，宜采用自动控制装置。

建筑物内的污水水泵的流量应按生活排水设计秒流量选定。当有排水量调节时，可按生活排水的最大小时流量选定。消防电梯集水池内的排水泵流量不小于10L/s。

水泵扬程应按提升高度、管路系统水头损失、另附加 2～3m 流出水头计算。排水泵吸水管和出水管的流速应在 0.7～2.0m/s 之间。

2. 集水池

在地下室最低层卫生间和淋浴间的底板下或邻近处、地下泵房、地下车库、地下厨房和消防电梯井附近等场所，应设集水池。为防止生活饮用水受到污染，集水池与生活给水贮水池的距离应在 10m 以上。消防电梯集水池池底应低于电梯井底不小于 0.7m。

集水池有效容积不宜小于最大 1 台污水泵 5min 的排水量，且污水泵 1h 内启动次数不宜超过 6 次。生活排水调节池的有效容积不得大于 6h 生活排水平均小时流量。消防电梯井集水池的有效容积不应小于 2.0m³。

集水池设计尺寸应满足水泵布置、安装和检修的要求，最低设计水位应满足水泵吸水的要求，有效水深一般取 1～1.5m，超高取 0.3～0.5m。池底应坡向泵位，坡度不小于0.05，宜在池底设冲洗管。

设置在室内地下室的集水池，池盖应密封，并设与室外大气相连的通气管；地下车库、泵房、空调机房等处的集水池，和地下车库坡道处的雨水集水井，可采用敞开式集水池（井），但应设强制通风装置。集水池应设置水位指示装置，必要时应设置超警戒水位报警装置，将信号引至物业管理中心。

污水泵、阀门、管道等应选择耐腐蚀、大流通量、不易堵塞的设备器材。

3. 污水泵房

污水泵房的位置应靠近集水池，并使污水泵出水管以最短距离排出室外。污水泵房应设在通风良好的地下室或底层单独的房间内，以控制和减少对环境的污染，并方便维修检测。对卫生环境有特殊要求的生产厂房和公共建筑内，以及有安静和防振要求房间的邻近和下部不得设置污水泵房。

（二）污废水的局部处理

1. 污废水排放条件

直接排入城市排水管网的污水应符合下列要求,否则应采取局部处理技术措施:

(1) 污水温度不应高于 40℃,以防水温过高会引起管道接头破坏;

(2) 污水基本上呈中性(pH 值为 6~9),以防酸碱污水对管道有侵蚀作用,且会影响污水的进一步处理;

(3) 污水中不应含有大量的固体杂质,以免在管道中沉淀而阻塞管道;

(4) 污水中不允许含有大量汽油或油脂等易燃易挥发液体,以免在管道中产生易燃、爆炸和有毒气体;

(5) 污水中不能含有毒物,以免伤害管道养护工作人员和影响污水的利用、处理和排放;

(6) 对含有伤寒、痢疾、炭疽、结核、肝炎等病原体的污水,必须严格消毒;

(7) 对含有放射性物质的污水,应严格按照国家有关规定执行,以免危害农作物、污染环境和危害人民身体健康。

2. 化粪池

化粪池的作用是使粪便沉淀并厌氧发酵腐化,去除生活污水中悬浮性有机物。污水进入化粪池经过 12~24h 的沉淀,可去除 50%~60% 的悬浮物,污水在上部停留一定时间后排走;沉淀下来的污泥经过 3 个月以上的厌氧消化,使污泥中的有机物分解成稳定的无机物,易腐败的生污泥转化为稳定的熟污泥,改变了污泥的结构,降低了污泥的含水率。定期将污泥清掏外运,填埋或用作肥料。

3. 隔油池

厨房洗涤水中含油量约为 750mg/L。含油量过大的污水进入排水管道后,污水中挟带的油脂颗粒由于水温下降而凝固,粘附在管壁上,使管道过水断面减小,容易堵塞管道。所以,职工食堂、营业餐厅、厨房洗涤废水,以及肉类、食品加工的污水,在排入城市排水管网前,应采用隔油池去除其中的可浮油(占总含油量的 65%~70%)。

4. 降温池

建筑物附属的发热设备和加热设备排污水及工业废水的水温超过《城市污水排入下水道水质标准》中不大于 40℃ 的规定时,应进行降温处理。否则,会影响维护管理人员身体健康和管材的使用寿命,目前一般采用降温池处理,如图 2-25 所示。

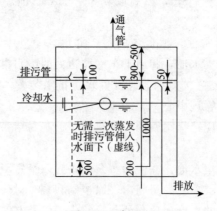

图 2-25 降温池

5. 医院污水处理

医院污水处理包括医院污水消毒处理、放射性污水处理、重金属污水处理、废弃药物污水处理和污泥处理。其中消毒处理是最基本的处理,也是最低要求的处理。

七、室内排水管道的施工

室内排水管道的施工可以分成 3 部分：安装排出管、安装排水立管、安装排水横管、支管。

（一）安装排出管

1. 施工条件及施工工序

（1）施工条件

安装排出管的施工条件是：建筑的土建基础或地下室主体工程已基本完成；地下室的预埋件、支架已就位，基础或地下室的穿壁孔洞已按设计要求的位置、标高、预留好。

（2）施工工序

安装排出管的施工工序是：测量、定位→开挖管沟→下管、对口→接口成型→灌水试验→回填管沟

2. 施工操作

室内排水管道的施工大体上与室内给水管道的施工相似，读者请参照本章第一节"建筑给水系统"中的相关内容。以下仅介绍在安装排水管时所应注意的事项：

（1）根据室内排水管道平面图，排出管中心距建筑物轴线的尺寸，确定平面位置，再根据排水系统图中排出管的管底标高和设计坡度，确定其管道的埋设深度。然后依次进行沟槽放线、挖管沟，按设计要求处理管沟地基等。

（2）排出管段应保证设计坡度和埋设深度，如设计无明确规定时，可按相关规范确定，参见表 2-18，排出管的最小埋设深度见表 2-19。排出管的室外管段埋深原则不应高于本地区的冰冻线以上。

生活污水铸铁管道的坡度 表 2-18

项　次	管径（mm）	标准坡度（‰）	最小坡度（‰）
1	50	35	25
2	75	25	15
3	100	20	12
4	125	15	10
5	150	10	7
6	200	8	5

排出管段的最小埋设深度 表 2-19

管材种类	地面至排出管管顶的距离（m）	
	素土夯实、碎石、砾石、大卵石、木砖地面	水泥、混凝土、沥青、混凝土、菱苦土地面
排水铸铁管	0.70	0.40
混凝土管	0.70	0.50
带釉陶土管	1.69	0.60
硬聚氯乙烯管	1.69	0.60

（3）为了检查和疏通方便，排出管的长度不宜过长且应该是直线管段，如长度超过10.00m，在其中部或始端增设清扫口装置，如有转弯处时必须设置。从污水立管或排出管上的清扫口至室外检查井中心的最大长度，应按表2-20确定。

污水立管或排出管上的清扫口至室外检查井中心的最大长度　　　　　　　表 2-20

管径（mm）	50	70	100	100 以上
最大长度（m）	10	12	15	20

（4）排出管穿过承重墙和基础时，应预留孔洞，洞口尺寸应按设计要求，但管顶上部净空尺寸不得小于建筑物计算沉陷量，一般≥150mm。

（5）排出管不得穿过建筑物伸缩缝和沉降缝，如遇特殊情况穿过时，中间应做耐压胶管软连接，且采取保温措施。

（6）排出管与排水立管底端的接合处，应使用2个45°弯头连接。且在弯头下部砌筑截面240mm的砖支墩，以承受立管负荷；如为高层建筑的立管弯头底部需设C15混凝土支墩。

（7）为了便于清扫，防止管道堵塞，通向室外的排水管，在穿过墙壁或基础必须下返时，应采用45°三通和45°弯头连接，并应在垂直管段顶部设置清扫口。

（8）为了保证室内排水通畅，防止室外管网污水倒流，由室内通向室外排水检查井的排水管，井内引入管应高于排除管或两管顶相平，并有不小于90°的水流转角，如跌落差大于300mm可不受角度限制。

（9）地下埋设的排出管沟的土方回填，待管道灌水试验检查合格后方准进行。

（二）安装排水立管

1. 施工条件及施工工序

（1）施工条件

安装排水立管的施工条件是：

1）土建主体工程基本完成，预制构件安装完毕，现浇楼板穿管孔洞已按设计图纸要求及适用位置和尺寸预留好。高层建筑排水管道的预制与安装，一般可与土建砌筑及吊装作业间隔2～3层进行，其他均和多层建筑施工条件同。

2）通过管道的室内位置线及地面基准线，已检测完毕，室内装饰种类、厚度已定或墙面粉刷已结束。

3）熟悉图纸，熟悉暖卫施工及验收规范，已进行图纸会审，各种技术资料齐全，已进行技术、质量、安全交底。

4）地下管道已铺设完，各立管甩头已按设计图纸和有关规定准确地预留好，且临时封堵完好。

5）设备层、技术层、管道井内的模板已经拆除，并已清扫干净。

（2）施工工序

安装排水立管的施工工序是：修整孔洞→量尺、测绘、下料→预制、安装→栽卡、堵洞→试水、隐蔽。

2. 施工操作

（1）修整孔洞

1）根据地下铺设排水管道上各立管甩头的位置，在顶层楼板上找出立管中心位置，打出一直径为 20mm 左右的小孔，用线坠向下层楼板吊线，找出该层立管中心位置，打小孔，依次放长线坠逐层向下层吊线，直到地下排水管的立管甩头处，校对修整各层楼板小孔，找准立管中心。

2）从立管中心位置用手锤、錾子扩大或修整各层楼板孔洞，使各孔洞直径较要穿越的立管外径大 40～50mm 或 2 个管径。凿打孔洞时，应在楼板上、下分别扩孔。

3）核对板孔位置时，遇到上层墙体变薄等情况，使立管距墙过远，可调整该层以上各楼板管孔中心位置后再扩孔，使立管中心距墙符合要求。

4）凿打楼板孔遇到钢筋时，不可随意切断，应和土建技术人员商定后按规定处理。

5）穿楼板孔凿打修整完后，遇有空心楼板板孔时，应用砖、石块混同水泥砂浆把空心板孔露孔两侧堵严。

（2）量尺、测绘、下料

1）确定各层立管上检查口及带卫生器具或横支管的支岔口位置与中心标高，把中心标高线划在靠近立管的墙上。然后按照管道走向及各管段的中心线标记进行测量，并标注在草图上。检查口的中心距立管所在室内地面 1m，其他支岔口中心标高，应保证在满足支管设计坡度的前提下，横支管距立管最远的端部、连接卫生器具排水短管管件的上承口面距顶棚楼板面应有不小于 100mm 的距离。

一般在普通居住的卫生间，一层之中仅带一个大便器，其支岔管的中心距顶棚 300～350mm。同时选择和确定所用排水管材种类相对应的管件及其数量，标注在安装草图中。

2）塑料管穿过楼板的各立管，层高小于等于 4m 时，污水立管和通气立管每层设一伸缩节；层高大于 4m 时，由设计计算确定。立管上伸缩节应设在靠近水流汇合管件处，具体位置和横支管上伸缩节的设置如图 2-26、图 2-27、图 2-28 和表 2-21 所示。

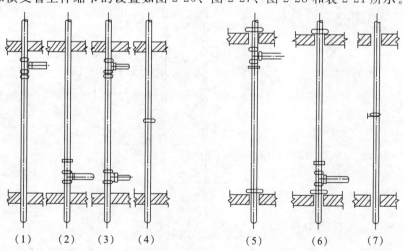

图 2-26　伸缩节的安装位置

高层建筑排水铸铁管需设置法兰伸缩接口。

3）高层建筑的排水立管多设于管道井内，不宜每一根立管都单独排出，往往在下一技术层内用水平管连接后分几路排出。排水立管在中间（或技术层）拐弯时，应按规定量尺、测绘、下料。

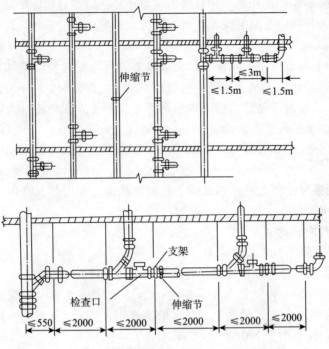

图 2-27　伸缩节安装位置的尺寸

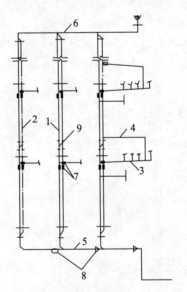

图 2-28　排水管、通气管设置伸缩节位置

1—污水立管；2—专用通气立管；3—横支管；4—环形通气管；5—污水横干管；
6—汇合通气管；7—伸缩节；8—弹性密封圈伸缩节；9—H管管件

伸缩节最大允许伸缩量（mm）　　　　　　　　　　　　　表 2-21

管　　径（mm）	50	75	90	110	125	160
最大允许伸缩量	12	15	20	20	20	25

4）设在管道井、管窿的立管和安装在技术层吊顶内的横管，在检查口或清扫口位置应设检修门。

5）立管在底层和在楼层转弯时应设检查口，检查口中心距地面宜为 1m，在最冷月平均气温低于 −13℃ 的地区，立管尚应在最高层离室内顶棚 0.5m 处设置检查口。

6）用木尺杆或钢卷尺，从地下管的立管甩头承口底部量起，逐一将伸缩节、检查口、各支管口中心标高尺寸量准后标注在画好的草图上。为便于分段施工和调整位置，每层楼板上方留一个承口，一直量至顶层出屋顶，应超过当地历史上最大积雪高度。遇高层建筑，为方便起见，经核定尺寸后，可制备量棒在管道井内定位。根据从下至上逐层安装的原则，按设计要求的管材规格、型号做好选材、清理工作。要求铸铁管管壁厚薄均匀，内外光滑整洁，无砂眼、裂纹、疙瘩和飞刺，清理浮沙及污垢。要求塑料管内外光滑，管壁厚薄均匀，色泽一致，无气泡、裂纹，清除污垢。

（3）预制、安装

1）尽量减少安装时连接"死口"，确保接口质量，应尽量增加立管的预制管段长度。

按照实际量尺绘制的各类草图，选定合格管子和管件，进行配管和截管（即断管），预制的管段配制后，按各草图核对节点间尺寸及管件接口朝向。同时，按设计要求确定伸缩节的位置。

2）按工艺标准连接预制管段接口时，应从 90° 的两个方向用线坠吊直找正，特别是在一个管段上有数个需要确定方向的分岔口或管件时，预制中必须找准相对朝向。可在上一层楼板卫生器具排水管中心位置打一个小孔，按找出的小孔和立管中心位置及预制管段场地上划出相对位置的实样，找准各分岔口和定向管件的相对朝向。排水支管与排水立管、横管的连接如图 2-29 所示，检查口与清扫口设置规定如图 2-30 所示。

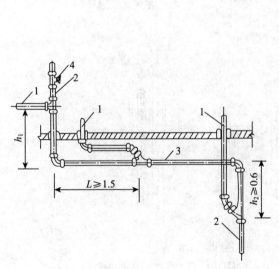

图 2-29　排水支管与排水立管、横管连接
1—排水支管；2—排水立管；
3—排水横管；4—检查口

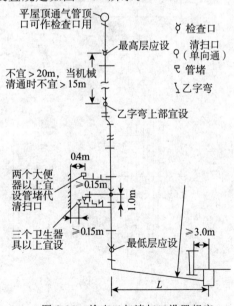

图 2-30　检查口与清扫口设置规定

排水横管直线管段上清通配件的最大距离

DN（mm）	50	75	100	>100
L_{max}（m）	10	12	15	20

3）预制完的承插或粘接管段应竖直放置，做好接口养生防护。

4）安装前，根据立管位置和支架结构，打好栽立管支架的墙眼，洞眼深不小于120mm，在楼层高度≤4m时只栽一个。采用塑料排水立管时，$DN50$mm 其间距≯1.2m；管径≥75mm 其间距≯2m。高层建筑管井内的排水立管，必须每层设置支撑支架，以防整根立管质量下传至最低层。考虑高层建筑排水管道的抗震和减噪，在支架固定处以及支架与建筑物砌体连接处应设抗震支架及垫橡胶块。

5）管道安装自下而上逐层进行，先安装立管，后安装横管，连续施工。

6）安装立管时，将达到强度的立管预制管段，从下向上排列、扶正。按照楼板上卫生器具的排水孔找准分岔口管件的朝向，从90°的两个方向用线坠吊线找正后，按已确定的位置安装伸缩节（排水铸铁管按设计要求安装法兰伸缩接口）。将管子插口试插入伸缩节承口底部，将管子拉出预留间隙，夏季 5～10mm，冬季 15～20mm，在管端画出标记，最后将管端插口平直插入伸缩节承口橡胶圈中，用力要均匀，不准摇挤。安装完后，随立管固定，如图 2-31 所示。将钢钎子钉入墙内，从立管两侧临时固定好立管，然后按工艺标准接口。用钢丝将立管与钢钎子绑牢，按设计补刷接口防腐。每段立管应安装至上一层的楼板以上，当安装间断时，敞口处用充气橡胶堵作临时封堵，用灰袋纸盖上。在需要安装防火套管或阻火圈的楼层，必须先将防火套管或阻火圈套在管段外，方可进行管道接口，如图 2-32 所示。

  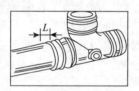

图 2-31　伸缩节安装示意

L—允许伸缩量（mm）

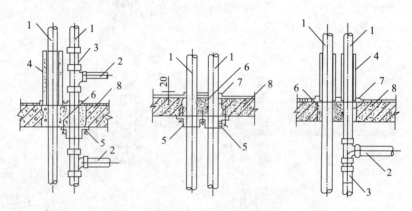

图 2-32　立管穿越楼层阻火圈、防火套管安装

1—PVC-U 立管；2—PVC-U 横支管；3—立管伸缩节；4—防火套管；5—阻火圈；

6—细石混凝土二次嵌缝；7—阻火圈；8—混凝土楼板

7）高层建筑内明敷管道在采用防止火灾贯穿措施时，立管 DN≥110mm，在楼板贯穿部位应设置阻火圈或长度不小于 300mm 的防火套管，且防火套管的明露部分长度不宜小于 200mm。

8）管道穿越楼板处为非固定支撑时，应加装金属或塑料套管，套管内径可比穿越管外径大 10～20mm，套管高出地面不得小于 50mm。

9）排水立管在技术层或中间层竖向拐弯时，按楼板上的支立排水管和拐向楼下主立排水管的几个朝向，吊正调直，找准朝向后方可接口。

高层建筑立管接口时另一个应重视的问题，因风力和其他引起的振动造成较大摆动，立管的最大层间变位约为层高的 1/200，一般下几层排水立管接口采用青铅接口，可按工艺标准室外工艺操作。在欧美和日本许多国家采用橡胶圈接口代替铅接口，以达到 1/200 变位要求。具体可根据设计选定接口材质与方式，按工艺操作。

10）高层建筑中采用专用通气管或环形通气管的排水系统，就是和污水立管平行再安装一个通气立管，其下部在最低的排水支管下面以 45°三通与排水立管相接，上部与排水立管通气部分也以 45°三通相连接。此为专用通气管排水系统，如图 2-33、图 2-34 所示。在专用通气立管上每间隔两层与排水立管相连接，连接方法与正常接口相同，此连接管又称共轭管。又有同时将每层的器具横支管与通气管连接接口，此段称环形通气管，如图 2-35 所示。一般将最底层用户的总排水管单独接至室外。有的每隔 8～10 层安装结合通气管与排水立管相连，其施工均按工艺标准接口。

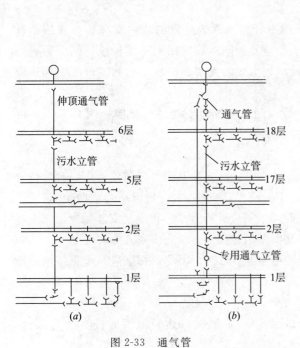

图 2-33　通气管

（a）伸顶通气管排水系统；（b）专用通气管排水系统

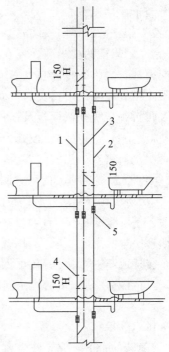

图 2-34　H 管件设置示意图

1—污水立管；2—废水立管；
3—专用通气立管；4—H 管件；5—伸缩节

11）在每次收工前及立管全部施工完，敞口及甩头预留口都应用球胆封堵或用"花篮堵头"进行临时封堵，高层建筑甩口颇多，不宜用一般堵头进行封堵，必须用花篮堵头封堵。自制堵头时，必须使其长达 70mm 左右。

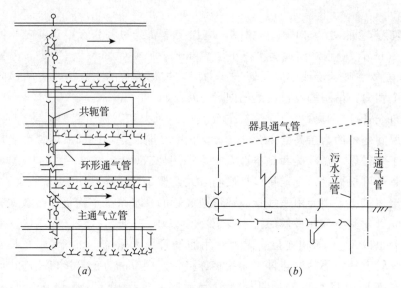

图 2-35　环形通气管与器具通气管

（a）环形通气管排水系统；（b）器具通气管系统

（4）栽卡、堵洞

1）按支架工艺制作与安装好立管卡架。

2）堵立管周围的楼板孔。先在楼板下用钢钎钉入靠近立管的墙内支撑模板或用钢丝向上吊起模板，再临时拧紧在立管上。用水冲净孔洞的四周，用大于楼板设计强度等级的细石混凝土把孔洞灌严、捣实。待立管的接口、卡子、支架、楼板上孔洞的混凝土都达到强度后，再拆掉楼板孔洞模板及钢钎等。

3）排水塑料管道穿越楼板处为固定支撑点时，应配合土建进行支模，用 C20 细石混凝土分两次浇捣密实。浇筑结束后，结合找平层或面层施工，在管道周围筑成厚度不小于 20mm，宽度不大于 30mm 的阻火圈。

4）下层楼板孔洞灌堵好后即按上述方法进行上一层立管安装。遇到立管中心改变位置时，比如上下层墙厚度不一致，可在楼板上用 2～3 节 150mm 左右短承插管或两个 45°管件或用乙形管拐弯，找正位置。当用管件找正时，该层应设检查口。再逐层安装到屋面以上规定高度，在管顶安装风帽。穿屋面做法与穿楼防漏措施相同，由土建完成防水工序。

5）立管在高层建筑中的固定问题涉及立管变位 1/200，因此，每层应与承重结构进行固定。

（5）试水、隐蔽

1）需隐蔽的管道，应先作灌水试验。但必须在管道接口达到强度后进行灌水试验，并及时填写灌水记录，经检查验收后方可进行隐蔽。

2）设计图中要求防腐、保温的管道，可按照工艺标准有关部分进行。

（三）安装排水横管、支管

1. 施工条件及施工工序

（1）施工条件

安装排水横管、支管的施工条件是：

1）设有卫生器具及管道穿越的房间地面水平线、间墙中心线（边线）均已由土建放线，室内装饰的种类、厚度已确定，楼板上的凿留孔洞已按要求预留好。

2）排水立管已安装完毕，立管上横、支管分岔口的标高、数量、朝向均达到设计要求、质量要求。

3）各种卫生器具的样品已进场，进场的施工材料和机具能保证连续施工。

4）高层建筑已在标准层先安装好了一个样板卫生间，以其作为安装施工的标准，并且标准间经过有关方面负责人员检查、认可、签字。

5）高层建筑各支管甩头上临时堵头已按标准工艺要求准备齐全。

（2）施工工序

安装排水横管、支管的施工工序是：修、凿孔洞→量尺、下料→预制、安装→安装下穿楼板短管→灌水试验→通球试验→防腐、防露处理

2. 施工操作

（1）修凿孔洞

1）按图纸的卫生器具的安装位置，结合卫生器具排水口的不同情况，按土建给定的墙中心线（或边线）及抹灰层厚度，然后排尺找准各卫生器具排出管穿越楼板的中心位置，用十字线标记在楼板上。

2）按穿管孔洞中心位置进行钻孔或用手锤、錾子凿打孔洞或修整好预留孔洞，使孔洞直径较需穿越的管道直径大 40～50mm，凿打、修整孔洞遇到楼板钢筋不得随意切断，应和土建技术人员研究，必要时应制订措施方可处理。

3）管孔修整完，遇有空心楼板板孔时应用水泥砂浆把空心板孔敞露的端孔堵严。

（2）量尺、下料

1）由每个立管支岔口所带各卫生器具的排水管中心，对准楼板孔向板下吊线坠，量出从立管支岔口到各卫生器具排水管中心的主横管和支横管尺寸，记在草图上。如图 2-36 所示。

2）根据现场实量尺寸，在平整的操作场地上用直尺划出组合大样图，按设计的管材规格选择符合质量要求的管材、管件，清净内部污物、毛刺等，并按大样图的尺寸排列、组对。组对时应注意管材、管件（承口朝来水方向），在截断直管时应考虑到尽量使管段长短均匀和方便接口。管子截口应垂直于管中心线，用刹子刹管时要用力均匀，边刹边转动直管，被截断的管道应仔细检查，确保管口无裂纹。

（3）预制、安装

1）根据管材、管件排列情况按设计要求或规范规定具体确定管道支、托、吊架的位置。

2）根据设计要求的横支管坡度及管中心与

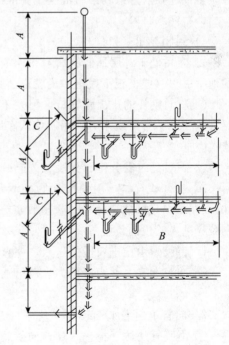

图 2-36　预制安装段划分草图

墙面距离，由立管分支岔口管底皮挂横支管的管底皮位置线，再根据位置线标高和支、

托、吊架具体位置、结构形式，凿打出支、托、吊架的墙眼（或楼板眼），其深度不小于120mm。应用水平、线坠等按管道位置线将已预制好的支、托、吊架栽牢、找正、找平。

3）按横管排列、组对的顺序，应尽量减少连接死口；要使安装方便，应将横管进行管段预制。预制时应按排列顺序，按标准接口工艺规定，将管段立直或水平进行组装，并以90°的两个方向将管段用线吊直找正。同对，要严格找准各管件甩口的朝向，应确保横管安装后连接卫生器具下面排水短管的承口为水平。预制后的管段接口应进行养护。

4）待预制管段接口及支、托、吊架堵塞砂浆达到强度后，用绳子通过楼板眼将预制管段按排管顺序依次从两侧水平吊起，放在支（托、吊）架上，对好各接口，用卡具临时卡稳各管段，调直各接口及各管件甩头的方向，再按标准的接口工艺连接好各接口，紧固卡子使之牢固。对接口进行养护，将各敞口的管头临时用木塞等塞严封牢。

（4）安装下穿楼板短管

1）需要和卫生器具一起安装的短立管，应按标准卫生器具安装工艺进行（如扫地盒安装）。

2）安装楼板以上的排水短管时，应先按土建在墙上给定的地面水平（标高）线，挂好通过短管中心十字线的水平直线，再根据不同类型的卫生器具需要的排水短管高度从横支管甩头处量准尺寸，下料接管至楼板上，在量尺、下料、安装时，要严格控制短管的标高和坐标，使其必须满足各卫生器具的安装要求，并将各敞口用木塞等封闭严实、牢固。

3）楼板下悬吊管道的清扫口，通常用两个45°弯头接至楼面处，用堵丝盖严。

4）楼板上的孔洞，从楼板上吊住模板，再用水湿润和冲净污物，以大于等于该楼板混凝土设计强度等级的细石混凝土捣灌严密，混凝土达到强度后拆掉模板。

（5）灌水试验

1）封闭排出管口

① 标高低于各层地面的所有排水管管口，用短管暂时接至地面标高以上。对于横管和地下甩出（或楼板下甩出）的管道清扫口须加垫、加盖，按工艺要求正式封闭好。

② 通向室外的排出管管口，用大于或等于管径的橡胶胆堵，放进管口充气堵严。底层立管和地下管道灌水时，用胆堵从底层立管检查口放入，上部管道堵严，向上逐层灌水依次类推。

③ 高层建筑需分区、分段、分层试验。

A. 打开检查口，用卷尺在管外测量由检查口至被检查水平管的距离加斜三通以下50cm左右，记录这个总长；量出胶囊到胶管的相应长度，并在胶管上做好标记，以便控制胶囊进入管内的位置。

B. 将胶囊由检查口慢慢送入，一直放到测出的总长位置。

C. 向胶囊充气并观察压力表示值上升到0.07MPa为止，最高不超过0.12MPa，如图2-37所示。

2）向管道内灌水

① 用胶管从便于检查的管口向管道内灌水，一般选择出户排水管离地面近的管口灌水。当高层建筑排水系统灌水试验时，可从检查口向管内注水。边灌水边观察卫生设备的水位，直到符合规定水位为止。

② 灌水高度及水面位置控制：大小便冲洗槽、水泥拖布池、水泥盥洗池灌水量不少

于槽（池）深的 1/2；水泥洗涤池不少于池深的 2/3；坐蹲式大便器的水箱、大便槽冲洗水箱灌水量应至控制水位；盥洗面盆、洗涤盆、浴盆灌水量应至溢水处；蹲式大便器灌水量至水面低于大便器边沿 5mm 处；地漏灌水时水面高于地表面 5mm 以上，便于观察地面水排除状况，地漏边缘不得渗水。

③ 从灌水开始，应设专人检查监视出户排水管口、地下清扫口等容易跑水部位，发现堵盖不严、高层建筑灌水中胶囊封堵不严及管道漏水应立即停止向管内灌水，进行整修。待管口堵塞、胶囊封闭严密和管道修复、接口达到强度后，再重新开始灌水试验。

④ 停止灌水后，详细记录水面位置和停灌时间。

3）检查，做灌水试验记录

① 停止灌水 15min 后，在未发现管道及接口渗漏的情况下再次向管道灌水，使管内水面恢复到停止灌水时的水面位置，第二次记录好时间。

② 施工人员、施工技术质量管理人员、

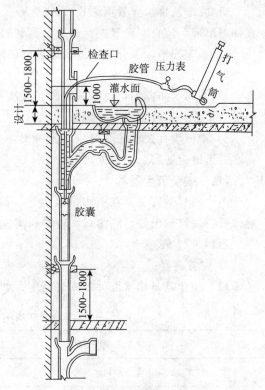

图 2-37　室内排水管灌水试验
注：灌水高度高于大便器上沿 5mm，
　　观察 30min，无渗漏为合格

建设单位有关的人员在第二次灌满水 5min 后，对管内水面进行共同检查，水面位置没有下降则为管道灌水试验合格，应立即填写好排水管道灌水试验记录，有关检查人员签字、盖章。

③ 检查中若发现水面下降则为灌水试验没有合格，应对管道及各接口、堵口全面细致的进行检查、修复，排除渗漏因素后重新按上述方法进行灌水试验，直至合格。

④ 高层建筑的排水管灌水试验须分区、分段、分层地进行，试验过程中依次做好各个部分的灌水记录，不能混淆，也不可替代。

4）灌水试验合格后，从室外排水口，放净管内存水。把灌水试验临时接出的短管全部拆除，各管口恢复原标高，拆管时严防污物落入管内。

（6）通球试验

1）为了防止水泥、砂浆、钢丝、钢筋等物卡在管道内，高层建筑排水系统灌水试验后必须作通球试验，检查管子过水断面是否减小。胶球直径的选择如表 2-22 所示。

胶球直径选择表　　　　　　　　　表 2-22

管　　径（mm）	150	100	75
胶球直径（mm）	100	70	50

2）试验顺序从上而下进行，以不堵为合格。

3）胶球从排水立管顶端投入，注入一定水量于管内，使球能顺利流出为宜。通球过程如遇堵塞，应查明位置进行疏通，直到通球无阻为止。

4）通球完毕，须分区、分段地进行记录，填写通球试验验收表。

（7）防腐、防露处理

1）防腐、防露前，对隐蔽管段必须按标准灌水工艺要求做灌水试验，做好灌水试验记录。检查、验收合格方可隐蔽。

2）根据设计要求的防腐、防露种类，按防腐、防露标准工艺，对已安装好的横、支排水管道进行防腐、防露处理。

（四）安装卫生器具

卫生器具的安装是在室内排水主管、横管、支管安装完毕，连接卫生器具的给排水、热水管道均已敷设好。除蹲式大便器和浴盆外，均应在土建抹灰、喷白、贴瓷砖等工作完毕之后再进行安装。

1. 安装高度

（1）卫生器具给水配件的安装高度，如设计无要求时，应符合表 2-23 的规定。

卫生器具给水配件的安装高度（mm）　　　　　　　　　　表 2-23

项次	给水配件名称		配件中心距地面高度	冷热水龙头距离
1	架空式污水盆（池）水龙头		1000	—
2	落地式污水盆（池）水龙头		800	—
3	洗涤盆（池）水龙头		1000	150
4	住宅集中给水龙头		1000	—
5	洗手盆水龙头		1000	—
6	洗面器	水龙头（上配水）	1000	150
		水龙头（下配水）	800	150
		角阀（下配水）	450	—
7	盥洗槽	水龙头	1000	150
	冷热水管上下并行	热水龙头	1100	150
8	浴盆	水龙头（上配水）	670	150
9	淋浴器	截止阀	1150	95
		混合阀	1150	—
		淋浴喷头下沿	2100	—

（2）卫生器具安装高度如设计无要求时，应符合表 2-24 的规定。

卫生器具的安装高度（mm）　　　　　　表 2-24

项次	卫生器具名称		卫生器具安装高度		备注
			居住和公共建筑	幼儿园	
1	污水盆（池）	架空式	800	800	自地面至器具上边缘
		落地式	500	500	
2	洗涤盆（池）		800	800	
3	洗脸盆、洗手盆（有塞、无塞）		800	500	
4	盥洗槽		800	500	
5	浴盆		≤520		
6	蹲式大便器	高水箱	1800	1800	自台阶面至高水箱底
		低水箱	900	900	自台阶面至低水箱底
7	坐式大便器	高水箱	1800	1800	自地面至高水箱底
		低水箱 外露排水管式	510		自地面至低水箱底
		低水箱 虹吸喷射式	470	370	
8	小便器	挂式	600	450	自地面至下边缘
9	小便槽		200	150	自地面至台阶面
10	大便槽冲洗水箱		≥2000		自台阶面至水箱底
11	妇女净身器		360		自地面至器具上边缘
12	化验盆		800		自地面至器具上边缘

2. 固定方法

卫生器具的安装应采用预埋螺栓或膨胀螺栓安装固定。

卫生器具的常用固定方法见图 2-38。砌墙时根据卫生器具安装部位将浸过沥青的木砖嵌入墙体内，木砖应削出斜度，小头放在外边，突出毛墙10mm左右，以减薄木砖处的抹灰厚度，使木螺钉能安装牢固。如果事先未埋木砖，可采用木楔。木楔直径一般为40mm左右，长度为50～75mm。其做法是在墙上凿一较木楔直径稍小的洞，将它打入洞内，再用木螺钉将器具固定在木楔上。

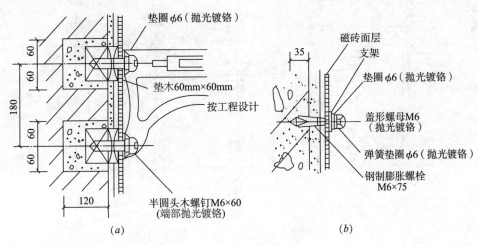

（a）　　　　　　　　　　　　　　　　（b）

177

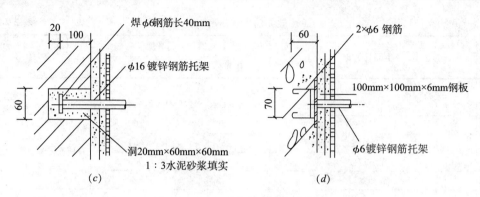

图 2-38 卫生器具的常用固定方法

（a）预埋木砖木螺钉固定；（b）钢制膨胀螺栓固定；（c）裁钢筋托架固定；（d）预埋钢板固定

3. 盥洗、沐浴用卫生洁具安装

（1）洗面器

洗面器的规格形式很多，有长方形、三角形、椭圆形。安装方式有墙架式、柱脚式（也叫立式洗面器），如图 2-39 和图 2-40 所示。

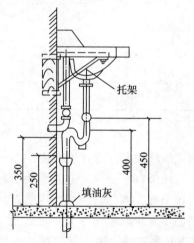

图 2-39 墙架式洗面器

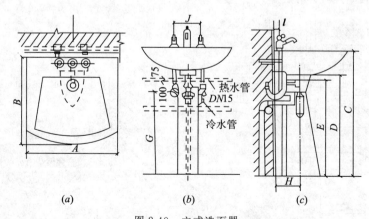

图 2-40 立式洗面器

（a）平面图；（b）立面图；（c）侧面图

安装时，先在墙上画出安装中心线，根据洗面器架的宽度画出固定孔眼的十字线，在十字线的位置牢固地埋入木砖，将架用木螺钉拧紧在木砖上，也可以用膨胀螺栓固定。固定时，要同时用水准尺找平，然后将面盆固定在架上。

进水一般由进水管三通通过铜管与洗面器水嘴连接，排水用的下水口通过短管接存水弯，短管与洗面器间用橡皮垫密封，它们之间的空隙用锁母锁紧，使之密封。

（2）浴盆

浴盆的种类很多，式样不一。图 2-41 是常用的一种浴盆安装图。有饰面的浴盆，应留有通向浴盆排水口的检修门。安装浴盆混合式挠性软管淋浴器挂钩的高度如设计无规定，应距地面 1.5m。

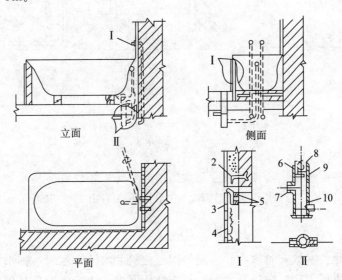

图 2-41　浴盆安装图

1—接浴盆水门；2—预埋 $\phi6$ 钢筋；3—钢丝网；4—瓷砖；5—角钢；

6—DN100 钢管；7—管箍；8—清扫口铜盖；9—焊在管壁上的 $\phi8$ 钢筋；10—进水口

（3）淋浴器

淋浴器具有占地面积小、设备费用低、耗水量小、清洁卫生等优点，故采用广泛。淋浴器有制成成品出售的，但大多数情况下是用管件现场组装。由于管件较多，布置紧凑，配管尺寸要求严格准确，安装时要注意整齐美观。

4．洗涤用卫生洁具安装

（1）洗涤盆

洗涤盆多装在住宅厨房及公共食堂厨房内，供洗涤碗碟和食物用。常用的洗涤盆多为陶瓷制品，也有采用钢筋混凝土水磨石制成。洗涤盆的规格无一定标准，图 2-42 为一般住宅厨房用的洗涤盆安装的各部分尺寸要求。

洗涤盆排水管口径为 DN50，排水管如是通往室外的明沟，也可不设置存水弯；如与排水立管连接，则应装设存水弯。安装排水栓时，应垫上橡胶圈并涂上油灰，注意将排水栓溢流孔对准洗涤盆溢流孔，然后用力将排水栓压紧，在下面用根母将排水栓拧紧，这时应有油灰挤出，挤在外面的油灰可用纱布擦拭干净，挤在里面的应注意防止堵塞溢流孔。安装好排水栓后，可接着将存水弯连接到排水栓上。

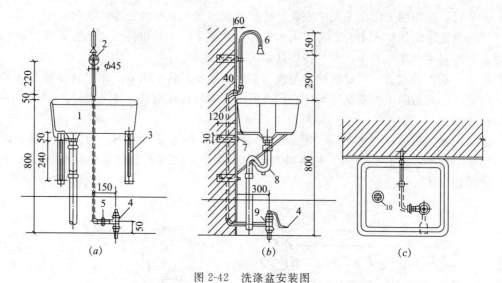

图 2-42　洗涤盆安装图

（a）立面图；（b）侧面图；（c）平面图

1—洗涤盆；2—管卡；3—托架；4—脚踏开关；5—活接头，6　洗手喷头；

7—螺栓；8—存水弯；9—弯头；10—排水栓

洗涤盆如只装冷水龙头，则龙头应与盆的中心对正；如设置冷热水龙头，则可按照热水管在上、冷水管在下、热水龙头在左方、冷水龙头在右方的要求进行。冷热水两横管的中心间距为 150mm。

（2）化验盆

化验盆装在化验室或实验室中。常用的陶瓷化验盆内已有水封，排水管上不需要再装存水弯。化验盆也可用陶瓷洗涤盆代替。根据使用要求，化验盆上可装单联、双联或三联鹅颈龙头。图 2-43 为化验盆的安装。

在医院手术室等地，装置有脚踏开关的洗涤盆，其安装方式如图 2-44 所示。

（3）污水盆

污水盆也叫拖布盆，多装设在公共厕所或盥洗室中，供洗拖布和倒污水用，故盆口距地面较低，但盆身较深，一般为 400～500mm，可防止冲洗时水花溅出。污水盆可在现场用水泥砂浆浇灌，也可用砖头砌筑，表层磨石子或贴瓷片。

图 2-45 为一般污水盆的构造，管道配置较为简单。砌筑时，盆底宜形成一定坡度，以利排水。排水栓为 DN50。安装时应抹上油灰。然后再固定在污水盆出水口处。存水弯为一般的 S 型铸铁存水弯。

5. 便溺用卫生洁具安装

（1）大便器

1）坐式大便器　坐式大便器的形式比较多样，品种也各异，按其内部构造可分为冲洗式、冲落式、虹吸式、喷射虹吸式、旋涡虹吸式和喷出式等；按安装方式可分为悬挂式和落地式两种。坐式大便器内部都带有存水弯，不必另配。

冲洗式坐式大便器的构造如图 2-46 所示，它的上口是空心边圈，空心边下面均匀分布着许多小孔，冲洗时，水从水箱经冲洗管进入大便器上口，水自空心边的孔口沿大便器向表面冲下，大便器内水面升高，然后连同污物冲出存水弯，流入污水管道。这种大便器

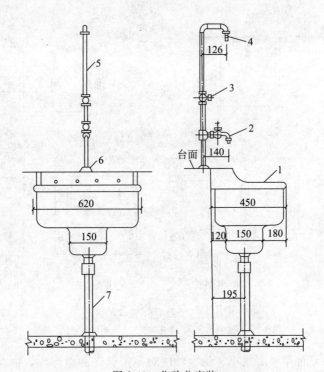

图 2-43 化验盆安装

1—化验盆；2—DN15 化验龙头；3—DN15 截止阀；4—螺纹接口；

5—DN15 出水管；6—压盖；7—DN50 排水管

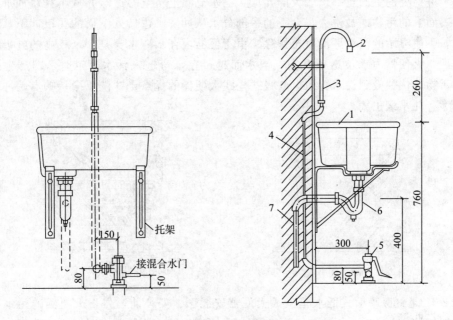

图 2-44 脚踏开关化验盆

1—家具盆；2—螺纹接口；3—DN15 铜管；4—DN15 给水管；

5—脚踏开关；6—DN50 存水弯；7—DN50 排水管

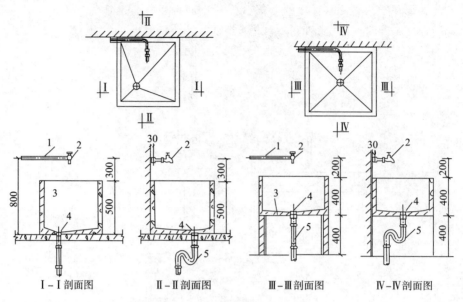

图 2-45 污水盆构造及安装

1—给水管；2—龙头；3—污水池；4—排水栓；5—存水弯

的缺点是受污面积大而存水面积小，每次冲洗时不能保证冲净污物，同时冲洗噪声大。冲洗式坐便器的冲洗水量，普通型为 11～12L/次，节水型为 8L/次。

图 2-47 是虹吸式坐式大便器的构造、它的上边缘除了空心边均匀分布很多小孔口外，在冲洗水进口处的下面有一个较大的孔口，当水充满上口空心边缘并从小孔口冲下时，大便器内表面上的污物即被洗去，余下的一部分水从冲洗水进口处下面的孔口冲下，形成一股射流，驱使浮游的污物下滑直至排除。由于便器内存水弯本身是一个较高的虹吸管，水流冲出后，大便器内水位迅速升高，当水面越过存水弯进入污水管道时，即产生虹吸作用，将污物加快抽吸到污水管内。虹吸式坐式大便器的优点是冲洗干净；缺点是冲洗时噪声仍较大，耗水量也大。

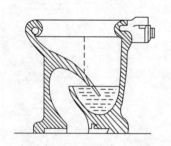

图 2-46 冲洗式坐式大便器

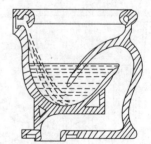

图 2-47 虹吸式坐式大便器

图 2-48 是虹吸喷射式低水箱坐式大便器安装图。安装前，先将大便器的污水口插入预先已埋好的 $DN100$ 污水管中，调整好位置，再将大便器底座外廓和螺栓孔眼的位置用铅笔或石笔在光地坪上标出，然后移开大便器用冲击电钻打孔植入膨胀螺栓，插入 M10 的鱼尾螺栓并灌入水泥砂浆。也可手工打洞，但应注意打出的洞要上小下大，以避免因螺栓受力而使其连同水泥砂浆被拔出。

安装大便器时，取出污水管口的管堵，把管口清理干净，并检查内部有无残留杂物，然后在大便器污水口周围和底座面抹以油灰或纸筋水泥（纸筋与水泥的比例约为 2：8），但不宜涂抹太多，接着按原先所划的外廓线，将大便器的污水口对正污水管管口，用水平尺反复校正并把填料压实，如图 2-48 节点 A 所示。在拧紧预埋的鱼尾螺栓或膨胀螺栓时，切不可过分用力，这是要特别注意的，以免造成底部碎裂。就位固定后应将大便器周围多余的油灰水泥刮除并擦拭干净。大便器的木盖（或塑料盖）可在即将交工时安装，以免在施工过程中损坏。

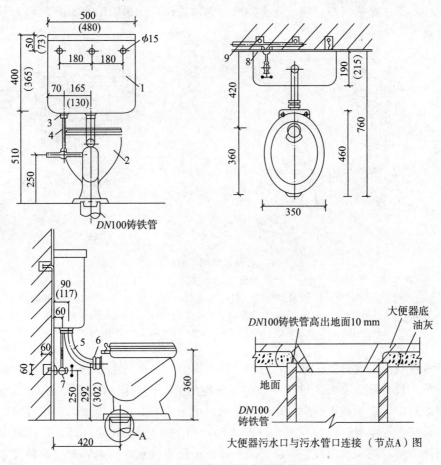

图 2-48 低水箱坐式大便器安装图

1—低水箱；2—坐式便器；3—浮球阀配件 DN15；4—水箱进水管 DN15；

5—冲洗管及配件 DN50；6—锁紧螺母 DN50；7—角阀 DN15；8—三通；9—给水管

2）蹲式大便器 蹲式大便器使用时臀部不直接接触大便器，卫生条件较好，特别适合于集体宿舍、机关大楼等公共建筑的卫生间内。

蹲式大便器本身不带存水弯，安装时需另加陶瓷或铸铁存水弯，前者一般只安在底层，后者则安在底层或楼层均可。存水弯根据使用要求有 P 型和 S 型两种型式，P 型存水弯高度较小，用于楼层，底层则多选用 S 型存水弯。

蹲式大便器应安装在地坪的台阶中（即高出地坪的坑台中），每一台阶高度为200mm，最多为两个台阶（400mm 高），以存水弯是否安装于楼层或底层而定。蹲式大便器如在底层安装时，必须先把土夯实，再以1：8水泥焦渣或混凝土做底座，污水管上连接陶瓷存水弯时，接口处先用油麻丝填塞，再用纸筋水泥（纸筋、水泥比例约为2：8）塞满刮平，并将陶瓷存水弯用水泥固紧。大便器污水口套进存水弯之前，须先将油灰或纸筋水泥涂在大便器污水口外面，并把手伸至大便器出口内孔，把挤出的油灰抹光。在大便器底部填实、装稳的同时，应用水平尺找正找平，不得歪斜，更不得使大便器与存水弯发生脱节。

大便器的冲洗设备，有自动虹吸式冲洗水箱和手动虹吸式冲洗水箱（手动虹吸式又有套筒式高水箱和提拉盘式低水箱）两种。近年来，延时自闭式冲洗阀得到了广泛的推广使用，它不用水箱，直接安装在冲洗管上即可。大便器用高低水箱结构如图2-49所示。

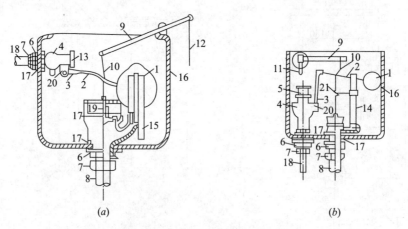

图 2-49　大便器高低水箱结构图

(a) 高水箱；(b) 低水箱

1—漂子；2—漂子杆；3—弯脖；4—漂子门；5—水门闸；6—根母；7—锁母；8—冲洗管；
9—挑子；10—铜丝；11—扳把；12—导向卡子；13—闸帽；14—溢水管；15—虹吸管；
16—水箱；17—胶皮；18—水管；19—弹簧；20—销子；21—溢水管卡子

冲洗水箱安装：应先检查好所有零部件是否完好，再进行组装调整，装水试验，同时要调好浮球水位，以防溢水。拉链一般应装在使用的右侧（面朝水箱）。固定水箱时，应与便器中心对准，找平找正后用木螺钉加垫或以事先栽好的螺钉稳固，水箱背面应事先抹好砂浆。冲洗管与便器连接的胶皮碗（图2-50）用16号铜丝扎紧（即：先把新皮碗翻过来，插进冲洗管，用铜丝绑好。将绑好的一端插进便器进水口后，再把皮碗翻过去，使皮碗恰好套紧于便器进水的外缘，并用铜丝绑牢在便器上。皮碗与冲洗管相接的另一端，最好也用铜丝绑住）。胶皮碗装好后，用砂土埋好，砂土上面抹一层水泥砂浆。禁止用水泥砂浆把皮碗全部填死，以免给以后修理造成困难。冲洗管一般采用$DN32$的塑料管或镀锌钢管。连接时，一般是将管子插入水箱出水口。

带低位水箱的冲洗装置，其安装方法和高位水箱基本相同，但安装时注意冲洗管中心线与便器中心线对正，并应使阀门手柄处于操作方便而又不妨碍使用的位置。

（2）小便器

1）挂式小便器

① 首先从给水甩头中心向下吊坠线，并将垂线画在安装小便器的墙上，量尺画出安装后挂耳中心水平线，将实物量尺后在水平线上画出两侧挂耳间距及四个螺钉孔位置的

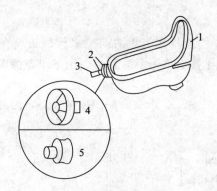

图 2-50　胶皮碗的安装示意

1—大便器；2—铜丝；3—冲洗管；4—未翻边的胶皮碗；5—翻边后的胶皮碗

"十"字记号。在上下两孔间凿出洞槽预下防腐木砖，或者凿剔小孔预栽木螺栓。下好的木砖面应平整，外表面与墙平齐，且在木砖的螺栓孔中心位置上钉上铁钉，铁钉外露装饰墙面。待墙面装饰做完，木砖达到强度，拔下铁钉，把完好无缺的小便器就位，用木螺栓加上铅垫把挂式小便器牢固地安装在墙上，如图 2-51 所示。小便器安装尺寸见图 2-52（a）和图 2-52（c），小便器配件如图 2-53（a）所示。

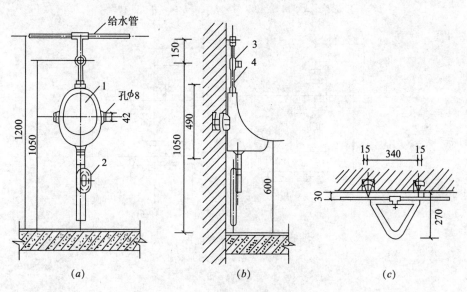

图 2-51　挂斗小便器安装图

（a）立面图；（b）侧面图；（c）平面图

1—挂式小便器；2—存水弯；3—角式截止阀；4—短管

② 用短管、管箍、角型阀连接给水管甩头与小便器进水口。冲洗管应垂直安装，压盖安设后均应严实、稳固。

③ 取下排水管甩头临时封堵，擦干净管口，在存水弯管承口内周围填匀油灰，下插口缠上油麻，涂抹铅油，套好锁紧螺母和压盖，连接挂式小便器排出口和排水管甩头口。然后扣好压盖，拧紧锁母。存水弯安装时应理顺方向后找正，不可别管，否则容易造成渗水。中间如用螺纹连接或加长，可用活节固定。

2）立式小便器

① 立式小便器安装前，检查排水管甩头与给水管甩头应在一条垂直线上，符合要求后，将排水管甩头周围清扫干净，取下临时封堵，用干净布擦净承口内，抹好油灰安上存水弯管。

小便器安装尺寸见图 2-52（b），小便器配件如图 2-53（b）所示。

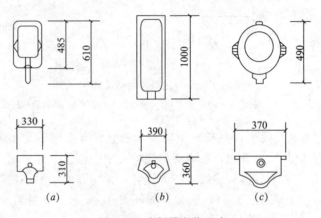

图 2-52　小便器安装尺寸
（a）新型挂式小便器；（b）立式小便器；（c）挂式小便器

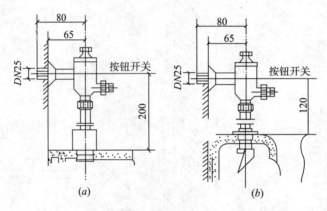

图 2-53　小便器配件
（a）GG$_3$P$_5$F$_6$－610 挂便器Ⅱ型配件；
（b）LC$_3$P$_1$ 立便器Ⅱ型配件

② 在立式小便器排出孔上用 3mm 厚橡胶圈垫及锁母组合安装好排水栓，在立式小便器的地面上铺设好水泥、白灰膏的混合浆（1∶5），将存水弯管的承口内抹匀油灰，便可将排水栓短管插入存水弯承口内，再将挤出来的油灰抹平、找均匀，然后将立式小便器对准上下中心坐稳就位，如图 2-54 所示。

经校正安装位置与垂直度，符合要求后，将角式长柄截止阀的螺纹上缠好麻丝抹匀铅油，穿过压盖与给水管甩头连接，用扳手上至松紧适度，压盖内加油灰按实压平与墙面靠严。角型阀出口对准喷水鸭嘴，量出短接尺寸后断管，套上压盖与锁母分别插入喷水鸭嘴和角式长柄截止阀内。拧紧接口，缠好麻丝，抹上铅油，拧紧锁母至松紧度合适为止。然后在压盖内加油灰按平。

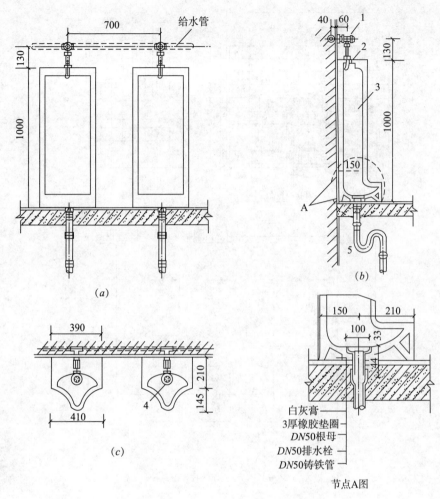

图 2-54 立式小便器安装图

(*a*) 立面图；(*b*) 侧面图；(*c*) 平面图

1—延时自闭冲洗阀；2—喷水鸭嘴；3—立式小便器；4—排水栓；5—存水弯

③ 高层建筑及高级宾馆安装中可采用以样板间作模式，利用自制的模具、模板进行定位，画线安装。

3）光电数控小便器

其安装方法同上。其光电数控原理简介如图 2-55 所示。其光电数控的附属设施的安装配合电气、土建等其他工种完成。

（3）大便槽

大便槽是一道狭长的敞开槽，按照一定的距离间隔成若干个蹲位，可同时供几个人使用。从卫生条件看，大便槽受污面积大，有恶臭，水量消耗大，但由于设备简单，建造费用低，因此广泛应用在建筑标准不高的公共建筑如学校、工厂或城镇的公共厕所内。大便槽的构造如图 2-56 所示，一般便槽顶宽 200～250mm，底宽 130～150mm，起端槽深350～400mm，槽底坡度不小于 1.5%，槽内铺贴瓷砖，槽末端有存水门坎，存水深 10～40mm，槽底略有薄层积水，使污物便于用水冲走。

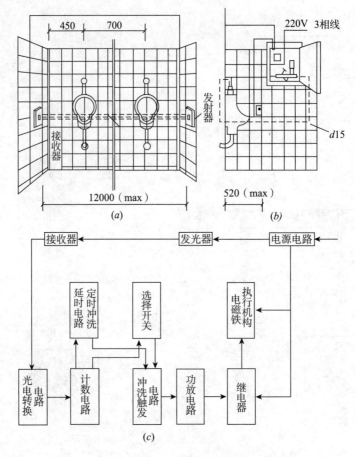

图 2-55 光电数控小便器

(*a*) 立面；(*b*) 侧面；(*c*) 原理图

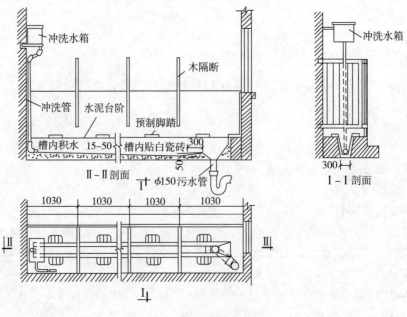

图 2-56 大便槽构造

大便槽的起端一般装有自动或手拉冲洗水箱，水箱底部距踏步面应不小于 1800mm，水箱可用 1.5mm 厚的钢板焊制，制成后内外涂防锈底漆两遍，外刷灰色面漆两遍。水箱支架用角钢制成，并按要求高度固定在墙上，方法是：在砖墙上打墙洞，支架伸进墙洞的末端做成开脚，在墙洞内填塞水泥砂浆前，应先用水把洞内碎砖和灰砂冲净，校正支架后，用水泥砂浆及浸湿的小砖块填塞墙洞，直至洞口抹平。如遇到钢筋混凝土墙壁，则可用膨胀螺栓固定。冲洗水箱及水箱角钢支架规格，如表 2-25 所示。

冲洗水箱规格及水箱支架尺寸（mm）　　　　　　　　　　表 2-25

水箱规格				水箱支架尺寸				
容量（L）	长	宽	高	长	宽	支架脚长	冲水管管径	进水管距箱底高度
30	450	250	340	460	260	260	40	280
45.6	470	300	400	480	310	260	40	340
57	550	300	400	560	310	260	50	340
68	600	350	400	610	360	260	50	340
83.6	620	350	450	630	360	260	65	380

大便槽冲洗水箱的冲洗管一般选用镀锌钢管或塑料管，其管径大小由蹲位的多少而定。冲洗管的下端应有 45° 的弯头，以增强水的冲刷力。冲洗管应用管卡固定，必要时也可装上旋塞阀，这样更便于控制冲洗。

大便槽的蹲位最多不能超过 12 个，大便槽如为男女合用一个水箱及污水管口，则冲洗水流方向应由男厕所往女厕所，不得反向。大便槽污水管的管径如设计无规定时，可按表 2-26 的要求选用。

大便槽冲洗管、污水管管径及每蹲位冲洗水量　　　　　　　表 2-26

蹲位数	1～3	4～8	9～12
冲洗管管径（mm）	40	50	70
每蹲位冲洗水量（L）	15	12	11
污水管管径（mm）	100	150	150

大便槽的污水管必须安装存水弯，污水口中心与污水立管中心距离视所采用的存水弯的形式及三通、弯头等管件尺寸而定。

（4）小便槽

小便槽是用瓷砖沿墙砌筑的沟槽。由于建造简单，造价低廉，可同时容纳较多的人使用。因此，广泛应用于集体宿舍、工矿企业和公共建筑的男厕所中。小便槽的长度无明确规定，按设计而定，一般不超过 3.5m，最长不超过 6m。小便槽的起点深度应在 100mm 以上，槽底宽 150mm，槽顶宽 300mm，台阶宽 300mm，高 200mm 左右，台阶向小便槽有 1%～2% 的坡度。小便槽的污水口可设在槽的中间，也可设于靠近污水立管的一端，但不管是中间还是在某一端，从起点至污水口，均应有 0.01 的坡度坡向污水口，污水口应设置罩式排水栓。

小便槽应沿墙 1300mm 高度以下铺贴白瓷砖，以防腐蚀。但也有用水磨石或水泥砂浆粉刷代替瓷砖。图 2-57 为自动冲洗小便槽安装图。小便槽污水管管径一般为 75mm，在污水口的排水栓上装有存水弯。在砌筑小便槽时，污水管口可用木头或其他物件堵住，防止砂浆或杂物进入污水管内，待土建施工完毕后再装上罩式排水栓，也可采用带格栅的铸铁地漏。

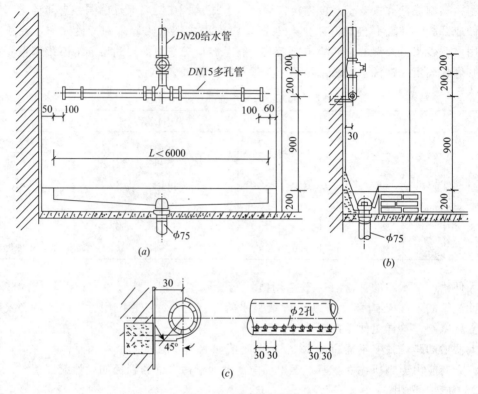

图 2-57　小便槽安装图

（a）立面图；（b）侧面图；（c）多孔管详图

6. 附件的安装

（1）地漏

应根据土建给出的水平安装标高线及地面实际竣工标高线，按设计要求的坡度，计算出从距地漏最远的地面边沿至地漏中心的实际坡降，地漏上沿安装标高（h）可由下式求得：

$$h = D - P - 0.005$$

式中　D——安装地漏房间地面的边沿标高，m；

P——距地漏最远的地面边沿到地漏中心的坡降，m。

1）普通圆形铸铁地漏。一般住宅及公共建筑以往都安装普通型地漏，其分为带扣碗和不带扣碗两种，如图 2-58 所示，后者不适用于住宅。地漏的安装如图 2-59 所示。

2）高水封地漏。其水封不小于 50mm，并设有防水翼环，可随不同地面做法所需要的安装高度进行调节。施工时将翼环放在结构板面以上的厚度，根据土建要求的做法，调整地漏盖面标高，如图 2-60～图 2-62 所示。

3）多功能地漏。地漏盖除了能排泄地面水，还可连接洗衣机或洗脸盆的排出水。

目前多功能地漏的类型越来越多，其地漏安装基本要求是一致的。多功能地漏的功能更能适应地面水和洗衣机污水的排放，同时又使洗涤盒的污水在密封条件下排除，克服了以往盒下污水回溅的现象。各种多功能 DL 型地漏如图 2-63 所示。

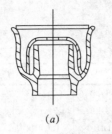 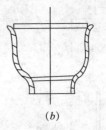

图 2-58　普通铸铁地漏

（a）地漏带扣碗；（b）地漏不带扣碗

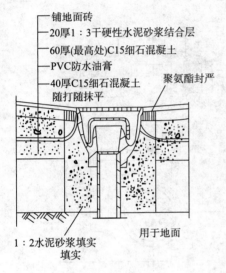

铺地面砖

20厚1：3干硬性水泥砂浆结合层

60厚(最高处)C15石混凝土

PVC防水油膏

40厚C15细石混凝土随打随抹平

聚氨酯封严

1：2水泥砂浆填实填实

用于地面

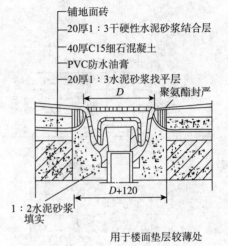

铺地面砖

20厚1：3干硬性水泥砂浆结合层

40厚C15细石混凝土

PVC防水油膏

20厚1：3水泥砂浆找平层

聚氨酯封严

D

$D+120$

1：2水泥砂浆填实

用于楼面垫层较薄处

图 2-59　地漏的安装

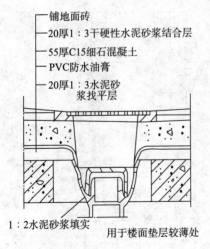

铺地面砖

20厚1：3干硬性水泥砂浆结合层

55厚C15细石混凝土

PVC防水油膏

20厚1：3水泥砂浆找平层

1：2水泥砂浆填实

用于楼面垫层较薄处

图 2-60　高水封地漏的安装

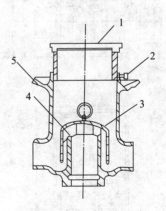

1

2

3

4

5

图 2-61　存水盒地漏

1—箅子；2—调高螺栓；

3—存水盒罩；4—支承件；5—防水翼

191

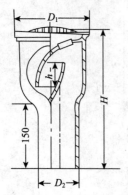

型号	DN	H	h	D_1	D_2
DL8	50	275	50	130	60
DL9	75	320	60	184	85
DL10	100	350	70	220	110

图 2-62　DL8～10 型高水封地漏

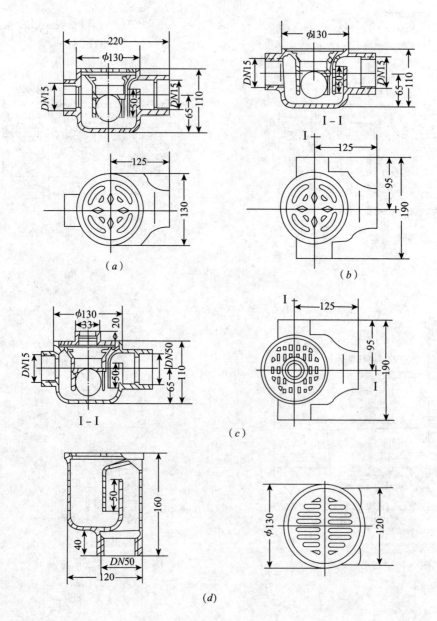

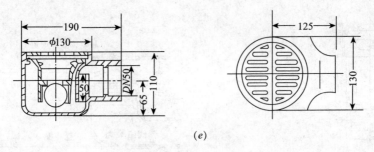

图 2-63　各种 DL 型地漏

(a) DL-1 型双通道；(b) DL-2 型三通道；(c) DL-3 型三通道带洗衣机排水接入口

(d) DL-6 型垂直单向出口；(e) DL-7 型单通道水平出口

以多功能地漏 A 型为例来说明其安装工艺：将地漏底安装在地坪内，做好周边防水；排水栓塞入洗涤盆孔内，拧紧螺帽；水封葫芦拧在排水栓下端；波纹管分别与水封葫芦和地漏盖插紧，地漏盖扣在地漏底内；过滤筐塞入排水栓内，如图 2-64 所示。

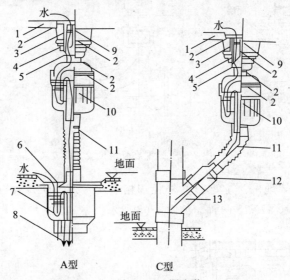

图 2-64　A 型与 C 型地漏安装

1—洗涤盆；2—胶垫；3—过滤筐；4—螺帽；5—排水栓；6—地漏盖；7—地漏；8—排水管；
9—封堵手柄；10—水封葫芦；11—波纹管；12—大小头；13—三通

4）双箅杯式水封地漏。水封高度 50mm，此地漏另附塑料密封盖，施工过程中可利用此密封盖防止水泥砂石等物从盖的箅孔进入排水管道，造成管道堵塞，排水不畅。平时用户不需使用地漏时，可利用塑料密封盖封死，如图 2-65 所示。

5）防回流地漏。用于地下室、深层地面排水、管道井底排水、电梯井排水及地下通道排水。地漏中设有防回流装置，防止污水干线排水不畅，水平面升高而发生倒流，如图 2-66 所示。

排水设施及管道安装，地漏应设置在卫生器具附近的地面最低处，地漏的箅子低于地面 5～10mm。

各类型地漏根据设计要求确定其在管道中的具体位置及配管，如设计无规定可按图 2-67 进行安装。接口填料由设计选定。

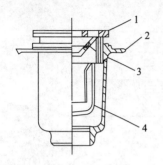

图 2-65 双算杯式水封地漏

1—镀铬算子；2—防水翼环；

3—算子；4—塑料杯式水封

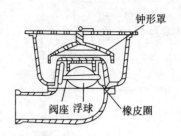

图 2-66 防回流地漏

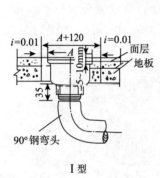 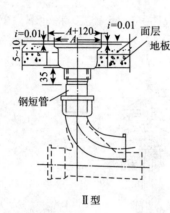 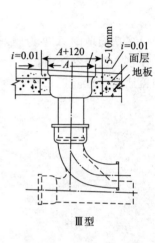

Ⅰ型　　　　　Ⅱ型　　　　　Ⅲ型

图 2-67 地漏在管道位置上的安装

6）硬聚氯乙烯地漏。Ⅰ型公称外径规格有 $DN50$、$DN75$、$DN110$ 三种；Ⅱ型公称外径规格有 $DN50$、$DN75$ 两种，如图 2-68 所示。

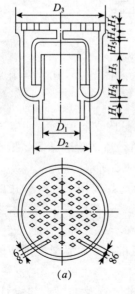 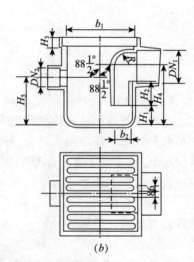

(a)　　　　　　　　(b)

图 2-68 硬聚氯乙烯地漏

(a) Ⅰ型；(b) Ⅱ型

（2）清扫口

如果清扫口设在楼板上，应预留孔洞（$DN+120$），若是设在地面上，先安装清扫口后做地面。依据清扫口的设计位置与标高，可以采用两个 45°弯头或弯曲半径为 400mm 的月形弯头，接至地面处，用铸铁制的堵头盖紧封严，如图 2-69 所示。

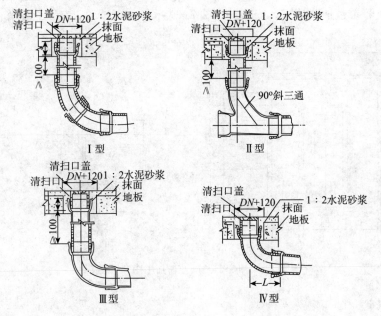

图 2-69 清扫口安装（DN50~100）

（3）毛发聚集器

一般设置在理发室、浴池、游泳池等处，根据设计选用的形式参考图 2-70 进行下料、加工、安装。

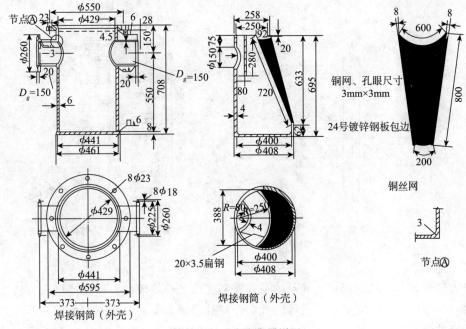

图 2-70 毛发聚集器详图

（4）隔油器

隔油器设置在餐馆及大中型厨房或配餐间的洗鱼、洗肉、洗碗等含油脂较高的污水排入下水道之前，安装在靠近水池的台板下面，隔一定时间打开隔油器除掉浮在水面上的油脂。安装时应注意，当几个水池相连的横管上设一个公用隔油器时，尽量使隔油器前的管道短些，防止管道被油脂堵塞。安装如图 2-71 所示，也可按图自行加工制作。

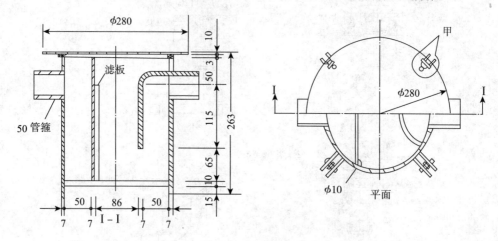

图 2-71　隔油器加工图

（5）通气管、通气帽安装

通气管（或排水立管）穿越屋面及通气帽的安装施工是一个不可忽略的环节，否则造成屋面与穿越管道间漏水或从通气帽上进水。应严格按结点图进行施工，如图 2-72、图 2-73所示。

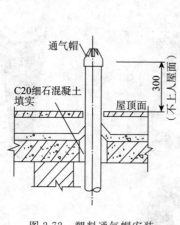

图 2-72　塑料通气帽安装

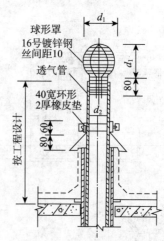

图 2-73　铸铁通气帽安装

7. 填灌孔洞

管道穿越楼板、墙壁周边的孔洞均须在安装完后进行填灌。其操作顺序及方法按工艺标准进行。当用木模吊支后，用水冲洗孔洞浮灰且湿润其周边，必须用大于或等于其楼板设计强度的细石混凝土均匀地灌入孔隙中，并认真捣实。其中地漏只需灌至其上沿往下

30mm 处止，以使地面施工时统一处理。管道穿屋面的周围孔隙必须严格按图示施工，在施工中注意紧密地与土建工程的屋面防水配合。

八、室外排水管道的施工

(一) 排水管道沟的开挖

室外排水管道沟的开挖基本上与室外给水管道沟的开挖相同，读者可参考本书第一章第一节"建筑给水系统"七、的相关内容。

但对于室外排水管道来讲，因其是采用自然流动来输送污水，故有坡度要求，而坡度方向与给水管道正好相反；此外对管径、埋深等也有具体要求，介绍如下，以便在施工时考虑。

1. 管径、坡度

(1) 最小管径的规定

通常在污水管网上游部分，设计流量很小，如按该流量进行设计，管径必然很小。从养护管理的实践证明，小管径容易发生堵塞；适当采用较大管径可以用较小的坡度，埋深也较浅，施工费用相差不多。因此，设计规范对最小管径进行了规定，如表 2-27 所示。

当根据设计流量计算出的管径比规定的最小管径小时，就采用规定的最小管径和最小坡度。

(2) 最小设计坡度的规定

为减少管道的埋深和保证管内产生自净流速对污水管道最小设计坡度作出规定，如表 2-27 所示。

最小管径和最小设计坡度 表 2-27

类　　别	最小管径（mm）	最小设计坡度
污　水　管	300	塑料管 0.002，其他管 0.003
雨水管和合流管	300	塑料管 0.002，其他管 0.003
雨水口连接管	200	0.01
压力输泥管	150	—
重力输泥管	200	0.01

2. 管道埋设深度

污水管道的埋深影响排水系统的造价和施工期，因此确定一个在当地条件下最经济合理的埋深是十分重要的。管道的埋深可分为管顶覆土深度和管底埋深。

(1) 最小埋深（指地面与管顶间的距离）

为了降低工程造价，减少施工困难，设计时应尽量减少埋深。但覆土太浅就保证不了技术上的要求，所以设计规范中对覆土深度规定一个最小限值，称为最小埋深。影响最小埋深的因素如下：

1) 防止沟水冰冻和因土壤冰冻膨胀而破坏管道；

2) 防止管壁被地面上行驶的车辆造成的活荷载压坏；

3) 满足管道彼此在衔接上的要求。

一般情况下，排水管道宜埋设在冰冻线以下。当该地区或条件相似地区有浅埋经验或采取相应措施时，也可埋设在冰冻线以上。污水在沟道中冰冻的可能性和污水的水温、土壤的冰冻深度等因素有关。由于污水本身带有一定的温度，如生活污水即使在冬季也不低于 7~11℃，所以没有必要把整个管道都埋在土壤的冰冻线以下。但是如果整个沟管均埋在冰冻线以上，则由于土壤冰冻膨胀可能损坏沟管的基础，从而损坏管壁，因此基础应埋在冰冻线以下。

为了防止车辆压迫管壁，管顶应有一定的覆土深度。此深度的数值决定于 3 个因素：管材的强度、活荷载的大小、活荷载的传递方式（与路面的种类及覆土情况有关）。管顶最小覆土深度，应根据管材强度、外部荷载、土壤冰冻深度和土壤性质等条件，结合当地埋管经验确定。管顶最小覆土深度宜为：人行道下 0.600m、车行道下 0.700m。

覆土深度＝地面标高－（沟底标高＋管径）。

由于排水管道大多以重力流排放为主，管道需采用顺坡敷设，由此可知室内污水管出口无法敷设在冰冻线以下，通常以规范中的数据为限值，即埋深不小于 0.600~0.700m 北方地区常采用的为 1.200~1.400m。对于北方地区的办公楼、实验楼、教学楼等建筑在最寒季时会有较长的假期，驻留人员少，用水量少，管道易冻，因此在有条件的地方应将冰冻线以上的排水管道保温。

（2）最大埋深

由于污水是重力流，管道必须具有一定的坡度，在平坦地区，随着管线的伸长，埋深也就越大，施工困难，费用增加，而且管道的埋深也不可能无限制地增加。尤其是遇到地下水或流砂等土质，施工就更加困难。因此，管道的最大埋深为：干燥土壤中不超过 7~8m；当地下水位较高，土质不好（如流砂、石灰岩底层）情况下，一般不超过 5m。当埋深必须超过最大埋深时，就得设置污水泵站提升污水。

（3）管道衔接

为了求得各个管段上、下端的管底标高，先要解决各管段在检查井处的衔接问题。下游管段和上游管段在检查井处衔接时，应贯彻 3 个原则：

1）避免在上游管段中形成回水（如形成回水，将造成淤积）；

2）尽可能提高下游管段，以减少下游埋深，在平坦地区这一点尤为重要；

3）每一管段的下游管底不得高于上游管底。

常用的衔接方法有 2 种：水面平接和管顶平接，如图 2-74 所示。

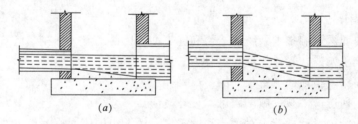

图 2-74　管道的衔接
(a) 水面平接；(b) 管顶平接

（二）排水管道的敷设

由于排水管道多为混凝土管、铸铁管等，且直径较大，故敷设时较为困难，现介绍其下管和管口连接方面的内容如下：

1. 下管

（1）根据管径大小，现场的施工条件，分别采用压绳法、三脚架、木架漏大绳、双大绳挂钩法、倒链滑车、列车下管法等。下管方法如图 2-75 所示，卸管时枕木的安放如图 2-76所示。

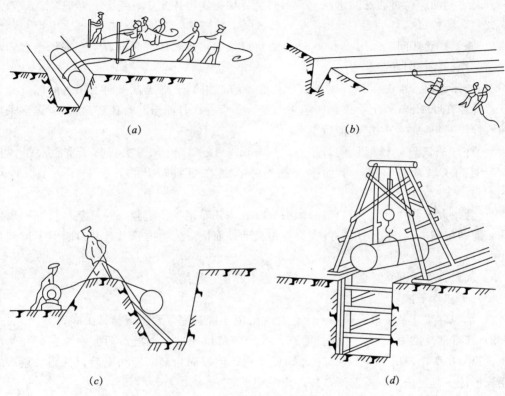

图 2-75　下管方法示意图

（a）、（b）、（c）用人力将管段卸入地沟的方法；（d）利用滑车四脚架卸管子

（2）下管时要从两个检查井的一端开始，若为承插管敷设时，以承口在前。

（3）稳管前将管口内外全刷洗干净，管径在600mm 以上的平口或承插管道接口，应留有 10mm 缝隙，管径在 600mm 以下者，留出不小于 3mm 的对口缝隙。

（4）下管后找正拨直，在撬杠下垫以木板，不可直插在混凝土基础上。待两窨井间全部管子下完，检查坡度无误后即可接口。

（5）使用套环接口时，稳好一根管子再安装一个套环。敷设小口径承插管时，稳好第一节管后，在承

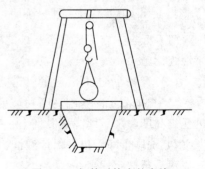

图 2-76　卸管时枕木的安放

口下垫满灰浆，再将等二节管插入，挤入管内的灰浆应从里口抹平，扫净多余部分。继续用灰浆填满接口，打紧抹平。

2. 管道接口

（1）承插铸铁管、混凝土管及缸瓦管接口

1）水泥砂浆抹口或沥青封口，在承口的 1/2 深度内，宜用油麻填严塞实，再抹 1：3 水泥砂浆或灌沥青玛碲脂一般应用在套环接口的混凝土管上。

2）承插铸铁管或陶土管（缸瓦管）一般采用 1：9 水灰比的水泥打口。先在承口内打好三分之一的油麻，将和好的水泥，自下向上分层打实再抹光，覆盖湿土养护。

（2）套环接口

1）调整好套环间隙。用小木楔 3～4 块将缝垫匀，让套环与管同心，套环的结合面用水冲洗干净，保持湿润。

2）按照石棉：水泥＝2：7 的配合比拌好填料，用錾子将灰自下而上填入间隙，分层打紧。管径在 600mm 以上要做到四填十六打，每填一次打四遍。管径在 500mm 以下采用四填八打，每填一次打两遍。最后找平。

3）打好的灰口，较套环的边凹进 2～3mm，打灰口时，每次灰钎子重叠一半，打实打紧打匀。填灰打口时，下面垫好塑料布，落在塑料布上的石棉灰，一小时内可再用。

4）管径大于 700mm 的对口缝较大时，在管内用草绳塞严缝隙，外部灰口打完再取出草绳，随即打实内缝。切勿用力过大，免得松动外面接口。管内管外打灰口时间不准超过一小时。

5）灰口打完用湿草袋盖住，一小时后洒水养护，连续三天。

（3）平口管子接口

1）水泥砂浆抹带接口必须在八字包接头混凝土浇筑完以后进行抹带工序。

2）抹带前洗刷净接口，并保持湿润。在接口部位先抹上一层薄薄的水泥浆，分两层抹压，第一层为全厚的 1/3。将其表面划成线槽，使表面粗糙，待初凝后再抹第二层。然后用弧形抹子赶光压实，覆盖湿草袋，定时浇水养护。

3）管子直径在 600mm 以上接口时，对口缝留 10mm。管端如不平以最大缝隙为准。注意接口时不可用碎石、砖块塞缝。处理方法同上所述。

4）设计无特殊要求时带宽如下：管径小于 450mm，带宽为 100mm、高 60mm；管径大于或等于 450mm，带宽为 150mm、高 80mm。

3. 五合一施工法

（1）五合一施工法是指基础混凝土、稳管、八字混凝土、包接头混凝土、抹带等五道工序连续施工。

（2）管径小于 600mm 的管道，设计采用五合一施工法时，程序如下：

1）先按测定的基础高度和坡度支好模板，并高出管底标高 2～3mm，为基础混凝土的压缩高度。随后即浇筑混凝土。

2）洗刷干净管口并保持湿润。落管时徐徐放下，轻落在基础底上，立即找直找正拨正，滚压至规定标高。

3）管子稳好后，随后打八字和包接头混凝土，并抹带。但必须使基础、八字和包接头混凝土以及抹带合成一体。

4）打八字前，用水将其接触的基础混凝土面及管皮洗刷干净；八字及包接头混凝土，可分开浇筑，但两者必须合成一体；包接头模板的规格质量，应符合要求，支搭应牢固，在浇筑混凝土前应将模板用水湿润。

5）混凝土浇筑完毕后，应切实做好保养工作，严防管道受振而使混凝土开裂脱落。

4. 四合一施工方法

（1）管径大于 600mm 的管子不得用五合一施工法，可采用四合一施工法。

1）待基础混凝土达到设计强度 50％和不小于 5MPa 后，将稳管、八字混凝土、包接头和抹带等四道工序连续施工。

2）不可分隔间断作业。

（2）其他施工方法与五合一相同。

5. 室外排水管道闭水试验

管道应于充满水 24h 后进行严密性检查，水位应高于检查管段上游端部的管顶。如地下水位高出管顶时，则应高出地下水位。一般采用外观检查，检查中应补水，水位保持规定值不变，无漏水现象则认为合格。介质为腐蚀性污水管道不允许渗漏。

（三）局部处理污水的构筑物

室内污水未经处理不允许排入室外排水管道时，应在建筑物内或其附近设置污水局部处理构筑物予以处理。现介绍如下：

1. 化粪池

不论城市规模的大小，还是有无污水处理厂，化粪池始终是污水处理的第一道程序。经过化粪池的简单处理和净化后，污水排入污水管道或水体。在个别地方由于农业用肥的需要，粪便清掏比较频繁，一些化粪池实际上只起截粪的作用，但从卫生角度而言，化粪池仍是不容忽视的。

化粪池的作用：暂时储存排泄物，使之在池内初步分解，以减少排放污水中的固体含量。当粪便排到化粪池里后，粪便在一些细菌的分解作用下，会将粪便分解成很小的部分，在放入的水的作用下，随着水的流动而被带走，流到污水泵房。

化粪池就是流经池子的污水与沉淀污泥直接接触，有机固体被厌氧细菌作用分解的一种沉淀池。最初化粪池作为一种避免管道发生堵塞而设置的截粪设施，在截留、沉淀污水中的大颗粒杂质、防止污水管道堵塞、减小管道埋深、保护环境上起着积极作用。在我国，化粪池是人民生活不可缺少的配套生活设施，几乎每一个建筑物都设有相应的化粪池设施。

化粪池中间由过粪管联通，主要是利用厌氧发酵、中层过粪和寄生虫卵比重大于一般混合液比重而易于沉淀的原理，粪便在池内经过 30 天以上的发酵分解，中层粪液依次由第一池流至第三池，以达到沉淀或杀灭粪便中寄生虫卵和肠道致病菌的目的。第三池粪液成为优质肥料。

化粪池可采用砖、石、钢筋混凝土等材料砌筑，其中最常用的是砖砌的。但由于砖砌化粪池耐久性较差，目前钢筋混凝土浇筑化粪池的数量逐年增大。

为了改善运用条件，较大的化粪池往往用带孔的间壁分为 2～3 隔间，如图 2-77 所示。

各化粪池隔间顶上都设有活动盖板，作为检查与清除污泥之用。在水面以上的间壁都分有通气孔，以便流通空气。

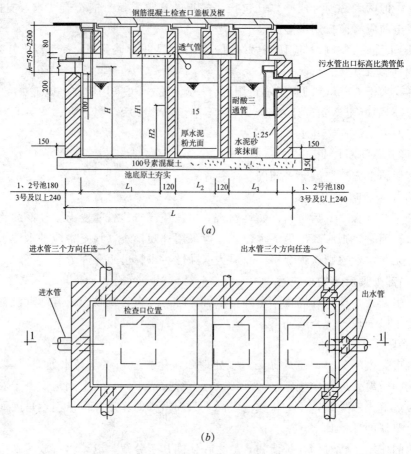

图 2-77　化粪池构造图

(a) 1－1 剖面图：(b) 化粪池平面图

化粪池壁距建筑物外墙面不得小于 5m，如受条件限制达不到此要求时，可酌情减少距离，但不得影响建筑物基础，具体的应通过计算确定。化粪池距离地下水取水构筑物不得小于 30m～50m。池壁、池底应防止渗漏。池壁应涂刷防腐漆。

化粪池的选用常根据使用卫生设备的人数来确定。化粪池的规格可以通过设计手册、标准图集等资料上查得。化粪池可以一幢建筑物设 1 个，也可几幢建筑物合设 1 个。

2. 隔油池

肉类加工厂、食品加工厂及食堂等污水中含有较多的食用油脂，此类油脂进入排水管道后，随着水温的下降，易凝固并附着于管壁上，缩小并最终堵塞管道。由汽车库排出的汽车冲洗污水和其他一些生产污水中，含有的汽油等轻油类进入排水管道后，挥发聚集于检查井处，随着油类的挥发气体增加并达到一定浓度时，易发生爆炸而破坏污水管道的正常工作，引起火灾和影响维修工作人员健康等，因此必须对上述两种情况的污水进行除油处理。

上述水中的油类多以悬浮或乳浊状态存在，因此隔油井的工作原理是含油污水流速降低，并使其水流方向改变，使油类浮在水面上，然后将其收集排除。

最常见的隔油池有 2 个隔间，其安装的正确位置是沿废水排放管设置。当废水注入隔油池时，水流速度便减慢，较轻的物质浮出水面。而固体、液体油脂和其他较轻的废物便留在隔油池内，污水便由池底的水管排出。

为保证隔油池有良好的除油效果，使所积留下来的油脂有重复利用的条件，粪便污水和其他污水不得排入隔油池内。

隔油池的构造如图 2-78 所示，隔油池的规格、尺寸如表 2-28 所示。

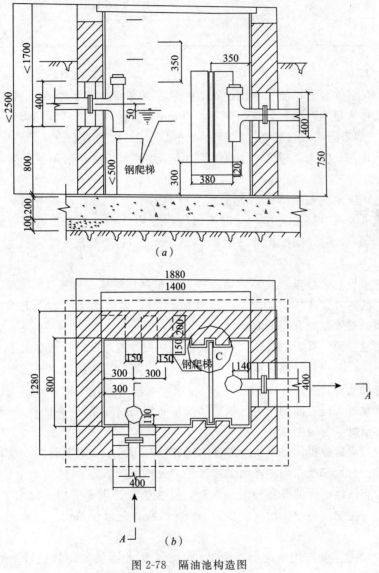

图 2-78　隔油池构造图

(a) A—A 剖面图；(b) 平面图

隔油池的规格、尺寸　　　　　　　　　　　　　　　　表 2-28

平均耗水量	厨房面积	最小隔油池容积（L）	尺寸（mm）		
（L/h）	（m²）		长度	宽度	深度
0～125	—	250	900	700	600

续表

平均耗水量 (L/h)	厨房面积 (m²)	最小隔油池容积 (L)	尺寸（mm）		
			长度	宽度	深度
250	8	490	1200	950	650
500	16	790	1500	980	800
750	24	1050	1750	900	1000
1000	32	1220	1825	1000	1000

隔油池的基本设计要求：

（1）提供足够的容量，使废水流过隔油池时，油污可以与废水分开。隔油池的大小应与厨房的最大排水量相匹配，并能储存废水 20min。仅接一个洗涤盆的隔油池，其容量不能少于 250L。如果隔油池需要连接更多的洗涤盆，应加大隔油池的容积。

（2）隔油池的长度为其高度的 1.3～2.0 倍。要注意的是，隔油池的容水量为总容积的 2/3，其余的 1/3 为预留空间。

（3）为防止废水注入隔油池时与池面已浮起的油脂相混合，在隔油池入口应装设隔板，使废水流入池内时减慢流速，与浮在面层的废物分开。入水管尾端应向下弯曲 90°，并使废水进入隔油池时，能够比池内液面低 100mm。进水管绝不可高于池内液面，而使废水跌入隔油池。

（4）设置清理及维修口，安装活动盖板，让积存在池底及浮在池面的废物可作清理。除了很大的隔油池外，液体的深度不能超过 1.200m。若隔油池的容量很大，不能在维修口取样，必须另设置一个有盖的取样口。

（5）隔油池必须要有安全措施。所有隔油池必须设置通风口，所有大于 1m³ 以及安装在地下的隔油池，必须标明隔油池的位置、高度及水深。当油垢积存超过容水量的 30% 的时候，必须进行处理。

（6）如果没有大量凝固物产生（如食品加工间的动物油脂），在隔油池前应设置水封，防止挥发气体沿进水管道逆流，引起火灾。

隔油池应有活动盖板，进水管应考虑清通方便。污水中如有其他沉淀物时，在排入隔油池前应经沉沙管处理或在隔油池内附有沉淀部分容积。

当污水含有汽油、煤油等易挥发油类时，隔油池不得设于室内；污水中含有食用油、重油等油类时，隔油池可设于耐火等级为一级、二级、三级建筑内，但宜设在地下，并以盖板封闭。

因为隔油池的主要作用就是隔离油类和油脂，因此隔油池需要进行维修及保养，定期清理隔油池内的油垢。隔油池清理的次数，应根据油垢的种类确定。隔油池的定期清理非常重要，定期清理油垢可保证隔油池的正常工作，同时防止油垢积存在进水管内造成堵塞，对于汽车修理间、机械加工车间等场所的隔油池定期清理，还可以消除火灾隐患。

正常情况下，隔油池每 3～7d 检查一次。如果发现隔油池中的油垢积存超过容水量的 30%，则应尽快进行清理。隔油池不需要完全清空（如不将积水完全排除，也很难做到），只需清理表层油垢。清理油垢的时候要避免污染环境。对于厨房、副食加工间等，要定期用热水或蒸汽吹扫管道，清除管道内凝固的油脂。

隔油池内经常有比水重的固体杂质，沉积在隔油池的底部。对这些沉淀物应根据沉积情况进行清掏，否则会影响隔油池的正常工作。

3. 检查井

检查井或称为"窨井"。

检查井可以分为2类：普通检查井和特殊检查井。普通检查井的功用是使维护人员能够检查和清理管道，同时，还有连接管段的作用。相邻检查井之间的管段应在一直线上，所以在管道改变方向处、改变坡度处、交汇处、改变高程处、跌水处、在管道改变断面处和管线长度超过一定数值时，都需要设置检查井。一般检查井的最大间距如表 2-29 所示。

特殊检查井除具有普通检查井的功用外，每种井又各有其特殊的用途。如跌水井用于连接两端高程相差较大的管道和陡坡需降低流速的管段。

检查井最大间距　　　　　　　　　　　　　　表 2-29

管径或暗渠净高（mm）	最大间距（m）	
	污水管道	雨水（合流）管道
200～400	40	50
500～700	60	70
800～1000	80	90
1100～1500	100	120
1600～2000	120	120

（1）普通检查井

普通检查井由 3 部分组成：井基及井底、井身、井盖及井盖座。

井基及井底是检查井的重要部分，在底部用流槽连接上下游的管道，流槽在平面和剖面都应当采用弧线，使水流畅通。流槽的底部呈半圆形或弧形与上下游管道的管底相配合，流槽的直壁向上伸展与上下游管顶相平。井壁与流槽间的面积称为井台，井台应该保证检查井积水后不致遗留沉淀物，所以井台应有一定的坡度（$i=0.02\sim0.03$）。同时，井台也是维修人员下井清理时踏脚的地方，其宽度通常为 0.20m。流槽的形式如图 2-79 所示。

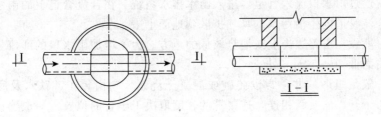

图 2-79　检查井流槽形式

圆形排水检查井形式及尺寸，如图 2-80 所示。

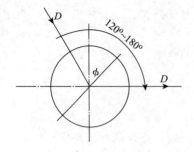

井径 ϕ	700	1000	1250	1500
管径 D	≤400	≤600	≤800	≤1000

图 2-80　圆形排水检查井形式

井身的高度决定于管道的埋深，平面的尺寸则决定于管道的直径和维修人员操作的方便，井身的形状通常是圆形或矩形。当管道直径<600mm 时，井身用圆形；管道直径为600～1500mm 时，井身可用矩形的。

普通检查井采用砖砌的较多。但在地下水水位较高、使用年限较长、冻融次数较多时，检查井的寿命较短，砌体粉化，有时甚至能对行人造成较大的危害。目前普通检查井尤其是大型矩形检查井，采用钢筋混凝土制作的较多。图 2-81 为普通检查井的构造。

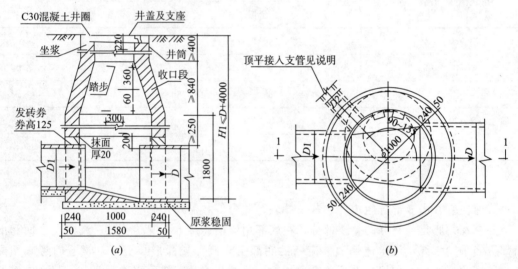

图 2-81　检查井构造图

(a) 1-1 剖面图；(b) 平面图

（2）雨水口

降水径流通过雨水口流入管道，进入雨水排水系统。在合流管道上的雨水口必须设有水封，以免合流管道内生活污水的臭气扩散到地面上来。

雨水口一般设在道路边沟上或地势较低的地方。为了增加雨水口的泄流量，可将雨水口设置在比路面低 20～50mm 处。

雨水口一般是矩形的井，常以砖砌或混凝土浇制。它由算子、跌水及底部三部分组成。雨水口与干管以连接管相连，连接管的长度取决于干管的位置。一般连接管最长距离不得超过 25m，直径可为 200mm。雨水口一般在直线上的间距宜为 25～30m。

算子早期一般用铸铁或混凝土制成，现在采用重型 PVC 塑料的较多，通常呈矩形，用来阻挡较大的污物，以免堵塞管道。

雨水口的形式可分为边沟雨水口（平算）和缘石雨水口（立算）。边沟雨水口的进水孔隙与道路边沟之底在同一平面上，如图 2-82 所示。缘石雨水口的进水孔隙做在道路缘石侧面上，如图 2-83 所示。缘石侧面的进水孔隙上应设竖挡，以拦阻粗大物体进入雨水口。

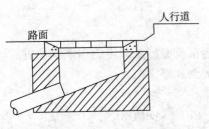

图 2-82　边沟雨水口示意图

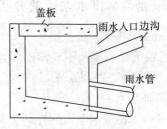

图 2-83　缘石雨水口示意图

（3）出水口

沟道出水口的位置和形式，应根据出水水质、水体水位、下游用水情况等因素确定，并应取得当地卫生主管部门和航运管理机关的同意。

污水沟道的出水口应尽可能淹没在水中，沟顶标高一般在常水位以下，这是为了使污水和河水混合得较好，同时可以避免污水沿河岸流泄，造成环境污染。

雨水沟道的出水口不需要淹没在水中，而且最好露在水面以上，否则天晴时河水带着泥沙倒灌流入沟道，易造成淤积。雨水沟道出水口的沟底标高，一般在常水位以上。

出水口与河道连接部分应做护坡或挡土墙，以保护河岸和固定沟道出口管的位置。

图 2-84 为出水口形式示意图。

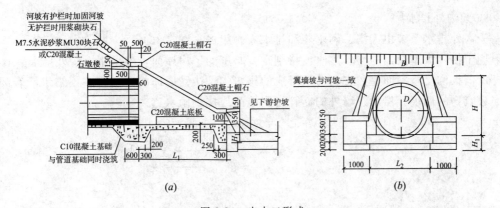

图 2-84　出水口形式
(a) 正视图；(b) 剖面图

第二节　屋面雨水排水系统

降落在建筑屋面的雨水和融化雪水，应及时排至室外雨水管道或地面，以免造成屋面积水、漏水，影响人们的生活和生产活动。屋面雨水的排水方式可分为外排水和内排水两种，实际设计时，应根据建筑物的类型、建筑结构形式、屋面面积大小、当地气候条件及生活生产的要求，经过经济技术比较选择排除方式。一般情况下，尽量采用外排水系统。

设计时应注意的是：任何雨水系统都是根据一定的雨水设计重现期设计的，总会出现实际的暴雨强度超过设计暴雨强度的情况，所以雨水系统必须留有一定的余地，一般要考虑对超设计重现期雨水的处置措施。

一、屋面雨水排水系统的分类

（一）外排水系统

外排水系统是指屋面不设雨水斗，建筑物内部没有雨水管道的雨水排放方式。按屋面有无天沟，外排水系统又分为：檐沟外排水、天沟外排水两种。

1. 檐沟外排水

檐沟外排水由檐沟和水落管（立管）组成，如图 2-85 所示。

一般居住建筑，屋面面积比较小的公共建筑和单跨工业建筑，多采用此方式，屋面雨水汇集到屋顶的檐沟里，然后流入雨落管，沿雨落管排泄到地下管沟或排到地面。

水落管管道材料：水落管一般用白铁皮管（镀锌薄钢板管）或铸铁管。

水落管管径：铸铁管一般为 $\phi 75mm$、$\phi 100mm$；白铁皮管一般为：$80mm \times 100mm$、$80mm \times 120mm$。

水落管布置：沿外墙布置，水落管的设置间距要根据降雨量和管道通水能力来确定，根据一根雨落管应服务的屋面面积来确定雨落管间距，根据经验，水落管间距为 8～16m，工业建筑可以达到 24m。

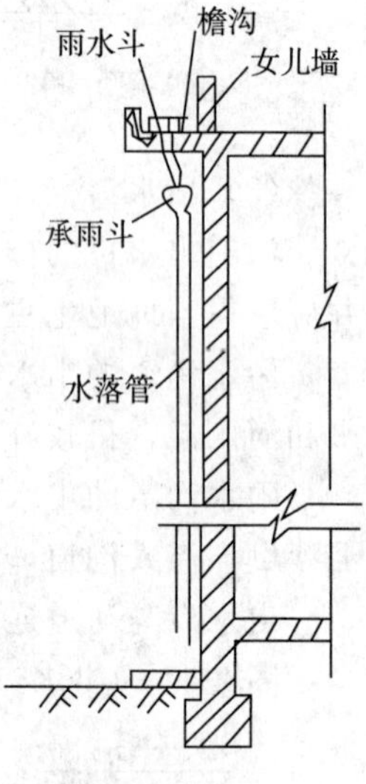

2. 天沟外排水

天沟外排水系统由天沟、雨水斗和排水立管组成（图 2-86），一般用于排除大型屋面的雨、雪水。特别是多跨度的厂房屋面，多采用天沟外排水。

所谓天沟是指屋面上，在构造上形成的排水沟，接受屋面的雨雪水，雨雪水沿着天沟流向建筑物的两端，然后经墙外的立管排到地面或排到雨水道。

图 2-85　檐沟外排水

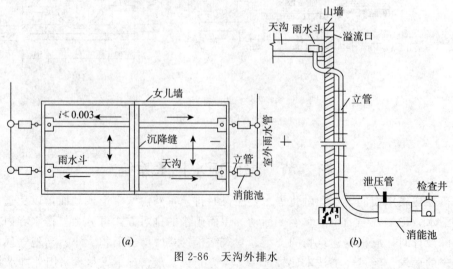

(a)

图 2-86　天沟外排水

(a) 剖面图；(b) 平面图

天沟的设计应保证排水通畅，设计的主要内容：天沟的断面尺寸和坡度等，这些参数要根据水力计算来确定。计算依据：暴雨强度、建筑物的跨度（汇水面积）、屋面结构形式等。设计时应注意：为防止沉降缝、伸缩缝处漏水，一般以建筑物伸缩缝为分水线，在分水线两侧分别设置天沟，流水长度一般不宜大于 50m，坡度不宜小于 0.003，雨水流向山墙；天沟外排水应在山墙、女儿墙上或天沟末端设置溢流口。以防止暴雨时立管排水不畅，屋面大量积水造成负荷过大，出现险情。

（二）内排水系统

在建筑物屋面设置雨水斗，而雨水管道设置在建筑物内部为内排水系统。常用于屋面跨度大、屋面曲折（壳形、锯齿形）、屋面有天窗等设置天沟有困难的情况，以及高层建筑、建筑立面要求比较高的建筑、大屋顶建筑、寒冷地区的建筑等不宜在室外设置雨水立管的情况，多采用内排水。内排水系统如图 2-87 所示。

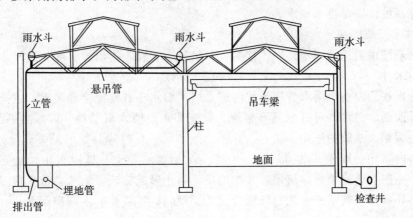

图 2-87　屋面雨水内排水系统

1. 内排水系统分类

内排水系统由雨水斗、连接管、悬吊管、立管、排除管、埋地干管和检查井组成，如图 2-87 所示。

屋面雨水内排水系统可以分为不同的类型：

（1）根据排水系统是否与大气相通分

根据雨水排水系统是否与大气相通，内排水系统可分为：密闭系统和敞开系统。

敞开系统：为重力排水，检查井设置在室内，敞开式可以接纳生产废水，省去生产废水的排出管，但在暴雨时可能出现检查井冒水现象。

密闭系统：雨水由雨水斗收集，进入雨水立管，或通过悬吊管直接排至室外的系统，室内不设检查井。密闭式排出管为压力排水。一般为安全可靠，宜采用密闭式排水系统。

（2）根据单个立管连接雨水斗个数分

根据每根立管连接的雨水斗的个数，可以分为单斗和多斗雨水排水系统。

单斗系统：悬吊管上只连接单个雨水斗的系统。

多斗系统：悬吊管上连接一个以上雨水斗（一般不得多于 4 个），悬吊管将雨水斗和排水立管连接起来。

在条件允许的情况下，应尽量采用单斗排水，以充分发挥管道系统的排水能力，单斗系统的排水能力大于多斗系统。多斗系统的排水量大约为单斗系统的80%。

（3）按管中水流设计流态分

按雨水管中水流的设计流态可分为：压力流（虹吸式）雨水系统、重力伴有压流雨水系统、重力无压流雨水系统。

压力流（虹吸式）雨水系统：采用虹吸式雨水斗，管道中呈全充满的压力流状态，屋面雨水的排水过程是一个虹吸排水过程。

重力伴有压流雨水系统：设计水流状态为伴有压流，系统的设计流量、管材、管道布置等考虑了水流压力的作用。

当屋面形状比较复杂、面积比较大时，也可在屋面的不同部位，采用几种不同形式的排水系统，即混合式排水系统，如采用内、外排水系统结合；压力、重力排水结合；暗管明沟结合等系统以满足排水要求。

2. 内排水系统组成

内排水系统由天沟、雨水斗、连接管、悬吊管、立管、排出管等部分组成。

（1）雨水斗

雨水斗设在屋面整个雨水管道系统的进水口，雨水斗有整流格栅装置，主要作用是最大限度地排泄雨、雪水；对进水具有整流、导流作用，使水流平稳，以减少系统的掺气；同时具有拦截粗大杂质的作用。

目前国内常用的雨水斗为65型、79型、87型雨水斗、平箅雨水斗、虹吸式雨水斗等，雨水斗一般有导流槽或导流罩，其作用是：防止形成旋流，旋流会带入很多气体，掺气量大，将导致雨水管道泄水能力降低。图2-88为65型雨水斗、79型雨水斗和虹吸式雨水斗示意图。

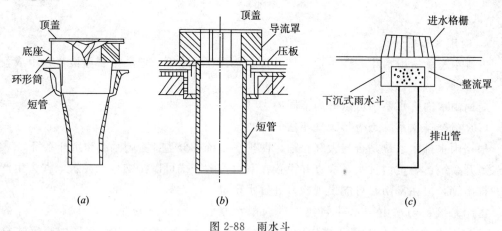

图 2-88 雨水斗

（a）65型雨水斗；（b）79型雨水斗；（c）虹吸式雨水斗

（2）连接管

连接雨水斗与悬吊管的短管。

（3）悬吊管

悬吊管与连接管和雨水立管连接，是雨水内排水系统中架空布置的横向管道。对于一些重要的厂房，不允许室内检查井冒水，不能设置埋地横管时，必须设置悬吊管。

（4）立管

立管接纳雨水斗或悬吊管的雨水，与排出管连接。

排出管：将立管的水输送到地下管道中，考虑到降雨过程中常常有超过设计重现期的雨量或水流掺气占去一部分容积，所以雨水排出管设计时，要留有一定的余地。

（5）埋地横管

密闭系统一般是采用悬吊管架空排至室外的，不设埋地横管；敞开系统，室内设有检查井，检查井之间的管为埋地敷设。

（6）检查井

雨水常常把屋顶的一些杂物冲进管道。为便于清通，室内雨水埋地管之间要设置检查井。设计时应注意，为防止检查井冒水，检查井深度不得小于0.7m。检查井内接管应采用管顶平接，而且平面上水流转角不得小于135°，如图2-89检查井内接管方式所示。

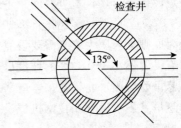

图 2-89 检查井内接管

二、屋面雨水排水系统的选择与设置

（一）屋面雨水排水系统的选择

屋面雨水排水系统的选择。应根据建筑物的规模、屋面结构、使用要求等，结合各不同的雨水排水系统的特点综合考虑后确定。一般应考虑以下因素：

1. 雨水系统的安全性

一般情况下，各雨水排水系统的安全性顺序为：

密闭式系统＞敞开式系统；

外排水系统＞内排水系统；

87型雨水斗重力流系统＞虹吸式系统＞堰流式雨水斗重力流系统。

2. 雨水系统的经济性

雨水系统的经济性顺序为：

虹吸式压力流系统＞87型雨水斗重力流系统＞堰流式雨水斗重力流系统。

3. 各种雨水排水系统的适用特点

屋面雨水排水系统的选择，除考虑安全性、经济性以外，主要应根据各种雨水排水系统的特点，结合当地以及该建筑的实际情况综合分析后确定。

（1）雨水排水系统应优先考虑外排水，但要先征得建筑师同意。

（2）屋面集水优先考虑天沟形式，雨水斗应设置于天沟内。

（3）虹吸式屋面雨水排水系统适用于大型屋面的库房、工业厂房、公共建筑等。

（4）不允许室内冒水的建筑。应采用密闭系统或外排水系统，不得采用敞开式内排水系统。

（5）87型雨水斗系统和虹吸式压力流系统应采用密闭系统。

（6）寒冷地区应尽量采用内排水系统。

（7）单斗与多斗系统比较，一般情况下，优先采用单斗系统。但虹吸式雨水系统悬吊管上接入的雨水斗数量一般不受限制。

确定雨水排水系统时应注意：屋面雨水严禁接入室内生活污废水系统，或室内生活污废水管道直接与屋面雨水管道连接。

（二）屋面雨水排水系统的设置

1. 悬吊管的设置

悬吊管一般沿梁或屋架下弦布置，并应固定在其上。其管径不得小于雨水斗连接管管径，如沿屋架悬吊时，其管径不得大于 300mm。悬吊管长度超过 15m 时，靠近墙、柱的地方应设检查口，且检查口间距不得大于 20m。重力流雨水系统的悬吊管管道充满度不大于 0.8，管道坡度一般不小于 0.005，以利于流动而且便于清通。虹吸式雨水系统中的悬吊管，原则上为压力流不需要设坡度，但由于大部分时间悬吊管内可能处于非满流排水状态，宜设置不小于 0.003 的坡度以便管道排空。

悬吊管与雨水立管连接，应采用两个 45°弯头或 90°斜三通。

悬吊管不得设置在精密机械设备和遇水会产生危害的产品及原料的上空，否则应采取预防措施。

2. 雨水斗的设置

布置雨水斗时，应以伸缩缝或沉降缝作为排水分水线，否则应在该缝两侧各设置一个雨水斗。雨水斗的间距应按计算确定，还应考虑建筑物的结构特点，如柱子的布置等，一般可采用 12～24m，天沟的坡度可采用 0.003～0.006。雨水斗的安装要求，主要是连接处密封不漏水，与屋面的连接处必须作好防水处理。

虹吸式雨水斗应设置在天沟或檐沟内，天沟的宽度和深度应按雨水斗的安装要求确定，一般沟的宽度不小于 550mm，沟的深度不小于 300mm。一个计算汇水面积内，不论其面积大小，均应设置不少于两个雨水斗；而且雨水斗之间的距离不应大于 20m。屋面汇水最低处应至少设置一个雨水斗。一个排水系统上设置的所有雨水斗，其进水口应在同一水平面上。如屋面为弧形或抛物线屋面时，其天沟不在同一水平面上，宜在等高线和汇水分区的最低处集中设置多个雨水斗，按不同水平面上的雨水斗分别设置单独的立管。

3. 连接管的设置

连接管应牢固地固定在建筑物的承重结构上，其管径一般与雨水斗短管的管径相同，但不宜小于 100mm。

4. 立管的设置

立管一般沿墙、柱明装，在民用建筑内，一般设在楼梯间、管井、走廊等处，不得设置在居住房间内。

立管的管径不得小于与其连接的悬吊管管径。

重力流雨水系统立管的上部为负压，下部为正压，所以立管是处于压力流状态，排水能力较大，而排出管埋设在地下，是整个雨水管道系统中容易出问题的薄弱环节，立管的下端宜采用 2 个 45°弯头或大曲率半径的 90°弯头接入排出管。

5. 排水管的设置

考虑到降雨过程中常常有超过设计重现期的雨量、或水流掺气占去一部分容积，所以雨水排出管设计时。要留有一定的余地。

6. 埋地横管的设置

埋地管的最小管径为 200mm，最大不超过 600mm，以保证水流通畅，便于清通。

　　埋地管不得穿越设备基础及其他地下构筑物；埋地管的埋设深度，一般可参照排水管道的规定，在民用建筑中不得小于 0.15m。

　　雨水排水系统的管道材料可采用铸铁管、钢管或高密度聚乙烯管等。埋地管也可采用混凝土管、陶土管。

　　屋面计算面积超过 5000m^2 时，必须设置至少两个独立的屋面雨水排水系统。

第三章　建筑供暖工程

在冬季，室外温度低于室内温度，房间的围护结构（墙、屋顶、地板、门窗）不断向室外散失热量，室外冷空气由门窗等空气通道进入室内，使房间温度变低，影响人们的正常生活和工作，为使室内保持所需要的温度，就必须向室内供给相应的热量，这种供给热量的技术叫做供暖。

为使建筑物达到供暖目的，而由热源或供热装置、散热设备和管道等组成的网络，叫做供暖系统。

第一节　建筑供暖系统

一、建筑供暖系统的分类与组成

供暖系统主要有热水供暖系统、蒸汽供暖系统、低温辐射供暖系统及热风供暖系统四种。

（一）建筑供暖系统的分类

1. 热水供暖系统

以热水作为热媒的供暖系统，称为热水供暖系统，它是目前使用最广泛的一种供暖系统。

热水供暖系统主要有重力循环热水供暖系统，机械循环热水供暖系统、高层建筑热水供暖系统及分户计量热水供暖系统四种。

（1）重力循环热水供暖系统

在热水供暖中，以不同温度的水的密度差为动力而进行循环的系统，称为重力循环系统，如图 3-1、图 3-2 所示。

1）单管上供下回式系统

图 3-3 为单管上供下回式系统的示意图。图中左侧为常规单管跨越式，即流向三层和二层散热器的热水水流分成两部分：一部分直接进入该层散热器，而另一部分则通过跨越管与本层散热器回水混合后再流向下层散热器。这样顺序经过各层散热器的热水，逐渐地被冷却，最后流回锅炉被再次加热。有时，也可以在跨越管上增设阀门，形成如图 3-3 左侧中部所示的形式。这时，设置在跨越管上的阀门在系统调试前是关闭的，系统调试时用它来调节热水流量，以缓和上热下冷的弊病。该阀门建议采用钥匙阀，以避免调试后用户任意启闭，影响平衡。

图 3-3 的右侧部分为单管串联式，亦称单管顺序式。即流经立管的热水，由上而下顺序通过各层散热器，逐层被冷却，最后经回水总管流回锅炉。由于此系统各层散热器支管上不安装阀门，所以房间温度也就不能任意调节。

2）双管上供下回式系统

图 3-4 为双管上供下回式系统。该系统的特点是，各层的散热器都并联在供回水立管

间，使热水直接被分配到各层散热器，而冷却后的水，则由回水支管经立管、干管流回锅炉。

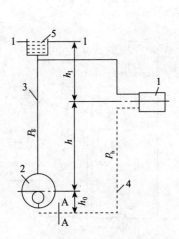

图 3-1　重力循环系统工作原理

1—散热器；2—锅炉；3—供水总管；
4—回水总管；5—膨胀水箱

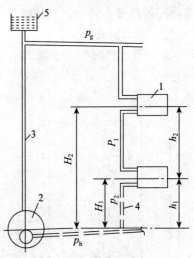

图 3-2　单管重力循环系统

1—散热器；2—锅炉；3—供水总立管；
4—回水立管；5—膨胀水箱

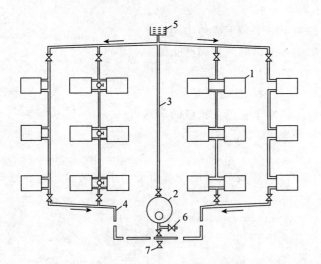

图 3-3　单管上供下回式系统

1—散热器；2—锅炉；3—供水管；4—回水管；
5—膨胀水箱；6—上水管；7—排水管

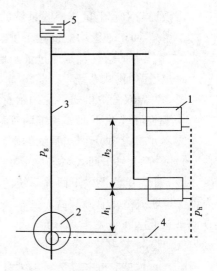

图 3-4　双管上供下回式系统

1—散热器；2—锅炉；3—供水管；
4—回水管；5—膨胀水箱

（2）机械循环热水供暖系统

机械循环热水供暖系统的特点是系统中设有循环水泵，使系统中的热媒进行强制循环。由于水在管道内的流速大，所以它与重力循环系统相比具有管径小、升温快的特点。但因系统中增加了循环水泵，因而需要增加维修工作量，而且也增加了经常运行费用。

1）双管上供下回式系统

图 3-5 是双管上供下回式系统的示意图。其系统形式与重力循环系统基本相同。除了膨胀水箱的连接位置不同外，只是增加了循环水泵和排气设备。

2）双管下供下回式系统

图 3-6 是双管下供下回式系统的示意图。

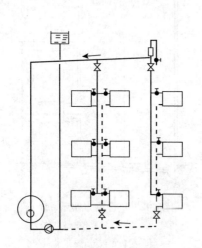

图 3-5 双管上供下回式系统

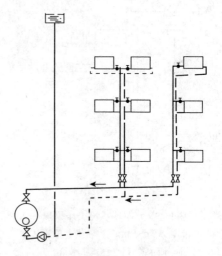

图 3-6 双管下供下回式系统

该系统与双管上供下回式系统的不同点在于：

① 供、回水干管均敷设在不供暖的地下室平顶下或地沟内；

② 系统中的空气，是通过最上层散热器上部的放气阀排除的。

3）双管中供式系统

图 3-7 为双管中供式系统的示意图。这种系统的优点是：

① 避免了上供下回式系统明管敷设的供水干管挡上腰窗的问题；

② 缓和了上供下回式系统的垂直失调现象。

4）单管上供下回式系统

图 3-8 为单管上供下回式系统的示意图。图中总立管的左侧部分为单管跨越式，右侧为单管串联式（单管顺序式）。

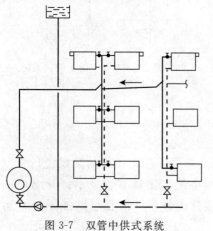

图 3-7 双管中供式系统

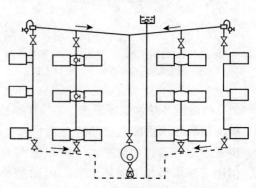

图 3-8 单管上供下回式系统

5）单管水平式系统

单管水平式系统按供水管与散热器连接方式的不同，可分为上串联式和下串联式（图 3-9）和跨越式（也称并联式，图3-10）。上串联式和上并联式与下串联式和下并联式比，节约了散热器上的放空气阀，并实现了连续排气；而带空气管的水平串联式系统，不仅增加了管材和安装工程量，而且还不能单独调节散热器需热量，故此种配管方式并不可取。

在上串联式单管水平式系统中，散热器内部水的循环，取决于热媒的质流量和散热器高度等因素。试验证明只有当系统中的循环水流量 $G \geqslant 350\text{kg/h}$ 时，才能通过"引射作用"使散热器下部的水形成稳定的循环。

为提高并联式的调节效果，可在每组散热器回水支管与干管的连接处，安装一个"引射式"三通，如图 3-10 所示。

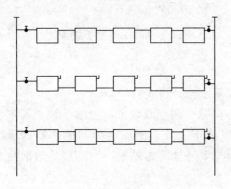

图 3-9　单管水平串联式系统

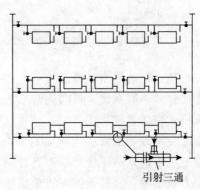

引射三通

图 3-10　单管水平跨越式系统

6）双管下供上回式系统

图 3-11 是双管下供上回式系统示意图。这种系统的优点是：

① 水的流向是自下而上，与系统内空气的流向一致，因而空气排除比较容易；

② 由于回水干管在顶层，故无效热损失小；

③ 用于高温水系统时，由于温度低的回水干管在顶层，温度高的供水干管在底层，故可降低膨胀水箱的标高，也有利于系统中空气的排除。

这种系统的缺点是散热器传热系数要比上供下回式低。散热器的平均水温几乎等于甚至有时还低于出口水温，这就无形中增加了散热器的面积。但当用于高温水供暖时，这一特点却有利于满足散热器表面温度不致过高的卫生要求。为此，这种形式宜应用于高温水供暖系统。

7）混合式系统

图 3-12 是下供上回式（倒流式）与上供下回式连接的混合式系统的示意图。来自外网的高温水自下而上流入 1、2 号立管的散热器，然后再引到系统的后面部分（立管 3、4）。

其中，1、2 立管直接利用高温水为热媒。但为了使这部分散热器的表面温度不致过高，采用了单管跨越式系统。同时，为了解决系统的压力平衡，在立管下部，设置有节流孔板。

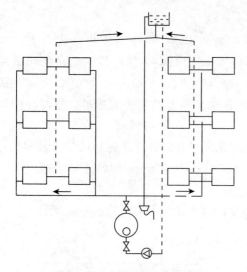

图 3-11　双管下供上回式系统

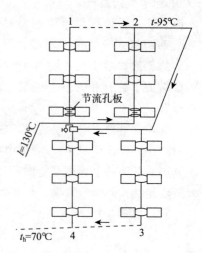

图 3-12　混合式系统

（3）高层建筑热水供暖系统

高层建筑供暖系统，目前通常采用分层式和双水箱分层式两种。

分层式供暖系统见图 3-13，该系统在垂直方向分成两个或两个以上的系统。其下层系统，通常与室外热网直接连接。它的高度主要取决于室外热网的压力和散热器的承压能力。而上层系统则通过热交换器进行供热，从而与室外热网相隔绝。当高层建筑散热器的承压能力较低时，这种连接方式是比较可靠的。

此外，当热水温度不高，使用热交换器显然不经济合理时，则可以采用如图 3-14 所示的双水箱分层式系统。该系统具有以下特点：

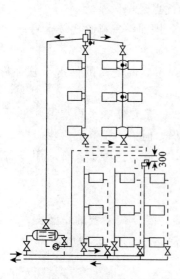

图 3-13　分层式供暖系统

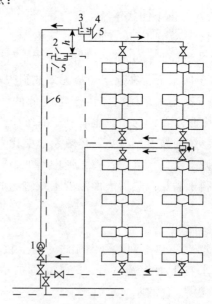

图 3-14　双水箱分层式系统

1—加压泵；2—回水箱；3—进水箱；4—进水箱
溢流管；5—信号管；6—回水箱溢流回水管

1）上层系统与外网直接连接。当外网供水压力低于高层建筑静水压力时，在供水管上设加压泵。而且利用进、回水两个水箱的水位差 h 进行上层系统的循环。

2）上层系统利用非满管流动的溢流管 6 与外网回水管的压力隔绝。

3）利用两个水箱与外网压力相隔绝，在投资方面低于热交换器，且简化了入口设备。

4）采用了开式水箱，易使空气进入系统，增加了系统的腐蚀因素。

（4）分户计量热水供暖系统

住宅进行集中供暖分户计量是建筑节能、提高室内供热质量、加强供暖系统智能化管理的一项重要措施。该技术在发达国家早已实行多年，是一项成熟的技术。我国政府目前已开始逐步实施该项技术，并且近几年在多个地区进行了该项技术的试验研究，已取得了一些成功的经验。

1）分户计量系统要求

新建住宅热水集中供暖系统，在条件成熟时应设置分户热计量和室温控制装置，这样的系统应具备以下条件：

① 用户可以根据需要分室控制室内温度，既满足了用户舒适性的要求，又可根据需要区别对待以达到节能的目的。

② 可靠的热量计量，能准确计量每户用热量，以便计量收费。

2）系统制式

不同的计量方法对系统的制式要求不同，采用户用热量表必须对每户形成单独的供暖环路，而采用热分配表时，由于热分配表采用的计量方式是测试散热器的散热量，因此理论上认为其可适用于目前的各种热水集中供暖系统形式，这样对于系统制式的讨论也可分为两种情况。

① 适合热量表的供暖系统

为使每一户安装一个热量表就应对每一户都设有单独的进出水管，这就要求系统能够对各户设置供回水管道。目前比较可行的供暖系统形式就是建设部2000 年 10 月 1 日实施的《民用建筑节能管理规定》中第五条规定的："新建居住建筑的集中供暖系统应当使用双管系统，推行温度调节和户用热量计量装置实行供热收费"，如图 3-15 所示。

室内可做成水平单管串联系统［图 3-16 (a)］，此系统不能装恒温阀调节室温，故不宜采用这种系统；另还有水平单管跨越式［图 3-16 (b)］、双管上行下给式［图 3-16 (c)］、双管上行上给式［图 3-16 (d)］几种形式，可供选择。

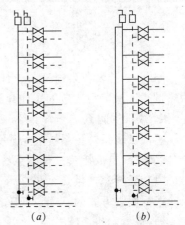

图 3-15　分户计量双立管供暖系统

② 适合热量分配表的系统

热量分配表分为蒸发式和电子式两大类。虽然工作原理不同，但在供暖系统中对热量的计量方法是一致的，即均为计量散热器对房间散出的热量。由于该类仪表直接测试散热器对室内的放热量，因此不考虑分室控制时，是目前在建筑中使用的各种供暖系统均可以采用的进行热量计量的热分配表。

由于热分配表的计量方法的要求，在热量计量中还需对一栋建筑物或一个单元的入口安装热量表进行计量，然后再根据热分配表的计量值实行分配。

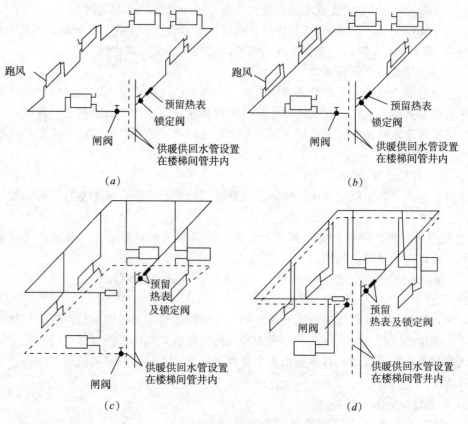

图 3-16　分户计量供暖系统户内常用的几种形式

由于热量表和热分配表在计量上对供暖系统的要求不同，因此建议：新建建筑宜采用热量表计量。而改造的居住建筑供暖系统宜采用热量分配表计量。

2. 蒸汽供暖系统

蒸汽供暖系统按系统起始压力的大小可分为：高压蒸汽供暖系统（系统起始压力大于 $0.7 \times 10^5 \text{Pa}$）、低压蒸汽供暖系统（系统起始压力等于或低于 $0.7 \times 10^5 \text{Pa}$）。

（1）低压蒸汽供暖系统

根据回水方式的不同，低压蒸汽供暖系统可分为重力回水和机械回水两类。

1）重力回水系统

图 3-17 为重力回水系统的简图。在系统运行前，锅炉充水至 I—I 处，运行后在蒸汽压力的作用下，克服蒸汽流动的阻力，经供汽管道输入散热器内，并将供汽管道和散热器内的空气驱入凝水管，最后从"B"处排入大气。蒸汽在散热器内放热后，冷凝成水，经凝水管道返回锅炉。

通常，冷凝水只占据凝水管的部分断面，另一部分被空气所占据。由于凝水干管一般处于锅炉（或凝水箱）的水位线之上，所以，通常称为干式凝水管，而位于锅炉（或凝水箱）水位线以下的凝水管统称为湿式凝水管。

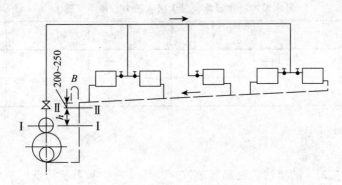

图 3-17　重力式回水系统

在图 3-17 中，因凝水总立管顶部接空气管，在蒸汽压力的作用下，凝水总立管中的水位将由 I-I 断面升高到 II-II 断面。由于"B"处通大气，故升高值 h 应按锅炉压力折算静水位高度而定。为了保证干式回水，凝水管也须敷设在 II-II 断面以上，并考虑锅炉的压力波动，应使它高出 II-II 断面 200～250mm。这样，才可使散热器内部不致被凝水所淹没，从而保证系统的正常运行。

2）机械回水系统

当系统作用半径较长时，就应采用较大的蒸汽压力才能将蒸汽输送到最远散热器。此时，若仍用重力回水，凝水管里的水面 II—II 的高度就可能会达到甚至超过底层散热器的高度，这样，底层散热器就会充满冷凝水，蒸汽就无法进入，从而影响散热。这时必须改用机械回水式系统，如图 3-18 所示。

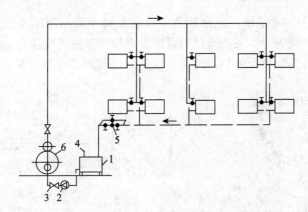

图 3-18　机械回水系统

1—凝水箱；2—凝水泵；3—止回阀；4—空气管；5—疏水器；6—锅炉

在机械回水系统中，锅炉可以不安装在底层散热器以下，而只需将凝水箱安装在低于底层散热器和凝水管的位置就行。而系统中的空气，可通过凝水箱顶部的空气管排入大气。

为防止系统停止运转时，锅炉中的水被倒吸流入凝水箱，应在泵的出水口管道上安装止回阀。为了避免凝水在水泵吸入口汽化，确保水泵的正常工作，凝水泵的最大吸水高度和最小正水头高度必须受凝水温度的制约，具体数值如表 3-1 所示。

凝水泵的凝水温度、最大吸入压力、最小正压力　　　　表 3-1

凝水温度（℃）	0	20	40	50	60	75	80	90	100
最大吸入压力（kPa）	64	59	47	37	23	0			
最小正压力（kPa）							2	3	6

（2）高压蒸汽供暖系统

1）供暖系统的特点

凡压力大于 70kPa 的蒸汽称为高压蒸汽。高压蒸汽供暖系统与低压蒸汽系统相比，有下列特点：

① 供汽压力高，流速大，系统作用半径大，但沿程管道热损失也大。对于同样的热负荷，所需管径小；但如果沿途凝水排泄不畅时，会产生严重水击。

② 散热器内蒸汽压力高，表面温度也高，对于同样的热负荷所需散热器面积少；但易烫伤人和烧焦落在散热器上的有机尘，卫生和安全条件较差。

③ 凝水温度高，容易产生二次蒸发汽。

2）几种常用的高压蒸汽供暖系统

① 上供上回式系统

图 3-19 为上供上回式系统。其供汽与凝水干管均敷设在房屋上部，冷凝水靠疏水器后的余压上升到凝水干管。在每组散热设备的凝水出口处，除应安装疏水器外，还应安装止回阀并设置泄水管、放空气管等，以便及时排除每组散热设备和系统中的空气和凝水。

② 上供下回式系统

图 3-20 是上供下回式系统。疏水器集中安装在每个环路凝水干管的末端。在每组散热器进、出口均安装球阀，以便调节供汽量以及在检修散热器时能与系统隔断。

为了使系统内各组散热器的供汽均匀，最好采用同程式管道布置，如图 3-21 所示。

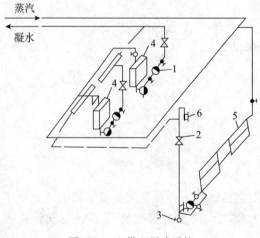

图 3-19　上供上回式系统

1—疏水器；2—止回阀；3—泄水阀；4—暖风机；
5—散热器；6—放空气阀

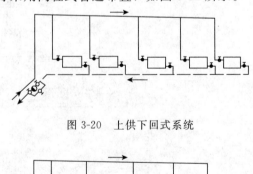

图 3-20　上供下回式系统

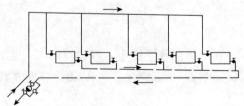

图 3-21 同程式管道布置

图 3-22 为单管串联式系统的示意图。

不论采用何种系统，应在每个环路末端疏水器前设排空气装置（疏水器本身能自动排气者除外）。

3）凝水回收系统

凝水回收系统根据其是否与大气相通可分为开式系统和闭式系统两类。前者不可避免地要产生二次蒸汽的损失和空气的渗入，损失热量与凝水，腐蚀管道，污染环境，因而一般只适用于凝水量小于 10t/h、作用半径小于 500m 的小型工厂。

按照凝水流动的动力，凝水回收系统可分为余压回水、闭式满管回水和加压回水三种。

① 余压回水

从室内加热设备流出的高压凝水，经疏水器后，直接接入外网的凝水管道而流回锅炉房的凝水箱，如图 3-23 所示。

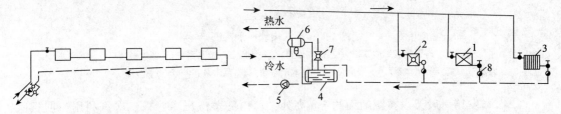

图 3-22　单管串联式系统

图 3-23　余压回水系统

1—通风加热设备；2—暖风机组；3—散热器；4—闭式
凝水箱；5—凝水加压泵；6—利用二次汽的
水加热器；7—安全阀；8—疏水器

余压回水系统的凝水管道对坡度和坡向无严格要求，可以向上或向下甚至可以抬高到加热设备的上部，而且锅炉房的闭式凝水箱的标高不一定要在室外凝水干管最低点标高之下。

余压回水系统可以做成开式或闭式。图 3-23 所示为闭式系统。它用安全阀（或多级水封）使凝水箱与大气隔绝。产生的二次汽可用作低压用户的热媒。

为了使压力不同的两股凝水顺利合流，避免相互干扰，可采取如图 3-24 所示的简易措施。即将压力高的凝水管做成喷嘴或多孔管形式顺流向插入压力低的凝水管中。

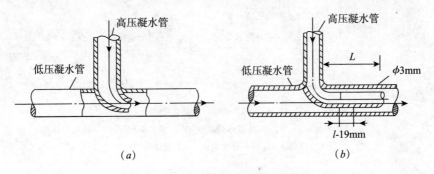

（a）　　　　　　　　　　　　　　　　（b）

图 3-24　高低压凝水合流的简易措施

图（b）中：L = 孔数 $n \times 6.5$ mm

n（孔数）＝12.4×高压凝水管截面积（cm^2）

223

② 闭式满管回水

为了避免余压回水系统汽液两相流动容易产生水击的弊病和克服高低压凝水合流时的相互干扰，在有条件就地利用二次汽时，可将热用户各种压力的高温凝水先引入专门设置的二次蒸发箱，通过蒸发箱分离二次蒸汽并就地加以利用，分离后的凝水借位能差（或水泵）将凝水送回锅炉房，这就形成闭式满管回水，如图 3-25 所示。

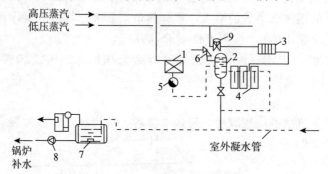

图 3-25　闭式满管回水系统

1—高压蒸汽加热器；2—二次蒸发箱；3—低压蒸汽散热器；4—多级水封；

5—疏水器；6—安全阀；7—闭式凝水箱；8—凝水泵；9—压力调节器

二次蒸发箱一般架设在距地面约 3m 高处。箱内的蒸汽压力，视二次汽利用与回送凝水的温度需要而定，一般情况下，可设计为 $0.2\times10^5\sim0.4\times10^5$ Pa。在运行中，当用汽量小于二次汽化量时，箱内压力升高，此时安装在箱上的安全阀就排汽降压；反之，当用汽量大于二次汽化量时，箱内压力降低，此时应有自动的补汽系统进行补汽。通过排汽和补汽，以维持二次蒸发箱内基本稳定的工作压力。

③ 加压回水

当靠余压不能将凝水送回锅炉房时，可在用户处（或几个用户联合的凝水分站）安设凝水箱，收集从各用热设备中流出的不同压力的凝水，在处理二次蒸汽（或就地利用或排空）后，利用泵或疏水加压器等设施提高凝水的压力，使之流回锅炉房凝水箱，称为加压回水，如图 3-26 所示。

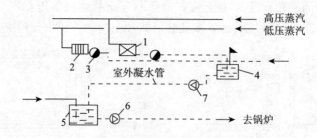

图 3-26　加压回水系统

1—高压蒸汽加热器；2—低压蒸汽散热器；3—疏水器；4—车间（分站）凝水箱；

5—总凝水箱；6—凝水泵；7—泵或疏水加压器

3. 低温辐射供暖系统

低温辐射供暖作为冬季的一种供暖形式，国外早在 20 世纪 30 年代已被应用在住宅中。近 20～30 年来，低温辐射供暖以其卫生条件高、舒适性好、温度梯度均匀、可利用热源多等优点被越来越多地应用在住宅、别墅的居室和客厅、宾馆的大厅和餐厅、商场、游泳池、车库等建筑以及室外路面、户外运动场的地面化雪等工程中。

低温辐射供暖是指辐射板表面温度低于80℃的辐射供暖形式。低温辐射供暖按其构造分为埋管式、风道式和组合式；按其布置位置分为地面式、墙面式、顶面式和楼板式。

（1）系统的特点

埋管式辐射供暖因供水温度一般小于60℃，管路基本不结垢，多采用管路一次性埋设于混凝土中的做法；埋管式辐射供暖的平、剖面基本构造（图3-27、图3-28、图3-29、图3-30）可根据计算确定，其中，保温层主要是用来控制热量传递方向，埋管结构层用来固定埋设盘管，均衡表面温度。管道材料有钢管、铜管和塑料管，早期的埋管式辐射供暖管道均采用钢管和铜管，埋设的管道需焊接。目前由于塑料工业的发展，通过特殊处理和加工的塑料管已满足了低温辐射供暖对塑料管耐高温、承压高和耐老化的要求，而且管道按设计要求长度生产，埋设部分无接头，杜绝了埋地部分的管道渗漏，另外，塑料管容易弯曲，易于施工，因此，现在的辐射供暖管材多数采用塑料管。地面辐射供暖所采用的塑料管主要有交联聚乙烯管（PE-X管）、聚丁烯管（PB管）、交联铝塑复合管（XPAP）、无规共聚聚丙烯管（PP-R）四种。这四种塑料管均具有耐老化、耐腐蚀、不结垢、承压高、无环保污染、沿程阻力小等优点。

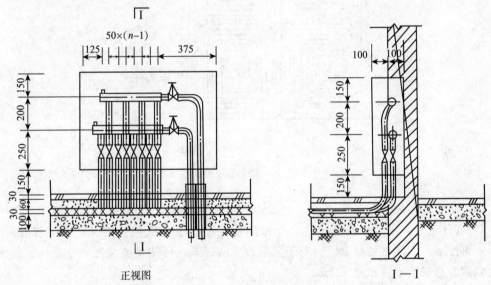

图 3-27　分、集水器详图

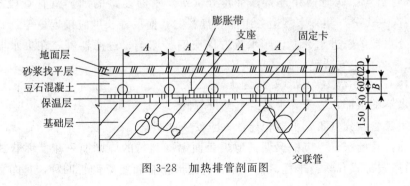

图 3-28　加热排管剖面图

225

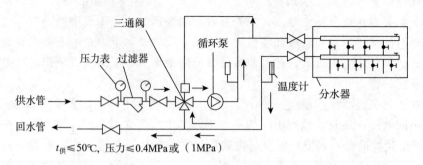

图 3-29 加热管系统图

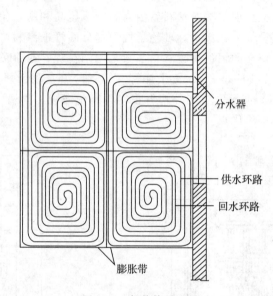

图 3-30 加热管平面图

（2）系统的组成

1）在住宅建筑中，地板辐射供暖的加热管应按户划分成独立的系统，设置分（集）水器，再按室分组配置加热盘管。对于其他性质的建筑，可按具体情况划分系统。每组加热管回路的总长度不宜超过 120m。

2）每组加热盘管的供、回水应分别与分（集）水器相连接。通过分（集）水器的总进（出）水管再与供暖管网相连接，每套分（集）水器连接的加热盘管管段不应超过 8 组，连接在同一个分（集）水器上各组加热盘管的几何尺寸长度应接近相等。

3）在分水器的总进水管上，顺水流方向应安装球阀、过滤器等，在集水器的总出水管上，顺水流方向应安装平衡阀、球阀等。

注：如需进行分户热计量时，热表应安装在过滤器之后。

4）分水器的顶部，应安装手动或自动排气阀。

5）各组盘管与分（集）水器相连处，应安装球阀。

6）加热排管的布置，应根据保证地板表面温度均匀的原则而采用。埋管式辐射供暖的常见管道布置形式有联箱排管、平行排管、蛇形排管和蛇形盘管四种，其布置形式见图

3-31。联箱排管式辐射供暖管路易于布置，系统阻力小，但板面温度不均匀，温降小，排管与联箱间采用管件或焊接连接。其余三种形式的管路均为连续弯管，系统阻力适中，特别适用于较长塑料管材弯曲敷设；其中，平行排管辐射供暖管路易于布置，但板面温度不均匀，管路转弯处转弯半径小；蛇形排管辐射供暖温降适中，板面温度均匀，但管路的一半数目转弯处的转弯半径小；蛇形盘管辐射供暖温降适中，板面温度均匀，盘管管路只有两个转弯处的转弯半径小。对于目前辐射供暖大多采用塑料管材的今天，平行排管、蛇形排管、蛇形盘管三种形式被经常采用。

详细内容请见本节中的"建筑地板辐射供暖系统"。

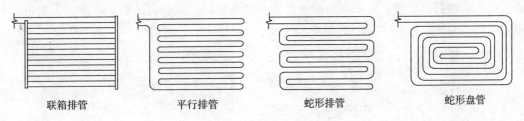

联箱排管　　　　平行排管　　　　蛇形排管　　　　蛇形盘管

图 3-31　排管形式

4. 热风供暖系统

热风供暖适用于耗热量大的建筑物，间歇使用的房间和有防火防爆要求的车间。热风供暖是比较经济的供暖方式之一，具有热惰性小、升温快、设备简单、投资省等优点。

热风供暖有：集中送风，管道送风，悬挂式和落地式暖风机等形式，其中集中送风方式应用最为广泛。

（1）应用范围

符合下列条件之一时，应采用热风供暖：

1）能与机械送风系统合并时；

2）利用循环空气供暖，技术、经济合理时；

3）由于防火、防爆和卫生要求，必须采用全新风的热风供暖时。

属于下列情况之一时，不得采用空气再循环的热风供暖：

1）空气中含有病原体（如毛类、破烂布等分选车间）、极难闻气味的物质（如熬胶等）及有害物质浓度可能突然增高的车间；

2）生产过程中散发的可燃气体、蒸汽、粉尘与供暖管道或加热器表面接触能引起燃烧的车间；

3）生产过程中散发的粉尘受到水、水蒸气的作用能引起自燃、爆炸以及受到水、水蒸气的作用能产生爆炸性气体的车间；

4）产生粉尘和有害气体的车间，如落砂、浇筑、砂处理工部、喷漆工部及电镀车间等。

位于严寒地区和寒冷地区的生产厂房，当采用热风供暖且距外窗 2m 或 2m 以内有固定工作地点时，宜在窗下设置散热器。

当非工作时间不设值班供暖系统时，热风供暖不宜少于两个系统，其供热量的确定，应根据其中一个系统损坏时，其余仍能保持工艺所需的最低室内温度，但不得低于 5℃。

（2）集中送风

集中送风的供暖形式比其他形式可以大大减少温度梯度，因而减少由于屋顶耗热增加所引起的不必要的耗热量，并可节省管道与设备等。一般适用于允许采用空气再循环的车间，或作为有大量局部排风车间的补风和供暖系统。对于内部隔断较多、散发灰尘或大量散发有害气体的车间，一般不宜采用集中送风供暖形式。

设计循环空气热风供暖时，在内部隔墙和设备布置不影响气流组织的大型公共建筑和高大厂房内，宜采用集中送风系统。

集中送风主要有平行送风和扇形送风两种，如图 3-32 所示。选用的原则主要取决于房间的大小和几何形状，因房间的形状、大小对送风的地点、射流数目、射程、射流初始速度、喷口的构造和尺寸等因素有关。

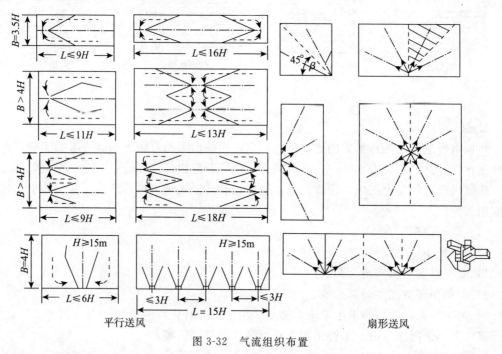

平行送风　　　　　　　　　　　　　　　　　　　　　扇形送风

图 3-32　气流组织布置

每股射流作用的宽度范围：

平行送风时　　　　　　　　　　　$B \leqslant (3 \sim 4)H$

扇形送风时　　　　　　　　　　　$\beta = 45°$

每股射流作用半径：

平行送风时　　　　　　　　　　　$L \leqslant 9H$

扇形送风时　　　　　　　　　　　$R \leqslant 10H$

集中送风气流分布情况如表 3-2 所示。

集中送风气流分布情况 表 3-2

H (m)	h (m)	B (m)	气 流 分 布	v_1 (m/s)
$4 \sim 9$	$0.7H$	$\leqslant 3.5H$	射流在上，回流在下，工作地带全部处于回流区	v_1
		$\geqslant 4H$	射流在中间，回流在两侧，中间工作地带处于射流区，两旁处于回流区	$0.69v_1$

续表

H（m）	h（m）	B（m）	气　流　分　布	v_1（m/s）
10～13	0.5H	≤3.5H	射流在中间，回流在上下，工作地带全部处于回流区	v_1
		≥4H	射流在中间，回流在两侧，中间工作地带处于射流区，两旁处于回流区	0.69v_1
>13	6～7	≤3H	射流在中间，回流在两侧，工作地带大部分处于射流区	0.69v_1
	7（α=10～20°）	≤3H	射流在下，回流在上，工作地带全部处于射流区	0.69v_1

注　B—每股射流作用宽度，m；

　　H—房间高度，m；

　　h—送风口中心离地面高度，m；

　　v_1—工作地带最大平均回流速度，m/s。

（二）建筑供暖系统的组成

室内供暖系统管道是闭式循环管路，对于热水供暖系统，空气从供暖系统各环路最高点排除，供暖干管沿水流方向以不小于 0.002 的坡度逐渐升高，回水干管沿流向以不小于 0.002 的坡度逐渐降低，以利于系统内空气的排除；对于饱和蒸汽供暖系统，系统中的空气经散热器、凝结水管和凝结水箱排除。在安装蒸汽供暖管道时，在各环路的最高点处，应装临时排气装置，以便于在系统安装完工后进行水压试验，将系统的空气排尽。在蒸汽供暖系统中，由于温度变化较大，应正确安装好固定支架，合理解决管道的热补偿问题，防止由于管线的热胀造成系统的破坏。

室内供暖系统由供暖入户管、主立管、水平干管、立管、散热器支管、散热器、阀门和集气罐、疏水器等组成。图 3-33 为室内热水供暖系统组成示意图。

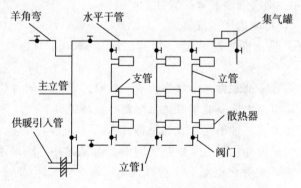

图 3-33　室内热水供暖系统组成

引入管：连接室外供热管网和室内供暖系统相连的一段管段，通常和给水管线一起进入室内，应注意做好保温并及时和土建专业协调，做好预留洞问题。

主立管：从引入管连接水平干管的竖直管段。通常在距地 1.500～1.000m 的地方安装系统总阀门及压力表、温度计等附件。

水平干管：连接主立管和各立管的水平管段。应注意水平干管热膨胀问题，如果主立管上引出 2 条水平干管，也就是供暖系统分 2 个以上环路时，要在主立管与水平干管的连接处做一羊角弯（由 3 个煨制弯头组成），解决管线的热胀冷缩现象。

散热器支管：连接立管和散热器的水平管段。

立管：为连接水平干管和各楼层散热器支管的竖直管段。立管与干管连接后要用乙字弯与散热器支管连接，同时弯头与乙字弯也起伸缩器的作用。

二、常用管材、管件、附件与设备

（一）常用管材、管件和附件

供暖系统承担输送热水或蒸汽的功能，设计常用的管材、管件如下所示：

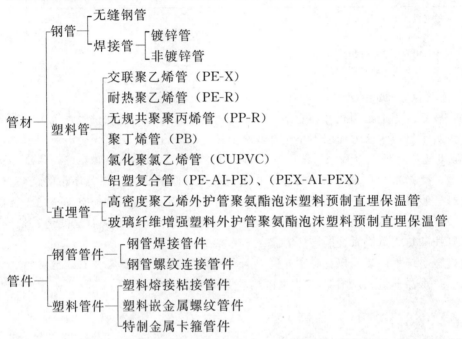

附件——安全阀、截止阀、疏水器、闸阀、减压阀、自动排气阀、止回阀、平衡阀等。

管材和其所对应的管件及附件与给水系统所用管材、管件与附件相同，只是为了排除蒸汽管道内的凝结水，将疏水器安装于管道系统终点或最低处。

疏水器主要有热动力式、钟形浮子式与吊桶式等。

在此应特别指出的是近些年在室外供热管网中普遍提倡并广泛采用直埋管及管件，并颁布了《高密度聚乙烯外护管聚氨酯泡沫塑料预制直埋保温管》CJ/T 114—2000、《高密度聚乙烯外护管聚氨酯泡沫塑料预制直埋保温管件》CJ/T 155—2001 和《玻璃纤维增强塑料外护管聚氨酯泡沫塑料预制直埋保温管》CJ/T 129—2000。

直埋保温管结构由里到外分为三层，第一层为输送介质的工作芯管，芯管一般材质为无缝管（GB 8163—1987）螺旋焊管（GB 971.1—88；SY/T 5038—1992）和直缝焊管（GB 3092—1993）及镀锌钢管和 PP-R 等根据用户不同要求选择，其芯管管径为：ϕ 22、25、32、38、45、57、76、89、108、133、159、219、273、325、377、426、478、529、

630、720、820、920、1220；保温层材料为聚氨酯泡沫塑料或复合保温材料，其保温层厚度为 30～150mm；外护层为高密度聚乙烯夹克管、玻璃钢缠绕管或防腐钢管。直埋保温管又称"管中管"，其由"两步法"构成。

直埋保温管具有以下特点：

（1）保温性能好，热损失仅为传统管材的 25％，可节约大量运行能源。

（2）优异的防水、防腐蚀性能，不需附设管沟，可直接埋入地下或水中，施工简便、快速，综合造价低。

（3）使用寿命可达 30～50 年，正确的安装和使用可使管网维修费用低。

（二）常用设备

供暖系统常用设备如图 3-34 所示。

送排风设备有风机和风管；除尘设备有离心式等除尘器；水处理设备常见有离子交换软化装置；锅炉同热水供应所用锅炉一样；对于燃煤锅炉有运煤和除灰碴设备、分汽（水）缸等。

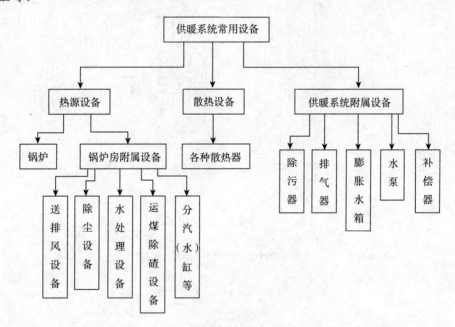

图 3-34　供暖系统常用设备

1. 散热设备

这里所说的散热设备即为通常所讲的散热器。

散热器的结构形式较多，常见的有柱型、翼型、柱翼型、板翼型如图 3-35 所示。按散热器的材质来分，主要有灰铸铁散热器、钢制散热器，此外，近些年还出现了压铸铝散热器、全铜散热器、铜铝复合散热器、钢铝复合散热器。

（1）灰铸铁散热器

1）灰铸铁柱型散热器

灰铸铁柱型散热器外形、结构如图 3-36 所示，其中 A—A 剖面为二柱型，B—B 剖面为四柱型。其主要尺寸及参数如表 3-3 所示。

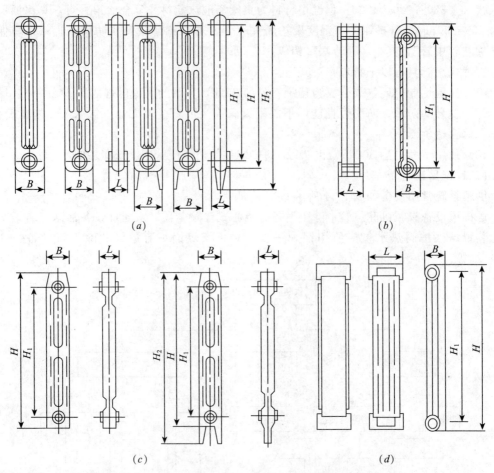

图 3-35　铸铁散热器结构形式

（a）柱型；（b）翼型；（c）柱翼型；（d）板翼型

H—中片高度；H_1—同侧进出口中心距；H_2—足片高度；L—长度；B—宽度

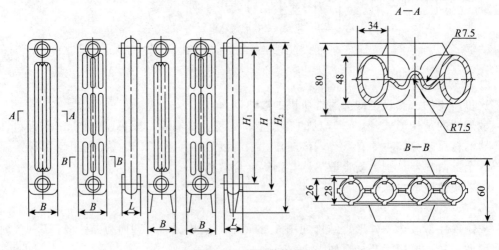

图 3-36　柱型散热器

柱型散热器主要尺寸及参数（mm）　　表 3-3

型　号	TZ 2-5～5（8）	TZ 4-3-5（8）	TZ 4-5-5（8）	TZ 4-6-5（8）	TZ 4-9-5（8）
同侧进出口中心距（mm）	500	300	500	600	900
中片高度（mm）	582	382	582	682	982
足片高度（mm）	660	460	660	760	1060
长度（mm）	80	60			
宽度（mm）	132	143			164
散热面积（m²）	0.24	0.13	0.20	0.235	0.44
中片重量（kg）	6.2±0.3	3.4±0.2	4.9±0.3	6.0±0.3	11.5±0.5
足片重量（kg）	6.7±0.3	4.1±0.2	5.6±0.3	6.7±0.3	12.2±0.5
标准散热量（W）	130	82	115	130	187

这是我国最早广泛使用的一些灰铸铁散热器形式，常用四柱和二柱型两种，还有三柱、五柱和六柱的。柱的截面形状多为圆柱形，也有椭圆形、长圆形或棱柱形。上下联箱有进出水口，常用 $G1\frac{1}{2}$ 圆柱管螺纹，也有用 $G1\frac{1}{4}$ 或 G1 的。单片间用对丝连接成组。有的散热器下部设有两支腿，称为足片，便于落地安装。没有足片的用挂钩安装在墙上。

灰铸铁柱型散热器应符合《供暖散热器—灰铸铁柱型散热器》JG 3—2002 的规定。此种散热器的工作压力：当热媒为热水，且温度小于等于 130℃ 时，材质灰铸铁牌号为 HT100 时，工作压力为 0.5MPa，不能用于高层建筑；当热媒为蒸汽，且温度小于等于 150℃ 时，材质灰铸铁牌号为 HT150 时，工作压力为 0.8MPa，可用于高层建筑。

2）灰铸铁柱翼型散热器

在灰铸铁柱型散热器的基础上，增加一些翼片，加大了散热面积。组装后，两片间翼片近似封闭，可形成空气上下流通的通道，利用烟囱效应提高了对流散热，故又称为"辐射对流型散热器"。由于翼片的巧妙设计，还增强了装饰性，柱翼型有单柱和双柱。散热器片螺纹接口为圆柱管螺纹 $G1\frac{1}{2}$ 或 $G1\frac{1}{4}$。有的散热器下部设有两支腿，称为足片，便于落地安装。每组散热器应有两只足片，当片数较多时应在中部增加一只足片。

灰铸铁柱翼型散热器外形、结构如图 3-37 所示，其主要尺寸和性能如表 3-4 所示。

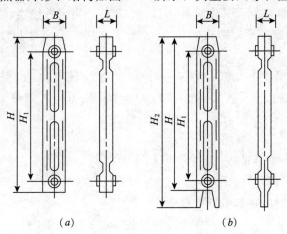

图 3-37　柱翼型散热器

(a) 中片；(b) 足片

柱翼型散热器主要尺寸及参数 表3-4

型 号	TZY1（2）-B/3-5（8）	TZY1（2）-B/5-5（8）	TZY1（2）-B/6-5（8）	TZY1（2）-B/9-5（8）
同侧进出口中心距（mm）	300	500	600	900
足片高度（不大于）（mm）	480	680	780	1080
中片高度（不大于）（mm）	400	600	700	1000
长度（mm）	70			
宽度（mm）	100、120			
散热面积（m²）	0.17/0.176	0.26/0.27	0.31/0.32	0.57/0.59
	(0.18/0.19)	(0.28/0.29)	(0.33/0.34)	(0.62/0.64)
足片质量（不大于）（kg）	3.4/3.5	5.5/5.9	6.3/6.8	9.2/10.1
	(3.5/3.6)	(5.7/6.1)	(6.5/7.0)	(9.5/10.4)
足片重量（不大于）（kg）	4.0/4.1	6.1/6.5	6.9/7.4	9.8/10.7
	(4.1/4.2)	(6.3/6.7)	(7.1/7.6)	(10.1/11.0)
每片散热量（W）（热水 $\Delta t=64.5℃$）	85/89	120/124	139/115	194/202
	(87/92)	(122/129)	(142/150)	(198/209)

灰铸铁柱翼型散热器应符合《供暖散热器——灰铸铁柱翼型散热器》JG/T 3047—1998 的规定。

散热器的工作压力：当热媒为热水，且温度小于等于 130℃ 时，材质灰铸铁牌号为 HT100 时，工作压力为 0.5MPa，不能用于高层建筑；当热媒为蒸汽，且温度小于等于 150℃ 时，材质灰铸铁牌号为 HT150 时，工作压力为 0.8MPa，可用于高层建筑。

3）灰铸铁翼型散热器

灰铸铁翼型散热器造型简洁，较为常见。

散热器的连接螺纹为 $G1\frac{1}{2}$ 管螺纹，加工精度应符合《供暖散热器系列参数、螺纹及配件》JG/T 6—1999 的规定。

灰铸铁翼型散热器应符合《供暖散热器——灰铸铁翼型散热器》JG 4—2002 的规定。

灰铸铁翼型散热器外形、结构如图 3-38 所示。其主要尺寸和性能如表 3-5 和表 3-6 所示。

热媒为热水时，温度不大于 130℃，灰铸铁材质为 HT150，工作压力为 0.5MPa；温度不大于 130℃，灰铸铁材质牌号高于 HT150，工作压力为 0.7MPa。热煤为蒸汽时，工作压力为 0.2MPa。

（2）钢制散热器

1）钢制闭式串片散热器

钢制闭式串片散热器结构紧凑，宽 80～100mm，高 150～300mm，占用空间位置小；生产工艺简单，在钢制散热器中价格最低。

该种散热器由厚度为 0.5mm 的矩形冷轧钢板串在 2 根（或 4 根）DN20 或 DN25 钢管上制成，钢管与串片应采用锡焊或胀管连接，其外螺纹接口尺寸为 $\frac{3}{4}$in 或 1in 管螺纹。钢板串片原有开式和闭式两种，由于折边的闭式串片刚性好，散热量大，被定为标准产品。

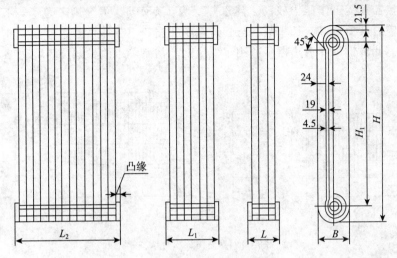

图 3-38　翼型散热器

翼型散热器尺寸（mm）　　　　　表 3-5

型　号	高度 H	长度		宽度 B	同侧进出口中心距 H_1
TY 0.8/3-5（7）		L	80		
TY1.4/3-5（7）	388	L_1	140	95	300
TY 2.8/3-5（7）		L_2	280		
TY 0.8/5-5（7）		L	80		
TY 1.4/5-5（7）	588	L_1	140	95	500
TY 2.8/3-5（7）		L_2	280		

翼型散热器性能参数　　　　　表 3-6

型　号	散热面积（m^2/片）	工作压力（MPa）			试验压力（MPa）	
		热水		蒸汽		
		HT150	≥HT150	≥HT150	HT 150	≥HT150
TY 0.8/3-5（7）	0.2					
TY 1.4/3-5（7）	0.34					
TY 2.8/3-5（7）	0.73	≤0.5	≤0.7	≤0.2	0.75	1.05
TY0.8/5-5（7）	0.26					
TY1.4/5-5（7）	0.50					
TY 2.8/3-5（7）	1.00					

钢制闭式串片散热器的外形，结构如图 3-39 所示；其尺寸及性能如表 3-7 所示。

钢制闭式串片散热器应符合《供暖散热器——钢制团式串片散热器》JG/T 3012.1—

1994 的规定。

该种散热器承受工作压力较高：热水热媒为 1.0MPa，蒸汽热媒为 0.3MPa 以下，适用于高层建筑，其使用寿命长，基本与管道系统相当，但在非供暖季节必须充水保养，以防内部锈蚀。此种钢串片散热器不适用于卫生间、浴室等水渍、潮湿环境。

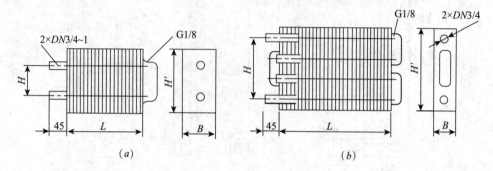

图 3-39　钢制闭式串片散热器

钢制闭式串片散热器的尺寸及性能参数　　表 3-7

项　　目	符　号	单　位	参　数　值		
同侧进出口中心距	H	mm	70	120	220
高度	H'	mm	150	240	300
宽度	B	mm	80	100	80
每米最小散热量	Q	W	720	980	1180
管径	DN	mm	20	25	20
水阻力系数	ξ	·	5.0	5.0	16.0
长度	L	mm	400～1400		

2）钢制翅片管对流散热器

此种散热器的流通水道为钢管（焊接钢管或无缝钢管），使用寿命基本上与管道系统相同，在非供暖季节应充水保养，以防空气进入散热器内部，形成腐蚀。由于其罩面温度较低，不会烫伤人，故特别适于医院、幼儿园、敬老院、老人居室使用，但罩面内的翅片管易藏污纳垢，不易清扫。钢翅片遇潮湿易腐蚀，故不适用于卫生间、浴室等水渍、潮湿环境。

钢制翅片管对流散热器的外形与结构如图 3-40 所示。对流散热器以同侧进出口中心距为系列主参数，尺寸及散热量如表 3-8 所示。

钢制翅片管对流散热器应符合《供暖散热器——钢制翅片管对流散热器》JG/T 3012.2—1998 的规定。

钢制翅片管对流散热器适用于工业、民用建筑中以热水或蒸汽为热媒的供暖系统，承受的工作压力较高，热水热媒为 1.0MPa，蒸汽热媒为 0.3MPa，可用于高层建筑。由于其热工性能好，金属热强度高，是建设部推荐的轻型、高效、节材、节能散热器产品。

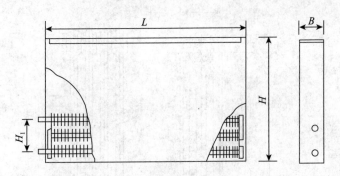

图 3-40 钢制翅片管对流散热器

钢制翅片管对流器尺寸及散热量   表 3-8

项 目	符 号	单 位	参 数 值		
同侧进出口中心距	H_1	mm	180	200	300
高度	H	mm	480	500	600
宽度	B	mm	120	140	140
管径	DN	mm	20	25	25
每米最小散热量 （热媒为热水，$\Delta T = 64.5℃$）		W	1500	1650	2100
长度	L	mm	400～2000（100 为一档）		

3）钢制柱型散热器

钢制柱型散热器的热工性能好，外形美观，装饰性较好，金属热强度高，属轻型、高效、节材、节能产品。

由于钢制柱型散热器是用牌号为 Q235 或 08F、10F 碳素冷轧薄钢板制成的，最怕氧化腐蚀，故要求热媒水中的含氧量应小于等于 $0.05g/m^3$。在非供暖季节，钢制柱型散热器及管道系统应充水保养，防止内部锈蚀。如果散热器有可靠的内防腐，使用散热器寿命会延长。总之，对集中供暖系统，应慎用此型散热器。

钢制柱型散热器以同侧进出口中心距为系列主参数，常用的 2 柱型和 3 柱型，结构较紧凑，4～6 柱型则占地位置较大。三柱型散热器的外形及结构如图 3-41 所示，主要尺寸及最小散热量参数如表 3-9 所示。

钢制柱型散热器应符合《供暖散热器——钢制柱型散热器》JG/T 1—1999 的规定。

钢制柱型散热器适用于工业、民用建筑中以热水为热媒的供暖系统，不得用于蒸汽供暖系统。

散热器的钢板厚度与热媒温度及工作压力有关。当散热器钢板厚度为 1.2～1.3mm 时：热媒温度如低于 100℃，工作压力为 0.6MPa；热媒温度如为 110～150℃，工作压力为 0.46MPa。当散热器钢板厚度为 1.4～1.5mm 时：热媒温度如低于 100℃时，工作压力为 0.8MPa；热媒温度如为 110～150℃时，工作压力为 0.7MPa。

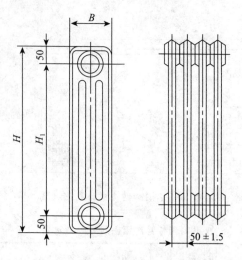

图 3-41 钢制柱型散热器（三柱型）

钢制柱型散热器尺寸及最小散热量参数　　　　　　　　　　　表 3-9

项　　目	参　数　值										
高度 H（mm）	400			600			700			1000	
同侧进出口中心距 H_1（mm）	300			500			600			900	
宽度 B（mm）	120	140	160	120	140	160	120	140	160	120	160	200
每片最小散热量 Q（$\Delta T=64.5℃$）（W）	56	63	71	83	93	103	95	106	118	130	160	189

4）钢制板型散热器

钢制板型散热器的优点是体形薄，占空间小，表面便于擦拭，外形也美观；热工性能好。金属热强度高，属高效节能产品；生产工艺简单，密封焊缝少，只有周围一圈是密封焊缝，因而产品质量稳定。其缺点与其他钢制散热器一样，由于制作钢板薄，怕氧化腐蚀，要求热媒水的含氧量低，非供暖季节应充水密闭保养。

钢制板型散热器按外形结构分为单面水道槽和双面水道槽，其外形如图 3-42 所示。主要规格尺寸及最小散热量参数如表 3-10 所示。

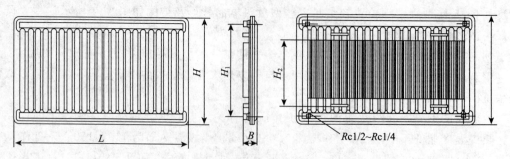

图 3-42 板型散热器

板型散热器的主要规格尺寸及最小散热量参数　　　　　　表 3-10

项　　　目	参　数　值				
高度 H（mm）	380	480	580	680	980
同侧进出口中心距 H_1（mm）	300	400	500	600	900
对流片高度 H_2（mm）	130	230	330	430	730
宽度 B（mm）	50	50	50	50	50
长度 L（mm）	600、800、1000、1200、1400、1600、1800				
最小散热量 Q（$L=1000$mm，$\Delta T=64.5$℃）（W）	680	825	970	1113	1532

钢制板型散热器主要是指用于工业、民用建筑中，以热水为热媒的供暖系统，不得用于蒸汽供暖系统。

钢制板型散热器应符合《供暖散热器——钢制板型散热器》JG/T 2—1999 的规定。

钢制板型散热器的钢板厚度与热媒温度及工作压力有关。钢板厚度如为 1.2～1.3mm，热媒温度低于 100℃时，工作压力为 0.6MPa；热媒温度为 110～150℃时，工作压力为 0.46MPa。散热器钢板厚度如为 1.4～1.5mm，热媒温度低于 100℃时，工作压力为 0.8MPa；热媒温度为 110～150℃时，工作压力为 0.7MPa。

为避免散热器钢板的腐蚀，要求热媒水中的含氧量应小于等于 $0.05g/m^3$。

5）钢制扁管散热器

钢制扁管散热器的结构，主要是由 52mm×11mm 矩形扁管窄面相靠横向排列，两端用竖管连接焊成散热器。竖管上下共开设 4 个进出水接口，散热器连接螺纹为 G½、G¾ 管螺纹。散热器表面形成板形平面。扁管散热器有单板和双板两种，背后可带对流片。而单板式较薄，体型紧凑，占地面积更小。

此型散热器的外形美观，装饰性好。表面形成的较大平面，易于擦拭，也可画装饰画或各种图案。

钢制扁管散热器的外形如图 3-43 所示。按照《钢制扁管散热器技术条件》（暂行，尚无标准编号）的规定，钢制扁管散热器形式、尺寸及性能参数应符合表 3-11 的规定。

钢制扁管散热器适用于工业、民用建筑中，以热水为热媒的供暖系统。要求热媒水中含氧量不得大于 $0.05g/m^3$，在非供暖季节应充水密闭保养，防止内部氧化腐蚀。不宜用于卫生间、浴室等潮湿环境。

（3）铝制柱翼型散热器

此种散热器的主体是经挤压成型的铝型材，管柱外有许多翼片，各柱上下用横管焊接连接。根据散热翼片的不同又可分为柱翼型、管翼型和板翼型三种。柱翼型是最基本的形式，在水道管柱外分布着许多翼片，以增加散热面积。水道有圆形、矩形等不同断面形式，每柱（片）水道可为一个，也可为多个。

铝制柱翼型散热器的外形如图 3-44 所示，规格尺寸以同侧进出口中心距为系列主参数，如表 3-12 所示。

适用于工业、民用建筑中以热水为热媒的散热器，不可用于蒸汽及地下水作热媒的供暖系统。散热器工作压力不大于 0.8MPa，热媒温度不大于 95℃，适用于 pH 值为 5～8 的中性水质，氯离子含量应不大于 120×10^{-6}，铝制散热器最怕碱性水腐蚀，不宜用于众多的集中供暖锅炉直供系统，故其使用受限。

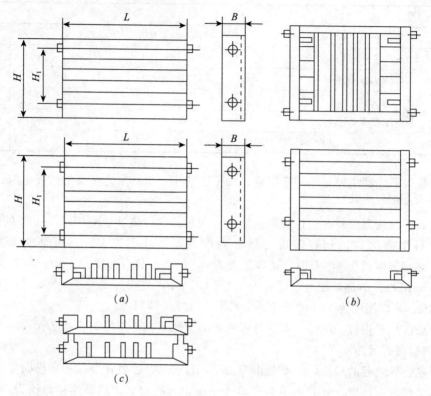

图 3-43　钢制扁管散热器外形
（a）单板带对流片；（b）单板不带对流片；（c）双板带对流片
L—散热器长度；H_1—同侧进出水口中心距；B—散热器宽度；H—散热器高度

散热器的尺寸及性能参数　　　　　　　　　　　　　　表 3-11

型号	规格	高度 H（mm）	同侧进出水口中心距 H_1（mm）	宽度 B（mm）	长度 L（以100为一档）（mm）	最小散热量 Q $L=1000mm$ $\Delta T=64.5℃$（W）	热媒温度低于100℃时工作压力（MPa）	热媒温为100～150℃时工作压力（MPa）
DL				50		915		
SL	360	416	360	117	500～2000	1649	0.8	0.7
D				50		596		
DL				50		980		
SL	470	520	470	117	500～2000	1933	0.8	0.7
D				50		820		
DL				50		1163		
SL	570	524	570	117	500～2000	2221	0.8	0.7
D				50		978		

注：形式标记符号：DL 表示单板带对流片；SL 表示双板带对流片；D 表示单板不带对流片。

铝制散热器耐氧化腐蚀，可用于开式系统及卫生间、浴室等水渍、潮湿环境。

铝制柱翼型散热器应符合《供暖散热器——铝制柱翼型散热器》JG 143—2002 的规定。

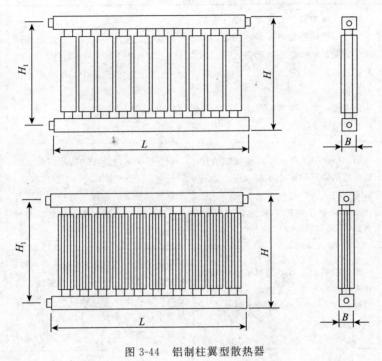

图 3-44　铝制柱翼型散热器

铝制柱翼型散热器规格尺寸及散热量　　　　表 3-12

型　　号	LZY-5/3	LZY-5/4	LZY-5（5）/5	LZY-5（5）/6	LZY-5（5）/7
同侧进出水口中心距 H_1（mm）	300	400	500	600	700
高度 H（mm）	340	440	540	640	740
宽度 B（mm）	50/60				
组合长度 L（mm）	400～2000				
每米标准散热量（W）	800/850	1070/1140	1280/1360	1450/1520	1600/1680

（4）其他新型散热器

前面所介绍的散热器均有行业标准，而近些年来国内市场出现了许多新型散热器，其材质、结构均有所不同，现介绍如表 3-13 所示，以供参考。

部分新型散热器简表　　　　表 3-13

序号	名称	结 构 形 式	主 要 特 点	备　　注
1	压铸铝散热器	将熔化的铝合金高压注入金属模内成型的散热器，一般呈板翼型。为适用于不同水质，考虑内防腐，故将水道全部做成钢管或不锈钢管、铜管，是双金属复合型压铸铝散热器	压铸铝散热器比挤压铝型材焊接的散热器耐腐蚀，使用寿命较长。钢铝、不锈钢铝、铜铝复合型压铸铝散热器更耐腐蚀，热效率高，使用寿命长，整体强度大，工作压力高，适用于高层建筑	青岛华泰铝业有限公司散热器厂

续表

序号	名称	结 构 形 式	主 要 特 点	备 注
2	铜管铝串片对流散热器	将许多薄铝片（有圆形、方形或矩形）按一定间距穿串在紫铜管上，再胀管紧配，便构成一组散热元件。铝片上穿铜管为 1 根、2 根或 4 根。铜管直径为 $\phi15\sim25mm$。将 $1\sim4$ 组散热元件串联。外面加罩，便成为铜管铝串片对流散热器	耐腐蚀，使用寿命长，适用于任何水质。工作压力高，一般能达 1.6MPa 以上。在高中档产品中，此种产品的价格是最低的，故很畅销，尤其是在天津市应用广泛	1. 天津市地方标准《铜管铝片对流散热器》； 2. 天津市泰来暖通设备有限公司
3	铜铝复合柱翼型散热器	由于挤压铝型材或压铸铝制成的柱翼型散热器不耐碱性水腐蚀，不能适应集中供暖锅炉直供热水系统。于是出现了全铜水道的铝合金复合型散热器	铜、铝导热性能好，铜耐腐蚀，铜铝复合，优势互补，适用于任何水质。散热器体型紧凑，便于清扫，使用寿命不低于钢管。适用于高层建筑和分户热计量要求	山东省行业标准《供暖散热器铜铝复合柱翼型散热器》
4	全铜制散热器	现全铜制散热器多是卫浴型，即一排铜管两端与联箱焊接而成。排管有横的，也有竖的。联箱端头设进出水口内螺纹接头	使用无条件，适用于任何水质热媒，耐腐蚀，使用寿命长。体型紧凑，占空间小。适用于高层建筑和分户热计量要求。其卫浴型产品形式多样，以美观、装饰为主	北京赛格尔暖通设备厂；天津国泰供热设备有限公司
5	钢铝复合柱翼型散热器	上下联箱和立柱全是钢管焊接成，立柱上套有挤压的铝型材，便构成钢铝复合柱翼型散热器。铝翼管与钢管经胀管或其他方法紧密结合。铝翼管形式多样，有柱翼、管翼、板翼等多种。上下联箱两端可共设 4 个螺纹接口	适用任何热媒水质，不适用于蒸汽。钢管壁厚≤2mm 而又未作内防腐处理的，仅用于闭式系统，且停暖时应充水密闭保养。钢管壁厚≤2.5mm，或壁厚≤2mm 而又作了内防腐处理的，则可用于开式系统。适用于高层建筑、住宅、卫生间及分户热计量等场合	1. 北京三叶散热器厂； 2. 山东德州双金散热器有限公司
6	不锈钢铝复合柱翼型散热器	上下联箱和立柱全是不锈钢焊接的，立柱与挤压的铝型材紧密配合，便构成不锈钢—铝复合柱翼型散热器。铝翼管形式多样，有柱翼、管翼和板翼等。上下联箱两端最多可设 4 个进出口接头	热媒应为热水，双金属复合型不宜用于蒸汽。采用不锈钢管做水道，能适用于任何水质，使用寿命长。外形美观，装饰性好。板翼型、管翼型的表面便于清扫，但柱翼型表面难清扫。价格较贵	鞍钢集团鞍山协成（中外合资）建材有限公司
7	铝塑复合柱翼型散热器	立柱和上下联箱的水道是全塑料的，其外套装铝型材，构成铝塑复合柱翼型散热器。全塑料水道采用美国陶氏化学有限公司生产的新型化学建材 PE-RT，整体注塑成型。耐热耐压耐腐蚀耐老化，使用寿命达 50 年以上。承压高，重量轻，属于节材、节能、环保产品	热媒应为热水，水质不限；不适用于蒸汽系统；适用于高层建筑、住宅、卫生间等各种建筑物及分户热计量。因热惰性好，即热得慢，凉得也慢，适合间歇供暖运行。耐低温，抗严寒，不易冻裂	包头市双彪铝制品有限责任公司

续表

序号	名称	结 构 形 式	主 要 特 点	备　注
8	铜管铝串片强制对流散热器	铜管铝串片散热器。在铜管外串装许多矩形薄铝片，铜管与铝片经胀管紧密配合，用单串或多串铜管铝串片串联便构成一组散热器，并内置小风机实现强制对流，故铝片较密，即铝片间距较小。散热器内小风机设遥控三速开关。对风量、室温进行调节。散热器体型紧凑，占地面积小	热媒应为热水，水质不限；不适用于蒸汽系统。适用于高层建筑、住宅、卫生间等各种建筑物及分户热计量。外罩便于清扫，散热量大而外罩不烫手，安全性好，尤其适用于医院、幼儿园、敬老院等场所	山东大学天宇公司
9	装饰型散热器	装饰型散热器并不是这类散热器的原名，只是这类散热器突出了其装饰作用，故暂统称为此名。 这种散热器最初是为卫生间、浴室用的，用于搭浴巾，挂衣服，装上附件还可放洗浴用品，有的还装有镜子，故称为卫浴型散热器。后来又扩大用途，美化结构，突出装饰性，可作为屏风使用。使这种新型散热器很受高收入者的青睐，发展非常迅速，凡是上规模的散热器厂几乎都有此类产品。 如佛罗伦萨散热器是欧洲著名品牌，以新型钢制散热器为主，造型别致，质量考究，档次高雅。再如天津市吉鑫达公司，开创了国产装饰型民族风格的先河，开发出一批具有我国民族风格的艺术型散热器，有云梳型、玉瓶型、风帆型、碧梳型、红灯型、扇型、宝葫芦型等	热媒应为热水，水质不限；不适用于蒸汽系统。工作压力≥0.8MPa，适用于高层建筑、住宅、大厅、卫生间、浴室等。内腔洁净，可用于分户热计量。 集中供暖锅炉直供热水应选用铜质的，也可用经内防腐处理的钢制、铝制散热器。 此类散热器的突出特点是艺术造型新颖别致，装饰性强，附加功能多，实用性强。当然其价格也昂贵，动辄数千元，甚至上万元	1. 佛罗伦萨散热器中国总部 2. 天津市吉鑫达金属制品有限公司

2. 附属设备

供暖系统附属设备有除污器、排气器、膨胀水箱、水泵及补偿器等。其用途和种类如表 3-14 所示。

附属设备的用途和种类　　　　　　　　　　　表 3-14

附属设备名称	用　　途	种　　类
除污器	截留和清除系统内的污垢	立式、卧式
排气器（排气阀）	收集和排除系统内的空气和其他气体	立式、卧式；手动、自动
膨胀水箱	吸收、释放由于水热胀冷缩而产生的体积变化，同时还用于系统定压等	
水泵	用于热水系统水的强制循环或用于蒸汽系统内凝结水的输送	
补偿器	用于系统管道的热胀冷缩的补偿	方型、波形、波纹管、球形、金属软管

（1）除污器

除污器分为立式和卧式两种。

立式直通式除污器如图 3-45 所示；卧式快速除污器如图 3-46 所示。

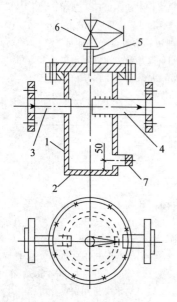

图 3-45　立式直通式除污器

1—筒体；2—底板；3—进水管；4—出水管；
5—排气管；6—截止阀；7—排污丝堵

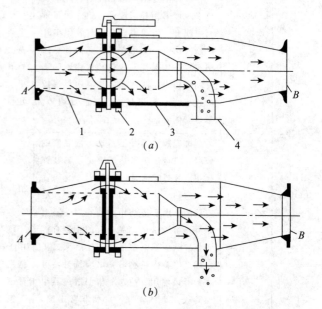

图 3-46　卧式快速除污器

1—滤网；2—专用蝶阀；3—筒体；
4—排污器

（2）排气器（排气阀）

1）手动排气器

手动排气器分为立式和卧式两种。

立式手动排气器及接管方式如图 3-47 所示。

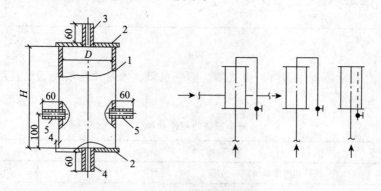

图 3-47　立式手动排气器及接管方式

1—外筒；2—盖板；3—放气管；4—供水立管；5—供水干管

卧式手动排气器及接管方式如图 3-48 所示。

2）自动排气阀

自动排气阀的型号和安装位置应由设计确定，一般安装在管道系统的最高点和局部的

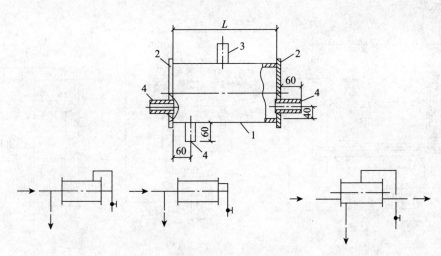

图 3-48　卧式手动排气器及接管方式
1—外筒；2—盖板；3—放气管；4—热水干管

最高点。自动排气阀前应先安装截断类阀门，在系统试压、冲洗合格后再安装排气阀。供暖系统启动和运行时，自动排气阀前的截断类阀门应处于常开状态，只有当需要更换检修排气阀时才短暂关闭。

热水供暖系统近年来使用的新型自动排气阀如图 3-49 所示，其性能参数如表 3-15 所示。

自动排气阀主要性能参数　　　　　　　　　　表 3-15

序　号	型　号	公称直径 DN	工作压力（MPa）	工作温度（℃）
1	Z P-Ⅰ Z P-Ⅱ	20	0.7 1.2	≤110 ≤130
2	PQ-R-S	15	0.4	≤110
3	ZP88-Ⅰ型（立式）	15、20	0.8	≤110
4	ZP88-1A	15、20	1.6	≤110
5	ZFH95-1 A	15、20	1.6	≤115
6	PZIT-4（立式）	20	0.4	≤120

自动排气阀安装应按产品说明书进行。安装前不应拆解或拧动排气阀端阀帽；安装后，在使用前将排气阀端阀帽螺纹拧动放松 1～2 扣。

（3）膨胀水箱

膨胀水箱为钢制。膨胀水箱及接管如图 3-50 所示。

膨胀水箱连接管直径如表 3-16 所示。

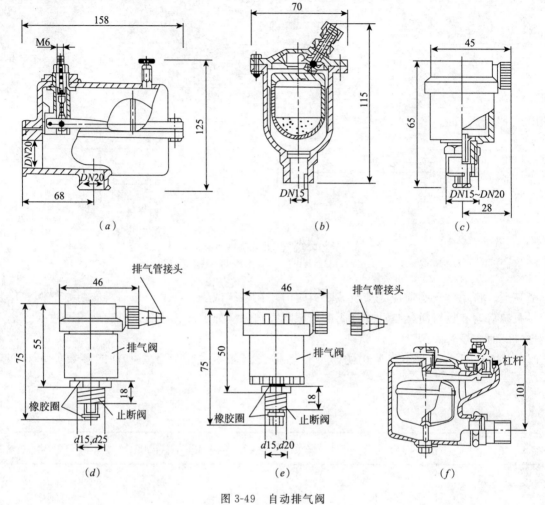

图 3-49　自动排气阀

（a）ZP-Ⅰ（Ⅱ）型；（b）PQ-R-S 型；（c）ZP88-1 型立式；

（d）ZP88-1A 型；（e）ZFH95-1A 型；（f）PZIT-4 立式

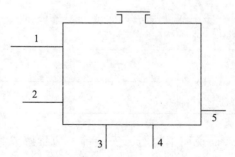

图 3-50　膨胀水箱及接管

1—溢流管；2—检查管；3—泄水管；

4—膨胀管；5—循环管

膨胀水箱的连接管管径 表 3-16

接管编号	接管名称	方形水箱		圆形水箱	
		1～4号	5～12号	1～4号	5～16号
1	溢流管	DN25	DN32	DN25	DN32
2	检查管	DN20	DN25	DN20	DN25
3	泄水管	DN20	DN20	DN20	DN20
4	膨胀管	DN32	DN32	DN32	DN32
5	循环管	DN40	DN50	DN40	DN50

（4）补偿器

由于热力管道的自然补偿受到管道自身结构和其他条件的限制，因而应用范围很有限，在大多数情况下，还是根据管道的特点和环境条件，选用相应的补偿器。较常用的补偿器有以下几种：

1）方形补偿器

方形补偿器是应用最多的补偿器之一，也称为 Ⅱ 形补偿器，"Ⅱ"是俄文字母。它制作简便，工作可靠，补偿能力大，且无须经常维修。根据国家供暖通风标准图集的规定，按平行臂长度和垂直臂长度比例的不同，方形补偿器分为如图 3-51 所示的 Ⅰ 型、Ⅱ 型、Ⅲ 型和Ⅳ型四种类型。

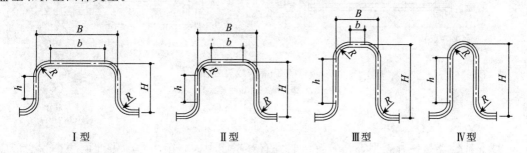

图 3-51 方形补偿器的类型

Ⅰ 型（$b=2h$）；Ⅱ 型（$b=h$）；Ⅲ 型（$b=0.5h$）；Ⅳ型（$b=0$）

2）波形补偿器

波形补偿器是由薄钢板压制成型后拼焊而成的，靠波形壁的弹性变形来吸收管道热胀冷缩的伸缩量。

波形补偿器的内部结构分带内套筒和不带内套筒两种。内套筒的一端与波壁焊接，另一端为自由端。设置内套筒可减少介质流动阻力。波形补偿器的外形及结构如图 3-52 所示。

波形补偿器的强度较低，补偿能力较小，产生的轴向推力较大，故只适用于压力较低（一般不超过 0.6MPa）、直径较大（一般 200mm 以上）和温差变化不大的室外架空煤气管道或压缩空气管道。

波形补偿器一般有 1～4 个波节，其补偿量是各个波

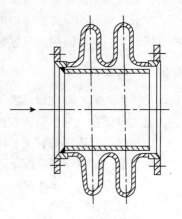

图 3-52 波形补偿器

节补偿量之和。每个波节的补偿量因具体情况而有所不同，一般为 5～10mm。

3）波纹管补偿器

波纹管补偿器也称为膨胀节，是近十几年来发展迅速并广泛应用的新型补偿器，它也是以 U 形波纹管为挠性组件，这一点和传统的波形补偿器是相同的，但由专业工厂批量生产，波纹管补偿器技术含量更高，其型号、规格已系列化，能满足多种情况下对管道和设备进行热补偿的需要。

波纹管补偿器的补偿量比方形补偿器和套筒式补偿器要小，且价格较高，但不需占用额外的安装面积，因此在城市热力管道中的应用日益广泛。该型补偿器更适于安装在空间狭小部位或设备、装置之间的近距离的连接管道，这些管道往往构成空间管道系统，合理的分布波纹管补偿器，可以把管道热胀冷缩对设备的影响降低到工艺技术要求允许的范围内。常用的轴向型波纹管补偿器如图 3-53 所示。

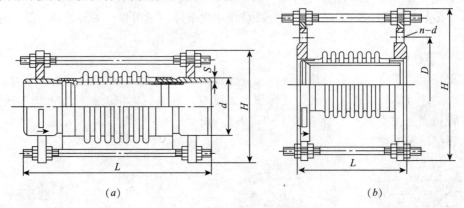

图 3-53　轴向型波纹管补偿器
(a) 焊接式；(b) 法兰式

4）球形补偿器

球形补偿器是一种新型补偿装置，它具有补偿能力大，阻力小、占地面积小、变形应力小的特点，可广泛地用于以热水和蒸汽为介质的压力管道。球形补偿器的结构如图 3-54 所示，其构造主要由球体与密封装置等组件组成，在热力管道受热后以球体回转中心自由转动，吸收管道热位移，以减少管道的应力，其动作原理如图 3-55 所示。

球形补偿器的外壳为铸钢或铸铁件，球体为铸钢件。补偿器的密封形式分为两种：一种是压紧式，密封圈用加填充剂的聚四氟乙烯制成，当补偿器在运行中经反复动作而出现泄漏时，只要将压紧法兰的各个螺栓均匀拧紧 $\frac{1}{2}$ 圈即可，一旦密封圈损坏，可拆下压紧法兰进行更换；另一种密封形式是填注式，当补偿器出现泄漏时，可使用专用注射枪，将填料通过注射筒打入补偿器密封面。

由于球形补偿器是利用其活动球体的角向转动来补偿管道热膨胀长度的，因而它不要求两侧管道严格在一条直线上，故尤其适合具有双向或三向位移的管道部位。

球形补偿器无法单个使用，而必须根据具体情况，每 2～4 个为一组来使用。

5）金属软管

金属软管在某些情况下可用于管道的热补偿或需要经常移动的部位，例如燃油、燃气锅炉房的燃烧器配管，某些液压管道或二氧化碳等气体消防系统的贮瓶间。另外，某些情况下热力管道和设备配管的热补偿，罐类、塔类设备基础沉降场合的配管，管道与设备的连接，都可以使用金属软管。

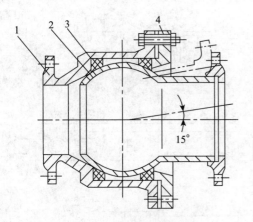

图 3-54　球形补偿器的结构

1—外壳；2—球体；3—密封圈；4—压紧法兰

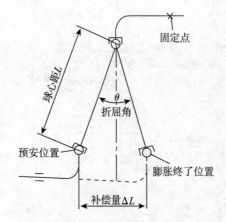

图 3-55　球形补偿器的动作原理

3. 锅炉及锅炉房

锅炉是供热之源。锅炉及锅炉房设备的任务，在于安全可靠、经济有效地把燃料的化学能转化为热能，进而将热能传递给水，以生产热水或蒸汽。锅炉生产的蒸汽或热水，通过热力管道，输送至用户，以满足生产工艺、供暖、通风和生活的需要。

蒸汽可作为工质，将热能转变成机械能以产生动力，蒸汽（或热水）还可以作为载热体，为工业生产和供暖通风提供所需热能。通常，把用于动力、发电方面的锅炉，称作动力锅炉；把用于工业及供暖方面的锅炉，称为供热锅炉，又称工业锅炉。

为了提高热机的效率，动力锅炉所生产的蒸汽，其压力和温度都较高，且向高压、高温方向继续发展，锅炉亦向大容量方向发展。而与本专业紧密相关的供热锅炉，除生产工艺上有特殊要求外，所生产的蒸汽（或热水）均不需过高的压力和温度，容量也无需过大。无论是工业用户，还是供暖用户，对蒸汽一般都是利用蒸汽凝结时放出的汽化潜热，因此大多数供热锅炉都是生产饱和蒸汽。

锅炉有两大类，即蒸汽锅炉和热水锅炉。

应根据燃料和燃烧方式，供热方式和介质种类及介质参数，经济可靠和考虑发展来选择锅炉的型号，且型号尽量划一。根据建筑物总热负荷及每台锅炉的产热量来选择锅炉的台数。在一般情况下，锅炉最好选两台或两台以上。这样考虑是因为一年中由于气候的变化，建筑物的热负荷亦在变化。在设计工况下，全部锅炉宜处于满负荷下运行。而当室外温度升高时，热负荷数减小，便可停止部分锅炉运行，尽量使工作的锅炉仍处于经济运行状态。锅炉台数增多，适于调节，但管理不便，并会增加锅炉房的造价和占地面积。

（三）热力管道与热力引入口

1. 热力管道

热源设备生产的热能转移给某一种热媒（热水或蒸汽），热媒通过热力管网输送到用户的热力引入口，然后在各种用户系统中放出热量。

（1）水供热系统

水的供热系统可分为单管、双管、三管和四管式等几种，如图3-56所示。

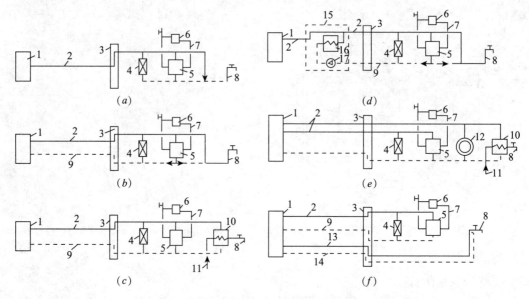

图 3-56　水的供热系统原理图

(a) 单管式（开放式）；(b) 双管开式（半封闭式）；(c) 双管闭式（封闭式）；
(d) 复合式；(e) 三管式；(f) 四管式

1—热源；2—热网供水管；3—用户引入口；4—通风用热风机；5—用户
端供暖换热器；6—供暖散热器；7—局部供暖系统管路；8—局部热水供
应系统；9—热网回水管；10—热水供应换热器；11—冷自来水管；12—工
艺用热装置；13—热水供应系统供水管路；14—热水供应循环管路；
15—锅炉房；16—热水锅炉；17—水泵

单管式（开放式）系统初投资少，但只有在供暖和通风所需的网路水平均小时流量与热水供应所需网路水平均小时流量相等时采用才是合理的。一般，供暖和通风所需的网路水计算流量总是大于热水供应计算流量，热水供应所不用的那部分水就得排入下水道，这是很不经济的。

三管式系统可用于水流量不变的工业供热系统。它有两条供水管路，其中一条供水管以不变的水温向工艺设备和热水供应换热器送水，而另一条供水管以可变的水温满足供暖和通风之需。局部系统的回水通过一条总回水管返回热源。

四管式系统的金属消耗量很大，因而仅用于小型系统以简化用户引入口。其中两根管用于热水供应系统，而另两根管用于供暖、通风系统。

最常用的是双管热水供热系统，即一根供水管供出温度较高的水，另一根是回水管。用户系统只从网路热水中取走热能，而不消耗热媒。

（2）蒸汽供热系统

蒸汽供热系统也可以分为单管式、双管式和多管式等几种类型，如图3-57所示。

在单管式蒸汽系统中，蒸汽的凝结水不从用户返回热源而用于热水供应、工艺用途等。这种系统不太经济，通常用于用汽量不大的系统。

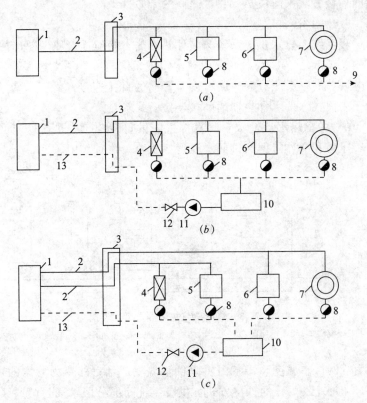

图 3-57 蒸汽供热系统原理图

(a)不回收凝结水的单管式系统；(b)回收凝结水的双管式系统；(c)回收凝结水的三管式系统

1—热源；2—蒸汽管路；3—用户引入口；4—通风用热风器；5—局部供暖系统的换热器；
6—局部热水供应系统的换热器；7—工艺装备；8—凝结水疏水器；9—排水；
10—凝结水水箱；11—凝结水泵；12—止回阀；13—凝结水管路

凝结水返回热源的双管式蒸汽系统在实践中应用得最为普遍。凝水流入凝结水水箱，经凝结水泵加压返回热源。凝结水不含有盐类和可溶性腐蚀气体，它含有的热量可达蒸汽热焓值的15％。为蒸汽锅炉制备额外的给水所需的费用通常要比回收凝结水所需的费用高。对于某一系统是否回收凝结水，应作技术经济比较来决定。

多管式蒸汽系统常用于由热电厂提供蒸汽的工厂或用于生产工艺要求有几种压力的蒸汽的场合。多管式蒸汽系统的建造费用较高，而只供给一种压力较高的蒸汽，然后在用户处减压为低压蒸汽的双管式系统则要多消耗燃料费用。两种管式相比较，还是多管式较为经济。

区域供热系统如以热水为热媒，管网的供水温度为95～180℃，高于100℃的系统称为高温水供热系统，它适用于多种用途、不同供水温度的热用户。

区域供热系统如以蒸汽为热媒，蒸汽的参数取决于热用户所需蒸汽压力和室外管网所造成的热媒流动阻力。

2. 热力引入口

室内供暖系统的热媒参数和室外热力管网的热媒参数不可能完全一致，在每一幢建筑或几幢建筑联合设立一个热力引入口，在热力引入口中，装有专门的设备和自动控制装

251

置，采用不同的连接方法来解决热媒参数之间的矛盾。

（1）热水供暖热力引入口

室内热水供暖系统、热水供应系统与室外热水热力管网连接原理图，如图3-58所示。

在图3-58中，（a）、（b）、（c）是室内热水供暖系统与室外热水热力管网直接连接的图式，（e）是室内热水供应系统与室外热水热力管网的直接连接图式，（d）及（f）则是不同热用户借助于表面式水—水加热器的间接连接图式。

在图3-58（a）中，热水从供水干管直接进入供暖系统，放热后返回回水干管。当室内供回水温度、压力和室外管网的供回水温度、压力一致时采用。

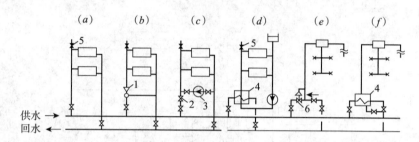

图 3-58　热用户与热水热力管网连接

1—混水器；2—止回阀；3—水泵；4—加热器；5—排气网；6—温度调节器

当室外热力管网供水温度高于室内供暖供水温度，且室外热力管网的压力不太高时，可以采用图3-58（b）及（c）的连接方式。供暖系统的部分回水通过喷射泵或混水泵与供水干管送来的热水相混合，达到室内系统所需要的水温后，进入各散热器。放热后，一部分回水返回到回水干管；另一部分回水受喷射泵或混水泵的汲送与外网供水干管送入的热水相混合。

如果室外热力管网中压力过高，超过了室内供暖系统散热器的承压，或者当供暖系统所在楼房位于地形较高处，采用直接连接会造成管网中其他楼房的供暖系统压力升高至超过散热器承压，这时就必须采用图3-58（d）所给出的间接连接方式，借助于表面式水—水加热器进行热量的传递，而无压力工况的联系。

图3-58（e）、（f）中热用户为热水供应系统，（e）为从系统中直接取用热水，（f）则适用于目前国内普遍采用的双管闭式网路。

（2）蒸汽供暖热力引入口

室内蒸汽或热水供暖系统、热水供应系统与室外蒸汽热力管网连接的原理图，如图3-59所示。

图3-59（a）是室内蒸汽供暖系统与室外蒸汽热力管网直接连接图式。蒸汽热力管网中压力较高的蒸汽通过减压阀进入室内蒸汽供暖系统，在散热器中放热后，凝结水经疏水器流入凝结水箱，然后经水泵汲送至热力管网的凝结水管。

图3-59（b）是室内热水供暖系统与室外蒸汽热力管网的间接连接图式。室外管网的高压蒸汽在汽—水加热器中将供暖系统的回水加热升温，热水供暖系统的循环水泵加压系统内的热水使之循环，热水在散热器中放热。

图3-59（c）是热水供应系统与蒸汽热力管网的连接图。

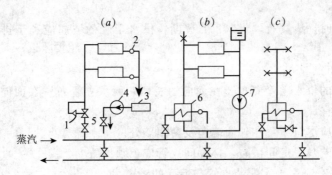

图 3-59　热用户与蒸汽热力管网连接

1—减压阀；2—疏水器；3—凝结水箱；4—凝结水泵；

5—止回阀；6—加热器；7—循环水泵

三、供暖管道的布置与敷设

(一) 供暖管道的布置

1. 热水供暖管道的布置

(1) 干管的布置

1) 在上供式系统中供水干管明装时，一般沿墙敷设在窗过梁以上、顶棚之下的地方。安装时不得遮挡窗户，管道距顶棚间距应考虑管道的坡降和集气罐安装条件。厂房内的供水管安装时，在不影响人和吊车的通行及保证吊车滑线等电力设备的安全间距情况下设置，有工艺管道的车间还应考虑供暖管道与工艺管道的位置及必须保证的间距，以免发生危险。

2) 管道与梁、柱、墙面平行敷设时，一般距梁、柱、墙表面不小于100mm。管道暗装时，要敷设在顶棚内或专门设置的管道井、槽内。为了便于安装、维修和减少热损失，顶棚中的管道应距外墙1～1.5m，并应做好保温。

下供式管道或上供式的回水干管一般敷设在地沟内（像办公楼、综合楼等），也可敷设在底层地面上（像车库、库房等），但过门处管道应敷设在门下的过门地沟内。不管采用哪种形式，都需在管道最低处设泄水装置，并注意坡向和坡度与干管一致。

系统干管敷设应具有不小于0.002的坡度，其坡向应利于空气顺利排除。干管最高点设排气装置，低点应设泄水装置。

3) 布置于厂房内的供水干管，应考虑不影响人和吊车的通行，并保证与吊车滑线及电力设备的安全距离。

4) 暗装供水干管时，可布置在顶棚内或管槽内。顶棚中的干管距外墙应为1～1.5m，以便安装和减少干管的热损失，顶棚中的干管必须进行保温。

5) 回水干管从散热器下通过时，过门处管道在门下砖砌过门地沟内敷设时，管道最低处需设泄水装置，并应注意过门地沟内管道坡向应与干管一致。回水干管在门上绕过时，在过门最高处应设排气装置。

6) 在室内半通行地沟内布置干管时，应考虑到维护管理方便，一般地沟净高为1.0m，宽度应不小于0.8m。干管保温层外表面与地沟壁净距应为100mm，并在适当

253

处设检修人孔。

7）干管敷设时，应具有≥0.002 的坡度，供水干管的坡向应利于排气，回水干管的坡向应利于排水。

（2）立管的布置

1）双管系统的供水立管应布置在面向的右侧，回水立管布置在面向的左侧，两管中心距以 80mm 为宜。

2）明装立管应尽量布置在外墙墙角及窗间墙处。

3）为避免影响其他房间供暖，楼梯间立管应单独设置。

4）可参照图 3-60 来确定明装立管与墙面的距离。

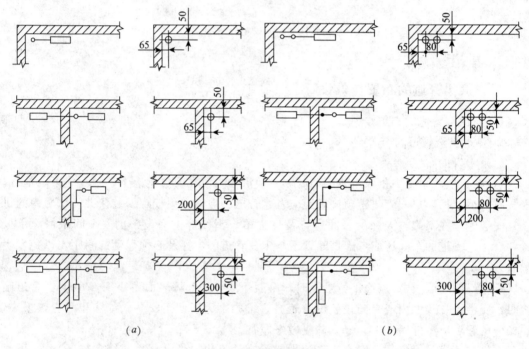

图 3-60　立管布置尺寸

（a）单管布置；（b）双管布置

5）暗装立管一般应敷设在专门的管槽内，立管管槽尺寸如图 3-61 所示。

（3）配件的布置

1）阀门

① 干管上各分支管路的供、回水管上应设置截止阀，作为开关和调节用。

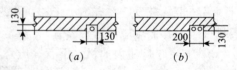

图 3-61　暗装立管墙槽

（a）单管；（b）双管

② 泄水管及排气管上应设置阀门。

③ 系统入口处的供、回水总干管上应设置闸板阀，供系统开关用。

④ 单管系统的支立管上、下端和双管系统中供、回水立管上均应设置阀门，以便于开关、调节和检修。

⑤ 系统中的阀门设置处，应便于安装、操作和维修。

2）排气装置

① 机械循环上供式热水供暖系统中各环路的最高点，应设置集气罐或自动排气装置，排气装置的布置如图 3-62 所示。

② 下供式供暖系统中，顶层各散热器上应设置排气阀。水平串联单管系统的各组散热器上应装排气阀，如为上进上出式时，可在最后的散热器组上装排气阀。

③ 供暖系统内的各个环路，不允许两个环路合用一个，应单独设置集气罐。

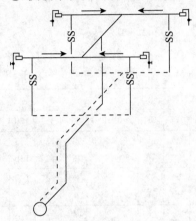

图 3-62 集气罐的布置

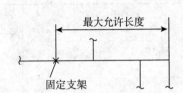

图 3-63 直线管段上固定点至自由端最大长度

3）补偿器

① 补偿器应布置在两个固定点间的管段上，用以承担此管段的伸缩量。固定点的布置应考虑各支管连接点的位移不超过 40mm。

② 供暖系统管道热膨胀所产生的伸长，如利用管道本身的转角补偿不足而必须安装补偿器时，应尽量采用制作简单、管理方便的方形补偿器。蒸汽管道可采用套筒式补偿器，但热水管道应避免使用套筒式补偿器。

③ 供暖系统中，带有支管的供暖干管，允许不装补偿器的直管段最大长度如图 3-63 和表 3-17 所示。

由固定点起，允许不装补偿器的直管段的最大长度（mm）　　　　表 3-17

房屋种类			民用建筑	工业建筑
热水温度（℃）	60	—	55	65
	70	—	45	57
	80	—	40	50
	90	—	35	45
	95	—	33	42
	100	—	32	40
	110	50	30	37
	120	100	26	32
	130	蒸汽表压力（kPa） 170	25	30
	140	260	22	27
	143	300	22	27
	151	400	22	27
	158	500	—	25
	164	600		25
	170	700		24
	175	800		24
	179	900		24
	183	1000		24

255

④ 补偿器固定支架和 L 形自然补偿器间的最大间距如图 3-64 和表 3-18 所示。

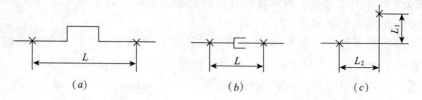

图 3-64　补偿器固定支架最大间距

(*a*) 方形；(*b*) 套筒式；(*c*) L 形

补偿器固定点之间、L 形补偿器最大允许距离（*mm*）　　　　表 3-18

补偿器形式	敷设方式	管径 DN（mm）													
		25	32	40	50	70	80	100	125	150	200	250	300	350	400	450
方形	架空、地沟 L	30	35	45	50	55	60	65	70	80	90	100	115	130	145	160
	无沟 L	30	35	45	50	55	60	65	70	70	80	90	110	110	110	125
套筒式	架空、地沟 L	—	—	—	—	—	—	—	50	55	60	70	80	90	100	120
	无沟 L	—	—	—	—	—	—	—	30	35	50	60	65	65	70	80
L 形	长边最大间距 L_2	15	18	20	24	24	30	30	30	30						
	短边最大间距 L_1	2	2.5	3	3.5	4	5	5.5	6	6						

4）系统的入口装置

① 入口装置内的供、回水管间，应设有连通管并加装循环阀门。

② 入口装置内靠室内一侧应设置泄水阀，以便于室内供暖系统运行过程中检修时泄水。

③ 室内供暖系统与室外管网连接处应设置供暖系统入口装置。热水供暖系统入口装置内应设有温度计、压力表、调节阀及流量计等仪表设备。

④ 入口装置内应设除污器，防止室外管网所输送介质中夹杂的杂物进入室内供暖系统而堵塞管道。

2. 低压蒸汽供暖管道的布置

（1）蒸汽供暖系统管道必须具有一定的坡度，并尽可能保持汽、水同向流动，除了便于系统泄水外，还有利于排除蒸汽管道中的凝结水和管道中的空气。水平管道的坡度值推荐如下：

1）散热器支管：$i＝0.01～0.02$。

2）蒸汽单管：$i＝0.04～0.05$。

3）蒸汽干管（汽、水同向流动时）：$i≥0.002～0.003$。

4）蒸汽干管（汽、水逆向流动时）：$i≥0.005$。

5）凝结水干管：$i≥0.002～0.003$。

（2）管网中的下述部位，必须设置疏水装置。

1）上供下回式系统的每根立管下端，室内蒸汽管的入口立管下端及入口装置处。

2）水平供汽干管的向上抬管处。

3）水平敷设的供汽干管，每隔 30～40m 宜设抬管疏水装置。

4）分汽缸下部。

5）室内每组散热器的凝结水出口处。

（3）敷设在地面上的凝水管遇到门洞时应敷设在过门地沟内，过门口局部凝结水管道布置应如图 3-65 所示进行处理。具体为：需在门上部装过门空气管，并安装排气阀；地沟内的凝结水管作顺水坡向，坡度为 0.02，末端还需设置泄水阀（也可用丝堵代替）。

（4）蒸汽干管末端宜按下述规定设置。

1）当入口处干管 $DN>50\text{mm}$ 时，管网末端管径不应小于 $DN32$。

2）当入口处干管 $DN\leqslant50\text{mm}$ 时，管网末端管径不应小于 $DN25$。

3）入口处负荷不大时，末端管径可采用 $DN20$。

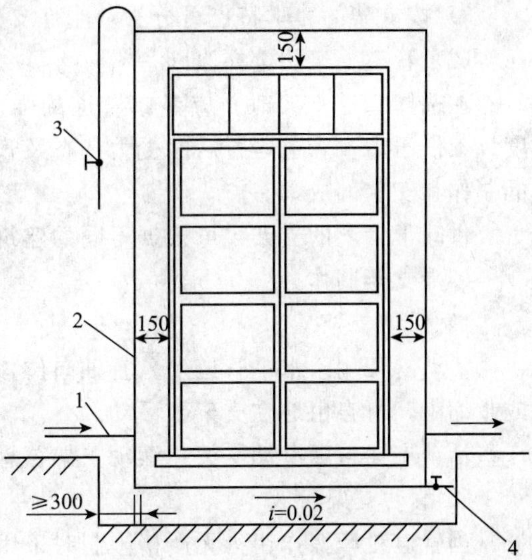

图 3-65　凝结水管过门装置
1—凝结水管；2—DN15 空气绕行管；
3—排气阀；4—泄水口

（二）供暖管道的敷设

1. 敷设方式

室内供暖系统的管道安装，可根据设计要求进行明装或暗装。明装管道是将管道直接安装在墙壁的表面，这种安装方法虽没有暗装美观，但施工方便、易于管理和维修，安装费用低。暗装管道是将供暖管线安装在地沟、顶棚、地下室楼板上或供暖管道井、设备层和预留的管槽内。

散热器可以明装、暗装或半暗装，一般情况应装于外墙的窗台下，但现在随着室内供暖形式的多样化，像住宅中由于分户热计量，不一定要装在外墙的窗台下。

2. 坡度

为了能顺利地排除系统中的空气和收回供暖回水，供暖系统管道的坡向和坡度必须严格按设计要求施工，不同热媒的供暖系统有不同的坡向和坡度要求，在安装水平干管时，一定要注意管线坡度问题，绝对不许装成倒坡，一些施工单位为了方便施工，尤其是装在地沟中的供暖回水管，属于隐蔽工程，根本不设坡度，如果装成倒坡，就会使系统出现问题。

3. 环境要求

供暖管道不得敷设在烟道、风道内，不得敷设在排水沟内，不得穿过大便槽和小便槽，不得穿越变配电间。规格较大的管道，不宜穿过伸缩缝，如必须穿过时，应采取相应的技术措施。供热管道穿过承重墙或基础处应预留洞口，管顶上预留的净距应不小于建筑物的沉降量，一般不宜小于 100mm。

4. 支架制作与安装

在民用建筑和工业建筑中，管道多在建筑物上安装，以钢质支架或吊架来支撑。管道支架对管道起承托、导向和固定作用，它是管道安装工程中重要的构件之一。

（1）管道支架的分类

1）按材料可分为：钢支架和混凝土支架等；

2）按形状可分为：悬臂支架、弹簧支架、三角支架、独柱支架等；

3）按支架的力学特点可分为：刚性支架和柔性支架。

（2）管道支架的选择原则

在选择管道支架时，应考虑管道的强度、刚度；管材的线膨胀系数；输送介质的温度、工作压力；管道运行后的受力状态及管道安装的实际位置情况等。同时还应考虑支架的制作和安装的成本。

供暖干管上的支架，可根据不同的建筑物和不同的敷设位置，采用吊架或托架。

（3）支架制作

1）活动支架

活动支架用于水平管道上，有轴向位移和横向位移，当管道内介质温度变化管道膨胀或收缩时，可自由地在支架上活动。

活动支架包括滑动支架、滚动支架、悬吊支架等。

① 滑动支架

当管道对摩擦作用力无严格限制时采用滑动支架。滑动支架分低滑动支架和高滑动支架 2 种。低滑动支架又分为滑动管卡和弧形板滑动支架，如图 3-66 所示。

滑动管卡，又称为管卡，适用于室内供暖及供热的不保温管道。制作管卡可用圆钢和扁钢，支架横梁可用角钢或槽钢。

弧形板滑动支架，适用于室外地沟内不保温的热力管道以及管壁较薄且不保温的其他管道。为了防止管子在热胀冷缩的滑动中与支架横梁直接发生摩擦而使管壁减薄，需在弧形板滑动支架的管子下面焊接弧形板块。

高滑动支架适用于保温管道。管子与管托之间用电焊焊死。而管托与支架横梁之间能自由滑动。管托的高度应超过保温层的厚度，以确保带保温层的管子在支架横梁上能自由滑动。

导向支架是滑动支架中的一种。导向支架是防止管道由于热胀冷缩在支架上滑动时产生横向偏移的装置。制作方法是在管子托架两侧各焊接一块长短与滑托长度相等的角钢，留有 2～3mm 的间隙，使管子托架在角钢制成的导向板范围内自由伸缩，如图 3-67 所示。

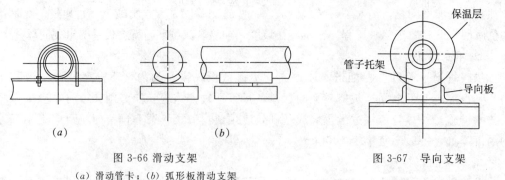

(a)　　　　　　　　　　(b)

图 3-66 滑动支架

(a) 滑动管卡；(b) 弧形板滑动支架

图 3-67　导向支架

② 悬吊支架

悬吊支架用于不便设置支架的地方。悬吊支架用于口径较小，无伸缩性或伸缩性极小的管路，主要分普通吊架和弹簧吊架两种。

③ 滚动支架

滚动支架用于介质温度较高、管径较大且要求减少摩擦作用力的管道。滚动支架分为滚珠支架和滚柱支架两种，主要用于大管径且无横向位移的管道。两者相比，滚珠支架可承受较高温度的介质，而滚柱支架对管道的摩擦力则较大一些。

2）固定支架

固定支架是用于热力管道上为均匀分配补偿器间的管道热膨胀量而设定的。固定支架的结构形式有焊接角钢固定支座、双面挡板固定支座和四面挡板固定支座等。

① 焊接角钢固定支座

焊接角钢固定支座适用于 $DN20\sim DN400$ 的室内不保温管道。但支架横梁和支座焊缝必须能承受热膨胀或收缩所产生的管道轴向推力，如图 3-68 所示。

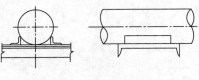

图 3-68　焊接角钢固定支座

② 曲面槽固定支座

曲面槽固定支座适用于 $DN150\sim DN700$ 的保温管道。

（4）支架安装

1）安装前准备工作

支架安装前，应考虑支架的安装间距。支架用于承托管道，如果间距过大，则会因管道自身重量、管内的介质及保温层的重量而使管道产生过大的弯曲应力，将管道破坏。

管道支架的间距，应由设计者确定，尤其是固定支架，一般标在供暖平面图上，活动支架则按施工规范选定。常用的蒸汽管道、冷凝水管道以及热水管道的支架间距如设计无规定，可按表 3-19 的规定。

钢管管道支架的最大间距

表 3-19

公称直径（mm）		15	20	25	32	40	50	65	80	100	125	150	200	250	300
支架的最大间距（m）	保温管	1.5	2	2	2.5	3	3	4	4	4.5	5	6	7	8	8.5
	不保温管	2.5	3	3.5	4	4.5	5	6	6	6.5	7	8	9.5	11	12

支架安装前，还应特别注意对支架的质量检查：外形尺寸是否符合设计要求，各焊接点是否牢靠，是否有漏焊或焊接裂纹等缺陷。

支架安装的标高和位置要符合施工图纸设计的标高和间距以及管道的坡度要求。对于有坡度的管道，应根据两点间距离和坡度大小算出两点间的高度差，根据起始点标高定出确切位置。

2）支架安装的常用方法

支架的固定方法：膨胀螺栓、射钉枪固定、在柱子上用夹紧角钢固定等方法。支架安装，要按照施工图的要求，保证活动支架和固定支架的牢固。

① 栽埋在墙上托臂托架固定

栽埋法固定是将管道支架埋入墙内（栽埋孔在土建施工时预留），一般埋入部分不得少于 150mm，并应开脚。栽入支架后，用高于 C20 细石混凝土填实抹平。栽埋时，应注意支架横梁保持水平，顶面应与管子中心线平行，如图 3-69、图 3-70 所示。

② 焊在预埋钢板上的托架固定

如果是钢筋混凝土构件上的支架，应在土建浇筑时预埋钢板，待土建拆掉模板后找出预埋件并将表面清理干净，然后将支架横梁或固定吊架焊接在预埋件上，如图 3-71 所示。

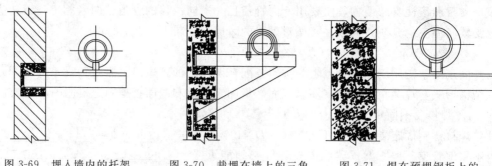

图 3-69　埋入墙内的托架　　图 3-70　栽埋在墙上的三角　　图 3-71　焊在预埋钢板上的
　　　　　　　　　　　　　　　　　　托架吊架　　　　　　　　　　托架固定

③ 用膨胀螺栓的托架固定

可以采用射钉或膨胀螺栓往建筑结构上安装支架。在没有预留孔的结构上，用射钉枪将外螺纹射钉射入支架安装位置，然后用螺母将支架固定在射钉上。膨胀螺栓是由尾部带锥形的螺杆、尾部开口的套管和螺母 3 部分组成，膨胀螺栓固定如图 3-72 所示。它适用于砖、木及钢筋混凝土等建筑结构。用膨胀螺栓固定支架时，必须先在结构上安装螺栓的位置钻孔，钻孔可用装有合金钻头的冲击手电钻或电锤进行。钻成的孔必须与结构表面垂直，孔的直径与膨胀螺栓套管外径相等，深度为套管长度加 10～15mm。装膨胀螺栓时，把套管套在螺杆上，套管的开口端朝向螺杆的锥形尾部，然后打入已钻好的孔内，到套管与结构表面齐平时，装上支架、垫上垫圈、用扳手将螺母拧紧。随着螺母的拧紧，螺杆被向外抽拉，螺杆的锥形尾部就把开口的套管尾部胀开并紧紧地卡于孔壁，将支架牢牢地固定在结构上。膨胀螺栓和射钉枪固定的方法由于其能提高安装速度和施工质量、降低成本而得到日益广泛的应用。

④ 抱箍式固定

沿柱子安装管道可以采用抱箍固定支架，结构如图 3-73 所示。用抱箍固定时，螺栓一定要上紧，保证支架受力后不再松动。

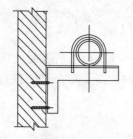
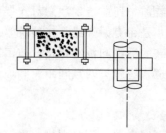

图 3-72　用膨胀螺栓固定的托架　　　　　图 3-73　抱箍固定的托架

四、室内供暖管道的施工

室内供暖管道的安装，包括低温热水供暖系统、高温热水供暖系统、高、低压蒸汽供暖系统的安装。通常是由供暖引入口、主立管、横干管、立管、散热器支管、散热器、集气罐、除污器、集、分水器、膨胀水箱、疏水器及其他阀件与管件组成。

（一）施工条件及施工工序

1. 施工条件

室内供暖管道的施工条件如下：

（1）位于地沟内的干管，一般情况下，在已砌筑完清理好的地沟、未盖沟盖板前安装、试压、隐蔽。位于顶层的干管，在结构封顶后安装。位于楼板下的干管，须在楼板安装后，方可安装。位于顶棚内的干管，应在封闭前安装、试压、隐蔽。

（2）施工前应检查土建专业是否已预留出供暖立、支管的穿墙、楼板孔洞，并检查预留位置是否正确，如果土建未预留出孔洞或预留孔洞的位置不对，则应按正确位置凿好；如散热器的壁龛卧于墙内，则应检查土建专业所留散热器的壁龛的宽度是否满足该组散热器长度及施工操作空间，保证壁龛宽度要比散热器长度宽 400mm 以上。

（3）确定支架位置前，土建专业要在墙面标明每层的地坪标高、窗台高度、窗中心线及间墙的具体位置。按照施工图纸的要求，在建筑物上标定出供暖管道的位置、走向及标高，确定好支架的位置。如发现施工图所给的管线标高位置与梁或柱等发生冲突时，应根据现场实际情况进行施工。

对于焊接钢管，立管管卡的安装，当层高≤5.0m 时，每层安装 1 个；层高>5.0m 时，每层不得少于 2 个，且管卡安装高度距地面为 1.5～1.8m，2 个以上管卡可以均匀安装。

对于铝塑管，沿墙面或楼面敷设时，采用管扣座固定，管扣座用钢钉或膨胀螺栓钉在墙或楼板上；悬吊安装的铝塑管或管外有保温层的铝塑管应采用吊架或托架来固定；耐高温铝塑复合压力管明装管道固定件间距应根据管道规格确定。

2. 室内供暖管道的施工工序

室内供暖管道的施工工序是：安装干管→安装立管→安装支管→安装散热器→安装附件、设备→试压→清洗→调试

（二）供暖管道的安装

1. 干管的安装

（1）干管安装前一位于地沟内的干管，在地沟盖板未盖前进行安装。应把地沟内杂物清理干净，安装好托吊、卡架；位于一层地面下及顶层的干管，应在结构安装完一层以上或结构封顶后安装。

（2）干管安装时，依照设计图纸和现场实际情况画出施工草图，在施工草图上标出管道附件，量出各管段的下料长度并标于草图上，然后根据施工草图上标明的实际尺寸，确定各管段的下料长度进行下料、加工。

（3）一般供暖系统图只标注出起始端的标高和管线总的坡度，在施工中要根据管长、坡度和起始端的标高算出另一端的标高和每个支架的位置。借助土建绘在墙、柱等上的标高线，找好过墙洞，打通墙洞后由两端的支架拉直线得出干管上各支架的标高，并检查坡度是否符合设计要求，对不合格的管段应进行调整。凿支架孔眼，其深度一般为 120～200mm，预制支架一般为角钢 U 形卡子，将支架按具体位置栽到墙上或焊在预埋铁件上，待支架牢固固定后，方可进行干管的敷设。

（4）钢管在安装前，应先做好除锈，可采用机械方法或人工方法进行除锈，直到钢管露出金属光泽。除锈后在钢管表面刷除锈底漆，漆层应均匀；不应有漏涂或涂层过厚等

现象。

（5）供暖干管穿墙时应设套管，其两端应低于饰面10mm。供暖干管过墙壁的孔洞尺寸根据设计预留。若无设计要求，可执行相应的规定。供暖干管如需设置变径，应在供暖干管三通后200mm处设置。供暖干管过外门时，应设局部不通行地沟，管道需保温，且应设置排气阀和泄水丝堵。

（6）采用焊接钢管先把管线选好调直，清理好管腔，将管线运到安装地点，安装程序从第一节开始：将管找正就位，对准管口使预留口方向准确进行点焊固定，焊点为：管径≤50mm时，点焊2点；管径＞50mm时，点焊3点，然后施焊，焊后应保证管道正直。

（7）按设计要求或规定间距安装卡架。安装吊卡时，先把吊棍按坡向、顺序依次穿在型钢上，吊环按间距位置套在管上，再把管抬起穿上螺栓拧上螺母，将管固定。安装托架上的管道时，先把管就位在托架上，把每一节管装好U形卡，然后安装第二节管，以后各节管均照此进行，紧固好螺栓。

（8）主立管的底部应用三通连接，使立管转90°弯后再与室外接通。为便于检修，三通底部应安装放水丝堵或阀门，三通与室外干管的连接管段上应安装阀门，若装设丝扣阀门时，在系统内侧应设活接头，以方便拆卸。总回水管的分路处是系统的最低点，必须在分路阀门前加泄水丝堵。

（9）住宅工程室内供暖干管安装不应使用活接（旧称油任）连接，如设计要求必须设置可拆连接件时，应用法兰连接。

（10）明装管道成排安装时，直管段应互相平行。转弯处，曲率半径应相等。多种管道交叉时的避让原则：冷水让热水，小管让大管等。

（11）施工中遇有补偿器处，应在预制时按规范要求做好预拉伸，并按位置固定，与管道连接好；波纹补偿器应按要求位置安装好导向支架和固定支架，并分别安装阀门、集气罐等附属设备。

（12）管道安装后，检查坐标、标高、预留口位置和管道变径等是否正确，然后找直，用水平尺校对复核坡度，调整合格后，再调整吊卡螺栓U形卡，使其松紧适度，平正一致，最后焊牢固定卡处的止动板。

2. 立管的安装

（1）按照整个建筑安装程序来安排室内供暖的施工时间，即管道安装工作是在土建主体工程基本完工，装修工程尚未断时安装供暖管道。需注意的是，在土建施工过程中要按照施工图纸，在基础、梁、楼板、墙体等处预留好孔、槽，装好预埋件。预留孔、槽的尺寸如表3-20所示。

<table>
<tr><td colspan="3" style="text-align:left">供暖管道预留孔尺寸</td><td>表 3-20</td></tr>
<tr><td rowspan="2">序号</td><td rowspan="2">供暖管道名称</td><td>明装</td><td>暗装</td></tr>
<tr><td>预留尺寸（mm）长×宽</td><td>墙槽尺寸（mm）长×宽</td></tr>
<tr><td rowspan="3">1</td><td>1根立管　 $DN \leqslant 25mm$</td><td>100×100</td><td>130×135</td></tr>
<tr><td>$DN = 32 \sim 50mm$</td><td>150×150</td><td>150×150</td></tr>
<tr><td>$DN = 70 \sim 100mm$</td><td>200×200</td><td>200×200</td></tr>
<tr><td>2</td><td>2根立管　 $DN \leqslant 32mm$</td><td>150×100</td><td>200×130</td></tr>
</table>

续表

序号	供暖管道名称	明装	暗装
		预留尺寸（mm）长×宽	墙槽尺寸（mm）长×宽
3	散热器支管 $DN \leqslant 25mm$ $DN = 32 \sim 40mm$	100×100 150×130	60×60 150×100
4	供暖主干管 $DN \leqslant 80mm$ $DN = 100 \sim 125mm$	300×250 350×300	— —

（2）主立管是室外供热管道进入室内后的一根管径较粗的竖直干管，主立管通常采用焊接，自下而上逐层安装，安装时要注意预留孔洞和管线的热膨胀问题等。

（3）主立管一般采用明装，也可暗装在管井、管槽内，视建筑物性质和设计要求而定。管道穿楼板、墙壁孔洞，可根据设计要求确定。如无设计要求，应按相应的规定确定。

（4）管道穿楼板应设置钢制套管，其顶部应突出地面 20mm 左右，底部应与楼板底面平齐。要及时检查土建施工预留的过楼板孔洞位置和尺寸是否符合要求，具体方法是，挂铅垂线法配以尺寸测量，如果不符合要求则应进行调整。

（5）要注意主立管的重量问题。立管的重量包括管道本身的重量和热介质的重量，是由下端的刚性支座来承担的，要求支座应坚固，沿主立管上下安装在墙上的卡箍或托架，仅用来维持主力管垂直状态。主立管在安装时；管道的垂直度的允许偏差为 2mm/m，全长＞5.00m 允许偏差≥10mm/m，管箍或托架间距为 3.0～4.0m，每层楼至少应设 1 个。

（6）立管的顶端一般采用羊角弯和供热横干管相连，在 10～14 层建筑的供暖主立管，要在 5～7 层左右安装补偿器，如在主立管中部用固定支架固紧，且能上下伸缩，也可不设补偿器。

（7）当热水供暖系统运行时，要保证供暖系统的正常工作，须排除系统中的空气和系统维修时的泄水要求。要把供、回水管设计成一定的坡度，如果设计未对管道坡度做出要求，施工中坡度应符合下列规定：热水供暖和汽水同向流动的蒸汽管道和冷凝水管道坡度一般为 0.003，但不得小于 0.002；汽水逆向流动管道坡度不小于 0.005。

1）管道从门窗或其他洞口、梁柱、墙垛等处绕过，其转角处如高于或低于管道水平走向，在其最高点或有可能集聚空气处应设排气装置；最低点或有可能存水处设泄水装置。其目的是排除管道最高点的空气和最低点的脏物和存水。

2）在住宅中应把管道最高点及排气装置敷设在厨房或卫生间内。集气罐的进出水口，应开在偏下约为罐高度 1/3 处，丝接应在管道调直后安装。其放风管应稳固，如不稳可装 2 个卡子，集气罐位于系统末端时，应设托、吊卡。自动排气阀进水端应装阀门，不允许设在居室、门厅和吊顶内。当装放风管时，应接至有排水设施的地漏或洗菜池（洗手盆）中，放风阀门安装高度不低于 2.2m。

3. 支管的安装

（1）核对散热器的安装位置及立管预留口甩头是否准确，要量尺检查。

（2）散热器支管安装。把预制好的灯叉弯两头抹铅油缠麻，上好活接头或者长丝根母，配管后须找正调直再锁紧散热器。若灯叉弯是在支管安装时现场弯制，可先将管段一头套丝，抹铅油缠麻丝上好活接头或长丝根母（加在散热器一侧），再把短节的一头抹油缠麻上到活接头的另一端。按加工草图上量出的尺寸断管、套丝，灯叉弯边撬边用样板卡。然后安装散热器支管。设壁龛或暗装散热器的灯叉弯必须与散热器槽的抱角吻合，做到美观。

（3）活接头安装时，子口一头安装在来水方向，母口一头安装在去水方向，不得安反。

（4）将预制好的管子在散热器补心和立管预留口上试安装，如不合适，用气焊烘烤或用弯管器调弯，但必须在丝头 50mm 以外见弯。

（5）丝头抹油缠麻，用手托平管子，随丝扣自然偏度轻上入扣，手拧不动时，用管钳子咬住接口附近，一手托住管钳，大拇指扣在管钳头上，另一手握住钳子将管子拧到松紧适度，丝扣外露 2～3 扣为止。然后对准活接头或长丝根母，试试是否平正再松开，把麻垫（或石棉垫）抹上铅油套在活接口上，对正子母口，带上锁母，用管钳拧到松紧适度，清净麻头。

（6）用钢尺、水平尺、线坠校核支管的坡度和平行方向的距墙尺寸，复查立管及散热器有无移动。合格后固定套管和堵抹墙洞缝隙。

（7）套管补偿器安装

1）套管补偿器又名填料式补偿器，只有在管道中心线与补偿器中心线一致时，方能正常工作。故不适用悬吊式支架上安装。

2）靠近补偿器两侧，必须各设一个导向支座，使其运行时，不致偏离中心线。

3）安装前须检查补偿器的规格，套管、芯子的加工精度、间隙等是否符合设计要求。

4）安装前，必须作好预拉伸，如设计无明确要求，按表 3-21 规定进行。

套管补偿器预拉长度   表 3-21

补偿器规格（mm）	15	20	25	32	40	50	70	80	100	125	150
拉出长度（mm）	20	20	30	30	40	40	56	59	59	59	63

5）安装时，要使芯子与外套的间隙不应大于 2mm。

6）安装长度应考虑气温变化，留有剩余的伸缩量，其值按下式计算：

$$\Delta = \Delta_L \, (t_1 - t_0) \, / \, (t_2 - t_0)$$

式中　Δ——芯子与外套挡圈间的安装剩余伸缩量（mm）；

　　　Δ_L——补偿器最大伸缩量（mm）；

　　　t_1——安装补偿器的气温（℃）；

　　　t_2——介质的最高计算温度（℃）；

　　　t_0——室外最低计算温度（℃）。

安装前先将芯子全部拔出来，量出剩余伸缩量值并做出标记，然后退回芯子至标记处。如图 3-74 所示。

7）填塞的石棉绳应涂以石墨粉，各层填料环的接口应错开放置。介质温度在 100℃ 以内时，允许采用麻、棉质填料。外套拉紧时，其压盖插入套管补偿器的外皮不超过 30mm。

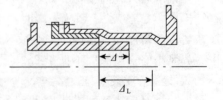

图 3-74　套管补偿器安装示意图

8）如固定点与套管补偿器间的管道不直，从固定点到套管补偿器间有较大距离时，应设导向支架。

4. 散热器的安装

（1）散热器的组对

1）铸铁散热器在组对前，应将其内部铁渣、砂粒等杂物清理干净，涂刷防锈漆（红丹漆）和银粉漆各一遍。其上的螺纹部分和连接用的对丝也应除锈并涂上机油。

2）散热器上的铁锈必须全部清除；散热器每片上的各个密封面应用细砂布或断锯条打磨干净，直至露出金属本色。铸铁散热器的密封连接面处，宜采用鱼油浸泡过的环形牛皮纸垫圈予以密封，其厚度不大于1mm。

3）组对铸铁散热器时，应使用以高碳钢制成的专用钥匙（图3-75）。专用钥匙应准备三把，两把短的用作组对，长度不宜大于450mm；一把长的用作修理，其长度应与片数最多的一组散热器等长。

4）组对铸铁散热器应平直紧密；上下两个对丝要同时拧动；紧好后在两片散热器之间的垫片不应露到外面。

5）组对时，应将第一片平放在组对架上（图3-76），且应正扣朝上，先将两个对丝的正扣分别拧入散热器上下接口内1～2个螺距，再将环形密封垫套在对丝上，然后将另一片的反扣分别对准上、下对丝的反扣，然后用两把钥匙将它们锁紧。

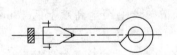

图3-75　组对散热器用钥匙

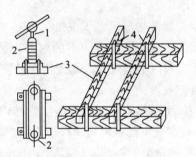

图3-76　散热器组对架
1—钥匙；2—散热器（暖气片）；3—木架；4—地桩

6）锁紧散热器应由两人同时操作。钥匙的方头应正好卡在对丝内部的突缘处，转动钥匙要步调一致地进行，不得造成旋入深度不一致。当两个散热片的密封面相接触后，应减慢转动速度，直至垫片被挤出油为止。

7）片式散热器组对数量，一般不宜超过下列数值：

细柱形散热器（每片长度50～60mm）25片；

粗柱形散热器（M132型每片长度82mm）20片；

长翼形散热器（大60每片长度280mm）6片；

其他片式散热器每组的连接长度不宜超过1.6m。

8）当组对的片数达到设计要求后，应放倒散热器，再根据进水和出水的方向，为散热器装上补心和堵头。

9）组装好的散热器应经试压（试验压力应符合表3-22规定），合格并刷以防锈漆后，方可进行安装。

10）组对带腿散热器（如柱型散热器）在 15 片以下时，应有两片带腿片；如为 15～25 片时，中间再加上一片带腿的散热片。

11）有放气阀的散热器，热水供暖和高压蒸汽供暖应安装在散热器顶部；低压蒸汽供暖应安装在散热器下部 1/3～1/4 高度上。

组对前，用螺纹锥锥出螺纹，否则组对后再锥螺纹比较困难。放气阀在试压前上好试压后卸下，系统运行时再装上，以防止碰坏。

散热器试验压力 表 3-22

散热器型号	60 型、M132 型、M150 型柱型、圆翼型		扁管型		板式	串片式	
工作压力（MPa）	≤0.25	>0.25	≤0.25	>0.25	—	≤0.25	>0.25
试验压力（MPa）	0.4	0.6	0.6	0.8	0.75	0.4	1.4
要求	试验时间为 2～3min，不渗不漏为合格						

（2）散热器的安装

1）按设计图要求，利用所作的统计表将不同型号、规格和组对好并试压完毕的散热器运到各房间，根据安装位置及高度在墙上画出安装中心线。

2）托钩和固定卡安装

① 柱型带腿散热器固定卡安装。从地面到散热器总高的 3/4 画水平线，与散热器中心线交点画印记，此为 15 片以下的双数片散热器的固定卡位置。单数片向一侧错过半片。16 片以上者应栽两个固定卡，高度仍在散热器 3/4 高度的水平线上，从散热器两端各进去 4～6 片的地方栽入。

② 挂装柱型散热器安装托钩高度应按设计要求并从散热器的距地高度上返 45mm 画水平线。托钩水平位置采用画线尺来确定，画线尺横担上刻有散热片的刻度。画线时应根据片数及托钩数量分布的相应位置，画出托钩安装位置的中心线，挂装散热器的固定卡高度从托钩中心上返散热器总高的 3/4 画水平线，其位置与安装数量同带腿片安装。

③ 用錾子或冲击钻等在墙上按画出的位置打孔洞。固定卡孔洞的深度不少于 80mm，托钩孔洞的深度不少于 120mm，现浇混凝土墙的深度为 100mm（使用膨胀螺栓应按膨胀螺栓的要求深度）。

④ 用水冲净洞内杂物，填入 M20 水泥砂浆到洞深的一半时，将固定卡、托钩插入洞内，塞紧，用画线尺或 DN70 管放在托钩上，用水平尺找平找正，填满砂浆抹平。

⑤ 柱型散热器的固定卡及托钩按图 3-77 加工。托钩及固定卡的数量和位置按图 3-78 安装（方格代表炉片）。

⑥ 柱型散热器卡子托钩安装如图 3-79 所示。

⑦ 用上述同样的方法将各组散热器全部卡子托钩栽好；成排托钩卡子需将两端钩、卡栽好，定点拉线，然后再将中间钩、卡按线依次栽好。

⑧ 圆翼型、长翼型及辐射对流散热器（FDS-Ⅰ型～Ⅲ型）托钩都按图 3-80 加工，翼型铸铁散热器安装时全部使用上述托钩。圆翼型每根用 2 个；托钩位置应为法兰外口往里返 50mm 处。长翼型托钩位置和数量按图 3-81 安装。辐射对流散热器的安装方法同柱

型散热器。固定卡尺寸见图 3-82。固定卡的高度为散热器上缺口中心。翼型散热器尺寸见图 3-83，安装方法同柱型散热器。

⑨ 每组钢制闭式串片型散热器及钢制板式散热器在四角上焊带孔的钢板支架，而后将散热器固定在墙上的固定支架上。固定支架按图 3-84 加工。固定支架的位置按设计高度和各种钢制串片及板式散热器的具体尺寸分别确定。安装方法同柱型散热器（另一种作法是按厂家带来的托钩进行安装）。在混凝土预制墙板上可以先下埋件，再焊托钩与固定架；在轻质板墙上，钩卡应用穿通螺栓加垫圈固定在墙上。

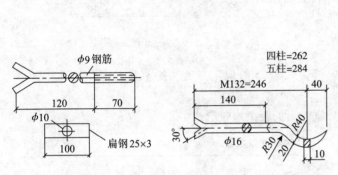

图 3-77 柱型散热器固定卡及托钩

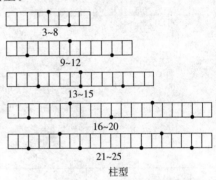

图 3-78 托钩及固定卡数量

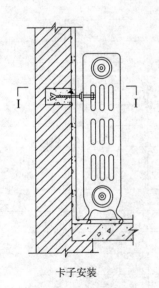

卡子安装

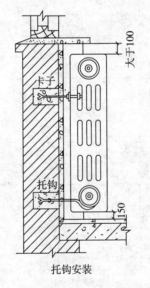

托钩安装

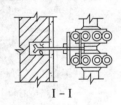

I－I

说明：
1. M132型及柱型上部为卡子，下部为托钩。
2. 散热器离墙净距25~40 mm。

图 3-79 柱型散热器卡子托钩安装

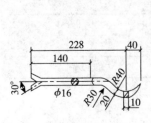

图 3-80 托钩加工形式

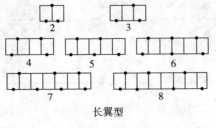

图 3-81 托钩数量

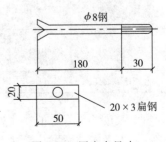

图 3-82 固定卡尺寸

267

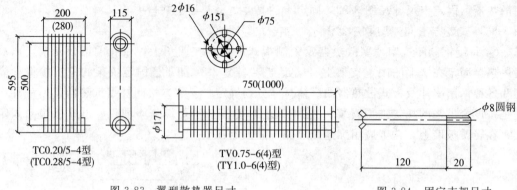

图 3-83 翼型散热器尺寸   图 3-84 固定支架尺寸

⑩ 各类散热器的支、托架数量应符合表 3-23 的规定。支、托架栽入砖墙的尺寸（不包括抹灰面）应不小于 110mm。

⑪ 散热器应平行于墙面安装，与墙表面的距离应符合表 3-24 规定。

散热器支架、托架数量   表 3-23

项次	散热器型式	安装方式	每组片数	上部托钩或卡架数	下部托钩或卡架数	合　计
1	长翼型	挂墙	2～4	1	2	3
			5	2	2	4
			6	2	3	5
			7	2	4	6
2	柱型柱翼型	挂墙	3～8	1	2	3
			9～12	1	3	4
			13～16	2	4	6
			17～20	2	5	7
			21～25	2	6	8
3	柱型柱翼型	带足落地	3～8	1	—	1
			8～12	1	—	1
			13～16	2	—	2
			17～20	2	—	2
			21～25	2	—	2

注：散热器支架，托架数量；当设计有规定时，按设计规定的要求；当设计未注时，应符合本表规定。

散热器中心与墙表面的距离（mm）   表 3-24

散热器型号	60 型	M132 型 M150 型	四柱型	圆翼型	扁管板式（外沿）	串片式	
						平放	竖放
中心距墙表面距离	115	115	130	115	80	95	60

⑫ 散热器与管道的连接处，应设置可供拆卸的活接头。

⑬ 水平安装圆翼型散热器时，对热水供暖系统，其两端应使用偏心法兰与管道连接；

若为蒸汽供暖时，则圆翼型散热器与回水管道的连接也应用偏心法兰。

⑭ 安装串片式散热器时，应保证每片散热肋片完好，其中松动肋片片数不得超过总片数的 3%。

⑮ 散热器安装在钢筋混凝土墙上时，应先在钢筋混凝土墙上预埋铁件，然后将托钩和卡件焊在预埋件上。

⑯ 散热器底部离地面距离，一般不小于 150mm；当散热器底部有管道通过时、其底部离地面净距一般不小于 250mm；当地面标高一致时，散热器的安装高度也应该一致，尤其是同一房间内的散热器。

⑰ 除圆翼型散热器应水平安装外，一般散热器应垂直安装。安装钢串片式散热器时，应尽可能平放，减少竖放。

3）散热器支管安装

① 散热器支管应有坡度，其坡度要求：

A. 汽、水同向流动的热水供暖管道和汽、水同向流动的蒸汽管道及凝结水管道，坡度应为 3‰，不得小于 2‰；

B. 热水逆向流动的热水供暖管道和汽、水逆向流动的蒸汽管道，坡度不应小于 5‰；

C. 散热器支管的坡度应为 1%，坡向应利于排气和泄水。

② 散热器与墙间距应和立管一致，直管段不得有弯，接头应严密，不漏水。

③ 散热器支管过墙时，除应该加设套管外，还应注意支管不准在墙内有接头。

④ 支管上安装阀门时，在靠近散热器一侧应该与可拆卸件连接。

⑤ 散热器支管安装，应在散热器与立管安装完毕之后进行，也可与立管同时进行安装。

⑥ 安装时一定要把钢管调整合适后再进行碰头，以免弄歪支、立管。

4）散热器冷风门安装

① 按设计要求，将需要打冷风门眼的炉堵放在台钻上打 φ8.4 的孔，在台虎钳上用 1/8in 螺纹锥套螺纹。

② 将炉堵抹好铅油，加好石棉橡胶垫，在散热器上用管钳子上紧。在冷风门螺纹上抹铅油，缠上许麻丝，拧在炉堵上，用扳子上到松紧适度，放风孔向外斜 45。（宜在综合试压前安装）。

③ 钢制串片式散热器、扁管板式散热器按设计要求统计需打冷风门的散热器数量，在加工订货时提出要求，由厂家负责作好。

④ 钢板板式散热器的放风门采用专用放风门水口堵头，订货时提出要求。

（3）辐射板散热器的安装

目前，国内对辐射板供热分类如表 3-25 所示。其中低温辐射供暖的形式有金属顶棚，如图 3-85、图 3-86 所示。顶棚、地面或墙面埋管如图 3-87～图 3-90 所示。

辐射板特点及分类　　　　表 3-25

分类根据	名　称	特　　点
板面温度	低温辐射	板面温度低于 80℃
	中温辐射	板面温度等于 80～200℃
	高温辐射	板面温度等于 500℃

分类根据	名　称	特　点
辐射板构造	埋管式	以直径 32～15mm 的管道埋置于建筑表面内，构成辐射表面
	风道式	利用建筑结构的空腔使热空气循环流动其内构成辐射表面
	组合式	利用金属板焊以金属管组成辐射板
辐射板位置	顶棚式	以顶棚作为辐射供暖面，辐射热占 70% 左右
	墙面式	以墙壁作为辐射供暖面，辐射热占 65% 左右
	地面式	以地面作为辐射供暖面，辐射热占 55% 左右
	楼面式	以楼板作为辐射供暖面，辐射热占 55% 左右
热媒种类	低温热水式	热媒水温低于 100℃
	高温热水式	热媒水温等于或高于 100℃
	蒸汽式	以蒸汽（低压或高压）为热煤
	热风式	以加热后的空气作为热媒
	电热式	以电热元件加热特定表面或直接发热
	燃气式	通过燃烧可燃气体经特制的辐射器发射红外线

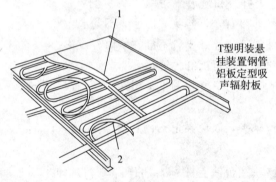

图 3-85　盘管金属顶棚
1—吸声隔热层；
2—钢管、铝板定型吸声辐射板

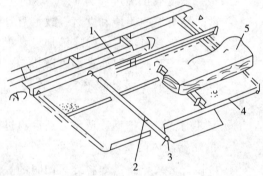

T型明装悬挂装置钢管铝板定型吸声辐射板

图 3-86　排管金属顶棚
1—38mm 方形联箱；2—板的固定点；
3—d15mm 排管；4—铝板；5—隔热层

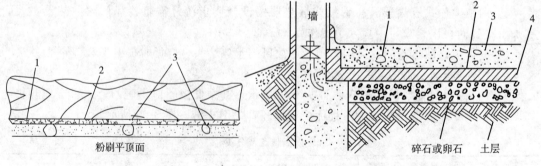

粉刷平顶面

图 3-87　钢板网下埋管
1—钢板网；2—格栅底部；3—盘管

墙　　碎石或卵石　土层

图 3-88　地面埋管
1—加热管；2—隔热层；
3—混凝土板；4—防水层

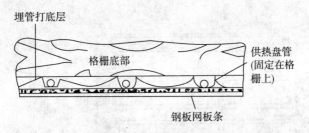

图 3-89　钢板网粉刷层内埋管

空气加热地面，电热辐射顶棚及墙见图 3-91、图 3-92，其中辐射板散热器的形式均为钢制成型，如图 3-93～图 3-96 所示。

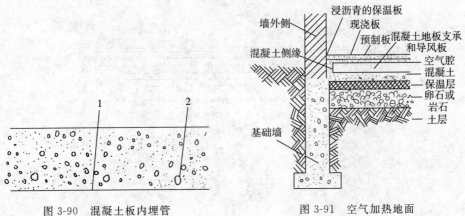

图 3-90　混凝土板内埋管
1—混凝土板；2—加热排管

图 3-91　空气加热地面

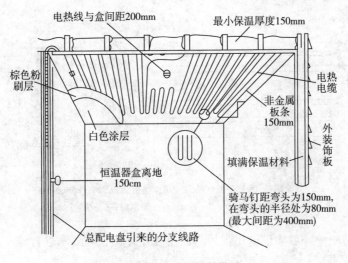

图 3-92　电热顶棚辐射供暖

1）水压试验

① 辐射板散热器安装前，必须进行水压试验。试验压力等于工作压力加 0.2MPa，但不得低于 0.4MPa。

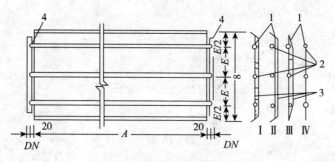

图 3-93　钢制辐射板

1—钢板；2—加热管；3—保温层；4—两端的连接管

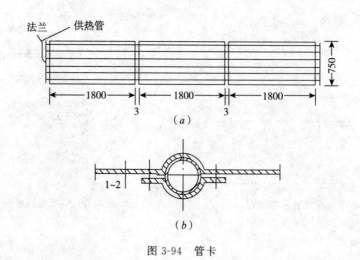

图 3-94　管卡

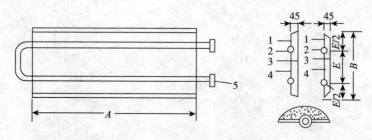

图 3-95　采用焊接的辐射板

1—钢板 $\delta=1.5\sim2mm$；2—水煤气钢管 $DN20\text{—}25mm$；

3—钢板 $\delta=0.5\sim1mm$；4—保温层；5—法兰

② 辐射板的组装一般均应采用焊接和法兰连接。按设计要求进行施工。

2）支吊架安装

按设计要求，制作与安装辐射板的支吊架。一般支吊架的形式按其辐射板的安装形式分类分为三种，即垂直安装、倾斜安装，水平安装，如图 3-97 所示。带型辐射板的支吊架应保持 3m 一个。

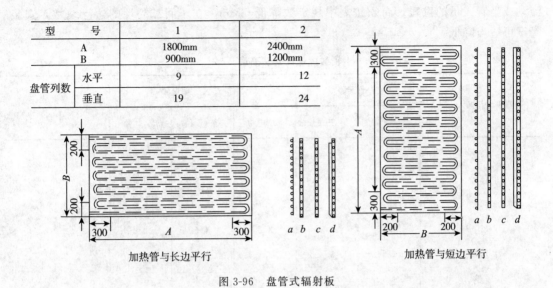

型　　号		1	2
A		1800mm	2400mm
B		900mm	1200mm
盘管列数	水平	9	12
	垂直	19	24

加热管与长边平行　　　　　　　　　　加热管与短边平行

图 3-96　盘管式辐射板

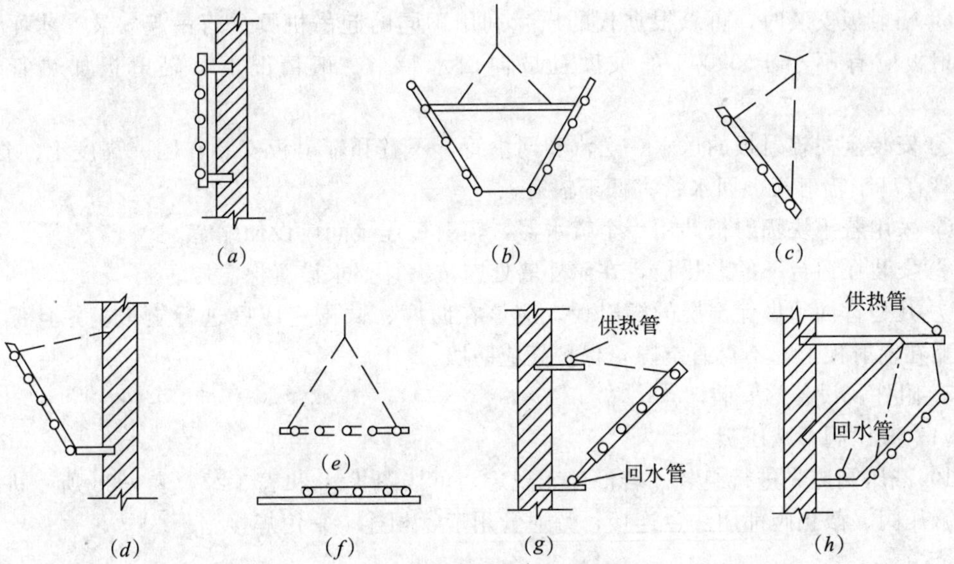

图 3-97　辐射板的支、吊架

(a) 垂直安装；(b)、(c)、(d)、(g)、(h) 倾斜安装；(e)、(f) 水平安装

3）散热器安装

① 辐射板散热器的安装，通常有下面三种形式。按照设计规定和要求施工。

A. 水平安装。即将辐射板安装在供暖区域的上部，热量向下辐射。

B. 垂直安装。单面辐射板可以垂直安装在墙上，双面辐射板可以垂直安装在柱间，适用于安装高度允许较低的情况下。

C. 倾斜安装。辐射板安装在墙上、柱上或柱间，使板面斜向下方。安装时必须注意选择好合适的倾斜角度，一般应保证辐射板中心的法线穿过工作区。

② 辐射板用于全面供暖，如设计无要求，最低安装高度应符合表 3-26 的规定。对于

流动或坐着人员的供暖，尚须按表中规定数降低 0.3m。在车间靠外墙的边缘地常，安装高度可适当降低。

辐射板最低安装高度（m）　　　　　　　　　　　　　　表 3-26

热媒平均温度（℃）	水平安装		倾斜安装与垂直面			垂直安装（板中心）
	多管	单管	成 60°角	成 45°角	成 30°角	
115	3.2	2.8	2.8	2.6	2.5	2.3
125	3.4	3.0	3.0	2.8	2.6	2.5
140	3.7	3.1	3.1	3.0	2.8	2.6
150	4.1	3.2	3.2	3.1	2.9	2.7
160	4.5	3.3	3.3	3.2	3.0	2.8
170	4.8	3.4	3.4	3.3	3.0	2.8

③ 辐射板安装时，可以根据板的质量利用不同的起吊机具进行吊起安装，水平安装的辐射板应有不小于 0.005 的坡度且坡向回水管。一般情况下其辐射板加热管坡度为 0.003。

④ 安装接往辐射板的送水、送汽和回水管，不宜和辐射板安装在同一高度上。送水、送汽管宜高于辐射板，回水管宜低于辐射板。

⑤ 采用若干块辐射板共用一个疏水器，辐射板连接间应设伸缩节。

⑥ 安装在窗台下的散热板，在靠外墙处应按设计要求设置保温层。

⑦ 凡是背面须做保温层的辐射板，应该在防腐、试压完成后进行施工，并且保温层应紧贴在辐射板上，不得有空隙，保护壳应防腐。

5. 附件、设备的安装

（1）减压阀、减压板

1）减压阀应先进行组装。若设计无规定，可按图 3-98 和表 3-27、表 3-28 所示进行组装。减压阀、截止阀都用法兰连接，旁通管用弯管相连，采用焊接。

配管尺寸　　　　　　　　　　　　　　表 3-27

d_1	d_2	d_3	安全阀		d_1	d_2	d_3	安全阀	
			规格	类型				规格	类型
20	50	15	20	弹簧式	70	125	40	40	杠杆式
25	70	20	20	弹簧式	80	150	50	50	杠杆式
32	80	20	20	弹簧式	100	200	80	80	杠杆式
40	100	25	25	弹簧式	125	250	80	80	杠杆式
50	100	32	32	弹簧式	150	300	100	100	杠杆式

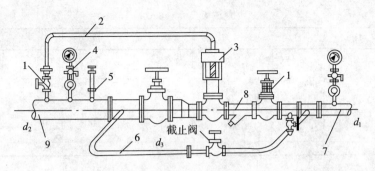

图 3-98 减压阀接法

1—截止阀；2—$\phi15$mm 气压管；3—减压阀；4—压力表；5—安全阀；
6—旁通管；7—高压蒸汽管；8—过滤器；9—低压蒸汽管

薄膜式减压阀规格尺寸 表 3-28

规　格（mm）	尺　　寸（mm）		
	总　　高	进口中心至阀顶高	长　　度
25 32 40	510	432	180
50 70	615	510	230
80 100	859	640	301

2）用型钢作托架，分别设在减压阀的两边阀的外侧，使旁通管卡在托架上。型钢在下料后，按工艺标准支架安装，插入事先打好的墙洞内，用水平尺、线坠等找平、找正。

3）减压阀只允许安装在水平管道上，阀前、后压差不得大于 0.5MPa，否则应两次减压（第一次用截止阀），如需要减压的压差很小，可用截止阀代替减压阀。

4）减压阀的中心距墙面大于等于 200mm，减压阀应成垂直状。减压阀的进出口方向按箭头所示，切不可安反。安装完可根据工作压力进行调试，对减压阀进行定压并作出界限标记。

5）减压板在法兰盘中安装时，只允许在整个供暖系统经过冲洗后安装。减压板采用不锈钢材料，其减压孔板孔径、孔位由设计决定后，根据图 3-99 和表 3-29 按工艺标准用螺栓连接安装。

6）除减压阀、疏水器、除污器、安全阀、压力表、温度计外，其余构件及管道均按设计要求进行保温。

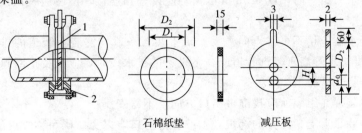

石棉纸垫　　　　减压板

图 3-99 减压板在法兰盘中安装

1—减压板；2—石棉纸垫；d_0—减压孔板孔径

减压板尺寸（mm） 表 3-29

管径	D_1	D_2	H	管径	D_1	D_2	H
20	27	53	10	70	76	116	34
25	34	63	13	80	89	132	40
32	42	76	17	100	114	152	53
40	48	86	20	125	140	182	65
50	60	96	26	150	165	207	78

（2）疏水器

1）按设计的要求，先进行疏水器装置的定位、画线、试组对，然后根据规定的尺寸组装连接。表 3-30 为几种疏水器安装尺寸及安装简图。

几种疏水器安装尺寸表 表 3-30

简图		

浮桶式疏水器安装　　倒吊桶式疏水器安装　　热动力式（或脉冲式）疏水器安装　　疏水器旁通管安装

疏水器型号		疏水器安装尺寸（mm）						疏水器旁通管尺寸（mm）						
		DN15	DN20	DN25	DN32	DN40	DN50		DN15	DN20	DN25	DN32	DN40	DN50
浮桶式	A	680	740	840	930	1070	1340	A_1	800	860	960	1050	1190	1500
	H	190	210	260	380	380	460	B	200	200	220	240	260	300
倒吊桶式	A	680	740	830	900	960	1140	A_1	800	860	930	1070	1080	1300
	H	180	190	210	230	260	290	B	200	200	220	240	260	300
热动力式	A	790	860	940	1020	1130	1260	A_1	910	980	1010	1140	1200	1520
	H	170	180	180	190	210	230	B	200	200	220	240	260	300
脉冲式	A	750	790	870	960	1050	1260	A_1	870	910	990	1080	1170	1420
	H	170	180	180	190	210	230	B	200	200	220	240	260	300

2）高压疏水器组装时，按要求安装两道型钢作托架，分别卡在两侧阀门之外侧。其托架栽入墙内深度不小于 150mm。

3）低压回水盒组对时，DN25mm 以内均应以丝扣连接，两端应设活接头，组装后均垂直安装。

4）安装疏水器，切不可将方向弄反。疏水装置一般均安装在管道的排水线以下，当蒸汽系统中的凝结水管高于蒸汽管道或高于设备的排水线时，应安装止回阀。

（3）除污器

1）除污器装置在组装前应找准进出口方向，不得安反。

2）除污器装置上支架设置的部位必须避开排污口，以免妨碍污物收集清理。

3）除污器过滤网的材质、规格均应符合设计规定。

4）在安装除污器时，须配合土建在排污口的下方设置排污（水）坑。

（4）膨胀水箱

水箱基础验收合格后，方可将膨胀水箱就位。

1）膨胀水箱多用钢板焊制而成，根据水箱间的情况而异。可以预制后吊装就位，也可将钢板料下好后，运至安装现场就地焊制组装。水箱安装过程中必须吊线找平找正。

2）膨胀水箱基础表面必须找平，水箱安装后应与基础接触紧密，安装位置应正确，端正平稳。

3）膨胀水箱安装后应进行满水试验，合格后方可保温。

4）膨胀水箱配管

① 膨胀水箱的接管及管径，设计若无特殊要求，则按规定在水箱上配管，如图 3-100 和表 3-31 所示。

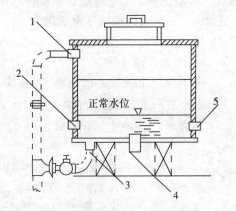

图 3-100　膨胀水箱接管示意图
1—溢流管；2—检查管；3—泄水管；
4—膨胀管；5—循环管

膨胀水箱的接管及管径（mm）

表 3-31

编号	名　称	方　形		圆　形		阀门
		1～8 号	9～12 号	1～4 号	5～6 号	
1	溢流管	DN40	DN50	DN40	DN50	不设
2	检查管	DN32	DN32	DN32	DN32	设置
3	泄水管	DN20	DN25	DN20	DN25	不设
4	膨胀管	DN25	DN32	DN25	DN32	不设
5	循环管	DN20	DN20	DN20	DN20	设置

② 各配管的安装位置：

A. 膨胀管：在重力循环系统中接至供水总立管的顶端。在机械循环系统中，接至系统的恒压点，尽量减少负压区的压力降，一般选择在锅炉房循环水泵吸水口前，用膨胀水箱的水位来保证这一点的压力高于大气压，才可安全运行。同时可提高回水温度，使循环水泵在有利条件下工作，不产生气蚀，这是在低层建筑中，而在高层建筑中情况就不一样了。高层建筑中，膨胀水箱所安装的高度，较大程度地提高了静水压力 h，从公式 $H = h - (LR + Z)$ 中可知相对减小了吸水区的压力降。因此，无需将最高点的膨胀水箱上的循环管、膨胀管再从高层建筑顶层拉回锅炉房的循环水泵吸水管端连接。可以直接接至高层建筑的入口装置之前，膨胀管距循环管 1.5～3.0m，如施工图中有规定，应按设计执行。

公式 $$H = h - (LR + Z)$$

式中　H——循环泵吸水管端压力；

　　　h——膨胀水箱静水压力；

　$LR + Z$——沿程损失＋局部损失。

B. 循环管：接至系统定压点前 2～3m 水平回水干管上，该点与定压点间的距离为2～3m，使热水有一部分能缓缓地通过膨胀管和循环管流经水箱，可防水箱结冰。

C. 检查管：接向建筑物的卫生间或接向锅炉房内，以便观察膨胀水箱内是否有水。

D. 溢流管：当水膨胀使系统内水的体积超过水箱溢水管口时，水自动溢出，可排入下水。但不能直接连接下水管道。

E. 泄水管：清洗水箱及放空用，可与溢流管一起接至附近排水处。

5）水箱保温

① 膨胀水箱安装在非供暖房间时，应进行保温，保温材料及方法按设计要求，并按工艺标准进行水箱保温防腐。

② 水箱应做满水试验，合格后方可保温。

（5）入户装置

1）入户装置的组装

每一户的入户装置在管道安装之前先进行下料、正式组装。每户系统的进出口装置，包括供水管进口处或者是回水管出口处的卡帽锁闭球阀（图3-101）、控制阀（供水阀和回水阀）、污物收集器（即排污器）、热表（流量系统及计算系统）、热表显示器系统、温度传感器系统、电缆和管件。

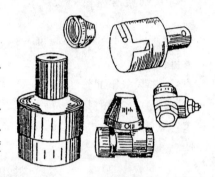

图 3-101　卡帽锁闭球阀

入口装置的具体组合顺序和控制程序由设计选定，如图 3-102 和图 3-103 所示，是两种常见的分户入户装置的组合形式。

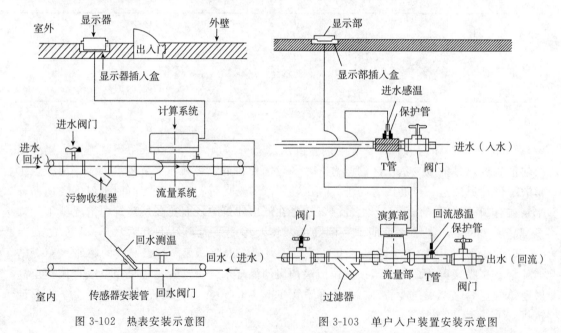

图 3-102　热表安装示意图　　　　　图 3-103　单户入户装置安装示意图

在图 3-102 中，热表和污物收集器设在进水入口处，也可以是回水总出口处；测温传感器安装管设在回水总出口处，但也可以将供水测温安装在供水管的入口处。

在图 3-103 中，测温传感器 T 形管设在供水管的入口处，测进户供水水温；而过滤器、热表（演算部和流量部）、回流感温 T 形管（测回水温度）设在回水总出口管上。

2）入户装置的安装

① 常见的有一梯三户、一梯两户，如图 3-104 所示，将组装好的入户装置分别按户型进行安装，安装前先将托架栽好，托架的形式和位置设计若无明确规定，可按工艺标准选用，但是托支架安设后不得妨碍进出口阀门、锁闭阀、排污器、测温感应器等的正常操作和使用。

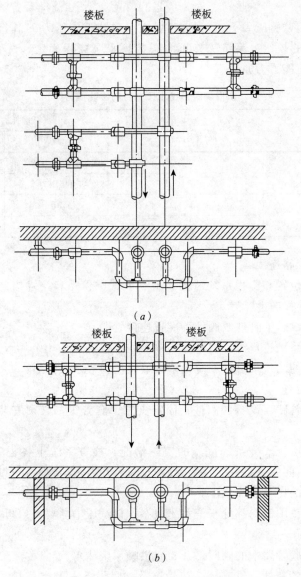

图 3-104 楼梯间总管单户结点图
（a）一梯三户；（b）一梯两户

② 安装时，应检查已经组装好的装置中，标有红色套管的温度传感器应插装在入水一侧，污物收集器（排污器）应安装在流量系统的前方，不可调位与安错。

如果发现错误，必须立即纠正，重新组合后再进行安装。

③ 在流量系统和计算系统的外壳上，标识的箭头方向必须和水流方向一致，不得

安反。

6. 试压

室内供暖系统的试压包括两方面，即一切需隐蔽的管道及附件在隐蔽前必须进行水压试验；系统安装完毕，系统的所有组成部分必须进行系统水压试验。前者称为隐蔽性试验，后者称为最终试验。两种试验均应做好水压试验及隐蔽试验记录，经试验合格后方可验收。

室内供暖管道用试验压力 P_s 作强度试验，以系统工作压力 P 作严密性试验，其试验压力要符合表 3-32 的规定。系统工作压力按循环水泵扬程确定，试验压力由设计确定，以不超过散热器承压能力为原则。

室内供暖系统水压试验的试验压力 表 3-32

管道类别	工作压力 P （MPa）	试验压力 P_s（MPa）	
		P_s	同时要求
低压蒸汽管道		顶点工作压力的 2 倍	底部压力不小于 0.25
低温水及高压蒸汽管道	小于 0.43	顶点工作压力＋0.1	顶部压力不小于 0.3
高温水管道	小于 0.43	$2P$	
	0.43～0.71	$1.3P+0.3$	

（1）水压试验管路连接

1）根据水源的位置和工程系统情况，制定出试压程序和技术措施，再测量出各连接管的尺寸，标注在连接图上。

2）断管、套螺纹、上管件及阀件，准备连接管路。

3）一般选择在系统进户入口供水管的甩头处，连接至加压泵的管路。

4）在试压管路的加压泵端和系统的末端安装压力表及表弯管。

（2）灌水前的检查

1）检查全系统管路、设备、阀件、固定支架、套管等，必须安装无误。各类连接处均无遗漏。

2）根据全系统试压或分系统试压的实际情况，检查系统上各类阀门的开、关状态，不得漏检。试压管道阀门全打开，试验管段与非试验管段连接处应予以隔断。

3）检查试压用的压力表灵敏度。

4）水压试验系统中阀门都处于全关闭状态。待试压中需要开启再打开。

（3）管道的试压

1）打开水压试验管路中的阀门，开始向供暖系统注水。

2）开启系统上各高处的排气阀，使管道及供暖设备里的空气排尽。待水灌满后，关闭排气阀和进水阀，停止向系统注水。

3）打开连接加压泵的阀门，用电动打压泵或手动打压泵通过管路向系统加压，同时拧开压力表上的旋塞阀，观察压力逐渐升高的情况，一般分 2～3 次升至试验压力。在此过程中，每加压至一定数值时，应停下来对管道进行全面检查，无异常现象方可再继续加压。

4）高层建筑其系统低点如果大于散热器所能承受的最大试验压力，则应分层进行水压试验。

5）试压过程中，用试验压力对管道进行预先试压，其延续时间应不少于 10min。然后将压力降至工作压力，进行全面外观检查，在检查中，对漏水或渗水的接口作上记号，便于返修。在 5min 内压力降不大于 0.02MPa 为合格。

6）系统试压达到合格验收标准后，放掉管道内的全部存水。不合格时应待补修后，再次按前述方法二次试压。

7）拆除试压连接管路，将入口处供水管用盲板临时封堵严实。

7. 管道的冲洗

为保证供暖管道系统内部的清洁，在投入使用前应对管道进行全面的清洗或吹洗，以清除管道系统内部的灰、砂、焊渣等污物。此项工作是供暖施工过程的组成工序，是施工规范规定必须认真实施的施工技术环节。

（1）清洗前的准备工作

1）对照图纸，根据管道系统情况，确定管道分段吹洗方案，对暂不吹洗管段，通过分支管线阀门将之关闭。

2）不允许吹扫的附件，如孔板、调节阀、过滤器等，应暂时拆下以短管代替；对减压阀、疏水器等，应关闭进水阀，打开旁通阀，使其不参与清洗，以防物污堵塞。

3）不允许吹扫的设备和管道，应暂时用盲板隔开。

4）吹出口的设置：气体吹扫时，吹出口一般设置在阀门前，以保证污物不进入关闭的阀体内；用水清洗时，清洗口设于系统各低点泄水阀处。

（2）管道的清洗方法

管道清洗一般按总管→干管→立管→支管的顺序依次进行。当支管数量较多时，可视具体情况，关断某些支管逐根进行清洗，也可数根支管同时清洗。

确定管道清洗方案时，应考虑所有需清洗的管道都能清洗到，不留死角。清洗介质应具有足够的流量和压力，以保证冲洗速度；管道固定应牢固；排放应安全可靠。为增加清洗效果，可用小锤敲击管子，特别是焊口和转角处。

清（吹）洗合格后，应及时填写清洗记录，封闭排放口，并将拆卸的仪表及阀件复位。

1）水清洗 供暖系统在使用前，应用水进行冲洗。冲洗水选用饮用水或工业用水。冲洗前，应将管道系统内的流量孔板、温度计、压力表、调节阀芯、止回阀芯等拆除。待清洗后再重新装上。冲洗时，以系统可能达到的最大压力和流量进行，并保证冲洗水的流速不小于 1.5m/s。冲洗应连续进行，直到排出口处水的色度和透明度与入口处相同且无粒状物为合格。

2）蒸汽吹洗 蒸汽管道应采用蒸汽吹扫。蒸汽吹洗与蒸汽管道的通汽运行同时进行，即先进行蒸汽吹洗，吹洗后封闭各吹洗排放口，随即正式通汽运行。蒸汽吹洗应先进行管道预热。预热时应开小阀门用小量蒸汽缓慢预热管道，同时检查管道的固定支架是否牢固，管道伸缩是否自如，待管道末端与首端温度相等或接近时，预热结束，即可开大阀门增大蒸汽流量进行吹洗。蒸汽吹洗应从总汽阀开始，沿蒸汽管道中蒸汽的流向逐段进行。一般每一吹洗管段只设一个排汽口。排汽口附近管道固定应牢固，排汽管应接至室外安全的地方，管口朝上倾斜，并设置明显标记，严禁无关人员接近。排汽管的截面积应不小于被吹洗管截面积的 75%。蒸汽管道吹洗时，应关闭减压阀、疏水器的进口阀，打开阀前的排泄阀，以排泄管做排出口，打开旁通管阀门，使蒸汽进入管道系统进行吹洗。用总阀控制吹洗蒸汽流量，用各分支管上阀门控制各分支管道吹洗流量。蒸汽吹洗压力应尽量控制在管道设计工作压力的 75% 左右，最低不能低于工作压力的 25%。吹洗流量为设计流量的 40%～60%。每一排汽口的吹洗次数不应少于 2 次，每次吹洗 15～20min，并按升温→暖管→恒温→吹洗的顺序反复进行。蒸汽阀的开启和关闭都应缓慢，不应过急，以免引起水击而损伤阀件。蒸汽吹洗的检验，可用刨光的木板置于排汽口处检查，以板上无锈点和脏物为合格。对可能留存污物的部位，应用人工加以清除。蒸汽吹洗过程中不应使用疏水器来排除系统中的凝结水，而应使用疏水器旁通管疏水。

8. 管道的调试

（1）运行前的准备工作

1）对供暖系统（包括锅炉房或换热站、室外管网、室内供暖系统）进行全面检查，如工程项目是否全部完成，且工程质量是否达到合格；在试运行时各组成部分的设备、管道及其附件、热工测量仪表等是否完整无缺；各组成部分是否处于运行状态（有无敞口处，阀件该关的是否都关闭严密，该开的是否开启，开度是否合适，锅炉的试运行是否正常，热介质是否达到系统运行参数等）。

2）系统试运行前，应制订可行性试运行方案，且要有统一指挥，明确分工，并对参与试运行人员进行技术交底。

3）根据试运行方案，做好试运行前的材料、机具和人员的准备工作。水源、电源应能保证运行。通暖一般在冬季进行，对气温突变影响，要有充分的估计，加之系统在不断升压、升温条件下，可能发生的突然事故，均应有可行的应急措施。

4）冬季气温低于 −3℃ 时，系统通暖应采取必要的防冻措施，如封闭门窗及洞口；设置临时性取暖措施，使室温保持在 +5℃ 左右；提高供、回水温度等。如室内供暖系统较大（如高层建筑），则通暖过程中，应严密监视阀门、散热器以至管道的通暖运行工况，必要时采取局部辅助升温（如喷灯烘烤）的措施，以严防冻裂事故发生；监视各手动排气装置，一旦满水，应有专人负责关闭。

5）试运行的组织工作。在通暖试运行时，锅炉房内、各用户入口处应有专人负责操作与监控；室内供暖系统应分环路或分片包干负责。在试运行进入正常状态前，工作人员不得擅离岗位，且应不断巡视，发现问题应及时报告并迅速抢修。

为加强联系，便于统一指挥，在高层建筑通暖时，应配置必要的通信设备。

（2）通暖运行

1）对于系统较大、分支路较多并且管道复杂的供暖系统，应分系统通暖，通暖时应将其他支路的控制阀门关闭，打开放气阀。

2）检查通暖支路或系统的阀门是否打开，如试暖人员少可分立管试暖。

3）打开总入口处的回水管阀门，将外网的回水进入系统，这样便于系统的排气，待排气阀满水后，关闭放气阀，打开总入口的供水管阀门，使热水在系统内形成循环，检查有无漏水处。

4）冬季通暖时，刚开始应将阀门开小些。进水速度慢些，防止管子骤热而产生裂纹，管子预热后再开大阀门。

5）如果散热器接头处漏水，可关闭立管阀门，待通暖后再行修理。

（3）通暖后试调

通暖后试调的主要目的是使每个房间达到设计温度，对系统远近的各个环路应达到阻力平衡，即每个小环冷热度均匀，如最近的环路过热，末端环路不热，可用立管阀门进行调整。对单管顺序式的供暖系统，如顶层过热。底层不热或达不到设计温度，可调整顶层闭合管的阀门；如各支路冷热不均匀，可用控制分支路的回水阀门进行调整，最终达到设计要求温度。在调试过程中，应测试热力入口处热媒的温度及压力是否符合设计要求。

五、建筑地板辐射供暖系统

基于建筑地板辐射供暖是一种有别于在本节中前面所介绍传统的散热器的供暖方式，而且这种供暖方式能充分地利用热能，加大室内空间的利用，且有较大的发展前景，故在此予以单独介绍。

本节中将主要介绍以低温热水为热源的集中供暖系统（在此称为：低温地板辐射供暖系统）和以太阳加热水源的供暖系统（在此称为：太阳能地板辐射供暖系统），而直接通过电能来加热地板的供暖系统则在此不予介绍。

（一）低温地板辐射供暖系统

低温地板辐射供暖系统的热源是采用低温热水，所谓低温热水是指温度不高于 60℃ 的热水为热媒，热水循环流动于埋设在地面以下的楼板或地板中的加热元件——加热盘管时，通过加热地面，再以辐射和对流的方式向室内供暖。加热盘管通常采用塑料管或铝塑复合管。民用建筑供水温度宜采用 35～50℃，供回水温差不宜大于 10℃。采用较低的供水温度和供、回水温差，有利于延长塑料加热管的使用寿命，有利于保持较大的热水流速和排除管内空气，有利于地面温度的均匀和热舒适感。该系统的工作压力不应大于 0.8MPa，否则会影响加热塑料管的使用寿命。现已颁布《地面辐射供暖技术规程》JGJ 142—2004。

1. 加热盘管系统材料

（1）管材

在本节前面所介绍的输送热水的塑料管、金属塑料复合管、铜管等，均可采用。

（2）分水器、集水器

分水器、集水器应包括分水干管、集水干管、排气及泄水试验装置、支路阀门和连接配件等。铜制金属连接件与管材之间的连接结构形式应为卡套式或卡压式夹紧结构，以便于当一个环路需要维修时不影响其他环路的使用。

分水器、集水器（含连接件等）的材料宜为铜质，其内外表面应光洁，不得有裂纹、砂眼、冷隔、夹渣、凹凸不平等缺陷。表面电镀的连接件，色泽应均匀，镀层牢固，不得有脱镀缺陷。

2. 加热盘管的布置与敷设

（1）加热盘管的布置

1）按户划分系统、按房间布置环路

用于住宅建筑中的低温热水地面辐射供暖系统，其供回水立管可能有若干组，每组立管应在每层按户划分系统，并设置分水器、集水器。按户划分系统，可以方便按户进行热计量及收费；户内的各主要房间，宜分环路布置加热盘管，即每一个主要房间为一个环路，以便于实现分室控制温度。

为了减少流动阻力和保证供、回水温差不致过大，加热盘管均采用并联布置。原则上采取一个房间为一个环路，大房间一般以房间面积 20～30m² 为一个环路，视具体情况可布置多个环路。每个分支环路的盘管长度宜尽量接近，一般为 60～80m，最长不宜超过 120m。

卫生间，如面积较大有可能布置加热盘管时亦可按地暖设计，但应避开管道、地漏等，并作好防水。一般可采用散热器供暖，自成环路。

加热盘管的布置还应考虑大型固定家具（如床、柜、台面等）的位置，减少覆盖物对散热效果的影响。此外尚应注意与各种电线管、自来水管的合理避让。

2）分水器与集水器的设置

分、集水器宜布置于厨房、盥洗间或走廊两头等既不占用主要使用面积，又便于操作维修的部位。且每层安装位置应相同。

每套分、集水器可负担 3～8 套盘管环路的供回水。工程实践表明，如进出分、集水器的管道过于密集（5 个环路以上），地面有开裂现象，因此，对于大面积户型，宜增设一组分、集水器。

如图 3-105 所示，分、集水器可组装在一个箱体内。分、集水器总管内径一般不小于 25mm，当所带加热管为 8 个环路时，管内热媒流速可以保持不超过最大允许流速 0.8m/s，每个分支环路供、回水管上均应设置可关断阀门。

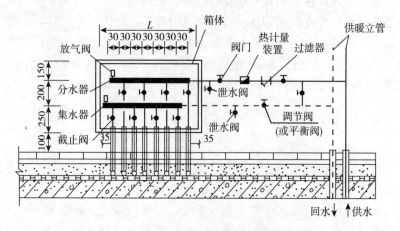

图 3-105　分、集水器安装示意图

在分水器之前的供水连接管上，顺水流方向依次安装阀门、过滤器、热计量装置和阀门。供水管上设置两个阀门，主要是为了清洗过滤器和更换、维修热计量装置时，用于关闭切断前后管路；设置过滤器是为了防止杂质堵塞流量计和加热盘管。热计量装置前的阀门和过滤器，也可采用过滤球阀（过滤器与球阀组合于一体的阀门）替代。当地面辐射供暖系统用于非住宅类建筑时，是否需要安装热计量装置，应由设计按工程具体情况确定。

在集水器之后的回水连接管上，安装阀门，必要时在阀门前可安装平衡阀。分、集水器距共用立管的距离不宜过远，尽可能控制在 350～400mm 以内。分、集水器供回水连接管间应设置旁通管，使水流在不进入加热盘管的条件下，对供暖系统管路进行整体冲洗。

分、集水器最好在开始铺设加热管之前进行安装，以便使加热盘管能准确与分、集水器相连接。分、集水器水平安装时，宜将分水器设在上面，集水器设在下面，中心距宜为200mm，集水器中心距地面不应小于300mm。

3）加热盘管的布置形式

加热盘管的布置形式很多，但主要分为回折型（旋转型）和平行型（直列型）两大类。通常可采用技术规程推荐的如图3-106所示的几种形式。

加热盘管的布置应有利于室内温度分布均匀，但不等于地面温度分布均匀，因为房间的热损失，主要发生在与室外邻接的部位，如外墙、外窗、外门等处，如图3-106（d）、（e）。为了使室内温度分布尽可能均匀，在上述区域内，管间距可以适当地缩小，而在其他区域则可以将管间距放大，但最大间距不宜超过300mm；也可以将加热盘管的高温管段优先布置于外窗和外墙侧，如图3-106（e）所示。

在地面的固定设备或卫生洁具下，不应布置加热管。

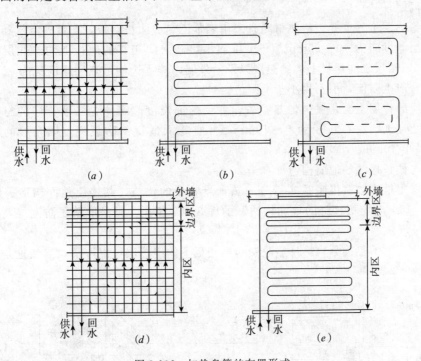

图3-106　加热盘管的布置形式

（a）回折型；（b）平行型；（c）双平行型；（d）带有边界和内部地带的回折型
（e）带有边界和内部地带的平行型

（2）加热盘管的敷设

加热盘管的敷设是没有坡度的，此条件下设计的管内水流速度不得小于0.25m/s，其目的是使水流能把析出的空气带走，通过集水器的放气阀排出，以免空气在盘管中浮升积聚，影响循环。

埋地盘管的每个环路应采用整根管道，中间不应有接头，防止渗漏。管道转弯半径不宜小于7倍管外径，以保证水路畅通。

由于地面辐射供暖所用加热盘管为塑料管，其线膨胀系数比金属管大，故在地面设计中要考虑补偿措施，一般当供暖面积超过 40m² 时应设伸缩缝。当地面短边长度等于或超过 6m 时，沿长边方向每隔 6m 设一道伸缩缝，沿墙四周 100mm 均设伸缩缝，其宽度为 5～8mm，在缝中可填充弹性膨胀膏。

为防止加热盘管处地面被胀裂，当盘管间距小于 100mm 时，应在管子外面包裹塑料波纹管。

3. 地板辐射供暖的地面构造

（1）与土壤接触的地面构造

要在建筑物底层与土壤接触的地面层中设置加热盘管，一般如图 3-107 所示，先在地面的混凝土垫层上设防潮层，且防潮层应沿墙壁的内抹灰层延伸至净地面以上；防潮层以上设一定厚度的绝热层；绝热层以上再铺设加热盘管，盘管之间及盘管上面有一定厚度的填充层，填充层以上与四周墙壁之间应设伸缩缝；填充层以上为找平层，以便为地面的最上层做地板或地砖提供条件。如果在地面经常有水渍的潮湿房间，在填充层与找平层之间还应有隔离层。

做好绝热层十分重要。绝热材料宜采用聚苯乙烯泡沫塑料板，与室外空气相邻的地板上的绝热层厚度应为 40～50mm，与土壤或不供暖房间相邻的地板上的绝热层厚度应为 30～40mm，楼层之间楼板上的绝热层以及沿外墙内侧周边的绝热层厚度应为 20～30mm。上述厚度宜取上限值，但不得小于下限值。

填充层的作用主要是保护加热盘管，并使地面温度趋于均匀。填充层的材料可采用 C15 豆石混凝土，豆石粒径为 5～12mm，并宜掺入适量的防裂剂。填充层的厚度宜为 50mm，最小 40mm。

（2）与楼板接触的地面构造

对于采用地面辐射供暖并实行分户热计量收费的建筑，其楼层地面构造一般如图 3-108 所示，与"与土壤接触的地面构造"的图 3-107 相比，只是取消了防潮层，其他基本相同。

如果建筑物不实行分户热计量收费，则楼板上的绝热层可以取消，当然这是由设计考虑的问题。

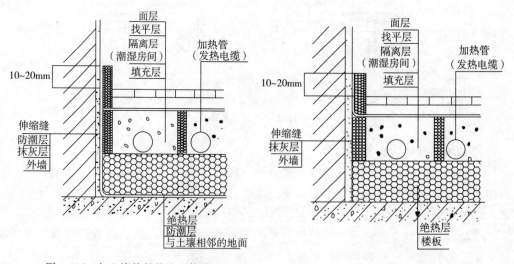

图 3-107　与土壤接触的地面构造　　　　图 3-108　与楼板接触的地面构造

（3）地面面层材料

地面面层所用材料热阻的大小，直接影响到地面辐射供暖的室内散热效果。实测证明，在相同供热条件和相同地板构造的情况下，在同一个房间里，陶瓷砖、大理石、花岗石的热阻为 $0.02m^2 \cdot K/W$；木地板的热阻为 $0.10m^2 \cdot K/W$；毛毯的热阻为 $0.15m^2 \cdot K/W$。由此可见，面层材料对地面散热量有显著影响。为了节省能耗和运行费用，因此要求采用地面辐射供暖方式时，应尽量选用热阻小于 $0.05m^2 \cdot K/W$ 的材料做地面面层。

如果一定要采用地板作面层，宜采用复合木地板或实木复合木地板，并在混凝土找平层完全固化和干燥后再施工；如采用实木地板或混凝土层未完全干透会导致日后木地板变形、开裂。

4. 低温地板辐射系统的施工

（1）施工准备及施工工序

1）施工准备

低温地板辐射系统的施工准备如下：

① 进行低温地板辐射系统安装的施工队伍必须持有专业队伍证书，施工人员必须经过培训，特别是机械接口施工人员必须经过专业操作培训，持合格证上岗。

② 建筑工程主体已基本完成，且屋面已封顶，室内装修的吊顶、抹灰已完成，与地面施工同时进行。设于楼板上（装饰地面下）的供回水干管地面凹槽已配合土建预留。

③ 管道工程必须在入冬之前完成，冬季不宜施工。

2）施工工序

低温地板辐射系统的施工工序是：清理地面→铺设绝热层→铺设加热盘管→试压、冲洗→回填豆石混凝土→连接分水器、集水器→启运

（2）施工操作

1）清理地面

在铺设贴有铝箔的自熄型聚苯乙烯保温板之前，将地面清扫干净，不得有凹凸不平的地面，不得有砂石碎块、钢筋头等。

2）铺设绝热层

① 直接与土壤接触建筑物底层采用地面辐射供暖时，为避免地下潮气侵入，在铺设绝热层之前应先做好防潮层。

② 铺设绝热层的地面、楼板面应平整、干燥。如地面、楼板面不平整，应由土建设法找平，但不能用松散的砂层找平。

③ 绝热层的铺设应平整，绝热材料接合处应严密，分层铺设绝热材料要错开接缝。

在绝热层的上面，有的工程设计和标准图中还要求铺设铝箔纸作为保护层，但在《地面辐射供暖技术规程》JGJ 142—2004 中，无此要求，施工时应以具体的工程设计为准。

（3）铺设加热盘管

1）加热盘管敷设前，应按设计要求确定加热管的材质、管径、壁厚，并应检查加热管外观质量，管内不得有异物。加热盘管应按照设计的走向和间距敷设，间距的安装误差不应大于 10mm。

加热盘管安装中断或完毕时，敞口处应随时封堵。

2）加热盘管的敷设应做到自然松弛状态，避免处于受力状态，不允许出现扭曲现象。对弯曲管道的圆弧顶部应设法或用管卡进行固定、限制，以免出现"死折"；塑料管及铝塑复合管的弯曲半径不宜小于 7 倍管外径，铜管的弯曲半径不宜小于 5 倍管外径。

3）埋设于填充层内的加热盘管，每个环路应为一根管子，中间不应有接头。如必须设置接头时应征得设计或监理、质量管理人员的同意，并做好记录。

4）加热盘管在敷设后应用卡钉每隔 30～50cm 加以固定，以防止在浇捣豆石混凝土填充层时产生位移。工程中比较常用的固定还有以下几种：

① 用固定卡将加热盘管直接固定在聚苯乙烯塑料绝热板或设有复合面层的绝热板上。

由于聚苯乙烯泡沫塑料板强度较差，为了有效固定加热盘管，施工时可对绝热板材上表面（即加热盘管下方）做如下处理：

A. 粘接一层纺粘法非织造布/PE 镀铝膜层，其总重量大于 55g/m²，其中非织造布重量不小于 35g/m²，PE 镀铝膜表面印刷 50mm×50mm 坐标；

B. 粘接一层重量大于 40g/m² 纺粘法非织造布，布面印刷明显的 50mm×50mm 坐标；

C. 铺设一层 PE 或 PP 挤出塑料网或双向拉伸土工格栅。挤出网或土工格栅网眼不得小于 25mm×25mm，节点厚度不大于 6mm；

D. 铺设一层直径为 0.8mm，网眼为 150mm×150mm 的氩弧焊钢丝网。

② 把加热盘管用绑扎带固定在铺设于绝热层上的网格上；

③ 把加热盘管直接卡在铺设于绝热层表面的专用管架或管卡上；

④ 把加热盘管直接固定在绝热层表面凸起而形成的凹槽内。

5）加热盘管固定点的间距，直管段固定点间距宜为 0.5～0.7m，弯曲管段固定点间距宜为 0.2～0.3m，弯头两端宜设固定卡。不易定形的管材，其固定点的间距应适当加密。

加热盘管的安装要求如表 3-33 所示。

加热盘管的安装技术要求及允许偏差　　　　　表 3-33

序　号	项　　目	条　件	技　术　要　求	允许偏差（mm）
1	加热管安装间距	—	不宜大于 300mm	±10
2	加热管弯曲半径	塑料管	≥7 倍管外径	−5
		铝塑管、铜管	≥5 倍管外径	−5
3	加热管固定点间距	直管	≤700mm	±10
		弯管	≤300mm	

在靠近分集水器、门洞、走道等加热管排列比较密集的部位，容易形成局部地面温度偏高，故当加热管间距小于 100mm 时，加热管外部应采取设置聚氯乙烯或高密度聚乙烯波纹套管，并用 5～10mm 豆石混凝土浇筑密实，以防止日后地面龟裂。

6）加热盘管不宜穿越填充层内的伸缩缝。必须穿越时，伸缩缝处应设长度不小于 200mm 的柔性套管，以便加热管在填充层内发生热胀冷缩变化时有一定的自由度。

（4）试压、冲洗

安装完地板上的交联塑料管后进行水压试验。首先接好临时管路及压泵，灌水后打开排气阀，将管内空气放净后再关闭排气阀，先检查接口，若无异样情况方可缓慢地加压，增压过程观察接口，发现渗漏立即停止，将接口处理后再增压。增压至 0.6MPa 表压后稳压 10min，压力下降≤0.03MPa 为合格。由施工单位、建设单位双方检查合格后作隐蔽记录，双方签字埋地管道验收。

（5）回填豆石混凝土

试压验收合格后，立即回填豆石混凝土。试压临时管路暂不拆除，并且将管内压力降至 0.4MPa 压力稳住、恒压。由土建进行回填，填充的豆石混凝土中必须加进 5％的防龟裂的添加剂。回填过程中，严禁踩压交连环路管路，严禁用振捣器施工，必须用人力进行捣固密实。人工捣固时也要防止对管道碰撞或加力。

（6）连接分水器、集水器

1）分水器、集水器与各个环路加热管的连接应采用卡套式或卡压式挤压夹紧连接；连接件材料宜为铜质，铜质连接件与 PP-R 或 PP-B 直接接触的表面必须镀镍。因为 PP（含 PP-R、RP-B）树脂对铜离子非常敏感，铜离子会使 PP 的降解（老化）速度成百倍的增加，温度越高，越为严重。

各环路加热管出地面与分水器、集水器连接处，弯管部分不宜露出地面装饰层；分水器、集水器下部阀门与加热管地面以上的明装管段，外部应加装塑料（如 PVC-U）套管加以保护，套管应高出地面装饰面 150～200mm。

2）然后将进户装置系统管道安装完，如系统示意图图 3-109 所示。其仪表、阀门、过滤器、循环泵安装时，不得安反。

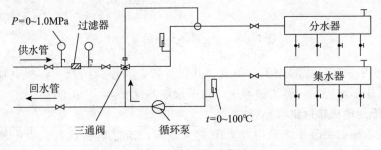

图 3-109 系统示意图

（7）启运

初次启运通热水时，首先将 25～30℃水温的热水通入管路，循环一周，检查地上接口，若无异样，将水温提高 5～10℃再运行一周后重复检查，照此循环，每隔一周提 5～10℃温度，直到供水温度为 60～65℃为止。地上各接口不渗不漏为全部合格。经施工、建设单位双方检查，最后验收，双方签字。

（8）注意事项

1）用作加热管的管材运输时应进行包装遮光，不得裸露散装。装卸和搬运时，应小心轻放，不得抛、摔、滚、拖，不得暴晒雨淋。其存放库房内温度不宜超过 40℃，通风条件良好。

2）尽管常用作加热管的塑料管如 PE-X、PB、PP-R 及 PE-RT 都具有较强的耐腐蚀能力，但在存放和施工过程中，仍需防止接触沥青、油漆和化学溶剂类物质。

3）由于用作加热管的各种塑料管随着环境温度的降低，其韧性变差，很难施工。同时，当环境温度低于5℃时，地面辐射供暖的混凝土填充层的施工和养护质量也较难保证。因此，施工的环境温度不宜低于5℃，如必须在低于0℃的环境下施工，现场应采取升温、保温措施。

4）对于厨房、卫生间，应在做完闭水试验并经验收合格后，方可进行施工。在卫生间，厨房（厨房也可能因地漏堵塞形成地面积水）采用地面辐射供暖可做如图3-110所示的两层隔离层，以避免漏水。过门处应设置止水墙，在止水墙内侧应配合土建专业做防水。加热管穿止水墙处应采取防水措施，设止水墙的目的是防止地面积水渗入绝热层，并沿绝热层渗入其他区域。

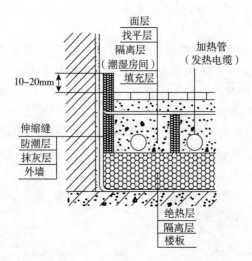

图 3-110　卫生间地面构造示意图

5）地面辐射供暖工程的施工，不宜与其他工种、工序交叉作业；所有地面、楼板留洞应在填充层施工前完成，施工过程中严禁踩踏加热盘管。

（二）太阳能地板辐射供暖系统

太阳能地板辐射供暖系统是指以太阳能为热源，通过集热器吸收太阳能，以水为热媒，进行供暖的技术。

当前，解决普通百姓生活热水的途径主要有电热水器、燃气热水器和太阳能热水器三种。我们从能源资源、环境影响、能源利用效率、资金投入、安全性及可行性等方面分析：我国目前有13.5亿人口，3.5亿个家庭，按较低标准计算，每日每户供应60℃热水100L，从15℃加热至60℃共需 18.82×10^3 kJ热量，要提供这些热量，分别采用上述三种热水器进行分析（表3-34）。

根据表3-34可知，从长期经济效益来看，太阳能热水器有很重要的推广价值。

太阳能地板辐射供暖是一种将集热器采集的太阳能作为热源，通过敷设于地板中的盘管加热地面进行供暖的系统，该系统是以整个地面作为散热面，传热方式以辐射散热为主，其辐射换热量约占总换热量的60%以上。

太阳能、燃气、电三种热水器的经济效益对比分析表（以山东地区为例）　　**表 3-34**

项　目	太阳能热水器 （100L，1.5m² 集热水器）	燃气热水器 （天然气按 2 元/m³ 计算）	电热水器 ［水价按 0.41 元/（kW·h）计算］
装置投资	2400 元	600 元＋100 元	800 元＋100 元
装置寿命	15 年	6 年	6 年
每年使用天数	300d	300d	300d
每天洗浴人数	冬季 3 人、夏季 8 人	冬季 3 人、夏季 8 人	冬季 3 人、夏季 8 人
日产热水量	冬季 100L/40L 夏季 200L/40L	冬季 100L/40L 夏季 200L/40L	冬季 100L/40L 夏季 200L/40L
每年燃料动力费用	0 元	620 元	638 元
每人每次燃料动力费用	0 元	0.60 元	0.50 元
每人每次洗浴总费用	0.17 元	0.73 元	0.60 元
15 年装置总投资	2400 元	1850 元	2300 元
15 年所需总费用	2400 元	11300 元	11920 元
是否会发生人身事故	无	可能	可能
环境污染	无排放	有废气排放	无排放

典型的太阳能地板辐射供暖系统（图 3-111）由太阳能集热器、控制器、集热泵、蓄热水箱、辅助热源、供回水管、止回阀若干、三通阀、过滤器、循环泵、温度计、分水器、加热器组成。

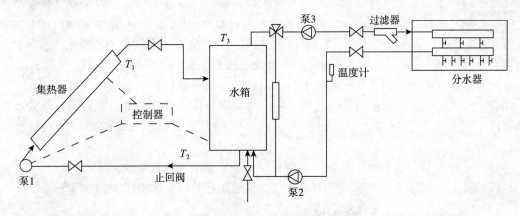

图 3-111　太阳能地板辐射供暖系统图

由于太阳能地板辐射供暖系统与低温地板辐射供暖系统的差别仅在于前者是利用太阳能，所以在施工方面差别不大，可参考低温地板辐射供暖系统中所介绍的相关内容。

第二节　室外供热管网

供热管网的作用是通过供热管道将热介质——热水或蒸汽输送到建筑供暖系统的干管入口处，以便进行室内供暖。

一、供热管材、管件

供热管道所采用的管材、管件可以在本书第一章第一节"建筑给水系统"和本章第一节"建筑供暖系统"中所介绍的管材选用，但考虑到其特殊的温度和压力，故选择时应更为慎重，主要应注意以下几点：

（1）城市热力网管道应采用无缝钢管、电弧焊或高频焊焊接钢管。管道及钢制管件的钢材钢号不应低于《城市热力网设计规范》CJJ 34—2002 的规定，见表 3-35。管道和钢材的规格及质量符合国家相关标准的规定。

热力网管道钢材钢号及适用范围　　　　　　　　　　　　　　　　表 3-35

钢　号	适　用　范　围	钢板厚度
Q235—A. F	$P_g \leqslant 1MPa$、$t \leqslant 150℃$	$\leqslant 8mm$
Q235—A	$P_g \leqslant 1.6MPa$、$t \leqslant 300℃$	$\leqslant 16mm$
Q235—B、20 20g、20R 及低合金钢	可用于《城市热力网设计规范》适用范围的全部参数	不　限

（2）由于热力网凝结水管道在一般情况下溶解氧较高，易造成钢管腐蚀，所以采用具有防腐内衬、内防腐涂层的钢管或非金属管道。非金属管道的承压能力和耐温性能应满足设计技术要求。

（3）热力网管道的连接应采用焊接。有条件时管道与设备、阀门等连接也应采用焊接。当设备、阀门等需要拆卸时，应采用法兰连接。对公称直径≤25mm 的放气阀，可采用螺纹连接，为了防止放气管根部潮湿易腐蚀而折断，连接放气阀的管道应采用厚壁管。

（4）室外供暖计算温度低于−5℃地区露天敷设的不连续运行的凝结水管道应安装放水阀门，室外供暖计算温度低于−10℃地区露天敷设的热水管道设备附件均不得采用灰铸铁制品；室外供暖计算温度低于−30℃地区露天敷设的热水管道，应采用钢制阀门及附件。

城市热力网蒸汽管道在任何条件下均采用钢制阀门及附件。

（5）弯头工作时内压应力大于直管，同时弯头部分往往补偿应力很大，所以规定弯头的壁厚不应小于管道壁厚。对于焊接弯头，由于受力较大，应双面焊接，以保证焊接质量。

（6）变径管制作应采用压制或钢板卷制，壁厚不应小于管道壁厚。

（7）提倡采用符合本章第一节中所介绍的现已颁布的行业标准的三种直埋管道。

二、供热管道的布置与敷设

（一）供热管道的布置

1. 基本要求

（1）为了提高供热系统的经济性，应尽可能地把主干线管道敷设在热负荷最大、最密集的地区，热力管道的布置力求短直，特别是主干管。管道沿建筑物外墙或厂区道路的两侧布置时，应尽可能靠车间一侧。城市道路上的热力网管道一般平行于道路中心线，并应尽量敷设在车行道以外的地方，一般情况下同一条管道应只沿道路的一侧敷设。

（2）热力网管道选线时应尽量避开土质松软地区、滑坡危险地带以及地下水位高等不利地段。

（3）管径≤300mm的热力网管道，可以穿过建筑物的地下室或自建筑物下专门敷设的通行管沟内穿过。

（4）管道布置时，应尽量利用管道的自然弯角作为管道受热膨胀时的自然补偿。如采用方形补偿器时，则方形补偿器应尽可能布置在两固定支架之间的中心点上。如因地方限制不可能把方形补偿器布置在两固定支架之间的中心点上，应保证较短的一边直线管道的长度，不宜小于该管段全长的1/3。

支管和干管相连接或者两干管相连接时，应充分考虑管道的热膨胀，尽量不以直管相连接。如图3-112中的虚线所示管段是不妥当的，这样连接当支管膨胀时干管将受到很大推力，发生弯曲并容易引起干管上法兰漏气漏水。为了避免发生上述问题，支管应当以具有一定膨胀能力的弯管与干管相连接，如图3-112中的实线。

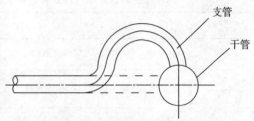

图3-112 支管与干管连接

（5）地下敷设管道安装套管补偿器、波纹管补偿器、阀门、放水和除污装置等设备附件时，应设检查室。检查室应符合下列规定：净空高度不应小于1.80m、人行通道宽度不应小于0.60m、干管保温结构表面与检查室地面距离不应小于0.60m。检查室的人孔直径不应小于0.70m，人孔数量不应少于2个，并应对角布置，人孔应避开检查室内的设备，当检查室净空面积小于4m² 时，可只设一个人孔。检查室内至少应设1个集水坑，并应置于人孔下方，检查室地面应低于管沟内底不小于0.30m。

（6）若同时有几根管道敷设于同一地沟内时，应根据管道性质分清主次，管径小的管道应让管径大的管道，有压管道应让无压管道，没施工的应让施工完毕的管道（这时要根据现场实际情况而定，如没施工完的为小口径管，应预先避让管径相差较大的大口径管）。

（7）要考虑到扩建时增设管道的可能性。

2. 管道的布置形式

室外供热管道的布置有枝状和环状两种基本形式。

枝状管网（图3-113），管线较短，阀件少，造价较低，但缺乏供热的后备能力。一般工厂区，建筑小区和庭院多采用枝状管网。对于用汽量大而且任何时间都不允许间断供热的工业区或车间，可以采用复线枝状管网，用以提高其供热的可靠性。

对于城市集中供热的大型热水供热管网，而且有两个以上热源时，可以采用环状管网，提高供热的后备能力。但造价和钢材耗量都比枝状管网大得多。实际上这种管网的主干线是环状的，通往各用户的管网仍是枝状的，如图3-114所示。

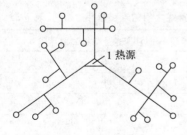

图3-113 枝状管网

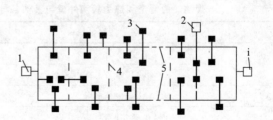

图3-114 环状管网

1—热源；2—后备热源；3—热力点；

4—热网后备旁通管；5—热源后备旁通管

3. 热力管道与建筑物、构筑物间距

热力管道与建筑物、构筑物之间要保持一定的间距，表 3-36 为热力管道与建筑物、构筑物、交通线路和架空导线之间的最小净距；表 3-37 为埋地热力管道和热力管沟外边与建筑物、构筑物的最小净距；表 3-38 为埋地热力管道和热力管沟外壁与其他各种地下管线之间的最小净距。

厂区架空热力管道与建筑物、构筑物、交通线路和架空导线之间的最小净距　表 3-36

序　号	名　　称	水平净距（m）	交叉净距（m）
1	一级、二级耐火等级的建筑物	允许沿外墙	—
2	铁路钢轨外侧边缘	3.00	电气化铁路钢轨面 6.55 非电气化铁路钢轨面 5.50
3	道路路面边缘、排水沟边缘或路堤坡脚	0.50～1.00	距路面 4.50
4	人行道路边	0.50	距路面 2.20
5	架空导线（导线在热力管上方） 1kV 以下 1～10 kV 35～110 kV	外侧边缘 1.50 — 外侧边缘 2.00 外侧边缘 4.00	管上有人通过 2.50 管上无人通过 1.50 2.00 3.00

埋地热力管道和热力管沟外边与建筑物、构筑物的最小净距　表 3-37

序　号	名　　称	水平净距（m）
1	建筑物基础边	1.50
2	铁道钢轨外侧边缘	3.00
3	道路路面边缘	1.00
4	铁道、道路的边沟或单独的雨水明沟边	1.00
5	照明、通信电杆中心	1.00
6	架空管架基础边缘	1.50
7	围墙篱栅基础边缘	1.00
8	乔木或灌木丛中心	1.50

注：管线与铁路、道路间的水平净距除应符合表列规定外，当管线埋深大于 1.50m 时，管线外壁至路基坡脚的净距不应小于管线埋深。

埋地热力管道和热力管沟外壁与其他各种地下管线之间的最小净距　表 3-38

序　号	名　　称	水平净距（m）	垂直净距（m）
1	给水管	1.50	0.15
2	排水管	1.50	0.15
3	电力或电信电缆	2.00	0.50
4	排水暗渠	1.50	0.50
5	乙炔、氧气管	1.50	0.25

续表

序　号	名　称	水平净距（m）	垂直净距（m）
6	铁路轨面	—	1.20
7	道路路面	—	0.70

注：1. 当热力网管道的埋设深度大于建（构）筑物基础深度时，最小水平净距应按土壤内摩擦角计算确定；

　　2. 在不同深度并列敷设各种管道时，各种管道间的水平净距不应小于其深度差；

　　3. 热力网管道检查室、方型补偿器井与燃气管道最小水平净距不应小于其深度差。

（二）供热管道的敷设

室外供热管道的敷设方式分为三大类：架空敷设、地沟敷设和直埋敷设。

供热管网敷设形式的选择：

（1）供热管网地下敷设时，应优先采用直埋敷设。由于管道直埋敷设具有施工方便、占地少等优点，同时聚氨酯泡沫塑料预制标准保温管的出现，使得管道直埋敷设的优势更加明显。

（2）热水或蒸汽管道采用管沟敷设肘，应首选不通行管沟敷设。不通行地沟敷设，如果在运行管理正常、施工质量良好的条件下，是可以保证运行安全可靠的，同时投资也较小，是地下管沟敷设的推荐形式。

（3）穿越不允许开挖检修的地段时，应采用通行管沟敷设。通行管沟可在沟内进行管道的检修，是穿越不允许开挖地段的必要的敷设形式。

（4）当采用通行管沟困难时，可采用半通行管沟敷设。因条件所限采用通行管沟有困难时，可代之以半通行管沟，但沟中只能进行小型的维修工作，例如更换钢管等大型检修工作，只能打开沟盖进行。半通行管沟可以准确判定故障地点、故障性质、可起到缩小开挖范围的作用。

（5）蒸汽管道采用管沟敷设困难时，可采用保温性能良好、防水性能可靠、保护管耐腐蚀的预制保温管直埋敷设，其设计寿命不应低于 25 年。蒸汽管道管沟敷设有时存在困难，例如地下水位高等，因此最好也采用直埋敷设。

1. 架空敷设

室外架空管道常用于地下水位高或年降雨量较大、土质差、具有较强的腐蚀性，以及过河、过铁路等情况；在工厂区，当地下管道密集，如有给水、排水、煤气、电缆及其他工业管道时，为避免管道交叉绕道，常采用架空敷设管道。

架空敷设管道，其优点在于它可以省去大量土方工程量，降低了工程造价，不受地下水的影响，施工中管道交叉问题较易解决。其缺点是，对热力管道则其热损失较大。在气候寒冷的东北地区采用这种敷设形式时应采用较妥善的防冻措施；管道的保温层因经常受风沙雨雪的侵蚀，需要经常维护或更换，使用年限较短；对于施工来说，管道的起重吊装和高空作业，也带来不少麻烦；在某些情况下，也影响交通及建筑的美观。尤其是对于厂区煤气管道，大多采用架空敷设，这样即使煤气有些渗漏也不致发生危险，且由于煤气管道其管径都较大，架空敷设比较合理。

（1）架空敷设的分类

地上架空敷设按照支架高度不同，可分为下列 3 种：

1）低支架敷设

在山区建厂时，应尽量采用低支架敷设。采用低支架敷设时，管道保温层外表面至地面的净距一般应保持在 0.50～1.00m。

低支架敷设时，当管道跨越铁路、公路时，可采用立体 Ⅱ 型管道高支架敷设，Ⅱ 型管道可兼做管道伸缩器，并在管道最高处设置弹簧支架和放气装置，在管道的最低点应设置疏排水装置。低支架的材料有砖、钢筋混凝土等（图 3-115）。低支架敷设是最经济的敷设，它的优点是：

① 管道支柱除固定支柱材料需用钢或钢筋混凝土外，滑动支柱材料可大量采用砖或毛石砌筑，因而可以就地取材，管道工程造价可大大降低。

② 低支架敷设时，施工及维修都比较方便，可节约基建投资并缩短建设周期，也可降低维修费用。

③ 对于热水管道，可用套管补偿器代替方形补偿器，可节约钢材和降低管道流体阻力，从而降低循环水泵的电耗，但应定期检查和维修，防止密封填料因管道频繁伸缩造成磨损导致渗漏。

2）中支架敷设

在人行交通频繁地段宜采用中支架敷设。中支架（图 3-116）敷设时，管道保温层外面至地面的距离一般为 2.00～2.50m，当管道跨越铁路、公路时应采用跨越公路 Ⅱ 形管道高支架敷设。

中支架的材料一般为钢材、钢筋混凝土、毛石和砖等，其中以砖砌和毛石结构最经济。中支架敷设与高支架敷设相比较，由于支架低、相应的材料消耗少、基建投资小、施工及维护方便，建设周期也相应缩短。

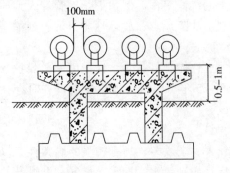

图 3-115　低支架示意图

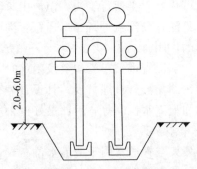

图 3-116　中、高支架示意图

3）高支架敷设

一般在交通要道和当管道跨越铁路、公路时，都应采用高支架（图 3-116）敷设。高支架敷设时，管道保温层外表面至地面的净距一般为 4.50m 以上。

高支架敷设的缺点是耗钢材量大，基建投资大，维修管理不便。在管道阀门附件处，需设置专用平台和扶梯，以便进行维修管理，相应地加大了基建投资。

架空敷设热力网管道穿越行人往频繁地区，管道保温结构距地面不应小于 2.00m。在不影响交通的地区，应采用低支架，管道保温结构距地面不应小于 0.50m。

架空敷设的供热管道可以和其他管道敷设在同一支架上。但应便于检修，且不得架设在腐蚀性介质管道的下方。架空敷设所用的支架按其构成材料可分为砖砌、毛石砌、钢筋混凝土结构（预制或现场浇灌）、钢结构和木结构等。目前国内常用的是钢筋混凝土支架。它较为坚固耐用并能承受较大的轴向推力。支架多采用独立式支架，为了加大支架间距，有时采用一些辅助结构，如在相邻的支架间附加纵梁、桁架、悬索、吊索等，从而构成组合式支架。

支架按力学特点可分为刚性支架、柔性支架和铰接支架。刚性支架的特点是支架柱脚与基础嵌固连接。柱身刚度大、柱顶变位小、不随管道的热伸长移动，因而承受管道的水平推力（摩擦力）较大。刚性支架构造简单、工作可靠，是采用较多的一种。柔性支架的特点是支架柱脚与基础嵌固，但柱身沿管道轴向柔度较大，柱顶变位可以适应管道的热位移，因此支柱承受的弯矩较小，柱身沿管道横向刚度较大，仍视为刚性支架。铰接支架的特点是支架柱脚与基础沿管道轴向为铰接，横向为固接。因此柱身可随管道的伸缩而摆动，支柱仅承受管道的垂直荷载，柱子横截面和基础尺寸可以减小。

（2）架空敷设支架的形式

架空敷设所用的支架形式按外形分类有 T 形、Π 形、单层、双层和多层，以及单片平面管架或塔架等形式，图 3-117 为几种支架的形式。为了减少管架数量必须加大管件间距，因而需要采用某些辅助跨越结构。

按管道敷设方式，管架又有高管架、低管架、管枕和墙架等几种形式；按用途分，可分为允许管道在管架上有位移的管架（活动管架）和固定管架；按管架材料分为钢支架、钢筋混凝土支架等。

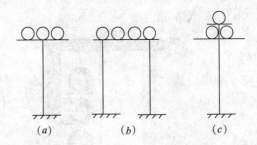

图 3-117　几种支架的形式
(a) 单层 T 形；(b) 单层 Π 形；(c) 双层 T 形

下面介绍几种常见的结构及形式：

1）独立式管架

此种管架适用在管径较大、管道数量不多的情况下采用。有单腿柱和双腿柱两种，应用较为普遍，设计与施工较简单。

2）悬臂式管架

悬臂式管架与一般独立式管架不同点在于把柱顶的横梁改为纵向悬臂，作为管路的中间支座，延长了独立式管架的间距，使造型轻巧、美观。缺点是管路排列不多，一般管架宽度在 1m 之内。

3）梁式管架

常用的梁式管架为单层双梁结构。跨度常用 8～12m 之间，可根据管路跨度的不同要求，在纵向梁上按需要架设不同间距的横梁，作为管路的支点或固定点。

4）桁架式管架

适于管路数量众多，而且作用在管架上推力大的线路上。跨度常用 16～24m 之间。

5）墙架

当管径较小，管道数量也少，且有可能沿建筑物或构筑物的墙壁敷设时采用。

2. 地沟敷设

地沟敷设方法分为通行地沟、半通行地沟和不通行地沟 3 种形式。

（1）通行地沟敷设

1）适用条件

在下列条件下，可以考虑采用通行地沟敷设。

① 当热力管道通过不允许挖开的路面处时。

② 热力管道数量多或管径较大，管道垂直排列高度≥1.500m 时，或管径大的热电站或区域锅炉房的出口主要干线。

通行地沟敷设方法的优点是维护和管理方便，操作人员可经常进入地沟内进行检修；缺点是基建投资大，占地面积大。

2）布管方法

在通行地沟内采用单侧布管和双侧布管两种方法，其结构见图 3-118 所示。自管子保温层外表面至沟壁的距离为 120～150mm；至沟顶的距离为 300～350mm；至沟底的距离为 150～200mm。无论单排布管或双排布管，通道的宽应不小于 0.70m，通行地沟的净高不低于 1.800m。

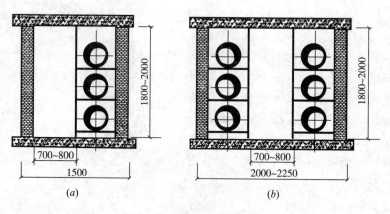

图 3-118 通行地沟横断面图
（a）单排管布置；（b）双排管布置

（2）半通行地沟敷设

1）适用条件

当热力管道通过的地面不允许挖开，且采用架空敷设不合理时，或当管子数量较多，采用不通行地沟敷设由于管道单排水平布置地沟宽度受到限制时，可采用半通行地沟敷设，如图 3-119 所示。

2）布管方法

由于维护检修人员须进入半通行地沟内对热力管道进行检修，因此半通行地沟可用砖或钢筋混凝土预制块砌成，其高度一般为 1.20～1.40m。当采用单侧布置时，通道净宽不小于 0.50m；当采用双侧布置时，通道净宽

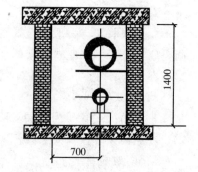

图 3-119 半通行地沟横断面图

不小于 0.70m。在直线长度超过 60m 时，应设置一个检修出入口（人孔），人孔应高出周围地面。

半通行地沟内管的布置，自管道或保温层外表面至以下各处的净距宜符合：沟壁：

100～150mm；沟底：100～200mm；沟顶：200～300mm。

（3）不通行地沟敷设

1）适用条件

不通行地沟的敷设较为普遍，它适用于下列情况：土壤干燥、地下水位低、管道根数不多且管径小、维修工作量不大。尤其对于高压蒸汽或热水管道，因采用焊接，管件配件又少，经常维护工作量不大，采用这种敷设形式较为合适。敷设在地下直接埋设热力管道时，在管道转弯及补偿器处都应采用不通行地沟。

不通行地沟外形尺寸较小，占地面积小，并能保证管道在地沟内自由变形、同时地沟所消耗的材料较少。它的最大缺点是难于发现管道中的缺陷和事故，维修检修也不方便。

2）布管方法

其形式较多，有矩形、半圆形和圆形地沟等，不通行地沟的尺寸，根据管径尺寸确定，如图 3-120 所示，其结构可用砖或钢筋混凝土预制块砌筑。地沟的基础结构根据地下水及土质情况确定，一般应修在地下水位以上。如地下水较高，则应设有排水沟及排水设备，以专门排除地下水。

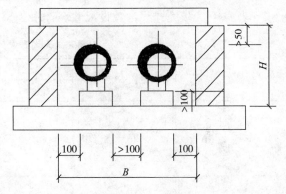

图 3-120　不通行地沟横断面图

3）不通行地沟要求

① 不通行地沟的沟底应设纵向坡度，坡度和坡向应与所敷设的管道相一致。地沟盖板上部应有覆土层，并应采取措施防止地面水渗入。

② 地沟内管的布置，自管道或保温层外表面至以下各处的净距宜符合：沟壁：100～150mm；沟底：100～200mm；沟顶：50～100mm。

③ 地下敷设热力网管道的管沟或检查室外缘、敷设管道保温结构表面与建筑的最小水平净距，垂直净距应符合表 3-39 的规定。

管沟敷设有关尺寸（m）　　　　　　　　　　　　表 3-39

地沟类型	有关尺寸名称					
	管沟净高	人行通道宽	管道保温表面与沟墙净距	管道保温表面与沟墙顶距	管道保温表面与沟墙底距	管道保温表面的净距
通行地沟	≥1.80	≥0.60	≥0.20	≥0.20	≥0.20	≥0.20
半通行地沟	≥1.20	≥0.50	≥0.20	≥0.20	≥0.20	≥0.20
不通行地沟	—	—	≥0.10	≥0.05	≥0.15	≥0.20

注：考虑在沟内更换钢管时，人行通道宽度还应不小于管子外径加 0.10m。

④ 管沟盖板或检查室盖板覆土深度不应小于 0.20m。

3. 直埋敷设

直埋敷设也称无沟敷设，是热力管道的外层保温直接与土壤相接触（埋于地下），而不需建造任何形式的专用建筑结构。此种情况下热力管道的保温材料直接与土壤接触，保温材料既起着保温的作用，又起着承重结构的作用。这种敷设方法的主要优点是大大减少了建造热力网的土方工程，节省了大量的建筑材料，可以缩短施工周期，因此无沟敷设方法是基建投资最小的一种敷设方法，但管道防水和保温难于处理。

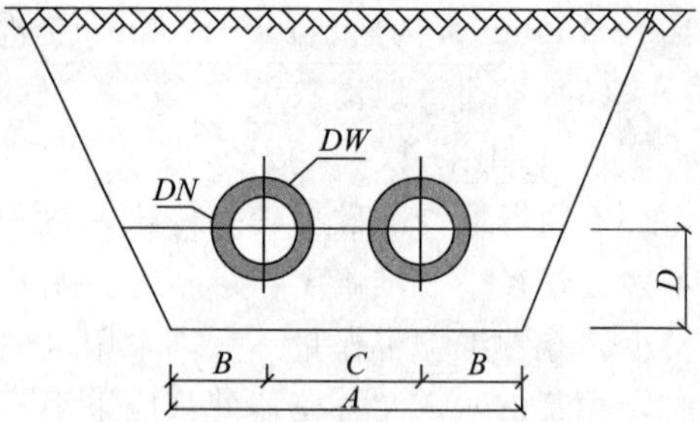

常用的热力管道无沟敷设方法有两种：填充式无沟敷设和浇灌式无沟敷设。

（1）填充式无沟敷设

表3-40为填充式无沟敷设尺寸表，图3-121为填充式无沟敷设断面尺寸。

图3-121　填充式无沟敷设断面尺寸

填充式无沟敷设尺寸表（mm）

表3-40

公称直径 DN	保温管外径 DW	沟槽尺寸			
		A	B	C	D
25	96	800	250	300	170
32	110	800	250	300	170
40	110	800	250	300	170
50	140	800	250	300	170
65	140	800	250	300	170
80	160	800	250	300	180
100	200	1000	300	400	200
125	225	1000	300	400	215
150	225	1000	300	400	225
200	315	1240	360	520	260
250	365	1240	360	520	300
300	420	1320	360	600	325
350	500	1500	400	700	350
400	550	1500	400	700	380
450	630	1870	520	830	400
500	655	1870	520	830	430
600	760	2000	550	900	500

此种方法施工程序如下：首先在敷设管道的沟槽内，用砂质黏土分层进行填充，每层都要进行夯实，管子周围的黏土厚度不小于150mm，最后在黏土层上再填满一层泥土，其上再分层填满普通土壤并分层夯实；保温管顶至地面的深度 h 取值为800mm，接向用户的支管覆土深度不小于400mm。

（2）浇灌式无沟敷设

图3-122所示为单管及双管浇灌式无沟敷设。施工时首先将管子敷设在管槽内，在管子外表面上涂重油渣，以保证管道在泡沫混凝土中自由滑动并可以防止腐蚀，然后在管子周围浇灌泡沫混凝土。为了防止突然塌落，在浇灌前预先装好模板。浇灌后待泡沫混凝土硬化后，还需在泡沫混凝土外面涂沥青，最后再在沥青外面涂一层黏土。此种方法需将管子埋于地下1.000m以下，因此在地下水位较高地区不宜采用。

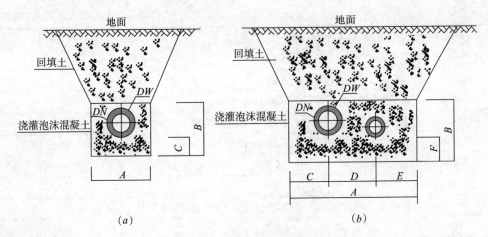

图 3-122　单管及双管浇灌式无沟敷设断面尺寸

(a) 单管敷设；(b) 双管敷设

单管及双管无沟敷设尺寸见表 3-41 及表 3-42。无沟敷设管道固定支架处，采用埋地管道固定板。

单管无沟敷设尺寸表（mm）　　　　　　　　　　　　表 3-41

蒸汽管			凝结水管或废汽管		
DN	$A=B$	C	DN	$A=B$	C
15～50	200	85	15～100	200	50
70～80	250	85	125	250	50
100～125	300	85	150	300	50
150	350	85	200	350	50
200	400	85	250	400	50
250	450	85	300	450	50
300	500	85	350～400	500	50
350	550	85	—	—	—
400	600	85	—	—	—

双管无沟敷设尺寸表（mm）　　　　　　　　　　　　表 3-42

蒸汽管 DN （mm）	凝结水管 DN （mm）	C	D	E	B	A	F
25～40	15～32	120	220	110	200	450	85
50	15～40	120	220	110	200	450	85
70～80	15～70	120	270	110	250	500	85
100	15～50	160	270	120	300	550	85
100	70～80	150	330	120	300	600	85
125	15～50	170	310	120	300	600	85

蒸汽管 DN（mm）	凝结水管 DN（mm）	C	D	E	B	A	F
125	70～100	170	310	120	300	600	85
150	15～70	200	330	120	350	650	85
150	100～125	180	390	130	350	700	85
200	15～20	200	300	100	400	600	85
200	25～100	200	360	140	400	700	85
200	125～150	200	400	150	400	750	85
250	15～50	230	350	120	450	700	85
250	70～125	210	420	120	450	750	85
250	150～200	210	450	140	450	800	85
300	15～80	250	420	130	500	800	85
300	100～200	230	480	140	500	850	85
350	200～250	280	540	180	550	100	85

（3）覆土深度

1）直埋敷设管道的最小覆土深度应考虑土壤和地面活荷载对管道强度的影响并保证管道不发生纵向失稳。具体规定应按《城镇直埋供热管道工程技术规程》CJJ/T 81 的规定执行。

2）当采用不预热的无补偿直埋敷设管道时，其最小覆土深度不应小于表 3-43 的规定。

无补偿直埋敷设管道最小覆土深度一览表 表 3-43

管径（mm）		50～125	150～200	250～300	350～400	＞450
覆土深度（m）	车行道下	0.80	1.00	1.20	1.20	1.20
	非车行道	0.60	0.60	0.80	0.80	0.90

三、室外供热管道的施工

（一）架空敷设管道的安装

1. 施工条件及施工工序

（1）施工条件

架空敷设管道的施工条件如下：

1）钢制管架或混凝土柱管架（砖砌管架）已全部吊装（施工）完毕。

2）管道滑动支座、固定支座、导向支座均已预制成型。

3）管材、阀件、管件、机具均已齐备。

4）补偿器已预制或组装完。

（2）施工工序

架空敷设管道的施工工序是：标定支架位置、安装支架→管道预组装→吊装→焊接管

道→安装支管→安装补偿器→水压试验→冲洗→通热启运→调试

2. 供热管道的安装

(1) 标定支架位置、安装支架

在安装架空管道之前要先由土建专业把支架安装好，其支架的加工及安装质量直接影响管道施工质量和进度，因此在安装管道之前必须先对支架的稳固性，中心线和标高进行严格的检查。各支架的中心线应为一直线，一般管道是有坡度的，故应检查各支架的标高，不允许由于支架标高的错误而造成管道的反向坡度。

(2) 管道预组装

在吊装前，管道应在地面上进行校直、打坡口、除锈、刷漆等工作，以便架设工作顺利进行。在加工厂预先将三通、补偿器、阀门等部件加工、组装，并经试压合格。在法兰盘两侧应预先焊好短管，吊装架设时仅把短管与管子焊接即成。

(3) 管道吊装

在安装架空管道时，为工作的方便和安全，必须在支架的两侧架设脚手架。脚手架的高度以操作时方便为准，一般脚手架平台的高度比管道中心标高低 1.00m 为宜，其宽度约1.00m左右，以便工人通行操作和堆放一定数量的保温材料。

架空管道的吊装，一般都是采用起重机械，如汽车式起重机、履带式起重机，或用桅杆及卷扬机等。

吊上管架的管段，要用绳索把它牢牢地绑在支架上，避免尚未焊接的管段从支架上滚落下来。

(4) 焊接管道

管道的连接分为螺纹连接、法兰连接和焊接连接。如设计无规定时，公称直径＞32mm 的管子宜采用焊接连接，公称直径≤32mm 的管子宜采用螺纹连接。

管子对口后应保持在一条直线上，焊口位置在组对后不允许出弯，不能错乱，对口要有间隙。对管时，可采用定心夹持器，如图 3-123 所示。

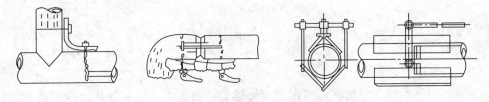

图 3-123 定心夹持器固定管子

(5) 安装支座

1) 按设计要求，核对预制好的各类滑动、固定、导向支座的形式、尺寸、数量，如图 3-124 所示。

2) 根据设计图上的位置，将支座分类送至安装地点，安装就位。

3) 若为低管架或砖砌管墩，管道安装完后，接口焊完、调直。将支座垫入管下，按滑动、固定、导向支座的特点，分别焊牢。若为高管架时，测出管架上支座的标高、位置；将各类支座安装就位后焊住，然后再吊装管道。也可以从管网一端开始，由管道两旁人持撬杠将管道慢慢夹起，由专人将支座放入管下，按要求焊接。

4) 支座焊接前，应该按设计要求的标高、坡度、拐角进行拨正、找准。发现错误时应采取措施，一直到符合设计要求才焊接支座，如图 3-125 所示。

（6）安装补偿器

1）安装前，对预制的补偿器进行复核，检查其型号、几何尺寸、焊缝位置是否符合规范要求，方形补偿器的四个弯曲角应在一个平面上，不得扭曲。

2）在方形补偿器安装前，先将两端固定支座的焊缝焊牢。补偿器两端的直管段和连接管端两者间预留 1/4 的设计补偿量的间隙（另加上焊缝对口间隙），如图 3-126 所示。

3）再用拉管器安装在两个待焊的接口上，收紧拉管器的螺栓，拉开胀力直到管子接口对齐，点焊固定后便可施焊，焊牢后方可拆除拉管器，如图 3-127 所示。

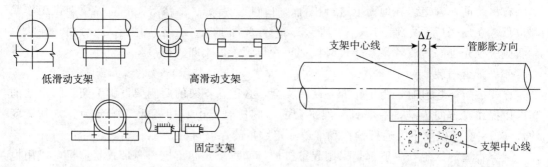

图 3-124　活动支架和固定支架　　　　图 3-125　活动支架偏心安装示意图

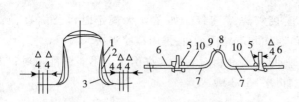
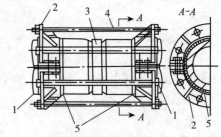

图 3-126　补偿器安装

1—安装状态；2—自由状态；3—工作状态；4—总补偿量；
5—拉管器；6、7—活动管托；8—活动管托或弹簧吊架；
9—"Π"形补偿器；10—附加直管

图 3-127　拉管器

1—管子；2—对开卡箍；3—垫环；
4—双头螺栓；5—环形堆焊凸肩

4）热力管网在特殊情况下才使用套管补偿器。安装在"Π"形补偿器受到限制的热力管网中，安装时严格沿着管道中心进行，不准偏斜。否则运行中会发生补偿器外壳和导管相互咬住而扭坏补偿器的现象。

5）单向套管补偿器，在其活动侧设导向支座，双向套管补偿器设在两导向支座间，将套管固定。套管补偿器工作极限界线处应有明显标记，使用过程中经常要更换填料。

6）热力管网上一般均不采用波纹形补偿器，当管径大于 300mm 时，压力又在 0.6MPa 以下才有时采用。安装时，要预先使冷紧值为热伸长量的一半。

7）波形补偿器安装时，伸缩节内的衬套与管外壳焊接的一端，朝着坡度的上方，防止冷凝水流到皱褶的凹槽里。水平安装时，在每个凸面式补偿器下端设放水阀。按设计冷紧（或拉伸）时，接待的管道上留出补偿器位置。再用拉管器将补偿器冷紧（或拉长），再与管子连接。

8）球形补偿器是利用球形管接头随拐弯转动来解决管道伸缩问题。一般只用在三向位移的蒸汽和热水管道上，介质由任何一端进出均可。

（7）水压试验

1）试压以前，须对全系统或试压管段的最高处的放风阀、最低处的泄水阀进行检查，若管道施工时尚未进行安装，则立即进行安装。

2）根据管道进水口的位置和水源距离，设置打压泵，接通上水管路，安装好压力表，监视系统的压力下降值。

3）检查全系统的管道阀门关启状况，观察其是否满足系统或分段试压的要求。

4）灌水进入管道，打开放风阀，当放风阀出水时关闭，间隔短时间后再打开放风阀，依此顺序关启数次，直至管内空气放完方可加压。加压至试验压力，热力管网的试验压力应等于工作压力的 1.5 倍，不得小于 0.6MPa。停压 10min，如压力降不大于 0.05MPa 即可将压力降到工作压力。可以用质量不大于 1.5kg 的手锤敲打管道距焊口 150mm 处，检查焊缝质量，不渗不漏为合格。

（8）冲洗

1）热水管的冲洗。对供水及回水总干管先分别进行冲洗，先利用 0.3～0.4MPa 压力的自来水进行管道冲洗，当接入下水道的出口流出洁净水时，认为合格。然后再以 1～1.5m/s 的流速进行循环冲洗，延续 20h 以上，直至从回水总干管出口流出的水色为透明为止。

2）蒸汽管道的冲洗。在冲洗段末端与管道垂直升高处设冲洗口。冲洗口是用钢管焊接在蒸汽管道下侧，并装设阀门。

① 拆除管道中的流量孔板、温度计、滤网及止回阀、疏水器等。

② 缓缓开启总阀门，切勿使蒸汽流量和压力增加过快。

③ 冲洗时先将各冲洗口的阀门打开，再开大总进气阀，增大蒸汽量进行冲洗，延续 20～30min，直至蒸汽完全清洁时为止。

④ 最后拆除冲洗管及排气管，将水放尽。

（9）通热启用

1）首先用软化水将热力管网全部充满。

2）再启动循环水泵，使水缓慢加热，要严防产生过大的温差应力。

3）同时，注意检查补偿器支架工作情况，发现异常情况要及时处理，直到全系统达到设计温度为止。

4）管网的介质为蒸汽时，向管道灌充要逐渐地缓缓开启分汽缸上的供汽阀门，同时仔细观察管网的补偿器、阀件等工作情况。

（10）调试

1）若为机械热水供暖系统，首先使水泵运转达到设计压力。

2）然后开启建筑物内引入管的回、供水（汽）阀门。要通过压力表监视水泵及建筑物内的引入管上的总压力。

3）热力管网运行中，要注意排尽管网内空气后方可进行系统调节工作。

4）室内进行初调后，可对室外各用户进行系统调节。

5）系统调节从最远的用户即最不利供热点开始，用建筑物进户处引入管的供回水温度计（如有超声波流量计更好），观察其温度差的变化，调节进户流量，采用等比施调的原理及方法进行调节。

6）系统调节的步骤：

①首先将最远用户的阀门开到头，观察其温度差，若温差小于设计温差则说明该用户进口流量大；若温差大于设计温差，则说明该用户进口流量小，可用阀门进行调节。

②按上述方法再调节倒数第二户，将这两户入口的温度调至相同为止，这说明最后两户的流量达到平衡。倘若达不到设计温度，也须这样逐一调节、平衡。

（二）地沟敷设管道的安装

1. 施工条件及施工工序

（1）施工条件

地沟敷设管道的安装施工条件如下：

1）不通行地沟、半通行地沟或通行地沟的砌筑已完成，能满足支吊架安装和管道安装。

2）补偿器已预制组对完，并运至安装地点。

3）管道的滑动支座、固定支座、导向支座，均已按设计要求加工制作完，均运至现场。

4）管材、阀件、管件等已备齐全，已运进安装现场。

5）施工中应用的设备、机具均已备齐并已就位。

6）通行地沟施工前，尚须接好安全照明，方可进行管道安装。

（2）施工工序

地沟敷设管道的施工工序是：安装沟内支架、托架→预组装管道→敷设管道→焊接管道→安装补偿器→水压试验→冲洗→通热启用→调试

2. 供热管道的安装

（1）安装沟内支架、托架

1）对地沟的宽度、标高、沟底坡度进行检查，是否与工艺要求一致。

2）在砌筑好的地沟内壁上，先测出相对的水平基准线，根据设计要求找好高差拉上坡度线，按设计的支架间距值（或按本标准中有关规定值）在沟壁上画出记号定好位，再按规定打眼。

3）用水浇湿已打好的洞，灌入1：2水泥砂浆，把预制好的刷完底漆的型钢支架栽进洞里，用碎砖或石块塞紧，用抹子压紧抹平。

4）若支架的其中另一端固定在沟垫层上，则应在垫层施工时预埋铁件。当管道为双层敷设时，应该待下层管道安装后，将此端支架焊在预埋铁件上。

（2）预组装管道

1）管道可根据各种具体情况先在沟边进行直线测量、排尺。以便下管前的分段预制焊接和下管后的固定口焊接。一般预制焊接长度在25～35m范围内，尽量减少沟内固定口的焊接数量。

2）管道直线测绘排尺时，须事先将阀门、配件、补偿器等放在沟边沿线安装位置。

3）对变向的任意角测定后，制定出合适的钢制件。

①将两根不同方向的管道，取其中心，用小线拉直，相交于 A 点，如图 3-128 所示，

以 A 点为中心向两侧量出等距离长度 Aa、Ab，用尺量出 ab 点的长度并做出记录。

② 在画样板的纸上，画出 ab 直线，以 a、b 点分别为圆心，aA、bA 为半径画弧相交于 A 点，$\angle aAb$ 便是实际角度。做出样板后进行钢制弯头加工。

4）当管道遇到高差时，可采用灯叉弯进行连接。

① 用小白线贴着两根管子的上管皮，拉直并要求水平测定灯叉弯角和斜边长。

② 用尺量出变坡两点的水平长度 ab 及下面管子至上管的高度 bc（图 3-129），将尺寸数字做好记录。

③ 在样板纸上画一直角，两边分别为 ab 及 bc，连接 ac 点，$\angle bac$ 即是灯叉弯的角度。ac 为斜边的长度。按此图即可加工管件。

④ 采用撖制时，要注意不使 R 值大于斜边长度的 $1/2$。

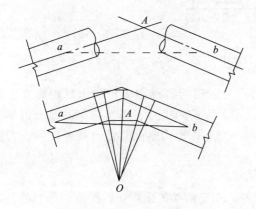

图 3-128 任意角测定及放样

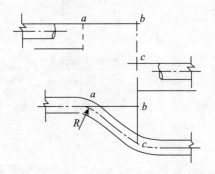

图 3-129 灯叉弯测定与放样

（3）敷设管道

1）不通行地沟里的管道少，管径一般较小，质量轻，地沟及支架构造简单，可以由人力借助绳索直接下沟，落放在已达到强度的支架上，然后进行组对焊接。

2）半通行地沟及通行地沟的构造较复杂，沟里管道多，直径大，支架层数多。在下管就位前，必须有施工组织措施或技术措施，否则不可施工。下管可采用吊车、卷扬机、倒链等起重设备或人力。

3）若地沟盖板必须先盖，必须相隔 50m 左右留出安装口，口的长度大于地沟宽度（一般仅允许通行地沟盖板在特殊情况下先盖）。一般供生产用的热力管道，设永久性照明，若供暖为主的热力管道必须设临时照明。一般每隔 8～12m 距离以及在管道附件（阀门、仪表等）处，装置电气照明设备，电压不超过 36V。

4）下管时，先用汽车吊（或其他起重机械）将管吊进安装口内坐落在特制小车上（图 3-130），然后再用小车运至安装位置。为避免小车翻倒，将车栏角铁放下，垫好木块，再将管子从小车撬至支座上。直到底层管道运完就位以后，再将上层角钢就位。然后二层、三层管道依底层方法顺序安装就位，如图 3-130（c）所示。如时间、条件允许的情况下，最好能将下层的管子运完、连接、试压、保温后，再安装上面一层的管道（试压、保温、防腐按标准工艺执行）。

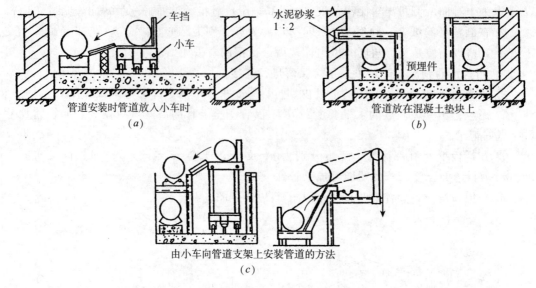

图 3-130　特制小车

5）在不通行地沟敷设管道时，若设计要求为砖砌管墩或混凝土管墩，最好在土建垫层完毕后就立即施工。否则因沟窄、施工面小，管道的组对、焊接、保温都会因不方便而影响工程质量。倘若设计为支、吊、托架，则允许地沟壁砌至适当高度时进行管道安装。

（4）焊接管道

管道焊接前须进行防腐，应事先集中处理好。钢管两端留出焊口的距离，焊口处的防腐在管道试压完后再进行处理。

管道坡口处理、管道点焊定位、焊接顺序、焊条处理、焊接方式见标准有关方面规定。

（5）安装补偿器

同架空敷设管道安装。

（6）水压试验

同架空敷设管道安装。

（7）冲洗

同架空敷设管道安装。

（8）通热启用

同架空敷设安装。

（9）调试

同架空敷设管道安装。

（三）直埋敷设管道的安装

直埋敷设管道是目前供热管道敷设形式中应最优先考虑的，固为该种敷设方法最为简便、快速。特别是在敷设时管材已做好了绝热层和保护层，从而使管道的保温性能得到可靠的保证。

基于前面已介绍了架空敷设和地沟敷设的有关内容，故在此不再详细介绍，仅依据

《城镇直埋供热管道工程技术规程》CJJ/T 81—1998 来介绍直埋敷设管道的安装施工时的要求和注意事项如下：

1. 管道的布置与敷设方式

（1）管道的布置

1）直埋供热管道的布置应符合《城市热力网设计规范》CJJ 34—2010 的有关规定。管道与有关设施的相互水平或垂直净距应符合表 3-44 的规定。

直埋供热管道与有关设施相互净距　　　　　　　　　　表 3-44

名　　　称		最小水平净距（m）	最小垂直净距（m）
给 水 管		1.5	0.15
排 水 管		1.5	0.15
燃 气 管 道	压力≤400kPa	1.0	0.15
	压力≤800kPa	1.5	0.15
	压力＞800kPa	2.0	0.15
压缩空气或 CO_2 管		1.0	0.15
排水盲沟沟边		1.5	0.50
乙炔、氧气管		1.5	0.25
公路、铁路坡底脚		1.0	—
地　　铁		5.0	0.80
电气铁路接触网电杆基础		3.0	—
道路路面		—	0.70
建筑物 基础	公称直径≤250mm	2.5	—
	公称直径≥300mm	3.0	—
电 缆	通讯电缆管块	1.0	0.30
电力及 控制电缆	≤35kV	2.0	0.50
	≤110kV	2.0	1.00

注：热力网与电缆平行敷设时，电缆处的土壤温度与月平均土壤自然温度比较，全年任何时候对于电压 10kV 的电力电缆不高出 10℃，对电压 35～110kV 的电缆不高出 5℃，可减少表中所列距离。

2）直埋供热管道最小覆土深度应符合表 3-45 的规定，同时尚应进行稳定验算。

3）直埋供热管道穿越河底的覆土深度应根据水流冲刷条件和管道稳定条件确定。

直埋敷设管道最小覆土深度　　　　　　　　　　表 3-45

管　径（mm）	50～125	150～200	250～300	350～400	450～500
车行道下（m）	0.8	1.0	1.0	1.2	1.2
非车行道下（m）	0.6	0.6	0.7	0.8	0.9

（2）敷设方式

1）直埋供热管道的坡度不宜小于 2‰，高处宜设放气阀，低处宜设放水阀。

2）管道应利用转角自然补偿，10°～60°的弯头不宜用做自然补偿。

3）管道平面折角小于表 3-46 的规定和坡度变化小于 2‰时，可视为直管段。

可视为直管段的最大平面折角（°） 　　　　　　表 3-46

管道公称直径 （mm）	循环工作温差 (t_1-t_2)（℃）					
	50	65	85	100	120	140
50~100	4.3	3.2	2.4	2.0	1.6	1.4
125~300	3.8	2.8	2.1	1.8	1.4	1.2
350~500	3.4	2.6	1.9	1.6	1.3	1.1

4）从干管直接引出分支管时，在分支管上应设固定墩或轴向补偿器或弯管补偿器，并应符合下列规定：

① 分支点至支线上固定墩的距离不宜大于 9m。

② 分支点至轴向补偿器或弯管的距离不宜大于 20m。

③ 分支点有干线轴向位移时，轴向位移量不宜大于 50mm，分支点至固定墩或弯管补偿器的最小距离应符合《城镇直埋供热管道工程技术规程》CJJ/T 81—1998 中的公式（4.4.2-1）计算"L"型管段臂长的规定，分支点至轴向补偿器的距离不应小于 12m。

5）三通、弯头等应力比较集中的部位，应进行验算，验算不通过时可采取设固定墩或补偿器等保护措施。

6）当需要减少管道轴向力时，可采取设置补偿器或对管道进行预处理等措施。当对管道进行预处理时，应符合《城镇直埋供热管道工程技术规程》CJJ/T 81—1998 附录 A 的规定。

7）当地基软硬不一致时，应对地基做过渡处理。

8）埋地固定墩处应采取可靠的防腐措施，钢管、钢架不应裸露。

9）轴向补偿器和管道轴线应一致，跟补偿器 12m 范围内管段不应有变坡和转角。

10）直埋供热管道上的阀门应能承受管道的轴向荷载，宜采用钢制阀门及焊接连接。

11）直埋供热管道变径处（大小头）或壁厚变化处，应设补偿器或固定墩，固定墩应设在大管径或壁厚较大一侧。

12）直埋供热管道的补偿器、变径管等管件应采用焊接连接。

2. 土建工程

（1）沟槽的土方开挖宽度，应根据管道外壳至槽底边的距离确定。管道围填砂时该距离不应小于 100mm；填土时，该距离应根据夯实工艺确定。

（2）沟槽、检查室经工程验收合格、竣工测量后，应及时进行回填。

（3）沟槽回填前应先将槽底清除干净，有积水时应先排除。

（4）沟槽胸腔部位应填砂或过筛的细土，回填料种类由设计确定。填砂时、回填高度应符合设计要求；填土时，筛土颗粒不应大于 20mm，回填范围为保温管顶以上 150mm 以下的部位。

（5）回填料应分层夯实，各部位的密实度应符合国家现行标准《城市供热管网工程施工及验收规范》CJJ 28—2004 的规定。

（6）直埋供热管道的检查室施工时，应保证穿越口与管道轴线一致，偏差度应满足设计要求，并按设计要求做好管道穿越口的防水、防腐。

（7）固定墩混凝土浇筑前应检查与混凝土接触部位的管道及卡板防腐层，防腐层应完好，有损坏时应修补。

（8）内嵌式固定墩应待固定墩两侧供热管道连接调整就位后，且在安装补偿器之前进行混凝土浇筑。

3. 管道安装

（1）一般规定

1）进入现场的预制保温管、管件和接口材料，都应具有产品合格证及性能检测报告，检测值应符合国家现行产品标准的规定。

2）进入现场的预制保温管和管件必须逐件进行外观检验，破损和不合格产品严禁使用。

3）预制保温管应分类整齐堆放，管端应有保护封帽。堆放场地应平整，无硬质杂物，不积水。堆高不宜超过 2m，堆垛离热源不应小于 2m。

（2）安装操作

1）管道安装前应检查沟槽底高程、坡度、基底处理是否符合设计要求。管道内杂物及砂土应清除干净。

2）管道运输吊装时宜用宽度大于 50mm 的吊带吊装，严禁用铁棍撬动外套管和用钢丝绳直接捆绑外壳。

3）等径直管段中不应采用不同厂家、不同规格、不同性能的预制保温管；当无法避免时，应征得设计部门同意。

4）预制保温管可单根吊入沟内安装，也可 2 根或多根组焊完后吊装。当组焊管段较长时，宜用两台或多台吊车抬管下管，吊点的位置按平衡条件选定。应用柔性宽吊带起吊，并应稳起、稳放。严禁将管道直接推入沟内。

5）安装直埋供热管道时，应排除地下水或积水。当日工程完工时应将管端用盲板封堵。

6）有报警线的预制保温管，安装前应测试报警线的通断状况和电阻值，合格后再下管对口焊接。报警线应在管道上方。

7）安装预制保温管道的报警线时，应符合产品标准的规定。在施工中，报警线必须防潮；一旦受潮，应采取预热、烘烤等方式干燥。

8）安装前应按设计给定的伸长值调整一次性补偿器。施焊时两条焊接线应吻合。

9）直埋供热管道敞口预热应分段进行，宜采取 1km 为一段。预热介质宜采用热水，预热温度应按设计要求确定。

（3）接口保温

1）直埋供热管道接口保温应在管道安装完毕及强度试验合格后进行。

2）管道接口处使用的保温材料应与管道、管件的保温材料性能一致。

3）接口保温施工前，应将接口钢管表面、两侧保温端面和搭接段外壳表面的水分、油污、杂质和端面保护层去除干净。

4）管道接口使用聚氨酯发泡时，环境温度宜为 20℃，不应低于 10℃；管道温度不应超过 50℃。

5）对 DN200 以上管道接口不宜采用手工发泡。

6）管道接口保温不宜在冬季进行。不能避免时，应保证接口处环境温度不低于 10℃。

严禁管道浸水、覆雪。接口周围应留有操作空间。

7）发泡原料应在环境温度为 10～25℃的干燥密闭容器内贮存，并应在有效期内使用。

8）接口保温采用套袖连接时，套袖与外壳管连接应采用电阻热熔焊；也可采用热收缩套或塑料热空气焊，采用塑料热空气焊应用机械施工。

9）套袖安装完毕后，发泡前应做气密性试验，升压至 20kPa，接缝处用肥皂水检验，无泄漏为合格。

10）对需要现场切割的预制保温管，管端裸管长度宜与成品管一致，附着在裸管上的残余保温材料应彻底清除干净。

（四）管道配件的安装

1. 疏水器的安装

室外供热管网的输送介质无论是蒸汽还是热水，都必须解决管网的排水和放气问题，才能达到正常的供热目的。疏水器安装应在管道和设备的排水线以下；如凝结水管高于蒸汽管道和设备排水线，应安装止回阀；或在垂直升高的管段之前，或在能积集凝结水的蒸汽管道的闭塞端，以及每隔 50 左右长的直管段上。蒸汽管道安装时，要高于凝结水管道，其高差应大于或等于安装疏水装置时所需要的尺寸。因为蒸汽管道内所产生的凝结水，需要通过疏水装置排入凝结水管中去。图 3-131 所示为低压蒸汽管路的布置。

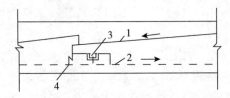

图 3-131　室外低压蒸汽管路
1—蒸汽管；2—冷凝水管；3—疏水器；4—排污阀

2. 排气阀的安装

热水管网中，也要设置排气和放水装置。排气点应放置在管网中的高位点。一般排气阀门直径值选用 15～25mm。在管网的低位点设置放水装置，放水阀门的直径一般选用热水管直径的 1/10 左右，但最小不应小于 20mm。

3. 补偿器（胀力弯）的安装

方形补偿器（胀力弯）水平安装，应与管道坡度一致；垂直安装，应有排气装置。

补偿器安装前应作预拉。方形补偿器预拉方法一般常用的是以千斤顶将补偿器的两臂撑开。方形补偿器预拉伸长度等于 $1/2\Delta x$，预拉伸长的允许差为 $+10mm$。

管道预拉伸长度应按下列公式计算：

$$\Delta x = 0.012 \ (t_1 - t_2) \ L$$

式中　Δx——管道热伸长（mm）；

t_1——热媒温度（℃）；

t_2——安装时环境温度（℃）；

L——管道长度（m）。

4. 除污器安装

热介质应从管板孔的网格外进入。除污器一般用法兰与干管连接，以便于拆装检修。

安装时应设专门支架，但所设支架不能妨碍排污，同时需注意水流方向与除污器要求方向相同，不得装反。系统试压与清洗后，应清扫除污器。

5. 蒸汽喷射器安装

（1）蒸汽喷射器的组装，喷嘴与混合室、扩压管的中心必须一致。试运行时，应调整喷嘴与混合室的距离。

（2）蒸汽喷射器出口后的直管段，一般不小于 2～3m。喷射器并联安装，在每个喷射器后宜安装止回阀。

（3）室外热水及蒸汽干管入口做法如图 3-132 所示。

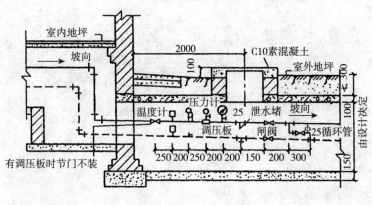

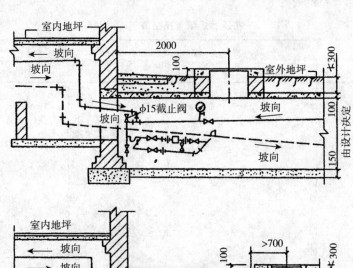

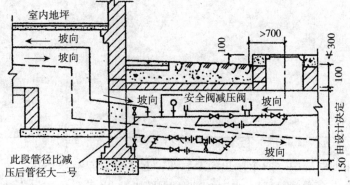

图 3-132　室外热水及蒸汽干管入口

6. 减压阀安装

（1）减压阀的阀体应垂直安装在水平管道上，前后应装法兰截止阀。一般未经减压前的管径与减压阀的公称直径相同。而安装在减压阀后的管径比减压阀的公称直径大两个号码，减压阀安装应注意方向，不得装反；薄膜式减压阀的均压管应安装在管道的低压侧，检修更换减压阀应打开旁通管。

（2）减压阀安装组成部分有减压阀、压力表、安全阀、旁通管、泄水管、均压管及阀门。如图 3-133 所示。

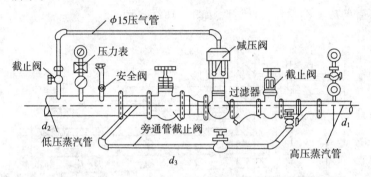

图 3-133　减压阀安装图

（3）各部分配管规格见表 3-47，其中 d_2 为参考值。

减压阀组配管规格表（mm）　　　　　　　　　　　　　表 3-47

d_1	d_2	d_3	安全阀	
			规格	类型
20	50	15	20	弹簧式
25	70	20	20	弹簧式
32	80	20	20	弹簧式
40	100	25	25	弹簧式
50	100	32	32	弹簧式
70	125	40	40	杠杆式
80	150	50	50	杠杆式
100	200	80	80	杠杆式
125	250	80	80	杠杆式
150	300	100	100	杠杆式

（4）在较小的系统中，两个截止阀串联在一起也可以起减压作用。主要是通过两个串联阀门加大管道内介质的局部阻力，介质通过阀门时，由于能量的损失使压力降低。尤其是两个阀门串联在一起安装时，一个阀门起着减压作用，另一个可作开关用，但这种减压方法调节范围有限。

（5）减压阀安装完后，应根据使用压力进行调试，并作出调试后的标志。调压时，先开启阀门2（图3-134），关闭旁通阀3，慢慢打开阀门1，当蒸汽通过减压阀，压力下降，那时就必须注意减压后的数值。当室内管道及设备都充满蒸汽后，继续开大阀门1，及时调整减压阀的调节装置，使低压端的压力达到要求时为止。

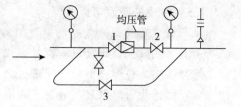

图3-134 减压阀调试

带有均压管的减压阀，则均压管是压力波动时自动调节减压阀的启闭大小。但它只能在小范围内波动时起作用，不能仅靠它来代替调压工序。

旁通管是维修减压阀时，为不使整个系统停止运行而用，同时还可以起临时减压的作用，因而使用旁通阀更要谨慎，开启阀门的动作要缓慢，注意观察减压的数值，不使其超过规定值。

安全阀要预先调整好，当减压阀失灵时，安全阀可达到自动开启，以保护供暖设备。

7. 调压孔板安装

供暖管道安装调压孔板的目的是为了减压。高压热水供暖往往在入口处安装调压板进行减压。调压板是用不锈钢或铝合金制作的圆板，开孔的位置及直径由设计决定。介质通过不同孔径的孔板进行节流，增加阻力损失而起到减压作用。安装时夹在两片法兰的中间，两侧加垫石棉垫片，减压孔板应待整个系统冲洗干净后方可安装。蒸汽系统调压孔板采用不锈钢制作，热水系统可用不锈钢或铝合金作调压孔板。

（1）调压孔板安装见图3-135；减压板尺寸见表3-48。

（2）减压孔板孔径 d_0 由设计决定（包括孔的位置）。

（3）减压板只允许在整个供暖系统经过冲洗洁净后再行安装。

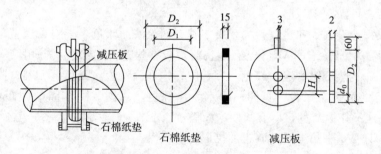

图3-135 调压孔板安装图

减压板尺寸（mm）　　　　　　　　　　　　表3-48

管　径 DN	20	25	32	40	50	70	80	100	125	150
D_1	27	34	42	48	60	76	89	114	140	165
D_2	53	63	76	86	96	116	132	152	182	207
D_3	10	13	17	20	26	34	40	53	65	78

（五）管道的防腐与保温

1. 管道防腐

为消除或减少金属管道的腐蚀，增加保温层的耐久性，对于管道及其附件的金属表面、保温结构，必须视不同情况进行必要的防腐处理。一般要求如下：

（1）管道及附件保温前应在其表面涂刷一遍耐热防锈漆。

（2）表面温度不超过 60℃ 的不保温管道及附件，应在其表面先涂刷一遍红丹防锈漆，再刷二遍酚醛磁漆或醇酸磁漆，也可刷两遍沥青漆。

（3）保温管道保护层的外表面可按表 3-49 的方法处理。

保温管道保护层防腐方法

表 3-49

敷设形式 ＼ 保护层种类	石棉水泥保护层	玻璃布保护层	薄钢板保护层
地沟	可不刷	刷沥青胶泥或冷底子油二遍	薄钢板内外表面刷红丹防锈漆一遍，外表面再刷醇酸磁漆二遍
室内架空	刷色磁漆二遍	刷醇酸磁漆二遍	
室外架空	刷沥青漆二遍	刷沥青胶泥二遍，或刷冷底子油一遍，沥青二遍	

（4）直埋敷设时，如前所述，各种预制保温管的外表面都做了防腐处理。

（5）各种金属支吊架表面均应刷红丹防锈漆一遍，再刷调和漆一遍。

管道、附件及支架在涂刷防锈漆前，必须将表面上的污垢、灰尘、锈斑、焊渣等清除干净，并刷出金属光面。涂漆厚度应均匀，不得有脱皮起泡流淌和漏涂现象，并且必须在前一层干燥后方可涂刷下一层。

管道应根据敷设方式和热媒种类，决定其表面涂漆的颜色。架空管道全部涂色，通行地沟内管道每隔 10m 涂色 1m，不通行地沟管道仅在检查井内涂色，并用箭头标出热媒流动方向。例如，过热蒸汽管道涂红色，带黄圈；饱和蒸汽管涂红色，无圈；凝结水管涂绿色红圈；热网供水管涂绿色，黄圈；回水管涂绿色，褐圈。圈与圈的间距为 1m，圈宽 50mm 管道支座一律涂灰色，所有阀件均涂黑色。

其余内容详见本书第五章"管道的保温与防腐"。

2. 管道的保温

详见本书第五章"管道的保温与防腐"。

第四章　管材、管件的加工与管道的连接

管道工程中所采用的管材在制造、运输、装卸过程中，经常会出现裂纹、夹渣、起皮、弯曲、堵塞和凹陷等，不仅影响美观，而且还可能埋下事故隐患，因此对管材在使用前应逐根进行检查。

由于在施工中要对管材进行切割、弯制等工序，以便适应设计图纸的要求，因此对管材的加工是必不可少的，而且加工的质量优劣将直接关系到管道工程能否安全运行。

在管道工程中必须将管材与管材、管件与管材、补偿器与管材按设计要求进行连接。连接的方式和连接的质量亦是十分关键的。

对于一些塑料管材、金属塑料复合管材的连接，读者亦可参考本书第一章第一节中所述及的相关内容。

第一节　管材、管件的加工

一、管材的加工

（一）管材的调直与校圆

1. 管材的调直

管子由于搬运、装卸或存放不当，常会出现弯曲、管口椭圆或局部撞瘪的现象，安装时必须经过处理使之符合使用标准。管子在处理之前应仔细检查变形的部位，分析变形的原因，短的管子可以目测检查是否平直；较长的管子可放在两根平行的钢管或方木上，轻轻滚动，如滚动快慢不均，来回摆动，则停止时向下的一面就是凸弯面，做上记号，以便调直。

一般来说当管径 $DN>100mm$ 时，管子产生弯曲的可能性较少。也不易调直，若有弯曲部分，可将其去掉，用在其他需用弯管的地方。$DN<100mm$ 的管子可以调直，调直的方法有：

（1）冷调法。一般用于 $DN50mm$ 以下弯曲程度不大的管子。根据具体操作方法不同可分为：

1）杠杆（扳别）调直法。将管子弯曲部位做支点，用手加力于施力点，如图 4-1 所示。调直时要不断变动支点部位，使弯曲管均匀调直而不变形损坏。

2）锤击调直法。该法用于小直径的长管，调直时将管子放在两根相距一定距离的平行的粗管或方木上，一个人站在管子的一端一边转动管子一边找出弯曲部位，另一个人按观察人的指点，用一把锤子顶在管子的凹面，再用另一把锤子稳稳地敲打凸面，两把锤子之间应有 $50\sim150mm$ 的距离，使两力产生一个弯矩，经过反复敲打，管子就能调直，如图 4-2 所示。

3）平台法。将管子置于平的工作台上，用木锤子锤击弯处，不能用铁锤，以防锤击处变形，如图 4-3 所示。

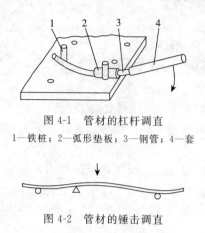

图 4-1　管材的杠杆调直
1—铁桩；2—弧形垫板；3—钢管；4—套

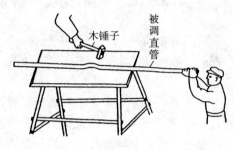

图 4-3　管子的平台调直

图 4-2　管材的锤击调直

4）调直台法。当管径较大，在 $DN100mm$ 之内时，可用图 4-4 所示的调直台调直。

（2）热调法。当管径大于 100mm 时，冷调则不易调直，可用图 4-5 所示的热调法调直。调直时先将管子放到红炉上加热至 $600\sim800℃$，呈樱桃红色，抬至平行设置的钢管上，使管子靠其自身重量（不灌砂子）在来回滚动的过程中调直，在弯管和直管部分的接合部在滚动前应浇水冷却，以免直管部分在滚动过程中产生变形。

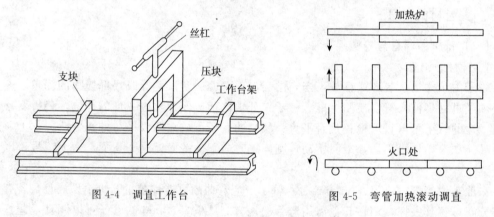

图 4-4　调直工作台

图 4-5　弯管加热滚动调直

注意：当铅管调直时，应用木锤子轻轻敲打调直。为便于检查和操作，常把铅管紧贴于槽钢或角钢内侧的翼上，根据铅管和型钢的间隙进行拍打。

2. 管材的校圆

钢管的不圆变形，多数发生在管口处，中间部分除硬性变形外，一般不易变形。管口校圆的方法有：

（1）锤击校圆。锤击校圆时，应采用锤子均匀敲击椭圆的长轴两端附近范围，并用圆弧样板检验校圆结果，如图 4-6 所示。

（2）特制外圆对口器。外圆对口器适用于大口径（$\phi426$ 以上）并且椭圆较轻的管口，在对口的同时进行校圆。

管口外圆对口器的结构如图 4-7 所示，把圆箍（内径与管外径相同，制成两个半圆以易于拆装）套在圆口管的端部，并使管口探出约 30mm，使之与椭圆的管口相对。在圆箍的缺口内打入楔铁，通过楔铁的挤压把管口挤圆，然后点焊。

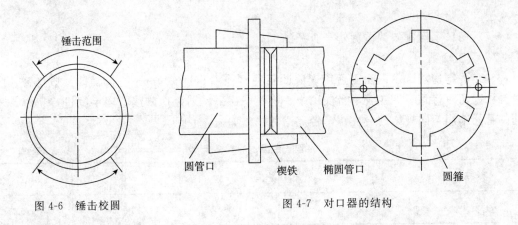

图 4-6 锤击校圆　　　　　　　图 4-7 对口器的结构

（3）内校圆器。如果管子的变形较大，或有瘪口现象，可采用图 4-8 所示的内校圆器校圆。

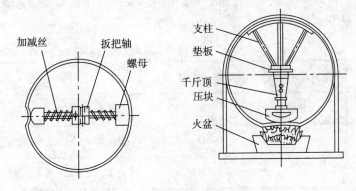

图 4-8 内校圆器的结构

注意：铅管校圆的方法是用硬木制成的外径与铅管内径相同的圆柱形胎具，将头部削圆，穿上绳子，用绳将胎具拉进管内，使变形部位随胎具而撑圆。

（二）管材的切割

在管道安装过程中，经常要结合现场的条件，对管子进行切断加工。常用的切割方法有手工切割、机械切割、气割、爆破切割多种方法。机械切割又分锯割、刀割、磨割、机床切割、等离子弧切割等。

对管材切割的一般要求如下。

（1）公称直径 $DN \leqslant 50mm$ 的中、低压钢管一般采用机械法切割；$DN > 50mm$ 的中、低压碳钢管常采用气割法切割；镀锌钢管必须用机械法切割。

（2）高压钢管或合金钢管宜采用机械法切割。当采用氧乙炔焰切割时，必须将切割表面的热影响区排除，其厚度一般不小于 0.5mm。

（3）有色金属管和不锈钢管应采用机械或等离子方法切割，当用砂轮切割不锈钢管时，应选用专用砂轮片。

（4）铸铁管常采用钢锯、钢錾子和爆破法切割。

（5）塑料管均采用锯割；排水陶土管、混凝土管等一般采用钢錾子切割。

（6）切口表面应平整，不得有裂纹、重皮、毛刺、凸凹、缩口。溶渣、氧化铁、铁屑等应予以清除。

（7）切口平面倾斜偏差为管子直径的 1%，但不得超过 3mm。

1. 手工切割

（1）手锯切割。手锯切割适用于截断各种直径不超过 100mm 的金属管、塑料管、胶管等。锯切时将管子夹在管子台虎钳中，将管子摆平，划好切割线，用手锯进行切割，不同的管径选用不同规格的台虎钳，台虎钳的规格如表 4-1 所示。

管子台虎钳的规格 表 4-1

号　　数	1	2	3	4
夹持管子外径（mm）	10～73	10～89	13～140	17～165

手锯有固定式和调节式。锯条有粗、中、细 3 种。锯割管径 $DN \leqslant 40$mm 以内钢管宜选用细齿锯条，手锯条的规格及用途如表 4-2 所示。锯割时应使锯条在垂直于管子中心线的平面内移动，不得歪斜，并需要经常加油润滑。

手锯条的规格及用途 表 4-2

类　　别	齿距（mm）	25mm 长度内齿数	用　　途
粗	1.8	14～16	锯软钢、铝、紫铜、塑料、人造胶质材料等
中	1.2，1.4	18～22	锯中等硬度钢、黄铜厚壁管子、型钢、铸铁
细	0.8，1	24～32	锯小而薄型钢、板材、薄壁管、角钢

（2）割管器切割。可用于 DN100mm 以内的除铸铁管、铅管外的各种金属管，三轮式割管器构造如图 4-9 所示。共有 4 种规格：1 号割管器适用于切割 DN15～DN25mm 的管子；2 号适用于 DN15～50mm 的管子；3 号适用于 DN25～75mm 的管子；4 号适用于 DN50～100mm 的管子。

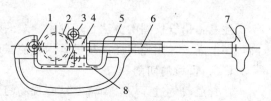

图 4-9　三轮式割管器的构造

1—切割滚轮；2—被割管子；3—压紧滚轮；
4—滑动支座；5—螺母；6—螺杆；
7—手把；8—滑道

割管器切管，因管子受到滚刀挤压，内径略缩小，故在切割后须用铰刀插入管口割去管口缩小部分。

（3）錾切割。錾切割适用于材质较脆的管子，如铸铁管、混凝土管、陶土管等，但不能用于性脆易裂的玻璃管、塑料管。

如果錾切割的管径较大，先在管子上划好切断线，并用木方将管子垫起，然后用槽錾按着切断线把整个圆周凿出一定深度的沟槽。錾切后，一面錾切，一面转动管子。錾子的打击方向要垂直通过管子面的中心线，不能偏斜，然后用楔錾直接将管子楔断。

錾切大口径铸铁管是由两人操作，一人手握长柄钳固定錾，一人轮锤錾切管。錾切钢筋混凝土管时，錾露钢筋后，先用乙炔焰切割钢筋后再錾。

2. 机械切割

机械截管适用于大批量、大直径管子的截断，效率高、质量稳定，劳动强度低，是现代截管的主要方法，常用有如下几种。

（1）磨切割。磨切割即用砂轮切割机进行管子切割，俗称无齿锯切割。砂轮切割机的构造如图4-10所示，电动机带动砂轮高速旋轮，以磨削的方式切割管子。根据所选用的砂轮的品种不同，可切割金属管、合金管、陶瓷管等，常用的金刚砂锯片的技术性能如表4-3所示。

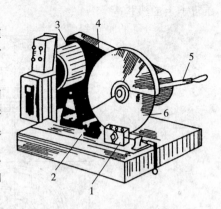

图4-10　砂轮切割机的构造
1—紧固装置；2—底座；3—电动机；
4—传动皮带罩；5—手柄；6—砂轮片

（2）锯床切割。大批量的管材可用往复式锯床进行切割，图4-11是往复式锯床的结构示意图，常用的G72型锯床的最大锯管直径为250mm。

金刚砂锯片技术性能 　　　　　　　　　　表4-3

指　　标	数　　据	
切割管子直径（mm）	18～159	15～57
锯片直径（mm）	可更换＜400	200、300
切口宽度（mm）	3～4	2～3
锯片回转速度（r/min）	2375	5460、3600
锯片圆周速度（m/s）	50	57、55
重　　量（kg）	182	80

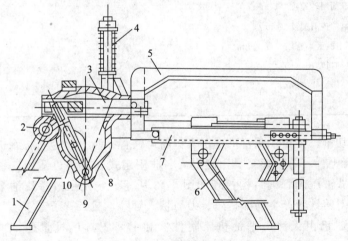

图4-11　往复式锯床的结构
1—焊接支架；2—轴；3—滑履；4—弹簧；5—锯弓；
6—夹管虎钳；7—锯片；8—外壳；9—摇拐；10—滑块

（3）切削式切割。切削式切割是以刀具和管子的相对运动来截断管子。为了适应在施工现场使用，现生产了如图4-12所示的便携式切削割管机，其技术性能如表4-4所示。它可用于切割奥氏体不锈钢管，割管机的主要部件有外套、平面卡盘、带刃具的刀架及固定在管子上的机构等。

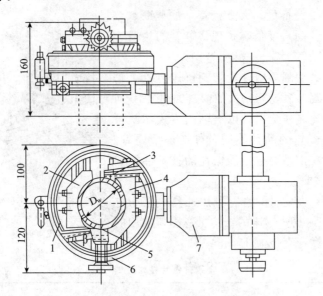

图 4-12　便携式割管机的结构

1—平面卡盘；2、4—刀架；3—异型刀刃；5—切割刀刃；6—进刀架螺钉；7—传动机构

便携式割管机技术性能　　　　　　　　　　　　　　　表 4-4

项　　目	数　　据
切割管子的直径（mm）	32～108
切割管壁的厚度（mm）	10
平面卡盘的回转速度（r/min）	45.5
平面卡盘的进刀速度（mm/r）	0.1
安装到管身上的最小管段长度（mm）	100
电动机功率（kW）	0.36
外形尺寸（mm）	490×220×160
全机质量（kg）	18

（4）挤压式切割。挤压式铡管机是用来截断铸铁管、陶土管、石棉水泥管、混凝土管（不包括钢筋混凝土管）的断管工具，固定式、非固定式管道均可适用。它分为分离式和链式两种。分离式液压铡管机结构原理如图 4-13 所示，它是通过手压油泵、油压千斤顶的作用，使铡刀对铸铁管产生局部挤压、刀刃挤入管壁，截断管子。

分离式铡管机已由天津市塘沽机床附件厂和上海工具厂批量生产，从管径 100～600mm 之间的各种口径均有产品，挤压一次约 0.5～5min。操作人员可在地面上操作油泵，使铡管机截断地面或地下的管道，使用安全可靠。口径 100～300mm 铡管机的技术规格如表 4-5 所示。

分离式液压铡管机的技术规格　　　　　　　　　　　　表 4-5

名称	适用管子规格（mm）	工作油缸最大顶质量（t）	工作油缸行程（mm）	总质量（kg）	用油品种
铡管机	300，200，150，100	30	60	100	10 号机械油

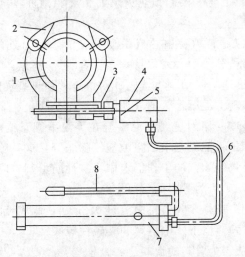

图 4-13　分离式液压铡管机的结构原理

1—刀刃；2—刀框；3—框套；4—油缸；

5—柱塞；6—高压油管；7—油泵；8—手柄

3. 气切割

（1）金属管的气切割。气切割是用氧气-乙炔焰将管子加热到熔点，再由割枪嘴喷出高速纯氧而将金属管熔化割断。这种方法，宜用于 $DN40mm$ 以上的各种碳素钢管的切割，不宜用于合金钢管、不锈钢管、铜管、铝管和需要套丝的管子的切割。当用氧气-乙炔焰切割合金钢管类管材后须从切割面上用机械法（车削或锯割）除去 2～4mm 的管子，以消除退火烧损部分。

用气切割方法切割管子时，应注意以下几点。

1）无论管子转动或固定，割嘴应保持垂直于管子表面，待割透后将割嘴逐渐前倾，倾斜到与割点的切线呈 70°～80°角。

2）气割固定管时，一般先从管子的下部开始。

3）割嘴及氧气压力大小的选定与割件厚度有关，可参照表 4-6 选用。

割嘴号码、氧气压力与割件厚度的关系　　　　　　表 4-6

割件厚度 (mm)	割炬		氧气压力（MPa）	乙炔压力（MPa）
	型　号	割嘴号		
≤4	G01—30	1～2	0.3～0.4	0.001～0.12
4～10		2～3	0.4～0.5	
10～25	G01—100	1～2	0.5～0.7	0.001～0.12
25～50		2～3	0.5～0.7	
50～100		3	0.6～0.8	
100～150	G01—300	1～2	0.7	0.001～0.12
150～200		2～3	0.7～0.9	
200～250		3～4	1.0～1.2	

4）割嘴与割件表面的距离应根据预热火焰的长度和割件厚度确定，一般以焰心末端距离割件 3～5mm 为宜。

5）管子被割断后，应用锉刀、扁錾或手动砂轮清除切口处的氧化铁渣，使之平滑、干净；同时应使管口端面与管子中心线保持垂直。

6）气割结束时，应迅速关闭切割氧气阀、乙炔阀和预热氧气阀。

（2）混凝土管的气切割。混凝土管的气切割的难点是防止在高温火焰作用下混凝土表面发生猛烈爆炸。造成爆炸的原因是局部混凝土在高温下固态变成液态，体积急骤膨胀；混凝土中的结晶水受热汽化；混凝土中的空隙空气膨胀等，这些膨胀能在急骤释放时导致爆炸。防止爆炸的方法是将待熔割的工作面上刷涂酸性防爆剂，防爆药剂的配方为：

1）对于碎石、卵石、矿渣为骨料的混凝土：

① 100cm³ 硫酸（浓度 40％～60％）中溶解 0.2g 铝，制成硫酸铝溶液。

② 100cm³ 水（水温 50℃以下）中溶解 20g 硫代硫酸钠。

2）对于石灰石、石灰岩为骨料的混凝土：

① 稀硫酸或稀盐酸溶液（浓度为 40％～60％）。

②100cm³ 水（水温 50℃以下）中溶解 25g 硫代硫酸钠。

涂抹时，先用碳化焰将切割部位预热到 60～80℃，然后涂硫酸铝或稀硫酸、稀盐酸溶液，后涂硫代硫酸钠溶液。硫代硫酸钠应当日配制当日使用。

4. 爆破切割

爆破切割是将直径 5.7～6.2mm 的矿用导爆索缠绕在需切割的管体表面，经起爆装置（雷管）使导爆索爆炸，以切割管体。

爆破切管主要是利用导爆索高速爆炸瞬间形成的爆震波，使需要切割处的管壁周围承受足够的冲击压而切断管子。爆切的切口质量和缠绕的导爆索的数量有关，导爆索缠绕的数量又和管子的材质、口径、壁厚以及缠绕的松紧程度有关。对于砂型离心铸铁管，采用一次爆切法切割，导爆索的缠绕方式和需要的数量如表 4-7 所示。

导爆索的缠绕方式和数量　　　　　　　　　　　　　　表 4-7

公称直径（mm）	壁厚（mm）	圈数	缠绕方式		用量（kg）
			各层圈数	缠绕方式	
200	10.0	3	2.1		2.3
250	10.8	5	2.2.1		4.5
300	11.4	5	2.2.1		5.3
400	12.8	5	2.2.1		7.2
450	13.4	5	2.2.1	外层为一圈，向内逐层递增一圈的方式安排	9.2
500	14.0	6	3.2.1		10.5
600	15.6	6	3.2.1		12.2
700	17.0	6	3.2.1		14.5
800	18.5	10	4.3.2.1		25.6
900	20.0	10	4.3.2.1		31.0

操作方法如下：

（1）将要切割的铸铁管外皮污垢擦净，用木方垫起管身，使之不得滚动。

（2）在管体切割处预放一条长 200mm 的胶布带。

（3）以黑胶布带为起点，用导爆索沿管体周围缠圈。

（4）根据不同管径缠完上述规定的圈数后，用预放的胶布带包扎好，再与雷管及导火线相连，然后引爆。

使用此法进行地下切管时，先在需要断管的中间按表 4-7 中的缠绕要求爆切一次，然后再将需要切断部分的两端缠绕导爆索，用一雷管一次引爆，如图 4-14 所示。已埋管道爆切时，应挖爆切工作坑，管体四周需离开沟槽底 300mm 以上，如图 4-15 所示。

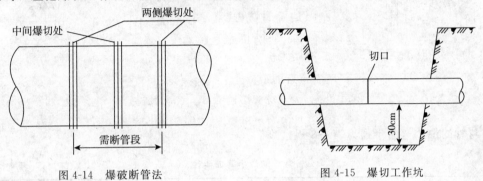

图 4-14　爆破断管法　　　　　　　图 4-15　爆切工作坑

爆切割管的优点是：操作简便、速度快、劳动强度小、工效高，并可在管内有积水的情况下照常施工。但目前还存在如下缺点：爆破声大、冲击波较强，使用时受地区条件限制；技术要求严格，若操作不慎，易发生切口裂纹或其他事故；爆破索等用具不易购买。

5. 等离子弧切割

等离子弧切割是利用等离子弧切割设备产生的等离子弧的高热进行切割。等离子弧与电弧不同之处是：其电离度更高，不存在分子和原子，能产生更高的温度和更强烈的光辉，温度可达 15000～33000℃，能量比电弧更集中，现有的高熔点金属和非金属材料在等离子弧的高温下都能被熔化。

等离子弧切割用于乙炔-氧焰和电弧所不能切割或较难切割的不锈钢、铜、铝、铸铁、钨、钼甚至陶瓷、混凝土和耐火材料等非金属材料。

用等离子弧切割的管件，切割后应用铲、砂轮将切口上含的 Cr_2O_3 和 SiO_2 等熔瘤、过热层及热影响区（一般 2～3mm）除去。

等离子弧切割的生产效率高、热影响区小，变形小、质量高。

（三）管材的弯制

在管道工程中，管材弯制而成的形状主要有：直角形弯管、锐角形弯管、钝角形弯管、U 形管、来回弯（或称乙字弯）管、圆弧形弯管和圆形弯管等，如图 4-16 所示。

弯管按其制作方法不同，可分为煨制弯管、冲压弯管和焊接弯管。煨制弯管又分冷煨和热煨两种。按弯管形成的方式，其详细划分如下所示：

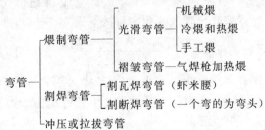

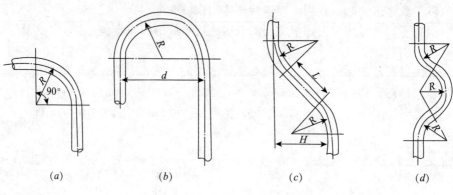

图 4-16　弯管的主要形式

(a) 弯头；(b) U形管；(c) 来回弯；(d) 弧形弯

弯管的最小弯曲半径为表 4-8 规定。

弯管的最小弯曲半径　　　　　　　　　　　　　　表 4-8

管子类别	弯管制作方式	最小弯曲半径	
中、低压钢管	热弯	$3.5D_w$	
	冷弯	$4.0D_w$	
	褶皱弯	$2.5D_w$	
	压制	$1.0D_w$	
	热煨弯	$1.5D_w$	
	焊制	$DN \leqslant 250$	$1.0D_w$
		$DN > 250$	$0.75D_w$
高压钢管	冷、热弯	$5.0D_w$	
	压制	$1.5D_w$	
有色金属管	冷、热弯	$3.5D_w$	

注：DN 为公称直径，D_w 为外径。

1. 弯制的要求

（1）煨曲、冲压或拉拔弯制的要求

1）对管材壁厚的要求。管子弯曲时，弯头里侧的金属被压缩，管壁变厚，弯头背面的金属被拉伸，管壁变薄。为了使管子弯曲后管壁减薄不致对原有的工作性能有过大的改变，一般规定管子弯曲后，管壁减薄率，中、低压管不得超过 15%，高压管不得超过 10%，且不得小于设计计算壁厚。管壁减薄率可按下式进行计算：

$$壁厚减薄率 = \left(\frac{弯管前壁厚 - 弯管后壁厚}{弯管前壁厚} \right) \times 100\%$$

由于小直径管子的相对壁厚（指壁厚与直径之比）较大，大直径管子的相对壁厚较小，故从承压的安全角度考虑，小直径管子的弯曲半径可小些，大直径的管子应大些。弯曲半径与管径的关系如表 4-9 所示。

弯曲半径与管径的关系　　　　　　　　　　　　　　表 4-9

管径 DN（mm）	弯曲半径 R	
	冷　煨	热　煨
25 以下	3DN	
32～50	3.5DN	
65～80	4DN	3.5DN
100 以上	（4～4.5）DN	4DN

注：机械煨弯、弯曲半径可适当减小。

　　管子弯曲时，由于管子内外侧管壁厚度的变化，还使得弯曲段截面由原来的圆形变形成了椭圆形。为使过流断面缩小不致过小，一般对弯管的椭圆率规定不得超过：高压管，5%；中、低压管，8%；铜、铝管，9%；铜合金、铝合金管，8%；铅管，10%。

　　椭圆率计算公式为：

$$椭圆率 = \left(\frac{最大外径 - 最小外径}{最大外径}\right) \times 100\%$$

　　2）对管材弯曲角度的要求。管道弯曲角度 α 的偏差值 Δ 如图 4-17 所示。对于中、低压管，当用机械弯管时，Δ 值不得超过 ± 3mm/m，当直管长度大于 3m 时，总偏差最大不得超过 ± 10mm；当用地炉弯管时，不得超过 ± 5mm/m，当直管长度大于 3m 时，其总偏差最大值不得超过 ± 15mm；对于高压弯管弯曲角度的偏差值 Δ 不得超过 ± 1.5mm/m，最大不得超过 ± 5mm。

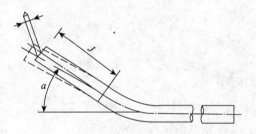

图 4-17　弯曲角度及管端轴线偏差示意图

　　煨制弯管应光滑圆整，不应有皱褶，分层、过烧和拔背。对于中、低压弯管，如果在管子内侧有个别起伏不平的地方，应符合表 4-10 的要求，且其波距 t 应大于或等于 $4H$，如图 4-18 所示。

管子弯曲部分的波浪度 H 的允许值（mm）　　　　　表 4-10

外　径	≤108	133	159	219	273	325	377	≥426
钢　管	4	5	6		7			8
有色金属管	2	3	4	5	6			—

　　当由于管道工艺的限制，明确指定煨制皱褶弯头时，弯管的波纹分布应均匀、平整、不歪斜。弯成后波的高度约为壁厚的 5～6 倍，波的截面弧长约为 $\frac{5}{6}\pi D_w$，弯曲半径 R 约为 $2.5D_w$。褶皱弯管外形如图 4-19 所示。

　　（2）焊制弯管的要求

　　焊制弯管是由管节焊制而成，焊制弯管的组成形式如图 4-20 所示。对于公称直径大于 400mm 的弯管，可增加中节数量，但其内侧的最小宽度不得小于 50mm。焊制弯管的主要尺寸偏差应符合下列规定：

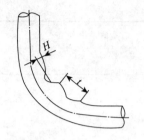

图 4-18 弯曲部分的波浪度

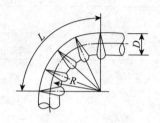

图 4-19 褶皱弯头

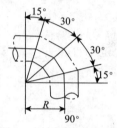
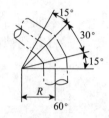
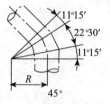
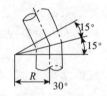

图 4-20 焊制弯头

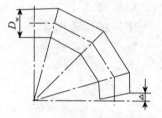

图 4-21 焊制弯头的端面
垂直偏差

1) 周长偏差：$DN > 1000mm$ 时不超过 $\pm 6mm$；$DN \leqslant 1000mm$ 时不超过 $\pm 4mm$。

2) 端面与中心线的垂直偏差 Δ，如图 4-21 所示。其值不应大于外径的 1‰，且不大于 3mm。

2. 弯制的加工方法

（1）钢管的弯制

在管道工程中，对于钢管材弯制的方法可分为两种：冷弯加工法和热煨加工法。

1) 冷弯加工法。冷弯管是指在常温下依靠机具对管子进行弯制。优点是：不需要加热设备，管内也不充砂，操作简便。常用的冷弯弯管设备有手动弯管机、电动弯管机和液压弯管机等。

① 一般要求。

A. 目前冷弯弯管机一般只能用来弯制公称直径不大于 250mm 的管子，当弯制大管径及厚壁管时，宜采用中频弯管机或其他热煨法。

B. 采用冷弯弯管设备进行弯管时，弯头的弯曲半径一般应为管子公称直径的 4 倍。当用中频弯管机进行弯管时，弯头弯曲半径可为管子公称直径的 1.5 倍。

C. 金属钢管具有一定弹性，在冷弯过程中，当施加在管子上的外力撤除后，弯头会弹回一个角度。弹回角度的大小与管子的材质、管壁厚度、弯曲半径的大小有关，因此在控制弯曲角度时，应考虑增加这一弹回角度。

D. 对一般碳素钢管，冷弯后不需作任何热处理。

② 弯制后的热处理。管子冷弯后，对于一般碳素钢管，可不进行热处理。对于厚壁碳素钢管、合金钢管有热处理要求时，则需进行处理。对有应力腐蚀的弯管，不论壁厚大小均应做消除应力的热处理。常用钢管冷弯后的热处理可按表 4-11 的要求进行。

常用钢管冷弯后的热处理条件　　　　表 4-11

钢　号	壁厚（mm）	弯曲半径（mm）	回火温度（℃）	保温时间（min/mm）	升温速度（℃/h）	冷却方式
20	≥36	任意	600～650	3	<200	炉冷至 300℃后空冷
	25～36	≤3D_w				
12CrMo	>20	任意	600～700	3	<150	炉冷至 300℃后空冷
	10～20	≤3.5D_w				
15CrMo	<10	任意	不　处　理			
12Cr1MoV	>20	任意	720～760	5	<150	炉冷至 300℃后空冷
	10～20	≤3.5DN				
	<10	任意	不　处　理			
1Cr18Ni9Ti Cr18Ni12Mo2Ti	任意	任意	不　处　理			

热处理条件

　　2）热煨加工法。用灌砂后将管子加热来煨制弯管的方法叫做"煨弯"，是一种较原始的弯管制作方法。这种方法灵活性大，但效率低，能源浪费大，成本高。因此目前在碳素钢管煨弯中已很少采用，但它却有着普遍意义。直至目前，在一些有色金属管、塑料管的煨管中仍有其明显的优越性，故仍将它予以介绍。这种方法主要分为灌砂、加热、弯制和清砂四道工序。

　　① 准备工作。

　　A. 选择管子应质量好、无锈蚀及裂痕。对于高、中压用的煨弯管子应选择壁厚为正偏差的管子。

　　B. 弯管用的砂子应根据管材、管径对砂子的粒度、耐热度进行选用。碳素钢管用的砂子粒度应按表 4-12 选用，为使充砂密实，充砂时不应只用一种粒径的砂子，而应按表 4-13 进行级配。砂子耐热度要在 1000℃以上。其他材质的管子一律用细砂，耐热度要适当高于管子加热的最高温度。

钢管充填砂的粒度　　　　表 4-12

管子公称直径（mm）	<80	80～150	>150
砂子粒度（mm）	1～2	3～4	5～6

粒径配合比　　　　表 4-13

公称直径 DN（mm）	φ1～2	φ2～3	φ4～5	φ5～10	φ10～15	φ15～20	φ20～25
	百　分　比　（%）						
25～32	70		30				
40～50		70	30				
80～150			20	60	20		
200～300			20	40	30	30	
350～400				30	20	20	30

粒径（mm）

　　注：不锈钢管、铝管及铜管弯管时，不论管径大小，其填充用砂均采用细砂。

C. 充砂平台的高度应低于煨制最长管子的长度 1m 左右，以便于装砂。由地面算起每隔 1.8～2m 分一层，该间距主要考虑操作者能站在平台上方便地操作。顶部设一平台，供装砂用。充砂平台一般用脚手架杆搭成。如果煨制大管径的弯管，在充砂平台上层需装设挂有滑轮组的吊杆，以便吊运砂子和管子，如图 4-22 所示。

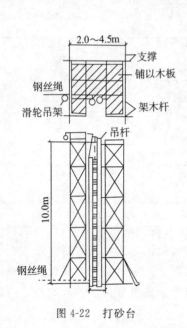

图 4-22　打砂台

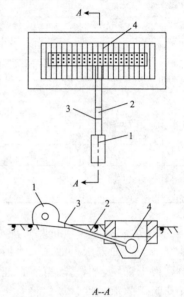

图 4-23　地炉示意图
1—鼓风机；2—鼓风管；3—插板；4—炉箅子

D. 地炉位置应尽量靠近弯管平台，地炉为长方形，其长度应大于管子加热长度100～200mm，宽度应为同时加热管子根数乘以管外径，再加 2～3 根管子外径所得的尺寸为宜。炉坑深度可为 300～500mm。地炉内层用耐火砖砌筑，外层可用红砖砌筑，如图 4-23 所示。鼓风机的功率应根据加热管径的大小选用，管径在 100mm 以下为 1kW；$DN100～200mm$ 为 1.8kW；$DN>200mm$ 以上为 2.5kW，管径很大者应适当加大鼓风机功率。为了便于调节风量，鼓风机出口应设插板；为使风量分布均匀，鼓风管可做成丁字形花管或 Y 形花管，花眼孔径为 10～15mm，要均布在管的上部，如图 4-24 所示。

E. 煨管平台一般用混凝土浇筑而成，平台要光滑平整，如图 4-25 所示。在浇注平台时，应根据煨制的最大管径，铅垂预埋两排（$\phi60～\phi80$）mm 的钢管，作为档管桩孔用，管口应经常用木塞堵住，防止混凝土或其他杂物掉入管内，影响今后使用。

在现场准备工作中，要注意对各工序作合理的布置。加热炉应平行地靠近煨管平台，充砂平台与加热炉之间的道路要畅通，一般布置情况可如图 4-26 所示。除了上述的准备工作以外，还要准备有关煨弯的样板和水壶，以便控制热煨的角度和加热范围。

② 煨弯操作。

A. 要进行人工热煨弯曲的管子，首先要进行管内充砂，充砂的目的是减少管子在热煨过程中的径向变形，同时由于砂子的热惰性，从而可延长管子出炉后的冷却时间，以便于煨弯操作。填充管子用的砂子，填前必须烘干，以免管子加热时因水分蒸发压力增加，管堵冲出伤人，同时水蒸气跑掉后，砂子就不密实，对保证煨弯的质量也不利。

充砂前，对于公称直径小于 100mm 的管子应先将管子一端用木塞堵塞，对于直径大于 100mm 的管子则用图 4-27 所示的钢板堵严，然后竖在灌砂台旁。在把符合要求的砂子灌入管子的同时，用锤子或用其他机械不断地振动管子，使管子逐层振实。锤子敲击应自下而上进行，锤面注意放开，减少在管壁上的锤痕。管子在用砂子灌密实后，应将另一端用木塞或钢板封堵密实。

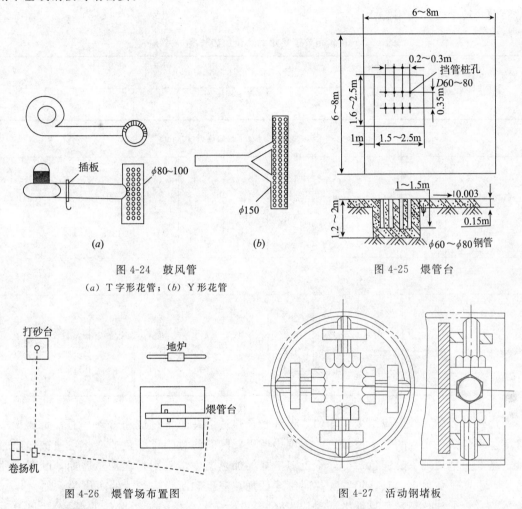

图 4-24 鼓风管
(a) T 字形花管；(b) Y 形花管

图 4-25 煨管台

图 4-26 煨管场布置图

图 4-27 活动钢堵板

B. 加热。施工现场一般用地炉加热，使用的燃料应是焦炭，而不是烟煤，因烟煤含硫，不但腐蚀管子，而且会改变管子的化学成分，以致降低管子的机械强度。焦炭的粒径应在 50～70mm 左右，当煨制管径大时，应用大块。地炉要经常清理，以防结焦而影响管子均匀加热。钢管弯管加热到弯曲温度所需的时间和燃料量如表 4-14 所示。

钢管加热的燃料与时间　　　　　　　　　　表 4-14

公称直径（mm）		100	125	150	200	250	300	350
燃料（kg）	焦炭	6	9	14	23	36	55	71
	木炭	5	8	12	20	32	46	62
	泥炭	11	17	26	43	68	103	133
加热时间（min）		40	55	75	100	130	160	190

管子不弯曲的部分不应加热，以减少管子的变形范围，常用煨弯管子的理论加热长度如表 4-15 所示。因此管子在地炉中加热时，要使管子应加热的部分处于火床的中间地带，为防止加热过程中因管子变软自然弯曲，而影响弯管质量，在地炉两端应把管子垫平。加热过程中，火床上要盖一块钢板，以减少热量损失，使管子迅速加热，管子要在加热时经常转动，使之加热均匀。

常用管子热煨的理论加热长度　　　　　　　　　　　　表 4-15

弯曲角度	管子公称直径（mm）									
	50	65	80	100	125	150	200	250	300	400
$R=3.5DN$ 的加热长度（mm）										
30°	92	119	147	183	230	275	367	458	550	733
45°	138	178	220	275	345	418	550	688	825	1100
60°	183	237	293	367	460	550	733	917	1100	1467
90°	275	356	440	550	690	825	1100	1375	1650	2200
$R=4DN$ 的加热长度（mm）										
30°	105	137	168	209	262	314	420	523	630	840
45°	157	205	252	314	393	471	630	785	945	1260
60°	209	273	336	419	524	628	840	1047	1260	1680
90°	314	410	504	628	786	942	1260	1570	1890	2520

加热过程中，升温应缓慢、均匀，保证管子热透，并防止过烧和渗碳。通常是以观察管子呈现的颜色来判断管子被加热的温度，所以要随时注意管子颜色的变化，使被加热的管子基本上呈现统一的颜色，即处于近似一样的加热温度，特别是在加热后期，既要避免过烧，也要避免欠火。碳素钢管加热时管子的加热温度和所呈现颜色的对应关系如表 4-16 所示。当管子加热到颜色呈红中透黄约 850～950℃（小直径的管子取低的温度），且没有局部发暗的部位时，就可以出炉煨制了。管子加热的温度过低不仅煨制费力，而且管子易瘪，温度过高易烧坏管子，煨制也易产生裂纹。当加热直径 150mm 以上的管子时，达到要求的加热温度后，应停止鼓风，再加热一段时间，目的是使管内砂子烧透，使内部温度一致，且又不使管壁温度过热。加热时一定要避免管子出现白亮的火花，这表示管子局部已熔化，严重影响了材料的强度，不能使用了。常用管子的热弯温度及热处理条件一般按表 4-17 规定进行。

管子加热时的发光颜色　　　　　　　　　　　　表 4-16

温度（℃）	550	650	700	800	900	1000	1100
发光颜色	微红	深红	樱红	浅红	深橙	橙黄	浅黄

常用管子的热弯温度及热处理条件　　表 4-17

材质	钢　　号	热弯温度区间（℃）	热处理条件		
			热处理温度（℃）	恒温时间	冷却方式
碳素钢	10、20	1050～750	不　处　理		
合金钢	15Mn 16Mn	1050～900			
	16Mo 12CrMo 15CrMo	1050～800	920～900 正　火	每 mm 壁厚 2min	5℃以上静止空气中冷却
	Cr5Mo	1050～800	875～850 完全退火	恒温 2h	以 15℃/h 的速度降到 600℃，然后在 5℃以上的静止空气中冷却
			750～725 高温回火	保温 2.5h	以 40～50℃/h 的速度降到 650℃，然后在 5℃以上的静止空气中冷却，处理后的硬度值 HB 为 200～225
	12Cr1MoV	1050～800	1020～980 正火加 760～720 回火	每 mm 壁厚 1min 不少于 20min 保温 3h	空冷
不锈钢	1Cr18Ni9Ti Cr18Ni12Mo2Ti Cr25Ni20	1200～900	1100～1050 淬　火	每 mm 壁厚 0.8min	水急冷
有色金属	铜	600～500	不　处　理		
	铜合金	700～600			
	铝 11～17	260～150			
	铝合金 LF2、LF3	310～200			
	铝锰合金	450			
	铅	130～100			

注：Cr5Mo 钢热处理可任选一种。

C. 把加热好的管子运到弯管平台上，运管的方法，对于直径不大于 100mm 的管子，可用图 4-28 所示的抬管夹钳人工抬运；对于直径大于 100mm 的较大管子，因砂已充满，抬运时很费力，同时管子也易于变形，尽量选用起重运输设备搬运。如果管子在搬运过程中产生变形，则应调直后再进行煨管。管子装砂后的重量如表 4-18 所示。

管子运到平台上后，一端夹在插于煨管平台挡管桩孔中的两根插杆之间，并在管子下垫两根扁钢，使管子与平台之间保持一定距离，以免在管子"火口"外侧浇水时加热长度范围内的管段与平台接触部分被冷却。用绳索系住另一端，煨前用冷水冷却不应加热的管段，然后进行煨弯。通常公称直径小于 100mm 的管子用人工直接煨制。管径大于 100mm 的管子用一般卷扬机牵引煨制。在煨制过程中，管子

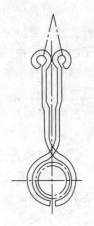

图 4-28　抬管夹钳

333

的所有支撑点及牵引管子的绳索，应在同一个平面上移动，否则容易产生"翘"或"瓢"的现象。

管子装砂后的重量   表 4-18

公称通径（mm） 项　　目	100	125	150	200	250	300	350	400
管子外径（mm）	108	133	159	219	275	325	377	426
管壁厚度（mm）	3.75	4.0	4.5	6.0	7.0	8	8	9
1m 管子重（kg）	9.64	12.7	17.2	31.52	45.92	62.54	72.8	92.55
10m 管子带砂重量（kg）	227	330	464	755	1293	1863	2313	3089

D. 在煨制时，牵引管子的绳索应与活动端管子轴线保持近似垂直，如图 4-29 所示，以防管子在插桩间滑动，影响弯管质量。

管子在煨制过程中，如局部出现鼓包或起皱时，可在鼓出的部位用水适当浇一下，以减少不均匀变形。弯管接近要求角度时，要用角度样板进行比量，在角度稍稍超过样板 3°～5°时，就可停止弯制，让弯管在自然冷却后回弹到要求的角度。

如操作不慎，弯制的角度与要求偏差较大，可根据材料热胀冷缩的原理，沿弯管的内侧或外侧均匀浇水冷却，使弯管形成的角度减小或扩大，但这只限于不产生冷脆裂纹材质的管子，对于高、中压合金钢管热煨时不得浇水，低合金钢不宜浇水。

管子弯制终了的温度不应低于 700℃，如不能在 700℃以上弯成，应再次加热后继续弯制。

在一根管子上要弯制几个单独的弯管（几个弯管间没有关系，要分割开来使用），为了操作方便，可以从管子的两端向中间进行，同时注意弯制的方向，以便再次加热时，便于管子翻转。

弯制成形后，在加热的表面要涂一层润滑油，防止锈蚀。

E. 管子冷却后，即可将管内的砂子清除，砂子倒完后，再用钢丝刷和压缩空气将管内壁粘附的砂粒清掉。

③ 质量检查。

弯好的弯管应进行质量检查。主要检查弯管的弯曲半径、椭圆度和凸凹不平度是否合乎要求，煨制弯管的缺陷及产生原因如表 4-19 所示。对合金钢弯管热处理后还需检查硬度是否符合要求。

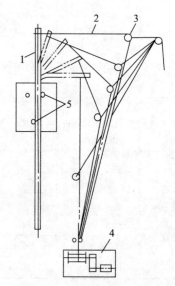

图 4-29　卷扬机弯管示意图
1—管子；2—绳索；3—开口滑轮；
4—卷扬机；5—插管

各种缺陷和原因　　　　　　　　　　　　　　　　表 4-19

缺　陷	产生缺陷的原因
褶皱不平度过大	1) 加热不均匀或浇水不当，使内侧温度过高 2) 弯曲时施力角度与钢管不垂直 3) 施力不均匀，有冲击现象 4) 管壁过薄 5) 充砂不实，有空隙
椭圆度过大	1) 弯曲半径太小 2) 充砂不实
管壁减薄太多	1) 弯曲半径太小 2) 加热不均匀或浇水不当，使内侧温度过低
裂　纹	1) 钢管材质不合格 2) 加热燃料中含硫过多 3) 浇水冷却太快或气温过低
离　层	钢管材质不合格

高压钢管在弯制后，应进行无损探伤，需热处理的应在热处理后进行。如有缺陷，允许修磨，修磨后的壁厚不应小于管子公称壁厚的 90%，且不小于设计壁厚。

（2）不锈钢管的弯制

不锈钢的特点是当它在 500～850℃ 的温度范围内长期加热时，有析碳产生晶间腐蚀的倾向。因此，不锈钢不推荐采用热煨的方法，尽量采用冷煨的方法。若一定需要热煨，应采用中频感应弯管机在 1100～1200℃ 的条件下进行煨制，成形后立即用水冷却，尽快使温度降低到 400℃ 以下。不锈钢管的弯制方法分为两种：冷弯制和热弯制。

1）冷弯制。不锈钢管在进行冷弯加工时，既可以采用顶弯，也可以在有芯轴的弯管机上进行。

为避免不锈钢和碳钢接触，芯轴应采用塑料制品。常用的塑料芯轴为夹布酚醛塑料芯轴，其结构如图 4-30 所示。使用这种塑料芯轴，可以保障管内壁的质量，不致产生划痕、刮伤等缺陷。当夹持器和扇形轮为碳钢时，不锈钢管外应包以薄橡胶板进行保护，避免碳钢和不锈钢接触，造成晶间腐蚀。

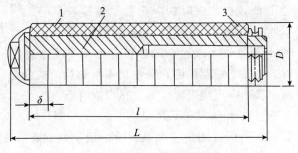

图 4-30　夹布酚醛塑料芯轴
1—酚醛塑料圈；2—金属棒；3—拉紧螺栓

施工中，夹布酚醛塑料芯轴的尺寸应符合表 4-20 的规定。

夹布酚醛塑料芯轴尺寸（mm）

表 4-20

管子外径×壁厚（$D_w \times S$）	D	l	L
30×2.5	24	125	200
32×2.5	26	140	215
38×3	32	160	240
45×2.5	39	205	300
57×3.5	49		405
76×3	68.5	300	355
89×4.5	78.5		360
108×5	96.5		500
114×7	98.5	400	500
133×5	121.5		
194×8	176		615
245×12	218	500	625

注：每个夹布酚醛塑料圈的厚度 $\delta = 15 \sim 25$mm。

当不锈钢管管壁较厚时，弯曲时可以不使用塑料芯轴。为防止弯瘪和产生椭圆度，管内可装填粒径 0.075~0.25mm 的细砂，弯曲成形后应用不锈钢丝刷彻底清砂。但是，当不锈钢管 $\dfrac{外径}{壁厚} \leqslant 8$ 时，可以不用芯轴和填砂。

2）热弯制。不锈钢管热弯时，宜采用中频电热弯管机。为避免管子加热时被烧损，可使用图 4-31 所示之保护装置，通入氮气或氩气进行保护。

当由于条件限制，需要用焦炭加热不锈钢管时，为避免炭土和不锈钢接触产生渗碳现象，不锈钢管的加热部位要套上铝管，加热温度要控制在 900~1000℃ 的范围内，尽量缩短（450~850）℃ 敏感温度范围内的时间。当弯制不含稳定剂（钛或铌）的不锈钢管时，在清砂后还要进行热处理，以消除晶间腐蚀倾向。

（3）铜、铜合金管的弯制

铜管的硬度比钢管要低，在热煨时为防止管子被砂粒压得凹凸不平和产生划痕，一般应用河砂经过 80 孔/cm² 和 120 孔/cm² 筛子过筛，筛除过大或过小的砂粒，除去杂质并经过烘干后才能往管子里灌。灌砂时用木锤敲击。为便于控制温度，应使用木炭加热，在台上弯制。

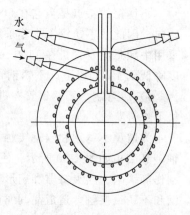

图 4-31 将惰性气体送到加热区的保护装置

加热好的黄铜管遇水骤冷会产生裂纹，因此在弯制时不允许浇水，这就要求灌砂一定要密实，加热温度一定控制在 400~450℃ 之间。

纯铜管的性质与黄铜管不同，纯铜管加热温度一般应控制在 540℃ 左右。加热好后，应先浇水使其淬火，降低硬度。同时，浇水可使纯铜管在高温下形成的氧化皮脱落，表面光洁，然后，在冷态下用模具进行煨制成形。

对于管径较小，管壁较薄的铜管，还可以采用把铅熔化后灌入铜管的方法，待铅凝固后弯制成形，然后再次加热，将铅熔化倒出。

（四）管螺纹的加工

1. 管螺纹的规格

管螺纹分圆柱管螺纹和圆锥管螺纹两种，圆柱管螺纹和圆锥管螺纹的牙型代号分别为 G 和 ZG。牙形角均为 55°，圆柱管螺纹和圆锥管螺纹每英寸（1in＝25.4mm）的牙数、螺距、螺纹高度等也相同。圆锥管螺纹的锥度为 1/16。螺纹尺寸及公差分别如表 4-21 和表 4-22 所示。

这两种管螺纹的螺线方向均分左旋螺纹和右旋螺纹，一般介质均选用右旋，只有易燃易爆特殊介质选用左旋。

圆柱管螺纹尺寸及公差　　　　　　　　　　　表 4-21

公称通径 DN		每英寸(25.4mm)牙数 n	螺距 p	螺纹高度 h	基本直径			中径公差					小径公差		大径公差	
					大径 d	中径 d_2	小径 d_1	中螺纹 Td_2		外螺纹 Td_2			内螺纹 Td_1		外螺纹 Td	
								下偏差	上偏差（十）	下偏差A级（一）	下偏差B级（一）	上偏差	下偏差	上偏差（十）	下偏差（一）	上偏差
mm	in				mm											
6	1/8	28	0.907	0.581	9.728	9.147	8.566	0	0.107	0.107	0.214	0	0	0.284	0.214	0
8	1/4	19	1.337	0.856	13.157	12.301	11.445	0	0.125	0.125	0.250	0	0	0.445	0.250	0
10	3/8	19	1.337	0.856	16.662	15.806	14.950	0	0.125	0.125	0.250	0	0	0.445	0.250	0
15	1/2	14	1.814	1.162	20.955	19.793	18.631	0	0.142	0.142	0.284	0	0	0.541	0.284	0
20	3/4	14	1.814	1.162	26.441	25.279	24.117	0	0.142	0.142	0.284	0	0	0.541	0.284	0
25	1	11	2.309	1.479	33.249	31.770	30.291	0	0.180	0.180	0.360	0	0	0.640	0.360	0
32	$1\frac{1}{4}$	11	2.309	1.479	41.910	40.431	38.952	0	0.180	0.180	0.360	0	0	0.640	0.360	0
40	$1\frac{1}{2}$	11	2.309	1.479	47.803	46.324	44.845	0	0.180	0.180	0.360	0	0	0.640	0.360	0
50	2	11	2.309	1.479	59.614	58.135	56.656	0	0.180	0.180	0.360	0	0	0.640	0.360	0
65	$2\frac{1}{2}$	11	2.309	1.479	75.184	73.705	72.226	0	0.217	0.217	0.434	0	0	0.640	0.434	0
80	3	11	2.309	1.479	87.884	86.405	84.926	0	0.217	0.217	0.434	0	0	0.640	0.434	0
90	$3\frac{1}{2}$	11	2.309	1.479	100.330	98.851	97.372	0	0.217	0.217	0.434	0	0	0.640	0.434	0
100	4	11	2.309	1.479	113.030	111.551	110.072	0	0.217	0.217	0.434	0	0	0.640	0.434	0
125	5	11	2.309	1.479	138.430	136.951	135.472	0	0.217	0.217	0.434	0	0	0.640	0.434	0
150	6	11	2.309	1.479	163.830	162.351	160.872	0	0.217	0.217	0.434	0	0	0.640	0.434	0

注：1. 对于薄壁件，此公差值用于平均中径，它是在相互垂直测得的两个直径的算术平均值。

2. 对外螺纹、中径规定两个公差等级，A 级取负值，在数值上与内螺纹的公差相等。B 级取负值，数值为 A 级的两倍。A 级和 B 级的选择取决于应用条件。

圆锥管螺纹尺寸及公差　　　　　　　　　表 4-22

公称通径 DN		每英寸(25.4mm)牙数 n	螺距 p	螺纹高度 h	基面上的直径			测量长度(管端到基面的距离)					内螺纹测量面位置		管端有效螺纹长度不小于			配合允许量	
					大径 d	中径 d₂	小径 d₁	基面距	公差正和负		最大	最小	公差正和负		基本测量长度	最大测量长度	最小测量长度	近似	扣数
									近似	扣数			近似	扣数					
mm	in																		
6	1/8	28	0.907	0.581	9.728	9.147	8.566	4.0	0.9	1	4.9	3.1	1.1	1¼	6.5	7.4	5.6	2.5	2¾
8	1/4	19	1.337	0.856	13.157	12.301	11.445	6.0	1.3	1	7.3	4.7	1.7	1¼	9.7	11.0	8.4	3.7	2¾
10	3/8	19	1.337	0.856	16.662	15.806	14.950	6.4	1.3	1	7.7	5.1	1.7	1¼	10.1	11.4	8.8	3.7	2¾
15	3/8	14	1.814	1.162	20.955	19.793	18.631	8.2	1.8	1	10.0	6.4	2.3	1¼	13.2	13.0	11.4	5.0	2¾
20	3/4	14	1.814	1.162	26.441	25.279	24.117	9.5	1.8	1	11.3	7.7	2.3	1¼	14.5	16.3	12.7	5.0	2¾
25	1	11	2.309	1.479	33.249	31.770	30.291	10.4	2.3	1	12.7	8.1	2.9	1¼	16.8	19.1	14.5	6.4	2¾
32	1¼	11	2.309	1.479	41.910	40.431	38.952	12.7	2.3	1	15.0	10.4	2.9	1¼	19.1	21.4	16.8	6.4	2¾
40	1½	11	2.309	1.479	47.803	46.324	44.845	12.7	2.3	1	15.0	10.4	2.9	1¼	19.1	21.4	16.8	6.4	2¾
50	2	11	2.309	1.479	59.614	58.135	56.656	15.9	2.3	1	18.2	13.6	2.9	1¼	23.4	25.7	21.1	7.5	3¼
65	2½	11	2.309	1.479	75.184	73.705	72.226	17.5	3.5	1½	21.0	14.0	3.5	1½	26.7	30.2	23.2	9.2	4
80	3	11	2.309	1.479	87.884	86.405	84.926	20.6	3.5	1½	24.1	17.1	3.5	1½	29.8	33.3	26.3	9.2	4
90	3½	11	2.309	1.479	100.33	98.851	97.372	22.2	3.5	1½	25.7	18.7	3.5	1½	31.4	34.9	27.9	9.2	4
100	4	11	2.309	1.479	113.03	111.551	110.072	25.4	3.5	1½	28.9	21.9	3.5	1½	35.8	39.3	32.3	10.4	4½
125	5	11	2.309	1.479	138.430	136.951	135.472	28.6	3.5	1½	32.1	25.1	3.5	1½	40.1	43.6	36.6	11.5	5
150	6	11	2.309	1.479	168.830	162.351	162.351	28.6	3.5	1½	32.1	25.1	3.5	1½	40.1	43.6	36.6	11.5	5

注：1. 内螺纹部件在设计中应作出余量，以容纳长度达到最大测量长度的管端，而有效螺纹的最小长度不小于最小测量长度的80%。

2. 基本尺寸是根据 1in 等于 25.4mm 换算而来，起头是每英寸的牙数，这个数值决定了螺距，$h = 0.640327p$（齿高）这个公式以及基面上的基本大直径。中径和小径是从基本大直径中依序减去一个或两个齿高求得的。基本测量长度、公差和配合余量是直接计算的。

2. 管螺纹的连接形式

由于管螺纹有两种类型，所以管螺纹的连接常用有以下三种套入形式：

(1) 圆柱形内螺纹套入圆锥形外螺纹。

(2) 圆锥形内螺纹套入圆锥形外螺纹。

(3) 圆锥形内螺纹套入圆柱形外螺纹。

一般是管件设备加工成圆柱形内螺纹、管子加工成圆锥形外螺纹，这种方法施工方便，密封性能也好；但可锻铸铁管件大都采用圆锥形内螺纹，它与管子圆锥形外螺纹连接效果更好。

(4) 为保证管螺纹连接的严密性和可靠性，管螺纹的加工长度应满足表 4-23 中的要求。

管端螺纹加工长度　　　　　　　　　　　　表 4-23

公称直径	短　螺　纹		长　螺　纹		连接阀门的螺纹长度
（mm）	长度（mm）	螺纹数（牙）	长度（mm）	螺纹数（牙）	（mm）
15	14	8	50	28	12
20	16	9	55	30	12.5
25	18	8	60	26	15
32	20	9	65	28	17
40	22	10	70	30	19
50	24	11	75	33	21
65	2.7	12	85	37	23.5
80	30	13	100	44	26

3. 管螺纹的加工方法

管螺纹的加工方法（也称套螺纹）有手工套螺纹和机械套螺纹两种。

（1）手工套螺纹

手工套螺纹工具是铰板（带螺纹），有轻便式和普通式两种，如图 4-32 和图 4-33 所示。

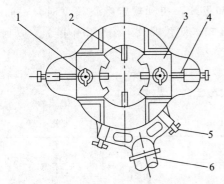

图 4-32　轻便式铰板

1—螺母；2—顶杆；3—板牙；
4—定位螺钉；5—调位销；6—扳手

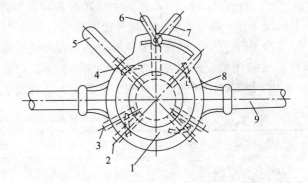

图 4-33　普通式铰板

1—固定盘；2—板牙（4 块）；3—后卡爪（3 个）；
4—板牙滑轨；5—后卡爪手柄；6—标盘固定螺钉扳手；
7—板牙松紧装置；8—活动标盘；9—扳手

铰板的型号、规格和管螺纹直径如表 4-24 所示。

铰板的型号、规格和管螺纹直径　　　　　　表 4-24

型　　式	型　　号	螺纹种类	板牙规格（in）	管螺纹直径（in）
轻便式	Q74-1	圆锥	1/4，3/8，1/2，3/4，1	1/4～1
	SH-76	圆柱	1/2，3/4，1，$1\frac{1}{4}$，$1\frac{1}{2}$	1/2～$1\frac{1}{2}$
普通式	114	圆锥	1/2～3/4，1～$1\frac{1}{4}$，$1\frac{1}{2}$～2	1/2～2
	117	圆锥	$2\frac{1}{4}$～3，$3\frac{1}{2}$～4	$2\frac{1}{4}$～4

轻便式铰板用于管径较小而普通铰板操作不便的场合。

1）轻便式铰板操作。

① 选择与管径相适应的铰板的板牙。

② 根据施工现场具体情况，选配一根长短适宜的扳手把。

③ 调整扳手两侧的调位销 5，使"千斤"按顺时针方向或逆时针方向作用，扳动把手，即可套螺纹。

2）普通式铰板操作。

① 先根据管径选择相应的板牙，按序号将板牙装进板牙槽内。安装板牙时，先将活动标盘的刻线对准固定盘"O"位，板牙上的标记与板牙槽旁的标记必须对应，然后顺序将板牙插入牙槽内，转动活动标盘，板牙便固定在铰板内。

② 套螺纹时先将管子夹牢在管压钳架上，管子应水平，管子加工端伸出管压钳 150mm 左右。

③ 松开铰板后卡爪滑动把，将铰板套在管口上，转动后卡爪滑动把柄，使铰板固定在管子端部。

④ 把板牙松紧装置上到底，使活动标盘对准固定标盘上与管径相对应的刻度，上紧标盘固定把。

⑤ 按顺时针扳转铰板，开始时要稳而慢，不得用力过猛，以免发生"偏螺纹"、"啃螺纹"。

⑥ 套管螺纹时，可在管头上滴润滑油润滑和冷却板牙，快到规定螺纹长度时，一面扳动扳手，一面慢慢地松开板牙松紧装置，再套 2～3 扣，使管螺纹末端套出锥度。

⑦ 加工完毕，铰板不要倒转退出，以免乱了螺纹。

⑧ 管端螺纹的加工长度随管径大小而异，如表 4-25 所示。

⑨ 加工好的管螺纹应端正、光滑、不乱螺纹、不掉螺纹、松紧程度适当。

管端螺纹加工最小长度（mm）　表 4-25

公称直径 DN	15	20	25	32	40	50	70	80
连接阀件的管螺纹	12	13.5	15	17	19	21	23.5	26
连接管件的管螺纹	14	16	18	20	22	24	27	30

（2）机械套螺纹

机械套螺纹设备种类繁多，应用较多的有：北京产 ZJ-50 型、ZJ-80 型自动夹紧套螺纹套螺纹机；天津产 TQ-3 型套螺纹机；广东产 ZIT 型套螺纹机；成都产 TQ 型套螺纹机，可加工（$2\frac{1}{2}$～6）in 的管螺纹；沈阳产 S_1-245A 型管螺纹车床，适用于专业及大批量管螺纹加工。

机械套螺纹的加工要求。

1）根据管子直径选择相应的板牙头和板牙，按板牙上的符号，依次装入对应的板牙头。

2）最好是专人操作，上岗前要进行专门的操作训练，详见产品说明书。

3）如套螺纹的管子太长时，应用辅助管架作支撑。高度调整适当。

4）在套螺纹过程中，要保证套丝机的油路通畅，应适时地注入润滑油。

5）要保证质量，管螺纹应端正、光滑、不乱螺纹、不断螺纹、不缺螺纹、无毛刺。

6）对于焊接钢管管螺纹规格应与管子规格一致，对于无缝钢管，可以套螺纹的焊接钢管和无缝钢管的外径如表 4-26 所示。

可以套螺纹的焊接钢管和无缝钢管的外径（mm）　　　　　表 4-26

公称直径	焊接钢管外径	无缝钢管外径
15	21.30	22
20	26.80	27
25	33.50	34
32	42.30	42
40	48.00	48
50	60.00	60
65	75.50	76
80	88.50	89
100	114.00	114

（五）管端面坡口的加工

出于焊接的需要，往往在管端面加工出坡口，而坡口的质量直接关系到焊接的质量。

1. 坡口形式及要求

（1）管子坡口形式和尺寸应符合设计要求或有关施工规范的规定；

（2）坡口面应平整光洁，不得有凹凸不平、毛刺和飞边等缺陷。

管子的具体坡口形式将在管道焊接部分介绍。

2. 不同管材的坡口要求

（1）一般碳素钢管坡口。直径小于 50mm 时，可用手工锉加工坡口；直径大于 50mm 时，宜用各种坡口机加工坡口；直径大于 300mm 时，可采用氧-乙炔焰切割，但必须除净坡口表面的氧化层，并用锉刀或角向砂轮机将凸凹不平处打磨平整。

（2）高压管子坡口。碳素钢管和合金钢管的坡口应采用车床加工。

（3）不锈钢和有色金属管坡口。直径小于 50mm 时，可用手工锉加工；直径大于 50mm 时，应采用坡口机或车床加工；直径大于 300mm 时，可采用等离子切割机加工，但事后必须打磨掉割口表面的热影响层。

3. 坡口的加工

钢管壁厚等于或大于 3.5mm 时应进行坡口加工。加工管子坡口最好用机械方法，如各种固定式或手持式电动坡口机、手动坡口机（一般只适用于 100mm 以下的管子坡口）、角向砂轮打磨机，也可采用等离子弧、气割等热加工方法。采用热加工方法加工的坡口，应除去坡口表面的氧化皮、熔渣及影响接头质量的表面层，并将凹凸之处打磨平整。

（1）锉坡口。锉坡口就是用锉刀加工坡口。主要用于铝合金管、铅和铅合金管以及塑料管的坡口加工。对其他金属管道也可采用，但效率低，体力消耗量大，所以不常用。

（2）刮坡口。刮坡口就是用刮刀加工坡口。只用于铅管的坡口加工，其他管道很少采用。

（3）割坡口。割坡口就是用氧-乙炔焰、等离子弧等热加工方法，顺着管子圆周根据所需角度进行切割。切割后，坡口不太平整光滑，往往有氧化铁熔渣附在坡口上，所以还需要用锉刀、手砂轮、角向磨光机、扁錾等工具清除熔渣和氧化皮进行平整、打磨。割坡口主要用于大直径的碳钢管，在中、低压管道施工中应用很广泛，但不锈钢管、有色金属管、高压管不能用氧-乙炔焰切割的方法。

（4）磨坡口。磨坡口就是用砂轮机加工坡口，常用的是手把砂轮机，有高速手把砂轮和普通手把砂轮两种，可用于金属管和硬塑料管的坡口加工。高速手把砂轮又叫角向磨光机，有磨光、切割、坡口等多种功能，在施工中，应用极为广泛。

（5）錾坡口。錾坡口就是用扁錾或风铲沿管口按规定的角度开出坡口，这种方法管道施工中不常用，只在特殊情况下使用。

（6）车坡口。车坡口就是用车床加工坡口，常用的车床有普通车床和管螺纹车床（管床）。可加工各种形式的坡口，效率高，质量好，主要用于高压管和不锈钢管的坡口。其他金属和硬塑料管也可采用这种方法。

双 V 形和 U 形坡口需要用车床加工。加工后的管坡口除形状、尺寸应符合标准要求外，在管口的 50mm 范围内必须除去油脂、锈斑。

（7）坡口机坡口。目前坡口机的种类和形式虽然很多，但总的说来可以分成两大类。一类是管子不动、刀具绕管口作旋转切削，如前面介绍过的 JIP1-10 型电动焊缝坡口机就属于这一类型。另一类是将管子卡在坡口机的卡盘上同卡盘一起旋转，刀具固定在刀架上作进给运动，同车床坡口相似。

（六）管口的翻边加工

1. 应用方式

活套法兰与管子的装配采用套装法，即法兰的内径与管子的外径之间有一定间隙，使法兰可以转动。活套法兰连接有焊环活套法兰和翻边活套法兰两种。

焊环活套法兰与管子装配时，先把活套法兰套在管子上，再将焊环套在管端并与管子焊接在一起，焊环的密封面要朝管口外，不可装反。焊环与管子的焊接方法和要求与平焊法兰与管子的焊接方法和要求基本相同。

翻边活套法兰与管子装配时，也是先将活套法兰套在管子上，一定要使法兰内孔倒棱的一面与翻边或焊环接触，不可装反。然后在管端焊上一个翻边环或直接在管口进行翻边。

2. 翻边加工

（1）翻边试验。翻边连接的管子，应每批抽 1%，且不得少于两根进行翻边试验。当有裂纹时，应进行处理，重做试验。当仍有裂纹时，该批管子应逐根试验，不合格者，不得使用。

（2）翻边前的管端处理。不锈钢和有色金属管在翻边前，管端可不加热；但翻边有困难者，可适当加热；不锈钢管的翻边加热温度为 400℃左右，铜管加热温度为 300～350℃，铝管加热温度为 150～200℃。加热方法宜用中频感应电热法；如无条件时，也可采用氧-乙炔焰加热。

聚氯乙烯管翻边时用 130～140℃的介质加热管端 5～10min，使之变软；然后将其扩成喇叭口状，再用胎具翻边压平，冷却后即可。

（3）冲压成型翻边。金属管的翻边应按配套内模件分数次进行，冲压一次更换一次内模，一般可用压力机或千斤顶来完成。

（4）手工翻边。将翻边管段套上法兰，管口露出法兰面的长度应等于翻边肩圈的宽度，然后用手锤从管口内向外敲打，逐渐翻成 90°的肩圈。

对于不锈钢管、铜管和铝管的翻边，应使用不锈钢锤头或铜锤头，铅管的翻边应使用木榔头。敲打时用力应均匀适度，不可过猛，不得在密封面上敲出凹坑或麻点。

几种常用管口的翻边方法如图 4-34 所示。

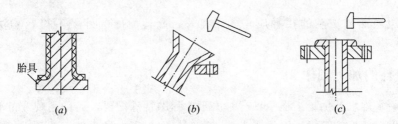

图 4-34　管口翻边方法
（a）塑料管翻边；（b）铜管翻边；（c）铅管翻边

（5）铜管翻边和胀口时，都须防止产生缩径。胀口一般采用手动扩管器进行扩张（图 4-35）。对于紫铜管可以直接扩张，对于黄铜管要进行退火后扩张。扩管器的胀珠在旋转芯轴（锥形杆）的作用下，使管口发生永久变形，形成喇叭状后，取出扩管器。承口的扩口长度不应小于管径，如图 4-35 所示。

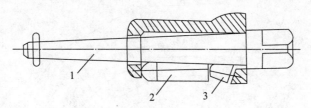

图 4-35　翻边式扩管器
1—胀杆；2—胀珠；3—翻边胀珠

（6）铜管翻边应采用内外模具。内模是一圆锥形钢模，其外径与翻边铜管内径相等或略小，外模是两片长颈法兰。翻边之前，先根据管径查出翻边宽度（表 4-27），在管端上量尺划线，然后将这段长度用氧-乙炔焰加热至再结晶温度以上，一般为 450℃左右，再使其自然冷却或浇水急冷。当管端冷却后，将内外模套上并固定住，再用手锤敲击翻边或利用压力机、车床（特别适用短管段翻边）完成，全部翻转后敲平锉光，即完成了翻边工作。

翻边宽度　　　　　　　　　表 4-27

公称直径 DN（mm）	15	20	25	32	40	50	65	80	100	125	150	200	250
翻边宽度（mm）	11	13	16	18	18	18	18	18	18	20	20	20	24

采用压力机翻边时，芯棒与管子不转动。在工地上小批量的铜管翻边可采用手锤敲打成型，用眼观察，翻边部分不得有裂纹或破口。

3. 管口翻边要求

（1）管口翻边肩圈直径和转角圆弧半径应符合相关标准的规定。

（2）管口翻边后，肩圈应有良好的密封面，密封面上不得有裂纹、折皱和凹凸不平等缺陷。

（3）翻边端面应与管子中心线垂直，其偏差不得大于 1mm，厚度减薄率不得大于 10%。

（4）翻边底面与法兰的接触应均匀、良好，翻边肩圈的外径不得影响法兰螺栓的转动。

二、管件的加工制作

在建筑给水排水及供暖工程中，有时出于工程的特殊需要，而采用现成的管材裁割或截断，然后再组装焊接而成所需的弯头、三通等，在工程中最多采用的是由钢管材制成的管件。

（一）焊接弯头的制作

1. 焊接弯头的弯曲半径和最少节数

焊接弯头俗称虾米腰或虾壳弯，是用现成的管子裁割成断节，组装焊接而成，图 4-36 是 90°焊接弯头的组装图。

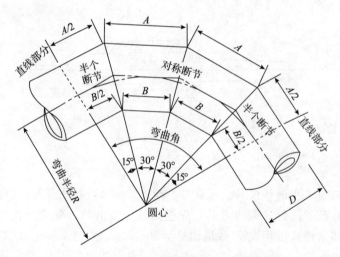

图 4-36　焊接弯头

焊接弯头的弯曲半径 R，一般为管子外径的 $1\sim1.5$ 倍，即 $R=(1\sim1.5)D$，只有在设计提出要求时，才采用 $R=2D$ 及其以上的弯曲半径。

从图 4-36 中可以知道，90°焊接弯头是由两个 15°的半个断节和两个 30°的对称断节组成的。如果去掉一个对称断节，可以拼成 60°焊接弯头；如果去掉两个对称断节，剩余的两个 15°的半个断节可以拼成 30°焊接弯头。可见，对一定直径、一定弯曲半径的 30°、60°、90°焊接弯头来说，其对称断节、半个断节的尺寸是一样的，展开放样时只需采用一个样板就可以了。焊接弯头的最少节数如表 4-28 所示。

焊接弯头的最少节数　　　　　　　　　　　　　表 4-28

弯头角度	节　数	节　数　组　成			
		端节数	每节角度	对称节数	每节角度
90°	4	2	15°	2	30°
60°	3	2	15°	1	30°
45°	3	2	$11\frac{1}{4}°$	1	$22\frac{1}{2}°$
30°	2	2	15°	0	—
$22\frac{1}{2}°$	2	2	$11\frac{1}{4}°$	0	—

公称直径大于 400mm 焊接弯头可增加中间节数，但其内侧的最小宽度（也称腹高）不得小于 50mm。

大直径管道要适当增加焊接弯头的中间节数，节数越多，介质流动就越顺畅，阻力会更小。

焊接弯头如果用钢板卷制时，还应检查其周长偏差：当 $DN > 1000mm$ 时，不超过 $±6mm$；当 $DN \leqslant 1000mm$ 时，不超过 $±4mm$。

2. 焊接弯头断节的展开图

在实际工作中，展开图往往画在油毡上，经剪裁成为样板。

现以管子外径为 108mm、弯曲半径 $R = 160mm$ 的 90°焊接弯头为例，说明 30°断节展开图的画法，如图 4-37 所示。

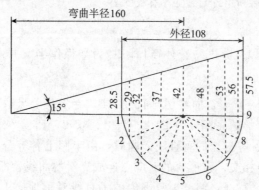

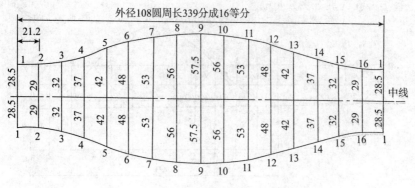

图 4-37　断节展开

（1）先按给定条件（管子外径为 108mm，$R = 160mm$）画出一个 15°断节。以管端为直径画出半圆，并将半圆 8 等分，从点 2～8 共 7 个点上引出平行线与断节的斜面相交，此时断节平面与斜面间各线段的尺寸应依次为：28.5、29、32、……57.5（mm）。

（2）断节的展开先画一条中线，按管子外径计算出周长（108×3.14＝339mm）取定并 16 等分，通过各等分点画出与中线相垂直的线段 1-1、2-2、……16-16、1-1 在中线上下两侧按图示相应截取 28.5、29、32……57.5（mm）的各个尺寸，将其交点连为两条光滑曲线，便成为一个 30°的断节样板，如果只使用其一半（以中线分），即为 15°断节样板。

3. 采用同样的方法，可以画出 45°、22$\frac{1}{2}$°弯头所用的 11$\frac{1}{4}$°断节样板，如图 4-38 所示。

（二）焊接正三通的制作

1. 等径正三通

图 4-39 是等径正三通的立体图和投影图，其展开图（图 4-40）的作图步骤如下：

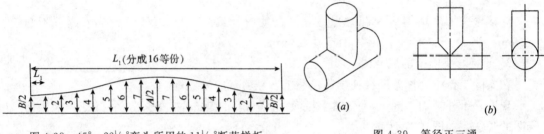

图 4-38　45°、22$\frac{1}{2}$°弯头所用的 11$\frac{1}{4}$°断节样板

图 4-39　等径正三通
（a）立体图　（b）投影图

1）以 O 为圆心，以二分之一管外径$\left(即\frac{D}{2}\right)$为半径作半圆并六等分之，等分点为 4′、3′、2′、1′、2′、3′、4′；

2）把半圆上的直径 4′-4′，向右引延长线 AB，在 AB 上量取管外径的周长并分成 12 等分。自左至右等分点的顺序标号为 1、2、3、4、3、2、1、2、3、4、3、2、1；

3）作直线 AB 上各等分点的垂直线，同时，由半圆上各等分点（1′、2′、3′、4′）向右引水平线与各垂直线相交。将所得的对应点连成光滑的曲线，即得支管展开图；

4）以直线 AB 为对称线，将 4-4 范围内的垂直线对称地向上截取，并连成光滑的曲线，即得主管上开孔的展开图 4-40。

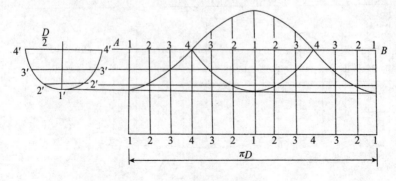

图 4-40　等径正三通展开

2. 异径正三通

图 4-41 是异径正三通的投影图，其展开图的作图步骤如图 4-42 所示。

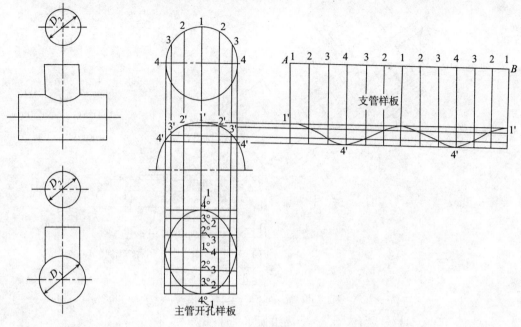

图 4-41　异径正三通　　　　　　　　图 4-42　异径正三通的展开

（1）根据主管的外径 D_1 及支管的外径 D_2 在一根垂直轴线上画出大小不同的两个圆（主管画成半圆）；

（2）将支管上半圆弧分成六等分，分别注标号 4、3、2、1、2、3、4，然后从各等分点向下引垂直的平行线与主管圆周相交，得相应交点 4′、3′、2′、1′、2′、3′、4′；

（3）将支管圆直径 4-4 向右引水平线 AB，使 AB 等于支管外径的周长并分成 12 等分，自左至右等份点的顺序标号是 1、2、3、4、3、2、1、2、3、4、3、2、1；

（4）由直线 AB 上的各等份点引垂直线，然后由主管圆周上各交点向右引水平线与之对应相交、将对应交点连成光滑的曲线、即得支管展开图；

（5）延长支管圆中心的垂直线，在此直线上以点 1° 为中心，上下对称量取主管圆周上的弧长 $\overset{\frown}{1'2'}$、$\overset{\frown}{2'3'}$、$\overset{\frown}{3'4'}$ 得交点 2°、3°、4°、2°、3°、4°；

（6）通过这些交点作垂直于该线的平行线，同时将支管半圆上的六等分垂直线延长与这些平行直线分别相交，用光滑曲线连接各相应交点，即成主管上开孔的展开图。

（三）焊接斜三通的制作

1. 等径斜三通

图 4-43 是等径斜三通的投影图，从图中可知支管与主管的交角为 α，其展开图（图 4-44）的作图步骤如下：

（1）根据主管和支管外径和交角 α 画出等径斜三通的正立面投影图；

（2）在支管的顶端画半圆并六等分，由各等分点向下画出与支管中心线相平行的斜直线，使之与主管右断面上部半圆六等分

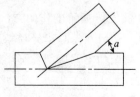

图 4-43　等径斜三通

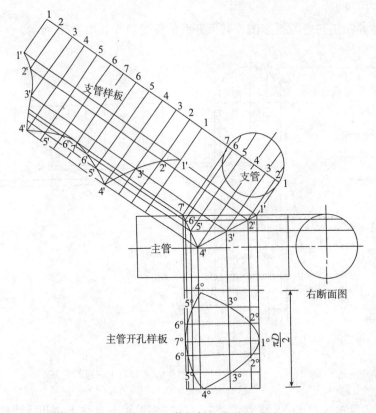

图 4-44 等径斜三通展开

线相交得直线 $11'$、$22'$、$33'$、$44'$、$55'$、$66'$、$77'$，将这些线段移至支管周长等分线的相应线段上，得点 $1'$、$2'$、$3'$、$4'$、$5'$、$6'$、$7'$、$6'$、$5'$、$4'$、$3'$、$2'$、$1'$，用光滑曲线将这些点连接起来即是支管的展开图；

（3）将等径斜三通正立面图上的交点 $1'$、$2'$、$3'$、$4'$、$5'$、$6'$、$7'$，向下引垂直线，与半圆周长 $\left(\dfrac{\pi D}{2}\right)$ 的各等分线相交，得点 $1°$、$2°$、$3°$、$4°$、$5°$、$6°$、$7°$，用光滑曲线将这些点连接起来即是主管开孔的展开图。

2. 异径斜三通

图 4-45 是异径斜三通的投影图，从图中可知主管外径为 D、支管外径为 D_1、支管与主管轴线的交角为 α。

要画出支管的展开图和主管上开孔的展开图，要先求出支管与主管的接合线（即相贯线）。接合线用图 4-46 所示的作图方法求得：

（1）先画出异径斜三通的立面图与侧面图，在该两图的支管端部各画半个圆并分成六等分，等分点标号为 1、2、3、4、3、2、1。然后在立面图上通过诸等分点作平行于支管中心线的斜直线，同时在侧面图

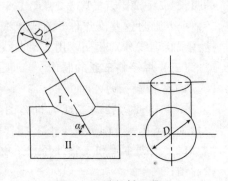

图 4-45 异径斜三通

上通过各等分点向下作垂线，这组垂线与主管圆周相交，得交点 1°、2°、3°、4°、3°、2°、1°；

（2）过点 1°、2°、3°、4°、3°、2°、1°向左分别引水平线，使之与立面图上支管斜平行线相交，得交点 1′、2′、3′、4′、5′、6′、7′。将这些点用光滑曲线连接起来，即为异径三通的接合线。

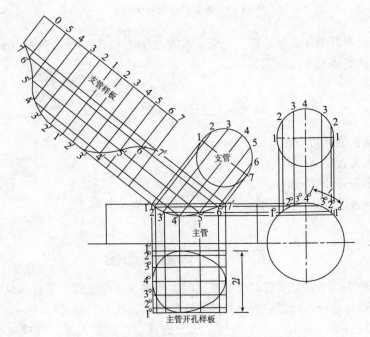

图 4-46　异径斜三通的展开图

求出异径斜三通的接合线后，就得到完整的异径斜三通的正立面图，再按照等径斜三通展开图的画法，画出主管和支管的展开图，即图 4-46 所示的支管样板和主管开孔样板。

（四）大小头的制作

利用钢管制作大小头有捯制和抽条两种方法。

1. 捯制大小头

当管径较小，且两根管道的直径相差在 25％以内时，可以用捯制的方法在钢管端头制作大小头。具体方法是在管端捯制部位先用氧-乙炔焰割炬加热至约 800℃（管壁呈浅红色），边加热，边锤打，边转动。注意管子锥度过渡要均匀，手锤击打时锤面要放平，以免表面产生凹坑，经过几次加热、转动和锤打，直至端头缩小至要求的直径为止。大小头的长度应大于大管与小管直径差的 2.5 倍。

如果捯制偏心大小头，管端下部不必加热，其余部位仍需加热和边转动边锤打，直至达到偏心大小头的要求。

2. 钢管抽条焊接大小头

在较大直径的中低压管道上，如果工程设计没有要求使用工厂生产的成品管件，就可以在管道变径达 50mm 以上时，使用钢管抽条焊接大小头。这种大小头的制作方法是采用大端直径的管子，在一端割去若干个三角形，然后将剩余部分用割炬加热收拢、整形、焊接成大小头，如图 4-47 所示。

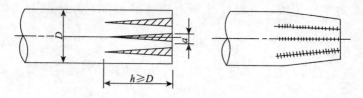

图 4-47　钢管抽条焊接大小头

从管端抽去的若干部分呈等腰三角形，其高度 h 一般等于或大于大小头的大端等径，抽去的三角形的底边尺寸按下式计算：

$$a = \frac{(D_w - d_w) \cdot \pi}{n}$$

式中　a——抽去的三角形底边尺寸（mm）；

　　　D_w——大头直径（mm）；

　　　d_w——小头直径（mm）；

　　　n——抽去的条数，一般取 5~8，管径越大，取条数越多。

第二节　管道的连接

在管道工程中，通常需要管材与管材之间、管材与管件之间、管材与仪表之间、管材与补偿器之间进行连接，以便达到设计所要求的管道系统。

管道的连接方式一般有：螺纹连接、法兰连接、承插式连接、焊接连接、沟槽式连接、套环连接、卡套式连接和粘接连接。

一、管道的螺纹连接

1. 适用范围

（1）GB/T 3091—2001 低压流体输送用焊接钢管，特别是其中的低压流体输送用镀锌焊接钢管，为了保证工艺要求，必须采用螺纹连接，镀锌焊接钢管采用螺纹连接，可防止破坏镀锌层。

（2）螺纹连接除适用于焊接钢管的连接之外，还适用于硬质聚氯乙烯管、铜及铜合金管等管道的连接，除硬质聚氯乙烯管的适用温度为 −15~60℃之外，其余管子的适用温度为 100℃以下。

（3）建筑给排水、室内热水、室内蒸汽、压缩空气、煤气等管道，一般均采用螺纹连接，其适用管径和工作压力的范围如表 4-29 所示。

（4）需要经常拆卸又不允许动火的生产场合。

螺纹连接的适用范围　　　　　　　　　　　　表 4-29

管道用途	最大公称直径（mm）	最大工作压力（MPa）
给水管道	100	1.0
排水管道	50	—

续表

管道用途	最大公称直径（mm）	最大工作压力（MPa）
热水管道	100	1.0
蒸汽管道	50	0.2
压缩空气管道	50	0.6
煤气管道	100	0.02

2. 连接类型

管件的内螺纹有圆锥螺纹和圆柱螺纹两种，而管子的外螺纹只有圆锥螺纹，因而其连接方式有两种形式：一是圆锥内螺纹（R_c）与圆锥外螺纹（R）的连接；一是圆柱内螺纹（R_p）与圆锥外螺纹（R）的连接。按现行国标 GB 7306 规定，圆锥内螺纹用 R_c 表示，圆锥外螺纹用 R 表示，圆柱内螺纹用 R_p 表示。

当需要标注内、外螺纹的配合连接时，内、外螺纹的标注要用斜线分开，左侧为内螺纹，右侧为外螺纹。例如，对规格为 $1''$（1 英寸）的不同螺纹配合的标注为：

圆锥内螺纹与圆锥外螺纹配合　　　　　　标注为 $R_c1/R1$
圆柱内螺纹与圆锥外螺纹配合　　　　　　标注为 $R_p1/R1$

圆锥内螺纹与圆锥外螺纹的配合形式和圆柱内螺纹与圆锥外螺纹的配合形式如图 4-48 所示。

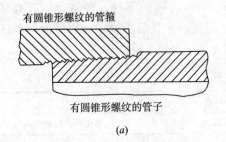
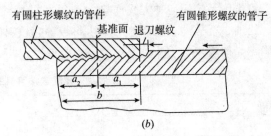

图 4-48　螺纹配合方式
（a）圆锥内螺纹与圆锥外螺纹；（b）圆柱内螺纹与圆锥外螺纹

3. 螺纹加工长度及质量要求

55°管螺纹的加工长度应为螺纹的工作长度加上螺纹尾的长度。工作长度见表 4-30。螺纹尾即螺纹的外露部分，应为 2～3 扣。

螺纹尺寸应符合相应标准的规定。螺纹应光滑、完整，不得有毛刺和乱丝，断丝和缺丝的总长度不得超过丝扣全长的 10%，且在纵向不得有连通的断丝。当需要加工偏扣螺纹（俗称歪牙）时，其偏斜度不得超过 15°。

55°管螺纹工作长度　　　　　　　　　　　　　　　　表 4-30

公称直径 DN		普 通 螺 纹			公称直径 DN		普 通 螺 纹		
(mm)	(in)	长度（mm）	螺纹数（牙）	每 25.4mm 的牙数	(mm)	(in)	长度（mm）	螺纹数（牙）	每 25.4mm 的牙数
15	1/2	14	8	14	20	3/4	16	9	14

公称直径 DN		普 通 螺 纹			公称直径 DN		普 通 螺 纹		
(mm)	(in)	长度（mm）	螺纹数（牙）	每25.4mm的牙数	(mm)	(in)	长度（mm）	螺纹数（牙）	每25.4mm的牙数
25	1	18	8	11	65	$2\frac{1}{2}$	27	12	11
32	$1\frac{1}{4}$	20	9	11	80	3	30	13	11
40	$1\frac{1}{2}$	22	10	11	100	4	36	14	11
50	2	24	11	11					

4. 密封填料

管螺纹连接时，要在外螺纹与内螺纹之间加密封填料，对于水、煤气、压缩空气等温度在120℃以下的无腐蚀性介质，宜使用白铅油和麻丝，也可以使用聚四氟乙烯生料带。

聚四氟乙烯生料带的化学稳定性好，可用于氧气、燃气、压缩空气及其他输送具有一定腐蚀性介质或温度在200℃以内的其他介质。氧气及其他忌油管道的密封填料不得含有铅油。

当介质为氨时，螺纹之间的密封填料宜使用一氧化铅与甘油的调合剂（俗称黄铅油），并需在10min内用完，否则就会硬化，不得再使用；也可使用聚四氟乙烯生料带。

当工作温度超过200℃或输送的介质有特殊要求时，应按设计要求使用密封材料。

管螺纹无论用何种方式连接，均须在外螺纹和内螺纹之间加填料。常用的填料有麻丝、铅油、石棉绳、聚四氟乙烯生料带等，填料的选用是根据管道所输送介质的温度和特性确定，如表4-31所示。

螺纹连接填料的选用   表 4-31

管道用途	选用填料			
	铅油麻丝	铅油	聚四氟乙烯生料带	一氧化铅甘油调合剂
给水管道	√	√	√	
排水管道	√		√	
热水管道	√			
蒸汽管道			√	
煤气管道		√		√
压缩空气管道	√		√	
乙炔管道			√	√
氨管道				√
油品管道	√		√	

注：氧气管道采用螺纹连接时，可选用一氧化铅蒸馏水调合剂。

5. 管螺纹的连接

（1）管螺纹的连接方式

1）短丝连接：属于固定性连接，常用于管子与设备或管子与管件的连接。

2）长丝连接：长丝是管道的活连接部件，代替活接头，常用于与散热器的连接。

3）活接头连接：由三个单件组成，即公口、母口和套母，常用于需要检修拆卸的地方。

（2）管螺纹连接用工具

管螺纹连接安装时，常使用管钳和链钳，管钳是安装人员随身携带的工具，根据管径不同选用不同规格管钳；链钳用于安装场所狭窄而管钳无法工作的地方，链钳的适用管径范围较大。

（3）管道螺纹连接的注意事项

1）在管端螺纹上加上填料，用手拧入 2～3 扣螺纹后再用管钳一次拧紧，不得倒回反复拧，铸铁阀门或管件不得用力过猛，以免拧裂。

2）填料不能填得太多，如挤入管腔会堵塞管路。挤在螺纹外面的填料，应及时清除。

3）各种填料只能用一次，螺纹拆卸、重新安装时，应更换填料。

4）一氧化铅与甘油混合调合后，需要在 10min 左右用完，否则会硬化，不能再用。

5）在选用管钳或链钳时，应与管子直径相对应，不得在管钳手柄上套上长管当手柄加大力臂。

6）组装长丝时应采用下述步骤。

① 在安装长螺纹前先将锁紧螺母拧到长螺纹根部。

② 将长螺纹拧入设备螺纹接口里，然后往回倒螺纹，使管子另一端的短螺纹拧入管箍中。

③ 管箍的螺纹拧好后，在长螺纹上缠麻丝抹铅油或加上其他填料，然后拧紧锁紧螺母。

二、管道的法兰连接

法兰连接是管道工程中常用的连接方法之一，其优点是结合强度高、结合面严密性好、易于加工、便于拆卸，广泛应用于带有法兰的阀件与管道的连接、需要经常检修的管道和高温高压管道的连接，法兰连接适用于明设和易于拆装的沟设或井设管道上，不宜用于埋地管道上，以免腐蚀螺栓、拆卸困难。

1. 法兰及法兰垫片的选用

（1）法兰的选用

1）应根据介质的性质（如腐蚀性、易燃易爆性、毒性和渗透性等）、温度和压力参数选用，首先应选用国家标准法兰，其次是部标法兰，极特殊情况采用自行设计的非标准法兰。

2）在管道工程中须根据介质的最大工作压力、最高温度、所选用的法兰材料换算为公称压力，再选用标准法兰。

3）根据公称压力、工作温度和介质性质选出所需法兰类型、标准号及材料牌号，然后根据公称压力和公称直径确定法兰的结构尺寸、螺栓数目和尺寸。

4）选择与设备或阀件相连接的法兰时，应根据设备或阀件的公称压力来选择。当采用凹凸或榫槽式法兰连接时，一般设备或阀件上的法兰制成凹面或槽面，配制的法兰为凸面或榫面。

5）对于气体管道上的法兰，当公称压力小于 0.25MPa 时，一般应按 0.25MPa 等级选用。

6）对于液体管道上的法兰，当公称压力小于 0.6MPa 时，一般应按 0.6MPa 等级选用。

7）真空管道上的法兰，一般按公称压力不小于 1.0MPa 的等级选用凹凸式法兰。

8）易燃、易爆、毒性和刺激性介质管道上的法兰，一般其公称压力等级不低于 1.0MPa。

（2）垫片的选用

1）法兰垫片的材料应根据管道输送介质的特性、温度及工作压力进行选择。

2）橡胶石棉板垫片用于水管和压缩空气管法兰时，应涂以鱼油和石墨粉的拌合物；用于蒸汽管道法兰时，应涂润滑油和石墨粉的拌合物。

3）耐酸石棉板在使用前要用浸渍液浸渍，浸渍液通常可用以下 4 种配方（质量分数）。

① 石油沥青 75％，煤焦油 15％，石蜡 10％。

② 变压器油 75％，石蜡 25％。

③ 煤焦油 80％～90％，沥青 10％～20％。

④ 水玻璃。

4）金属石棉缠绕式垫片有多道密封作用，弹性较好，可供公称压力 1.6～4.0MPa 管道法兰上使用，且很适宜在压力温度有较大波动的管道法兰上使用，其适用的介质参数如表 4-32 所示。

石棉缠绕式垫片的适用条件及材质 表 4-32

工作温度（℃）	工作压力（MPa）	工作介质	钢带材质	填料材料
＜350	1～4	蒸汽	08 钢（镀锌）	XB350 或石棉纸
350～450	2.5～10	蒸汽	08 钢（镀锌）	XB450 或石棉纸
451～600	4～10	油气、蒸汽	0Cr13 或 1Cr13	石棉纸
≤350	1～10	油品	08 钢（镀锌）	耐油橡胶石棉板

5）公称压力 $PN \geqslant 6.4$MPa 的法兰应采用金属垫片，常用的金属垫片截面有齿形、椭圆形和八角形等，金属垫片的材质应与管材一致。

6）金属齿形垫片因每个齿都起密封作用，是一种多道密封垫片，密封性能好，适用于公称压力 $PN \geqslant 6.4$MPa 的凹凸面法兰，也可用于光滑面法兰；椭圆和八角形的金属垫片适用于公称压力 $PN \geqslant 6.4$MPa 的梯形槽式法兰。

2. 法兰的连接与安装

（1）连接与安装步骤

1）焊接法兰时要使管子和法兰端面垂直，管口端面倾斜尺寸或垂直偏差 a 不超过 ±1.5mm，组装前应进行检查，如图 4-49 所示。

检查时须从相隔 90°的两个方向进行，点焊后再复查校正。另外，管子插入法兰应使其端部与法兰密封面的距离符合法兰标准的要求，无误后再进行焊接。

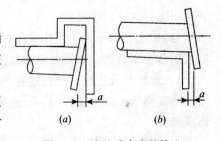

（a）　　　　（b）

图 4-49　法兰垂直度的检查

2）焊完后如焊缝高度高出密封面，应将高出部分锉平。

3）为便于装拆法兰、紧固螺栓，法兰平面距支架和墙面的距离不应小于 200mm。

4）工作温度高于 100℃ 的管道，螺栓应涂一层石墨粉和润滑油的调合物，以便日后拆卸。

5）拧紧螺栓应按一定顺序进行，一般每个螺栓分四次拧紧，由于螺栓数量一般为偶数，前三次应对称成十字交叉拧动，最后一次按相邻顺序拧动。第一次拧紧程度达 50%，第二次拧紧程度达 60%～70%，第三次拧紧程度达 70%～80%，最后按顺序拧紧程度达 100%。

6）法兰连接好后应进行试压，如发现渗漏，应更换垫片，直至合格。

7）当法兰连接的管道需要临时封堵时，须采用法兰盖封堵，法兰盖的形式、结构、尺寸和材质应和所配用的法兰一致，只不过法兰盖中间无安装管子的法兰孔。

（2）法兰不严的原因和消除方法

通过试验如发现法兰连接不严，应及时找出原因并加以处理，如表 4-33 所示。

表 4-33
法兰不严的原因和消除方法

主要原因	消除方法
垫片失效 1. 材料选择不当 2. 垫片过厚，被介质刺穿 3. 垫片有皱纹、裂纹或断折 4. 垫片长期使用后失效 5. 法兰拆开后未换垫片，重又合上	更换新垫片，垫片材料应按介质种类选用 改换厚度符合规定的垫片 改换质量合格的垫片 定期更换新垫片 安装新垫片
法兰密封面上有缺陷	1. 深度不超过 1mm 的凹坑，径向刮伤等，在车床上车平 2. 深度超过 1mm 的缺陷，在清理缺陷表面后，用电弧焊焊补，经手锉清理再磨平或车平
相连接的两个法兰密封面不平行	热弯法兰一侧的管子，在需要进行弯曲的一侧，用氧炔焰管嘴将长度等于 3 倍直径、宽度不大于半径的带形面加热，然后弯曲管子使两个法兰密封面平行
管道投入运行后，未适当再拧紧法兰螺栓	在管道投入运行时，当压力和温度升高到一定值时，要适当再拧紧螺栓，在运行的最初几天应经常检查并继续拧紧

三、管道的焊接连接

焊接工艺的种类与应用范围如下：

（1）焊接工艺有焊条电弧焊、手工氩弧焊、埋弧焊、气焊、钎焊等多种焊接方法。

（2）各种有缝钢管、无缝钢管、铜管、铝管和塑料管等管子都可采用焊接连接方式。

（3）镀锌钢管不能采用焊接连接方式，只能用螺纹连接，以免镀锌层被破坏。

（4）外径 $D_w \leqslant 57mm$、壁厚 $\delta \leqslant 3.5mm$ 的铜管、铝管的连接，可采用电弧焊、气焊、钎焊等焊接连接方式。

（5）塑料管一般采用热空气焊接。

焊接工艺要求严格，尤其是高压管道、易燃易爆气体、有毒气体、压力容器管道的焊接，焊工应按 GB 50236—1998《工业管道焊接工程施工及验收规范》接受培训考试，并取得焊工操作资格。

（一）焊接前的准备

1. 管材的质量检查

管道焊接前，应对管子的质量进行检查。首先应检查管子的质量证明，包括质量合格证书、核对管子批号、材质。重要工程还要焊试件，根据材质化验单，选择焊接工艺。

（1）不圆的管子要校圆，管子对口前要检查平直度，在距焊口 200mm 处测量，允许偏差不大于 1mm，一根管子全长的偏差不大于 10mm，如图 4-50 所示。

（2）对接焊连接的管子端面应与管子轴线垂直，不垂直度 a 值最大不能超过 1.5mm，如图 4-51 所示。

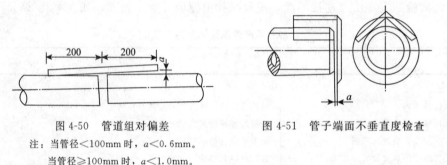

图 4-50　管道组对偏差　　　　图 4-51　管子端面不垂直度检查

注：当管径<100mm 时，a<0.6mm。

当管径≥100mm 时，a<1.0mm。

2. 焊接坡口处的清理

管道在焊接前应进行全面的清理检查，应将管子的焊端坡口面管壁内外 20mm 左右范围内的铁锈、泥土、油脂等脏物清除干净，其清理要求如表 4-34 所示。

表 4-34

焊接坡口内外侧清理要求

管　　材	清理范围（mm）	清理物	清理方法
碳素钢 不锈钢 合金钢	≥20	油、漆、锈、 毛刺等污物	手工或机械等
铝及铝合金 铜及铜合金	≥50 ≥20	油污、氧化膜等	有机熔剂除净油污，化学或机械法除净氧化膜

3. 焊接坡口的加工

管子坡口的加工工具一般有切削机床、专用割管机、套螺纹机、氧乙炔焰、等离子弧切割机等，除了上述工具外，常在采用等离子弧切割或氧乙炔焰等方法切割后，为了消除表面的淬硬性，可用锉刀或手提砂轮机进行磨削。对于重要焊接接口，坡口最好选用电动角向砂轮机直接磨出，电动角向砂轮机结构及技术特性见表 4-35 所示。

电动角向砂轮机结构及技术特性　　　　　　表 4-35

规格 （mm）	砂轮尺寸 外径（mm）×厚（mm） ×内径（mm）	砂轮安全 线速度 （m/s）	最高空 载转速 （r/min）	额定 转矩 （N·cm）	额定 电压 （V）	输入 功率 （W）	备　注
100	100×3×22		11000	25.4		530	用于焊接
125	125×3×22	80	11000	53	≈220	570	重要坡口切
180	180×3×22		8000	235		1670	磨、飞边毛
230	230×3×22		8000	310		1670	刺清理等

（1）焊接坡口的形式

管子、管件在焊接之前，应根据管材的材质、壁厚和焊接方式加工焊接坡口。选用坡口形式应考虑保证焊接质量，便于操作，减少填充金属和减少焊接变形等原则。

1）碳素钢、低合金钢管焊接常用坡口形式和尺寸一般如表 4-36 所示。

2）奥氏体不锈钢焊条电弧焊坡口形式与尺寸如表 4-37 所示。

3）铝及铝合金管件坡口形式及尺寸如表 4-38 所示。

碳素钢、低合金钢管焊接常用坡口形式和尺寸　　　　　　表 4-36

序号	坡口名称	坡口形式	焊条电弧焊坡口尺寸（mm）		
1	I 形坡口		单面焊 s c	≥1.5～2 $0^{+0.5}$	>2～3 $0^{+1.0}$
			双面焊 s c	≥3～3.5 $0^{+1.0}$	>3.5～6 $1^{+1.5}_{-1.0}$
2	V 形坡口		s α c p	≥3～9 70°±5° 1±1 1±1	>9～26 60°±5° 2^{+1}_{-2} 2^{+1}_{-2}
3	带垫板 V 形坡口		s c	≥6～9 4±1	>9～26 5±1
			$p=1±1$　　$\alpha=50°±5°$ $\delta=4～6$　　$d=20～40$		
4	X 形坡口		$s≥12～60$ $c=2^{+1}_{-2}$ $p=2^{+1}_{-2}$ $\alpha=60°±5°$		
5	双 V 形坡口		$s≥30～60$　　$\alpha_1=10°±2°$ $c=2^{+1}_{-2}$　$\beta=70°±5°$ $p=2±1$　　$h=10±2$		

序号	坡口名称	坡口形式		焊条电弧焊坡口尺寸（mm）
6	U形坡口			$s \geqslant 20 \sim 60$　　$R=5 \sim 6$ $c=2^{+1}_{-2}$　　$\alpha_1=10° \pm 2°$ $p=2 \pm 1$　　$\alpha=1.0$
7	T形接头 不开坡口			s_1，$s_2 \geqslant 2 \sim 30$ $c=0^{-2}$
8	T形接头 单边V形 坡口		s_1，s_2 c p	$\geqslant 6 \sim 10 \geqslant 10 \sim 17 > 17 \sim 30$ 1 ± 1　　2^{+1}_{-2}　　3^{+1}_{-3} 1 ± 1　　2^{+1}_{-2}　　3^{+1}_{-2} $\alpha=50° \pm 5°$
9	T形接头 对称K形坡口			s_1，$s_2 \geqslant 20 \sim 40$ $c=2^{+1}_{-2}$ $p=2 \pm 1$ $\alpha=\beta=50° \pm 5°$
10	管座坡口			$\alpha=100$　　$R=5$ $b=70$　　$\alpha=50° \sim 60°$ $c=2 \sim 3$　　$\beta=30° \sim 35°$
11	管座坡口			$c=2 \sim 3$ $\alpha=45° \sim 60°$

奥氏体不锈钢焊条电弧焊坡口形式与尺寸（mm）　　　　　表 4-37

序号	坡口名称	坡口形式	壁厚 δ	间隙 c	钝边 b	坡口角度 α	备注
1	I形坡口		$2 \sim 3$	$1 \sim 2$	—	—	

序号	坡口名称	坡口形式	壁厚 δ	间隙 c	钝边 b	坡口角度 α	备注
2	V 形坡口		3.5 3.5～4.5 5～10 >10	1.5～2 1.5～2 2～3 2～3	1～1.5 1～1.5 1～1.5 1～2	60°±5° 60°±5° 60°±5° 60°±5°	—
3	X 形坡口		10～16 16～35	2～3 3～4	1.5～2 1.5～2	60°±5° 60°±5°	—
4	V 形带垫坡口		6～30	8	—	40°	单面焊
5	复合板 V 形坡口		4～6	2	2	70°	—
6	复合板急 V 形坡口		6～12	2	2	60°	—
7	X 形坡口		14～25	2	2	60°	—
8	双 V 形坡口		10～20	0～4	1.5～2	—	—
9	U 形坡口		12～20	2～3	1.5～2	—	—
10	不等角 V 形坡口		12～15	2.5～3	1.5～2	—	固定横焊

铝及铝合金管件坡口形式及尺寸（mm）   表 4-38

序号	坡口名称	坡口形式	尺　寸				备注
			壁厚 s	间隙 c	钝边 p	坡口角度 α	
铝及铝合金手工钨极氩弧焊							
1	I 形		3～6	0～1.5			
2	V 形		6～20	0.5～2	2～3	$70°{}^{+5°}_{0}$	
3	U 形		＞8	0～2	1.5～3	60°±5°	$R=4～6$
铝及铝合金熔化极氩弧焊							
4	I 形		≤10	0～3			
5	V 形		8～25	0～3	3	70°±5°	
6	U 形		＞20	0～3	3～5	15°～20°	$R=6$
				0	5	20°	

（2）焊接坡口的加工方法

1）Ⅰ、Ⅱ级焊缝（也就是Ⅰ、Ⅱ级工作压力的管道）的坡口加工应采用机械方法，若采用等离子弧切割时，应除净其切割表面的热影响层。

2）Ⅲ、Ⅳ级焊缝（也就是Ⅲ、Ⅳ级工作压力的管道）的坡口加工也可采用氧乙炔焰等方法，但必须除净其氧化皮，并将影响焊接质量的凹凸不平处磨削平整。

3）有淬硬倾向的合金钢管，采用等离子弧或氧乙炔焰等方法切割后，应消除表面的淬硬层。

4）其他管子坡口加工方法，可根据焊缝级别或材质选择，如表 4-39 所示。

管子坡口加工方法的选择   表 4-39

焊缝级别	加工方法	备　注
Ⅰ、Ⅱ级	机械方法	若采用等离子弧切割时，应清除其表面的热影响层
铝及铝合金	机械方法	
铜及铜合金	机械方法	
不锈钢管	机械方法	

焊缝级别	加工方法	备　注
Ⅲ、Ⅳ级	机械方法 氧乙炔焰	用氧乙炔焰切割坡口时，必须清除表面的氧化皮，并将凹凸不平处磨削平整
有淬硬倾向的合金钢管	等离子弧氧乙炔焰机械方法	应消除加工表面的淬硬层

注：焊缝级别按管道分类表确定。

（3）焊接管口的组对

1）组对要求

① 管子对口间隙应符合工艺要求，除设计规定的冷拉焊口外，对口不得强力对正。

② 连接闭合管段的对接焊口，如间隙过大应更换长管，不允许用加热管子的方法来缩小间隙，也不允许用其他材料来堵缝、多层垫缝等方法来弥补过大间隙。

③管子对口应保证两管段中心线在同一条直线上，焊口处不得有弯曲变形。

2）组对工具

管子管件组对常借助于组对工具。一般管道对口可采用如图 4-52 所示对口措施；小管径管道可采用图 4-53 所示的组对工具对口；管径特大时，可采用图 4-54 所示方法对口。

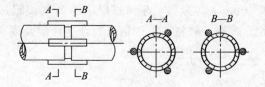

图 4-52　一般管道的对口措施

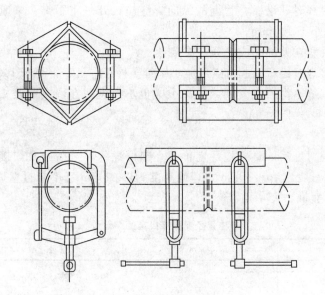

图 4-53　小口径管道的对口工具

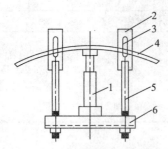

图 4-54　大口径管道的对口工具

1—千斤顶；2—带孔扁钢；3—楔子；

4—管子；5—螺栓；6—槽钢

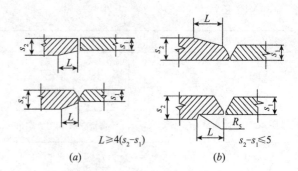

图 4-55　对口焊缝错边坡口形式

3）组对的错边量

① 壁厚相同的管子、管件组对时，其外壁应做到平齐，内壁错边量应符合下列要求。

A. Ⅰ、Ⅱ级焊缝不应超过壁厚的 10%，且不大于 1mm。

B. Ⅲ、Ⅳ级焊缝不应超过壁厚的 20%，且不大于 2mm。

C. 铝及铝合金、铜及铜合金不应超过壁厚的 10% 且不人于 1mm。

② 不同壁厚的管子、管件组对时，应符合下列要求。

A. 内壁错边量超过前述规定时，应按图 4-55（a）所规定形式加工。

B. 当薄件厚度大于 10mm，厚度差大于薄壁厚度的 30% 或超过 5mm 时，外壁错边量应按图 4-55（b）所规定形式进行修整加工；铝及铝合金、铜及铜合金管当厚度大于 3mm 时，也应符合此要求。

4）焊缝位置

当被焊接的管材在对口时，管道的焊缝位置应符合下列规定。

① 管道对接时，两相邻管道的焊缝间距应大于管径，且不得小于 200mm。

② 钢板卷管对焊时，钢板卷管上的纵向焊缝应错开一定距离，一般应为管子外径的 1/4～1/2，但不得小于 100mm。

③ 不得在焊缝所在处开孔或安分支连接管。

④ 管道上对接焊缝距弯管起弯点不应小于管子外径，且不得小于 100mm。

⑤ 管道上的焊缝不得放在支架或吊架上，也不得设在穿墙或穿楼板的套管内，焊缝离支吊架的距离不得小于 100mm。

5）焊接要求

① 管子管件组对好后，要先施行定位焊，定位焊的工艺措施及焊接材料应与正式焊相同。定位焊长度一般为 10～15mm，焊缝高度为 2～4mm 且不超过壁厚的 2/3。各种管径焊接接口定位焊数量如表 4-40 所示。

各种管径焊接接口定位焊数量　　　　　　　　　　　　　　　　　　　表 4-40

管径（mm）	定位焊（个）	管径（mm）	定位焊（个）
≥75	2		
100～300	4	700～900	8～10
400～600	6～8	1000～1200	10～12

② 不同直径的管子对焊时，可将大管端口加热后锤击缩口到与小管直径相等，然后与小管对焊，也可将小管插入大管中作承插焊接。

$PN \leqslant 0.6MPa$ 的不同直径的管子对焊，允许将大管焊接端抽条加工成大小头，也可用钢板制成异径管，然后对焊。

4. 管口处的预热

为降低或消除焊接接头的残余应力，防止产生裂纹、改善焊缝和热影响区的金属组织与性能，应根据材料的淬硬性、焊件厚度及使用条件等综合考虑进行焊前预热和焊后热处理。

管道预热。管道焊接时，应按表 4-41 的规定进行焊前预热。焊接过程中的层间温度不应低于其预热温度。当异种金属焊接时，预热温度应按焊接性较差一侧的金属材料确定。预热时应使焊口两侧及内外壁的温度均匀，防止局部过热。加热后附近应予保温，以减少热损失。

常用管子、管件焊前预热及焊后热处理要求　　　　　　　　表 4-41

钢　号	焊前预热		焊后热处理	
	壁厚（mm）	温度（℃）	壁厚（mm）	温度（℃）
10、20 ZG25	≥26	100～200	>36	600～650
16Mn 15MnV 12CrMo	≥15	150～200	>20	600～650 520～570 650～700
15CrMo ZG20CrMo	≥10 ≥6	150～200 200～300	>10	670～700
12Cr1MoV ZG$_{20}$CrMoV ZG$_{15}$Cr1MoV	≥6	200～300 250～300	>6	720～750
12Cr2MoWVB 12Cr3MoWVSiTiB Gr5Mo	≥6	250～350	任意	750～780
铝及铝合金	任意	150～200	—	—
铜及铜合金	任意	350～550	—	—

注：1. 当焊接环境温度低于 0℃时，表中未规定须作预热要求的金属（除有色金属外）均应作适当的预热，使被焊母材有手温感；表中规定须作预热要求的金属（除有色金属外）则应将预热温度作适当的提高。

　　2. 黄铜焊接时，其预热温度：壁厚为 5～15mm 时为 400～500℃；壁厚大于 15mm 时为 550℃。

　　3. 有应力腐蚀的碳素钢、合金钢焊缝，不论其壁厚条件，均应进行焊后热处理。

　　4. 黄铜焊接后，焊缝应进行焊后热处理。焊后热处理温度：消除应力处理为 400～450℃；软化退火处理为 550～600℃。

在雨天、下雪及刮风条件下焊接时，焊接部位必须有相应的遮护措施，防止雨、雪及风的作用。一般常用碳素钢管在低温气候条件下焊接时，管材的预热要求可按表 4-42 的规定执行。

管子焊接的环境温度和预热要求   表 4-42

钢　号	允许焊接的最低环境温度（℃）	预　热　要　求	
		常　温	低　温
$W_{(C)} \leqslant 0.2\%$ 的碳钢管	-30	>-20℃，可不预热	<-20℃，预热 100～150℃
$W_{(C)} > 0.2\% \sim 0.3\%$ 的碳钢管	-20	>-10℃，可不预热	<-10℃，预热 100～150℃

预热的加热范围为以焊口中心为基准，每侧不少于壁厚的三倍；有淬硬倾向或易产生延迟裂纹的管道，每侧应不少于 100mm；铝及铝合金管焊接前预热应适当加宽；纯铜管的钨极氩弧焊，当其壁厚大于 3mm 时，预热宽度每侧为 50～150mm，黄铜管的氧乙炔焊，预热宽度每侧为 150mm。

（二）焊接后的热处理

管道焊接接头若需进行热处理时，一般应在焊后及时进行。

1. 对于易产生焊接延迟裂纹的焊接接头，如果不能及时进行热处理，应在焊接后冷却至 300～350℃时，予以保温缓冷（或用加热的方法）。若用加热方法时，其加热范围与热处理条件相同。焊后热处理的加热速率、恒温时间及降温速率应符合下列规定（S 为壁厚，单位为 mm）。

（1）加热速率：升温至 300℃后，加热速率不应超过 $220 \times \dfrac{25.40}{S}$℃/h，且不大于 220℃/h。

（2）冷却速率：恒温后的降温速率不应超过 $275 \times \dfrac{25.40}{S}$℃/h，且小大于 275℃/h，300℃以下自然冷却。

2. 异种金属焊接接头的焊后热处理要求，一般以合金成分较低的钢材确定。

（三）管道的电弧焊连接

电弧焊一般采用焊条电弧焊，有交流电弧焊机和直流电弧焊机。电弧焊机的基本原理是由电弧焊机、焊条、管道或管件组成电流通路，电弧焊机接通电源后，当焊条接近焊接部位，中间产生高温电弧，使接口和焊条被熔融并焊接起来，具有价钱便宜、耗电少、效率高、使用方便、焊接壁厚大等优点。

1. 焊条的规格

焊条的规格。焊条是电弧焊施工工艺的主要材料。它由焊芯和药皮两部分组成，焊条直径系指焊芯的直径，有 $\phi 2.0$、$\phi 2.5$、$\phi 3.2$、$\phi 4.0$、$\phi 5.0$、$\phi 6.0$、$\phi 7.0$、$\phi 8.0$ 等 8 种。焊条长度取决于焊条直径、材质、药皮类型等，各种材质焊条的长度如表 4-43 所示。

焊条的规格（mm）   表 4-43

长度　类别　直径	低碳、低合金钢焊条	珠光体耐热钢焊条	奥氏体不锈钢焊条	堆焊焊条
2.0	250 或 300	250 或 300	200 或 250	—
2.5	250 或 300	250 或 300	250 或 300	—
3.2	350 或 400	350 或 400	300 或 350	300 或 350
4.0	350、400、450	350、400、450	350 或 400	350、400、450

长度　　类别　　直径	低碳、低合金钢焊条	珠光体耐热钢焊条	奥氏体不锈钢焊条	堆焊焊条
5.0	400 或 450	400 或 450	350 或 400	350、400、450
6.0	400 或 450	400 或 450	350 或 400	400 或 450
7.0	—	—	—	400 或 450
8.0	—	—	—	400 或 450

2. 焊条的选择

管道工程焊接用的焊条，应根据所焊管子的材质进行选择。在确保焊接结构安全、可靠的前提下，根据钢材的化学成分、力学性能、厚度、接头形式、管子工作条件、对焊缝的质量要求、焊接的工艺性能和技术经济效益等，择优选用。

（1）在管道工程中，焊条电弧焊焊接材料的选用要点，如表 4-44 和表 4-45 所示。

焊条选用要点 表 4-44

选用依据	选用要点
焊接材料的力学性能和化学成分要求	（1）对于普通结构钢，通常要求焊缝金属与母材等强度，应选用抗拉强度等于或稍高于母材的焊条 （2）对于合金结构钢，通常要求焊缝金属的主要合金成分与母材金属相同或相近 （3）在被焊结构刚性大、接头应力高、焊缝容易产生裂纹的不利情况下，可以考虑选用比母材强度低一级的焊条 （4）当母材中碳及硫、磷等元素的含量偏高时，焊缝容易产生裂纹，应选用抗裂性能好的低氢焊条
焊件的使用性能和工作条件要求	（1）对承受动载荷和冲击载荷的焊件，除满足强度要求外，还要保证焊缝金属具有较高的冲击韧度和塑性，应选用塑性和韧性指标较高的低氢焊条 （2）接触腐蚀介质的焊件，应根据介质的性质及腐蚀特征，选用相应的不锈钢类焊条或其他耐腐蚀焊条 （3）在高温或低温条件下工作的焊件，应选用相应的耐热钢或低温钢焊条
焊件的结构特点和受力状态	（1）对结构形状复杂、刚性大及大厚度焊件，由于焊接过程中产生很大的应力，容易使焊缝产生裂纹，应选用抗裂性能好的低氢焊条 （2）对焊接部位难以清理干净的焊件，应选用氧化性强，对铁锈、氧化皮、油污不敏感的酸性焊条 （3）对受条件限制不能翻转的焊件，有些焊缝处于非平焊位置，应选用全位置焊接的焊条
施工条件及设备	（1）在没有直流电源，而焊接结构又要求必须使用低氢焊条的场合，应选用交直流两用低氢焊条 （2）在狭小或通风条件差的场合，选用酸性焊条或低尘焊条
操作工艺性能	在满足产品性能要求的条件下，尽量选用工艺性能好的酸性焊条
经济效益	在满足使用性能和操作工艺性的条件下，尽量选用成本低、效率高的焊条

异种金属焊接时焊条选用要点　　　　　　　表 4-45

异种金属	选用要点
强度级别不等的碳钢和低合金钢，以及低合金钢和低合金钢	（1）一般要求焊缝金属及接头的强度大于两种被焊金属的最低强度，因此选用的焊接材料强度应能保证焊缝及接头的强度高于强度较低钢材的强度，同时焊缝的塑性和冲击韧度应不低于强度较高而塑性较差的钢材的性能 （2）为了防止裂纹，应按焊接性较差的钢种确定焊接工艺，包括焊接参数、预热温度及焊后处理等
低合金钢和奥氏体不锈钢	（1）通常按照对焊缝熔敷金属化学成分限定的数值来选用焊条，建议使用铬镍含量高于母材的塑性、抗裂性较好的不锈钢焊条 （2）对于非重要结构的焊接，可选用与不锈钢成分相应的焊条
不锈钢复合钢板	为了防止基体碳素钢对不锈钢熔敷金属产生稀释作用，建议对基层、过渡层、覆层的焊接选用三种不同性能的焊条 （1）对基层（碳钢或低合金钢）的焊接，选用相应强度等级的结构钢焊条 （2）对过渡层（即覆层和基体交界面）的焊接，选用铬、镍含量比复合钢板高的，塑性、抗裂性较好的奥氏体不锈钢焊条 （3）覆层直接与腐蚀介质接触，应选用相应成分的奥氏体不锈钢焊条

　　为了方便选用，同种材质的钢管焊接常用焊条如表 4-46 所示，异种材质的钢管常用焊条如表 4-47 所示，低温钢管焊接常用的焊条如表 4-48 所示。管子对接接头焊接层数、焊条直径及焊接电流如表 4-49 所示。

同种材质钢管焊接时用的焊条　　　　　　　表 4-46

序号	被焊接的钢管钢号	焊条牌号或型号		附注
		统一牌号	相当国际型号	
1	Q235	J422	E4303	
2	10、20、20g	J420	E4300	用于焊接操作温度≤450℃的管路
		J423 J424	E4301 E4320	用于焊接操作温度≤350℃的管路
		J426 或 J427	E4316 或 E4315	用于焊接操作温度 350～450℃的管路
3	渗铝的 10、20	抗腐 03		用于焊接操作温度低于 500℃的管路，该焊条上海电弧焊条厂生产
4	16Mn	1505 1502	E5011 E5003	用于焊接操作温度低于 350℃的管路
		J506 或 J507	E5016 或 E5015	用于焊接操作温度 350～450℃的管路
5	09Mn2V	J507		用于焊接操作温度 -70～-41℃的管路
6	15MnV	J553		用于焊接操作温度低于 350℃的管路
		J556 或 J557	E5516-9 或 E5515-9	用于焊接操作温度 350～450℃的管路

序号	被焊接的钢管钢号	焊条牌号或型号		附　注
		统一牌号	相当国际型号	
7	12CrMo	A107 或 A137	TA1-7 或 TA1Nb-7	用于焊接操作温度低于 540℃，气水介质及油品油气的管路
		(R207)	(TR2-7)	焊前焊件需预热至 150～300℃，焊后需经 670～710℃回火处理
8	15CrMo	A107 或 A137	TA1-7 或 TA1Nb-7	用于焊接操作温度低于 560℃，气水介质及油品、油气的管路
		(R307)	(TR3-7)	焊前焊件需预热至 250～350℃，焊后需经 680～720℃回火处理
9	Cr5Mo	A407 或 A402 或 A107 或 A137 (R507)	TA3-7 或 TA3-2 或 TA1-7 或 TAlNb-7 TR5-7	用于焊接操作温度低于 650℃的油品油气及抗氢、氮腐蚀管路焊前，焊件需预热至 300～400℃（整个焊接过程必须保持此预热温度），焊后需经 740～760℃回火处理
10	10MoWVNb（革 106）	02Nb（上海试制）		用于焊接操作温度 450℃以下的抗氢、氮腐蚀的管路。焊前焊件需预热至 980～1020℃，焊后需经 780～810℃回火处理
11	12MoVWBSiRe（无铬 8 号）	新 4 低氢型		用于焊接操作温度在 500～580℃的气水管路，焊前可不预热，但焊后应经 740～760℃回火处理，可代替 12Cr1MoVA，15CrMo
12	15Al₃ZMoWTi	A307	TA2-7	用于焊接操作温度在 500～650℃的抗硫化腐蚀的管路
13	1Cr18Ni9Ti	A132 A137	TA1-7 TA1Nb-7	用于焊接操作温度 －196～700℃及耐腐蚀要求较高的管路
14	Cr17Mn13Mo2N	A707		用于焊接抗无机酸碱、盐的管路
15	Cr18Ni12Mo2Ti	A207 A237	TA1Mo2-7	用于焊接一般的管路，用于焊接较重要的管路
16	12MnMoVA	J707	T707	用于焊接操作温度在 540℃以下的管路，可代替原 12CrMo
17	15MnMoA	J506 或 J557	T506 T557	用于焊接操作温度在 540℃以下的管路，可代替 15CrMo
18	12Cr1MoVA	A32 或 A137	TA1-7 TA1Nb-7	用于焊接操作温度在 580℃以下的高压气水管路
		(R317)	(TR3V-7)	焊前焊件需预热至 250～350℃，焊后需经 680～750℃回火处理

续表

序号	被焊接的钢管钢号	焊条牌号或型号		附　注
		统一牌号	相当国际型号	
19	灰铸铁管或球墨铸铁管	Z408	TZNiFe	焊前焊件可不预热或预热至 200℃左右
20	高强度铸铁管	Z116、Z117	TZG-3	焊件可不预热
21	Cr25Ni20	A407 或 A402	TA3-7 TA3-2	用于焊接操作温度在 650～1100℃ 的转化炉管路
22	0Cr131Cr13	G202 或 G207	TG1-2 或 TG1-7	焊前焊件预热至 250～350℃；焊后需经 700～730℃ 回火
23	无缝镍管	A307	TNiCrFe	用于焊接温度在 500℃ 以下的管路

注：焊条型号国内已统一采用国际型号 E，统一牌号 J 仅供新旧对照参考。其他国际型号与统一牌号亦类同。

异种钢管焊接时常用焊条　　　　　　　　　　　　　表 4-47

被焊接的异种钢管钢号	焊接时常用焊条			
	10 20	12CrMo	15CrMo	Cr5Mo
12CrMo	R207			
15CrMo	R307	R307		
Cr5Mo	R507	R507	R507	
1Cr18Ni9Ti	A107 或 A137	A107 或 A137	A107 或 A137	A107 或 A137

低温钢焊条的型号、牌号及主要用途　　　　　　　　　　　　　表 4-48

型号	牌号	药皮类型	焊接电源	主要用途
TW40-7	W407	低氢型	直流	焊接 -40℃ 下工作的 16MnR 钢等
TW70-7	W707	低氢型	直流	焊接 -70℃ 下工作的 09Mn2V 及 09MnTiCuRe 钢
TW90-7	W907	低氢型	直流	焊接 -90℃ 下工作的 3.5Ni 钢
Tw110-7	W117	低氢型	直流	焊接 -110℃ 下工作的 06AiNbCuN 钢
Tw110-7	W117 镍	低氢型	直流	焊接 -110℃ 下工作的 06AiNbCuN 钢

管子对接接头焊接层数、焊条直径及焊接电流　　　　　　　　　　　　　表 4-49

管壁厚度（mm）	焊接层数	焊条直径（mm）	焊接电流（A）
3～6	2	2、3.2	80～120
6～10	2～3	3.2 4	105～120 160～200
10～13	3～4	3.2、4 4	105～180 160～200
13～16	4～5	3.2、4 4	105～180 160～200
16～22	5～6	3.2、4 4、5	105～180 160～250

（2）焊接参数的选择。焊条电弧焊的焊接参数包括：焊条直径、焊接电流、电弧电压、焊接层数、焊接速度等，应在保证焊接质量的条件下，采用大直径焊条和大电流焊接，以提高劳动生产率。

1）焊条直径。选择焊条直径主要根据焊件的厚度，此外与焊缝位置和焊接层数等因素有关。焊件厚度越厚，焊条直径越大，如焊件厚 3mm，可选直径 2.5～3.2mm 的焊条，焊件厚 4～7mm，可选直径 3.2～4mm 的焊条等；平焊位置选用的焊条直径可大于立焊和仰焊；焊缝打底焊的焊条直径可小于盖面焊条的直径等。

为了提高生产率，在结构允许的情况下，尽可能选用较大直径的焊条，但焊条直径过大，电流也大，焊接速度慢，往往会使钢材的晶粒出现过热、过烧、焊缝成形不良，影响焊缝的力学性能等。如表 4-50 所示是焊条直径与焊件厚度关系的参考数值。

焊条直径与焊件厚度关系的参考数值　　　　　　　　　　　表 4-50

焊件厚度（mm）	2	3	4～5	6～12	≥12
焊条直径（mm）	2	3.2	3.2、4	4、5	5、6

2）焊接电流。选择焊接电流主要依据焊条直径和焊件厚度，其次与接头形式和焊接位置等有关。焊接电流大，焊接生产率高，但电流过大会导致焊件烧穿、焊条药皮发红脱落；而电流过小，焊接电弧不稳、焊件不易焊透、焊条粘钢板、焊缝成形差、易产生焊接缺陷等。

常用的酸性焊条直径与使用焊接电流范围有：$\phi 2.5mm$，选用 70～90A；$\phi 3.2mm$，选用 90～130A，$\phi 4.0mm$，选用 160～210A；$\phi 5.0mm$，选用 220～270A 等（仅供参考）。

3）电弧电压。焊条电弧焊电弧电压的大小主要取决于电弧的长短。电弧长，电弧电压升高；电弧短，电弧电压降低。

焊条电弧焊的电弧电压是靠焊工在焊接中自己控制的。电弧过长，电弧燃烧不稳定，飞溅增加，易产生未焊透、咬边，焊缝成形差，熔池和熔滴保护性能差，易产生气孔。经验证明，电弧长度控制在 1～4mm 范围内、电弧电压在 16～25V 之间，焊接时产生缺陷的倾向大大降低。焊接中应尽量采用短弧焊接，一般立焊、仰焊控制的电弧比平焊要短，碱性焊条电弧长度应小于酸性焊条。采用短弧目的是防止空气中有害气体的侵入，同时保证电弧的稳定性。

4）焊接层数。对于厚度较大的焊件，一般都应采用多层焊。每层焊缝的厚度对焊缝质量和焊接应力的大小有着一定的影响。对于低碳钢和强度等级低的低合金高强度结构钢，如果每层焊缝厚度过厚，会引起结构变形增大，对焊缝金属的塑性稍有不利影响。因此，为保证焊接质量，每层焊缝厚度应控制在 4～5mm。依据经验，多层焊每层焊缝的厚度约等于焊条直径的 0.8～1.2 倍时焊接生产率较高，并且比较容易操作。下面是多层焊每层焊缝层数的经验公式（仅供参考）。

$$n = \frac{\delta}{d}$$

式中　n——焊缝层数；

　　　δ——焊件的厚度（mm）；

　　　d——焊条直径（mm）。

5）焊接速度。焊条电弧焊的焊接速度由操作者在焊接中根据具体情况灵活掌握。高质量的焊缝要求焊接速度均匀，既保证焊缝厚度适当，又保证焊件打底焊焊透和不烧穿。当其他焊接参数一定，如果焊接速度过快，高温停留时间短，易造成未焊透、未熔合，焊缝冷却速度过快，焊缝厚度太薄，会使易淬火钢产生淬硬组织等；如果焊接速度过慢，高温停留时间长，热影响区宽度增加，焊缝和过热区的组织变粗，变形量增加，薄板容易烧穿。

为了提高生产率，原则是在保证焊接质量的前提下，尽量采用较大的焊条直径、焊接电流和适当的焊接速度。

焊条电弧焊焊接参数示例如表 4-51 所示。

焊条电弧焊焊接参数示例 表 4-51

焊缝空间位置	焊缝断面示图	焊件厚度或焊脚尺寸（mm）	第一层焊缝		以后各层焊缝		封底焊缝	
			焊条直径（mm）	焊接电流（A）	焊条直径（mm）	焊接电流（A）	焊条直径（mm）	焊接电流（A）
平对接焊缝		2	2	55～60			2	55～60
		2.5～3.5	3.2	90～120			3.2	90～120
			3.2	100～130			3.2	100～130
		4.0～5.0	4	160～200			4	160～210
			5	200～260			5	220～250
		5.6～6.0	4	160～210			3.2	100～130
			5	200～260			4	180～210
		>6.0	4	160～210	4	160～210	4	180～210
					5	220～280	5	220～260
		>12	4	160～210	4	160～210		
					5	220～280		
立对接焊缝		2	2	50～55			2	50～55
		2.5	3.2	80～110			3.2	80～110
		3.0～4.0	3.2	90～120			3.2	90～120
			4	120～160			4	120～160
		5.0～8.0	3.2	90～120	3.2	90～120	3.2	90～120
					4	140～160	4	120～160
		>9.0	3.2	90～120	4	140～160		
			4	140～160				
		14～18	3.2	90～20	4	140～160		
			4	140～160				
		>19	4	140～160	4	140～160		

焊缝空间位置	焊缝断面示图	焊件厚度或焊脚尺寸（mm）	第一层焊缝		以后各层焊缝		封底焊缝	
			焊条直径（mm）	焊接电流（A）	焊条直径（mm）	焊接电流（A）	焊条直径（mm）	焊接电流（A）
平角接焊接		2	2	55～65				
		3	3.2	100～120				
		4	3.2	100～120				
			4	160～200				
		5.0～6.0	4	160～200				
			5	220～280				
		>7.0	4	160～200	5	220～280		
			5	220～280				
		4	4	160～200	4	160～200	4	160～200
					5	220～280		
立角接焊接		2	2	50～60				
		3.0～4.0	3.2	90～120				
		5.0～8.0	3.2	90～120				
			4	120～160				
		9.0～12	3.2	90～120	4	120～160		
			4	120～160				
			3.2	90～120	4	120～160	3.2	90～120
			4	120～160				
仰角接焊接		2	2	50～60				
		3.0～4.0	3.2	90～120				
		5.0～6.0	4	120～160				
		>7.0	4	120～160	4	140～160		
			3.2	90～120	4	140～160	3.2	90～120
			4	140～160			4	140～160

3. 电弧焊的操作要点

（1）施焊前，焊工应复核焊接件的接头质量和焊接区域的坡口、间隙、钝边等的处理情况。当发现有不符合要求时，应修整合格后方可施焊。

（2）焊接时不得使用药皮脱落或焊芯生锈的焊条。

（3）T 形接头、十字接头、角接头和对接接头主焊缝两端，必须配置引弧板和引出板，其材质和坡口形式应与焊件相同。引弧和引出焊缝长度应大于或等于 25mm。引弧和引出板长度应大于或等于 60mm，长度宜为板厚的 1.5 倍且不小于 30mm，厚度宜不小于 6mm。引弧和引出板应采用气割的方法切除，并修磨平整，不得用锤击落。

（4）焊接区应保持干燥，不得有油、锈和其他污物。

（5）焊条在使用前应按产品说明书规定的烘焙时间和烘焙温度进行烘焙。

（6）不应在焊缝以外的母材上引弧。

（7）焊接作业区环境温度低于 0℃时，应将构件焊接区各方向大于或等于钢板厚度且不小于 100mm 范围内的母材加热到 20℃以上方可施焊，且在焊接过程中均不应低于这个温度。

（8）定位焊必须由持相应合格证的焊工施焊，所用焊接材料应与正式施焊相当。定位焊焊缝应与最终焊缝有相同的质量要求。钢衬垫的定位焊宜在接头坡口内焊接，定位焊焊缝厚度不宜超过设计焊缝厚度的 2/3，定位焊焊缝长度宜大于 40mm，间距 500～600mm，并应填满弧坑。定位焊预热温度应高于正式施焊预热温度。当定位焊焊缝上有气孔或裂纹时，必须清除后重焊。

（9）对于非密闭的隐蔽部位，应按施工图的要求进行涂层处理后，方可进行组装；对刨平顶紧的部位，必须经质量部门检验合格后才能施焊。

（10）在组装好的构件上施焊，应严格按焊接工艺规定的参数以及焊接顺序进行，以控制焊后构件变形。

采用多层焊时，应将前一道焊缝表面清理干净后再继续施焊。

（11）多层焊的施焊应符合下列要求：

1）厚板多层焊时应连续施焊，每一焊道焊接完成后应及时清理焊渣及表面飞溅物，发现影响焊接质量的缺陷时，应清除后方可再焊。再连续焊接过程中应控制焊接区母材温度，使层间温度上、下限符合工艺文件要求。遇有中断施焊的情况，应采取适当的后热、保温措施，再次焊接时重新预热温度应高于初始预热温度。

2）坡口底层焊道采用焊条直径应不大于 ϕ4mm，焊条底层根部焊道的最小尺寸应适宜，但最大厚度不应超过 6mm。

（12）因焊接而变形的构件，可用机械（冷矫）或在严格控制温度的条件下加热（热矫）的方法进行矫正。

1）低合金高强度结构钢冷矫时，工作地点温度不得低于 -16℃；热矫时，其温度值应控制在 750～900℃之间。

2）普通碳素结构钢冷矫时，工作地点温度不得低于 -20℃；热矫时，其温度值不得超过 900℃。

3）同一部位加热矫正不得超过 2 次，并应缓慢冷却，不得用水骤冷。

4. 不同金属管道的焊接

（1）不锈钢管与碳钢管的焊接，不锈钢管与碳钢管焊接，若采用碳钢焊条焊接，由于焊缝渗入铬、镍，硬度增加，塑性降低，易产生裂纹；若用不锈钢焊条焊接，由于碳钢的基本金属熔化，焊缝铬、镍成分被稀释，而焊缝降低了塑性和耐腐蚀性。故而，常采用如下方法焊接。

对于要求不高的不锈钢和碳钢焊接接头可用 TA1-7 等焊条焊接。

对于要求较高的不锈钢与碳钢的焊接接头，应选用 TA2-7　TA3-2　TA3-7 焊条焊接，可获得奥氏体和铁素体的双相组织金属焊缝。

焊接时，先在碳钢的坡口边缘处先用 TA2-7 或 TA3-2　TA3-7 堆焊一层过渡层，再用 TA1-7 等焊条焊接，这样能得到较好焊缝。

（2）铸铁管与低碳钢管的焊接。铸铁与低碳钢其熔点相差300℃左右，不能同时熔化，造成焊接困难。管道焊接时，可在铸铁管与低碳钢管焊缝交接处形成一个白口铁区域，但白口铁冷却时收缩率大、性脆且硬，易造成裂纹。因此，铸铁与低碳钢管的焊接，常采用氧乙炔焰和电弧焊两种方法，其具体施焊程序如下：

1）氧乙炔焰焊接。铸铁与低碳钢用氧乙炔焊施焊程序为：

焊前将低碳钢预热，且焊接火焰略偏向于低碳钢侧，使之与铸铁同时熔化。

选用铸铁焊丝 $\omega_{(c)}$ 3‰～3.6‰；$\omega_{(si)}$ 3.6‰～4.8‰ 和硼砂焊粉；使焊缝金属获得铸铁组织。

火焰采用轻微的碳化焰或中性焰。

焊接完毕后，可用火焰继续加热焊缝处或用保温方法使之缓慢冷却。

2）电弧焊焊接。铸铁与低碳钢电弧焊焊接可用碳钢焊条，也可用铸铁焊条。

用碳钢焊条焊接时的操作程序如下：

一般焊接可选用碱性 E5016 焊条。

先在铸件上堆焊几毫米厚的过渡层，冷却后，再将焊件定位焊固定。

焊接时，每焊 30～40mm 长后要用锤击焊缝，消除应力。

当焊缝冷却到 70～80℃时，再继续施焊。

用铸铁焊条焊接时操作程序如下：

焊条选用钢芯石墨型铸铁焊条 TZNiFe 及高钒铸铁焊条 TZG-3。

焊接时先在焊接的铸件上堆焊一层，然后将焊件用定位焊固定。

用正常的焊接参数进行焊接。

5．焊接质量要求

（1）外观检查。

1）焊缝焊完后，应将妨碍检查的渣皮、飞溅物清理干净，准备外观检查。

2）焊缝宽度以每边不超过坡口边缘 2mm 为宜，角焊缝的焊脚高度应符合设计规定，其外形应平缓过渡，咬肉深度不得大于 0.5mm。

3）在外观检查时，各级焊缝的表面不仅应无裂纹、气孔、夹渣、飞溅等，还应满足表 4-52 的要求。

对接接头焊缝表面质量标准（mm）　　　　　　　　　表 4-52

项目名称	图　示	焊　缝　等　级			
		Ⅰ	Ⅱ	Ⅲ	Ⅳ
咬边	咬边	深度：$e_1 < 0.5$ 长度小于等于焊缝全长的 10%，且小于 100%			

续表

项目名称	图 示	焊 缝 等 级			
		Ⅰ	Ⅱ	Ⅲ	Ⅳ
焊缝余高	表面加强高	$e \leqslant 1+0.01b_1$，但最大为 3		$e \leqslant 1+0.20b_1$，但最大为 5	
表面凹陷	表面凹陷	不允许		深度 $e_1 \leqslant 0.5$ 长度小于或等于焊缝全长的 10%，且小于 100%	
接头坡口错位	接头坡口错位	$e_2 < 0.15s$，但最大为 3		$e_2 < 0.25s$，但最大为 5	

注：s 为被焊材料的厚度。

（2）内部质量检查。在外部质量检查合格后，应进行无损探伤，以检查焊缝的内部质量。管道对接接头焊缝的内部质量标准应符合表 4-53 的要求。

对接接头焊缝内部质量标准 表 4-53

序号	项 目		等 级			
			Ⅰ	Ⅱ	Ⅲ	Ⅳ
1	裂纹		不允许	不允许	不允许	不允许
2	未熔合		不允许	不允许	不允许	不允许
3	未焊透	双面或加垫单面焊	不允许	不允许	不允许	不允许
		单面焊	不允许	深度 $\leqslant 10\%s$，最大 $\leqslant 2$mm，长度 $\leqslant$ 夹渣总长	深度 $\leqslant 15\%s$，最大 $\leqslant 2$mm，长度 $\leqslant$ 夹渣总长	深度 $\leqslant 20\%s$，最大 $\leqslant 3$mm，长度 $\leqslant$ 夹渣总长
4	气孔和点夹渣	壁厚（mm）	点数	点数	点数	点数
		2～5	0～2	2～4	3～6	4～8
		5～10	2～3	4～6	6～9	8～12
		10～20	3～4	6～8	9～12	12～16
		20～50	4～6	8～12	12～18	16～24
		50～100	6～8	12～16	18～24	24～32
		100～200	8～12	16～24	24～36	32～48

序号	项 目		等 级			
			I	II	III	IV
5	条状夹渣（mm）	单个条状夹渣长	不允许	$1/3s$，但最小可为 4，最大≤20	$2/3s$，但最小可为 6，最大≤30	s，但最小可为 8，最大≤40
		条状夹渣总长	不允许	在 12s 长度内≤s 或在任何长度内≤单个条状夹渣长度	在 6s 长度内≤s 或在任何长度内≤单个条状夹渣长度	在 4s 长度内≤s，或在任何长度内≤单个条状夹渣长度

注：1. 对 I 级焊缝必须 100％进行射线探伤，对 II、III 级焊缝射线和超声波探伤可任选一种。

2. I 级焊缝除进行射线探伤外，应以发现裂纹为目的再进行 100％的超声波探伤。

3. s 为被焊材料的厚度。

对规定必须进行无损探伤的焊缝，应对每一个焊工所焊焊缝按比例抽查，且不得小于一个焊口。若发现不合格者，应对被抽查焊工所焊焊缝，按原规定比例加倍探伤；若仍有不合格者，则对所焊全部焊缝进行无损探伤。

此外，焊缝经过热处理后，应对每个焊口不少于一处，每处 3 点（焊缝母材热影响区）进行硬度测定，硬度值碳钢不应超过母材 120％，合金钢不应超过母材的 125％。

（四）管道的气焊连接与气割

气焊和气割通常是指以氧乙炔焰用焊炬焊接或用割炬切割金属的作业过程。气焊焊接是借助可燃、助燃气体混合后燃烧产生的高温火焰将管道接头部位的母材金属和焊丝熔化，冷却后形成牢固接头。气割则是利用金属在切割射流中剧烈燃烧（氧化），同时生成氧化物熔渣和产生大量的反应热，并利用切割氧的动能吹除熔渣，达到切断的目的。

气焊焊接火焰能将接头部位母材金属和焊丝熔化，然后再熔合，以达到焊接的目的，所以应用较广泛。气焊的应用范围及优缺点可如表 4-54 所示。

气焊的应用范围及优缺点 表 4-54

适用气焊的材料	厚度范围（mm）	主要接头形式	优 点	缺 点
低碳钢、低合金钢	≤6	对接、搭接、T 形接、端接	（1）设备简单，移动方便，在无电力供应地区可以方便地进行焊接（2）可以焊接很薄的工件（3）焊接铸铁和部分有色金属时焊缝质量好	（1）热量较分散，热影响区及变形大（2）生产率较低，不易焊较厚的金属（3）某种金属因气焊火焰中氧、氢等气体与熔化金属发生作用，会降低焊缝性能（4）难以实现自动化
不锈钢	≤3	对接、端接、堆焊		
铜、黄铜、青铜	≤20	对接、端接、堆焊		
铝、铝合金	≤20	对接、端接、堆焊		
镁合金	≤20	对接、端接		
铅	≤15	对接、搭接、搪铅		
硬质合金	—	堆焊		
铸铁	—	对接、端接、补焊		

采用气割的金属必须满足下列条件：金属的燃点必须低于熔点；金属在燃烧时放出较多的热量；金属燃烧时产生的熔渣（氧化物）必须低于金属的熔点且流动性要好，这种金属才能进行气割。

常用金属及其熔渣（氧化物）的熔点如表 4-55 所示。气割的范围比较小，其实际应用范围如表 4-56 所示。

常用金属及其氧化物的熔点

表 4-55

金属	熔点（℃）		金属	熔点（℃）	
	金属本身	氧化物		金属本身	氧化物
铁	1535	1300～1500	黄铜	850～900	1236
低碳钢	1500～1530	1300～1500	锡青铜	850～950	1236
高碳钢	1300～1400	1300～1500	铅	657	2050
铸铁	1200	1300～1500	锌	419	1800
铜	1083	1236	铬	1550	1990

气割的应用范围

表 4-56

适用的气割材料	气割条件	优　点	缺　点
碳钢	含 C＜0.5％时易于切割，含 C≥0.5％时气割过程恶化	（1）效率高，成本低，设备简单 （2）易于各种位置的切割 （3）割缝整齐，金属烧损少	（1）割缝附近，金属成分发生变化，某些元素被烧损，从而硬度增高，晶粒变粗 （2）割后工件稍有变形
铸铁	可采用振动气割法		
不锈钢	可采用振动气割法		

1. 焊接材料的选择

（1）焊丝。

1）同种材质钢管互焊时，焊丝的化学成分与力学性能应与管子材质相当。

2）异种材质钢管互焊时，若两侧均非奥氏体不锈钢，可按合金含量较低一侧或介于两者之间的钢材来选用焊丝。

3）异种材质互焊，若一侧为奥氏体不锈钢，可选用含镍量较该不锈钢高的焊丝。

4）选择焊丝直径主要取决于焊件厚度和坡口形式，可按一般气焊规范选用原则按表 4-57 选用。

气焊规范选用原则

表 4-57

参　数	选 用 原 则				
火焰种类	视焊接材料不同选用不同的火焰				
乙炔消耗量及氧气工作压力	根据金属熔点、焊件厚度、接头形式选择适宜火焰功率				
焊丝直径（mm）	工件厚度（mm）	1～2	2～3	3～5	5～10	10～15
	焊丝直径（mm）	$\phi 1～\phi 2$（或不用焊丝）	$\phi 2～\phi 3$	$\phi 3～\phi 3.5$	$\phi 3.2～\phi 4$	$\phi 4～\phi 5$
焊嘴号数	根据材料厚度、材料性质、接头形式选定焊嘴				
焊嘴与焊件夹角	按焊件厚度、焊嘴大小、施焊位置确定，焊件厚度越大，夹角越大				
焊接速度	视操作技能及火焰强弱而定，在保证熔透前提下提高速度				

（2）熔剂。在气焊过程中，有些材料的氧化物熔点比母材高，为保证焊接接头质量，就要在焊接过程中添加熔剂来达到两个目的：①是降低氧化物熔点，达到去除氧化物；

②是保护熔池不受大气污染，防止熔池中的金属与火焰中的气体起反应。

需要使用气焊熔剂来进行焊接的金属有不锈钢、铸铁、铜及铜合金、铝及铝合金，其相应熔剂的牌号化学成分及用途如表 4-58 所示。

气焊熔剂牌号化学成分及用途   表 4-58

牌号	名称	熔点（℃）	化学成分（质量分数，%）	用途及性能
CJ101	不锈钢及耐热钢气焊熔剂	900	瓷土粉 30 大理石 28 钛白粉 20 低碳锰铁 10 硅铁 6 钛铁 6	（1）有助于焊丝的润湿作用 （2）防止熔化金属被氧化 （3）有利于焊缝金属表面的熔渣去除
CJ201	铸铁气焊熔剂	650	H_3BO_3 18 Na_2CO_3 40 $NaHCO_3$ 20 MnO_2 7 $NaNO_3$ 15	（1）有潮解性 （2）有效驱除铸铁在气焊中产生的硅酸盐和氧化物 （3）有加速金属熔化的功能
CJ301	铜气焊熔剂	650	H_3BO_3 76～79 $Na_2B_4O_7$ 16.5～18.5 $AlPO_4$ 4～5.5	（1）纯铜黄铜气焊、钎焊易熔剂 （2）熔解氧化铜和氧化亚铜 （3）呈液渣覆盖焊缝表面、防氧化
CJ401	铝气焊熔剂	560	KCl 49.5～52 NaCl 27～30 LiCl 13.5～15 NaF 7.5～9	（1）铝及铝合金气焊熔剂 （2）起精炼作用 （3）也可作气焊铝青铜熔剂

2. 施工机具的选择

（1）氧气瓶。氧气瓶是用低合金钢或优质碳素钢制成的，其规格如表 4-59 所示。氧气瓶使用注意事项如下。

氧气瓶的规格   表 4-59

工作压力（MPa）	容积（L）	瓶外径（mm）	高度（mm）	质量（kg）	水压试验压力（MPa）	瓶阀连接螺纹
15	33	219	1150±20	45±2	22.5	14 牙/in
	40		1370±20	55±2		
	44		1490±20	57±2		

1）氧气瓶体和瓶帽外表应涂成天蓝色，并用黑漆注明"氧气"字样，以区别其他气瓶，并不得与其他气瓶混在一起。

2）气焊与气割时，氧气瓶应远离操作地点 10m，避开高温与明火。夏季使用要严防烈日暴晒；冬季阀门冻结时，严禁火烧，应用热水解冻。

3）氧气的各通路，严禁与油脂接触。

4）氧气瓶内的氧气不得全部用光，应留下 294～490kPa（3～5 表压），以免混入其他气体，并为准备装氧时作吹除灰尘试验用。

5）氧气瓶应装防振橡胶圈，在搬运氧气瓶时，禁止撞击。

（2）减压器。管道气焊或切割时，常用减压器的型号及性能见表4-60所示，其使用要求如下：

常用减压器型号及性能 表 4-60

型号	规格（MPa）	流量（m³/h）	最高工作压力（MPa）	调节范围（MPa）	应用范围	连接方式
QD-1	0—25×0—4	80	15/2.5	0.1～2.5	氧气金属切割	G5/8″
QD-2A	0—25×0—1.6	40	15/1.0	0.1～1.0	氧气金属切割	G5/8″
QD-3A	0—25×0—0.4	10	15/0.2	0.01～0.2	一般焊接	G5/8″
QD-20	0—2.5×0—0.25	9		0.01～0.15	乙炔	法兰

1）装减压器前，要略打开氧气瓶阀门，放出一些氧气，吹净瓶口杂质，随后关闭，操作时瓶口不能朝人体方向。

2）检查各接头是否拧紧，有无螺纹损坏现象。调节螺纹处应处于松开位置。

3）装好减压器，再开启氧气阀，查看压力表工作是否正常，各部分有无漏气现象，待正常后再接氧气胶带。

4）调节压力前，应将焊炬上的氧气开关稍许打开，然后再调到所需压力。

5）减压器上不得附有油脂，如有油脂，应擦洗干净再使用。

6）停止工作时，应先松开减压器的调节螺纹，再关闭氧气瓶阀。这样可保护副弹簧。

7）压力表必须定期校验，以确保表的准确性。

（3）乙炔发生器。乙炔发生器按所产生的乙炔压力的高低，可分为低压式和中压式两种。低压乙炔发生器产生的乙炔压力为0.045MPa以下。目前国内成批生产的乙炔发生器为中压式，所制取的乙炔压力在0.045～0.15MPa范围内。中压乙炔发生器根据其单位时间内发气量的不同可分为0.5m³/h、1m³/h、3m³/h、5m³/h及10m³/h五种。乙炔发生器的维护和使用注意事项如下。

1）使用乙炔发生器的操作人员，必须熟悉发生器的构造、作用原理及维护规则。

2）固定式乙炔发生器应安置在通风良好的室内，室内严禁一切烟火。移动式乙炔发生器必须设在离火源或操作点远一些（10m以上），不能靠近带电体。严禁在乙炔发生器旁边引燃火焰和吸烟。而且要注意风向，不要使高空焊接或切割火花散落在乙炔发生器附近。晚间装电石时，不得用明火照明。

3）装入乙炔发生器的电石量，一般不能超过电石总容积的2/3。装入电石的颗粒必须符合乙炔发生器说明书上的规定，切不可用电石碎末。浮筒式发生器应使用直径不小于50mm左右粒度的电石。

4）开始作业时，必须首先将乙炔发生器中的空气排出，然后才能向焊炬输送。使用浮筒式乙炔发生器时，要使浮桶慢慢自由下落，不可人为加重它的压力，否则会引起爆炸事故。如果乙炔发生器同时向两把以上的焊炬供乙炔气，则每把焊炬必须设有单独的乙炔回火防止器。

5）加入乙炔发生器的水必须清洁，不应含有油脂和酸碱等杂物。浮筒式乙炔发生器全天使用时，中间必须换水，以免固体物质过多或过热（水温不得超过60℃）。

6）工作中经常检查各接头处的严密性，并经常注意回火防止器的水位是否正常。

7）工作环境温度低于0℃时，应向乙炔发生器和回火防止器内注入温水，也可将水中加入少量食盐来防止乙炔发生器冻结。如果发生冻结，必须用热水或蒸汽解冻，严禁用火烘烤或用铁锤敲打。

8）停止工作时，应先将出气胶带拔掉。如是浮筒式乙炔发生器，应将浮筒慢慢拔出。浮筒拔出后，要横放在定筒上面，再用手摘下盛放电石的容器，不许拔出后往地面摔，避免碰出火花发生危险。定筒内的水浆、渣子应全部倒出。固定式发生器中剩余压力不应超过 9.8kPa（0.1 表压）。

9）如果用焊接方法修补发生器时，补焊前必须进行多次清洗，将水放尽，注意维护。

10）乙炔发生器使用完毕，如下次使用相隔时间较长，应经过彻底清洗，将水放净，注意维护。

11）浮筒式乙炔发生器多为自制，在发生器上采取安全措施更为重要，必须在浮筒的顶面安装 $1\sim1.5mm$ 厚的防爆橡胶薄膜，橡胶薄膜的面积占浮筒面积的 $60\%\sim70\%$。制作浮筒的钢板厚度为 $1\sim1.5mm$。

3. 管道的气焊焊接

管道气焊焊接不仅需要根据不同的焊接材料，选用相应的焊丝和焊剂，而且有较强的工艺性和操作技术性。常用材料的气焊焊丝、焊剂的选用及工艺焊接措施，如表 4-61 所示。

常用材料的气焊焊丝、焊剂的选用及工艺焊接措施 表 4-61

焊件材料	焊接特点	焊丝与熔剂	工艺措施
低碳钢	焊接性好，一般不需采取特殊工艺措施，就可获得良好的焊接接头	H08 H08A H08Mn H15 H15Mn 不需熔剂	（1）焊前清除焊丝及焊接部位的油污、铁锈、氧化皮 （2）薄板点固焊焊缝长度 5～8mm，间隔 50～80mm。较厚件定位焊焊缝长度 15～20mm，间隔 200～250mm （3）管子直径小于 $\phi50mm$，只需定位焊 3 点，较大直径采用多点对称定位焊，而后施焊 （4）焊接不同厚度工件时，火焰应偏向较厚一侧 （5）厚板多层焊建议用"穿焊法"焊第一层
中碳钢	（1）易产生热裂纹，一层熔敷金属及焊缝收尾处更易出现 （2）在火焰保护不良，焊接速度太快及结尾处火焰离开太快时，易出现气孔 （3）野外焊或刚性较大工件焊接时，易产生冷裂纹	H08Mn H08MnA H10MnSi H10Mn2 H12CrMo 不需熔剂	（1）相应加大焊件的坡口尺寸，添加更多填充金属 （2）焊前用气焊火焰稍许加热焊接区，焊后逐步提高焊炬，使其缓冷 （3）焊件尽量保持在自由状态，以减小焊接压力 （4）火焰要保护好熔池，焰芯末端与熔池的距离为 3～5mm，避免母材金属受热过大而熔化过多

焊件材料	焊接特点	焊丝与熔剂	工 艺 措 施
低合金高强度结构钢（300～350MPa级）	焊接性很好，没有任何特殊工艺要求，300MPa级钢可用低碳钢气焊工艺	H08A H08Mn H08MnA 不需熔剂	（1）冬季焊前用气焊火焰稍微预热焊接区，并适当增加定位焊点，以免产生裂纹 （2）采用中性焰或轻微碳化焰，以防合金元素烧损 （3）焊接过程中尽量避免中途停止，火焰始终笼罩熔池，不得摆动 （4）收尾时火焰必须慢慢抬起，以防金属元素烧损和产生气孔、夹渣等缺陷 （5）结束后立即用火焰将接头加热到暗红色（600～650℃）然后缓慢冷却
珠光体耐热钢	（1）有较大的淬火性，热影响区易产生淬火组织。在低温焊接或刚性大时，易出现冷裂纹 （2）由于母材金属受热面大，热影响区大，焊缝冷却慢，焊缝金属晶粒粗大，焊后须热处理 （3）乙炔中含有碳化氢和磷化氢，使焊缝金属中碳磷含量增高，易产生热裂纹 （4）合金元素易氧化、烧损，生成难熔的氧化物，影响金属熔合及产生夹渣	H12MoCr H12CrMo H12CrMo-WVB 不需熔剂	（1）采用中性焰或轻微碳化焰，以防金属元素烧损 （2）火焰很好地保护熔池，一般尽可能采用右焊法 （3）焊前预热到250～300℃ （4）多层焊力求焊完每层，不得已停止时，火焰在填满熔池后缓慢离开，以免产生裂纹、缩孔和气孔等缺陷，焊缝收尾也应如此 （5）停止后再焊时，接头温度应不低于250～300℃ （6）为避免氧、氮的影响，填加焊丝要均匀，焊丝端头不要脱离熔池 （7）焊接结束后，焊件立即进行正火处理
不锈钢	（1）不会出现冷裂纹 （2）热导率小，线胀系数大，变形倾向大，易产生热裂纹 （3）合金元素易烧损，并在熔池表面生成氧化膜，影响焊接性能 （4）焊接接头在使用中会丧失抗晶间腐蚀能力	H0Cr18-Ni9 H1Cr18-Ni9 H0Cr18-Ni9Ti H0Cr18-Ni9Mo H1Cr18-Ni9Ti CJ101 熔剂 （即气焊粉 101）	（1）焊前将熔剂涂在焊丝和坡口正反面 （2）采用中性焰或轻微碳化焰，以减小合金元素烧损 （3）最好采用左焊法，倾角40°～50° （4）焰芯端部距熔池2～4mm，焊丝末端要接触熔池，随火焰一起移动，焊炬不宜作横向摆动 （5）焊速宜快，焊道宜窄而薄，尽量避免焊接过程中断 （6）为防止气孔产生，火焰要集中，熔池要用外焰进行保护 （7）需消除焊接应力，为提高耐蚀性及力学性能，要进行稳定化或固熔处理 （8）焊后用60～80℃热水将焊缝表面残留的熔剂、熔渣冲洗掉，必要时进行酸洗和钝化处理

焊件材料	焊接特点	焊丝与熔剂	工　艺　措　施
铝及铝合金	（1）焊接过程中难熔的氧化膜阻碍金属间的良好结合，造成夹渣和成形不良，且氧化膜吸附较多水分，致使焊缝产生气孔 （2）易形成氢气孔 （3）热导率、比热容、线胀系数、凝固收缩率均大，因而焊接变形大，易产生裂纹 （4）固态转变为液态时，没有显著的颜色变化，熔池温度较难控制	HS301 HS311 HS321 HS331 CJ401 熔剂	（1）焊前用化学方法和机械清理法严格清除焊件和焊丝的玷污物 （2）采用中性焰或轻微碳化焰 （3）厚度超过5mm焊件，需用几个焊嘴或大型焊炬进行整件预热，温度为200～300℃。也可对焊接区局部预热，使熔池的结晶和焊缝最大收缩应力在时间上错开出现 （4）密切注视熔池形成的温度及时间 （5）焊薄小件宜用左焊法以防过热及烧穿，起焊和收尾采取同碳钢类似的措施 （6）为避免晶粒粗大、气孔或裂纹，不宜采用多层焊 （7）尽可能一次焊完一条焊缝，如需接缝，应重合20～30mm （8）焊后用热水洗掉内色或黑色渣斑。热处理强化铝合金要进行热处理
铜及铜合金	（1）线胀系数和凝固收缩率大，焊后易产生严重变形，引起刚性大的工件内应力增大而产生裂纹 （2）易产生气孔 （3）易烧损合金元素，降低接头力学性能 （4）导热快，难施焊	HS201 HS202 HS221 HS222 HS224 CJ301 熔剂	（1）严格清除工件和焊丝表面脏物，使露出金属光泽 （2）定位焊的坡口间隙可稍大于碳钢，焊点要求密集 （3）纯铜焊严格采用中性焰，黄铜焊应采用轻微氧化焰，焰芯距工件约4～6mm （4）厚大件必须预热，以防产生未熔合现象 （5）严格掌握熔池温度，焊炬运动要快，火焰要绕熔池作划圈运动，靠火焰吹力防止铜液四溅。焊黄铜时，焊炬只作上下跳动 （6）为减少热影响区粗晶组织，厚度5mm以下工件力求一次焊完，大于5mm，为防止发渣、黏稠、气孔等发生，对前道焊缝要进行清理 （7）板厚小于5mm，焊后用小锤轻击焊缝，以提高力学性能，减小应力。大于5mm，焊后将焊缝加热至400～500℃，在热态下锤击，也可加热至600～700℃后，在水中急冷，以改善热影响区粗晶组织

4. 管道的气割

在管道工程中，常用的切割用具有两种，即射吸式割炬和等压式割炬。射吸式割炬是在射吸式焊炬的基础上，增加了切割氧的气路和阀门，并采用专门割嘴。割嘴的中心是切割氧的通道，预热火焰均匀地分布在它的周围。等压式割炬有专用的割嘴，必须使用中压乙炔或高压乙炔，火焰燃烧稳定，不易回火。

射吸式割炬和等压式割炬的规格和技术性能如表 4-62 和表 4-63 所示。

射吸式割炬的规格及主要技术性能 表 4-62

型　　号	G01-30			G01-100			G01-300			
割嘴号码	1	2	3	1	2	3	1	2	3	4
割嘴孔径（mm）	0.6	0.8	1.0	1.0	1.3	1.6	1.8	2.2	2.6	3.0
切割厚度（mm）	2～10	10～20	20～30	10～25	25～30	50～100	100～150	150～200	200～250	250～300
氧气压力（MPa）	0.2	0.25	0.3	0.2	0.35	0.5	0.5	0.65	0.80	1.0
乙炔压力（MPa）	0.001～0.1	0.001～0.1	0.001～0.1	0.001～0.1	0.001～0.1	0.001～0.1	0.001～0.1	0.001～0.1	0.001～0.1	0.001～0.1
氧气消耗量（m³/h）	0.08	0.14	0.22	0.22～0.27	0.35～0.42	0.55～0.73	0.9～1.08	1.1～1.4	1.45～1.8	1.9～2.6
乙炔消耗量（L/h）	210	240	310	350～400	400～500	500～610	680～780	800～1100	1150～1200	1250～1600
割嘴形状	环　形			梅花形和环形			梅　花　形			

等压式割炬规格与技术性能 表 4-63

型　　号	割嘴号码	割嘴切割氧孔径（mm）	切割厚度（mm）	乙炔压力		气体耗量	
				氧（MPa）	乙炔（MPa）	氧（m³/h）	乙炔（L/h）
GT02－500	7	3.0	200～350	1.2	0.05～0.9		
	8	3.5	350～450	1.6			
	9	4.0	450～500	2.0			
GT04－12/100（等压式割焊两用炬）	1	1.0	5～20	0.25	0.05 以上	1.5～2.5	250～400
	2	1.3	20～50	0.35		3.5～4.5	400～500
	3	1.5	50～100	0.5		5.0～6.4	500～600

割炬使用注意事项如下：

（1）割嘴通道应保持清洁、光滑，如有飞溅物堵塞，应用通针疏通，以免发生回火或使切割氧射流（风线）偏斜。

（2）使用环形割嘴时，内嘴与外套应严格保证同心，否则也会使切割氧气流偏斜。

（3）如发生回火时，应立即关闭切割氧和预热氧气阀，然后关闭乙炔阀。

（4）割炬点火后，火焰调整正常，但打开切割氧时，火焰立即熄火，则表明割嘴和割炬结合面不严。应拧紧或取下嘴头，用细砂布研磨好后，再装好。

（五）管道的钎焊连接

采用比母材熔点低的金属材料作钎料，将焊件和钎料加热到高于钎料熔点但低于母材熔点的温度，利用液态钎料湿润母材，填充接头间隙，并与母材相互扩散，以及毛细管的作用，实现焊件连接，这种焊接方法称为钎焊。钎料熔点低于 450℃ 时称为软钎焊，高于 450℃ 时称为硬钎焊，钎焊是异种金属焊接常用的一种焊接方法。

1. 钎料、熔剂的选择

（1）钎料

1）钎料的熔点应低于焊件金属熔点 40～60℃。

2）具有良好的填缝能力，即表面张力较小，附着力较大。

3）与焊件金属的热胀系数差异较小，能够产生良好的熔解和扩散作用，以免发生裂纹。

4）能满足接头性能指标要求，如强度、塑性、耐热性、耐蚀性、抗氧化性等。

5）钎料中不含有毒或易蒸发元素、非贵重金属或稀有元素。

（2）熔剂的选择

1）熔剂的熔点必须低于钎料的熔点，而沸点则应高于钎料的熔点。

2）熔剂应具有足够的去除氧化膜的能力和覆盖能力，对焊件的腐蚀性应尽量小。

（3）常用钎料和熔剂

钎料和熔剂的种类很多，如表 4-64 所示。

常用钎料的名称、化学成分和主要用途　　　　　　　表 4-64

牌号	名　称	主要化学成分（质量分数，%）	熔点（℃）	主　要　用　途
钎料 101	铜锌钎料 1 号	铜 36，其余为锌	800～823	主要钎焊黄铜及其他 ω（Cu）小于 68% 的铜合金
钎料 102	铜锌钎料 2 号	铜 48，其余为锌	860～870	钎焊 ω（Cu）大于 68% 的铜合金
钎料 103	铜锌钎料 3 号	铜 54，其余为锌	885～890	钎焊铜、青铜和钢等不受冲击和弯曲载荷的零件
钎料 104	铜锌钎料 1 号	铜 60，锰 35，其余为锌	890～905	钎焊硬质合金刀具
钎料 201	铜锌钎料 1 号	磷 8，其余为铜	710～840	钎焊铜及铜合金（受冲击和弯曲工作状态的接头不宜采用）
钎料 202	铜锌钎料 1 号	磷 6，其余为铜	710～890	用途与钎料 201 相同
钎料 203	铜锌钎料 1 号	磷 6，锑 2，其余为铜	660～700	用途与钎料 201 相同
钎料 204	铜锌钎料 1 号	磷 5，银 15，其余为铜	640～815	钎焊铜及铜合金、钼等金属
钎料 205	铜锌钎料 1 号	磷 5，银 5，其余为铜	640～750	用途与钎料 204 相同
钎料 301	10% 银钎料	银 10，铜 53，其余为锌	815～850	钎焊铜及其他有色金属、钢制零件和高钛硬质合金刀片等
钎料 302	25% 银钎料	银 25，铜 40，其余为锌	745～775	钎焊要求光洁的薄膜工件
钎料 303	45% 银钎料	银 45，铜 30，其余为锌	660～725	钎焊要求光洁及振动时具有高强度的工件及电工零件
钎料 304	50% 银钎料 1 号	银 50，铜 34，其余为锌	690～775	钎焊能承受多次振动载荷的工件
钎料 306	65% 银钎料	银 65，铜 20，其余为锌	685～720	钎焊锯条、小零件
钎料 307	72% 银钎料	银 72，铜 26，其余为锌	730～755	适用于铜、黄铜和银的钎焊
钎料 308	72% 银钎料	银 72，铜 28	778	钎焊电器零件，如电子管等
钎料 311	银镉钎料 1 号	银 43，铜 27，锌 17，镉 8，镍 2，锰 3	650～800	钎焊铜、黄铜及不锈钢等

牌号	名 称	主要化学成分（质量分数，%）	熔点（℃）	主 要 用 途
钎料 312	银镉钎料 2 号	银 40，铜 16，镉 26，锌 18	595～605	适用于钎焊淬火钢及小的薄件等
钎料 313	银镉钎料 3 号	银 50，铜 16，镉 18，锌 16	625～635	用途与钎料 312 相同
钎料 401	铝钎料 1 号	铜 28，硅 5，其余为铝	525～535	钎焊铝及铝合金

熔剂。熔剂是钎焊必不可少的辅助材料，在钎焊中，能有效地清除各种金属氧化物，增加液态钎料的活性；在焊接中呈液态，覆盖在焊缝表面上，起保护焊缝等作用。

钎料和熔剂的种类很多，对于不同金属焊件应选用不同的钎料和熔剂。常见的选用示例如表 4-65 所示。

钎焊各种金属时应用的钎料和熔剂　　　　　　　　表 4-65

钎焊金属	钎 料	熔 剂
碳钢	铜或铜钎料	硼砂或硼砂与硼酐混合物
	银钎料	硼氟酸钾与硼酐等混合物
	锡铅钎料	氯化锌与氯化铵溶液
不锈钢	铜锌钎料	硼砂或硼砂与硼酐等混合物
	银钎料	硼氯酸钾与硼酐等（银铜锂钎料可不用钎剂）
	锡铅钎料	氯化锌与盐酸水溶液
铸铁	铜锌钎料（如钎料 103 等）	硼砂或硼砂与硼酐混合物
	银钎料	硼氟酸钾与硼酐等如钎剂 101 钎剂 102
	锡铅钎料	氯化锌与氯化铵溶液
硬质合金	铜锌钎料（如钎料 104 等）	硼砂或硼砂与硼酐混合物
	银钎料（如钎料 301 等）	硼氯酸钾与硼酐等如钎剂 102
铝及铝合金	铝基钎料（如钎料 401）	氯化物与氟化物如钎剂 201 钎剂 202
	锌铝钎料	
	锡锌钎料（如钎料 501）	氯化锌与氯化亚锡如钎剂 203
	锡铝钎料（如钎料 504）	氯化锌与氯化亚锡如钎剂 203 或三乙醇胺及重金属硼化物如钎剂 204
铜及铜合金	铜磷钎料	硼砂或硼砂与硼酐混合物
	铜锌钎料	硼砂或硼砂与硼酐混合物
	银钎剂	硼氟酸钾与硼酐等如钎剂 101 钎剂 102
	锡铅钎料	氯化锌或氯化锌与氯化铵溶液如焊件怕腐蚀可用松香酒精溶液

＊钎焊熔剂在其牌号中简称为钎剂。

常用钎焊熔剂的牌号、性能及应用范围如表 4-66 所示。

常用钎焊熔剂牌号、性能及应用范围 表 4-66

牌号	名 称	基 本 性 能	应 用 范 围
钎剂 101	银钎焊熔剂	熔点约为 500℃，呈微酸性，能有效地清除各种金属氧化物。钎焊时呈液态渣覆盖在金属表面上，有助于钎料的流布性	在 550～850℃ 温度范围内，钎焊各种铜及铜合金、铬镍合金时做助熔剂
钎剂 102	银钎焊熔剂	本熔剂由硼化物组成，吸潮性强，能有效地清除各种金属表面的氧化物，有助于钎料熔化的流布性	在 600～850℃ 温度范围内与银基钎料配合，可钎焊各种铜及铜合金、不锈铜等
钎剂 103	特制银钎焊熔剂	本熔剂由硼氟酸钾组成，活动性极强，富有吸潮性。它在加热时会分解成氟化硼，能很好地润湿金属表面，并有效地促使金属氧化物分解。但钎焊时发出大量氟蒸汽有害于人体的健康	用途与钎剂 102 相同，但在温度低时更活泼。钎焊温度在 600℃ 以下可以使用
钎剂 104	铝钎焊熔剂	熔点约为 420℃，呈碱性反应。潮解性极强，去除氧化铝能力很显著。在空气中会使铝发生腐蚀	适用于温度高于 450℃ 钎焊铝及铝合金时做助熔剂

2. 钎焊的操作要点

（1）钎焊接头应尽量采用搭接，如图 4-56 所示，使其接触面积尽可能大，以提高接头强度和严密性。

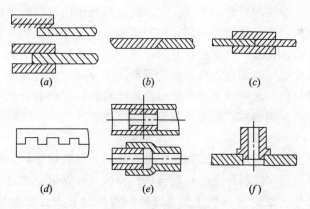

图 4-56 钎焊接头形式

（a）搭接接头；（b）斜对搭接头；（c）带盖板的对接接头；（d）梳齿状接头；

（e）管子与管子接头；（f）管子与法兰接头

（2）钎焊前应使用机械方法或化学方法去除焊件表面的氧化膜。

（3）钎焊缝隙应适中，间隙过大过小都影响钎焊的毛细管作用，降低焊接质量，同时缝隙过大还浪费钎料。

（4）钎焊温度。一般应高于钎料熔点 25～50℃。提高温度，能减少熔化钎料的表面张力，因而改善湿润性，使焊件与钎料之间的作用增强。但温度过高会产生过烧和熔蚀等缺陷。

（5）保温时间。保温时间能使焊件金属和钎料发生足够的作用。

（6）加热速度。取决于焊件尺寸、导热性和钎料的成分。一般是焊件尺寸小，导热性好或焊料中含易挥发元素多时，加热速度应适当加快。

（7）要正确选择钎焊接头间隙，预留的间隙大小应适中。预留间隙大小与材质有关，一般为：

1）黄铜钎料焊钢时，预留间隙为 0.05～0.3mm。

2）铜磷钎料钎焊铜及铜合金时，预留间隙为 0.03～0.25mm。

3）钎焊铅时，间隙为 0.05～0.2mm。

（8）钎焊前，必须清除工件表面的脏物、铁锈、油漆、氧化皮、油脂等，重要工件用化学法清理，一般工件用机械法清理。清理后的工件不得用手摸待焊处。

（9）要正确选择火焰种类，在一般情况下常用轻碳化焰或中性焰进行钎焊。钎焊黄铜时用轻氧化焰，使钎焊表面形成一层氧化锌膜，防止铜进一步被氧化。

（10）应严格控制钎焊温度，温度太高，合金元素易烧损，使工件变质；温度太低，钎料熔滴在工件表面上成球形而不能渗入接头间隙中。因此，要求工件表面离焰心 15～20mm，当钎料已流入接缝时，焰心与工件表面距离可稍大。

（11）要掌握好钎焊加热时间，适当延长加热时间，有利于钎料和被焊金属的相互扩散作用，但也不宜过长。加热时间以钎料全部渗入接头缝隙为限。

（12）注意做好焊后处理，焊后应除去残留在焊件上的熔剂和熔渣。工件清理后应立即以 110～120℃的温度烘干。

（六）管道的热风焊接

热风焊主要用于热塑性塑料管的焊接，其方法是将热塑性塑料的焊接部位加热至热塑状态，与填充料（焊条）熔合粘结在一起，冷却定型后可保持一定的强度；压挤焊接是塑料管道焊接的另一种方法，是一种不用焊条的焊接方法，通过外部加热，使对焊管子的两个焊接端面产生热融状态，施加外力后，将管子连接在一起。工程上所用塑料管有硬质聚氯乙烯和聚丙烯两种材料，常用的是硬质聚氯乙烯塑料管，它具有密度小、价格便宜、耐腐蚀性和绝缘好等优点，但耐热性较差，其使用温度范围在 −10～60℃ 之间，超过 40℃ 焊缝强度迅速下降。

塑料管的焊接主要为热风焊接法，热风焊设备是电动塑料焊枪，它由电动气源、调节系统和电热式焊具等组成。塑料焊条的材质与焊件相仿，并要求在加热过程中比焊件先熔化；聚丙烯焊条还要加入适量的抗氧化剂，以减少焊接过程中受高温作用而影响焊接质量。管子对焊时通常用锉锉开 V 形坡口，然后将塑料碎屑清理干净，若有油污，应用丙酮等熔剂对焊缝进行清理擦拭。焊接时要掌握好焊接温度和焊接速度，当温度过低、速度过快时，焊条和焊件就不能充分熔融，焊接不牢；相反，当温度过高、速度过慢时，则焊条和焊件受热过度，硬质聚氯乙烯就会分解，产生氯化氢气体，甚至烧焦。聚丙烯虽然不会烧焦，但会因熔浆过多而造成焊件表面流浆，降低焊缝强度。焊接温度指焊枪喷嘴热空气的温度，将水银温度计的水银球放到距喷嘴 5mm 处加热 15s 后即可测得热空气的温度。聚氯乙烯管的焊接温度一般控制在 200～250℃，焊接速度控制在 0.15～0.25m/min，聚丙烯管的焊接温度一般控制在 240～270℃，焊接速度约为 0.1～0.12m/min。

热风焊的操作要点。

（1）焊条和焊件必须均匀受热，充分熔融，尤其第一层打底焊条不得有烧焦现象。

（2）在一条焊缝中的焊条排列，必须紧密有序，不得有缝隙。

（3）焊缝内焊条接头必须错开，以确保焊缝强度。

（4）焊缝表面要饱满、平整，不能有皱纹和凹瘪现象。

（5）焊后需缓慢冷却，以免产生过大应力。

塑料管道焊接时，由于易老化，降低抗冲击性能，为提高强度，常用加套管对焊连接法，即在管子对焊连接后，将焊缝修平，外面再加装一个套管，套管两端再焊到管子上，也可用粘结剂将套管和连接管粘合。套管的长度和套管的厚度如表 4-67 所示，其加强结构如图 4-57 所示。

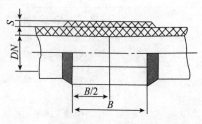

图 4-57　塑料管热风焊的加强结构

塑料套管的长度和壁厚（mm）　　　　　　表 4-67

管道公称直径	25	32	40	50	65	80	100	125	150	200
套管长度	56	72	94	124	146	172	220	270	330	436
套管壁管	3	3	3	4	4	5	5	6	6	7

四、管道的承插连接

1. 适用范围

在管道工程中带承插口的铸铁管、混凝土管、陶瓷（土）管、塑料管等管材，采用承插连接，主要用于给水、排水、石化、城市煤气等工程。

承插连接是在承口与插口的间隙内加入填料，使之密实，并达到一定的强度，以达到密封压力介质的目的。承插接口的填料分两层：内层用油麻或胶圈，其作用是使承插口的间隙均匀，并使下一步的外层填料不致落入管腔，且有一定的密封作用；外层填料主要起密封和增强作用，可根据不同要求选择接口材料。

刚性接口的内侧放入油麻、胶圈等嵌缝材料，外侧放入水泥、石棉、青铅、石膏等密封材料，柔性接口内放入一定形状的胶圈（一般由管材生产厂配套供应）。

（1）嵌缝材料。嵌缝材料主要有如下作用。

1）固定承插口之间的间隙，使承插口各处间隙相等、调整管线。

2）防止密封材料塞入管道，减少通道面积。

3）防止介质渗漏。

（2）密封材料。密封材料主要有如下作用。

1）支撑、固定嵌缝材料，防止嵌缝材料滑动、脱落、松散而失去其防渗性能；

2）密封嵌缝材料，防止与空气接触而加速老化。

2. 接口的类别

随着新的阻水材料和膨胀材料的出现，接口方法也越来越多，表 4-68 列出若干接口类别的优缺点及适用条件供参考。

几种接口的优缺点及适用条件

表 4-68

接口材料	优 缺 点	适用条件
青铅接口	1. 刚性及耐震性能较好 2. 不需养护，施工完后即可通水 3. 造价高，施工难度大	1. 穿越铁路、河谷及其他震动较大的地方 2. 用于抢修
油麻石棉水泥接口	1. 有一定的耐振性及抗轻微的挠曲 2. 造价较青铅低 3. 打口劳动强度大，操作较麻烦	1. 应用比较广泛，一般地基均可采用 2. 振动不大的地方
自应力水泥砂浆接口	1. 快硬早强、造价低 2. 操作简单 3. 刚性及耐震性能较差 4. 抗碱性能差 5. 填口时对手上皮肤有刺激	1. 同石棉水泥接口 2. 遇有土质松软、基础较差地区最好不用
石膏水泥接口	1. 材料易解决、成本低 2. 操作简单、劳动强度低 3. 操作时对手上皮肤有刺激	1. 同石棉水泥接口 2. 气温低于 5℃ 或管内水经常自接口流出时，不能使用此种接口
银粉水泥接口	1. 操作简单工效高 2. 成本比石棉水泥接口降低 45% 3. 可以承受较高水压	同石棉水泥接口
楔形橡胶圈抗震接口	1. 操作简便 2. 弹性接口，抗震动 3. 接口材料要求严格	地基条件较差，易震动的地方

3. 嵌缝材料的施工

（1）油麻。油麻是用线麻在质量分数为 5% 的 3 号或 4 号石油沥青和质量分数为 95% 的 2 号汽油的混合液中浸透晾干而成，若承插缝隙较小，填充麻 1～2 圈，对于缝隙较大、承插较深以及使用青铅作密封材料时，填充麻可增 2～4 圈，打口工具采用麻凿和灰凿。操作时，先将油麻拧成麻辫，其截面直径约为接口间隙的 1.5 倍，每缕麻在管子上绕过整圈后，应有 50～100mm 的搭接长度，由接口下方逐渐向上塞进缝隙内，然后用麻凿依次打入间隙中，当锤击时发出金属声，麻凿被弹回，表明麻已打实。打麻时应注意缝隙均匀、麻面紧密、平整，切勿用力过猛，以免将麻打断。

（2）橡胶圈。当选用橡胶圈为嵌缝材料时，橡胶圈的断面为圆形或长方形，圆形直径为承插口间隙的 1.4～1.6 倍，长方形宽高比为 1.2～1.4，厚度为承插口间隙的 1.35～1.45 倍，橡胶圈的内环直径应为管子插口外径的 85%～90%，管子口径≤300mm 时为 85%，口径大于 300mm 时为 90%。胶圈嵌缝作业采用两种方法。

1）推进器法。推进器法的具体操作程序是：在管子插口部位临时安放一个卡环，把胶圈套在插口卡环外部（管子最端处），用顶挤或牵引将管子慢慢插入承口，胶圈随管子插口徐徐滚进承口内，到达预定位置时停止，然后拆除卡环。

2）锤击法。锤击法的具体操作程序是：先用楔钻将接口下方楔大，嵌入胶圈，由下而上逐渐移动楔钻用麻凿均匀施力打胶圈，凿子应紧贴插口壁锤击，使胶圈沿一个方向均匀滚入，胶圈不宜一次滚入承口太多，以免当胶圈快填塞完一圈时，多余一段易形成疙瘩或造成胶圈填塞得深浅不一。一般第一次填塞到承口内三角槽处，然后分 2～3 次填塞到位，并要求胶圈到承口外边缘的距离均匀。管子插口有凸台时，胶圈填塞到凸台为止，否则填塞至距插口边缘 10～20mm 处为宜，以防胶圈填塞过头掉入管内。当填塞时出现"麻花"、多余一段形成疙瘩等不正常现象时，可用楔钻将接口间隙适当楔大，调整处理。采用青铅作密封材料，在填塞胶圈后，必须打油麻 1～2 圈。

4. 密封材料的施工

(1) 青铅接口。青铅接口的优点是不需养护，施工后可立即投入使用，发现渗漏也不必剔除，只需补打数道即可，但铅的成本高，融铅和灌铅时对人的身体有害，故只有在紧急抢修或有振动的地方使用。主要设施和工具有化铅炉、大小铅锅、化铅勺、吹风机、布卡箍或三角胶带卡箍。熔铅时，铅锅支撑应稳固，四周应采取安全隔离措施，雨季施工应采取防雨措施，投入铅锅的铅块要切成小块，不应附着水分，应随时掌握熔铅火候：拨开表面浮渣、观察铅溶液液面颜色，呈紫红色时温度适当，呈白色时温度低；用干燥的铁棍插入铅液内随即快速提出，如铁棍上没有附着的铅液则温度适宜。灌铅前先检查承口内填料情况，承口内应刷洗干净、无水分，以防止爆炸，将布卡箍或三角胶带卡箍箍在承口外端，在箍上方留上灌铅口，卡箍和管壁接缝部分用粘泥抹严。当管内有少量余水阻止不了时，可在卡箍下方留一出水口，以免灌铅时爆炸。灌铅时装铅工具应事先预热，灌铅要一次完成。待铅凝固后。1～5min 即可拆除铅模，先用錾子剔掉环形间隙外部余铅，再用灰凿和锤子打实，先用较薄灰凿打一遍，再用较厚灰凿打三遍，一遍紧贴插口，一遍紧贴承口，第三遍从缝正中打，打一凿移动半凿，直至铅口表面打平打实为止。

化铅和灌铅过程中，操作人员应配戴石棉手套、防护面罩或眼镜，灌铅时人要站在管顶浇口的后面，铅锅距灌铅口约 20cm，铅液要慢慢灌入，以便排除接口内空气。

(2) 石棉水泥接口。石棉水泥接口是广泛采用的一种接口，主要材料是不低于 32.5 级的普通硅酸盐水泥和软—4 级或软—5 级石棉绒，按质量比计算石棉：水泥＝1：5 或 1：10，水占水泥质量的 10%～12%；在气温较高时，水量适当增加．水的加量以灰料用手捏成团，松开手灰料在手掌中松散为适当。石棉在填料中起骨架作用，可改善接口的脆性、有利接口的操作。在拌合前石棉应晒干，并用细棍轻轻敲打，使其松散。石棉和水泥可集中干拌，盛入容器内密封保存，存放时间不宜超过 48h，以避免受潮变质。天气炎热时拌好后宜用潮湿布片覆盖，并需在 0.5～1h 内用完，干石棉水泥混合料应在使用时再加水拌匀。填打灰料前应对塞麻情况进行检查，且需用水刷洗接口使其潮湿。打灰料时，塞麻、打灰料可流水作业，但至少应相隔一个接口，打灰料应由下向上分层填打，每层厚度约 10mm，最后一层不超过 10mm，每层至少打两遍，靠承口和插口各打一遍，若打三遍时；中间再打一遍；每打一遍，每一凿位至少打三下，灰凿移动重叠 1/2～1/3，直到表面呈灰黑色，并有强烈的回弹力，最初及最后一层填打用力应较轻，打成后的接口应平整光滑、深浅一致，凹入承口边缘 2～3mm，以用凿子连打三下表面不再凹入为好。填打完毕，应进行接口养护，养护方法随空气的温度和湿度而定：在暖和潮湿季节，在接口上用湿黏土盖上一圈，并定时浇水养护；也可在接口处缠绕草绳，定时浇水养护；在炎热的夏天，还必须在接口附近管面上覆盖淋湿的草袋或在接口处立即覆填松土，浇水养护，接口养护时间应为 24h 以上，在养护期间，管道上不准承受振动负荷，管内不能承受内压。环境温度低于－5℃，不宜进行接口作业，如若作业，必须采取保温措施或用热水拌合填料，并用盐水拌合黏土封口养护，绝不允许冻结。试压验收要求接口不渗不漏，如发现局部渗漏应铲除重做。

（3）自应力水泥砂浆接口。自应力水泥砂浆接口又称膨胀水泥接口，由配料比为硅酸盐水泥熟料：矾土水泥熟料：二水石膏＝（70～71.5）：14：（16～14.5）的质量比共同磨制而成。水泥熟料选用不低于 32.5 级为宜；矾土水泥细度以比表面积大于 4000cm²/g 为宜，其中 W（Al_2O_3）大于 55％；石膏细度以比表面积大于 4000cm²/g 为宜，其中 W（SO_3）大于 40％。水泥砂浆配比为自应力水泥：中砂＝1：1 质量比，城市煤气管道可不用砂子，以提高气密性。水灰比控制在 0.3～0.4 之间，要求拌合均匀，捏成团后轻掷不散。掺水拌合后，石膏与矾土水泥生成水化硫铝酸钙，在硬化过程中具有较大的膨胀性。拌好的水泥要在一小时内用完，夏季气温较高，应随拌随用。施工时，先用油麻打入承插口内，然后再填入自应力水泥砂浆，捣实时不得跳捣，无需用锤子敲打，一般三填三捣，第一次填入约为承口深度的 1/2，第二、三次填满，使之与承口齐平或填料满面比承口外缘凹进 2～5mm，表面捣出稀浆为止，然后抹光表面，用草袋子或湿泥封口，及时浇水养护，在养护期间不得移动或发生过大碰撞。在填料作好 2h 内，不允许向填料部位敷泥、浇水，以免损坏未凝固的填料。4h 后允许地下水淹没接口，12h 后允许充水养护，但水压不宜超过 0.1MPa，操作时环境温度不应低于 5℃；冬季施工时，应用 35℃ 以上的热水拌合，并采取防冻措施。

（4）氯化钙石膏水泥接口

这种接口也是膨胀水泥性质的接口，氯化钙是快凝剂，石膏是膨胀剂，水泥是强度剂。具有操作简单省力、成本低、速凝等优点。主要材料是：W（Al_2O_3）在 6％～8％ 的 32.5 级硅酸盐水泥、市场上供应的工业石膏和无水氯化钙，其配比为水泥：石膏：氯化钙＝0.85：0.1：0.05 质量比，用 20％ 的水拌合。使用时，先把水泥和石膏拌匀，再将氯化钙溶于水中，最后用氯化钙水溶液与水泥石膏拌合，拌成"发面"状，填充时施工要迅速，拌合一个口用量后，在 10min 左右必须用完，否则失效，8h 后可试压。这种接口的抗弯和抗震性能较差，强度较低，适用于工作压力不大于 1MPa、基础条件较好的铸铁管。冬季施工时，由于气温低，为加速凝固，氯化钙的用量应适当加大。

（5）石膏水泥接口

石膏水泥接口类似自应力水泥砂浆接口，只需捣实，不需捻打，所用材料主要是 32.5 级硅酸盐水泥和工业石膏，适当掺入一些石棉绒，其配比为水泥：石膏：石棉绒＝10：1：1 质量比，加水量以填料捣实时表面有稀浆析出为准，水灰比控制在 0.35～0.45 之间，拌合一定要均匀，否则局部易发生后期膨胀，影响接口的密封性。

（6）银粉水泥接口

银粉水泥接口，操作简单，省时省力，成本低，可承受较高水压，但材料品位波动，配方需调整，以致影响广泛使用。使用材料有 32.5 级硅酸盐水泥，W（Al）为 94％～97％ 的银粉、工业石膏、石棉绒、酒石酸，其配比为水泥：银粉：工业石膏：石棉绒＝84：1：11：4，酒石酸≤0.12％×（前四项的总质量比），水等于（22％～26％）×（前四项的总质量比），酒石酸为抑制剂，以延缓化学反应过程，适应施工操作的需要。

（7）沥青玛琋脂接口

这种接口主要用于陶瓷管、陶土管的连接。所用材料为 3 号及 4 号石油沥青，其余为安山岩粉、粉煤灰等掺合料。其配料比为：夏季施工时 3 号及 4 号石油沥青各 23.5%，其余为掺合料；冬季施工时，为防止沥青玛琋脂冷却太快，使流动性不好，应将 3 号及 4 号石油沥青增加至各 28.5%，相应减少掺合料。施工时，先将沥青打成碎块，放在容器内加热，随时搅拌，当沥青全部熔化后，再将掺合料均匀撒入，边撒边搅拌，待温度达到160～180℃时，即可将其灌入打好麻的接口内，操作方法与青铅接口方法基本相同，每个接口应一次灌好。冬季施工时，灌口前应预热。管道内介质超过 45℃时，不得采用这种接口。

（8）水泥砂浆接口

以水泥砂浆为密封填料的接口，广泛用于混凝土管、钢筋混凝土管、缸瓦管的连接。水泥强度等级不小于 22.5 级，采用 1∶3 水泥砂浆，细砂要干净，搅拌要均匀。水泥砂浆应有一定的稠度，以便填塞时不致从承插口流出。边塞边捣实，填满后，用瓦工刀将表面压光，应在承口管外抹成 45°角坡向插管的保护层。当有地下水或污水浸蚀时，则应采用耐酸水泥。施工完毕应进行养护，养护方法与石棉水泥接口相同。

（9）柔性橡胶圈接口

柔性橡胶圈接口是一种新型承插式接口，利用橡胶圈的良好弹性，与承口的特殊密封槽配合，能承受由外力产生的一定位移和振动，具有在不同水压下自调压缩率的特性，从而增加了接口密封的可靠性和对承插口椭圆度、径向公差的适应性，广泛应用于地震区、软弱地基、易产生不均匀沉陷区的铸铁管和钢筋混凝土管连接之用。橡胶圈的断面形状依承口形状而异，一般由管厂配套供应，常用的有角唇形、楔形、圆形等形状。

施工时，应清除承插口工作面上的污物，然后向承口胶圈槽内放置胶圈，或将胶圈套在插口管上，在插口外侧和胶圈内侧涂抹肥皂液，作为润滑剂。检查胶圈就位是否正常，间隙是否均匀，找正后即可在管上部分覆土，以稳定管子。

五、管道的套环连接

1. 适用范围

套环连接的施工方法类似承插连接的施工方法，对接口嵌缝材料和密封材料的质量标准、配比和打口方法等要求与承插接口大体相同，只是打口时应从两侧同时进行。可用于混凝土管、石棉水泥管的连接。

套环连接是将两根要连接的管子端部插入套环内，在两管的接口处填入嵌缝材料，然后从套环的两端填充密封材料，如图 4-58 所示。

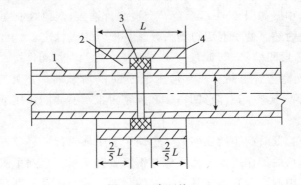

图 4-58　套环接口

1—管道；2—密封材料；3—嵌缝材料；4—套环

套环连接可用于铸铁管、钢管、石棉水泥管、混凝土管等的连接，但最为常用的是混凝土管和石棉水泥管的连接，如同承插连接一样，由接头处的嵌缝材料和密封材料的不同，有多种不同形式。

套环的内径要大于管道的外径，其间隙量依管径而定，以便于嵌入嵌缝材料和打口为准。套环的长度也依管径而定，管径越大，套环长度也越大。管道对接时一般留有 10mm 的接缝。套环和管道一般均用相同的材料，并由管厂预制。

2. 接口的类别

混凝土管一般采用石棉水泥接口、沥青砂接口、建筑油膏接口、沥青玛琋脂接口；石棉水泥管采用沥青玛琋脂接口，采用接口形式依据设计要求而定。

六、管道的卡套式连接

1. 适用范围

卡套式管接头是一种比较科学的管道连接方式，在国内外广泛应用已有多年。我国卡套式连接采用啮合式，其结构如图 4-59 所示。

卡套式管接头由接头体、卡套及螺母三个零件组成（图 4-60），其中的关键零件卡套是一个带有切割刃口的金属环。

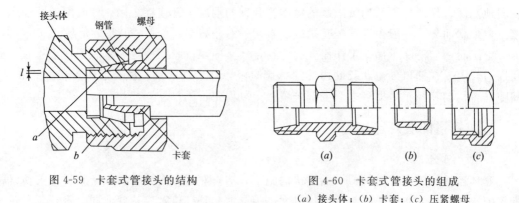

图 4-59 卡套式管接头的结构　　　　图 4-60 卡套式管接头的组成
（a）接头体；（b）卡套；（c）压紧螺母

当将管子按图 4-59 所示装配，先用手将螺母转动入扣，同时转动管子，当管子和螺母用手转不动时，说明接头体、卡套、管子和螺母均处于准备密封状态，然后再用扳手将螺母上 $1\sim1\frac{1}{4}$ 圈，即可实现密封，整个装配完成。

在接头装配过程中，如图 4-61 所示，卡套被螺母推入接头体的 24°锥孔中，卡套受锥孔强力约束产生径向收缩，使卡套刃口切入管子外壁（切入深度 $t=0.25\sim0.5$mm），从而形成图 4-59 所示的环形凹槽 a，以确保管子与卡套之间的密封和连接；同时卡套刃口端的 26°外锥与接头体孔间完全紧密贴合，也形成了图 4-59 所示的一道外密封带 b，保证了卡套与接头体间的密封。于是，在环形凹槽 a 和外密封带 b 的共同作用下，得以实现卡套连接的完全密封。

另外，在螺母被拧紧时产生的压缩力，会使卡套中部拱起，呈鼓形弹簧状，能起到避免因为振动而使螺母松脱的作用，卡套屈部与钢管紧密抱紧，起到了防止钢管振动传递到卡套刃口端的作用。因此，卡套连接具有良好的耐冲击、抗振动的性能，故被广泛地应用于各种管道工程中。

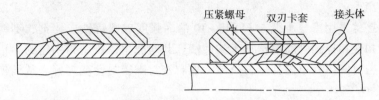

图 4-61 卡套连接的密封原理

2. 卡套式连接件及装配

卡套式连接要求管材和连接件质量精密可靠，尤其是卡套要具有足够的强度、硬度和良好的韧性，这就要求其材料性能，制造精度，热处理效果达到较高的水准，一般由专业厂家成套制造。

卡套式连接件的装配质量也直接影响其使用性能。卡套式管接头一般按如下规定进行装配：

（1）预装

1）根据施工图要求，按零件及组件的标记选择和量度管子；

2）按需要的长度在专用机床上或用手工切断管子，使管端与管中心线垂直，其尺寸偏差不得超过管子外径允许公差之半；

3）清除管端内外的毛刺及管子内外壁的锈蚀、污垢；

4）在卡套刃口、螺纹及各接触部位涂少量润滑油（禁油管道系统不得涂油），按先后顺序将螺母，卡套套在管上，再将管子插入接头体内锥孔，用手或扳手旋转螺母，同时转动管子，直到管子不动为止，此时做个标记，然后再拧紧螺母 $1\sim1\frac{1}{4}$ 圈，使卡套刃口切入管子。注意不可拧得太紧，以免损坏卡套；

5）将螺母松开，检查卡套预装情况。合格标准为卡套的刃口切入管子，中部稍有拱形凸起，尾部径向收缩抱住管子，卡套在管子上能稍有转动，但不能轴向滑动，不合格卡套在管子上有轴向窜动，这表明刃口切入管子深度不够，需要继续拧紧螺母。

（2）正式装配

1）将已预装了螺母和卡套的钢管插入接头体，用扳手拧紧螺母，直至拧紧力矩突然上升（即达到力矩激增点）；

2）从力矩激增点起，再将螺母拧紧 1/4 圈（不要多拧），装配完成。

（3）拆卸和再装配

1）拆开管道时只要把螺母松开退出即可；

2）再装管道时仍应使螺母从力矩激增点起再拧紧 1/4 圈。

七、管道的沟槽式连接

管道的沟槽式连接（又称：卡箍式连接）目前被日益广泛地应用于建筑的给排水及供暖工程中。其特点是与管道的法兰连接相比造价低，施工速度快，既适于明设管道，也适用于埋设管道。

沟槽式连接的管接头结构合理，安装空间小，便于检修；而且所采用的螺栓及螺母为埋入式，拆装时需用专用工具，可防止意外的人为随意拆卸，比较安全。

管道连接中如采用挠性接头还能适应管道的轻微角度偏差或错位，还具有一定的减振、降噪的作用。

沟槽式连接件采用牌号不低于 QT450-10 的高强度球墨铸铁或铸钢、不锈铸钢材料制造，通过管卡扣住相连钢管经滚槽加工的两端，其间隙用橡胶密封圈密封，借助管道内部压力影响橡胶密封圈，管道内部压力越高，橡胶密封圈密封性能越好，从而实现钢管的密封连接。

管道沟槽式连接所用的管件、卡箍连接件、橡胶密封圈均由专业厂家配套供应，同时还可提供钢管滚槽机、开孔机等专用机械。沟槽式连接在工程中使用最多的是自动喷水灭火系统，因为镀锌钢管不允许焊接连接，因此管径 $DN \geqslant 100mm$，应使用沟槽式连接，$DN \leqslant 80mm$ 应使用螺纹连接，$DN100mm$ 的管道，螺纹连接的密封性难以保证。

沟槽式连接的水平管道，支吊架的间距应小于焊接或法兰连接的管道，其最大间距如表 4-69 所示。

管道支吊架的最大间距　　　　　　　　　　　　　表 4-69

公称直径（mm）	50	65	80	100	125	150	200
支吊架最大间距（m）	3.0	3.4	3.7	4.3	4.9	5.2	5.8

（一）沟槽式管件的类型

1. 沟槽式管接头

沟槽式管接头即沟槽式管卡，用于沟槽式管端之间的对接连接。

（1）刚性接头卡紧后可与钢管形成刚性体，以抵抗扭力载荷和弯曲载荷，使主管道及长距离直线管道具有较好的刚性，也推荐用于沟槽式立管的连接。刚性接头的结构如图 4-62 所示，规格如表 4-70 所示。

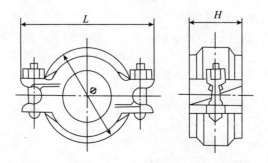

图 4-62　刚性接头

刚性接头的规格　　　　　　　　　　　　　表 4-70

公称直径 DN		钢管外径	公称压力	公称直径 DN		钢管外径	公称压力
（mm）	（in）	（mm）	（MPa）	（mm）	（in）	（mm）	（MPa）
50	2	60		125A	5	140	
65	$2\frac{1}{2}$	76		150	6	159	
80	3	89		150B	6	165	
100	4	108	2.5	150A	6	168	2.5
100A	4	114		200	8	219	
125	5	133					

（2）挠性接头允许两钢管管端之间留有间隙，有一定的角度偏差或相对错位，可作管线弯弧，可吸收噪声、振动，吸纳地震波动力，能适应管道的膨胀收缩及些微偏转现象。推荐用于水平布置管道。挠性接头的结构如图 4-63 所示，规格如表 4-71 所示。

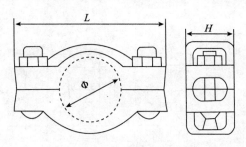

图 4-63　挠性接头

挠性接头的规格　　　　　　　　　　　　　　表 4-71

公称直径 DN		钢管外径	管端允许最大间隙（mm）	公称压力（MPa）	管子允许最大	
（mm）	（in）	（mm）			转角（°）	挠度（mm）
50	2	60	2.5	2.5	2.3	42
65	$2\frac{1}{2}$	76			1.9	33
80	3	89			1.6	28
100	4	108			1.7	29
100A	4	114			1.6	28
125	5	133			1.4	24
125A	5	140			1.3	23
150	6	159	3.2		1.2	20
150B	6	165			1.1	19
150A	6	168			1.1	19
200	8	219			0.8	14
250	10	273			0.7	12
300	12	325			0.6	10

2. 机械三通

沟槽式机械三通可用于直接在钢管上开孔后接出支管，首先在钢管上用开孔机开孔，然后将机械三通卡在孔洞上，孔洞四周由橡胶密封圈沿管壁密封。机械三通接出的支管连接方式分沟槽式和丝口式。之所以称为机械三通，是因为此类三通是由卡箍件以机械方式组合而成的。

（1）沟槽式机械三通的结构如图 4-64 所示，为节约篇幅，将简化后的规格列于表 4-72。

机械三通（沟槽式）的规格（mm）　　　　　　　　表 4-72

主管公称直径 DN	支管公称直径 DN	适用主管外径	适用支管外径
100～200	65～100A	108～219	76～114

注：管径系列可参照表 4-71。

（2）丝口式机械三通。丝口式机械三通是指三通接出的支管连接方式为丝口式，丝接方式为圆锥管螺纹连接。丝口式机械三通的结构如图 4-65 所示，将简化后的规格列于表 4-73。

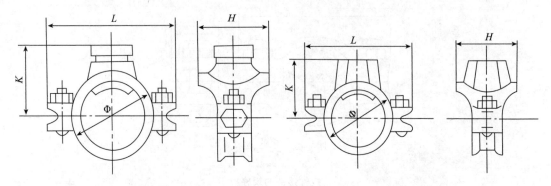

图 4-64　机械三通（沟槽式）　　　　　　　图 4-65　机械三通（丝口式）

丝口式机械三通的规格　　　　　　　　　　　　　　　　表 4-73

主管公称直径 DN	支管公称直径 DN	适用主管外径（mm）	适用支管螺纹（in）
65～200	25～80	76～219	1～3

注：工作压力为 1.6MPa；管径系列可参照表 4-71。

3. 沟槽式弯头、三通、四通

沟槽式管件 45°、90°弯头的外形见图 4-66，等径三通、等径四通的外形见图 4-67，它们的规格见表 4-74。异径三通的外形见图 4-68，简化后的规格如表 4-75 所示。

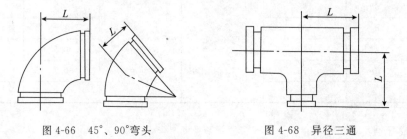

图 4-66　45°、90°弯头　　　　　　　　　　图 4-68　异径三通

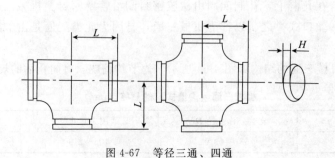

图 4-67　等径三通、四通

沟槽式弯头、三通、四通的规格　表 4-74

公称直径 DN		钢管外径	公称压力	公称直径 DN		钢管外径	公称压力
(mm)	(in)	(mm)	(MPa)	(mm)	(in)	(mm)	(MPa)
50	2	60		150	6	159	
65	$2\frac{1}{2}$	76		150B		165	
80	3	89		150A	6	168	
100	4	108	2.5	200	8	219	2.5
100A	4	114		250	10	273	
125	5	133		300	12	325	
125A	5	140					

异径三通规格（mm）　表 4-75

主管公称直径 DN	支管公称直径 DN	适用主管外径	适用支管外径
80~150B	65~125A	89~165	76~140

注：管径系列可参照表 4-71。

4. 异径管

沟槽式异径管的外形见图 4-69，丝口式异径管（小直径端为内螺纹）的外形见图 4-70，它们简化后的规格如表 4-76 所示。

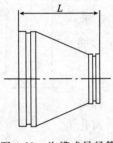

图 4-69　沟槽式异径管

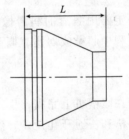

图 4-70　丝口式异径管

异径管的规格（mm）　表 4-76

异径管	主管公称直径 DN	支管公称直径 DN	适用主管外径	适用支管外径	公称压力（MPa）
沟槽式	80~200	65~150A	89~219	76~168	2.5
丝口式	65~200	25~50	76~219	33.5~60	1.6

注：管径系列可参照表 4-74。

5. 转换法兰

转换法兰适用于沟槽式管道连接系统中，在遇到法兰式设备接口时使用。转换法兰的法兰面与阀门或设备法兰相配合，其沟槽端与经过滚槽的钢管相连接。转换法兰的外形见图 4-71，其简化后的规格如表 4-77 所示。

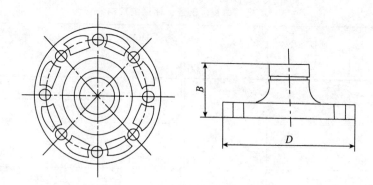

图 4-71　转换法兰

转换法兰规格表　　　　　　　　　　　　表 4-77

钢管规格（mm）		外径 D（mm）	长度 B（mm）	公称压力（MPa）
公称直径 DN	外径			
50～200	60.3～219.1	152.4～336.5	60.3～76.1	2.5

注：不同厂家的产品，尺寸可能略有差异。

（二）沟槽式连接的加工与安装

1. 安装前的准备

安装钢管切割机、滚槽机，备好开孔机。准备好安装的管子及扳手、游标卡尺、水平仪、润滑剂、木榔头、安装脚手架等用具。

安装时一定要用润滑剂润滑橡胶密封圈唇部及背部润滑，防止在安装过程中起皱或划伤、撕裂密封圈。密封圈严禁与油类接触。

2. 钢管滚槽

钢管滚槽在滚槽机上完成，生产沟槽式管件的厂家，都可以提供钢管滚槽和三通开孔设备，滚槽的结构见图 4-72，简化后的规格尺寸如表 4-78 所示。

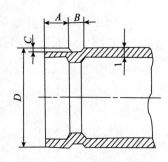

图 4-72　钢管滚槽结构

钢管滚槽规格尺寸（mm）　　　　　　　　表 4-78

钢管规格		滚槽尺寸		
公称直径 DN	外径 D	$A_{-0.5}^{0}$	$B_{0}^{+0.5}$	$C_{0}^{+0.5}$
50～80	60.3～89.1	14.5	9.5	2.2
100～150	108～168	16		
200～250	219～273	23	13	2.5

注：不同厂家的产品，尺寸可能略有差异。

钢管滚槽的操作程序如下：

（1）用切管机将钢管按所需长度切割，切口处若有毛刺，应用砂轮打磨；

（2）将需加工沟槽的钢管架设在滚槽机和滚槽机尾架上，并处于水平位置；

（3）将钢管端面与滚槽机止面贴紧，使钢管中轴线与滚槽机止面呈90°；

（4）启动滚槽机电机，徐徐压下千斤顶，使滚槽机上压轮均匀滚压钢管至预设定的沟槽深度为止；

（5）用游标卡尺检查沟槽的深度和宽度，确认符合标准要求；

（6）千斤顶卸荷，取出钢管。

3. 橡胶密封圈与螺栓、螺母

（1）橡胶密封圈

应根据不同的介质和工作环境，选择不同的橡胶密封圈，如表4-79所示。

橡胶密封圈的品种　　　　　　　　　　　　　　　表4-79

密封圈名称	适用温度	适 用 介 质
三元乙丙橡胶	$-34\sim110℃$	水、气体、稀释的酸（碱）以及其他化学品（不包含碳氢化合物）；严禁与油、碳氢化合物同用
丁腈橡胶	$-29\sim82℃$	石油产品、植物油、矿物油；严禁与高温物质同用
氟橡胶	$-29\sim149℃$	高温介质、化学腐蚀品、油脂、碳氢化合物；可抵抗不稳定水压
硅橡胶	$-40\sim177℃$	高温干燥的空气和一些高温的化学物品

密封圈的密封方式为"C"型橡胶圈，可形成三重密封。密封的原理为密封圈静态时抓住管端表面形成初次密封；接着为卡箍锁紧时密封圈受到卡箍内部空间的限制，被动压制在管端表面，形成二次密封；三次密封为管道内流体进入"C"型圈内腔，反作用力于密封圈唇边，使其唇边与管壁紧密配合无间隙，也就是说，管道内流体压力越大，密封性能越好。

（2）螺栓与螺母

螺栓与螺母是专门为管卡而设计的，螺栓颈部为椭圆形结构，防止旋紧螺母时打滑，螺母为垫片式，无须另加垫片。安装时仅须一把扳手即可。螺栓的材质为40Cr或35号钢，螺母的材质为35号钢。螺栓的性能等级应符合GB/T 3098.1—2000中9.8级以上的要求。螺母的机械性能应符合GB/T 3098.2—2000规定的8.8级的要求。

4. 安装顺序

安装必须遵循先装大口径、总管、立管，后装小口径、支管的原则。安装过程中不可跳装、分段装，必须按顺序连续安装，以免出现管段之间连接困难和影响管道整体性能。

（1）准备好符合要求的沟槽管段、管卡、配件和附件；

（2）检查橡胶密封圈是否有损伤，将其套在一根已涂润滑剂的钢管端部；

（3）将另一根钢管靠近已套上橡胶密封圈的钢管端部，并涂润滑剂，两管端处应留有一定间隙，间隙应符合标准要求；

（4）将橡胶密封圈滑移到另一根钢管端部，使橡胶密封圈位于接口中间部位；

（5）在接口位置橡胶密封圈外侧安上下卡箍，并将卡箍凸边卡进沟槽内；

（6）用手力压紧上下卡箍的耳部，并用木榔头槌紧卡箍凸缘处，将上下卡箍靠紧；

（7）在卡箍螺孔位置，穿上螺栓，并均匀轮换拧紧螺母，防止橡胶密封圈起皱；

（8）检查确认卡箍凸边全圆卡进沟槽内。

5. 开孔、安装机械三通

安装机械三通的钢管应在接头支管部位用开孔机开孔：

（1）用链条将开孔机固定于钢管预定开孔位置处；

（2）启动开孔机，钻头旋转正常后，操作设置在立柱顶部的手轮，转动手轮缓慢向下，开孔钻头要用润滑剂冷却润滑，完成钻头在钢管上开孔；

（3）清理钻落在管内的金属屑，孔洞如有毛刺，须用锉刀打磨光滑；

（4）将机械三通、卡箍置于钢管孔洞上下，并在孔洞周边涂润滑剂，注意机械三通、橡胶密封圈与孔洞间隙均匀，紧固螺栓到位。

八、活节式管道连接技术

目前世界上的管道连接技术只有丝接、焊接、粘接、承插、压接和法兰连接等几种，大连葛文宇先生经 30 余年苦心钻研，发明了一种新的活节式管道连接技术。传统的管道连接方法是"合二为一"的结构，其中存在"连接"与"密封"两种功能相混淆的问题，而葛先生则是将传统的"合二为一"管道连接方法改变为"一分为二"的方法，将"密封"与"连接"两个功能分开由两个不同的部件来承担。即通过一个富有弹性的柔性材料制成的密封环来承担"密封"功能，通过承插将管子箍抱住或利用刚性齿牙啮咬住管子的锁紧装置来承担"连接"功能；使"密封"功能与"连接"功能分别由两个部件来承担，从而彻底消灭管道连接处的泄漏可能。其最基本原理可以"螺母活节管件"为例（图 4-73～4-77）。

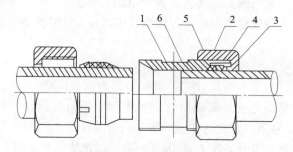

图 4-73　"螺母活节管件"的结构构造示意图

1—管件主件；2—锁紧螺母；3—楔锥形牙块；4—牙块支架环（锁紧环）；5—密封环；6—管子

由上面示意图可知，将锁紧螺母、镶嵌有几块楔锥形牙块的牙块支架环（简称锁紧环）、密封环依序套装到要连接的管子的端部，再将管子端部插入到管件主体的空腔中，使密封环正好塞嵌到管件主体的端部内侧的锥形密封止口中，旋拧锁紧螺母与管件主体端口外部螺纹相连接。锁紧螺母在不断旋拧向前移动的同时其尾孔对楔锥形牙块渐渐加大挤压力，牙块的斜锥面受到压力后会产生两个分力：一个是沿管子轴向方向的水平推力，迫使牙块支架环向前移动而对密封环施加推挤压力，使密封环被牢牢的挤压塞满到管件主体端口内的锥形止口中，强大的挤压力使柔性的密封环被压缩而向四面膨胀伸张，它首先会沿着管件主体端口内的锥形密封止口的锥形斜面滑动并楔塞死管件主体的内壁与管子外皮之间的缝隙，堵住管道内向外流动的液体或气体介质，这就实现了连接密封；牙块的斜锥面受到压力后所产生的第二个分力是：沿管子径向的垂直分力，这个垂直分力迫使几块牙块在管子圆周外围同时紧紧地锁抱住管子的外皮，由于牙块的内侧面有好多条齿牙，而这些坚硬齿牙的材料硬度大于管子的材料硬度的 2 倍以上，所以这些锋利的齿牙就会深深的啮咬人管子的表皮中，啮咬嵌入深度从 0.2～0.5mm 不等。这就使管件主体与其所要连接的管子之间形成了牢固的连接。

上述的安装过程，由柔性材质的密封环担负起"密封"作用，由楔锥形牙块坚硬的齿牙担负起锁紧"连接"作用。有了这样的分工合作，才能完整的实现管道连接。

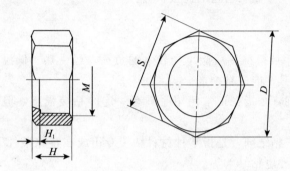

图 4-74 "螺母活节管件"的锁紧螺母的结构示意图

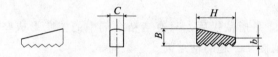

图 4-75 "螺母活节管件"的金属楔锥形牙块的结构示意图

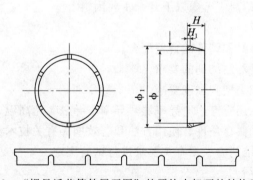

图 4-76 "螺母活节管件展开图"的牙块支架环的结构示意图

"活节管件"不仅安装方便，还可以随意自由反复安装和拆卸，除了与管道相接，也可与阀、泵、水龙头、各种管件以及仪表等凡是与管道相连接的配件，均可采用。葛先生还延伸创造发明了 21 种具有实用价值的"活节管件"，并已获得了 27 种有关活节式管道连接技术的专利，以及研制出了加工管件的专用工具、机床设备。读者有兴趣可以详细阅读中国建筑工业出版社最新出版的：葛文宇著：《活节式管道连接技术》。目前此项技术广泛推广的关键是要能大量提供此类"活节管件"的商品，人们才能广泛使用。

九、管道的粘接连接

(一) 应用范围

管道的粘接连接是采用粘结剂粘接连接的方式，与法兰、焊接等连接方式相比，具有剪切强度大，应力分布均匀，可以粘结任意不同材料，施工简便，价格低廉，自重轻以及兼有耐腐蚀，密封等优点，在一些工业部门已得到推广应用。在管道工程上也在逐步得到广泛应用，目前大多用于塑料管道的连接工程。

1. 粘结剂的类别

(1) 按用途分类

1) 结构粘结剂，是指粘接后能承受较大的负荷，经受热、低温和化学腐蚀等作用，而且不变形，不降低其性能的粘结剂。

2) 非结构粘结剂，是指在正常使用时具有一定的粘接强度，但受热或较大负荷时，性能下降的粘结剂。

3) 专用（特种）粘结剂，是指某种材料粘接专用或在特殊条件下使用的粘结剂，如耐高、低温粘结剂，导电粘结剂等。

(2) 按固化方式分类

1) 溶剂型粘结剂，是指粘接后，待粘结剂中的溶剂挥发后，而使被粘结物牢固地粘接在一起的粘结剂。

2) 热固型粘结剂，是指粘接后，只有当粘结剂中的树脂形成坚固的网状结构后，才能将被粘接物牢固地粘接在一起的粘结剂。

2. 粘结剂的选择

(1) 选择依据。要使粘接接口满足工程要求，必须选择或配制适当的粘结剂，制定完善的粘接工艺。选择粘结剂应考虑以下几个主要因素。

1) 初凝和固化速度。

2) 胶接间隙，即管材和管件的公差配合。

3) 输送介质和环境对粘结剂的要求。

4) 接口承受的荷载类型和强度要求。

5) 在特殊情况下，还应考虑电导率、热导率、导磁、超高温、超低温等因素。

6) 粘结剂的成本、储存条件、使用方法和有效期等有关技术经济因素。

对于自行配制的粘结剂应根据有关要求进行试验测定。

(2) 塑料专用粘结剂

1) 溶结剂粘接连接，适用于同一类型的热塑性塑料的粘接，将塑料表面用有机溶剂处理后使被粘接的塑料表面溶胀、软化，然后用不太大的压力将软化粘结面相叠合，使之紧密接触，直至固化为止。常用粘接塑料采用的溶结剂及胶粘剂如表 4-80 所示。

粘接塑料的溶结剂及胶粘剂 表 4-80

塑料名称	适用的溶结剂	适合的胶粘剂
热固性塑料	无	①环氧和改性的环氧胶，②氯丁胶，③酚醛和改性酚醛胶，④聚氨酯胶，⑤不饱和聚酯胶

续表

塑料名称	适用的溶结剂	适合的胶粘剂
聚乙烯	无	①JY-201 压敏胶，②热熔胶（EVA），③溶剂型氯磺化聚乙烯胶，④PS 型压敏胶，⑤GPS-4，⑥SBS型胶，⑦环氧和改性环氧胶（表面需处理）
聚丙烯	无	①JY-201 压敏胶，②PS 型压敏胶，③热熔胶，④环氧和改性环氧胶（表面需处理）
氟塑料	无	①有机硅树脂粘合剂，②间苯二酚-甲醛胶粘剂，③改性环氧胶（表面需处理）
醋酸纤维素	①丙酮，②乙酸乙酯，③乙二醇乙醚，④醋酸纤维素∶丙酮∶乙二醇乙醚＝100∶60∶30（质量比）	①聚氨酯胶，②α-氰基丙烯酸酯胶
硝酸纤维素	①丙酮，②乙酸乙酯，③少量硝酸纤维素溶于丙酮-乙酸乙酯	①聚氨酯胶，②α-氰基丙烯酸酯胶
ABS	①氯仿，②甲乙酮，③甲基异丁酮，④四氢呋喃，⑤二氯乙烷，⑥ABS 溶入上述溶剂配成 10%的溶液	①不饱和聚酯胶，②改性环氧胶，③聚氨酯胶，④α-氰基丙烯酸酯胶，⑤改性氯丁胶醋酸纤维素胶
有机玻璃	①氯仿，②二氯甲烷，③二氯乙烷，④甲乙酮，⑤二氯甲烷∶甲基丙烯酸甲酯∶过氧化二苯甲酰＝60∶40∶0.2（质量比），⑥有机玻璃溶于氯仿配成的 5%～10%液，⑦SY-69 胶，⑧聚甲基丙烯酸丁酯胶	①聚氨酯 101 胶，②不饱和聚酯胶，③α-氰基丙烯酸酯胶，④改性环氧间苯二酚-甲醛粘结剂，⑤过氯乙烯胶，⑥GM924 光敏胶
聚苯乙烯（改性聚苯乙烯）	①甲苯，②二甲苯，③甲乙酮，④5%～10%聚苯乙烯-苯（或甲苯）溶液，⑤醋酸异戊酯∶聚苯乙烯∶丙酮∶氯仿＝60∶7∶20∶7（质量比），⑥聚甲基丙烯酸丁酯胶	①聚氨酯胶，②α-氰基丙烯酸酯胶，③不饱和聚酯胶，④改氯乙烯胶，⑤醋酸纤维素胶，⑥改性环氧胶
硬聚氯乙烯	①甲乙酮，②环己酮，③四氢呋喃，④氯代烃	①α-氰基丙烯酸酯胶，②聚氨酯胶，③不饱和聚酯胶，④聚氯乙烯胶，⑤SW-1 胶粘剂，⑥过氯乙烯胶粘剂，⑦改性环氧胶，⑧901胶，⑨氯丁胶
软聚氯乙烯	无	①聚氨酯胶，②聚氯乙烯胶，③902胶，④改性氯丁胶，⑤压敏胶
聚甲醛	六氟丙酮三水化物（溶接共聚甲醛）	①聚氨酯胶，②不饱和聚酯胶，③改性氯丁胶，④酚醛一丁腈胶，⑤改性环氧胶（表面需化学处理）
聚偏二氯乙烯	无	①改性环氧胶，②酚醛-丁腈胶

塑料名称	适用的溶结剂	适合的胶粘剂
氯化聚醚	无	①改性环氧胶（表面处理强度更好），②聚氨酯胶（表面处理强度更好），③不饱和聚酯-苯乙烯胶（表面处理强度更好）
聚碳酸酯	①二氯甲烷，②二氯甲烷∶二氯乙烷＝6∶4（体积比），③聚碳酸酯∶二氯甲烷∶二氯乙烷＝40∶147∶80（质量比），④三氯乙烷∶聚碳酸酯＝50∶40（质量比）	①聚氨酯胶，②改性环氧胶，③α-氰基丙烯酸酯胶，④过氯乙烯胶，⑤聚苯醚胶，⑥不饱和聚酯胶
聚苯醚（改性聚苯醚）	①氯仿，②二氯乙烷，③甲苯，④氯仿∶四氯化碳＝95∶5（体积比），⑤聚苯醚溶于氯仿配成10％～18％的溶液	①改性环氧胶。②聚氨酯胶，③聚砜胶
尼龙	①甲酸，②间苯二酚乙醇（1∶1），③苯酚-水（含12％水的苯酚），④溶性尼龙∶氯化钙∶乙醇＝10∶22.5∶67.5（质量比），⑤甲酸∶尼龙＝100∶（10～15）（质量比）	①对苯二酚-甲醛胶（树脂∶固化剂＝1∶0.2质量比），②聚酯胶，③改性环氧胶，④改性氯丁胶，
聚酰亚胺	①可溶性聚酰亚胺∶二甲基乙酰胺＝16∶84（质量比），②聚酰亚胺溶于甲乙酮∶二甲基甲酰胺（70∶30体积比）配成10％～20％溶液，③聚酰亚胺溶于甲苯∶二甲基甲酰胺（30∶70体积比）配成5％～10％溶液	①环氧胶，②聚己二撑双马来酰亚胺胶，③酚醛-丁腈胶
聚砜	①氯仿，②三氯乙烯，③聚砜溶于二氯甲烷配成5％溶液	①环氧胶，②改性环氧胶，③聚氨酯胶，④过聚乙烯胶，⑤聚苯醚胶
聚苯硫醚	无	环氧和改性环氧胶
聚酯薄膜	①邻-氯代苯酚，②四氯乙烷和甲酚的混合液（PETP的溶结剂）	①环氧胶，②改性环氧胶，③酚醛-丁腈胶，④聚酯，⑤聚氨酯胶，⑥溶液型氯磺化聚乙烯胶，⑦粘涤纶薄膜胶粘剂

2）在管道工程中，塑料管道大多为硬聚氯乙烯管材，为此在这里列出适用于硬聚氯乙烯管材的专用胶粘剂如表4-81所示，以供参考选用。

硬聚氯乙烯管材的专用胶粘剂性能

表 4-81

牌号	组成及配方	工艺条件	性能	用途	生产厂
816 号硬聚氯乙烯塑料管接头胶粘剂	单组分	室温	(1) 粘接后剪切强度（试样搭接）＞6.0～7.0MPa （2）管子、管件组合冷冻试验（−15℃，24h，室温 30℃，24h 为一循环）：共 20 循环，粘接处不渗漏、不开裂 (3) 管子、管件组合热湿试验（烘箱 50℃，水温 20℃为一循环）：共 20 循环，粘接处不渗漏，不开裂 (4) 管子、管件组合瞬时爆破试验（加压至 2.7MPa 管子破裂）：粘接处不开裂，不渗漏	主要用于硬聚氯乙烯塑料管连接，也可用于硬聚氯乙烯板及其他制品的粘接；包装：塑料瓶 500g/瓶、铝管装 50g/管	上海市建筑科学研究所
901 号、903 号硬聚氯乙烯专用胶粘剂	单组分	室温	(1) 胶接后定位时间：40s 以内 (2) 露置时间对粘接剪切强度的影响： <table><tr><td>剪切强度 胶液</td><td colspan="5">露置时间（s）</td></tr><tr><td></td><td>0</td><td>30</td><td>60</td><td>90</td><td>120</td></tr><tr><td>901 号</td><td>69</td><td>44</td><td>18</td><td>23</td><td>14</td></tr><tr><td>903 号</td><td>81</td><td>51</td><td>30</td><td>25</td><td>16</td></tr></table> (3) 达到完全固化的时间（d）：901 号为 5～7，903 号为 5	用于聚氯乙烯硬管，板等的套接拼缝及各种形式的粘接，901 号适用间隙较大处，903 号用于间隙较小处 包装：10g、1kg、17kg	上海新光化工厂生产
塑料排水管用热熔沥青粘结剂	单组分	室温	(1) 剪切强度 <table><tr><td>被粘接材料</td><td>剪切强度（MPa）</td><td>测定温度（℃）</td></tr><tr><td rowspan="2">聚乙烯-聚乙烯</td><td>0.64～0.67</td><td>26</td></tr><tr><td>0.93～0.96</td><td>20</td></tr><tr><td rowspan="2">聚丙烯-聚丙烯</td><td>1.11</td><td>20</td></tr><tr><td>0.63</td><td>0</td></tr></table> (2) 耐介质性能 <table><tr><td>介质种类</td><td>浸渍时间（d）</td><td>剪切强度保留率（%）</td></tr><tr><td>自来水</td><td>35</td><td>100</td></tr><tr><td>5%的盐酸溶液</td><td>35</td><td>100</td></tr><tr><td>5%的硫酸溶液</td><td>35</td><td>84</td></tr><tr><td>5%的氢氧化钠溶液</td><td>35</td><td>79</td></tr><tr><td>2%的食盐溶液</td><td>35</td><td>100</td></tr><tr><td>2%的洗衣粉水溶液</td><td>35</td><td>80</td></tr></table> (3) 管件、管材组件耐水压试验 聚乙烯-聚乙烯（在 24℃时）允许工作压力（MPa），短期工作压力＞0.6～1.1，长期工作压力＞0.3	主要用于聚乙烯、聚丙烯、聚氯乙烯等硬塑料管材，管件承插接口的粘合，也可用于塑料地板砖的粘接 包装：纸盒（1kg 装）、铁桶（8kg 装） 耗量：2～4in 管件承插接头平均 60～70 只接头 1kg	济南市十三塑料厂

（二）被粘管口的处理

粘接接口的表面处理是粘接工艺中很重要的施工环节。由于塑料或金属等材料在加工、运输、储存过程中，表面会沾染油污、吸附物或加工残留物，如不注意清理将直接影响粘接强度。对粘接表面的处理经常用以下几种方法。

（1）溶剂擦洗。根据粘接材料表面状况，采用各种不同溶剂，进行蒸汽脱脂或用棉花，干净布布块浸渍溶剂擦洗，直到表面无污物为止。这是一般粘接施工中最常用的简单易行的有效方法。但采用溶剂擦洗时，应注意溶剂挥发对人体和环境的影响，以及溶剂对胶粘件的影响。

（2）机械清理。机械清理最常用的方法是用砂纸打磨胶粘表面，也可用钢丝刷、砂布擦洗，机械清理后表面的清洁度高，特别是对金属胶接件效果更好。但较溶剂擦洗麻烦。

（3）化学清洗法（化学处理）。将胶接件在室温或高温下浸入酸、碱及某些有机溶液中，除去表面污物或氧化层。此法具有高效、经济、质量稳定等优点。

常用塑料及金属表面处理方法，如表 4-82 和表 4-83 所示。

常用塑料的表面处理方法　　　　　　　　　　　　　　　　表 4-82

塑料名称	脱脂溶剂	几种处理方法
氟塑料	三氯乙烯 丙酮	（1）涂环氧胶粘剂，于 370℃加热 10min；400℃加热 5min （2）在 1%的金属钠的液氨溶液（$d=0.85g/cm^3$）中浸蚀 10～30s，其表面变成褐色，取出，在空气中挥发掉氨气，用冷水冲洗后干燥 （3）把 128g 萘溶解在 1L 无水四氢呋喃中，在氮气流中，加入 23g 金属钠粒，搅拌制成暗褐色溶液。把粘接面放入溶液中浸 1～5min，取出后用丙酮洗净，最后用水充分洗净干燥 （4）辐射接枝法：将聚四氟乙烯浸于某些有机单位（如苯乙烯），用钴源（C_0^{60}）照射，则在氟塑料表面发生接枝反应 （5）电晕法：将塑件放在因电晕放电而活化的下列之一气体中活化：空气 5min；一氧化氮 10min；氮气 5min （6）在熔融醋酸钾（295℃）中，浸 30min 后，水洗干净，用热风吹干
聚苯乙烯 （改性聚苯乙烯）	甲醇 异丙醇	（1）喷砂或用孔径为 0.154mm（100 目）金刚砂布打毛后，用干净脱脂棉球或纱布沾脱脂溶剂擦拭 （2）脱脂后再用浓硫酸 90 份，重铬酸钠 10 份配制的溶液中浸 3～4min，然后水洗干净
ABS	丙酮	（1）同聚苯乙烯之（1） （2）在浓硫酸 26 份、铬酸钾 3 份、水 13 份配制的溶液中，60℃浸 20min，取出后用水冲洗，热风吹干
氯化聚醚	丙酮 甲乙酮	（1）同聚苯乙烯之（1） （2）在重铬酸钾 5 份、水 8 份、浓硫酸 100 份配制的溶液中，65～70℃浸 5～10min，取出后，用水冲洗，热风吹干
尼龙	丙酮 甲乙酮 清洁剂	（1）同聚苯乙烯之（1） （2）粘接表面去油后，涂一层间苯二酚-甲醛树脂

续表

塑料名称	脱脂溶剂	几种处理方法
聚乙烯 （PE）	丙酮	（1）在重铬酸钠 5 份、水 8 份、浓硫酸 100 份配制的溶液中，温度（71±2）℃，浸 15～30min 或室温处理 1～1.5h 取出，水洗、晾干 （2）火焰法将工件放在氧化焰上方灼烧 5s 左右，到表面呈透明状时，立即投入冷水中 （3）烷基钛酸酯法把溶解在有机溶剂中的烷基钛酸酯涂在粘接表面上，在空气中遇水汽成膜 （4）电晕法在 50kV 电压条件下，处理 1min，并在处理后 15min 内进行胶粘连接
聚丙烯（PP）	丙酮	（1）在重铬酸钠 5 份、水 8 份、浓硫酸 100 份配制的溶液中，70℃下浸 1min 取出水洗、晾干 （2）烷基钛酸酯法同聚乙烯（3）
聚酰亚胺	丙酮 甲乙酮	（1）同聚苯乙烯之（1） （2）用丙酮去油后，用 60～90℃的 5％氢氧化钠水溶液处理 1min，水洗干净后，热风吹干
聚甲醛	丙酮	（1）同聚苯乙烯之（1） （2）在重铬酸钾 5 份、水 8 份、浓硫酸 100 份配制的溶液中，室温下浸 10s 后，取出用水洗，室温下干燥 （3）Satinizing 法，把粘接表面在全氯乙烯 96.2 份，1，4-二氧六环 3 份，对甲苯磺酸 0.3 份配制的溶液中，80～120℃浸 10～30s，取出后直接移至 120℃烘箱中烘 1min，然后用热水洗，120℃干燥
聚偏二氯乙烯	乙醇	同聚苯乙烯之（1）
聚酯薄膜 （涤纶）	丙酮 乙醇	（1）烷基钛酸酯法，同聚乙烯之（3） （2）在 30％氢氧化钠溶液中，30℃处理 5min，水洗后干燥，再在氯化亚锡稀水溶液中（10g/L）浸 5s 后取出，水洗干燥
有机玻璃 （改性有机玻璃）	丙酮，甲乙酮，甲醇，异丙醇，三氯乙烯，洗涤剂	用脱脂棉球或纱布沾脱脂溶剂擦拭
软聚氯乙烯	酮类	同有机玻璃
热固性塑料	丙酮，甲乙酮，甲苯，三氯乙烯，低沸点石油醚	同聚苯乙烯之（1）
聚苯硫醚	三氯乙烯	同聚苯乙烯之（1）
聚苯醚 聚碳酸酯 聚砜 纤维素类	三氯乙烯 甲乙酮	同聚苯乙烯之（1）

常用金属及其合金的表面处理方法

表 4-83

金属	脱脂溶剂	处 理 方 法
铝及其合金	三氯乙烯	(1) 喷砂或 100 号金刚砂布打磨 (2) 阳极化处理：硫酸（H_2SO_4）200g/L，直流电流（100～15）A/m^2、10～15min，在饱和重铬酸钾（$K_2Cr_2O_7$）溶液（95～100℃）中浸 5～20min，再水洗干燥 (3) 浓硫酸（密度 1.84g/cm³）10g，重铬酸钠（$Na_2Cr_2O_7$）1g，水（H_2O）30g，66～68℃处理 10min，热水洗，干燥 (4) 磷酸（H_3PO_4）7.5g，铬酐（CrO_3）7.5g，乙醇（C_2H_5OH）5g，甲醛（HCHO）（36%～38%）80g，5～30℃处理 10～15min. 于 60～80℃水洗，干燥 (5) 水玻璃（Na_2SiO_3）30g，氢氧化钠（NaOH）1.5g，焦磷酸钠（$Na_4P_2O_7$）1.5g，水（H_2O）128g，70～80℃处理 10min，65℃水洗，再在下列溶液中（重铬酸钠 1g，浓硫酸 1.84g/cm³ 10g，水 30g）65℃±3℃浸 10min。水洗、干燥 (6) 氟氢化铵（NH_4HF_2）3～3.5g，铬酐（CrO_3）20～26g，磷酸氢二铵［$(NH_4)_2HPO_4$］2～2.5g，85%浓磷酸（H_3PO_4）50～60cm³，硼酸（H_3BO_3）0.4～0.6g，水 1000mL，25～40℃，处理 4.5～6min，水洗、干燥
钢及铁合金	三氯乙烯	(1) 喷砂或砂布打磨 (2) 重铬酸钠饱和溶液 0.35g，硫酸（1.84g/cm³）10g，50℃处理 10min，刷去灰渣，蒸馏水洗，70℃干燥 (3) 盐酸（HCl，37%）20 份，磷酸（H_3PO_4，85%）3 份，氢氟酸（HF，35%）1 份，93℃处理 2min，温水清洗，空气中干燥 (4) 磷酸（85%）1 份，乙醇（C.P）2 份，60℃处理，10min，水洗，干燥
铜及其合金	三氯乙烯 丙酮	(1) 浓硫酸（1.84g/cm³）8mL，浓硝酸（1.4g/cm³）25mL，水 17mL，25～30℃处理 1min (2) 氧化锌（ZnO）20g，浓硫酸（1.84g/cm³）460g，浓硝酸（1.4g/cm³）360g，20℃处理 5min，在 65℃以下的水中漂洗，再在 45℃的酸液中浸 5min，蒸馏水洗后干燥 (3) 过氧二硫酸钾（$K_2S_2O_8$）15g，氢氧化钠（NaOH）50g，水（H_2O）1000m，60～70℃处理 15～20min 表面发黑再用硫酸洗去黑色，水洗，干燥 (4) 硫酸铁［$Fe_2(SO_4)_3$］454g，浓硫酸（1.8g/cm³）340g。水（H_2O）4.5L，65～70℃处理 10min，水洗，再于下列溶液（重铬酸钠 5g，浓硫酸（1.84g/cm³）10g，水 85g）中浸亮 冷水洗后，浸入氨水（$NH_3·H_2O$，$d=0.85g/cm^3$）中，再用冷水洗净，干燥
镍	三氯乙烯 丙酮	(1) 喷砂或砂布打磨 (2) 浓硝酸（1.4g/cm³）中室温处理 5s，水洗，干燥

（三）管道粘接的操作要点

粘接工艺包括粘结剂的保管、涂敷、固化等过程。当粘接的接口间隙、粘接长度确定以后，胶粘剂的选择，粘接工艺的制定就应综合前述要求加以考虑。连续作业的工程，则要求粘接后即有较高的初凝强度，因此应选择挥发快的溶剂型粘结剂，或反应快的热固性粘结剂。结合输送介质，运行环境还应加入必要的添加剂。

粘结剂应储存在温度较低的库房内，并与光、热隔离。不同粘结剂应分别存放。溶剂件粘结剂不应存放时间过长。

1. 配制粘结剂。现场配制的粘结剂应先少量配制，经试验合格后再批量配制。溶剂型粘结剂在使用前应检查有无变色，混浊，沉淀等异常现象，如发现上述现象就不宜使用。

2. 涂刷粘结剂。涂刷粘结剂的工具一般为漆刷。因涂刷不足而需要补胶时，可采用挤压枪进行喷涂。热溶性粘结剂则采用电热刷涂刷。

粘结剂粘度要适度。涂刷时应按顺序进行，承口与插口粘接面应事先进行用清洗溶剂处理均需涂胶，涂刷层要求薄而均匀。插入后切忌转动，在粘接尚没达到一定强度之前接口不宜活动。

3. 固化。粘结剂的固化是一个较长的时间过程，在室内条件下经常需要几小时至几天，甚至更长的时间，为了加快固化过程．一般对粘接口可进行加热。加热的方式有：直接加热、辐射加热，感应加热和高频电介质加热等方法。也可采用加压固化，如重量加压，机械加压等。

十、不同材质管道的连接

在此仅以聚乙烯管和钢管的连接来介绍不同材质管道的连接，读者借此可举一反三。

聚乙烯管与钢管连接可采用法兰连接，其方法如下：

第一步：

按金属管道法兰连接要求，将一个钢质法兰片焊接在待连接的钢管端部，再将另一个钢质法兰片背压活套法兰套人待连接的聚乙烯法兰连接件的端部，按聚乙烯管道连接要求，将法兰连接件管端平口端与聚乙烯管道进行热熔连接或电熔连接。

第二步：

将法兰垫片放入金属管道端钢质法兰片与法兰连接件管端端面，并应使连接面配合紧密，安装螺栓在对称位置均匀紧固螺栓。

第五章　管道的保温与防腐

在管道工程中输送的介质有两种：一种是供热系统的蒸汽管道、热水管道、生产工艺的热介质管道，一种是制冷系统的冷介质管道、空调系统的冷介质管道。这些管道都要采取热绝缘结构，以减少散热或吸热、预防管道内介质的冷凝、结晶和冻结、防止人员烫伤或冻伤、节约能源、满足生产和生活的需要。

第一节　保温材料及其选择

一般而言，保温是保持管道内介质不低于或不高于某一界限温度的技术措施，热绝缘结构是保温措施之一，但是对于间歇工作的热介质管道或冷介质管道，当停止工作时间较长时，热绝缘只能延长它们的冷却或加热时间，而不能确保管道内介质不低于或不高于某一界限温度，在这种情况下除了采取热绝缘措施之外，还要采取伴热或伴冷措施，工程上常用的是伴热措施，以达到间歇工作的保温目的。

一、基本要求

1. 热绝缘层的厚度在满足技术要求前提下，还要满足"经济厚度"的要求，厚度太大虽然可以降低热耗或能耗，但要增加投资；反之，厚度太小虽然可以降低投资，但要增加热耗或能耗。

2. 为了提高生产工艺管道的输送能力，以节约资金、降低成本，应采取热绝缘措施，必要时还要采取加热措施和伴热措施。

3. 为了预防管道内介质的冷凝、结晶和冻结，应采取热绝缘措施，必要时采取伴热措施。

4. 当人体短时间接触表面温度高于 60℃ 或低于 −5℃ 的管道时，有烫伤或冻伤危险，为了保证操作人员的安全，改善劳动条件，应采取热绝缘措施，以使设备和管道的表面温度在 60～−5℃ 之间。

5. 在夏季，当输送介质的温度较环境气温低时，管道外表面可能结露，为了防止结露，应采取热绝缘措施，使外表面温度高于露点。

6. 在高温管道附近有可燃、易燃、易爆物品时，有发生火灾和爆炸的危险，为此应采取热绝缘措施，以降低管道表面温度至无危险的允许温度。

7. 管道和设备表面温度应低于 50℃、高于 0℃，有电气设备的房间、居住房间和操作间，管道和设备表面应防止结露。

8. 室外架空敷设的煤气管道、乙炔管道，如有低于 0℃ 可能时，一般应绝热防冻。

9. 所有可能处于 0℃ 以下的各种气体管道的冷凝水排出管，必须绝热防冻。

10. 室外架空敷设管道或安装于潮湿环境中的管道，在绝热层外应设防水层。

二、绝热材料的选择

（一）绝热材料的分类

1. 按材料类别分

（1）有机材料：如可发性聚苯乙烯、毛毡、软木等。

（2）无机材料：如膨胀珍珠岩、微孔硅酸钙、石棉、泡沫混凝土等。

2. 按材料的形状分类

（1）成型材料：如软木、水泥珍珠岩瓦等。

（2）散状材料：如玻璃棉、石棉绒等。

3. 按使用温度分类

（1）高温材料：使用温度为 700℃ 以上，如硅酸铝纤维、硅纤维等。

（2）中温材料：使用温度为 100～700℃，如石棉、珍珠岩等。

（3）低温材料：使用温度为 100℃ 以下，如可发性聚苯乙烯、软木、聚氨酯泡沫塑料等。

4. 按压缩性分类

（1）软质材料：可压缩性为 30% 以上，且可弯曲 90° 以上而不损坏，如聚氨酯泡沫塑料。

（2）半硬质材料：可压缩性为 6%～30%，可弯曲 90° 以下尚能恢复原状，纤维类制品含树脂量小于 5%。

（3）硬质材料：可压缩性小于 6%，制品不能弯曲，且有韧性，硬质矿纤维品内树脂含量为 5%～8%。

5. 按材料形态分类

（1）多孔材料：又可分为有机和无机两种。

（2）矿纤材料。

1）矿渣棉：分长棉、短棉、粒状棉。

2）玻璃棉：分短棉、中级纤维、超细棉。

3）岩棉：如玄武岩棉、辉绿岩棉。

4）耐高温棉：分高硅氧纤维、硅酸铅纤维、高铝纤维、含铬硅酸铅纤维等。

5）天然矿物纤维：石棉。

（二）选择依据

根据《工业设备及管道绝热工程施工及验收规范》GBJ 126—1989，工程所用绝热材料及其制品应符合下列规定。

1. 绝热层材料应有随温度变化的导热系数方程式或图表。当用于作保温层的绝热材料及其制品，其平均温度小于或等于 623K（350℃）时，导热系数不得大于 0.12W/（m·K）；当用于作保冷层的绝热材料及其制品，其平均温度小于或等于 300K（27℃）时，导热系数不得大于 0.064W/（m·K）。

2. 用于保温的绝热材料及其制品，其密度不得小于 400kg/m³；用于保冷的绝热材料及其制品，其密度不得大于 220kg/m³。

3. 用于保温的硬质绝热制品，其抗压强度不得小于 0.4MPa，用于保冷的硬质绝热制品，其抗压强度不得小于 0.15MPa。

4. 绝热材料及其制品应具有耐燃性能、膨胀性能和防潮性能，具有相应的数据或说明书，并应符合使用要求。

5. 绝热材料及其制品的化学性能应稳定，对金属不得有腐蚀作用。当用在奥氏体不锈钢设备或管道时，其氯离子含量指标应按下式进行验证：

$$\lg y \leqslant 0.123 + 0.677 \lg x$$

式中　y——测得的 Cl 离子含量，单位：10^{-3}kg/L；

　　　x——测得的 $Na^+SiO_3^-$ 离子含量，单位：10^{-3}kg/L；

6. 用于充填结构的散装绝热材料，不得混有杂物及尘土。纤维类绝热材料中大于或等于 0.5mm 的渣球含量应为：矿渣棉小于 10%，岩棉小于 6%，玻璃棉小于 0.4%。直径小于 0.3mm 的多孔性颗粒类绝热材料，不宜使用。

7. 用于保温时，应具有较高的耐热性，不至于由于温度的急剧变化而丧失原来的特性；用于保冷时，应具有良好的抗冻性。

8. 防潮材料必须具有良好的防火、防潮性能；能耐大气腐蚀及生物侵袭，不得发生虫蛀、霉变等现象；不得对其他材料产生腐蚀或溶解作用，材料吸水率低。

9. 保护层材料应为不燃性或阻燃性材料；无毒、无恶味、外表美观，便于施工检修。

10. 易于施工成型，造价低，采购方便。

11. 保护层表面涂料的防火性能，应符合国家现行标准、规范的规定。

（三）常用绝热材料

在管道工程中，常用的绝热材料的性能，如表 5-1 所示。

绝热材料及其制品的主要技术性能　　　　　　表 5-1

材料名称	密度 （kg/m³）	导热系数 [W/（m·K）]	适用温度 （℃）	抗压强度 （kPa）	备　注
普通玻璃棉类 中级纤维淀粉粘结制品 中级纤维酚醛树脂制品 玻璃棉沥青粘结制品	 100～130 120～150 100～170	 0.040～0.047 0.041～0.047 0.041～0.058	 −35～300 −35～350 −20～250		耐酸、抗腐、不烂、不蛀、吸水率小、化学稳定性好，无毒，无味，价廉，寿命长，导热系数值小，施工方便；但刺激皮肤
超细玻璃棉类 超细棉（原棉） 超细棉无脂毡和缝合垫 超细棉树脂制品 无碱超细棉 超细玻璃棉管壳	 18～30 60～80 60～80 60～80 40～60	 ≤0.035 0.041 0.041 ≤0.035 0.03～0.035	 −100～450 −120～400 −120～400 −120～600 400		密度小，导热系数值小，特点同普通玻璃棉
超轻微孔硅酸钙 微孔硅酸钙（管壳）	<170 200～250	0.055 0.059～0.060	650 650	抗折＞200 500～1000	含水率＜（3%～4%），耐高温
蛭石类 膨胀蛭石 水泥蛭石管壳	 80～280 430～500	 0.052～0.070 $0.093+0.00025t_p$	 −20～1000 ＜600	 250	适用高温，强度大，价廉，施工方便

续表

材料名称	密度 （kg/m³）	导热系数 [W/ (m·K)]	适用温度 （℃）	抗压强度 （kPa）	备　注
硅藻土类					导热系数太大，一般 不用
硅藻土保温管及板	<550	$0.063+0.00014t_p$	<900	500	
石棉硅藻土胶泥	<600	$0.151+0.00014t_p$	<900	500	
矿渣棉类					密度小，导热系数值小， 耐高温，价廉，货源广， 填充后易沉陷；施工时刺 激皮肤，且尘土大
普通矿渣棉	110~130	0.043~0.052	<650	抗折150~ 200	
沥青矿渣棉毡	100~125	0.037~0.049	<250		
酚醛树脂矿渣棉管壳	150~180	0.042~0.049	<300		
沥青矿渣棉制品	100~120	0.047~0.052	250		
硅酸铝纤维类					密度小，导热系数值小， 耐高温；但价贵
硅酸铝纤维板	150~200	$0.047+0.00012t_p$	≤1000		
硅酸铝纤维毡	180	0.016~0.047	≤1000		
硅酸铝纤维管壳	300~380	$0.047+0.00012t_p$	≤1000		
石棉类					耐火，耐酸碱，导热系 数值较小
石棉绳	590~730	0.070~0.209	<500		
石棉碳酸镁管	360~450	$0.064+0.00033t_p$	<300		
硅藻土石棉灰	280~380	$0.066+0.00015t_p$	<900		
泡沫石棉	40~50	$0.038+0.00023t_p$	500		
岩棉类					密度小，导热系数值小， 适用温度范围广，施工简 便；但刺激皮肤
岩棉保温板（半硬质）	80~200	0.047~0.058	-268~500		
岩棉保温毡（垫）	90~195	0.047~0.052	-268~400		
岩棉保温带	100		200		
岩棉保温管壳	100~200	0.052~0.058	-268~350		
膨胀珍珠岩类					密度小，导热系数小， 化学稳定性强，不燃、不 腐蚀、无毒、无味、价廉、 产量大、资源丰富、适用 广泛
散料（一级）	<80	<0.052			
散料（二级）	80~150	0.052~0.064	~200		
散料（三级）	150~250	0.064~0.076	~800		
水泥珍珠岩板、管壳	250~400	0.058~0.087	≤600	500~1000	
水玻璃珍珠岩板、管壳	200~300	0.056~0.065	<650	600~1200	
憎水珍珠岩制品	200~300	0.058	>500		
泡沫塑料类					密度小，导热系数小， 施工方便，不耐高温，适 用于60℃以下的低温水管 道和保冷管道保温 聚氨酯可现场发泡浇注 成形，强度高；但成本也 高，此类材料可燃、防火 性差，分自燃性与非自燃 性两种，应用时需注意
可发性聚苯乙烯塑料板	20~50	0.031~0.047	-80~75	>150	
可发性聚苯乙烯塑料管壳	20~50	0.031~0.047	-88~75	>150	
硬质聚氨酯泡沫塑料制品	30~50	0.023~0.029	-80~100	≥（250~ 500）	
软质聚氨酯泡沫塑料制品	30~42	0.023	-50~100		
硬质聚氯乙烯泡沫塑料制品	40~50	≤0.043	-35~80	≥180	
软质聚氯乙烯泡沫塑料制品	27	0.052	-60~60	500~1500	

材料名称	密度 （kg/m³）	导热系数 ［W／(m·K)］	适用温度 （℃）	抗压强度 （kPa）	备 注
泡沫混凝土类 水泥泡沫混凝土 粉煤灰泡沫混凝土	＜500 300～700	0.127＋0.0003t_p 0.15～0.163	＜300 ＜300	≥300	密度大，导热系数大，可现场自行制作
海泡石基膏体类 液态 干燥后	830～980 ≤250	0.0407～0.048	≤600	367	采用涂刷方法，有热固型和冷固性两类，适用于管道、设备、炉窑、阀门、各种异型管件

注：表中 t_p 是指热介质温度与保温材料表面温度的算术平均温度。

（四）防潮层、保护层材料

1. 防潮层材料

对输送冷介质的保冷管道、地沟内和埋地的保温管道，均应作防潮层，以免保温层受潮后降低保温效果。常用的防潮层的类别和施工方法如下。

（1）石油沥青油毡防潮层。所用材料为石油沥青油毡和沥青玛琋脂，沥青玛琋脂的配合质量比为：沥青：高岭土＝3：1，或沥青：橡胶粉＝95：5。

（2）沥青玛琋脂玻璃布防潮层。所用材料为中碱粗格平纹玻璃布及沥青玛琋脂。

（3）沥青胶或防水冷胶料玻璃布防潮层。所用材料为沥青胶或防水冷胶料及中碱粗格平纹玻璃布。沥青胶的配合质量比为：10 号石油沥青 50％，轻柴油 25％～27％，油酸 1％，熟石灰粉 14％～15％，6～7 级石棉 7％～10％。

2. 保护层材料

保护层应具有保护保温层和防水的性能，防止因外界因素而被破坏。要求其重量轻、耐压强度高、化学稳定性好、不易燃烧、外形美观。常用的保护层有三类。

（1）金属保护层：该保护层属轻型结构，适用于室内、室外绝热管道的保护。所用材料及适用范围如表 5-2 所示。

金属保护层   表 5-2

材料名称	适 用 范 围	说 明
镀锌薄钢板	选用厚度 0.3～0.5mm 薄板（DN200 以下管道宜采用 0.3mm 薄板）	价格便宜，比较常用
铝合金薄板	选用厚度 0.4～0.7mm 薄板（DN200 以下管道宜采用 0.4mm 薄板）	价格较高，有时采用
不锈钢薄板	选用厚度 0.3～0.5mm 薄板（DN200 以下管道宜采用 0.3mm 薄板）	价格很高，较少采用

（2）包扎式复合保护层：该保护层也属轻型结构，适用于室内外及地沟内绝热管道的保护。常用材料及适用范围如表 5-3 所示。

常用复合保护层

表 5-3

材料名称	特性和应用
玻璃布	$\delta=0.1\sim0.16mm$ 中碱平纹布,价廉、质轻、材料来源广,外涂料易变脆、松动、脱落,日晒易老化,防水性能差
改性沥青油毡	用于地沟或室外架空管作防潮层。质轻、价廉,材料来源广,防水性能好、防火性能差,易燃,易撕裂
玻璃布铝箔或阻燃牛皮纸、夹筋铝箔	可用于室外温度较高的架空管道,外形不挺实,易损坏
沥青玻璃布、油毡	型号 JG84—74,用于地沟或室外架空管道作防潮层,易燃
玻璃钢	以玻璃布为基材,外涂不饱和聚酯树脂涂层
玻璃钢薄板	具有阻燃性能,$\delta=0.4\sim0.8mm$
铝箔玻璃钢薄板	采用玻璃钢薄板为基材与铝箔复合而成。玻璃钢本身应具有阻燃性能,$\delta=0.4\sim0.8mm$
玻璃布乳化沥青涂层	乳化沥青采用各种阴、阳离子型水乳沥青冷涂料(如 JG 型沥青防火涂料)
玻璃布 CPU 涂层	CPU 涂胶分 A、B 二个组分,使用时按 1:3 重量比混合,随用随配
CPU 卷材	由密纹玻璃布经处理作基布,然后用 $\delta=0.2\sim0.3mm$ 的 CPU 涂料在卷用涂抹设备上生产的卷制成品

（3）涂抹式保护层：适用于室内及地沟内保温,不得在室外架空热力管道上使用。常用材料有沥青胶泥和石棉水泥。沥青胶泥保护层配方如表 5-4 所示。涂抹层厚度：当保温层外径 $D'_w \leqslant 200mm$ 时为 15mm；当保温层外径 $D'_w > 200mm$ 时,为 20mm；平壁保温时厚度为 25mm。

自熄性沥青胶泥配方

表 5-4

材料名称	质 量 比	百分比（%）
茂名 5 号沥青	1.5	26.3
橡胶粉（32 目）	0.2	3.5
中质石棉泥	2.0	31.5
四氟乙烯	1.5	26.3
氯化石蜡	0.5	8.8

三、保温与绝热结构

（一）结构要求

热绝缘结构是由热绝缘层、防潮层、保护层以及补强构造等组成,它关系到绝热效果、投资费用、使用寿命以及外表形态,一般有如下要求。

1. 对保温管道和保冷管道,其热工性能符合工艺及使用要求,热稳定性好,在管道内外温度发生变化时,仍能维持其正常性能。

2. 绝缘结构必须有足够的强度,在自重或偶尔受到外力冲击时,不致破坏和脱落。

3. 要有良好的防潮层和保护层,以阻止外部水分和潮气的侵入。对保护层的主要要求如下。

(1) 具有较好的机械强度，耐压不宜低于 0.8MPa，温度变化和振动时不易开裂。

(2) 具有较好的防水性能和化学稳定性，不易燃烧。

(3) 重量要轻，外形要整齐美观。

(4) 易于施工和维护。

4. 绝热结构不能腐蚀管道。

5. 绝热结构所产生的应力不能传递到管子上，不影响管道的伸缩。

6. 结构要简单，尽量减少材料的消耗量。所用材料应就地取材，价格便宜。

7. 绝热结构应施工简便，易于维护检修。

8. 能够承受生产工艺产生的振动。

9. 保冷的绝热结构材料应为吸水率低、蒸汽渗透系数小、基本不吸水的憎水材料。

10. 绝热结构材料应无毒、无味、不腐烂、能抵抗虫蛀鼠咬。

(二) 结构形式

1. 设计的主要因素

(1) 应根据管道工艺要求的各项指标选用绝热材料，并以其中一项或几项指标为重点。例如保冷工程除绝热性能应满足要求外，尚应考虑绝热材料蒸汽渗透系数较小。

(2) 绝热结构应考虑施工工艺的合理性，要求施工简单，效率高，能均衡施工，作业条件好（扬尘率低、刺激性小），损耗少，外观整齐，维修方便。

(3) 应特别注意有利于弯头、异型管件、阀门、支架等局部节点的施工处理。

(4) 管道工程所处的环境有无浸水或遇水的可能性，有无经常碰撞的可能性。

2. 主要组成形式

根据对绝热结构的构造要求，不论采用何种结构，采用何种绝热材料，绝热结构主要有下列几种组成形式。

(1) 预制管壳绝热结构。预制管壳绝热结构是国内外使用最多的一种结构，如图 5-1 所示。

用泡沫混凝土、岩棉、矿渣棉、玻璃棉等绝热材料制作成管壳，根据管径大小确定管壳数量，这种结构形式可在预制厂加工，因而效率高、施工速度快，可降低成本。

(2) 包扎式绝热结构。包扎式绝热结构采用矿渣棉毡、玻璃棉毡、超细玻璃棉毡和石棉布等绝热材料，用油毡和玻璃丝布作保护层。分一层或几层包扎在管道上，如图 5-2 所示。

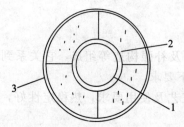

图 5-1 预制管壳绝热结构
1—管子；2—管壳；3—保护层

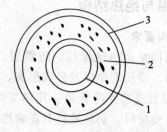

图 5-2 包扎式绝热结构
1—管子；2—绝热材料；3—保护层

这种结构形式在早期用得较多，近年来由于预制品绝热材料日益增多，现在已用得不多，已被预制管壳绝热结构所取代。

（3）缠绕式绝热结构。缠绕式绝热结构将绝热材料制成绳状或带状，直接缠绕在管子上，根据需要和绳的直径或带的厚度，可缠 1 层或多层，外面一般不设保护层，这种结构多用于临时性工程。

（4）喷涂式绝热结构。喷涂式绝热结构采用聚氨酯泡沫塑料绝热材料，管外做一个胎具，然后喷涂浆状聚氨酯泡沫塑料的配料，通过发泡成型变为硬质聚氨酯泡沫塑料。喷涂式绝热结构既适用于工厂预制，也适用于现场施工；既可用于明设管道，也可用于埋设管道。用于埋设管道时，采用高密度聚乙烯外套管，兼作胎具。

（5）浇灌式绝热结构。浇灌式绝热结构大多采用泡沫混凝土绝热材料，分有模浇灌和无模浇灌两种方法。

浇灌式保温结构主要用于管道的地下无沟敷设，如图 5-3 所示。

浇灌式保温结构所采用的保温材料是泡沫混凝土。在浇灌式保温结构中，泡沫混凝土既是保温材料，又是支承结构。

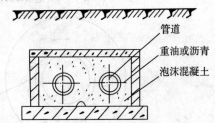

图 5-3　管道的浇灌保温结构

因浇灌式保温结构是整体结构，故其上面的土壤压力由泡沫混凝土承受。而管道与泡沫混凝土之间有一定的间隙，此间隙是由于在管道安装之后，在管道的外表面涂刷一层重油或沥青受热挥发之后所造成的。正因如此，可使管道在泡沫混凝土中自由伸缩与膨胀。

在浇灌泡沫混凝土时，一般多采用分层浇灌方式。可根据保温层厚度采用分二次或三次浇灌。

此外，应注意的是：采用浇灌保温结构时，不能用于地下水位较高的地方。所浇灌泡沫混凝土的底部至少应高于历年最高地下水位 500mm 以上。

（6）涂抹式绝热结构。涂抹式绝热结构采用石棉硅藻土或碳酸镁石棉粉等粒状绝热材料，用水调成胶泥，然后将胶泥涂抹在管道上。20 世纪 90 年代又出现了以非金属矿海泡石为基料的绝热材料，并按比例配入部分耐火保温轻质材料，另加入适量的化学添加剂。这种新型材料是一种静电型的无机绝热材料，干燥成型后可膨胀，密度由 $830 \sim 980 kg/m^3$ 降至 $250 kg/m^3$ 以下。有热固型和冷固型两种，前者可在运行中的热设备和热管道上随涂随干，后者可在新安装的设备和管道上随涂随干。

涂抹式绝热结构不仅适用于管道保温，也适用于阀门、管件、石油化工设备和炉窑等保温，具有保温、保冷、隔声、防火等作用。

（7）填充式绝热结构。填充式绝热结构采用矿渣棉、玻璃棉等散体绝热材料，散体绝热材料填充在管子周围的套子或支承环中，如图 5-4 所示。

（8）伴热保温结构。伴热保温结构用于管道间断工作时的保温和恒温之用，以防止管道内介质结冰。伴热保温分为伴热管道型和伴热电缆型两种型式。两种型式分别如图 5-5 和图 5-6 所示。

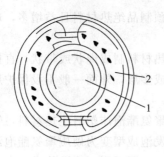

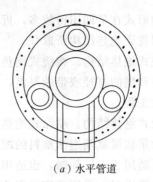

图 5-4　填充式绝热结构

1—管子；2—绝热材料

（a）水平管道

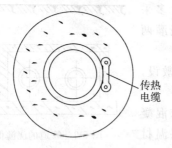

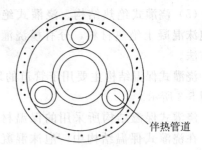

传热
电缆

伴热管道

（b）垂直管道

图 5-6　伴热电缆型　　　　　　　　图 5-5　伴热管道型

3. 管件的保温结构

管件的保温根据管件的不同和其所处的特殊部位，大致可分为 7 种：法兰的保暖结构、阀门的保温结构、弯管的保温结构、三通与四通的保温结构、支架与吊架的保温结构、垂直管道支承处的保温结构、管道膨胀缝的保温结构。

（1）法兰的保温结构

对于介质温度不高的法兰一般可以不采取保温措施，但对于高温的介质（如水汽）则必须采取保温措施，以防止热损失和烫伤人员。

由于法兰需要经常拆卸和维修，所以所采取的保温结构必须适应便于拆卸和维修的要求。法兰保温结构主要有以下几种。

1）预制管壳保温结构

法兰的预制管壳保温结构是采用预制管壳将法兰包住，内部填充散状保温材料（如岩棉、矿渣棉、玻璃棉等）。

法兰的预制管壳保温结构，如图 5-7 所示。

2）钢质外壳保温结构

法兰的钢质外壳保温结构是采用薄钢板、镀锌薄钢板或钢丝网做外壳，其内装填散状保温材料（如岩棉、矿渣棉、玻璃棉等），然后将钢质管壳套装于法兰上。

法兰的钢质外壳保温结构的钢质外壳，如图 5-8 所示。

3）缠绕和包扎式保温结构

法兰的缠绕式保温结构是采用石棉绳等在法兰的局部缠绕，然后再用石棉泥填塞空隙（也可不用石棉泥填塞）。

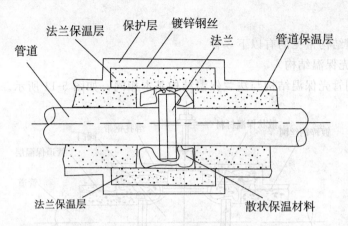

图 5-7　法兰的预制管壳保温结构

法兰的缠绕式保温结构如图 5-9 所示。

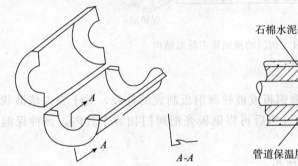

图 5-8　法兰的钢质外壳保温结构的钢壳

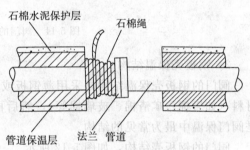

图 5-9　法兰的缠绕式保温结构

法兰的包扎式保温结构主要适用于直径较小的法兰。该种保温结构是采用保温毡或布将法兰包扎起来，操作简单、易行。

法兰的包扎式保温结构如图 5-10 所示。

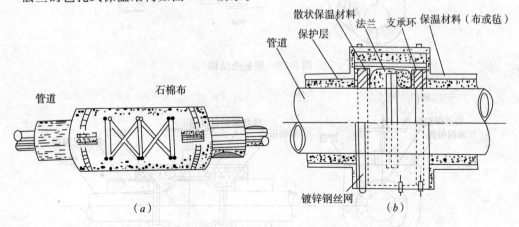

图 5-10　法兰的包扎式保温结构

（2）阀门的保温结构

由于阀门需要经常开、关和检修，因此在考虑其保温结构时一定要考虑到便于常拆卸这一因素。

阀门的保温结构常见的有以下 3 种。

1）预制管壳保温结构

阀门的预制管壳保温结构与法兰保温结构基本相同，如图 5-11 所示。

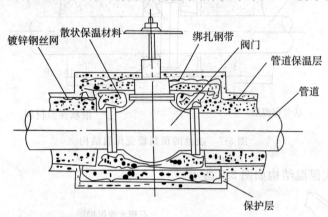

图 5-11　阀门的预制管壳保温结构

2）钢板壳保温结构

阀门的钢板壳保温结构是采用薄钢板或镀锌薄钢板制成的外壳，并于壳内填散状保温材料（如岩棉、矿渣棉、玻璃棉等），然后再将钢板壳把阀门扣装于其内，该种保温结构是阀门保温中最为常见的结构。

阀门的钢板壳结构，如图 5-12 所示。

阀门的钢板壳保温结构，如图 5-13 所示。

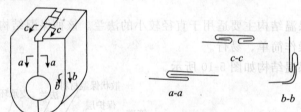

图 5-12　钢板壳结构

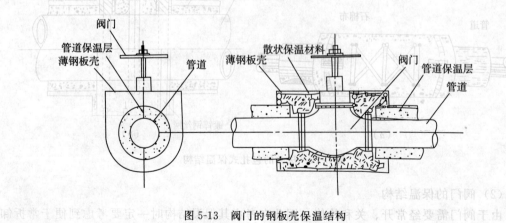

图 5-13　阀门的钢板壳保温结构

3）包扎保温结构

阀门的包扎保温结构主要应用于直径较小的阀门。该种保温结构是采用保温毡将阀门包扎起来，以起到保温的作用。

阀门的包扎保温结构，如图 5-14 所示。

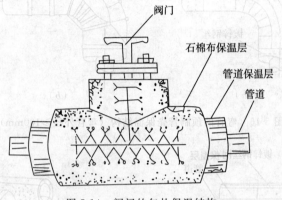

图 5-14　阀门的包扎保温结构

（3）弯管的保温结构

弯管处的保温必须考虑其受热而引起的膨胀问题。由于弯管的热膨胀系数与保温材料的不同，故要避免在使用中因此而破坏保温结构。

弯管的保温结构主要有以下几种。

预制管壳保温结构

弯管的预制管壳保温结构根据管的外径的不同而有所不同。

弯管外径小于 80mm 时，采用预制管壳保温结构比较简单，如图 5-15 所示。

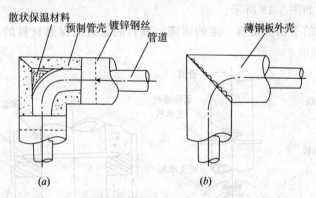

图 5-15　弯管的预制管壳保温结构（弯管外径≤80mm）

弯管外径大于 100mm 时，可将预制管壳加工成一段一段的，然后再拼装于弯管的外表面，其制作方法较复杂些，如图 5-16 所示。

（4）三通与四通的保温结构

三通与四通在其温度发生变化时，各个方向上的伸缩量都不一样，因而很容易破坏保温结构，故要采取可靠的保温结构。

三通与四通的保温结构，如图 5-17 所示。

如果采用预制管壳保温，其保温管壳的外形，如图 5-18 所示。

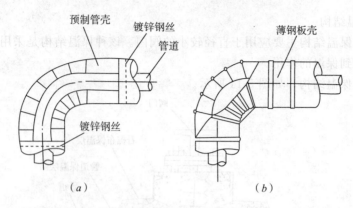

图 5-16　弯管的预制管壳保温结构（弯管外径≥100mm）

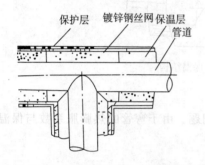

图 5-17　三通（或四通）的保温结构

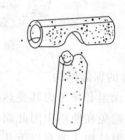

图 5-18　三通（或四通）的预制保温管壳

（5）垂直管道支承处的保温结构

垂直管道为了支承保温材料的重量，因此每隔一定距离要设置支承板。支承板有焊接式和紧固式两种，如图 5-19 所示。

一般在支承板的下面应留有一定的间隙，其目的是适应保温材料的伸缩。其保温结构的作法如图 5-20 所示。

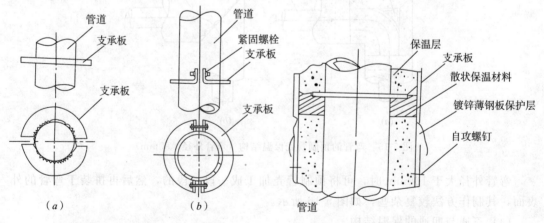

图 5-19　垂直管道支承板的形式
（a）焊接式（b）紧固式

图 5-20　支承板处的保温结构

（6）管道膨胀缝

热力管道保温应按设计留出膨胀缝或膨胀间隙。如设计中没有具体规定时，可参考下列规定。

1）高温管道的直管部分，每隔 2～3m，应在保温层留出 5～10mm 的膨胀缝。并填以弹性良好的保温材料。

2）管道的转弯处，应在转弯处两侧保温层各留出 20～30mm 宽的膨胀缝，并用弹性良好的保温材料填充，如图 5-21 所示。

3）Ⅱ 型补偿器，在转弯处也要留出膨胀缝，如图 5-22 所示。

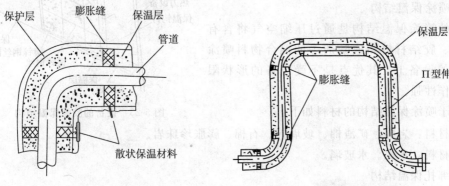

图 5-21　管道转弯处的膨胀缝　　　图 5-22　Ⅱ 型补偿器的膨胀缝

4）套筒补偿器，波状补偿器以及管道上的滑动支架处的保温，均需按膨胀方向留出足够的间隙。

5）在法兰处的两侧保温，必须留出足够的间隙，以便拆卸螺栓，如图 5-23 所示。

6）两个不同膨胀方向或不同介质温度的管道之间保温时，必须留出 10～20mm 的间距。如果间距不够时，必须减薄保温层厚度，一般应该减薄介质温度低的管道保温层厚度。

7）凡是有碍膨胀的地方，如管道互相交叉，穿过平台等，均应按着膨胀方向留出间隙，如图 5-24 所示。

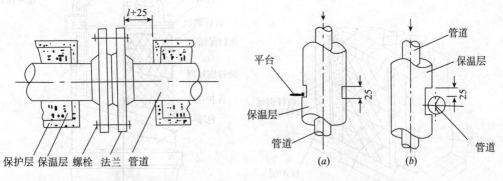

图 5-23　法兰两侧的保温结构　　　图 5-24　管道预留间隙

4. 设备的保温结构

热力设备，如各种方形设备（凝结水箱等）、圆形设备（热交换器等）、引风机、送风机、送风道和排烟道等，往往需要对其采取保温措施。石油化工厂和某些其他工厂中的一些塔、罐等设备有时亦需采取保温措施。本节中将对上述的各种需要采取保温措施的设备的各种保温结构予以介绍。

（1）胶泥保温结构

设备的胶泥保温结构的作法与所使用的保温材料与管道保温中的胶泥保温结构基本相同。但由于近年来新型保温材料的出现，故目前胶泥保温结构仅用于小型设备或临时性设备的保温。

设备的胶泥保温结构，如图 5-25 所示。

（2）喷涂保温结构

设备的喷涂保温结构是通过压缩空气将含有保温材料、胶结材料和速凝剂等的混合物料喷涂于被保温的设备上。其优点是不受设备的形状限制，可操作性强。

常用于喷涂保温结构的材料如下：

保温材料：岩棉、矿渣棉、玻璃棉、石棉、膨胀珍珠岩。

胶结材料：水泥、水玻璃。

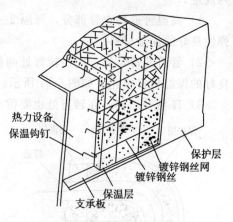

图 5-25 设备的胶泥保温结构

（3）绑扎保温结构

设备的绑扎保温结构是一种经常采用的保温措施。所采用的保温材料有岩棉板（或毡）、矿渣棉板（或毡）、玻璃棉板（或毡）、珍珠岩板、微孔硅酸钙板等。

1）平壁设备的保温结构

平壁设备的绑扎保温结构，如图 5-26 所示。

2）立式圆形设备的绑扎保温结构

立式圆形设备的绑扎保温结构，如图 5-27 所示。

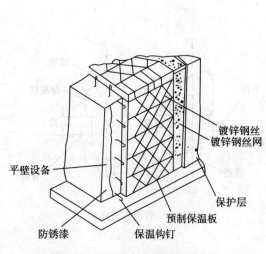

图 5-26 平壁设备的绑扎保温结构

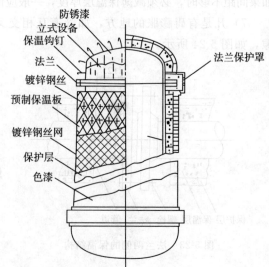

图 5-27 立式圆形设备的绑扎保温结构

立式圆形设备的绑扎保温结构的筒体和顶、底封头保温钩钉的布置如图 5-28 所示。

3）卧式圆形设备的绑扎保温结构

卧式圆形设备的绑扎保温结构如图 5-29 所示。

　　卧式圆形设备的绑扎保温结构的筒体和封头的保温钩钉及支承板的布置，如图 5-30 所示。

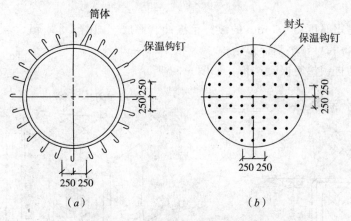

图 5-28　立式圆形设备的保温钩钉布置
（a）筒体　　　（b）顶、底封头

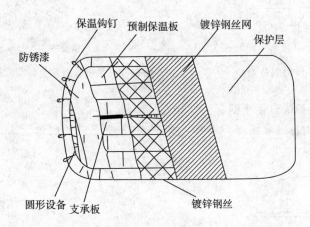

图 5-29　卧式圆形设备的绑扎保温结构

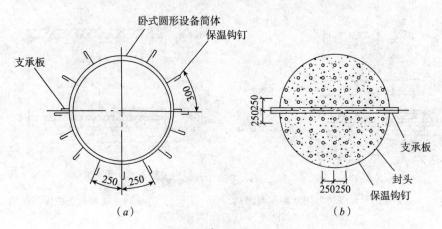

图 5-30　卧式圆形设备的保温钩钉及支承板的布置
（a）筒体　　　（b）封头

（4）自锁垫圈保温结构

设备的自锁垫圈保温结构是利用自锁垫圈将各种预制保温板固定于设备的外表面的保温措施。

自锁垫圈是用厚度为 0.5mm 的镀锌钢板冲制而成，如图 5-31 所示。

1）平壁设备的自锁垫圈保温结构

平壁设备的自锁垫圈保温结构，如图 5-32 所示。

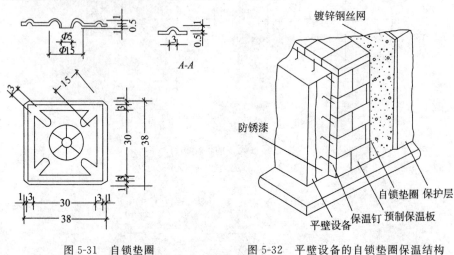

图 5-31　自锁垫圈　　　　　　　图 5-32　平壁设备的自锁垫圈保温结构

2）立式圆形设备的自锁垫圈保温结构

立式圆形设备的自锁垫圈保温结构，如图 5-33 所示。其底部封头的保温结构如图 5-34 所示。

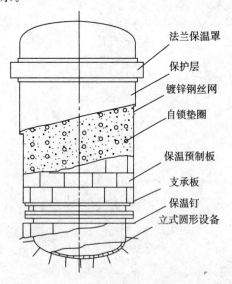

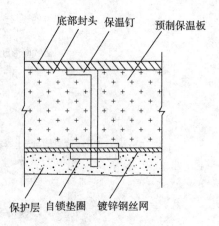

图 5-33　立式圆形设备的自锁垫圈保温结构　　　　图 5-34　底部封头的保温结构

3）卧式圆形设备的自锁垫圈保温结构

卧式圆形设备的自锁垫圈保温结构，如图 5-35 所示。

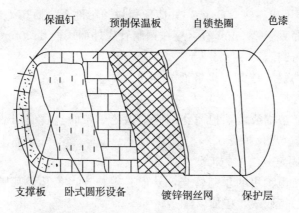

图 5-35　卧式圆形设备的自锁垫圈保温结构

注：其封头的保温结构与立式圆形设备相同。

第二节　管道保温的施工

在本节中将详细介绍在建筑给水排水及供暖工程的管道保温中，有关其绝热层、防潮层和保护层的施工内容。

一、绝热层的施工

1. 预制管壳绝热结构

（1）特点。

预制管壳或预制管瓦是常用的绝热结构，这种绝热结构的优缺点如下。

1）绝热材料可以预制，劳动生产率高，易于保证质量。

2）绝热结构具有较高的机械强度。

3）便于施工，施工进度快。

4）使用寿命长。

5）预制管壳在运输和现场搬运中损耗量大。

6）不适用于形状复杂而数量又不大的异形管件和设备。

（2）施工方法。

一种方法是：施工时先将预制好的管壳用镀锌钢丝直接绑在管道上。

另一种方法是：先在管道上抹一层胶泥，然后再绑管壳，并用胶泥勾缝。

第三种方法是：用粘结剂粘结代替胶泥。

前两种方法是经常采用的方法，第三种方法是近些年发展起来的新型施工工艺。选用粘结剂应符合主材特性和使用温度。泡沫塑料可用聚醋酸乙烯乳液、酚醛树脂、环氧树脂等作为粘结剂。水玻璃制品采用水玻璃加促凝剂作为粘结剂；使用温度在 250℃ 以下时，也可采用聚醋酸乙烯乳液加有机硅溶液作为粘结剂。水玻璃制品的粘结法不能用于潮湿部位和保冷工程。

1）前两种管壳固定方法的施工要求如下：

① 当绝热层外径小于 200mm 时，预制管壳需用 $\phi1\sim\phi2$mm 的镀锌钢丝捆扎，镀锌钢

丝的捆扎间隔，按照不应超过300mm，并应使每块预制件至少捆扎2处的规则确定。

② 当绝热层外径大于200mm时，应在预制管壳外面用网孔30mm×30mm～50mm×50mm的镀锌钢丝网捆扎。

③ 预制件的纵向缝要错开，接触面处要用石棉水泥、胶泥粘合，使纵向、横向缝都没有空隙。

④ 采用岩棉、矿渣棉或玻璃棉制作的管壳做绝热层时，宜使用油毡或玻璃丝布作保护层，不宜采用石棉水泥保护壳。

2）采用粘结剂固定方法的施工要求如下：

① 粘结剂固定法施工用的预制管壳，外形必须整齐，尤其是其椭圆度和厚度误差不得超过3mm，如有边棱残缺，应加以修补。

② 粘结剂固定法的绝热结构保护层可采用金属护壳，或包缠玻璃丝布，表面再涂银粉漆或其他涂料。

③ 为防止由于管道热膨胀造成绝热结构的开裂，管壳的内径应大于管道外径2～4mm，为防止管壳与管外壁因存在缝隙而产生对流，故在粘结管壳的同时，应用矿纤材料将缝隙填塞。

2. 包扎式绝热结构

（1）特点

包扎式绝热结构将成型布状或毡状材料直接包覆在管道上，这种绝热结构的优缺点如下：

1）因绝热材料有一定弹性而不致破坏，可用于有振动或温度变化很大的地方。

2）施工简单，拆卸方便。

3）因绝热材料有弹性，保护层易受破坏，易受潮。若将毡改为石棉布，保护层性能会有明显改善，但造价高，如改用块状绑扎材料，则又降低其弹性而易受破坏。

（2）施工方法

1）先按管子外圆周长加上搭接宽度，把矿渣棉毡、玻璃棉毡等绝热材料剪成相应的条块，再把它们包缠在已进行表面防腐处理的管子上。包缠时应将毡类绝热材料压紧，达到设计要求的容重，如单层达不到规定的厚度，可以采用2层或多层。

2）横向接缝必须紧密结合，如有缝隙，应用相同材料填充。纵向接缝应放在管子的顶部。搭接宽度为50～300mm。

3）绝热层外径如小于500mm时，外面需用$\phi 1 \sim \phi 1.4$mm的镀锌钢丝捆扎，间隔为150～200mm；绝热层外径大于500mm时，除用镀锌钢丝捆扎外，尚应用网孔为30mm×30mm的镀锌钢丝网包扎。

4）包扎式绝热结构不宜采用石棉水泥保护壳，宜用油毡及玻璃丝布保护层。室内架空管道保护层，可用1mm厚的硬纸板代替油毡。

3. 喷涂式绝热结构

喷涂式绝热结构以输送管道为内模，另外由预制厂用金属管做2块半圆形外模，制作时把外模套在输送管道上并卡死固定，或者以高密度聚乙烯外套管作为外模，然后将配好的硬质聚氨酯泡沫塑料的浆体喷涂填满钢管和外模之间的间隙，由于聚氨酯泡沫塑料具有一定的粘接强度和发泡性质，可使钢管、外套和绝热材料三者形成一个牢固的整体。当采用半圆形外模时，待发泡并形成一定强度后，拆除外模重复使用，即完成预制工作，另外在现场安装时按设计要求，做防潮层和保护层；当采用高密度聚乙烯外套管时，不需另外做防潮层和保护层。这种绝热结构的优缺点与预制管壳绝热结构基本相同，也是比较常用的绝热结构。其中以高密度聚乙烯外套管作为保护管的硬质聚氨酯泡沫塑料保温管，可直接埋入地下，具有以下突出的优越性：

（1）保温性能好，节约能源，降低成本。

（2）防水性能和耐腐蚀性能强，不需设管沟。

（3）应用范围广，既可明设，也可埋设和水下敷设。

（4）在低温条件下也具有良好的耐腐蚀和耐冲击性能，可直接埋入冻土层。

（5）施工简便、建设速度快、综合造价低；使用寿命长（可达 30 年以上）、维修费用低。

（6）可设置报警系统，自动监测管道渗漏故障，准确指示故障位置并自动报警。聚氨酯和高密度聚乙烯的主要技术指标如表 5-5 所示。

主要技术指标　　　　　　　　　　　　　　　　　　　表 5-5

材　料	项　目	指　标
聚氨酯泡沫塑料	密度（kg/m³）	60～80
	抗拉强度（kPa）	≥200
	抗压强度（kPa）	≥200
	粘接强度（kPa）	≥200
	导热系数［W/（m·K）］	≤0.023
	耐热性（℃）	＜120
	耐寒性（℃）	≤−50
	吸水性（kg/m²）	≤0.2
高密度聚乙烯	抗拉强度（MPa）	≥20
	抗撕裂强度（MPa）	＞20
	电击穿强度（kV/mm）	＞30
	断裂伸长率（%）	＞350
	维卡软化点（℃）	≥120
	脆化温度（℃）	−50

4. 浇灌式绝热结构

浇灌泡沫混凝土多采用分层浇灌方式，根据设计厚度可分 2 次或 3 次浇灌。浇灌前，需先在管子的防腐漆面上涂抹一层润滑油，以便保证管子的自由伸缩。由于泡沫混凝土的导热系数较大，这种结构的维护检修不方便，因此近年来已使用不多。

5. 胶泥涂抹式绝热结构

胶泥涂抹式绝热结构多用于保温，其施工方法如下：

（1）涂抹前先在管子表面抹一层 6 级石棉和水调成的胶泥作底层，厚度约 5mm，以便增加绝热材料与管壁的粘结力。

（2）待底层完全干燥后，再涂抹第 2 层绝热胶泥，厚度为 10～15mm，以后每层厚度为 15～25mm，必须等前一层干燥后再涂抹下一层，直到需要的厚度为止。管径小于 32mm 时，可以 1 次抹好。

（3）在直立管段施工时，为防止胶泥下坠，应先在管道上焊接支撑环，然后再涂抹胶泥。

（4）如果保温层厚度在100mm以内时，可用1层镀锌钢丝网；厚度大于100mm时，可用2层镀锌钢丝网，以免受外力或受震动时脱落。

（5）在保温层的外面应包裹油毡玻璃丝布保护层，或涂抹石棉水泥保护壳。

6. 海泡石涂抹式绝热结构

海泡石基保温材料以海泡石为基料，并掺入少量耐火、化学添加剂等配料。海泡石基保温材料产品技术参数如表5-6所示。

海泡石基保温材料产品技术参数 表5-6

项 目	检 测 条 件	技 术 参 数
液态密度（kg/m³）		830～980
干燥密度（kg/m³）	试件在105℃烘箱中干燥	≤250
导热系数［W/（m·K）］	非稳定热流法（脉冲法）	0.041～0.048
抗压强度（kPa）		360
粘接强度（kPa）	8字模水泥块粘接	360
安全使用温度（℃）	长期安全使用	≤600
pH值	试纸测定	7～8
线收缩率（%）	试件在105℃烘箱干燥后长度变化	≥15
耐腐蚀性	在盐酸、硫酸水溶液中浸60昼夜	不变色、不开裂、不溶解
耐水耐油性	在常温水、润滑油中浸60昼夜	不变色、不开裂、不溶解
吸潮率（%）	常温常湿	≤2

（1）特点

外观呈灰白或微黄色泽，均匀稠状浆体，涂层干燥后平整、松软、无气泡、不开裂。其主要特点如下：

1）性能稳定、不衰减、不老化。

2）防腐性能好，而且无毒、无尘、无污染，不伤害人体。

3）防火性能好，有利于安全。

4）粘接性能好，保温层整体密封成型，外表整洁美观，便于探伤检测。

5）可塑性强，除适用于管道保温外，更适用于难以保温的闸阀、异型管件、球体、塔体、罐体、炉窑、旋转体的保温。

6）新安装的管道设备采用冷固型海泡石基保温材料，固化时间快；运行中的管道设备采用热固型海泡石基保温材料，随涂随干，可实现不停产施工。

（2）施工方法

1）施工前，应将管道和设备表面的铁锈、灰尘、油污等清除干净。

2）使用保温材料时，应将其搅拌均匀，随用随配，防止久储后出现分层现象。

3）热固型海泡石基保温材料在表面温度为80℃以上即可施工，可用油漆刷轻涂轻抹，待底层干燥后，再涂以后各层，直至要求厚度。

4）为增强涂层的包裹强度，最好经纬交叉涂刷，使纤维定向排列。

5）冷固型海泡石基保温材料可在室温条件下施工，施工要求同上。

二、防潮层的施工

1. 材料的选择

管道防潮层使用的沥青胶泥配方如表 5-7 和表 5-8 所示，煤油沥青膏配方如表 5-9 所示。

自熄性沥青胶泥配方　　　　　　　　　　　　　　　　　　　　表 5-7

材料名称	质量（kg）	百分比（%）	材料名称	质量（kg）	百分比（%）
建筑石油沥青（10 号）	1.5	26.3	四氯乙烯	1.5	26.3
橡胶粉（32 目）	0.2	3.5	氯化石蜡	0.5	8.8
中质石棉泥	0.2	35.1			

可燃性沥青胶泥配方　　　　　　　　　　　　　　　　　　　　表 5-8

材料名称	质量（kg）	百分比（%）	材料名称	质量（kg）	百分比（%）
建筑石油沥青（10 号）	1	29.4	工业汽油	1	29.4
橡胶粉（32 目）	0.15	4.4	氯化石蜡	0.25	7.4
中质石棉泥	1	29.4			

煤油沥青膏配方　　　　　　　　　　　　　　　　　　　　　　表 5-9

材料名称	质量（kg）	百分比（%）	材料名称	质量（kg）	百分比（%）
建筑沥青（10 号）	10	40.8	水泥（32.5 级）	3.2	13
石棉绒（机选 3～4 级）	6.8	27.8	煤油	4.5	18.4

2. 施工操作要点

（1）管道保冷层及有可能浸入雨水、地下或地沟水的管道保温层，均应在其绝热层外表面做防潮层。

（2）设置防潮层的绝热层外表面，要保持干净、干燥、平整。

（3）当采用沥青胶或防水冷胶料玻璃布做防潮层时，第 1 层石油沥青胶或防水冷胶料的厚度，应为 3mm；第 2 层中碱粗格玻璃布的厚度，应为 0.1～0.2mm；第 3 层石油沥青胶料或防水冷胶料的厚度也应为 3mm。

（4）在涂抹沥青胶料或防水冷胶料时，应满涂至规定的厚度。施工时玻璃布应随沥青层以螺旋缠绕方式边涂边敷，其环向搭接视管径大小需不小于 30～50mm，且必须粘结严密。在立管上的缠绕方式为上搭下。水平管道上如有纵向接缝，应使缝口朝下。

在特别不利的情况下，防潮层应该采用埋地管道的防腐做法。

三、保护层的施工

1. 石棉水泥保护层

石棉水泥保护层在施工中应用较多，其优点是容易调制，使用方便，缺点是日久容易开裂，失去防水作用。用于室内管道及设备的保护层的配方如表 5-10 所示，表中材料加水调制后的表观密度为 700kg/m³ 左右；室外及地沟内管道及设备的保护层的配方如表 5-

11 所示，表中材料加水调制后的表观密度为 900kg/m³ 左右。

室内石棉水泥保护层配方　　　　　　　　　　表 5-10

材料名称	规格	质量（kg）	质量百分比（%）	材料名称	规格	质量（kg）	质量百分比（%）
水泥	32.5 级	200	35.6	石棉绒	5 级	70	12.5
膨胀珍珠岩	—	192	34.1	碳酸钙	—	100	17.8

室外石棉水泥保护层配方　　　　　　　　　　表 5-11

材料名称	规格	质量（kg）	质量百分比（%）	材料名称	规格	质量（kg）	质量百分比（%）
水泥	32.5 级	400	52.5	石棉绒	5 级	70	9.2
膨胀珍珠岩	—	192	25.2	碳酸钙	—	100	13.1

2. 金属薄板保护壳

采用薄钢板做保护层时，需优先考虑用镀锌薄钢板，也可以采用黑薄钢板，但内外层应刷红丹防锈漆各 2 遍，外层再按设计规定颜色刷面漆。近年来也常采用薄铝板作保护层，厚度为 0.5～1.0mm。

采用薄钢板时的厚度可为 0.3～0.5mm，但常采用 0.5mm。材料下料后用压边机压边，滚圆机滚圆。成型后的薄钢板应紧贴绝热层，不留空隙，纵向搭口在下侧面，搭接 30～50mm；横向搭接应有半圆形突缘啮合，搭接约 30mm，如图 5-36 所示。主管包覆薄钢板由下至上施工，水平管道需由低处向高处施工，以免雨水自上而下及顺管道坡度流入横向接缝内。薄钢板搭接用 M4×12 的自攻螺钉紧固，间距为 150mm，其底孔直径应为 3.2mm。

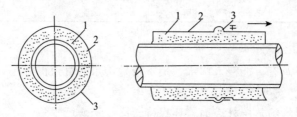

图 5-36　金属保护壳的安装
1—绝热层；2—金属外壳；3—自攻螺钉

3. 沥青油毡加玻璃丝布保护层

它适用于室外敷设的管道。一般采用包裹或缠包的方法施工，施工时应保证沥青油毡接缝有不小于 50mm 的搭接宽度，并且接缝处应用沥青或沥青玛琋脂封口，用镀锌钢丝绑扎牢固。然后用玻璃丝布条带以螺旋状缠包到油毡的外面。缠包时应保证接缝搭接宽度为条带的 1/3～1/2，并用镀锌钢丝绑扎牢固。缠包后玻璃丝布应平整无皱纹、气泡，松紧适当。玻璃丝布表面应根据需要涂刷一层耐气候变化的涂料或管道识别标志。

四、施工注意事项

1. 绝热工程的主要材料应有出厂合格证或物理、化学分析检验报告，确认其种类、规格、质量符合设计要求后，按其特性、型号和用料的先后，分类放在通风良好和防水防潮的棚库内保存。

2. 绝热施工前应完成管道系统的试压和防腐并确认合格。施工前必须对管道进行清扫和干燥。

3. 敷设绝热管道的管沟，在施工前应将沟内的积水、泥土、工业垃圾清除干净，然后方可施工绝热层。冬季雨季施工时应有防冻防雨设施。

4. 管道与设备的绝热工程应按一定顺序施工，一般按绝热层、防潮层、保护层的顺序从内向外顺序施工。非水平管道的绝热施工应自下而上进行。垂直管道绝热层施工时，层高小于或等于 5m 时，每层应设 1 个支撑托板，其宽度为绝热层厚度的 2/3；层高大于5m 时，每层支撑托板不少于 2 个。支撑托板应焊在管壁上，其位置应在立管卡的上部200mm 处。凡设备高度大于 2m 时，每隔 2~3m 需设绝热层支承板（或抱箍），其宽度为绝热层厚度的 2/3。

5. 水平管道绝热层的纵向接缝位置，不得布置在管道垂直中心线 45°范围内，如图 5-37 所示。当采用大管径的多块硬质成型绝热制品时，绝热层的纵向接缝位置，可不受此限制，但应偏离管道垂直中心线位置。

6. 预制管壳绝热结构的管壳数量依管径而定：当 $DN \leqslant 80mm$ 时，采用半圆形管壳；当 $DN > 80mm$ 时，采用扇形管壳；最多不超过 8 块，以偶数为宜。

7. 管壳式保温结构厚度大于 100mm 和保冷结构厚度大于 75mm 时，应分层施工。

8. 保温、保冷绝热层，同层的预制管壳应错缝，外层的水平接缝应在侧面。预制管壳缝隙一般要求：保温应小于 5mm，保冷应小于 2mm，缝隙处应用胶泥填充密实。每个预制管壳最少应有 2 道镀锌钢丝或箍带捆扎，不得呈螺旋捆扎。当 $DN \leqslant 50mm$ 时，用20 号（$\phi 0.95mm$）镀锌钢丝；当 $DN > 50mm$ 时，用18 号（$\phi 1mm$）镀锌钢丝；当绝热层外径大于 200mm时，宜在管壳外面用网孔为 $30mm \times 30mm \sim 50mm \times 50mm$ 的镀锌钢丝网捆扎。

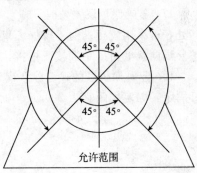

图 5-37 纵向接缝位置

9. 用保温管壳进行管道保温时，在直线管段上，每隔 5~7m 应留一条膨胀缝，间隙为 20~30mm，膨胀缝需用柔性保温材料（石棉绳或玻璃棉）填充。弯管的外背处同样应留有间隙为 20~30mm 的膨胀缝。

10. 绝热层用的毛毡材料，应紧贴在被绝热的管道表面，但伴热管道型的绝热层不能紧贴被绝热的管道表面，应留出热循环的空气层，保温层最好设内保护层。绝热层毛毡的环缝和纵缝接头处，不得有空隙，捆扎的镀锌钢丝或箍带间距为 150~200mm。疏松的毛毡制品宜分层施工，并扎紧。

11. 保冷管道或地沟内保温管道应有防潮层，防潮层施工应在干燥的绝热层上进行。油毡防潮层的搭接宽度为 30~50mm，纵向缝口应朝下，并用沥青玛𤧛脂粘结密封。每300mm 捆扎镀锌钢丝或箍带一道。玻璃布防潮层搭接宽度也为 30~50mm，但应粘贴在涂有 3mm 厚的沥青玛𤧛脂的绝缘层上，玻璃布外面再涂 3mm 厚的沥青玛𤧛脂。

12. 设置防潮层的绝热层外表，应清理干净，保持干燥，并要求平整、严密、均匀，不得有突角、凹坑、鼓泡、虚贴或开裂等缺陷。

13. 绝热层上毡、箔、布类保护层不得有松脱、翻边、褶皱和鼓包现象，其搭接缝应粘贴严密，环向及纵向接缝搭接不应小于 50mm。毡、箔、布类包缠接缝应沿管道坡向搭向低处，纵向接缝宜布置在水平中心线下方 15°～45°处，缝口朝下。

包缠毡类时，起点和终点应用镀锌钢丝或钢带捆紧；包缠箔、布类时，起点和终点宜用粘胶带捆紧。

14. 抹面保护层的灰浆，密度不得大于 $1000kg/m^3$，抗压强度不得小于 0.8MPa，干燥后（冷状态下）不得产生裂纹、脱壳等现象。

大型设备抹面时，应在抹面保护层上留出纵横交错的方格形或环形伸缩缝。伸缩缝做成凹槽，其深度应为 5～8mm，宽度应为 8～12mm。

15. 采用抹面保护层时，应设镀锌钢丝网，抹面应分两次进行，要求表面平整、圆滑、无钢丝露头、端部棱角整齐、无明显裂纹。

16. 金属保护层应压边、箍紧，不得有脱壳或凸凹不平现象，保护层端头应封闭。金属保护层的搭接尺寸：高温管道应为 75～150mm；中低温管道应为 50～70mm；保冷管道应为 30～50mm。搭接部位不得固定。环向搭接一端应压出凸筋，较大直径管道的纵向搭接也应压出凸筋。

17. 金属保护层安装时，应紧贴绝热层或防潮层。硬质绝热制品的金属保护层纵向接缝处，可采用咬接，但不得损坏里面的绝热层或防潮层；半硬质和软质绝热制品的金属保护层纵向接缝可采用插接或搭接，插接和搭接尺寸应为 30～50mm。

18. 金属保护层的接缝除环向活动缝外，应用抽芯铆钉固定。保温管道也可用自攻螺钉固定，固定间距宜为 200mm，但每道缝不得少于 4 个。

第三节　管道的防腐

建筑给排水及供暖管道的防腐工作主要包括以下三个步骤：（1）在管道安装前首先对管道、管件等进行表面除锈，然后再涂刷第一层底漆；（2）在管道安装完毕后，可刷第二层底漆；（3）在所有管道安装工程完毕，室内刮完大白并干透之后，即可涂刷面漆。

一、除锈处理

金属管道表面锈垢的清除程度，是决定管道防腐效果的重要因素。为增强漆料与金属的附着力，取得良好的防腐效果，必须清除金属表面的灰尘、污垢和锈蚀，露出金属光泽方可刷、喷底漆。

1. 表面去污：去污方法、适用范围、施工要点如表 5-12 所示。

金属表面去污　　　　　　　　　　　　　表 5-12

去污方法		适用范围	施工要点
溶剂清洗	煤焦油溶剂（甲苯、二甲苯等）；石油矿物溶剂（溶剂汽油、煤油）；氯代烃类（过氯乙烯、三氯乙烯等）	除油、油脂、可溶污物和可溶涂层	有的油垢要反复溶解和稀释。最后要用干净溶剂清洗。避免留下薄膜

续表

去　污　方　法		适　用　范　围	施　工　要　点
碱液	氢氧化钠 30g/L 磷酸三钠 15g/L 水玻璃 5g/L 水适量 也可购成品	除掉可皂化的油、油脂和其他污物	清洗后要充分冲净，并做钝化处理（用含有 0.1% 左右的铬酸、重铬酸钠或重铬酸钾溶液清洗表面）
乳剂除污	煤油 67% 松节油 22.5% 月桂酸 5.4% 三乙醇胺 3.6% 丁基溶纤剂 1.5% 也可购成品	除油、油脂和其他污物	清洗后用蒸汽或热水将残留物从金属表面上冲洗干净

2. 除锈方法有人工除锈、机械除锈、喷砂除锈。

（1）人工除锈：一般先用手锤敲击或用钢丝刷、废砂轮片除去严重的厚锈和焊渣，再用刮刀、钢丝布、粗破布除去氧化皮、铁浮锈及其他污垢。最后用干净的布块或棉纱擦净。对于管道内表面除锈，可用圆形钢丝刷，两头绑上绳子来回拉擦。至刮露出金属光泽为合格。

（2）机械除锈：可用电动砂轮、风动刷、电动旋转钢丝刷、电动除锈机等除锈机械，如旋转钢丝刷管子除锈机（图 5-38）、钢管外壁除锈设备（图 5-39）。当电动机转动通过软轴带动钢丝刷旋转除锈，用来清除管道内表面锈垢。

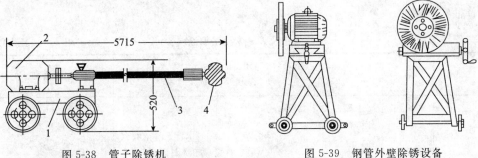

图 5-38　管子除锈机
1—小车；2—电动机；3—软轴；4—钢丝刷

图 5-39　钢管外壁除锈设备

（3）喷砂刷锈：利用压缩空气喷嘴喷射石英砂粒，吹打锈蚀表面，将氧化皮、铁锈层等剥落。

施工现场可用空压机、油水分离器、砂斗及喷枪组成，如图 5-40 所示。除锈用的空压机的压缩空气不能含有水分和油、油脂，必须在其出口安设油水分离器。空压机压力保持在 0.4～0.6MPa，石英砂的粒度 1.0～2.05mm，要过筛除去泥土杂质，再经过干燥处理。

喷砂要顺气流方向，喷嘴与金属表面成 70°～80° 夹角、相距 100～150mm。在管道表面达到均匀的灰白色时，用压缩空气清扫干净。再用汽油等溶剂洗净，干燥后可进行油漆涂刷。

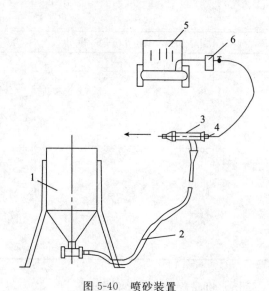

图 5-40 喷砂装置
1—储砂罐；2—橡胶管；3—喷枪；4—压缩空气接管；5—压缩机；6—分离器

二、选择油漆

工程中用漆种类繁多，底、面漆不相配会造成防腐失效。某些工程油漆涂层出现成片脱落或混色现象，有的当一遍底漆涂完，刷面漆时发生底漆溶解，面层无法施工。调配和选对漆种是重要的施工程序。

1. 根据设计要求，按不同管道、不同介质、不同用途及不同材质，参考表 5-13 中所示选择油漆涂料。

管道及设备常用防腐涂料   表 5-13

类别	型号	名称	性能	适用温度（℃）	主要用途	配套施工要点
油脂类	Y03-1	各色油性调和漆	干燥较慢，漆膜较软、光亮。附着力较强，耐候性比醇酸调和漆及酚醛调和漆好，不易粉化、龟裂	(60)（<120）	用于室内一般金属和木材表面	涂于金属、木材表面或磷化底漆、红丹油性防锈漆面上。室外至少涂两层。用 200 号溶剂汽油或松节油作稀释
	Y53-1	红丹油性防锈漆	防锈性能好，干后附着力强，柔韧性好，易涂刷，干燥慢，制漆烧焊易中毒	100	用于钢铁表面打底。但不能用于铝锌表面，不可单独用	配套面漆为酚醛磁漆、醇酸磁漆及油性调和漆。用 200 号溶剂汽油或松节油作稀释剂
	Y53-2	铁红油性防锈漆	防锈性能较好，附着力强，漆膜较软	<150	用于室内外要求不高的钢铁表面作防锈打底用，但不能用于铝锌表面，也不能单独使用	配套面漆为酚醛磁漆及油性调和漆，用 200 号溶剂汽油或松节油作稀释剂

类别	型号	名称	性能	适用温度 (℃)	主要用途	配套施工要点
酚醛树脂类	F06-8	锌黄、铁红、灰酚醛底漆	防锈性能良好，附着力强		锌黄酚醛底漆用于铝合金表面；铁红用于钢铁表面	两层底漆后涂面漆，醇酸磁漆、氨基烘漆、纯酚醛磁漆
	F06-9	锌黄、铁红纯酚醛底漆	防锈性能好，附着力强，耐热、防潮耐盐雾性能好		锌黄酚醛底漆用于铝合金表面；铁红、纯酚醛底漆可配合过氧乙烯漆使用效果好	两层底漆后涂面漆，醇酸磁漆、氨基烘漆、纯酚醛磁漆，用二甲苯、松节油稀释
	F04-1	各色酚醛磁漆	耐酸（但不耐硝酸、浓硫酸和碱），耐水，附着力强，光泽好，漆膜坚硬，耐候性次于醇酸磁漆		涂在金属、木材、磷化底漆或防锈底漆上，底漆一层，室外磁漆两层以上	用200号溶剂汽油或松节油稀释
	F53-5	酚醛防锈漆	防锈性能好，附着力很强，干燥快，易施工，无毒、防火		用于室内外金属、木材表面取代红丹防锈漆，用在钢铁表面防锈打底	配套面漆为醇酸磁漆、酚醛磁漆、调和漆
	F53-2	灰酚醛防锈漆	4h 表面干燥，24h 可完全干燥		用于一般要求的钢铁表面打底	底漆两层、面层1～2层，用200号溶剂汽油或松节油作稀释
醇酸树脂类	C06-1	铁红醇酸底漆	防锈性能良好，附着力较强，与多种面漆结合好，耐油、坚硬，耐候性较好	−40～60	用于金属管道打底，但不适用于湿热地带	刷或喷1～2层。配套面漆为醇酸磁漆、沥青漆、过氧乙烯漆等，稀释喷涂用甲苯，刷涂用松节油
	C04-2	各色醇酸磁漆	耐酸性尚可，坚韧、光亮、机械强度较好，耐候性比油性调和漆及酚醛磁漆好，耐水性稍差	<100	用于室内外金属和木材表面作面层涂料	刷或喷在涂有底层的金属或木材表面，前一层干后方可涂下一层，用200号溶剂汽油或松节油稀释
	G04-4	各色醇酸磁漆	耐候性、耐水性和附着力比 C04-2 好。能耐油，但干燥时间长		用于室外金属管道表面为面层	涂1～2层醇酸底漆用醇酸腻子补平，再涂醇酸底漆两层，最后涂该磁漆两层
	C01-2	银粉漆（铝粉漆）	银白色，对钢铁及铝表面具有较强的附着力，漆膜受热后不易起泡。耐水、耐热	150		

续表

类别	型号	名称	性能	适用温度（℃）	主要用途	配套施工要点
乙烯树脂漆类	K06-1	磷化底漆	对金属表面有极强附着力，可省去磷化或钝化处理。增加金属上有机涂层附着力，防止锈蚀，延长涂层寿命	<60	用于有色及黑色金属底层的防锈涂料，不可代替一般底漆	使用前，以树脂液基料与磷化液按4∶1混合。磷化液用量不可任意增减。稀释剂3份乙醇（96%）与1份丁醇的混合液
	X52-1	各色乙烯防腐漆	耐酸、碱，常温下耐硫酸、盐酸、氢氧化钠；耐油及醇类；耐候性优；耐海水、耐晒、耐湿热	70～100	用于室内外设备及管道，室外管道优于其他涂料，可用于水下金属结构和管道	不能与其他漆混用，根据酸、碱等程度，可涂2～4层。配制白色或灰色，颜料有钛白粉和氧化锌
环氧树脂漆	H53-3	红丹环氧防锈漆	有较佳防腐蚀能力	−40～110	供各种金属表面防锈、专作底漆	配套品种：与磷化底漆配套使用，可提高漆膜防盐雾、防潮、防锈蚀
	H06-2	铁红、锌黄环氧底漆	耐水、防锈性优，漆膜坚韧耐久，对金属附着力良好		用于海洋性及湿热气候下金属表面打底。铁红用于黑色金属，锌黄用于有色金属	硝基外用磁漆、H05-6环氧烘漆
	H52-3	各色环氧防锈漆	耐化学性腐蚀性能较好，耐硫酸、氢氧化钠、盐酸、二甲苯、盐水、油，漆膜附着力好，坚韧耐久，自干型，施工方便	−40～110	防化学腐蚀的金属管道等	在金属表面涂两层以上，配套底漆用铁红环氧底漆
	H01-4	环氧沥青清漆，云母氧化铁底漆	耐化学腐蚀，有良好的物理机械性能，漆膜坚牢，对金属、水泥附着力强，耐水性好，施工方便	−55～155	用作地下、水下管道、水闸、槽等防潮、防化学腐蚀用（云母氧化铁底漆打底用）	云母氧化铁底漆两层，环氧沥青清漆两层即可。或直接涂刷环氧沥青清漆三层即可
聚氨酯漆	S04-1	聚氨酯磁漆	耐酸、碱腐蚀、耐水、油，防潮、霉，耐溶剂，漆膜坚硬、光亮，附着力强		用于除航空油以外的燃料油、化工设备、管道	配套品种：S06-1两层；S04-1两层
	S06-1	棕黄、锌黄聚氨酯底漆	耐酸、碱腐蚀、耐水、油，防潮、霉，耐溶剂，漆膜坚硬、光亮，附着力强	−55～155		与S04-1配合使用

续表

类别	型号	名称	性能	适用温度（℃）	主要用途	配套施工要点
有机硅漆	W61-22	各有色有机硅耐热漆	耐油、耐水、耐高温，良好机械性能，常温干燥	300	用于高温设备、配件、管道	
沥青漆	L01-6	沥青漆	耐腐蚀性能良好，耐水，防潮性好，干燥快，施工方便	−20～70	金属表面作防潮、防水、防腐用	可用汽油、二甲苯、松节油稀释，刷、涂、喷均可
	L01-17	煤焦沥青漆	耐土壤腐蚀，防锈性能较好，耐水性强。干燥快		用于不受阳光直射的钢铁表面及地下管道	涂刷不少于两层，施工方便
	L50-1	沥青耐酸漆	耐氧化氮、二氧化硫、氨气、氯气、盐酸及无机酸，附着力较强	−20～70	用于防止硫酸等对金属腐蚀的管道等	刷涂不少于两层，间隔12h。刷于金属表面或铁红防锈漆上或磷化底漆上

2. 管道涂色分类：管道应根据输送介质选择漆色，如设计无规定，参考表 5-14 和表 5-15 选择涂料颜色。

管道涂色分类　　　　　　　　　　　　　　　　表 5-14

管道名称	颜色		管道名称	颜色	
	底色	色环		底色	色环
给水（生水）管	绿		高热值煤气管	黄	
排水管	黑		低热值煤气管	黄	
过热蒸汽	红	黄	液化石油气管	黄	绿
饱和蒸汽	红		天然气管		
凝结水管	绿	深红	压缩空气管	浅蓝	
热水送水管	绿	黄	净化压缩空气管	浅蓝	黄
热水回水管	绿	褐	氧气管	深蓝	
软化水管	绿		乙炔管	白	
盐水管	深黄		氢气管	棕色	
油管	橙黄		自动灭火消防配水管	绿	红

色环宽度　　　　　　　　　　　　　　　　表 5-15

管子保温层的外径（mm）	<150	150～300	>300
色环的宽度（mm）	50	70	100
色环的间距（m）	1.5	2	2.5
最后一个色环离墙或楼板尺寸（m）	1	1.5	2

3. 将选好的油漆桶开盖，根据原装油漆稀稠程度加入适量稀释剂。油漆的调和程度要考虑涂刷方法，调和至适合手工涂刷或喷涂的稠度。喷涂时，稀释剂和油漆的比例为1:1~2。用棍棒搅拌均匀，以可刷不流淌、不出刷纹为准，即可准备涂刷。

三、油漆涂刷施工

一般通风空调管道漆面要求较高。设计无规定时，应按表5-16、表5-17和表5-18中的油漆遍数进行。

薄钢板风管油漆　　　　　　　　　　　　表 5-16

风管所输送的气体介质	油 漆 类 别	油 漆 遍 数
不含有灰尘且温度不高于70℃的空气	内表面涂防锈底漆	2
	外表面涂防锈底漆	1
	外表面涂面漆	2
不含有灰尘且温度高于70℃的空气	内外表面各涂耐热漆	2
含有粉尘或粉屑的空气	内表面涂防锈底漆	1
	外表面涂防锈底漆	1
	外表面涂面漆	2
含有腐蚀性介质的空气	内外表面涂耐酸底漆	≥2
	内外表面涂耐酸面漆	≥2

注：需保温的风管外表面不涂粘结剂时，宜涂防锈漆二遍（镀锌钢板不涂漆）。

空气净化系统的油漆　　　　　　　　　　表 5-17

风 管 部 位	涂 漆 类 别	油 漆 遍 数	系 统 部 位
内表面	醇酸类底漆	2	1. 中效过滤器前的送风管及回风管
	醇酸类磁漆	2	
外表面（保温）	铁红底漆	2	2. 中效过滤器后、高效过滤器前的送风管
外表面（非保温）	调和漆	2	
	铁红底漆	1	

制冷剂管道油漆　　　　　　　　　　　　表 5-18

管 道 类 别		油 漆 类 别	油漆遍数
保温管道	保温层以沥青为粘结剂	沥青漆	2
	保温层不以沥青为粘结剂	防锈底漆	2
非保温管道		防锈底漆	2
		色 漆	2

注：镀锌钢管可免涂底漆。

1. **手工涂刷**：用油刷、小桶进行。每次油刷蘸油要适量，不要弄到桶外污染环境。

手工涂刷应自上而下，从左至右，先里后外，先斜后直，先难后易，纵横交错地进行。漆层厚薄均匀一致，不得漏刷。多遍涂刷时每遍不宜过厚。必须在上一遍涂膜干燥后，才可涂刷第二遍。

2. 浸涂：把调和好的漆倒入容器或槽里，然后将物件浸渍在涂料液中，浸涂均匀后抬出物件，搁置在干净的排架上，待第一遍干后，再浸涂第二遍。这种方法厚度不易控制。一般仅用于形状复杂的物件防腐。

3. 喷涂：常用的有压缩空气喷涂、静电喷涂、高压喷涂（又称无空气喷涂）。

压缩空气喷涂——将喷枪漆罐装满调和好的漆，喷枪结构及性能如图 5-41、图 5-42 和表 5-19 所示。启动空气压缩机，空压机压力一般调至 0.2～0.4MPa，喷嘴距涂面的距离视涂件形状而定。如果涂件表面为平面时，一般距离为 250～350mm；若为圆弧面则距离为 400mm。调整后用手扳动扳机，以 10～15m/min 的速度移动喷嘴，以达到满意的效果为止。压缩空气喷涂的漆膜较薄，多遍喷涂时，必须在上一遍漆膜干燥后，才喷涂第二遍。

图 5-41　PQ-1 型喷枪

1—漆罐；2—空气喷嘴；3—扳机；4—空气接头

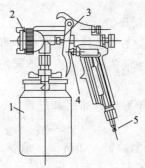

图 5-42　PQ-2 型喷枪

1—漆罐；2—空气喷嘴旋钮；3—扳机；
4—空气阀杆；5—空气接头

常用的喷枪技术性能　　　　　　　　　　　　　　　　表 5-19

项　　　目	PQ-1 型	PQ-2 型
1. 工作压力（kPa）	275～343	392～491
2. 喷枪喷嘴距离喷涂面 250mm 时，喷涂面积（cm²）	3～8	13～14
3. 喷嘴直径（mm）	0.2～4.5	1.8

静电喷涂——运用静电喷涂设备，如图 5-43 所示，使被涂件带一种电荷，从喷漆器喷出的涂料带有另一种电荷，由于两种异性电荷相互吸引，使雾状涂料均匀地涂在物件上。一般喷涂或刷、浸、淋涂均会损失较多涂料，而静电喷涂几乎全吸附到物件上。比较容易控制涂膜厚度，且均匀、平整、光滑。适用大批量涂件施工。

高压喷涂（无空气喷漆）——这是一种较新的喷涂方法。将调和好的涂料通过加压后的高压泵压缩，从专用喷枪喷出。根据涂料黏度的大小，使用压力范围为 0.5～5MPa。涂料喷出后剧烈膨胀，雾化成极细漆粒喷涂在物件上，如图 5-44 所示。由于没有空气混入而带进水和杂质，既减少漆雾，节省涂料，又提高涂层质量。

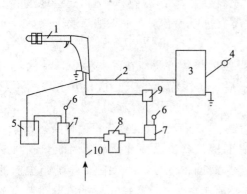

图 5-43　静电喷涂作业

1—静电喷枪；2—高压电缆；3—静电发生器；4—电源；

5—压力供漆器；6—压力表；7—减压器；8—过滤器；

9—气动开关；10—压缩空气进口

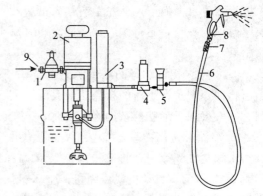

图 5-44　高压喷涂

1—调压阀；2—高压泵；3—蓄压器；4—过滤器；

5—截止阀；6—高压软管；7—接头；

8—喷枪；9—压缩空气入口

4. 油层深层保护

（1）油漆施工的条件。油漆施工不能在雨天、雾、露天和 0℃ 以下环境施工。

（2）油漆涂层的成膜养护。不同的油漆涂料，成膜干燥机理不同，有不同的成膜养护条件和规律。

溶剂挥发型涂料，如硝基纤维漆、过氧乙烯漆等靠溶剂挥发干燥成膜，温度为 15～25℃。

氧化-聚合型涂料，如清油、酯胶漆、醇酸漆、酚醛漆等管道工程常用油漆涂料，成膜分为溶剂挥发和氧化反应聚合阶段才达到强度。

烘烤聚合型的磁漆，常用于阀件、仪表，只有烘烤养护才能成膜，否则长期不干。

固化型涂料，如聚氨酯漆等应满足成型条件，分清常温固化还是高温固化。

第六章　建筑给水排水与供暖
工程质量控制

现代建筑特别是高层建筑的迅猛发展，以及高科技产业的飞速发展带动了现代化的大型工业厂房大量建设，这对建筑物的使用功能和质量提出了越来越高的要求。因此，从事建筑类各专业工作的工程技术人员，对现代建筑中给水排水与供暖工程的工作原理、施工安装技术及常见质量问题的掌握和了解十分重要。在此以《建筑给水排水及供暖工程施工质量验收规范》GB 50242—2002 为依据予以介绍。

第一节　工程质量控制概述

一、工程质量控制的主要手段

（一）事前控制

1. 监理人员对建筑给水、排水及供暖工程项目在现场施工安装之前，首先应熟悉和审核各专业设计图纸，在此基础上，组织召开施工图技术交底会，由设计人员介绍和说明，施工人员和专业监理工程师可对图纸中存在的问题提出意见，并经设计人员认可后才能实施。

2. 审查承包商资质，审查管理人员、技术人员资格，对特殊工种人员（如焊工、起重工、锅炉安装工）要持有操作上岗证，由监理认可后才能参加施工。

3. 组织讨论和审查施工组织设计和施工技术方案，必须经过监理工程师审核确认后方可进行施工，承包单位不得擅自改动。对工程中技术难度大或有特殊技术要求的部分，需要求承包单位做出专题技术施工方案及相应技术措施，由专业监理工程师组织专门审核通过后，予以实施。

4. 在土建主体结构施工时，安装施工人员必须密切配合土建做好预留洞、预埋件、预埋管的工作，专业监理工程师应及时检查并签认隐蔽工程验收单。在安装开始前，土建施工时做的预留洞、预埋件、预埋管以及设备基础的尺寸、大小、位置、标高、坡度等必须符合设计要求，监理工程师应配合安装施工单位进行现场复测复量，不符合要求的应提出整改要求，直至合格。

5. 监理人员对进场的材料和设备必须严格检查。检查合格并履行手续后方可使用。

（1）对进场的铸铁管及附件的尺寸、规格必须符合设计要求。管壁厚薄应均匀，内外光滑整洁，无浮砂、粘砂，不得有砂眼、裂纹、毛刺和疙瘩。管材和附件应有出厂合格证。

（2）镀锌管及供热用的无缝钢管均应有出厂合格证，管材和管配件的管壁内外厚薄一致，无锈蚀，内壁无毛刺，镀锌层还应内外镀锌均匀，管件不得有偏扣、方扣、套扣不全等现象。

（3）对进场的 PVC、PP-R、PEX 给水管，监理人员应检查它的出厂合格证和消防局、卫生检验部门开出的厂家生产许可证。管材和管件颜色要一致。无色泽不均，内外壁应光滑、平整，无气泡、裂口、裂纹、脱皮和严重锈斑、凹陷等。

（4）建筑排水用硬质聚氯乙烯（UPVC）管材和管件应有质量检验部门的产品合格证，并有明显标志标明生产厂的名称和产品规格。所用胶粘剂应是同一厂家配套产品，并标有厂名、生产日期和有效期。管材内外表层应颜色一致、光滑，无气泡、裂纹，管壁厚度均匀。

（5）对工程中各专业系统中使用的阀门进场时，监理人员要同施工单位技术人员共同检查，合格后方可使用。阀门必须有出厂合格证，规格、型号、材质符合设计要求。阀门铸造规矩、表面光洁、无裂缝，开关灵活，关闭严密，填料密封完好无渗漏。阀门进场后应按批量每批抽查10%做压力试验，且不少于1个。如有漏、裂不合格的应再抽查20%，仍有不合格，则逐个试验。对安装在主干管上，尤其是安装在锅炉管线上的起切断作用的阀门，则应逐个做压力和气密性试验。

（6）自动喷水灭火系统中的喷头、报警阀、压力开关、水流指示器等进场时，应严格检查，应有消防部门批准的生产许可证。设备及组件进场时，除一般生产合格证外，还必须有国家消防产品质量监督检验中心检测合格的书面证明。闭式喷头应进行密封性试验，并以无渗漏、无损伤为合格。报警阀应逐个进行渗漏试验。

（7）卫生洁具的规格、型号必须符合设计要求，并有出厂合格证，卫生洁具外观应规矩、造型周正、表面光滑、美观、无裂纹、色调一致。

（8）室内供暖用的散热器安装前必须做好水压试验，并必须符合设计要求和施工规范规定。

（9）对进场的设备，例如供暖用锅炉、压力容器、给排水的水泵及纯水设备等，应组织业主、施工单位、监理人员共同验收。

1）检查设备的产品合格证、说明书、技术参数是否符合要求。

2）检查设备的型号、规格、数量是否符合设计要求。

3）按产品明细表，检查附件、配件的规格、数量是否符合要求。

4）组织各方人员签名办理书面手续。

（二）事中控制

本控制实际上是对给水、排水、供热、供暖、消防等各专业系统在现场按图施工时的整个过程控制、安装工艺过程的技术监督，看其施工安装过程中是否严格按照工程设计图纸施工，是否严格按照我国有关施工安装规范标准进行施工，所以是非常具体、非常严格、监理工作量最大的一个组成部分，具体怎样监控、质量控制要点等将在以后各节中详尽叙述，以下简述事中监控的主要内容提纲及有必要加以说明的要点。

1. 室内给水管道安装质量的监控；

2. 室内排水管道安装质量的监控；

3. 室外给水管道安装质量的监控；

4. 室外排水管道安装质量的监控；

5. 室内热水供应系统安装质量的监控；

6. 室内供暖系统安装质量的监控；

7. 室外供热管网系统安装质量的监控；

8. 供热锅炉及辅助设备安装质量监控；

9. 管道支、吊、托架制作、安装的质量监控；

10. 室内给水附属设备安装质量的监控；

11. 室内给水和排水、卫生洁具及配件安装质量的监控；

12. 成品保护的监控；

13. 说明要点：

（1）目前和过去在全国范围内室内外给水系统中常采用铸铁管、镀锌钢管、塑料管、铜管、钢塑复合管等。这些管材作为给水输送管道，其特性、价格、卫生条件、防腐能力等均有优缺点。但在上海地区，根据上海市建设系统有关文件，在多层住宅、多层公共建筑和高层建筑分区管道以及供水管道中推广使用塑料管，禁止设计、使用镀锌给水管。多层选用不低于 1.0MPa 等级的塑料管，高层小区户外埋地给水管道必须使用塑料给水管，禁止使用镀锌钢管和铸铁管，但室内消防供水管道不得采用塑料管（详见"沪建材（P8）第 0511 号"文件和"沪消防（1999）146 号"文件）。目的是提高给水水质，在自来水输送过程中，减少和降低管道对给水水质的污染。消防水是静止和非饮用水，又由于工作压力高，塑料管不适用于消防系统中。

（2）目前国内室内外排水管常采用：（室外）钢筋混凝土管、混凝土管、石棉水泥管、缸瓦管、铸铁管、硬质聚氯乙烯塑料管。（室内）：铸铁管、硬质聚氯乙烯塑料管等。但在上海地区新建、改建、扩建的建设工程，必须使用硬质聚氯乙烯排水管、雨水管，并必须取得"上海市建筑材料和建设机械准用证"，禁止使用承插式铸铁排水管（沪建材（96）0868 号文件）。

（三）事后控制

1. 给水、排水、供热、供暖工程，应按分项、分部工程进行竣工验收。

（1）由现场工程监理项目组牵头，成立验收小组，确定验收小组人员名单，由承包方制定验收方案，经验收小组审核通过后，方可执行。

（2）检查各给水、排水、供热、供暖系统的管道和配件、水箱、水池等是否渗漏；各仪表、仪器及附件必须完好；运行设备经试运行都很正常，管道和配件、附件无渗漏；卫生器具完好无损坏，阀门及附件启闭灵活，无损坏渗漏。

（3）在检查过程中，如有问题需整改，可写出纪要，列出需整改内容，承包商限期整改，然后再检查合格后逐个消项，直至完全通过，进行签认手续，由监理工程师写出质量评估报告报质监站备案。

2. 审核竣工图及其他文件资料

（1）审核竣工图的正确性、完整性以及设计变更图纸和有关文件是否齐全。

（2）审核进场主要设备开箱检查、验收记录及设备基础复核记录。

（3）审核进场设备以及主要材料的产品合格证、质保证以及塑料给水管及配件的准用证。

（4）审核给水、排水、供热、供暖系统各种隐蔽工程验收原始记录及会签手续是否齐全，必要处有示意图。

（5）埋地排水管灌水试验，排水、污水管道通水试验，给水水箱、水池的满水试验记录，给水管、消防管道、供热管道、供暖管道及锅炉装置的压力试验记录，各种机电试运转记录等，资料齐全，数据正确，会签手续齐全。

3. 组织对工程项目的质量等级评定

（1）在竣工验收过程中，由承包方提出质量等级。

（2）监理单位在质监站参加的正式验收前，根据工程质量及整改情况，对工程做出质量评估报告，根据当地地方政府规定评定质量等级。

二、工程质量控制的基本要求

（一）材料、设备与质量管理的基本要求

1. 建筑给水、排水及供暖工程施工现场应具有必要的施工技术标准、健全的质量管理体系和工程质量检测制度，实现施工全过程控制。

2. 建筑给水、排水及供暖工程的施工应按照批准的工程设计文件和施工技术标准进行施工。修改设计应有设计单位出具的设计变更通知单。

3. 建筑给水、排水及供暖工程的施工应编制施工组织设计或施工方案，经批准后方可施工。

4. 建筑给水、排水及供暖工程的分部、分项工程划分见《建筑给水排水及供暖工程施工质量验收规范》、GB 50242—2002 中附录 A。

5. 建筑给水、排水及供暖工程的分项工程，应按系统、区域、施工段或楼层等划分。分项工程应划分成若干个检验批进行验收。

6. 建筑给水、排水及供暖工程的施工单位应当具有相应的资质。工程质量验收人员应具备相应的专业技术资格。

7. 建筑给水、排水及供暖工程所使用的主要材料、成品、半成品、配件、器具和设备必须具有中文质量合格证明文件，规格、型号及性能检测报告应符合国家技术标准或设计要求。进场时应做检查验收，并经监理工程师核查确认。

8. 所有材料进场时应对品种、规格、外观等进行验收。包装应完好，表面无划痕及外力冲击破坏。

9. 主要器具和设备必须有完整的安装使用说明书。在运输、保管和施工过程中，应采取有效措施防止损坏或腐蚀。

阀门安装前，应作强度和严密性试验。试验应在每批（同牌号、同型号、同规格）数量中抽查 10%，且不少于一个。对于安装在主干管上起切断作用的闭路阀门，应逐个作强度和严密性试验。

10. 阀门的强度和严密性试验，应符合以下规定：阀口的强度试验压力为公称压力的 1.5 倍；严密性试验压力为公称压力的 1.1 倍；试验压力在试验持续时间内应保持不变，且壳体填料及阀瓣封面无渗漏。阀门试压的试验持续时间不应少于表 6-1 的规定。

阀门试验持续时间　　　　　　　　　　　　　　　　表 6-1

公称直径 DN （mm）	最短试验持续时间（s）		
	严密性试验		强度试验
	金属密封	非金属密封	
≤20	15	15	15

公称直径 DN（mm）	最短试验持续时间（s）		强 度 试 验
	严 密 性 试 验		
	金 属 密 封	非 金 属 密 封	
65～200	30	15	60
250～450	60	30	180

11. 管道上使用冲压弯头时，所使用的冲压弯头外径应与管道外径相同。

（二）施工过程质量控制的要求

1. 建筑给水、排水及供暖工程与相关各专业之间，应进行交接质量检验，并形成记录。

2. 隐蔽工程应在隐蔽前经各方检验合格后，才能隐蔽，并形成记录。

3. 地下室或地下构筑物外墙有管道穿过的，应采取防水措施。对有严格要求的建筑物，必须采用柔性防水套管：

4. 管道穿过结构伸缩缝、抗震缝及沉降缝敷设时，应根据情况采取下列保护措施：

（1）在墙体两侧采取柔性连接。

（2）在管道或保温层外皮上、下部留有不小于 150mm 的净空。

（3）在穿墙处做成方形补偿器，水平安装。

5. 在同一房间内，同类型的供暖设备、卫生器具及管道配件，除有特殊要求外，应安装在同一高度上。

6. 明装管道成排安装时，直线部分应互相平行。曲线部分：当管道水平或垂直并行时，应与直线部分保持等距；管道水平上下并行时，弯管部分的曲率半径应一致。

7. 管道支、吊、托架的安装，应符合下列规定：

（1）位置正确，埋设应平整牢固。

（2）固定支架与管道接触应紧密，固定应牢靠。

（3）滑动支架应灵活，滑托与互滑槽两侧间应留有 3～5mm 的间隙，纵向移动量应符合设计要求。

（4）无热伸长管道的吊架、吊杆应垂直安装。

（5）有热伸长管道的吊架、吊杆应向热膨胀的反方向偏移。

（6）固定在建筑结构上的管道支、吊架不得影响结构的安全。

8. 钢管水平安装的支、吊架间距不应大于表 6-2 的规定。

钢管管道支架的最大间距　　　　　　　　　　　　　　　　　　表 6-2

公称直径（mm）		15	20	25	32	40	50	70	80	100	125	150	200	250	300
支架的最大间距（m）	保温管	2	2.5	2.5	2.5	3	3	4	4	4.5	6	7	7	8	8.5
	不保温管	2.5	3	3.5	4	4.5	5	6	6	6.5	7	8	9.5	11	12

9. 供暖、给水及热水供应系统的塑料管及复合管垂直或水平安装的支架间距应符合表 6-3 的规定。采用金属制作的管道支架，应在管道与支架间加衬非金属垫或套管。

塑料管及复合管管道支架的最大间距　　　　　表 6-3

管径（mm）		12	14	16	18	20	25	32	40	50	63	75	90	110
最大的间距（m）	立　管	0.5	0.6	0.7	0.8	0.9	1.0	1.1	1.3	1.6	1.8	2.0	2.2	2.4
	水平管 冷水管	0.4	0.4	0.5	0.5	0.6	0.7	0.8	0.9	1.0	1.1	1.2	1.35	1.55
	水平管 热水管	0.2	0.2	0.25	0.3	0.3	0.35	0.4	0.5	0.6	0.7	0.8		

10. 铜管垂直或水平安装的支架间距应符合表 6-4 的规定。

铜管管道支架的最大间距　　　　　表 6-4

公称直径（mm）		15	20	25	32	40	50	65	80	100	125	150	200
支架的最大间距（m）	垂直管	1.8	2.4	2.4	3.0	3.0	3.0	3.5	3.5	3.5	3.5	4.0	4.0
	水平管	1.2	1.8	1.8	2.4	2.4	2.4	3.0	3.0	3.0	3.0	3.5	3.5

11. 供暖、给水及热水供应系统的金属管道立管管卡安装应符合下列规定：

（1）楼层高度小于或等于 5m，每层必须安装 1 个。

（2）楼层高度大于 5m，每层不得少于 2 个。

（3）管卡安装高度，距地面应为 1.5～1.8m，2 个以上管卡应匀称安装，同一房间管卡应安装在同一高度上。

12. 管道及管道支墩（座），严禁敷设在冻土和未经处理的松土上。

13. 管道穿过墙壁和楼板，应设置金属或塑料套管。安装在楼板内的套管，其顶部应高出装饰地面 20mm；安装在卫生间及厨房内的套管，其顶部应高出装饰地面 50mm，底部应与楼板底面相平；安装在墙壁内的套管其两端与饰面相平。穿过楼板的套管与管道之间缝隙应用阻燃密实材料和防水油膏填实，端面光滑。穿墙套管与管道之间缝隙宜用阻燃密实材料填实，且端面应光滑。管道的接口不得设在套管内。

14. 弯制钢管，弯曲半径应符合下列规定：

（1）热弯：应不小于管道外径的 3.5 倍。

（2）冷弯：应不小于管道外径的 4 倍。

（3）焊接弯头：应不小于管道外径的 1.5 倍。

（4）冲压弯头：应不小于管道外径。

15. 管接口应符合下列规定：

（1）管道采用粘接接口，管端插入承口的深度不得小于表 6-5 的规定。

管端插入承口的深度　　　　　表 6-5

公称直径（mm）	20	25	32	40	50	75	100	125	150
插入深度（mm）	16	19	22	26	31	44	61	69	80

（2）熔接连接管道的结合面应有一均匀的熔接圈，不得出现局部熔瘤或熔接圈凸凹不匀现象。

（3）采用橡胶圈接口的管道，允许沿曲线敷设，每个接口的最大偏转角不得超过 2°。

（4）法兰连接时衬垫不得凸入管内，其外边缘接近螺栓孔为宜。不得安放双垫或偏垫。

（5）连接法兰的螺栓，直径和长度应符合标准，拧紧后，突出螺母的长度不应大于螺杆直径的 1/2。

（6）螺纹连接管道安装后的管螺纹根部应有 2～3 扣的外露螺纹，多余的麻丝应清理干净并做防腐处理。

（7）承插口采用水泥捻口时，油麻必须清洁、填塞密实，水泥应捻入并密实饱满。其接口面凹入承口边缘的深度不得大于 2mm。

（8）卡箍（套）式连接两管口端应平整、无缝隙，沟槽应均匀，卡紧螺栓后管道应平直，卡箍（套）安装方向应一致。

16. 各种承压管道系统和设备应做水压试验，非承压管道系统和设备应做灌水试验。

第二节　建筑给水工程的施工质量控制

一、室内给水系统的施工质量控制

（一）一般规定

1. 本节适用于工作压力不大于 1.0MPa 的室内给水和消火栓系统管道安装工程的质检与验收。

2. 给水管道必须采用与管材相适应的管件。生活给水系统所涉及的材料必须达到饮用水卫生标准。

3. 管径小于或等于 100mm 的镀锌钢管应采用螺纹连接，套丝扣时破坏的镀锌层表面及外露螺纹部分应做防腐处理；管径大于 100mm 的镀锌钢管应采用法兰或卡套式专用管件连接，镀锌钢管与法兰的焊接处应二次镀锌。

4. 给水塑料管和复合管可以采用橡胶圈接口、粘接接口、热熔连接、专用管件连接及法兰连接等形式。塑料管和复合管与金属管件、阀门等的连接应使用专用管件连接，不得在塑料管上套丝。

5. 给水铸铁管管道应采用水泥捻口或橡胶圈接口方式进行连接。

6. 铜管连接可采用专用接头或焊接，当管径小于 22mm 时宜采用承插或套管焊接，承口应迎介质流向安装；当管径大于或等于 22mm 时宜采用对口焊接。

7. 给水立管和装有 3 个或 3 个以上配水点的支管始端，均应安装可拆卸的连接件。

8. 冷、热水管道同时安装应符合下列规定：

（1）上、下平行安装时热水管应在冷水管上方。

（2）垂直平行安装时热水管应在冷水管左侧。

（二）给水管道及配件安装

1. 主控项目

（1）室内给水管道的水压试验必须符合设计要求。当设计未注明时，各种材质的给水管道系统试验压力均为工作压力的 1.5 倍，但不得小于 0.6MPa。

检验方法：金属及复合管给水管道系统在试验压力下观测 10min，压力降不应大于 0.02MPa，然后降到工作压力进行检查，应不渗不漏；塑料管给水系统应在试验压力下稳压 1h，压力降不得超过 0.05MPa，然后在工作压力的 1.15 倍状态下稳压 2h，压力降不得超过 0.03MPa，同时检查各连接处不得渗漏。

（2）给水系统交付使用前必须进行通水试验并做好记录。

检验方法：观察和开启阀门、水嘴等放水。

（3）生活给水系统管道在交付使用前必须冲洗和消毒，并经有关部门取样检验，符合国家《生活饮用水卫生标准》GB 5749—2006 方可使用。

检验方法：检查有关部门提供的检测报告。

（4）室内直埋给水管道（塑料管道和复合管道除外）应做防腐处理。埋地管道防腐层材质和结构应符合设计要求。

检验方法：观察或局部解剖检查。

2. 一般项目

（1）给水引入管与排水排出管的水平净距不得小于 1m。室内给水与排水管道平行敷设时，两管间的最小水平净距不得小于 0.5m；交叉铺设时，垂直净距不得小于 0.15m。给水管应铺在排水管上面，若给水管必须铺在排水管的下面时，给水管应加套管，其长度不得小于排水管管径的 3 倍。

检验方法：尺量检查。

（2）管道及管件焊接的焊缝表面质量应符合下列要求：

1）焊缝外形尺寸应符合图纸和工艺文件的规定，焊缝高度不得低于母材表面，焊缝与母材应圆滑过渡。

2）焊缝及热影响区表面应无裂纹、未熔合、未焊透、夹渣、弧坑和气孔等缺陷。

检验方法：观察检查。

（3）给水水平管道应有 2‰～5‰的坡度坡向泄水装置。

检验方法：水平尺和尺量检查。

1）给水管道和阀门安装的允许偏差应符合表 6-6 的规定。

管道和阀门安装的允许偏差和检验方法 表 6-6

项次	项 目			允许偏差（mm）	检 验 方 法
1	水平管道纵横方向弯曲	钢管	1m	1	用水平尺、直尺、拉线和尺量检查
			全长 25m 以上	≤25	
		塑料管复合管	1m	1.5	
			全长 25m 以上	≤25	
		铸铁管	1m	2	
			全长 25m 以上	≤25	
2	立管垂直度	钢管	1m	3	吊线和尺量检查
			>5m 以上	≤8	
		塑料管复合管	1m	2	
			>5m 以上	≤8	
		铸铁管	1m	3	
			>5m 以上	≤10	
3	成排管段和成排阀门		在同一平面上间距	3	尺量检查

2）管道的支、吊架安装应平整牢固，其间距应符合设计要求。

检验方法：观察、尺量及手扳检查。

3）水表应安装在便于检修、不受暴晒、污染和冻结的地方。安装螺翼式水表，表面与阀门应有不小于 8 倍水表接口直径的直线管段。表外壳距墙表面净距为 10～30mm；水表进水口中心标高按设计要求，允许偏差为±10mm。

检验方法：观察和尺量检查。

（三）室内消火栓系统安装

1. 主控项目

室内消火栓系统安装完成后，应取屋顶层（或水箱间内）试验消火栓和首层取二处消火栓做试射试验，达到设计要求为合格。

检验方法：实地试射检查。

2. 一般项目

（1）安装消火栓水龙带，水龙带与水枪和快速接头绑扎好后，应根据箱内构造将水龙带挂放在箱内的挂钉、托盘或支架上。

检验方法：观察检查。

（2）箱式消火栓的安装应符合下列规定：

1）栓口应朝外，并不应安装在门轴侧。

2）栓口中心距地面为 1.1m，允许偏差±20mm。

3）阀门中心距箱侧面为 140mm，距箱后内表面为 100mm，允许偏差±5mm。

4）消火栓箱体安装的垂直度允许偏差为 3mm。

检验方法：观察和尺量检查。

（四）给水设备安装

1. 主控项目

（1）水泵就位前的基础混凝土强度、坐标、标高、尺寸和螺栓孔位置必须符合设计规定。

检验方法：对照图纸用仪器和尺量检查。

（2）水泵试运转的轴承温升必须符合设备说明书的规定。

检验方法：温度计实测检查。

（3）敞口水箱的满水试验和密闭水箱（罐）的水压试验必须符合设计与规范的规定。

检验方法：满水试验静置 24h 观察，不渗不漏；水压试验在试验压力下 10min 压力不降，不渗不漏。

2. 一般项目

（1）水箱支架或底座安装，其尺寸及位置应符合设计规定，埋设平整牢固。

检验方法：对照图纸，尺量检查。

（2）水箱溢流管和泄放管应设置在排水地点附近但不得与排水管直接连接。

检验方法：观察检查。

（3）立式水泵的减振装置不应采用弹簧减振器。

检验方法：观察检查。

（4）室内给水设备安装的允许偏差应符合表 6-7 的规定。

（5）管道及设备保温层的厚度和平整度的允许偏差应符合表 6-8 的规定。

室内给水设备安装的允许偏差和检验方法　　　　　　　　　　表 6-7

项次	项　目		允许偏差（mm）	检验方法
1	静置设备	坐　标	15	经纬仪或拉线、尺量
		标　高	±5	用水准仪、拉线和尺量检查
		垂直度（每米）	5	吊线和尺量检查
2	离心式水　泵	立式泵体垂直度（每米）	0.1	水平尺和塞尺检查
		卧式泵体水平度（每米）	0.1	水平尺和塞尺检查
		联轴器同心度　轴向倾斜（每米）	0.8	在联轴器互相垂直的四个位置上用水准仪、百分表或测微螺钉和塞尺检查
		联轴器同心度　径向位移	0.1	

管道及设备保温的允许偏差和检验方法　　　　　　　　　　表 6-8

项次	项　目		允许偏差（mm）	检验方法
1	厚　度		$+0.1\delta$ -0.05δ	用钢针刺入
2	表面平整度	卷　材	5	用 2m 靠尺和楔形塞尺检查
		涂　抹	10	

注：δ 为保温层厚度。

二、室内热水供应系统的施工质量控制

（一）一般规定

1. 本节适用于工作压力不大于 1.0MPa，热水温度不超过 75℃ 的室内热水供应管道安装工程的质量检验与验收。

2. 热水供应系统的管道应采用塑料管、复合管、镀锌钢管和铜管。

3. 热水供应系统管道及配件安装应按"给水管道及配件安装"的相关规定执行。

（二）管道及配件安装

1. 主控项目

（1）热水供应系统安装完毕，管道保温之前应进行水压试验。试验压力应符合设计要求。当设计未注明时，热水供应系统水压试验压力应为系统顶点的工作压力加 0.1MPa，同时在系统顶点的试验压力不小于 0.3MPa。

检验方法：钢管或复合管道系统试验压力下 10min 内压力降不大于 0.02MPa，然后降至工作压力检查，压力应不降，且不渗不漏；塑料管道系统在试验压力下稳压 1h，压力降不得超过 0.05MPa，然后在工作压力 1.15 倍状态下稳压 2h，压力降不得超过 0.03MPa，连接处不得渗漏。

（2）热水供应管道应尽量利用自然弯补偿热伸缩，直线段过长则应设置补偿器。补偿器形式、规格、位置应符合设计要求，并按有关规定进行预拉伸。

检验方法：对照设计图纸检查。

（3）热水供应系统竣工后必须进行冲洗。

检验方法：现场观察检查。

2. 一般项目

（1）管道安装坡度应符合设计规定。

检验方法：水平尺、拉线尺量检查。

（2）温度控制器及阀门应安装在便于观察和维护的位置。

检验方法：观察检查。

（3）热水供应管道和阀门安装的允许偏差应符合表6-6的规定。

（4）热水供应系统管道应保温（浴室内明装管道除外），保温材料、厚度、保护壳等应符合设计规定。保温层厚度和平整度的允许偏差应符合表6-8的规定。

（三）辅助设备的安装

1. 主控项目

（1）在安装太阳能集热器玻璃前，应对集热排管和上、下集管作水压试验，试验压力为工作压力的1.5倍。

检验方法：试验压力下10min内压力不降，不渗不漏。

（2）热交换器应以工作压力的1.5倍作水压试验。蒸汽部分应不低于蒸汽供汽压力加0.3MPa；热水部分应不低于0.4MPa。

检验方法：试验压力下10min内压力不降，不渗不漏。

（3）水泵就位前的基础混凝土强度、坐标、标高、尺寸和螺栓孔位置必须符合设计要求。

检验方法：对照图纸用仪器和尺量检查。

（4）水泵试运转的轴承温升必须符合设备说明书的规定。

检验方法：温度计实测检查。

（5）敞口水箱的满水试验和密闭水箱（罐）的水压试验必须符合设计与规范的规定。

检验方法：满水试验静置24h，观察不渗不漏；水压试验在试验压力下10min压力不降，不渗不漏。

2. 一般项目

（1）安装固定式太阳能热水器，朝向应正南。如受条件限制时，其偏移角不得大于15°。集热器的倾角，对于春、夏、秋三个季节使用的，应采用当地纬度为倾角；若以夏季为主，可比当地纬度减少10°。

检验方法：观察和分度仪检查。

（2）由集热器上、下集管接往热水箱的循环管道，应有不小于5‰的坡度。

检验方法：尺量检查。

（3）自然循环的热水箱底部与集热器上集管之间的距离为0.3～1.0m。

检验方法：尺量检查。

（4）制作吸热钢板凹槽时，其圆度应准确，间距应一致。安装集热排管时，应用卡箍和钢丝紧固在钢板凹槽内。

检验方法：手扳和尺量检查。

（5）太阳能热水器的最低处应安装泄水装置。

检验方法：观察检查。

（6）热水箱及上、下集管等循环管道均应保温。

检验方法：观察检查。

（7）凡以水作介质的太阳能热水器，在 0℃ 以下地区使用，应采取防冻措施。

检验方法：观察检查。

（8）热水供应辅助设备安装的允许偏差应符合表 6-7 的规定。

（9）太阳能热水器安装的允许偏差应符合表 6-9 的规定。

太阳能热水器安装的允许偏差和检验方法   表 6-9

项　目			允许偏差	检验方法
板式直管太阳能热水器	标　高	中心线距地面（mm）	±20	尺　量
	固定安装朝向	最大偏移角	不大于 15°	分度仪检查

三、室外给水系统的施工质量控制

（一）一般规定

1. 本节适用于民用建筑群（住宅小区）及厂区的室外给水管网安装工程的质量检验与验收。

2. 输送生活给水的管道应采用塑料管、复合管、镀锌钢管或给水铸铁管。塑料管、复合管或给水铸铁管的管材、配件，应是同一厂家的配套产品。

3. 架空或在地沟内敷设的室外给水管道，其安装要求按室内给水管道的安装要求执行。塑料管道不得露天架空敷设，必须露天架空敷设时应有保温和防晒等措施。

4. 消防水泵接合器及室外消火栓的安装位置、形式必须符合设计要求。

（二）给水管道安装

1. 主控项目

（1）给水管道在埋地敷设时，应在当地的冰冻线以下，如必须在冰冻线以上敷设时，应做可靠的保温防潮措施。在无冰冻地区埋地敷设时，管顶的覆土埋深不得小于 500mm，穿越道路部位的埋深不得小于 700mm。

检验方法：现场观察检查。

（2）给水管道不得直接穿越污水井、化粪池、公共厕所等污染源。

检验方法：观察检查。

（3）管道接口法兰、卡扣、卡箍等应安装在检查井或地沟内，不应埋在土壤中。

检验方法：观察检查。

（4）给水系统各种井室内的管道安装，如设计无要求，井壁距法兰或承口的距离：管径小于或等于 450mm 时，不得小于 250mm；管径大于 450mm 时，不得小于 350mm。

检验方法：尺量检查。

（5）管网必须进行水压试验，试验压力为工作压力的 1.5 倍，但不得小于 0.6MPa。

检验方法：管材为钢管、铸铁管时，试验压力下 10min 内压力降不应大于 0.05MPa，然后降至工作压力进行检查，压力应保持不变，不渗不漏；管材为塑料管时，试验压力下，稳压 1h 压力降不大于 0.05MPa，然后降至工作压力进行检查，压力应保持不变，不渗不漏。

（6）镀锌钢管、钢管的埋地防腐必须符合设计要求，如设计无规定时可按表6-10的规定执行，卷材与管材间应粘贴牢固，无空鼓、滑移、接口不严等。

检验方法：观察和切开防腐层检查。

管道防腐层种类　　　　　　　　　　　　表 6-10

防腐层层次	正常防腐层	加强防腐层	特加强防腐层
（从金属表面起） 1	冷底子油	冷底子油	冷底子油
2	沥青涂层	沥青涂层	沥青涂层
3	外包保护层	加强包扎层 （封闭层）	加强保护层 （封闭层）
4		沥青涂层	沥青涂层
5		外包保护层	加强包扎层 （封闭层）
6			沥青涂层
7			外包保护层
防腐层厚度不小于（mm）	3	6	9

（7）给水管道在竣工后，必须对管道进行冲洗，饮用水管道还要在冲洗后进行消毒，满足饮用水卫生要求。

检验方法：观察冲洗水的浊度，查看有关部门提供的检验报告。

2. 一般项目

（1）管道的坐标、标高、坡度应符合设计要求，管道安装的允许偏差应符合表6-11的规定。

室外给水管道安装的允许偏差和检验方法　　　　　　　　　　　　表 6-11

项次	项　　　目			允许偏差（mm）	检验方法
1	坐标	铸铁管	埋地	100	拉线和尺量检查
			敷设在沟槽内	50	
		钢管、 塑料管、复合管	埋地	100	
			敷设在沟槽内或架空	40	
2	标高	铸铁管	埋地	±50	拉线和尺量检查
			敷设在地沟内	±30	
		钢管、 塑料管、复合管	埋地	±50	
			敷设在地沟内或架空	±30	
3	水平 管纵 横向 弯曲	铸铁管	直段（25m以上） 起点～终点	40	拉线和尺量检查
		钢管、 塑料管、复合管	直段（25m以上） 起点～终点	30	

（2）管道和金属支架的涂漆应附着良好，无脱皮、起泡、流淌和漏涂等缺陷。

检验方法：现场观察检查。

（3）管道连接应符合工艺要求，阀门、水表等安装位置应正确。塑料给水管道上的水表、阀门等设施的质量或启闭装置的扭矩不得作用于管道上，当管径≥50mm时，必须设独立的支承装置。

检验方法：现场观察检查。

（4）给水管道与污水管道在不同标高平行敷设，其垂直间距在500mm以内时，给水管管径小于或等于200mm的，管壁水平间距不得小于1.5m；管径大于200mm的，不得小于3m。

检验方法：观察和尺量检查。

（5）铸铁管承插捻口连接的对口间隙应不小3mm，最大间隙不得大于表6-12的规定。

铸铁管承插捻口的对口最大间隙　　　　　　　　　　　表6-12

管径（mm）	沿直线敷设（mm）	沿曲线敷设（mm）
75	4	5
100～250	5	7～13
300～500	6	14～22

检验方法：尺量检查。

（6）铸铁管沿直线敷设，承插捻口连接的环形间隙应符合表6-13的规定；沿曲线敷设，每个接口允许有2°转角。

铸铁管承插捻口的环形间隙　　　　　　　　　　　表6-13

管　径（mm）	标准环形间隙（mm）	允许偏差（mm）
75～200	10	+3 -2
250～450	11	+4 -2
500	12	+4 -2

检验方法：尺量检查。

（7）捻口用的油麻填料必须清洁，填塞后应捻实，其深度应占整个环形间隙深度的1/3。

检验方法：观察和尺量检查。

（8）捻口用水泥强度应不低于32.5MPa，接口水泥应密实饱满，其接口水泥面凹入承口边缘的深度不得大于2mm。

检验方法：观察和尺量检查。

（9）采用水泥捻口的给水铸铁管，在安装地点有侵蚀性的地下水时，应在接口处涂抹沥青防腐层。

检验方法：观察检查。

（10）采用橡胶圈接口的埋地给水管道，在土壤或地下水对橡胶圈有腐蚀的地段，在回填土前应用沥青胶泥、沥青麻丝或沥青锯末等材料封闭橡胶圈接口。橡胶圈接口的管道，每个接口的最大偏转角不得超过表 6-14 的规定。

橡胶圈接口最大允许偏转角　　　　　　　　表 6-14

公称直径（mm）	100	125	150	200	250	300	350	400
允许偏转角度	5°	5°	5°	5°	4°	4°	4°	3°

检验方法：观察和尺量检查。

（三）消防水泵接合器及室外消火栓安装

1. 主控项目

（1）系统必须进行水压试验，试验压力为工作压力的 1.5 倍，但不得小于 0.6MPa。

检验方法：试验压力下，10min 内压力降不大于 0.05MPa，然后降至工作压力进行检查，压力保持不变，不渗不漏。

（2）消防管道在竣工前，必须对管道进行冲洗。

检验方法：观察冲洗出水的浊度。

（3）消防水泵接合器和消火栓的位置标志应明显，栓口的位置应方便操作。消防水泵接合器和室外消火栓当采用墙壁式时，如设计未要求，进、出水栓口的中心安装高度距地面应为 1.10m，其上方应设有防坠落物打击的措施。

检验方法：观察和尺量检查。

2. 一般项目

（1）室外消火栓和消防水泵接合器的各项安装尺寸应符合设计要求，栓口安装高度允许偏差为±20mm。

检验方法：尺量检查。

（2）地下式消防水泵接合器顶部进水口或地下式消火栓的顶部出水口与消防井盖底面的距离不得大于 400mm，井内应有足够的操作空间，并设爬梯。寒冷地区井内应做防冻保护。

检验方法：观察和尺量检查。

（3）消防水泵接合器的安全阀及止回阀安装位置和方向应正确，阀门启闭应灵活。

检验方法：现场观察和手扳检查。

（四）管沟及井室

1. 主控项目

（1）管沟的基层处理和井室的地基必须符合设计要求。

检验方法：现场观察检查。

（2）各类井室的井盖应符合设计要求，应有明显的文字标识，各种井盖不得混用。

检验方法：现场观察检查。

（3）设在通车路面下或小区道路下的各种井室，必须使用重型井圈和井盖，井盖上表面应与路面相平，允许偏差为±5mm。绿化带上和不通车的地方可采用轻型井圈和井盖，井盖的上表面应高出地坪 50mm，并在井口周围以 2% 的坡度向外做水泥砂浆护坡。

检验方法：观察和尺量检查。

（4）重型铸铁或混凝土井圈，不得直接放在井室的砖墙上，砖墙上应做不少于 80mm

厚的细石混凝土垫层。

检验方法：观察和尺量检查。

2. 一般项目

（1）管沟的坐标、位置、沟底标高应符合设计要求。

检验方法：观察、尺量检查。

（2）管沟的沟底层应是原土层或是夯实的回填土，沟底应平整，坡度应顺畅，不得有尖硬的物体、块石等。

检验方法：观察检查。

（3）如沟基为岩石、不易清除的块石或为砾石层时，沟底应下挖 100～200mm 填铺细砂或粒径不大于 5mm 的细土，夯实到沟底标高后，方可进行管道敷设。

检验方法：观察和尺量检查。

（4）管沟回填土，管顶上部 200mm 以内应用砂子或无块石及冻土块的土，并不得用机械回填；管顶上部 500mm 以内不得回填直径大于 100mm 的块石和冻土块；500mm 以上部分回填土中的块石或冻土块不得集中。上部用机械回填时，机械不得在管沟上行走。

检验方法：观察和尺量检查。

（5）井室的砌筑应按设计或给定的标准图施工。井室的底标高在地下水位以上时，基层应为素土夯实；在地下水位以下时，基层应打 100mm 厚的混凝土底板。砌筑应采用水泥砂浆，内表面抹灰后应严密不透水。

检验方法：观察和尺量检查。

（6）管道穿过井壁处，应用水泥砂浆分两次填塞严密、抹平，不得渗漏。

检验方法：观察检查。

第三节　建筑排水工程的施工质量控制

一、室内排水系统的施工质量控制

（一）一般规定

1. 本节适用于室内排水管道、雨水管道安装工程的质量检验与验收。

2. 生活污水管道应使用塑料管、铸铁管或混凝土管（由成组洗脸盆或饮用喷水器到共用水封之间的排水管和连接卫生器具的排水短管，可使用钢管）。

3. 雨水管道宜使用塑料管、铸铁管、镀锌和非镀锌钢管或混凝土管等。

4. 悬吊式雨水管道应选用钢管、铁铸管或塑料管。易受振动的雨水管道（如锻造车间等）应使用钢管。

（二）排水管道及配件安装

1. 主控项目

（1）隐蔽或埋地的排水管道在隐蔽前必须做灌水试验，其灌水高度应不低于底层卫生器具的上边缘或底层地面高度。

检验方法：满水 15min 水面下降后，再灌满观察 5min，液面不降，管道及接口无渗漏为合格。

（2）生活污水铸铁管道的坡度必须符合设计或表 6-15 的规定。

生活污水铸铁管道的坡度

表 6-15

项 次	管 径（mm）	标准坡度（‰）	最小坡度（‰）
1	50	35	25
2	75	25	15
3	100	20	12
4	125	15	10
5	150	10	7
6	200	8	5

检验方法：水平尺、拉线尺量检查。

（3）生活污水塑料管道的坡度必须符合设计或表 6-16 的规定。

生活污水塑料管道的坡度

表 6-16

项 次	管 径（mm）	标准坡度（‰）	最小坡度（‰）
1	50	25	12
2	75	15	8
3	110	12	6
4	125	10	5
5	160	7	4

检验方法：水平尺、拉线尺量检查。

（4）排水塑料管必须按设计要求及位置装设伸缩节。如设计无要求时，伸缩节间距不得大于 4m。

检验方法：观察检查。

（5）高层建筑中明设排水塑料管道应按设计要求设置阻火圈或防火套管。

检验方法：观察检查。

（6）排水主立管及水平干管管道均应做通球试验，通球球径不小于排水管道管径的 2/3，通球率必须达到 100%。

检查方法：通球检查。

2. 一般项目

（1）在生活污水管道上设置检查口或清扫口，当设计无要求时应符合下列规定：

1）在立管上应每隔一层设置一个检查口，但在最底层和有卫生器具的高层必须设置。如为两层建筑时，可仅在底层设置立管检查口；如有乙字弯管时，则在该层乙字弯管的上部设置检查口。检查口中心高度距操作地面一般为 1m，允许偏差±20mm；检查口的朝向应便于检修。暗装立管，在检查口处应安装检修门。

2）在连接 2 个及 2 个以上大便器或 3 个及 3 个以上卫生器具的污水横管上应设置清扫口。当污水管在楼板下悬吊敷设时，可将清扫口设在上一层楼地面上，污水管起点的清扫口与管道相垂直的墙面距离不得小于 200mm；若污水管起点设置堵头代替清扫口时，与墙面距离不得小于 400mm。

3）在转角小于 135°的污水横管上，应设置检查口或清扫口。

4）污水横管的直线管段，应按设计要求的距离设置检查口或清扫口。

检验方法：观察和尺量检查。

（2）埋在地下或地板下的排水管道的检查口，应设在检查井内。井底表面标高与检查口的法兰相平，井底表面应有 5‰坡度，坡向检查口。

检验方法：尺量检查。

（3）金属排水管道上的吊钩或卡箍应固定在承重结构上。固定件间距：横管不大于 2m；立管不大于 3m。楼层高度小于或等于 4m，立管可安装 1 个固定件。立管底部的弯管处应设支墩或采取固定措施。

检验方法：观察和尺量检查。

（4）排水塑料管道支、吊架间距应符合表 6-17 的规定。

排水塑料管道支、吊架最大间距（m） 表 6-17

管径（mm）	50	75	110	125	160
立管	1.2	1.5	2.0	2.0	2.0
横管	0.5	0.75	1.10	1.30	1.6

检验方法：尺量检查。

（5）排水通气管不得与风道或烟道连接，且应符合下列规定：

1）通气管应高出屋面 300mm，但必须大于最大积雪厚度。

2）在通气管出口 4m 以内有门、窗时，通气管应高出门、窗顶 600mm 或引向无门、窗一侧。

3）在经常有人停留的平屋顶上，通气管应高出屋面 2m，并应根据防雷要求设置防雷装置。

4）屋顶有隔热层应从隔热层板面算起。

检验方法：观察和尺量检查。

（6）安装未经消毒处理的医院含菌污水管道，不得与其他排水管道直接连接。

检验方法：观察检查。

（7）饮食业工艺设备引出的排水管及饮用水水箱的溢流管，不得与污水管道直接连接，并应留出不小于 100mm 的隔断空间。

检验方法：观察和尺量检查。

（8）通向室外的排水管，穿过墙壁或基础必须下返时，应采用 45°三通和 45°弯头连接，并应在垂直管段顶部设置清扫口。

检验方法：观察和尺量检查。

（9）由室内通向室外排水检查井的排水管，井内引入管应高于排出管或两管顶相平，并有不小于 90°的水流转角，如跌落差大于 300mm 可不受角度限制。

检验方法：观察和尺量检查。

（10）用于室内排水的水平管道与水平管道、水平管道与立管的连接，应采用 45°三通或 45°四通和 90°斜三通或 90°斜四通。立管与排出管端部的连接，应采用两个 45°弯头或曲率半径不小于 4 倍管径的 90°弯头。

检验方法：观察和尺量检查。

（11）室内排水管道安装的允许偏差应符合表6-18的相关规定。

项次	项目				允许偏差（mm）	检验方法
1	坐标				15	
2	标高				±15	
3	横管纵横方向弯曲	铸铁管	每1m		≯1	用水准仪（水平尺）、直尺、拉线和尺量检查
			全长（25m以上）		≯25	
		钢管	每1m	管径小于或等于100mm	1	
				管径大于100mm	1.5	
			全长（25m以上）	管径小于或等于100mm	≯25	
				管径大于100mm	≯38	
		塑料管	每1m		1.5	
			全长（25m以上）		≯38	
		钢筋混凝土管、混凝土管	每1m		3	
			全长（25m以上）		≯75	
4	立管垂直度	铸铁管	每1m		3	吊线和尺量检查
			全长（5m以上）		≯15	
		钢管	每1m		3	
			全长（5m以上）		≯10	
		塑料管	每1m		3	
			全长（5m以上）		≯15	

（三）雨水管道及配件安装质量

1. 主控项目

（1）安装在室内的雨水管道安装后应做灌水试验，灌水高度必须到每根管上部的雨水斗。

检验方法：灌水试验持续1h，不渗不漏。

（2）雨水管道如采用塑料管，其伸缩节安装应符合设计要求。

检验方法：对照图纸检查。

（3）悬吊式雨水管道的敷设坡度不得小于5‰；埋地雨水管道的最小坡度，应符合表6-19的规定。

项次	管径（mm）	最小坡度（‰）
1	50	20
2	75	15
3	100	8

项　次	管　径（mm）	最小坡度（‰）
4	125	6
5	150	5
6	200～400	4

检验方法：水平尺、拉线尺量检查。

2. 一般项目

（1）雨水管道不得与生活污水管道相连接。

检验方法：观察检查。

（2）雨水斗管的连接应固定在屋面承重结构上。雨水斗边缘与屋面相连处应严密不漏。连接管管径当设计无要求时，不得小于 100mm。

检验方法：观察和尺量检查。

（3）悬吊式雨水管道的检查口或带法兰堵口的三通的间距不得大于表 6-20 的规定。

悬吊管检查口间距　　　　表 6-20

项　次	悬吊管直径（mm）	检查口间距（mm）
1	≤150	≯15
2	≥200	≯20

检验方法：拉线、尺量检查。

（4）雨水管道安装的允许偏差应符合表 6-18 的规定。

（5）雨水钢管管道焊接的焊口允许偏差应符合表 6-21 的规定。

钢管管道焊口允许偏差和检验方法　　　　表 6-21

项　次	项　　目			允　许　偏　差	检　验　方　法
1	焊口平直度	管壁厚 10mm 以内		管壁厚 1/4	焊接检验尺和游标卡尺检查
2	焊缝加强面	高度		＋1mm	
		宽度			
3	咬边	深度		小于 0.5mm	直尺检查
		长度	连续长度	25mm	
			总长度（两侧）	小于焊缝长度的 10%	

二、卫生器具安装的施工质量控制

（一）一般规定

1. 本节适用于室内污水盆、洗涤盆、洗脸（手）盆、盥洗槽、浴盆、淋浴器、大便器、小便器、小便槽、大便冲洗槽、妇女卫生盆、化验盆、排水栓、地漏、加热器、煮沸消毒器和饮水器等卫生器具安装的质量检验与验收。

2. 卫生器具的安装应采用预埋螺栓或膨胀螺栓安装固定。

3. 卫生器具安装高度如设计无要求时，应符合表 6-22 的规定。

卫生器具的安装高度　　　　　　　　表 6-22

项次	卫生器具名称		卫生器具安装高度（mm）		备　注
			居住和公共建筑	幼儿园	
1	污水盆（池）	架空式	800	800	自地面至器具上边缘
		落地式	500	500	
2	洗涤盆（池）		800	800	
3	洗脸盆、洗手盆（有塞、无塞）		800	500	
4	盥洗槽		800	500	
5	浴盆		≯520		
6	蹲式大便器	高水箱	1800	1800	自台阶面至高水箱底
		低水箱	900	900	自台阶面至低水箱底
7	坐式大便器	高水箱	1800	1800	自地面至高水箱底
		低水箱 外露排水管式	510	370	自地面至低水箱底
		低水箱 虹吸喷射式	470		
8	小便器	挂式	600	450	自地面至下边缘
9	小便槽		200	150	自地面至台阶面
10	大便槽冲洗水箱		≮2000		自台阶面至水箱底
11	妇女卫生盆		360		自地面至器具上边缘
12	化验室		800		自地面至器具上边缘

4. 卫生器具给水配件的安装高度，如设计无要求时，应符合表 6-23 的规定。

卫生器具给水配件的安装高度　　　　　　　表 6-23

项次	给水配件名称		配件中心距地面高度（mm）	冷热水龙头距离（mm）
1	架空式污水盆（池）水龙头		1000	—
2	落地式污水盆（池）水龙头		800	
3	洗涤盆（池）水龙头		1000	150
4	住宅集中给水龙头		1000	
5	洗手盆水龙头		1000	
6	洗脸盆	水龙头（上配水）	1000	150
		水龙头（下配水）	800	150
		角阀（下配水）	450	—
7	盥洗槽	水龙头	1000	150
		冷热水管，其中热水龙头上下并行	1000	150
8	浴盆	水龙头（上配水）	670	150
9	淋浴器	截止阀	1150	95
		混合阀	1150	
		淋浴喷头下沿	2100	—

续表

项次	给水配件名称		配件中心距地面高度（mm）	冷热水龙头距离（mm）
10	蹲式大便器（台阶面算起）	高水箱角阀及截止阀	2040	—
		低水箱角阀	250	—
		手动式自闭冲洗阀	600	—
		脚踏式自闭冲洗阀	150	—
		拉管式冲洗阀（从地面算起）	1600	—
		带防污助冲器阀门（从地面算起）	900	—
11	坐式大便器	高水箱角阀及截止阀	2040	—
		低水箱角阀	150	—
12	大便槽冲洗水箱截止阀（从台阶面算起）		≮2400	
13	立式小便器角阀		1130	
14	挂式小便器角阀及截止阀		1050	
15	小便槽多孔冲洗管		1100	
16	实验室化验水龙头		1000	
17	妇女卫生盆混合阀		360	

注：装设在幼儿园内的洗手盆、洗脸盆和盥洗槽水嘴中心离地面安装高度应为700mm，其他卫生器具配件的安装高度，应按卫生器具实际尺寸相应减少。

（二）卫生器具安装

1. 主控项目

（1）排水栓和地漏的安装应平正、牢固，低于排水表面，周边无渗漏。地漏水封高度不得小于50mm。

检验方法：试水观察检查。

（2）卫生器具交工前应做满水和通水试验。

检验方法：满水后各连接件不渗、不漏；通水试验给水、排水畅通。

2. 一般项目

（1）卫生器具安装的允许偏差和检验方法应符合表6-24的规定。

卫生器具安装的允许偏差和检验方法   表6-24

项次	项 目		允许偏差（mm）	检 验 方 法
1	坐标	单独器具	10	拉线、吊线和尺量检查
		成排器具	5	
2	标高	单独器具	±15	
		成排器具	±10	
3	器具水平度		2	用水平尺和尺量检查
4	器具垂直度		3	吊线和尺量检查

（2）有饰面的浴盆，应留有通向浴盆排水口的检修门。

检验方法：观察检查。

（3）小便槽冲洗管，应采用镀锌钢管或硬质塑料管。冲洗孔应斜向下方安装，冲洗水流同墙面成45°角。镀锌钢管钻孔后应进行二次镀锌。

检验方法：观察检查。

（4）卫生器具的支、托架必须防腐良好，安装平整、牢固，与器具接触紧密、平稳。

检验方法：观察和手扳检查。

（三）卫生器具给水配件安装

1. 主控项目

卫生器具给水配件应完好无损伤，接口严密，启闭部分灵活。

检验方法：观察及手扳检查。

2. 一般项目

（1）卫生器具给水配件安装标高的允许偏差和检验方法应符合表6-25的规定。

卫生器具给水配件安装标高的允许偏差和检验方法　　　　　表6-25

项次	项　　　目	允许偏差（mm）	检验方法
1	大便器高、低水箱角阀及截止阀	±10	尺量检查
2	水嘴	±10	
3	淋浴器喷头下沿	±15	
4	浴盆软管淋浴器挂钩	±20	

（2）浴盆软管淋浴器挂钩的高度，如设计无要求，应距地面1.8m。

检验方法：尺量检查。

（四）卫生器具排水管道安装

1. 主控项目

（1）与排水横管连接的各卫生器具的受水口和立管均应采取妥善可靠的固定措施；管道与楼板的接合部位应采取牢固可靠的防渗、防漏措施。

检验方法：观察和手扳检查。

（2）连接卫生器具的排水管道接口应紧密不漏，其固定支架、管卡等支撑位置应正确、牢固，与管道的接触应平整。

检验方法：观察及通水检查。

2. 一般项目

（1）卫生器具排水管道安装的允许偏差和检验方法应符合表6-26的规定。

卫生器具排水管道安装的允许偏差和检验方法　　　　　表6-26

项次	检　查　项　目		允许偏差（mm）	检验方法
1	横管弯曲度	每1m长	2	用水平尺量检查
		横管长度≤10m，全长	<8	
		横管长度>10m，全长	10	
2	卫生器具的排水管口及横支管的纵横坐标	单独器具	10	用尺量检查
		成排器具	5	

项次	检 查 项 目		允许偏差（mm）	检验方法
3	卫生器具的接口标高	单独器具	±10	用水平尺和尺量检查
		成排器具	±5	

（2）连接卫生器具的排水管管径和最小坡度，如设计无要求时，应符合表 6-27 的规定。

连接卫生器具的排水管管径和最小坡度　　　　　　　表 6-27

项次	卫生器具名称		排水管管径（mm）	管道的最小坡度（‰）
1	污水盆（池）		50	25
2	单、双格洗涤盆（池）		50	25
3	洗手盆、洗脸盆		32～50	20
4	浴盆		50	20
5	淋浴器		50	20
6	大便器	高、低水箱	100	12
		自闭式冲洗阀	100	12
		拉管式冲洗阀	100	12
7	小便器	手动、自闭式冲洗阀	40～50	20
		自动冲洗水箱	40～50	20
8	化验盆（无塞）		40～50	25
9	净身器		40～50	20
10	饮水器		20～50	10～20
11	家用洗衣机		50（软管为 30）	

检验方法：用水平尺和尺量检查。

三、室外排水管道的施工质量控制

（一）一般规定

1. 本节适用于民用建筑群（住宅小区）及厂区的室外排水管网安装工程的质量检验与验收。

2. 室外排水管道应采用混凝土管、钢筋混凝土管、排水铸铁管或塑料管。其规格及质量必须符合现行国家标准及设计要求。

3. 排水管沟及井池的土方工程、沟底的处理、管道穿井壁处的处理、管沟及井池周围的回填要求等，均参照给水管沟及井室的规定执行。

4. 各种排水井、池应按设计给定的标准图施工，各种排水井和化粪池均应用混凝土做底板（雨水井除外），厚度不小于 100mm。

（二）排水管道安装

1. 主控项目

（1）排水管道的坡度必须符合设计要求，严禁无坡或倒坡。

检验方法：用水准仪、拉线和尺量检查。

（2）管道埋设前必须做灌水试验和通水试验，排水应畅通，无堵塞，管接口无渗漏。

检验方法：按排水检查井分段试验，试验水头应以试验段上游管顶加 1m，时间不少于 30min，逐段观察。

2.一般项目

（1）管道的坐标和标高应符合设计要求，安装的允许偏差应符合表 6-28 的规定。

室外排水管道安装的允许偏差和检验方法　　　　　　　　表 6-28

项　次	项　　　　目		允许偏差（mm）	检验方法
1	坐标	埋地	100	拉线尺量
		敷设在沟槽内	50	
2	标高	埋地	±20	用水平仪、
		敷设在沟槽内	±20	拉线和尺量
3	水平管道纵横向弯曲	每 5m 长	10	线尺量
		全长（两井间）	30	

（2）排水铸铁管采用水泥捻口时，油麻填塞应密实，接口水泥应密实饱满，其接口面凹入承口边缘且深度不得大于 2mm。

检验方法：观察和尺量检查。

（3）排水铸铁管外壁在安装前应除锈，涂两遍石油沥青漆。

检验方法：观察检查。

（4）承插接口排水管道安装时，管道和管件的承口应与水流方向相反。

检验方法：观察检查。

（5）混凝土管或钢筋混凝土管采用抹带接口时，应符合下列规定：

1）抹带前将管口的外壁凿毛，扫净，当管径小于或等于 500mm 时，抹带可一次完成，当管径大于 500mm 时，应分两次抹成，抹带不得有裂纹。

2）钢丝网应在管道就位前放入下方，抹压砂浆时就应将钢丝网抹压牢固，钢丝网不得外露。

3）抹带厚度不得小于管壁的厚度，宽度宜为 80～100mm。

检验方法：观察和尺量检查。

（三）排水管沟及井池

1.主控项目

（1）沟基的处理和井池的底板强度必须符合设计要求。

检验方法：现场观察和尺量检查，检查混凝土强度报告。

（2）排水检查井、化粪池的底板及进、出水管的标高，必须符合设计，其允许偏差为 ±15mm。

检验方法：用水准仪及尺量检查。

2.一般项目

（1）井、池的规格、尺寸和位置应正确，砌筑和抹灰符合要求。

检验方法：观察及尺量检查。

（2）井盖选用应正确，标志应明显，标高应符合设计要求。

检验方法：观察、尺量检查。

第四节　建筑供暖工程的施工质量控制

一、室内供暖系统的施工质量控制

(一) 一般规定

本节适用于饱和蒸汽压力不大于 0.7MPa，热水温度不超过 130℃ 的室内供暖系统安装工程的质量检验与验收。

焊接钢管的连接，管径小于或等于 32mm，应采用螺纹连接；管径大于 32mn，采用焊接。镀锌钢管 $DN \leqslant 100$mm，应采用螺纹连接；$DN > 100$mm，应采用卡套或法兰连接。

(二) 管道及配件安装

1. 主控项目

(1) 管道安装坡度，当设计未注明时，应符合下列规定：

1) 气、水同向流动的热水供暖管道和汽、水同向流动的蒸汽管道及凝结水管道，坡度应为 3‰，不得小于 2‰；

2) 气、水逆向流动的热水供暖管道和汽、水逆向流动的蒸汽管道，坡度不应小于 5‰；

3) 散热器支管的坡度应为 1%，坡向应利于排气和泄水。

检验方法：观察，水平尺、拉线、尺量检查。

(2) 补偿器的型号、安装位置及预拉伸和固定支架的构造及安装位置应符合设计要求。

检验方法：对照图纸，现场观察，并查验预拉伸记录。

(3) 平衡阀及调节阀型号、规格、公称压力及安装位置应符合设计要求。安装完后应根据系统平衡要求进行调试并作出标志。

检验方法：对照图纸查验产品合格证，并现场查看。

(4) 蒸汽减压阀和管道及设备上安全阀的型号、规格、公称压力及安装位置应符合设计要求。安装完毕后应根据系统工作压力进行调试，并做出标志。

检验方法：对照图纸查验产品合格证及调试结果证明书。

(5) 方形补偿器制作时，应用整根无缝钢管弯制，如需要接口，其接口应设在垂直臂的中间位置，且接口必须焊接。

检验方法：观察检查。

(6) 方形补偿器应水平安装，并与管道的坡度一致；如其臂长方向垂直安装必须设排气及泄水装置。

检验方法：观察检查。

2. 一般项目

(1) 热量表、疏水器、除污器、过滤器及阀门的型号、规格、公称压力及安装位置应符合设计要求。

检验方法：对照图纸查验产品合格证。

（2）钢管管道焊口尺寸的允许偏差应符合规范的规定。

（3）供暖系统入口装置及分户热计量系统入户装置，应符合设计要求。安装位置应便于检修、维护和观察。

检验方法：现场观察。

（4）散热器支管长度超过 1.5m 时，应在支管上安装管卡。

检验方法：尺量和观察检查。

（5）上供下回式系统的热水干管变径应顶平偏心连接，蒸汽干管变径应底平偏心连接。

检验方法：观察检查。

（6）在管道干管上焊接垂直或水平分支管道时，干管开孔所产生的钢渣及管壁等废弃物不得残留管内，且分支管道在焊接时不得插入干管内。

检验方法：观察检查。

（7）膨胀水箱的膨胀管及循环管上不得安装阀门。

检验方法：观察检查。

（8）当供暖热媒为 110～130℃ 的高温水时，管道可拆卸件应使用法兰，不得使用长丝和活接头。法兰垫料应使用耐热橡胶板。

检验方法：观察和查验进料单。

（9）焊接钢管管径大于 32mm 的管道转弯，在作为自然补偿时应使用摵弯。塑料管及复合管除必须使用直角弯头的场合外应使用管道直接弯曲转弯。

检验方法：观察检查。

（10）管道、金属支架和设备的防腐和涂漆应附着良好，无脱皮、起泡、流淌和漏涂缺陷。

检验方法：现场观察检查。

（11）管道和设备保温的允许偏差应符合规范的规定。

（12）供暖管道安装的允许偏差应符合表 6-29 的规定。

供暖管道安装的允许偏差 表 6-29

项次	项 目			允许偏差	检验方法
1	横管道纵、横方向弯曲（mm）	每 1m	管径≤100mm	1	水平尺、直尺、拉线和尺量检查
			管径>100mm	1.5	
		全长（25m 以上）	管径≤100mm	≯13	
			管径>100mm	≯25	
2	立管垂直度（mm）	每 1m		2	吊线和尺量检查
		全长（5m 以上）		≯10	
3	弯管	椭圆率 $\dfrac{D_{max}-D_{min}}{D_{max}}$	管径≤100mm	10%	用外卡钳和尺量检查
			管径>100mm	8%	
		褶皱不平度（mm）	管径≤100mm	4	
			管径>100mm	5	

注：D_{max}，D_{min} 分别为管子最大外径及最小外径。

（三）辅助设备及散热器安装

1. 主控项目

（1）整组出厂的散热器及现场组对的散热器在安装之前应做水压试验。试验压力如设计无要求时应为工作压力的 1.5 倍，但不小于 0.6MPa。

检验方法：试验时间为 2～3min，压力不降且不渗漏。

（2）水泵、水箱、热交换器等辅助设备安装的质量检验与验收应按验收规范的规定执行。

2. 一般项目

（1）散热器组对应平直紧密，组对后的平直度应符合表 6-30 的要求。

组对后的散热器平直度允许偏差　　　　　　表 6-30

项次	散热器类型	片　数	允许偏差（mm）
1	长翼型	2～4	4
		5～7	6
2	铸铁片式 钢制片式	3～15	4
		16～25	6

检验方法：拉线和尺量。

（2）组对散热器的垫片应符合下列规定：

1）组对散热器垫片应使用成品，组对后垫片外露不应大于 1mm。

2）散热器垫片材质当设计无要求时，应采用耐热橡胶。

检验方法：观察和尺量检查。

（3）散热器支架、托架安装，位置应准确，埋设牢固。散热器支架、托架数量，应符合设计或产品说明书要求。如设计未注时，则应符合表 6-31 的规定。

散热器支架、托架数量　　　　　　表 6-31

项次	散热器形式	安装方式	每组片数	上部托钩或卡架数	下部托钩或卡架数	合　计
1	长翼型	挂墙	2～4	1	2	3
			5	2	2	4
			6	2	3	5
			7	2	4	6
2	柱型 柱翼型	挂墙	3～8	1	2	3
			9～12	1	3	4
			13～16	2	4	6
			17～20	2	5	7
			21～25	2	6	8

续表

项次	散热器形式	安装方式	每组片数	上部托钩或卡架数	下部托钩或卡架数	合　计
3	柱型柱翼型	带足落地	3～8	1	—	1
			8～12	1	—	1
			13～16	2	—	2
			17～20	2	—	2
			21～25	2	—	2

检验方法：现场清点检查。

（4）散热器背面与装饰后的墙内表面安装距离，应符合设计或产品说明书要求。如设计未注明，应为30mm。

检验方法：尺量检查。

（5）散热器安装允许偏差应符合表6-32规定。

散热器安装允许偏差和检验方法　　　　　　　　　　　表6-32

项次	项　　目	允许偏差（mm）	检　验　方　法
1	散热器背面与墙内表面距离	3	尺量
2	与窗中心线或设计定位尺寸	20	
3	散热器垂直度	3	吊线和尺量

（6）铸铁或钢制散热器表面的防腐及面漆应附着良好，色泽均匀，无脱落、起泡、流淌和漏涂缺陷。

检验方法：现场观察。

（四）金属辐射板安装

主控项目

（1）辐射板在安装前应做水压试验，如设计无要求时，试验压力应为工作压力的1.5倍，但不得小于0.6MPa。

检验方法：试验压力下2～3min，压力不降且不渗不漏。

（2）水平安装的辐射板应有不小于5‰的坡度坡向回水管。

检验方法：水平尺、拉线和尺量检查。

（3）辐射板管道及带状辐射板之间的连接，应使用法兰连接。

检验方法：观察检查。

（五）低温热水地板辐射供暖系统安装

1. 主控项目

（1）地面下敷设的盘管埋地部分不应有接头。

检验方法：隐蔽前现场查看。

（2）盘管隐蔽前必须进行水压试验，试验压力为工作压力的1.5倍，但不小于0.6MPa。

检验方法：稳压 1h 内压力降不大于 0.05MPa 且不渗不漏。

（3）加热盘管弯曲部分不得出现硬折弯现象，曲率半径应符合下列规定：

塑料管：不应小于管道外径的 8 倍。

复合管：不应小于管道外径的 5 倍。

检验方法：尺量检查。

2. 一般项目

（1）分、集水器型号、规格、公称压力及安装位置、高度等应符合设计要求。

检验方法：对照图纸及产品说明书，尺量检查。

（2）加热盘管管径、间距和长度应符合设计要求。间距偏差不大于 ±10mm。

检验方法：拉线和尺量检查。

（3）防潮层、防水层、隔热层及伸缩缝应符合设计要求。

检验方法：填充层浇灌前观察检查。

（4）填充层强度等级应符合设计要求。

检验方法：做试块抗压试验。

（六）系统水压试验及调试

主控项目

（1）供暖系统安装完毕，管道保温之前应进行水压试验。试验压力应符合设计要求。当设计未注明时，应符合下列规定：

1）蒸汽、热水供暖系统，应以系统顶点工作压力加 0.1MPa 做水压试验，同时在系统顶点的试验压力不小于 0.3MPa。

2）高温热水供暖系统，试验压力应为系统顶点工作压力加 0.4MPa。

3）使用塑料管及复合管的热水供暖系统，应以系统顶点工作压力加 0.2MPa 做水压试验，同时在系统顶点的试验压力不小于 0.4MPa。

检验方法：使用钢管及复合管的供暖系统应在试验压力下 10min 内压力降不大于 0.02MPa，降至工作压力后检查，不渗、不漏。

（2）使用塑料管的供暖系统应在试验压力下 1h 内压力降不大于 0.05MPa，然后降压至工作压力的 1.15 倍，稳压 2h，压力降不大于 0.03MPa，同时各连接处不渗、不漏。

1）系统试压合格后，应对系统进行冲洗并清扫过滤器及除污器。

检验方法：现场观察，直至排出水不含泥沙、铁屑等杂质，且水色不浑浊为合格。

2）系统冲洗完毕应充水、加热，进行试运行和调试。

检验方法：观察、测量室温应满足设计要求。

二、室外供热管道的施工质量控制

（一）一般规定

1. 本节适用于厂区及民用建筑群（住宅小区）的饱和蒸汽压力不大于 0.7MPa、热水温度不超过 130℃的室外供热管网安装工程的质量检验与验收。

2. 供热管网的管材应按设计要求。当设计未注明时，应符合下列规定：

（1）管径小于或等于 40mm 时，应使用焊接钢管。

（2）管径为 50～200mm 时，应使用焊接钢管或无缝钢管。

（3）管径大于 200mm 时，应使用螺旋焊接钢管。

3. 室外供热管道连接均应采用焊接连接。

（二）管道及配件安装

1. 主控项目

（1）平衡阀及调节阀型号、规格及公称压力应符合设计要求。安装后应根据系统要求进行调试，并做出标志。

检验方法：对照设计图纸及产品合格证，并现场观察调试结果。

（2）直埋供热管道补偿器预拉伸及三通加固应符合设计要求。回填前应注意检查预制保温层外壳及接口的完好性，回填应按设计要求进行。

检验方法：回填前现场验核和观察。

（3）补偿器的位置必须符合设计要求，并应按设计要求或产品说明书进行预拉伸。管道固定支架的位置和构造必须符合设计要求。

检验方法：对照图纸，并查验预拉伸记录。

（4）检查井室、用户入口处管道布置，应便于操作及维修，支、吊、托架稳固，并满足设计要求。

检验方法：对照图纸，观察检查。

（5）直埋管道的保温应符合设计要求，接口在现场发泡时，接头处厚度应与管道保温层厚度一致，接头处保护层必须与管道保护层成一体，符合防潮防水要求。

检验方法：对照图纸，观察检查。

2. 一般项目

（1）管道水平敷设其坡度应符合设计要求。

检验方法：对照图纸，用水准仪（水平尺）、拉线和尺量检查。

（2）除污器构造应符合设计要求，安装位置和方向应正确。管网冲洗后清除内部污物。

（3）室外供热管道安装的允许偏差应符合表 6-33 的规定。

室外供热管道安装的允许偏差和检验方法　　　　　　表 6-33

项次	项　　目		允许偏差	检验方法
1	坐标（mm）	敷设在沟槽内及架空	20	用水准仪（水平尺）直尺、拉线检查
		埋地	50	
2	标高（mm）	敷设在沟槽内及架空	±10	尺量检查
		埋地	±15	
3	水平管道纵横方向弯曲（mm）	每 1m	管径≤100mm	1	用水准仪（水平尺）直尺、拉线和尺量检查
			管径＞100mm	1.5	
		全长（25m 以上）	管径≤100mm	≯13	
			管径＞100mm	≯25	

项次	项	目		允许偏差	检验方法
4	弯管	椭圆率 $\dfrac{D_{max}-D_{min}}{D_{max}}$	管径≤100mm	8%	用外卡钳和尺量检查
			管径＞100mm	5%	
		褶皱不平度（mm）	管径≤100mm	4	
			管径125～200mm	5	
			管径250～400mm	7	

（4）管道焊口允许偏差应符合表6-34的规定。

钢管管道焊口允许偏差和检验方法

表6-34

项次	项	目		允许偏差	检验方法
1	焊口平直度	管壁厚10mm以内		管壁厚1/4	焊接检验尺和游标卡尺检查
2	焊缝加强面	高度		＋1mm	
		宽度			
3	咬边	深度		小于0.5mm	直尺检查
		长度	连续长度	25mm	
			总长度（两侧）	小于焊接长度的10%	

（5）管道及管件焊接的焊缝表面质量应符合下列规定：

1）焊缝外形尺寸应符合图纸和工艺文件的规定，焊缝高度不得低于母材表面，焊缝与母材应圆滑过渡；

2）焊缝及热影响区表面应无裂纹、未熔合、未焊透、夹渣、弧坑和气孔等缺陷。

检验方法：观察检查。

（6）供热管道的供水管或蒸汽管，如设计无规定时，应敷设在载热介质前进方向的右侧或上方。

检验方法：对照图纸，观察检查。

（7）地沟内的管道安装位置，其净距（保温层外表面）应符合下列规定：

与沟壁　　　　　　　　100～150mm；

与沟底　　　　　　　　100～200mm；

与沟顶（不通行地沟）　50～100mm；

（半通行和通行地沟）　200～300mm。

检验方法：尺量检查。

（8）架空敷设的供热管道安装高度，如设计无规定时，应符合下列规定（以保温层外表面计算）：

1）人行地区，不小于2.5m。

2）通行车辆地区，不小于4.5m。

3）跨越铁路，距轨顶不小于6m。

检验方法：尺量检查。

（9）防锈漆的厚度应均匀，不得有脱皮、起泡、流淌和漏涂等缺陷。

检验方法：保温前观察检查。

（10）管道保温层的厚度和平整度的允许偏差应符合表 6-35 的规定。

管道及设备保温层的允许偏差和检验方法 表 6-35

项次	项　目		允许偏差（mm）	检验方法
1	厚　度		$+0.1\delta$ -0.05δ	用钢针刺入
2	表面平整度	卷材	5	用 2m 靠尺和楔形 塞尺检查
		涂抹	10	

注：δ 为保温层厚度。

（三）系统水压试验及调试

主控项目

（1）供热管道的水压试验压力应为工作压力的 1.5 倍，但不得小于 0.6MPa。

检验方法：在试验压力下 10min 内压力降不大于 0.05MPa，然后降到工作压力下检查，不渗不漏。

（2）管道试压合格后，应进行冲洗。

检验方法：现场观察，以水色不浑浊为合格。

（3）管道冲洗完毕应通水、加热，进行试运行和调试。当不具备加热条件时，应延期进行。

检验方法：测量各建筑物热力入口处供回水温度及压力。

（4）供热管道做水压试验时，试验管道上的阀门应开启，试验管道与非试验管道应隔断。

检验方法：开启和关闭阀门检查。

第七章　建筑给水排水与供暖工程中常见的质量问题及处理方法

第一节　建筑给水工程

一、室内给水系统

1. 管道结露

(1) 现象

管道通水后，夏季管道周围积结露水，并往下滴水。

(2) 原因分析

1) 管道没有防结露保温措施。

2) 保温材料种类和规格选择不合适。

3) 保温材料的保护层不严密。

(3) 预防措施

1) 设计中选择满足防结露要求的保温材料。

2) 认真检查防结露保温质量，保证保护层的严密性。

(4) 治理方法

1) 管道按要求做好保温措施。

2) 重新修整保护层，保证严密封闭。

2. 水泵机组运转故障

(1) 现象

水泵运转过程中消耗功率过大。

(2) 原因分析

1) 叶轮与泵壳之间的间隙太小，运转时发生摩擦。

2) 泵内吸入了泥砂等杂质。

3) 轴承部分磨损或磨坏。

4) 填料压得太紧或填料函中不进水。

5) 流程过大，扬程低。

6) 转速高于额定值。

7) 轴弯曲或轴线偏扭。

8) 联轴器间的间隙太小，运转中两轴相顶。

9) 电压太低。

(3) 防治措施

1) 检查各零件配合尺寸，加以修理。

2) 拆卸并清除杂质。

3) 更换损坏的轴承。

4）放松填料压盖，检查、清洗水封管。

5）适当关小出水管的闸阀。

6）检查电路及电动机。

7）拆出轴进行校直及修理。

8）调整联轴器间的间隙。

9）检查电路，找出原因。

3. 管道立管甩口不准

（1）现象

立管甩口不准，不能满足管道继续安装对坐标和标高的要求。

（2）原因分析

1）管道安装后，固定得不牢，在其他工种施工（例如回填土）时受碰撞或挤压而位移。

2）设计或施工中，对管道的整体安排考虑不周，造成预留甩口位置不当。

3）建筑结构和墙面装修施工误差过大，造成管道预留甩口位置不合适。

（3）预防措施

1）管道甩口标高和坐标经核对准确后，及时将管道固定牢靠。

2）施工前结合编制施工方案，认真审查图纸，全面安排管道的安装位置。关键部位的管道甩口尺寸应详细计算确定。

3）管道安装前注意土建施工中有关尺寸的变动情况，发现问题，及时解决。

（4）治理方法

挖开立管甩口周围的地面，使用零件或用煨弯方法修正立管甩口的尺寸。

4. 室内给水系统吹洗不认真

（1）现象

1）以系统水压试验后的泄水代替管路系统的冲洗试验。

2）不认真填写冲洗试验表，无据可查。

（2）原因分析

1）工作不认真，图省事。

2）规章制度不严。

（3）防治措施

1）严格执行规范，在系统水压试验后或交付使用前，必须单独进行管路系统的冲洗试验，达到检验规定。

2）按冲洗试验表内规定如实填写；归档备查。

5. 立管距墙过远或半明半暗

（1）现象

立管距墙过远，占据有效空间；立管嵌于抹灰层中，半明半暗，影响美观，不便检修。

（2）原因分析

1）由于设计原因，多层建筑的同一位置的各层墙体不在同一轴线上。

2）施工中技术变更，墙体移位。

3）施工放线不准确或施工误差，使多层建筑的同一位置的各层墙体不在同一轴线上。

4）管道安装未吊通线，管道偏斜。

（3）预防措施

1）图纸会审前，应认真核对土建图纸，发现问题及时解决。

2）土建的施工变更应及时通知安装方面。

3）土建砌筑墙体时须精确放线，发现墙体轴线压预留管洞或距管洞过远时，应与安装方面联系，找出原因，寻求解决办法。

4）安装管道时需吊通线。

（4）治理方法

1）拆掉半明半暗的管道重新安装。

2）距墙过远的管道采用煨弯或用管件调节距墙距离。

6. 管道支架制作安装不合格

（1）现象

支架制作粗糙，切口不平整，有毛刺；制作支架的型材过小，与所固定的管道不相称；支架抱箍过细，与支架本体不匹配；支架固定不牢固。

（2）原因分析

1）支架制作下料时，用电、气焊切割，且毛刺未经打磨。

2）支架不按标准图制作或片面追求省料。

3）支架埋深不够或墙洞未用水浸润。

4）支架固定于不能载重的轻质墙上。

（3）防治措施

1）制作支架下料应采用锯割，尽量不采用电、气焊切割，并用砂轮或锉刀打去毛刺。

2）支架应严格按照标准图制作，不同管径的管道应选用相应规格的型材，管箍也应与支架配套。

3）埋设支架前，应用水充分湿润墙洞。支架的埋深根据支架的种类而定（一般为100～220mm），埋设支架时，墙洞须用水泥砂浆或细石混凝土捣实。

4）轻质墙上的支架应视轻质墙的材质加工特殊支架，如对夹式支架等。

7. 镀锌钢管焊接和配用非镀锌管件

（1）现象

镀锌钢管焊接和配用非镀锌管件，造成管道镀锌层损坏，降低管道使用年限并影响供水的质量。

（2）原因分析

1）镀锌钢管的零件供应不配套。

2）不按操作规程施工。

（3）预防措施

1）及时做出镀锌管零件的供应计划，保证安装使用的需要。

2）认真学习和执行操作规程。

（4）治理方法

拆除焊接部分的管道，采用螺纹连接的方法，非镀锌管件换成镀锌管件，重新安装管道。

8. 水泵不能吸水或不能达到应有扬程

（1）现象

1）水泵空转，不能吸水。

2）水泵出力不够，不能达到应有扬程。

（2）原因分析

1）水泵底阀漏水或堵塞。

2）吸水管有裂缝或砂眼，吸水管道连接不紧密。

3）盘根（填料函）严重漏气。

4）水泵安装过高，吸水管过长。

5）吸水管坡度方向不对。

6）吸水管大小头制作、安装错误。

（3）防治措施

1）若条件许可，尽量采用自灌式给水，这样既可节省安底阀，减少故障，又可实现水泵自动控制。

2）吸水管应精心安装，吸水管的管材须严格把关，仔细检查，不能把有裂纹和砂眼的次品管作为吸水管。

3）吸水管若为螺纹连接，螺纹应有锥度，填料饱满，连接紧密；吸水管若为法兰连接，紧固法兰螺栓应对角交替进行，以保证接头严密。

4）压紧或更换盘根。

5）水泵的吸水高度应视当地的海拔高度而定。如果水泵安装过高，将会产生"汽蚀"，使水泵不能正常工作。

吸水管坡度及吸水管大小头制作安装的正误如图 7-1 所示。

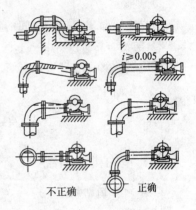

图 7-1　吸水管安装方法

二、室外给水管网

1. 压力不稳

（1）现象

管道试压过程中压力稳不住。

（2）防治方法

1）管内空气应当排尽。

2）非给水阀门应当检查、关严。

3）发现漏裂接口时，应停止加压。

2. 路面下凹

（1）现象

回填土完工后，出现路面下凹。

（2）防治方法

1）回填土应按规定程序进行。

2）位于交通要道的部位，要采用特殊技术措施回填。一般可采用回填砂，然后用水撼砂法施工。

3）由管顶 0.5m 以下回填土，干密度不得低于 $1.65t/m^3$。管顶 0.5m 以上的填土，应尽量采用机械压实，若在当年铺路，干密度应达到 $1.6t/m^3$。

3. 挖沟过深

（1）现象

挖沟深度超过了设计要求。

（2）防治方法

1）挖沟过程中，保护好标高控制桩。

2）随挖随检查标高，接近沟底时勤复测标高。

3）挖土中不慎挖掉标高控制桩，及时找测量人员补测，钉好木桩。

4. 管道流黄色水

1）现象

用户使用时出现较长时间的黄色水。

2）防治方法

试压后的管道应进行认真清洗。

第二节　建筑排水工程

一、室内排水系统

1. 排水管道堵塞

（1）现象

管道通水后，卫生器具排水不通畅。

（2）原因分析

1）管道甩口封堵不及时或方法不当，造成水泥砂浆等杂物掉入管道中。

2）卫生器具安装前没有认真清理掉入管道内的杂物。

3）管道安装时，没有认真清除管内杂物。

4）管道安装坡度不均匀，甚至局部倒坡。

5）管道接口零件使用不当，造成管道局部阻力过大。

（3）预防措施

1）及时堵死封严管道的甩口，防止杂物掉进管腔。

2）卫生器具安装前认真检查原甩口，并掏出管内杂物。

3）管道安装时认真疏通管腔，除去杂物。

4）保持管道安装坡度均匀，不得有倒坡。

5）生活排水管道标准坡度应符合规范规定。无设计规定时，管道坡度应不小于 1%。

6）合理使用零件。地下埋设铸铁管道应使用 TY 和 Y 形三通，不宜使用 T 形三通；水平横管避免使用四通；排水出墙管及平面清扫口需用两个 45°弯头连接，以便流水通畅。

7）最低排水横支管与立管连接处至排出立管管底的垂直距离不宜小于表 7-1 的规定。

最低横支管与立管连接处至立管管底的垂直距离　　　　　　　　　　　　表 7-1

立管连接卫生器具的层数	垂直距离 A（m）	立管连接卫生器具的层数	垂直距离 A（m）
≤4	0.45	13～19	3.0 或底层单独排出
5～6	0.75	≥20	6.0 或底层单独排出
7～12	1.2 或底层单独排出		

注：当与排出管连接的立管底部放大一号管径或横干管比与之连接的立管大一号管径时，可将表中垂直距离缩小一档。

8）交工前，排水管道应作通球试验，卫生器具应作通水检查。

9）立管检查口和平面清扫口的安装位置应便于维修操作。

10）施工期间，卫生器具的返水弯丝堵最好缓装，以减少杂物进入管道内（图 7-2）。

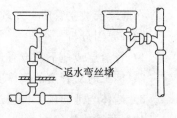

图 7-2 返水弯丝堵

（4）治理方法

查看竣工图，打开地平清扫口或立管检查口盖，排除管道堵塞。必要时须破坏管道拐弯处，用更换零件方法解决管道严重堵塞问题。

2. 地下埋设管道漏水

（1）现象

排水管道渗漏处的地面、墙角缝隙部位返潮，埋设在地下室顶板与一层地面内的排水管道渗漏处附近（地下室顶板下部）还会看到渗水现象。

（2）原因分析

1）施工程序不对，人窨井或管沟的管段埋设过早，土建施工时损坏该管段。

2）管道支墩位置不合适，在回填土夯实时，管道因局部受力过大而破坏，或接口处活动而产生缝隙。

3）预制铸铁管段时，接口养护不认真，搬动过早，致使接口活动，产生缝隙。

4）PVC-U 管下部有尖硬物或浅层覆土后即用机械夯打，造成管道损坏。

5）冬期施工时，铸铁管道接口保温养护不好，管道水泥接口受冻损坏。

6）冬期施工时，没有认真排除管道内的积水，造成管道或管件冻裂。

7）管道安装完成后未认真进行闭水试验，未能及时发现管道和管件的裂缝和砂眼以及接口处的渗漏。

（3）预防措施

1）埋地管段宜分段施工，第一段先做正负零以下室内部分，至伸出外墙为止；待土建施工结束后，再铺设第二段，即把伸出外墙处的管段接入窨井或管沟。

2）管道支墩要牢靠，位置要合适，支墩基础过深时应分层回填土，回填时严防直接撞压管道。

3）铸铁管段预制时，要认真做好接口养护，防止水泥接口活动。

4）PVC-U 管下部的管沟底面应平整，无突出的尖硬物，并应作 10～15cm 的细砂或细土垫层。管道上部 10cm 应用细砂或细土覆盖，然后分层回填，人工夯实。

5）冬期施工前应注意排除管道内的积水，防止管道内结冰。

6）严格按照施工规范进行管道闭水试验，认真检查是否有渗漏现象。如果发现问题，应及时处理。

（4）治理方法

查看竣工图，弄清管道走向和管道连接方式，判定管道渗漏位置，挖开地面进行修理，并认真进行灌水试验。

3. 排水管道甩口不准

（1）现象

在继续安装立管时，发现原管道甩口不准。

（2）原因分析

1）管道层或地下埋设管道的甩口未固定好。

2）施工时对管道的整体安排不当，或者对卫生器具的安装尺寸了解不够。

3）墙体与地面施工偏差过大，造成管道甩口不准。

（3）预防措施

1）管道安装后要垫实，甩口应及时固定牢靠。

2）在编制施工方案时，要全面安排管道的安装位置，及时了解卫生器具的规格尺寸，关键部位应做样板交底。

3）与土建密切配合，随时掌握施工进度，管道安装前要注意隔墙位置和基准线的变化情况，发现问题及时解决。

（4）治理方法

挖开管甩口周围地面，对钢管排水管道可采用改换零件或搣弯的方法；对铸铁排水管道可采用重新捻口方法，修改甩口位置尺寸。

4. PVC-U 管变形、脱落

（1）现象

在温差变化较大的地方，PVC-U 管安装完成一段时间后，发生直管弯曲、变形甚至脱落。

（2）原因分析

PVC-U 管的线膨胀系数较大，约为钢管的 5～7 倍。采用承插粘结的 PVC-U 管，如果未按规范要求安装伸缩器，或伸缩器安装不合乎规定，在温差变化较大时，PVC-U 管的热胀冷缩得不到补偿，就会发生弯曲、变形甚至脱落。

（3）防治措施

1）在温差变化较大的地方，选用胶圈连接的 PVC-U 管。

2）使用承插粘结的 PVC-U 管，立管每层或每 4m 安装一个伸缩器，横管直管段超过 2m 时应设伸缩器。

3）安装伸缩器时，管段插入伸缩器处应预留间隙。夏季安装，间隙为 5～15mm；冬季安装，间隙为 10～20mm。伸缩器应固定在楼层与地面相平或墙壁支架上。

5. PVC-U 管穿板处漏水

（1）现象

易产生积水的房间积水通过 PVC-U 管穿板处渗漏。

（2）原因分析

1）房间未设置地漏，使积水不能排走。

2）地坪找坡时未坡向地漏，使积水不能排走。

3）因 PVC-U 管管壁光滑，补管洞时未按程序，又未采取相应的技术措施，使管外壁与楼板结合不紧密，形成渗漏。

（3）防治措施

1）易产生积水的房间，如厨房、厕所等，应设置地漏。

2）地坪应严格找坡，坡向地漏，坡度以 1‰为宜。

3）PVC-U 管穿板处如固定，应按图 7-3（a）施工，在管外壁粘结与管道同材质的止水环，补洞捣灌细石混凝土分两次进行，细心捣实。与细石混凝土接触的管外壁可刷胶粘剂再涂抹细砂。

PVC-U 管穿板处如不固定，则按图 7-3（b）施工，即设置钢套管，套管底部平板底，上端高出板面 2cm，管周围油麻嵌实，套管上口沥青油膏嵌缝。

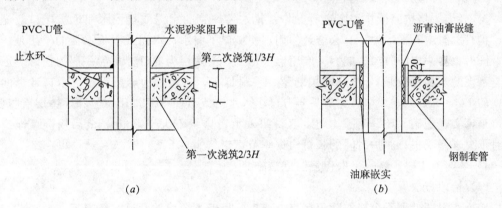

图 7-3　PVC-U 管穿楼板的技术处理

6. 灌水试验不认真，质量不合格

（1）现象

灌水不及时，灌水人员、检查人员不全，灌水试验记录填写不及时、不准确、不完整；胶囊卡住，胶囊封堵不严，放水时胶囊被冲走。

（2）原因分析

未按施工程序进行，未等灌水就匆忙隐蔽；在有关人员未到齐的情况下匆忙进行灌水试验；当时不记录，事后追忆补记或未由专业人员填写记录；用于封堵的胶囊保管不善，存放时间过长，且未涂擦滑石粉；发现胶囊封堵不严也未及时放气、调整；胶管与胶囊接口未扎紧。

（3）防治措施

应严格按施工程序进行，不灌水不得隐蔽或进入下一道工序；在灌水试验时应参加检查的有关人员不能参加时，不得进行灌水试验；灌水试验记录表应由专人填写，技术部门对有关资料应定期检查；封堵用胶囊保存时应涂擦滑石粉；胶囊在管内躲开接口处，发现封堵不严时可放气，待调整好位置后再充气；胶囊与胶管接口处应绑扎紧密。

7. 承插式排水铸铁管接口不合格

（1）现象

承插式排水铸铁管水泥或石棉水泥接口不按程序操作，打灰前不加麻，水泥或石棉水泥掉入管中，形成堵管隐患。或立管和支管接口抹稀灰，或根本忘记对该处接口进行处理，通水时才发现漏水严重。

（2）原因分析

1）承包人对工程质量不负责，以普通工代替技工，又不对其进行必要的安全技术教育和技术培训，操作工人素质低下，不懂施工验收规范和技术操作规程。

2）片面追求进度，赶工期，违背了操作规程，又缺乏有效的质量监督。

3）北方冬期施工捻口时，没有采取防冻措施，捻口石棉水泥冻裂。

（3）预防措施

1）操作工人应有上岗证，不能以普通工代替技工。

2）加强自检、互检，建立必要的质量奖惩制度。

3）必须严格按照操作程序进行操作，排水铸铁管的水泥或石棉水泥承插接口应先填麻，再打水泥或石棉水泥。麻起密封作用，使接口不漏水；水泥或石棉水泥的作用是压紧麻，同时也有一定的防渗透能力。麻用麻錾填入，头两层为油麻，最后一层为白麻（因白麻与水泥的亲和性较好），填麻时用麻錾、手锤打实，打实后的麻层深度为承口环形间隙深度的 1/4～1/3 为宜。填麻完成后再分层填入水泥或石棉水泥，用麻錾和手锤层层打实，捻口须密实、饱满，环缝间隙均匀，填料凹入承口边缘不大于 5mm，最后用湿草绳或草袋对承口进行养护，养护时间的长短根据季节而定。

4）冬期施工时，认真采取保温防冻措施。

（4）治理方法

按操作程序处理不合格的管道接口，或拆除接口不合格的管道重新安装。

8. 地漏汇集水效果不好

（1）现象

地漏汇集水效果不好，地面上经常积水。

（2）原因分析

1）地漏安装高度偏差较大，地面施工无法弥补。

2）地面施工时，对作好地漏四周的坡度重视不够，造成地面局部倒坡。

（3）预防措施

1）地漏的安装高度偏差不得超过允许偏差。

2）地面要严格遵照基准线施工，地漏周围要有合理的坡度。

（4）治理方法

将地漏周围地面返工重做。

二、卫生器具

1. 卫生器具安装不牢固

（1）现象

卫生器具使用时松动不稳，甚至引起管道连接零件损坏或漏水，影响正常使用。

（2）原因分析

1）土建墙体施工时，没有预埋木砖。

2）安装卫生器具所使用的稳固螺栓规格不合适，或拧栽不牢固。

3）卫生器具与墙面接触不够严实。

（3）预防措施

1）安装卫生器具宜尽量采取拧栽合适的机螺钉。

2）安装洗脸盆可采用管式支架或圆钢支架（图7-4）。

（4）治理方法

凡固定卫生器具的托架和螺栓不牢固者应重新安装。卫生器具与墙面间的较大缝隙要用白水泥砂浆填补饱满。

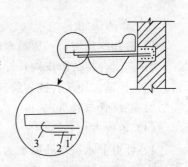

图 7-4　用管式支架安装洗脸盆

1—DN15 镀锌管；2—ϕ6×15 钢丝；

3—ϕ12 圆钢

2. 大便器、蹲坑与排水管连接处漏水

（1）现象

大便器、蹲坑使用后，地面积水，墙壁潮湿，甚至在下层顶板和墙壁也出现潮湿滴水现象。

（2）原因分析

1）排水管甩口高度不够（应高出地面 10mm），大便器出口插入排水管的深度不够。

2）蹲坑出口与排水管连接处没有认真填抹严实。

3）排水管甩口位置不对，大便器出口安装时错位。

4）大便器出口处裂纹没有检查出来，充当合格产品安装。

（3）预防措施

1）安装蹲坑时，排水管甩口要选择内径较大、内口平整的承口或套袖，以保证蹲坑出口插入足够的深度，并认真做好接口处理，经检查合格后方准填埋隐蔽。

2）大便器排出口中心对正水封存水弯承口中心，蹲坑出口与排水管连接处的缝隙，要用油灰或用 1：5 石灰水泥混合灰填实抹平，以防止污水外漏。

3）大便器安装应稳固、牢靠，严禁出现松动或位移现象。

（4）治理方法

1）安装前应严格检查卫生器具质量。

2）待渗水处完全干燥后，可采用高分子树脂密封膏封填，完全固化后，再观其是否还渗漏。

3）拆卸卫生器具，按工艺要求重新安装。

3. 蹲坑上水进口处漏水

（1）现象

蹲坑使用后，地面积水，墙壁潮湿，下层顶板和墙壁也往往大面积潮湿和滴水。

（2）原因分析

1）蹲坑上水进口连接胶皮碗或蹲坑上水连接处破裂，安装时没有发现。

2）绑扎蹲坑上水连接胶皮碗使用钢丝，容易锈蚀断坏，使胶皮碗松动。

3）绑扎蹲坑上水胶皮碗的方法不当，绑得不紧。

4）施工过程中，蹲坑上水接口处被砸坏。

（3）预防措施

1）绑扎胶皮碗前，应检查胶皮碗和蹲坑上水连接处是否完好。

2）选用合格的胶皮碗，冲洗管应对正便器进水口，蹲坑胶皮碗应使用 14 号铜丝两道错开绑扎拧紧，冲洗管插入胶皮碗角度应合适，偏转角度应不大于 5°。

3）底层管口脱落。

（4）治理方法

1）针对上水进口处漏水的原因，进行调整或更换零配件。

2）如果是蹲坑上水接口损坏，则应拆下，更换新的。

4. 水泥池槽的排水栓或地漏周围漏水

（1）现象

水泥池槽使用时，附近地面经常存水，致使墙壁潮湿，下层顶板渗漏水。

（2）原因分析

1）排水管或地漏周围混凝土浇筑不实，有缝隙。

2）安装排水栓或地漏时扩大了池槽底部的孔洞，使池槽底部产生裂缝而又没有及时妥善修补。

（3）预防措施

1）安装水泥池槽的排水栓或地漏时，其周围缝隙要用混凝土填实，在填灌混凝土前要支好托板，先刷水泥灰浆。

2）在池槽中安装地漏时，地漏周围的孔洞最好用沥青油麻塞实再浇筑混凝土，并做水泥抹面。

（4）治理方法

剔开下水口周围的水泥砂浆，重新支模，用水泥砂浆填实。

三、室外排水管网

1. 管口漏水

（1）现象

管口缝渗水或漏水。

（2）防治方法

1）严格检查套箍与管子配套尺寸，间隙不均者，施工中若能弥补，则可使用。

2）打口或抹带前，认真清干净套箍或管口污物。

2. 接口渗水

（1）现象

抹带接口下部有水渗出。

（2）原因分析

1）施工时，管道下部直接放在基础上，管子接口处无工作坑位置，下部未抹口或仅在边上抹光。

2）未养护好，有裂缝，应注意保持湿养护。

3. 排水出口不畅

（1）现象

管道施工后排水出口不畅通。

（2）防治方法

1）测量放线时，严格遵循设计坡度规定。

2）测量过程中，认真测定总排水口的出口标高，发现与设计坡度不符，立即提出。

第三节　建筑供暖工程

一、室内供暖系统

1. 供暖管道堵塞

（1）现象

暖气系统在使用中，管道堵塞或局部堵塞，影响气或水流量的合理分配，使供热工作不能正常和顺利进行。在寒冷地区，往往还会使系统局部受冻损坏。

（2）原因分析

1）管道加热煨弯时，遗留在管中的砂子未清理干净。

2）用砂轮锯等机械断管时，管口的飞刺没有去掉。

3）铸铁散热器内遗留的砂子清理得不干净。

4）安装管道时，管口封堵不及时或不严密，有杂物进入。

5）管道气焊开口方法不当，铁渣掉入管内，没有及时取出。

6）新安装的供暖系统没有按规定进行冲洗，大量污物没有排出。

7）管道"气塞"，即上下返弯处未装设放气阀门。

8）集气罐失灵，系统末端集气，末端管道和散热器不热。

（3）预防措施

1）管材灌砂煨弯后，必须认真清通管腔。

2）管材锯断后，管口的飞刺应及时清除干净。

3）铸铁散热器组对时，应注意把遗留的砂子清除干净。

4）安装管道时，应及时用临时堵头把管口堵好。

5）把管道气焊开口时落入管中的铁渣清除干净。

6）管道全部安装后，应按规范规定先冲洗干净再与外线连接。

7）按设计图纸或规范规定，在系统高点安装放气阀。

8）选择合格的集气罐，增设放气管及阀门。

（4）治理方法

首先关闭有关阀门，拆除必要的管段，重点检查管道的拐弯处和阀门是否通畅；针对原因排除管道堵塞。

2. 铸铁散热器漏水

（1）现象

供暖系统在使用期间，散热器接口处或有砂眼处渗漏水，甚至吱水，影响使用。

（2）原因分析

1）散热器质量不好，对口不平，螺纹不合适以及严重存在蜂窝、砂眼。

2）散热器单组水压试验的压力和时间未满足规范规定，造成渗漏水隐患。

3）散热器片数过多，搬运方法不当，使散热器接口处产生松动和损坏。

（3）预防措施

1）散热器在组对前应进行外观检查，选用质量合格的进行组对。

2）散热器组对后，应按规范规定认真进行水压试验，发现渗漏及时修理。

3）散热器组对时，应使用石棉纸垫。石棉纸垫可浸机油，随用随浸。不得使用麻垫或双层垫。

4）20片以上的散热器应加外拉条。多片散热器搬运时宜立放。如平放时，底面各部位必须受力均匀，以免接口处受折，造成漏水。

（4）治理方法

用炉片钥匙继续紧炉片连接箍，或更换坏炉片和炉片连接箍。

3. 干管坡度不适当

（1）现象

供暖干管坡度不均匀或倒坡，导致局部窝风、存水，影响水、汽的正常循环，从而使管道某些部位温度骤降，甚至不热，还会产生水击声响，破坏管道及设备。

（2）原因分析

1）管道安装时未调直好。

2）管道安装后，穿墙处堵洞时，其标高出现变动。

3）管道的托、吊卡间距不合适，造成管道局部塌腰。

（3）预防措施

1）管道焊接最好采取转动焊，整段管道经调直后再焊固定口，并按设计要求找好坡度。

2）管道变径处按图7-5制作。

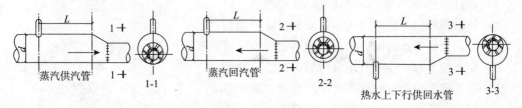

蒸汽供汽管　　蒸汽回汽管　　热水上下行供回水管

图7-5　管道变径做法

$d \geqslant 70$，$L=300$；$d<50$，$L=200$

3）管道穿墙处堵洞时，要检查管道坡度是否合适，并及时调整。

4）管道托、吊卡的间距应符合设计要求。

（4）治理方法

剔开管道过墙处并拆除管道支架，调直管道，调整管道过墙洞和支架标高，使管道坡度适当。

4. 蒸汽保暖系统不热

（1）现象

蒸汽保暖系统运行时，系统不发热或热度不够。

（2）原因分析

1）系统中存有空气及疏水不畅而造成凝结水过多，使蒸汽无法顶出凝结水；

2）蒸汽干管反坡，无法排除干管中的沿途凝结水，疏水器失灵；

3）蒸汽或凝结水管在返弯或过门等处，未安装排气阀门及低点排水阀门；

4）散热器未安装放气阀，使散热器内部的空气排除不净。

（3）预防措施

在供暖系统施工时，应使蒸汽干管及凝结水管有足够大的坡度，系统疏水装置合理安装，蒸汽干管末端应设置疏水设备。

（4）治理方法

排除系统内的空气及顺利疏导凝结水是解决蒸汽系统不热的关键。

5. 铸铁散热器安装不牢固

（1）现象

散热器安装后，接口处松动、漏水。

（2）原因分析

1）挂装散热器的托钩、卡子不牢，托钩强度不够，散热器受力不均。

2）落地安装的散热器，腿片着地不实，或者垫得过高，不牢。

（3）预防措施

1）散热器钩卡栽墙深度不得小于12cm，堵洞应严实，钩卡的数量应符合规范规定。

2）落地安装的散热器的支腿均应落实，不得使用木垫加垫，必须用铅垫。断腿的散热器应予更换或妥善处理。

（4）治理方法

按规定重新安装散热器或其钩卡。

6. 供暖干管三通甩口不准

（1）现象

干管的立管甩口距墙尺寸不一致，造成干管与立管的连接支管打斜，立管距墙尺寸也不一致，影响工程质量（图7-6）。

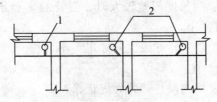

图7-6　干管甩口不准
1—支管正确；2—支管打斜

（2）原因分析

1）测量管道甩口尺寸时，使用工具不当，例如使用皮卷尺，误差较大。

2）土建施工中，墙轴线允许偏差较大。

（3）预防措施

1）干管的立管甩口尺寸应在现场用钢卷尺实测实量。

2）各工种要共同严格按设计的墙轴线施工，统一允许偏差。

（4）治理方法

使用弯头零件或者修改管道甩口间的长度，调整立管距墙的尺寸。

7. 供暖干管的支、托架失效

（1）现象

管道的固定支架与活动支架不能相应地起到固定、滑动管道的作用，影响供暖管道的合理伸缩，导致管道或支、托架损坏。

（2）原因分析

1）固定支架没有按规定焊装挡板。

2）活动支架的 U 形卡两端套螺纹并拧紧了螺母（图 7-7），使活动支架失效。

（3）防治措施

1）固定支架应按规定焊装止动板，制止管道不应有的滑动（图 7-8）。

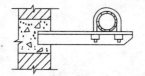
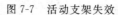
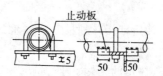

图 7-7　活动支架失效　　　　　图 7-8　固定支架

2）活动支架的 U 形卡应一端套螺纹，并安装两个螺母；另一端不套螺纹，插入支架的孔眼中，保证管道自由滑动（图 7-9）。

3）型钢支架应用台钻打眼，不应用气焊刺眼，以保证孔眼合适。

8. 暖气立管上的弯头或支管甩口不准

（1）现象

暖气立管甩口不准，造成连接散热器的支管坡度不一致，甚至倒坡，从而又导致散热器窝风，影响正常供热。

（2）原因分析

1）测量立管时，使用工具不当，测量偏差较大。

2）各组散热器连接支管的长度相差较大时，立管的支管开档采取同一尺寸，造成支管短的坡度大，支管长的坡度小。

3）地面施工的标高偏差较大，导致立管原甩口不合适。

（3）预防措施

1）测量立管尺寸最好使用木尺杆，并做好记录。

2）立管的支管开档尺寸要适合支管的坡度要求，一般支管坡度以 1% 为宜（图 7-10）。

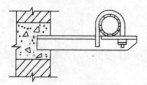
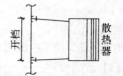

图 7-9　活动支架　　　　　图 7-10　立管的支管开档

3）为了减少地面施工标高偏差的影响，散热器应尽量挂装。

4）地面施工应严格遵照基准线，保证其偏差不超出安装散热器要求的范围。

（4）治理方法

拆除立管，修改立管的支管预留口间的长度。

二、室外供热管网

1. 试压方法不正确

（1）现象

试压数值不正确。

（2）原因分析

1）选用的压力表量程不符要求。

2）试压时未按规定要求升压。

2. 波形补偿器安装缺陷

（1）现象

设置的波形补偿器不起作用。

（2）原因分析

1）未在常温下进行预拉或预压。

2）预拉或预压方法不当，致使各节受力不匀。

3）波形补偿器安装的方向不对。

附录 1　GB/T 6567—2008 中管道系统图形符号

1. GB/T 6567.2—2008《技术制图管路系统的图形符号　管路》规定的管路系统中常用管件的图形符号，适用于管件图形符号在管路系统中的表示。

（1）管路的图形符号

1）一般管路的图形符号

一般管路的图形符号分为方法一和方法二，应尽量避免在同一图样上同时使用两种方法。

① 方法一：用实线表示可见管路、虚线表示不可见管路、点画线表示假想管路（图1）。管路符号表示图样上管路与有关剖切平面的相对位置。必要时可在管路符号上方或中断处用规定的代号表示介质的状态、类别和性质，还可在图样上加注图例说明。

② 方法二：不明确管路的实际状况，只反映不同种类的管路（图2），应在图样上加注图例说明管路符号表示介质的状态、类别和性质，如不够用时，可按符号的规律进行派生或另行补充。

图 1　一般管路的图形符号（方法一）　　　　图 2　一般管路的图形符号（方法二）

2）保护管的图形符号

保护管起保护管路的作用，使管路不受撞击、防止介质污染绝缘等，可在被保护管路的全部或局部上用该符号表示或省去符号仅用文字说明，见图3。

3）保温管的图形符号

保温管起隔热作用。可在被保温管路的全部或局部上用该符号表示或省去符号仅用文字说明，见图4。

图 3　保护管的图形符号　　　　　　　　图 4　保温管的图形符号

4）夹套管的图形符号

夹套管指管路内及夹层内均有介质出入。该符号可用波浪线断开表示，见图5。

5）交叉管的图形符号

交叉管指两管路交叉不连接。当需要表示两管路相对位置时，其中在下方或后方的管路应断开表示，断开间距为线宽的5倍，见图6。

6）相交管的图形符号

相交管指两管路相交连接，连接点的直径为所连接管路符号线宽 d 的3至5倍，见图7。

492

图 5　夹套管的图形符号　　　　　　图 6　交叉管的图形符号

7）弯折管的图形符号

弯折管按照其弯折的方向有两种表示方法：（图 8a），表示管路朝向观察者弯成 90°的弯折管，（图 8b）表示管路背离观察者弯成 90°的弯折管。

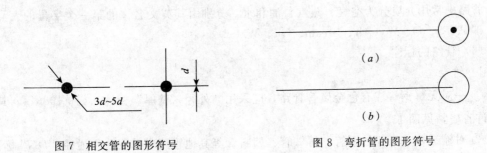

图 7　相交管的图形符号　　　　　　图 8　弯折管的图形符号

8）介质流向的图形符号

介质流向一般标注在靠近阀的图形符号处，箭头的形式按 GB/T 4458.4—2003《机械制图　尺寸注法》的规定绘制，见图 9。

9）管路坡度的图形符号

管路坡度符号按 GB/T 4458.4—2003 中的斜度符号绘制，用斜度、角度或比例表示管路坡度状况，见图 10。

图 9　介质流向的图形符号　　　　　　图 10　管路坡度的图形符号

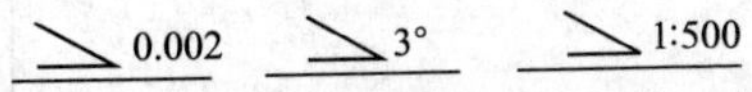

10）挠性管、软管；蒸汽伴热管；电热管的图形符号

挠性管、软管；蒸汽伴热管：电热管的图形符号见图 11、图 12、图 13。

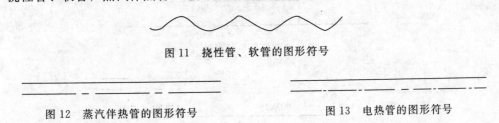

图 11　挠性管、软管的图形符号

图 12　蒸汽伴热管的图形符号　　　　　　图 13　电热管的图形符号

（2）管路的一般连接形式

管路的一般连接形式有四种：螺纹连接、法兰连接、承插连接、焊接连接，其连接形式的图形符号，见图 14。焊点符号的直径约为所连接管路符号线宽 d 的 3 至 5 倍，必要时可用文字说明，省略连接形式的图形符号的绘制。

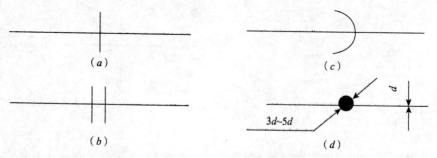

图 14　管路的一般连接形式的图形符号

（3）管路中介质的类别代号

管路中常用介质分为空气、蒸汽、油和水，分别由其英文名称的第一个字母的大写表示，即 A、S、O、W（Air、Steam、Oil、Water）。

（4）管路的标注

1）管径

① 一对无缝钢管或有色金属管管路，应采用"外径×壁厚"标注，如 $\phi 108 \times 4$，其中 ϕ 允许省略，见图 15。

② 对输送水、煤气的钢管、铸铁管、塑料管等其他管路应采用公称通径"DN"标注，如图 15、图 16 所示。

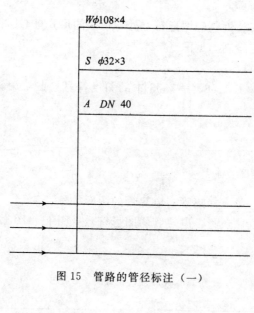

图 15　管路的管径标注（一）

WDN25

图 16　管路的管径标注（二）

2）标高

标高符号一般采用图（17a）的形式。当注写位置不够时，也可采用图（17b）的形式。

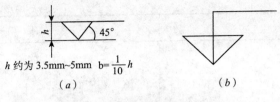

h 约为 3.5mm~5mm　$b=\dfrac{1}{10}h$

(a)　　　　　　　　　(b)

图 17　管路的标高标注（一）

应该注意：管路一般注管中心的标高，必要时，也可注管底的标高。标高一般应标注在管路的起始点、末端、转弯及交点处，如图 18（a）～18（e）所示，如需同时表示几个不同的标高时，可按图 18（f）的方式标注。标高的单位一律为 m，一般注至小数点后二位；零点标高注成±0.00，正标高前可不加正号（＋），但负标高前必须加注负号（－）。

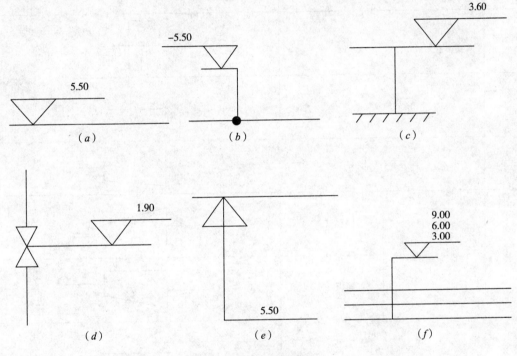

图 18　管路的标高标注（二）

2. GB/T 6567.3—2008《技术制图管路系统的图形符号　管件》规定的管路系统中常用管件的图形符号，适用于管件图形符号在管路系统中的表示。管件包括管接头、管帽及其他、伸缩器和管架，其图形符号见表 1、表 2、表 3 和表 4。

管接头的图形符号　　　　　　　　　　　　　　　　表 1

序号	名　称	符　号
1	弯头（管）	

续表

序号	名　称	符　号
2	三通	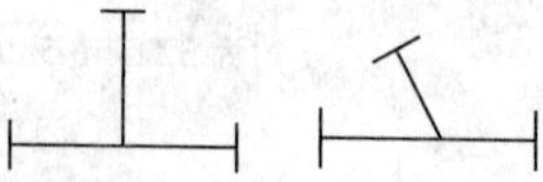
3	四通	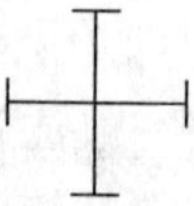
4	活接头	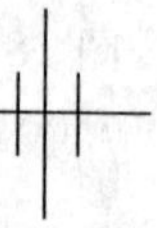
5	外接头	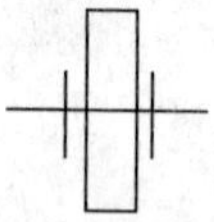
6	内外螺纹接头	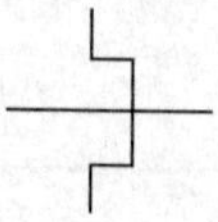
7	同心异径管接头	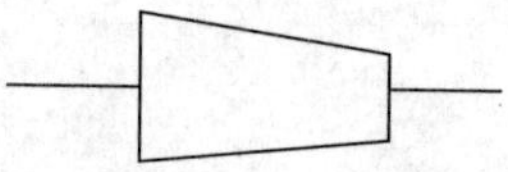
8	偏心异径管接头 同底（汽）	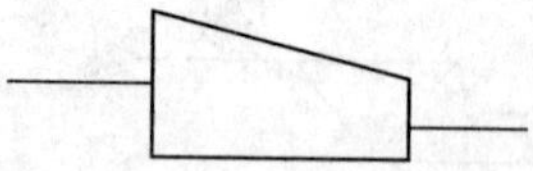
	同顶（水）	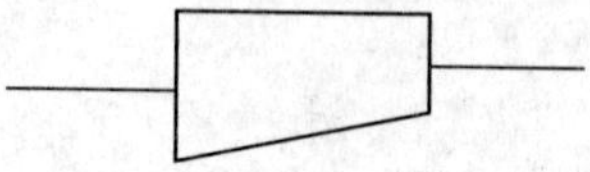
9	双承插管接头	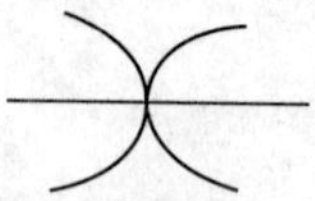
10	快换接头	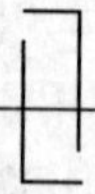

注：符号是以螺纹连接为例，如法兰、承插和焊接连接形式，可按规定的图形符号组合派生。

管帽及其他的图形符号　　　　　　　　　　　　表 2

序号	名　称	符　号
1	螺纹管帽	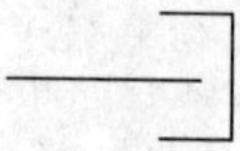

续表

序号	名　称	符　号
2	堵头	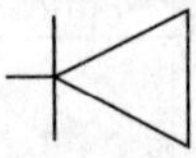
3	法兰盖	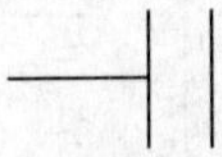
4	盲板	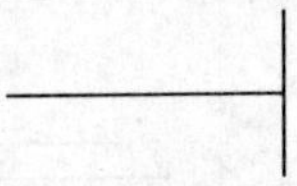
5	管间盲板	

注：管帽螺纹为内螺纹；堵头螺纹为外螺纹。

伸缩器的图形符号 表 3

序号	名　称	符　号
1	波形伸缩器	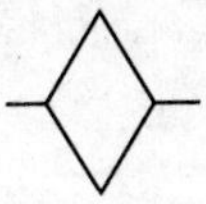
2	套筒伸缩器	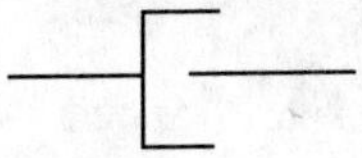
3	矩形伸缩器	
4	弧形伸缩器	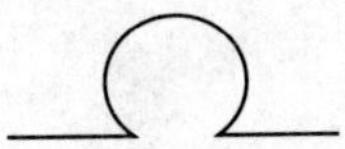
5	球形铰接器	

注：使用时应表示出与管路的连接形式。

管架的图形符号 表 4

序号	名称	符　号				
		一般形式	支（托）架	吊架	弹性支（托）架	弹性吊架
1	固定管架	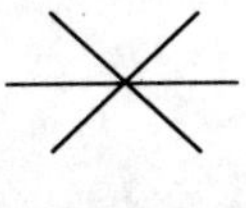	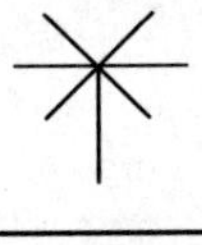	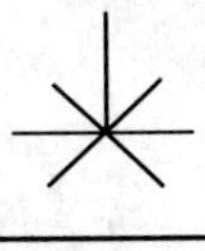		

497

序号	名称	符　号				
		一般形式	支（托）架	吊架	弹性支（托）架	弹性吊架
2	活动管架					
3	导向管架					

附录 2　GBJ 106—1987 中给水排水工程部分常用图例

给水排水制图标准。给水排水部分常用图例，见表5。

GBJ 106—1987 给水排水工程部分常用图例　　表 5

序号	名　称	图　例	序号	名　称	图　例
1	存水弯		11	喇叭口	
2	检查口		12	底阀	
3	清扫口		13	自动排气阀	
4	通风帽		14	延时自闭冲洗阀	
5	雨水斗		15	放水龙头	
6	排水漏斗		16	皮带龙头	
7	圆形地漏		17	洒水龙头	
8	方形地漏		18	化验龙头	
9	自动冲洗水箱		19	肘式开头	
10	挡墩		20	脚踏开头	

序号	名　　称	图　例	序号	名　　称	图　例
21	室外消火栓		33	盥洗槽	
22	室内消火栓（单口）		34	污水池	
23	室内消火栓（双口）		35	妇女卫生盆	
24	消防喷头（开式）		36	立式小便器	
25	消防喷头（闭式）		37	挂式小便器	
26	消防报警阀		38	蹲式大便器	
27	水盆、水池（图内只有一种时用）		39	坐式大便器	
28	洗脸盆		40	小便槽	
29	立式洗脸盆		41	饮水器	
30	浴盆		42	淋浴喷头	
31	化验盆，洗涤盆		43	雨水口	
32	带篦洗涤盆		44	阀门井、检查井	

序号	名　称	图　例	序号	名　称	图　例
45	放气井		54	热交换器	
46	泄水井		55	水-水热交换器	
47	跌水井		56	开水器	
48	水表井		57	喷射器	
49	离心水泵		58	磁水器	
50	真空泵		59	过滤器	
51	手摇泵		60	水锤消除器	
52	定量泵		61	浮球液位器	
53	管道泵		62	搅拌器	

参考文献

[1] 姜湘山．建筑给水排水与供暖设计．北京：机械工业出版社，2007

[2] 高羽飞，高峰．建筑给排水工程．北京：中国建筑工业出版社，2006

[3] 张志贤．管道施工技术手册．北京：中国建筑工业出版社，2009

[4] 蓝天．管道设备施工技术手册．北京：中国建筑工业出版社，2010

[5] 吴国忠．建筑给水排水与供暖管道工程施工技术．北京：中国建筑工业出版社，2010

[6] 李士琦，闫玉珍．管道工程施工技术与质量控制．北京：机械工业出版社，2009

[7] GB 50242—2002 建筑给水排水及供暖工程施工质量验收规范．北京：中国建筑工业出版社，2000

[8] 郭智多．建筑给水排水及供暖工程施工监理实用手册．北京：中国电力出版社，2005

[9] 编制组．管道直饮水系统技术规程实施指南．北京：中国建筑工业出版社，2006